Fachliche Kenntnisse, Fähigkeiten und Kompetenzen kannst du hier selbstständig überprüfen.

Auf diesen Seiten kannst du dir durch eine bestimmte Methode Kenntnisse aneignen. Eine übersichtliche Schrittfolge an einem konkreten Beispiel macht dich mit der vorgestellten Methode vertraut.

Am Ende eines Kapitels findest du eine Zusammenfassung und besondere Aufgaben. Hier musst du selbstständig Lösungen finden.

Jedes Kapitel beginnt mit einer Einstiegsseite, die dich durch ein attraktives Foto und einen kurzen problemorientierten Text auf den nachfolgenden Inhalt aufmerksam machen soll.

Autoren: Prof. Dr. Udo Backhaus, Gerd Boysen, Stefan Burzin, Dr. Harri Heise, Uwe Kopte, Dr. Jochim Lichtenberger, Prof. Helmut F. Mikelskis, Harald Schepers, Prof. Dr. Hans Joachim Schlichting; Prof. Dr. Lutz-Helmut Schön

Redaktion: Bettina Conrad-Rosenkranz, Henry Dölitzsch

Berater: Michael Sach, Friedberg

Illustration: Gabriele Heinisch (Cornelsen), Roland Jäger, Karl-Heinz Wieland, Hans Wunderlich

Grafik: Rainer Götze

Umschlaggestaltung: Wolfgang Lorenz, Corinna Babylon

Layoutkonzept: Wolfgang Lorenz

Layout: Wladimir Perlin, Berlin

www.cornelsen.de

1. Auflage, 1. Druck 2011

Alle Drucke dieser Auflage sind inhaltlich unverändert
und können im Unterricht nebeneinander verwendet werden.

Druck: CS-Druck CornelsenStürtz, Berlin

ISBN 978-3-06-013082-5

Inhalt gedruckt auf säurefreiem Papier aus nachhaltiger Forstwirtschaft.

Fokus *Physik*

Gymnasium

Band 2

Hessen

Cornelsen

Inhalt

Hinweise auf die Basiskonzepte findest du an den Stellen im Lehrbuch, die mit folgenden Symbolen gekennzeichnet sind:

 Basiskonzept Energie

 Basiskonzept System

 Basiskonzept Struktur der Materie

 Basiskonzept Wechselwirkung

Strom für zu Hause

Der Generator im Elektrizitätswerk hat eine Leistung von 1300 MW. Die Spannung beträgt 27 kV. Im Umspannwerk transformiert man die Spannung auf 110 kV. Über Hochspannungsleitungen wird die Energie zu den Verbrauchern transportiert. Damit diese die elektrische Energie nutzen können, muss die Spannung wieder heruntertransformiert werden – auf 230 oder 400 V. Hochspannungen sind lebensgefährlich. Warum wird Energie trotzdem auf diese Weise übertragen?

Elektrische Spannung, Energiestrom und elektrischer Strom

Tiefe Temperaturen im Winter lassen das Motor- und Dieselöl zähflüssig werden. Der 24-V-Akku muss deshalb beim Start eine Energiestromstärke von 12 000 W erzeugen. Dabei beträgt die elektrische Stromstärke 500 A. Damit die Drähte bei dieser elektrischen Stromstärke nicht glühen, verwendet man sehr dicke Kabel.

↑Basiskonzept Energie

↑Basiskonzept System

1 Auch unter extremen Belastungen muss die Fahrzeugelektrik funktionieren.

Durch den Stromabnehmer des ICE 3 kann gleichfalls ein elektrischer Strom mit einer Stromstärke von 500 A fließen. Die Elektromotoren benötigen allerdings eine Energiestromstärke von 8 000 000 W. Das ist möglich, weil der elektrische Strom bei einer Spannung von gefährlichen 15 000 V übertragen wird.

2–3 Stromabnehmer des ICE 3

Am sichersten wäre es, wenn man elektrische Energie immer bei einer Spannung von 24 V übertragen könnte. Für die Menschen bestünde dann nirgends Lebensgefahr. 24 Volt sind genug, um auch sehr große Energiestromstärken zu erzeugen. Bei dieser einheitlichen Spannung bräuchte man auch keine Trafostationen und Hochspannungsleitungen …
Tatsächlich benötigt man im Energieversorgungsnetz unterschiedlich große Stromstärken und Spannungen.
Was verbirgt sich eigentlich hinter dem Begriff „elektrische Spannung“? Welche Rolle spielt sie bei der Übertragung elektrischer Energie? Wie hängen Energiestromstärke, elektrische Stromstärke und elektrische Spannung zusammen?

Elektrische Energiequellen versorgen Geräte mit Energie

4 Glühlampe einer Schreibtischlampe (230 V; 60 W)

5 Lämpchen einer Taschenlampe (3,8 V; 14 W)

Die beiden Glühlampen benötigen für einen ordnungsgemäßen Betrieb unterschiedliche Energiestromstärken. Die Messgeräte zeigen dann aber, dass die Stromstärke in beiden Stromkreisen etwa gleich groß ist. Irgendetwas müssen wir dabei übersehen haben?

Experimente

1 Netzgerät und Handgenerator im einfachen Stromkreis

a Drehe den Knopf am Netzgerät langsam im Uhrzeigersinn, bis das Amperemeter die Stromstärke 5 A anzeigt. Beobachte gleichzeitig die Glühlampe. Notiere die Stellung des Drehknopfes (Stellung 1), bei der die elektrische Stromstärke 5 A beträgt. ↑6

b Versuche mit dem Handgenerator das gleiche Versuchsergebnis zu erzielen und notiere deine Beobachtungen.

c Erläutere die Versuchsergebnisse. Verwende dabei die Begriffe Energiestromstärke und elektrische Stromstärke. Beschreibe die Funktion von Netzgerät und Handgenerator bei diesen Experimenten.

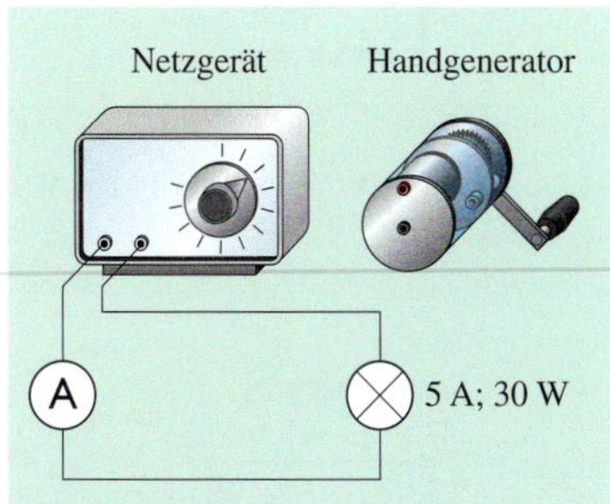

6 Netzgerät und Generator

2 Netzgerät und Handgenerator im verzweigten Stromkreis

a Stelle den Knopf am Netzgerät so ein, dass die Stromstärke 5 A beträgt. Notiere die Stellung des Drehknopfes (Stellung 1). Schalte dann die zweite Lampe zur ersten parallel und beobachte das Amperemeter. ↑7

b Versuche mit dem Handgenerator das gleiche Versuchsergebnis zu erzielen und notiere deine Beobachtungen.

c Erläutere die Versuchsergebnisse. Verwende dabei die Begriffe Energiestromstärke und elektrische Stromstärke. Beschreibe die Funktion von Netzgerät und Handgenerator bei diesen Experimenten.

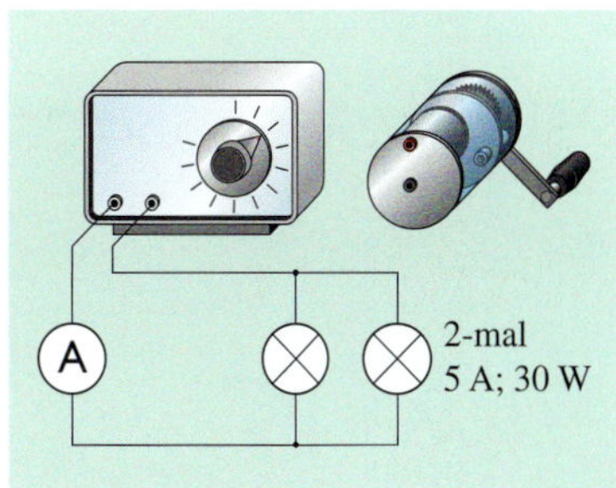

7 Parallelschaltung

3 Netzgerät und Handgenerator im unverzweigten Stromkreis

a Stelle den Knopf am Netzgerät so ein, dass die Stromstärke 5 A beträgt. Notiere die Stellung des Drehknopfes (Stellung 1). Drehe den Knopf zurück. Schalte dann eine zweite, baugleiche Lampe mit der ersten in Reihe. Drehe den Drehknopf im Uhrzeigersinn nach rechts, bis die elektrische Stromstärke 5 A beträgt. Notiere die Stellung des Drehknopfes (Stellung 2). ↑8

b Versuche mit dem Handgenerator das gleiche Versuchsergebnis zu erzielen und notiere deine Beobachtungen.

c Erläutere die Versuchsergebnisse. Verwende dabei die Begriffe Energiestromstärke und elektrische Stromstärke. Beschreibe die Funktion von Netzgerät und Handgenerator bei diesen Experimenten.

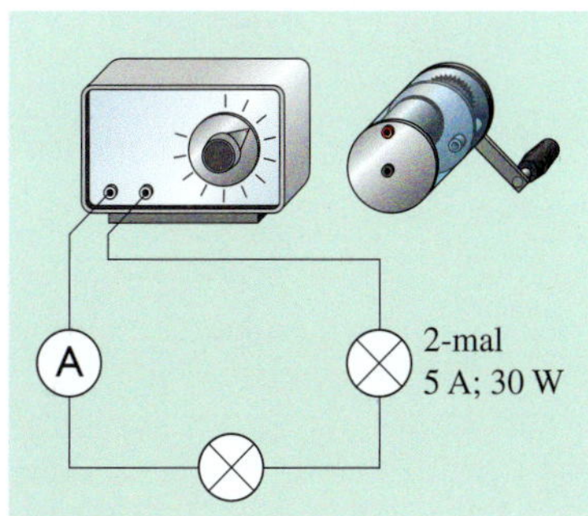

8 Reihenschaltung

GRUNDLAGEN: Die Spannung elektrischer Energiequellen

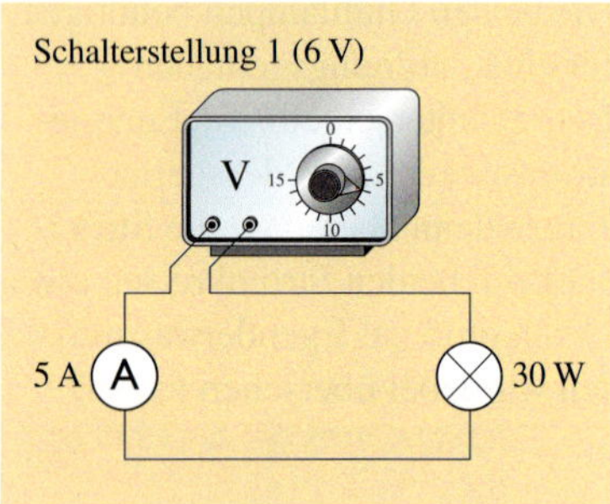

1

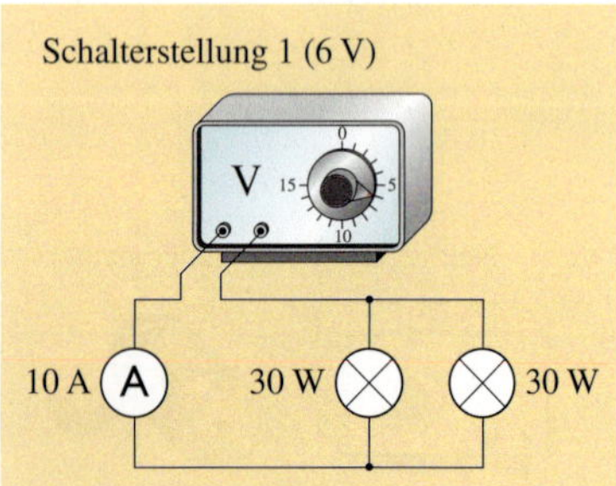

2

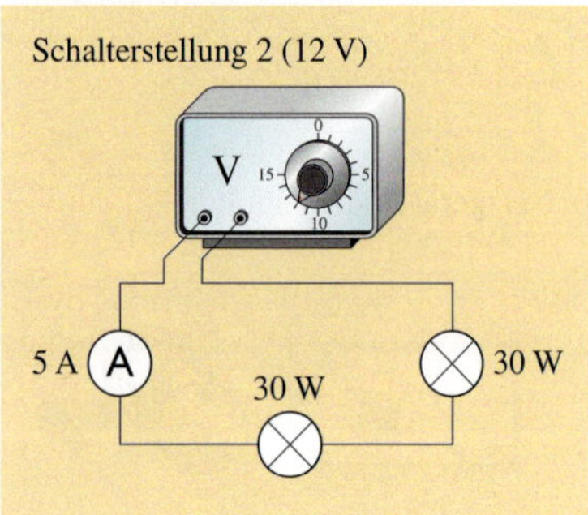

3

In einem einfachen Stromkreis sorgt die elektrische Energiequelle (Netzgerät, Handgenerator, Batterie ...) dafür, dass Energie von der Quelle zum Verbraucher transportiert wird. Wie viel Energie in jeder Sekunde transportiert wird, hängt sowohl von der Quelle als auch vom Verbraucher ab.

Dreht man den Knopf des Netzgerätes ↑1 langsam nach rechts oder kurbelt man am Handgenerator *schneller*, steigen sowohl elektrische Stromstärke als auch Energiestromstärke. Die Lampe wird immer heller. Bei einer elektrischen Stromstärke von 5 A beträgt die Energiestromstärke 30 W.

Schaltet man eine zweite Lampe parallel zur ersten ↑2, verdoppeln sich elektrische Stromstärke und Energiestromstärke, ohne dass am Netzgerät die Einstellung 1 geändert werden muss. Am Handgenerator spürt man: Er lässt sich viel *schwerer* drehen. Man muss jetzt wesentlich mehr (doppelt so viel) leisten, um den Energiestrom für beide Lampen zu erzeugen.

Schaltet man eine zweite Lampe ($P = 30\,\text{W}$) in Reihe mit der ersten ↑3, so muss der Drehknopf am Netzgerät weiter im Uhrzeigersinn gedreht werden, damit beide Lampen normal hell leuchten. Die Kurbel des Handgenerators muss jetzt *schneller* gedreht werden. Betätigt man den Handgenerator, so spürt man, dass man viel mehr (etwa doppelt so viel) leisten muss wie im ersten Experiment.
Hier ist die elektrische Stromstärke genauso groß wie im ersten Experiment, die Energiestromstärke ist aber doppelt so groß.

Die elektrische Energiequelle sorgt für den elektrischen Strom und den mit ihm transportierten Energiestrom. Wie stark sie das macht, hängt vom angeschlossenen Verbraucher und von der Stellung des Drehknopfes ab. Um diese Zusammenhänge auch quantitativ zu erfassen, führen wir eine neue Größe – die elektrische Spannung – ein.

Die Spannung einer Energiequelle gibt an, wie viel Energie die Quelle pro Sekunde bei einer bestimmten Stromstärke abgeben kann.
Die Spannung U ist definiert als Quotient aus Energiestromstärke (Leistung) P und elektrischer Stromstärke I:

$U = \frac{P}{I}$. Die Einheit der Spannung ist 1 Volt: $1\,\text{V} = \frac{1\,\text{W}}{1\,\text{A}}$.

Beispielmessung: 010-1

	Stromstärke I in A	Leistung P in W	$U = \frac{P}{I}$ in $\frac{\text{W}}{\text{A}}$	Stellung am Drehkopf
1	5A	30W	6V	1
2	10A	60W	6V	1
3	5A	60W	12V	2

Diese Festlegung spiegelt die Ergebnisse der Experimente richtig wider.

Methode Modelle für den Energietransport im elektrischen Stromkreis

Damit wir den recht unanschaulichen elektrischen Energietransport besser verstehen können, nutzen wir ein Modell. Auch der Vergleich mit einem bekannten mechanischen Modell – dem Energietransport beim Fahrradfahren – hilft weiter.

↑Basiskonzept System

	Energiequelle	Energietransport	Energieabgabe
Fahrradkettenmodell des Stromkreises	Der Radfahrer tritt in die Pedalen. Die Kettenglieder werden angetrieben.	Die Kette bewegt sich im Kreislauf, vom vorderen Zahnkranz über den hinteren Zahnkranz und wieder zurück.	Der hintere Zahnkranz hemmt die Bewegung der Kette – Energie wird auf das Hinterrad übertragen.
	Der Radfahrer tritt stärker in die Pedalen; gleichzeitig tritt er dann auch schneller.	Die Kettenglieder bewegen sich schneller und sind stärker gespannt.	Die Bewegung der Kette wird stärker gehemmt – die Energiestromstärke steigt.
Elektronenstrommodell	Der Experimentator dreht die Kurbel des Handgenerators; Elektronen des Stromkreises werden angetrieben.	Elektronen bewegen sich im Kreislauf, vom Generator durch den Verbraucher und wieder zurück.	Der Verbraucher hemmt die Bewegung der Elektronen; Energie wird an ihn übertragen.
	Der Experimentator kurbelt stärker; gleichzeitig kurbelt er dann auch schneller.	Die Elektronen bewegen sich unter größerer Spannung und bewegen sich gleichzeitig schneller.	Die Bewegung der Elektronen wird stärker gehemmt – die Energiestromstärke P steigt.

Das Fahrradkettenmodell des Stromkreises veranschaulicht den Energietransport über eine Kette (die „Elektronenkette" im Elektronenstrommodell). Die Energieübertragung hängt in beiden Modellen von zwei Größen ab, nämlich einerseits davon, wie schnell die Kette läuft (das entspricht der elektrischen Stromstärke I), und andererseits wie stark die Kette angetrieben wird (das entspricht der elektrischen Spannung U). Während das Fahrradkettenmodell des Stromkreises für Parallelschaltungen zu kompliziert wird, lassen sich mit dem Elektronenstrommodell alle Ergebnisse der Experimente veranschaulichen:

1 *Experiment 1*
Je höher die Spannung der Quelle ist – je stärker also die Elektronen angetrieben werden –, desto höher sind elektrische Stromstärke I und Energiestromstärke P. Beträgt die Spannung 6 V, werden in der Lampe in jeder Sekunde 30 J in Wärme und Licht umgewandelt. 011-1

2 *Experiment 2*
Obwohl an die Verbraucher die doppelte Energiemenge pro Sekunde abgegeben wird, müssen die Elektronen hier nicht stärker als in Experiment 1 angetrieben werden. Die Spannung der Quelle beträgt wieder 6 V. Die Quelle muss aber in jeder Sekunde doppelt so viele Elektronen genauso stark antreiben wie bei Experiment 1. Es verdoppeln sich elektrische Stromstärke und Energiestromstärke. Der Handgenerator lässt sich viel schwerer drehen – der Energiestrom zu den Verbrauchern hat sich verdoppelt.

3 *Experiment 3*
Damit beide Lampen hell leuchten, muss man die Spannung der Quelle auf 12 V erhöhen. Die Elektronen müssen also stärker angetrieben werden. In zwei in Reihe geschalteten Verbrauchern wird ihre Bewegung doppelt so stark wie in Experiment 1 gehemmt. An die beiden Verbraucher wird also auch die doppelte Menge Energie pro Sekunde abgegeben. Der Handgenerator muss doppelt so schnell gedreht werden. Man spürt, dass man viel mehr leisten muss – der Energiestrom zu den Verbrauchern hat sich ja auch verdoppelt.

Spannung, Stromstärke, Energiestromstärke

1 12V oder 230V – bei beiden Spannungen leistet dieses Gerät das Gleiche.

Dieser DVD-Player ist für die Wohnung und den Campingwagen geeignet, denn er hat einen Anschluss für 230V und einen für 12V. Er benötigt eine Energiestromstärke von 80W. Man sagt auch, seine Leistung beträgt 80W.
Wie kann man diese Energiestromstärke bei 230V und bei 12V Spannung erreichen? Löst die in drei Experimenten erprobte und als richtig erkannte Definitionsgleichung der Spannung $U=P/I$ auch dieses Problem?

↑Basiskonzept Energie

↑Basiskonzept System

Experimente

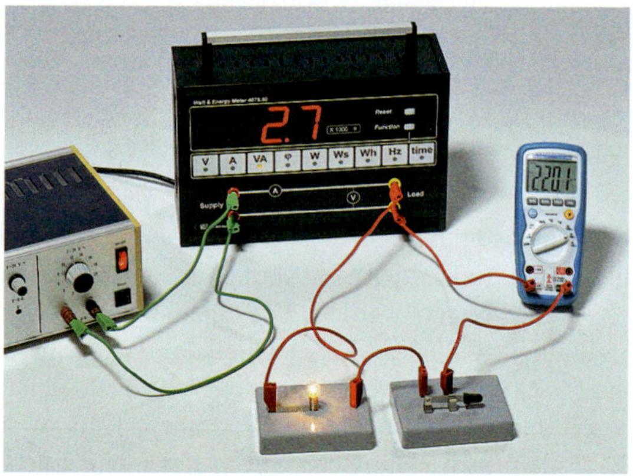

2 Leistung bei 12V

1 Leistung und Stromstärke bei 12-V-Geräten

a Miss an einigen Geräten, die mit 12-V-Spannung betrieben werden, die elektrische Stromstärke und die Leistung. Notiere die Werte in einer Tabelle. (Wenn du keinen geeigneten Leistungsmesser hast, kannst du die Leistungsangabe dem Typenschild auf dem Gerät entnehmen.)
Du kannst z. B. verwenden:
- Fernseher
- Autorückleuchte, Autobremslicht, Autoscheinwerfer
- Campingleuchte

b Zeichne für die ermittelten Werte ein *P*-*I*-Diagramm.

2 Leistung und Stromstärke bei 230-V-Geräten
Lehrerexperiment!

a Die Messungen aus Experiment 1 werden an folgenden 230-V-Geräten wiederholt:
- 60-W-Lampe
- 25-W-Lampe
- Mikrowelle
- Kaffeemaschine
- Kühlschrank
- Tauchsieder

b Zeichne für die ermittelten Werte ein *P*-*I*-Diagramm.

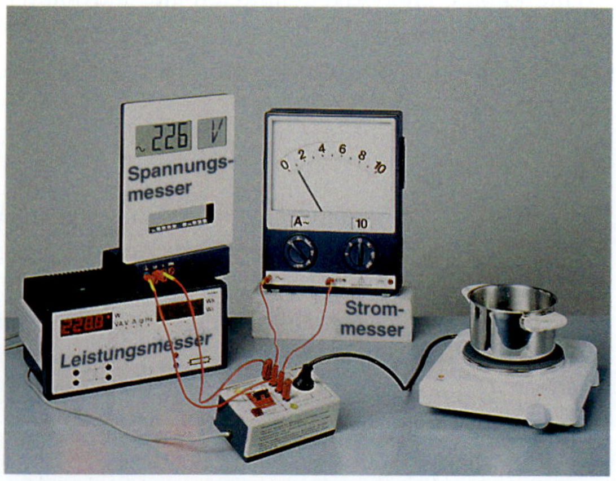

3 Spannung, Stromstärke, Leistung bei netzbetriebenen Geräten

GRUNDLAGEN: Energiestromstärke – Stromstärke – Spannung

Die beiden dargestellten Messreihen ↑4 bestätigen unsere Ergebnisse: Bei konstanter Spannung U sind Energiestromstärke und elektrische Stromstärke einander proportional: $P \sim I$. Der Quotient P/I ist also konstant, d. h., die Wertepaare haben immer den gleichen Quotienten.
So ergibt sich:
1. Messreihe: $P/I = 55\,\text{W}/4{,}58\,\text{A} = 12\,\text{W/A} = 12\,\text{V}$
2. Messreihe: $P/I = 1000\,\text{W}/4{,}35\,\text{A} = 230\,\text{W/A} = 230\,\text{V}$

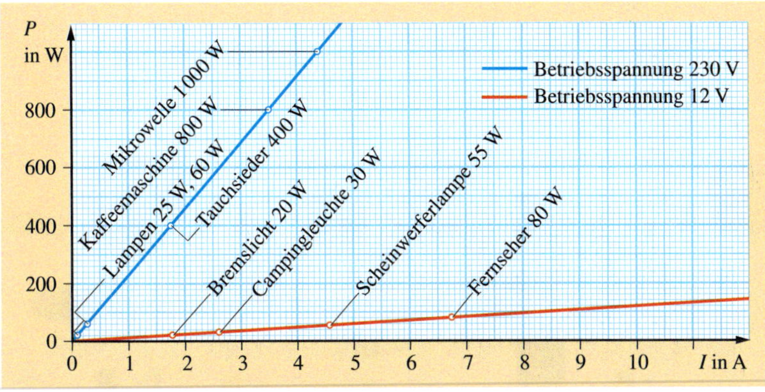

4 Verschiedene Elektrogeräte: Leistung und Stromstärke

Wird das Fernsehgerät ↑1 an die 12-V-Quelle angeschlossen, beträgt die elektrische Stromstärke $I_1 = P/U_1 = 80\,\text{W}/12\,\text{V} = 6{,}67\,\text{A}$.
Wird es an die 230-V-Quelle angeschlossen, beträgt sie $I_2 = P/U_2 = 80\,\text{W}/230\,\text{V} = 0{,}35\,\text{A}$.
Die für das Gerät notwendige Energiestromstärke wird also im ersten Fall durch eine höhere elektrische Stromstärke und im zweiten durch eine höhere Spannung bewirkt.
Eine Gleichung für die Leistung eines Elektrogerätes ergibt sich durch Umformen der Definitionsgleichung der Spannung $U = P/I$.

Die Leistung von Elektrogeräten ergibt sich als Produkt von Spannung und Stromstärke: $P = U \cdot I$.

013-1

Aufgaben

1 Begründe, warum eine Haushaltsglühlampe, die an eine Flachbatterie angeschlossen ist, nicht leuchtet.

2 Betriebsdaten
a Was bedeutet die Angabe „6 V; 1 A" auf einer Glühlampe?
b Wozu ist die Angabe „4,5 V" auf einer Flachbatterie von Nutzen?

3 Warum findet man auf einer Batterie eine Angabe zur Spannung, aber nicht zur Stromstärke?

4 Berechne die Energiestromstärken für:
a einen Fahrradscheinwerfer (6 V; 0,5 A)
b ein Rücklicht (6 V; 0,1 A)
c die Glühlampe einer Taschenlampe (4,5 V; 0,3 A)

5 Berechne die elektrische Stromstärke beim Toasten (1,2 kW).

6 Zum Anlasser eines kalten Autos mit Dieselmotor fließt ein 2 kW starker Energiestrom. Berechne die elektrische Stromstärke.

7 Erkläre die Aussagen „$P \sim I$ für U = konst." und „$P \sim U$ für I = konst." mit einer Modellvorstellung.

1 Daten eines Akkumulators

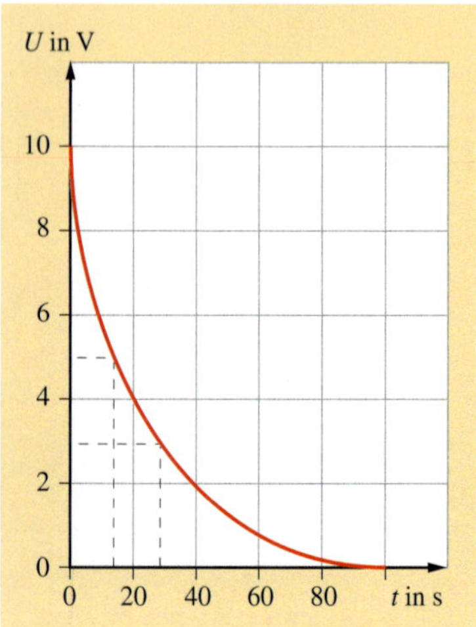

3 Entladen eines Kondensators

GRUNDLAGEN: Energie, Spannung, Ladung

Auf dem Datenblatt für Akkus findet man meist Angaben für Spannung und gespeicherte Ladung. Aus ihnen lässt sich die gespeicherte Energiemenge berechnen:

$P = U \cdot I \rightarrow P \cdot \Delta t = U \cdot I \cdot \Delta t \rightarrow \Delta E = U \cdot \Delta Q$.

Ist die Spannung U konstant, wird mit jeder Ladungsportion ΔQ dieselbe Energiemenge ΔE übertragen; dann gilt also $E = U \cdot Q$.

Die in einem Akku gespeicherte Energie ergibt sich als Produkt von Spannung und Ladung. Die Spannung guter Akkus ist bei der Entladung konstant. Dann gilt: $U = E/Q$ und $E = U \cdot Q$.

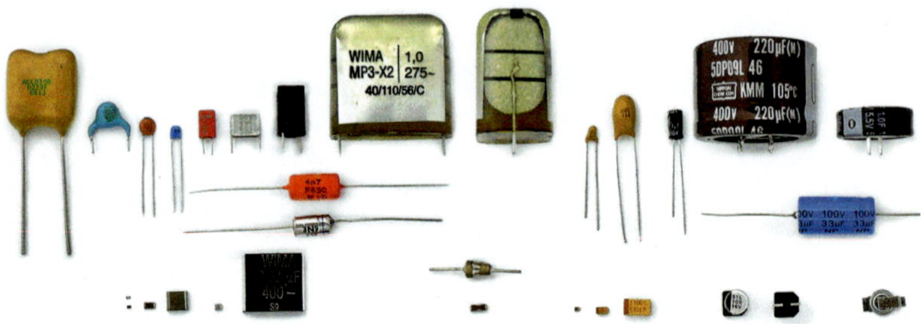

2 Kondensatoren

Speicherung elektrischer Energie in einem Kondensator In Fahrradlampen wird die elektrische Energie für das Standlicht häufig in einem Kondensator (Goldcap) gespeichert. ↑2
Beim Entladen ist die Spannung nicht konstant – sie nimmt ständig ab. ↑3
Die gespeicherte Energie ist daher wesentlich geringer als der Wert, der sich aus der Berechnung mithilfe der Beziehung $E = U \cdot Q$ ergibt. Eine genauere Untersuchung zeigt:

Für die in einem Kondensator gespeicherte Energie gilt: $E = \frac{1}{2} U \cdot Q$. Die Spannung sinkt beim Entladen.

Aufgaben

Musteraufgabe

1 Wie viel Energie ist in einem Nickel-Metallhydrid-Akku (NiMh-Akku) gespeichert? Wie lange kann er eine 6-W-Lampe mit Energie versorgen? (Technische Daten des Akkus: 9 V; 250 mA · h)

Lösung:
$E = U \cdot Q = 9\,\text{V} \cdot 250\,\text{mA} \cdot \text{h} = 2{,}250\,\text{W} \cdot \text{h} = 8{,}1\,\text{kW} \cdot \text{s}$.
Die Stromstärke bei der Entladung beträgt
$I = P/U = 6\,\text{W}/9\,\text{V} = 0{,}667\,\text{A}$.
Für die Entladedauer ergibt sich
$\Delta t = \Delta Q/I = 250\,\text{mA} \cdot \text{h}/0{,}667\,\text{A} = 375\,\text{mh} = 375 \cdot 3{,}6\,\text{s}$
$= 1350\,\text{s} = 22{,}5\,\text{min}$.

2 Bei großer Kälte im Winter beträgt die Stromstärke im Anlasser eines Dieselmotors 300 A, bei einem Benzinmotor 220 A. Die Batterie für den Dieselmotor trägt die Angaben 12 V; 100 A · h, die für den Benzinmotor 12 V; 74 A · h.

a Bei welchem Fahrzeug kann man den Anlasser eine längere Zeit betätigen?

b Wie viel Ladung fließt jeweils durch den Anlasser, wenn man eine Minute lang versucht, den Motor zu starten?

Spannungsmessung

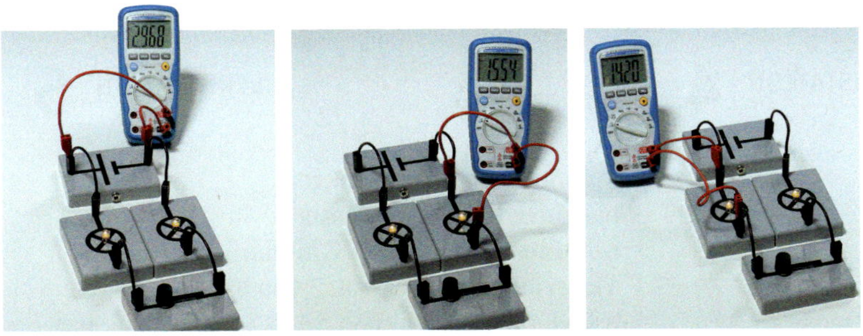

4 Spannungsmessung im Stromkreis

Wir haben das Messgerät an drei verschiedenen Stellen im Stromkreis angeschlossen. Erkennst du den Unterschied zur Messung der elektrischen Stromstärke?

↑Basiskonzept System

Experimente

LERNSTATION 1

Die Spannung von Energiequellen
Materialien: Batterien, Akkus, Netzgerät, Handgenerator, Solarzelle, Spannungsmesser

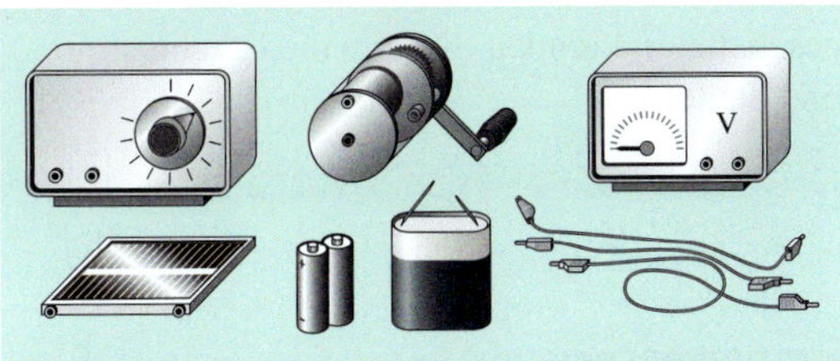

Durchführung: Schließe den Spannungsmesser an die Spannungsquellen an und prüfe bei Batterien und Akkus, ob sie die angegebenen Spannungen haben. Miss dann die Spannungen an Handgenerator und Solarzelle. Untersuche, auf welche Weise man die Spannung an den Anschlüssen von Handgenerator und Solarzelle verändern kann.

LERNSTATION 2

Die Spannung an verschiedenen Stellen des Stromkreises
Materialien: Netzgerät, Spannungsmesser, Strommesser, Glühlämpchen, Schalter

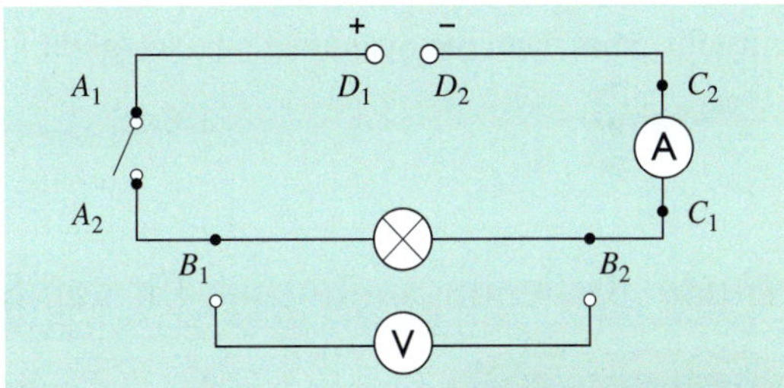

Durchführung: Baue die Schaltung entsprechend der Schaltskizze auf und miss dann die Spannungen zwischen den gekennzeichneten Punkten.
Versuche, die Ergebnisse zu deuten.

LERNSTATION 3

Spannungen im Stromkreis bei einer Parallelschaltung
Materialien: Netzgerät, 3 Glühlampen [(6 V; 0,1 A), (6 V; 0,3 A), (6 V; 5 A)], Spannungsmesser
Durchführung: Schließe den Spannungsmesser und eine Glühlampe an das Netzgerät an; regle die Spannung auf 6 V ein.

Schließe danach die zweite Lampe parallel zur ersten an und miss die Spannungen am Netzgerät und an der zweiten Lampe. Verfahre dann mit der dritten Lampe entsprechend. Notiere die Ergebnisse und deute sie.

Experimente

LERNSTATION 4

Spannungen im Stromkreis bei einer Reihenschaltung mit baugleichen Glühlampen

Materialien: Netzgerät, 3 baugleiche Glühlampen (4 V; 0,3 A), Spannungsmesser, Strommesser

Durchführung: Schließe den Spannungsmesser und eine Glühlampe an das Netzgerät an; regle die Spannung auf 4 V ein.
Schließe danach die erste und die zweite Lampe in Reihe. Miss die Spannungen am Netzgerät und dann nacheinander an der ersten und an der zweiten Lampe. Notiere die Ergebnisse und deute sie.
Schalte nun alle drei Lampen in Reihe. Sage das Ergebnis vorher und führe die Messungen durch. Regle die Spannung des Netzgerätes so hoch, dass sich im Kreis eine Stromstärke von 0,3 A einstellt. Miss dann die Spannung am Netzgerät.

LERNSTATION 5

Spannungen im Stromkreis bei einer Reihenschaltung mit unterschiedlichen Glühlampen

Materialien: Netzgerät, 3 Glühlampen [(6 V; 0,1 A), (6 V; 0,3 A), (6 V; 5 A)], Spannungsmesser

Durchführung: Schließe den Spannungsmesser und eine Glühlampe an das Netzgerät an. Regle die Spannung auf 6 V ein.

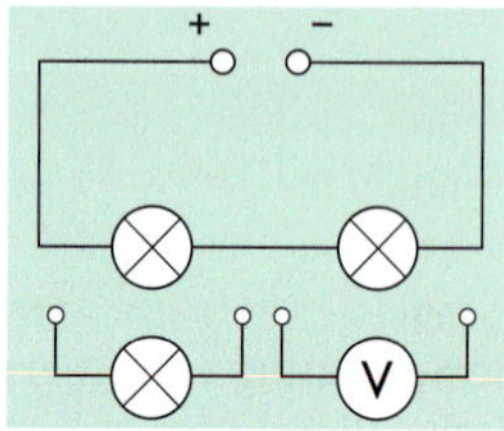

Schließe danach die erste und die zweite Lampe in Reihe. Miss die Spannungen am Netzgerät und dann nacheinander an der ersten und der zweiten Lampe. Wiederhole das Experiment mit den drei in Reihe geschalteten Lampen. Notiere die Ergebnisse und deute sie.

Methode Bedienungsanleitung für den Spannungsmesser

1 Spannungsmessgerät

1 Stelle den Wählschalter auf Spannungsmessung, und zwar auf V– oder V=.

2 Wähle mit dem Messbereichsschalter immer zuerst den größten Messbereich. Bei der Messung kannst du dann bei Bedarf schrittweise kleinere Messbereiche einstellen.

2 Schalter zum Einstellen des Messbereichs

3 Schalte den Spannungsmesser parallel an zwei beliebige Punkte im Stromkreis, unterbrich also den Stromkreis nicht. Das Messkabel für den Pluspol kommt in den Anschluss mit der Bezeichnung V, das andere Messkabel steckst du in den COM-Anschluss. (Der Spannungsmesser kann gefahrlos parallel zum Messobjekt angeschlossen werden, da durch ihn nur ein sehr kleiner Strom fließt.)

GRUNDLAGEN: Spannungen im Stromkreis

Die Spannung des Netzgerätes (der elektrischen Quelle) Der Spannungsmesser misst die am Netzgerät eingestellte Spannung.

Die Spannung einer Energiequelle gibt an, wie viel Energie sie pro Sekunde bei einer bestimmten Stromstärke abgeben kann bzw. abgibt.

Die Spannung am Handgenerator steigt, sobald er schneller gedreht wird, die Spannung an der Solarzelle steigt, wenn sie stärker beschienen wird.

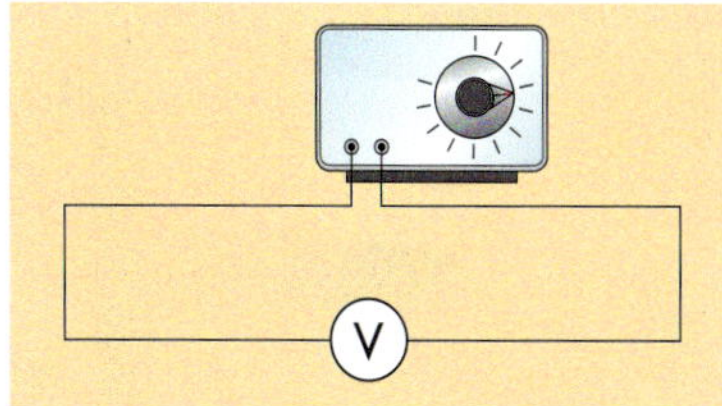

3 Spannung der Quelle

Spannungen in der Parallelschaltung In der Parallelschaltung sind alle Geräte direkt an die Quelle angeschlossen. Im Haushalt sind die elektrischen Geräte so geschaltet. Es gilt: $U = U_1 = U_2 = \ldots$

In einer Parallelschaltung ist die Spannung an der Quelle und den Verbrauchern gleich: $U = U_1 = U_2 = U_3 = \ldots$

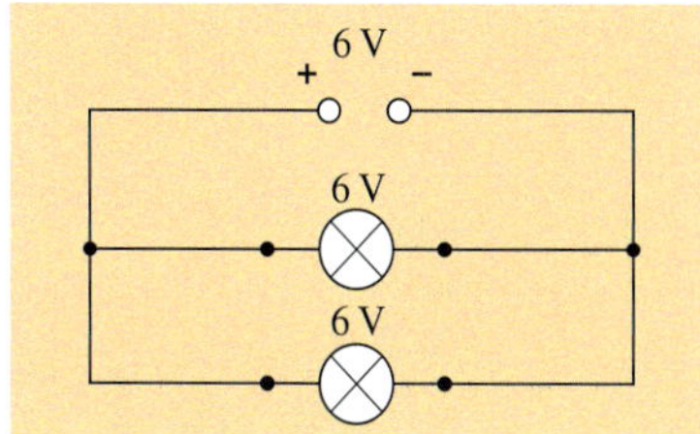

4 Parallelschaltung

Spannungen in der Reihenschaltung Auch zwischen den Anschlüssen stromdurchflossener Geräte und offener Schalter sowie zwischen beliebigen Punkten eines Stromkreises können Spannungen gemessen werden. Die Spannung zwischen zwei Punkten eines Stromkreises gibt an, wie viel der von der Quelle abgegebenen Energie pro Sekunde in den zwischen diesen Punkten geschalteten Geräten bei einer bestimmten Stromstärke umgesetzt wird.
Wir können die Beziehung zwischen den Spannungen herleiten: Bei einer Reihenschaltung mit drei Verbrauchern, zu denen Energieströme mit den Energiestromstärken P_1, P_2 und P_3 fließen, gilt:
$U = P/I = (P_1 + P_2 + P_3)/I = P_1/I + P_2/I + P_3/I = U_1 + U_2 + U_3$.

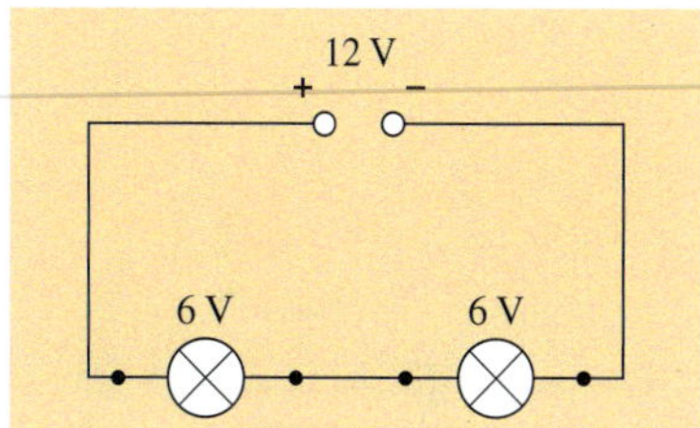

5 Reihenschaltung

In der Reihenschaltung ist die Spannung an der Quelle gleich der Summe der Spannungen an den Verbrauchern: $U = U_1 + U_2 + U_3 + \ldots$

017-1

Aufgaben

1 Tina ist dabei, eine Schaltung aufzubauen. ↑6
Was kann sie damit messen, wenn sie fertig ist? Begründe deine Antwort.

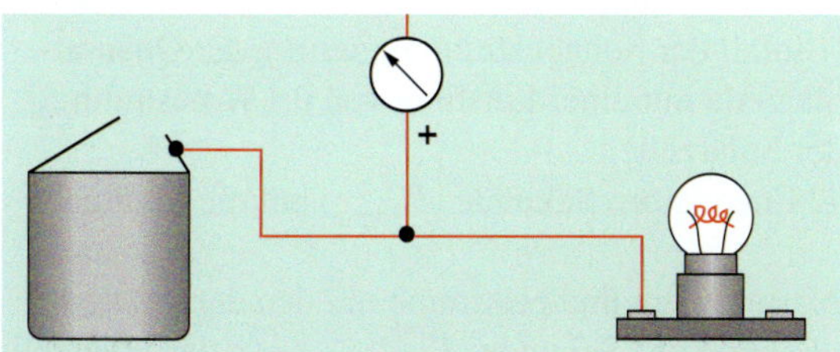

6 Welche Größe kann hier gemessen werden?

2 Beim Starten eines Autos beträgt die elektrische Stromstärke im Anlasser etwa 100 A. Die Stromstärke in einer elektrischen Bohrmaschine beträgt z. B. 2,5 A. Trotzdem leistet der Anlasser nur etwa doppelt so viel wie die Bohrmaschine. Gib dafür eine Erklärung.

3 Beurteile, ob man eine Waschmaschine (3,3 kW) an einen Stromkreis anschließen kann, der mit einer 10-A-Sicherung abgesichert ist.

4 Eine Leuchtdiode hat folgende Betriebsdaten: 1,6 V; 20 mA. Vergleiche die Leistung der Diode mit der eines Rücklichts (6 V; 0,1 A).

5 Eine Glühlampe (25 W; 230 V) leuchtet etwa so hell wie das Bremslicht eines Autos (21 W; 12 V). Berechne die elektrischen Stromstärken in beiden Lampen.

Der Wirkungsgrad

1 Energiesparlampe vs. Glühlampe

Wenn Glühlampe und Energiesparlampe die gleiche Helligkeit liefern, fließt dann zu beiden Lampen ein gleich großer Energiestrom? Nutzt die „Energiesparlampe“ die elektrische Energie wirklich besser als die Glühlampe? Hilft sie wirklich, „Energie zu sparen“?

↑Basiskonzept Energie

Experimente

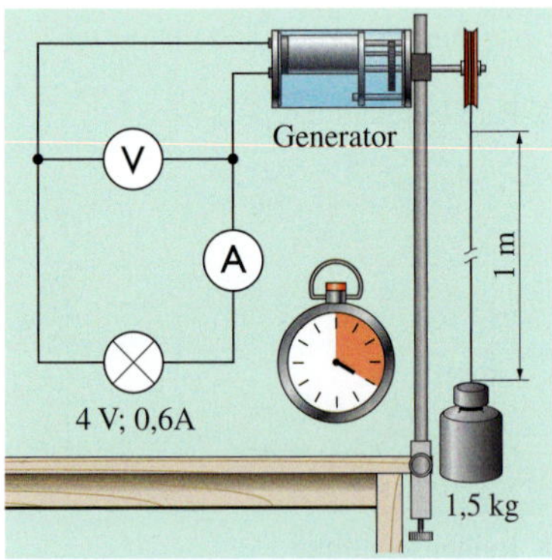

2 Wirkungsgrad eines Generators

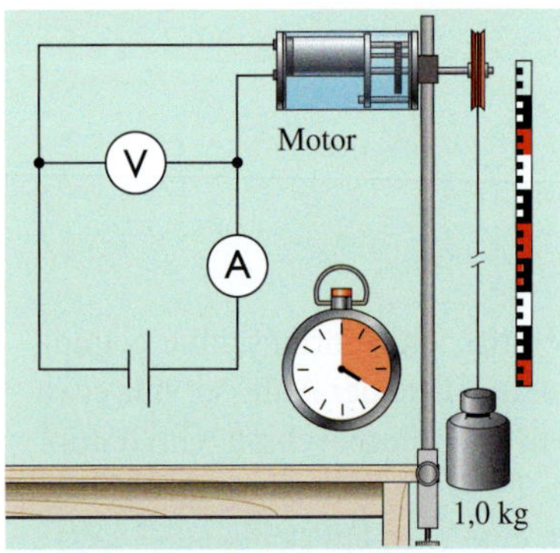

3 Wirkungsgrad eines Motors

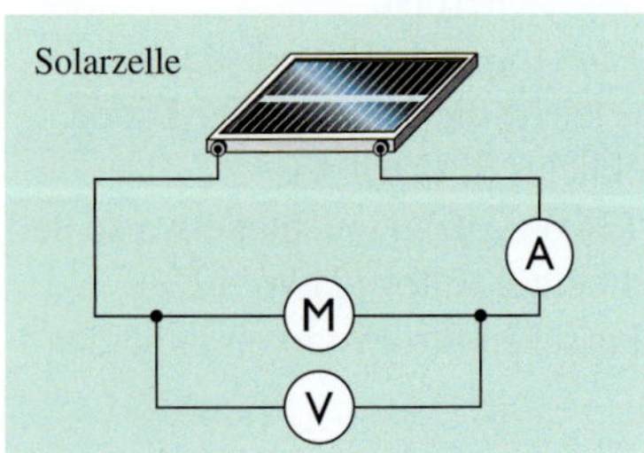

4 Wirkungsgrad der Solarzelle

1 Der Wirkungsgrad eines Generators

Das herabsinkende Wägestück treibt den Generator an.

a Miss Weg, Zeit und die elektrische Energiestromstärke P_{el} mit den dargestellten Geräten. ↑2

b Bestimme, wie viel mechanische Energie pro Sekunde in den Generator fließt (P_{mech}).

c Vergleiche die elektrische Energiestromstärke P_{el} und die mechanische Energiestromstärke P_{mech}.

d Berechne, wie viel Energie pro Sekunde „verloren“ gegangen ist.

2 Der Wirkungsgrad eines Elektromotors

Der Motor hebt das 1-kg-Wägestück hoch.

a Miss Weg, Zeit und die elektrische Energiestromstärke P_{el} mit den dargestellten Geräten. ↑3

b Bestimme, wie viel elektrische Energie pro Sekunde (P_{mech}) in das mechanische System fließt.

c Vergleiche die mechanische Energiestromstärke mit der elektrischen Energiestromstärke.

d Berechne, wie viel Energie pro Sekunde „verloren“ gegangen ist.

e Führe die Messung mit unterschiedlichen Wägestücken durch (1 kg; 1,5 kg; 2 kg). Berechne, bei welcher Masse die Energie am besten ausgenutzt wird.

3 Der Wirkungsgrad einer Solarzelle

Bei senkrechtem Einfall der Sonnenstrahlung wird jeder Quadratzentimeter der Solarzelle mit einer Leistung von 0,1 W bestrahlt.

a Miss die Fläche der Solarzelle.

b Berechne, wie viel Energie pro Sekunde (P_{Sonne}) auf die Solarzelle trifft.

c Schließe einen Solarmotor an und bestimme mit den dargestellten Geräten, wie viel Energie pro Sekunde ($P_{Solarzelle}$) von der Solarzelle zum Motor strömt. ↑4

d Vergleiche die Energiestromstärken von Sonne (P_{Sonne}) und Solarzelle ($P_{Solarzelle}$).

GRUNDLAGEN: Der Wirkungsgrad

Die 20-W-Energiesparlampe und die 100-W-Glühlampe erscheinen uns etwa gleich hell. Die Herstellung von Glühlampen wird aber in der EU schrittweise bis 2016 verboten. Die 100-W-Lampe darf bereits seit dem 1. September 2009 nicht mehr produziert werden. Sie ist zu ineffizient, d. h., der weitaus größte Teil der zugeführten elektrischen Energie wird in thermische Energie und nicht in Licht umgewandelt. Diese wird an die Umgebung abgegeben und damit entwertet. Wenn alle Glühlampen in Europa durch Energiesparlampen ersetzt würden, könnte tatsächlich so manches Elektrizitätswerk abgeschaltet werden.

Bei der 100-W-Glühlampe werden nur 5 W zur Lichterzeugung genutzt, also nur 5 % der in die Lampe strömenden elektrischen Energie. Man sagt, der Wirkungsgrad der Lampe ist 5 %. Der Wirkungsgrad der 20-W-Energiesparlampe beträgt immerhin schon $\eta = 5\,\text{W}/20\,\text{W} = 25\,\%$. ↑5

Der Wirkungsgrad η (sprich: Eta) eines Gerätes gibt an, welcher Anteil der zugeführten Energie für den vorgesehenen Zweck genutzt wird.

$$\text{Wirkungsgrad } \eta = \frac{\text{genutzte Energie}}{\text{zugeführte Energie}} = \frac{E_{\text{nutz}}}{E_{\text{zu}}} = \frac{P_{\text{nutz}}}{P_{\text{ges}}}$$

Verschiedene Wirkungsgrade			
Gerät	Wirkungsgrad	Gerät	Wirkungsgrad
Dampfmaschine	10 %	Solarzelle	12 %
Zweitaktmotor	20–25 %	Elektromotor (klein)	bis 50 %
Ottomotor	25–35 %	Elektromotor (groß)	bis 90 %
Dieselmotor	35–40 %	Zentralheizung	bis 85 %
Dampfturbine	40 %	Generator (groß)	bis 95 %

Schon gewusst?

Werden in Deutschland 60 % der Glühlampen gegen Energiesparlampen ausgetauscht, lässt sich der CO_2-Ausstoß um 4,5 Millionen Tonnen reduzieren. Das entspricht dem CO_2-Ausstoß von etwa 1,8 Millionen Mittelklassewagen mit einer Laufleistung von 15 000 km pro Jahr.

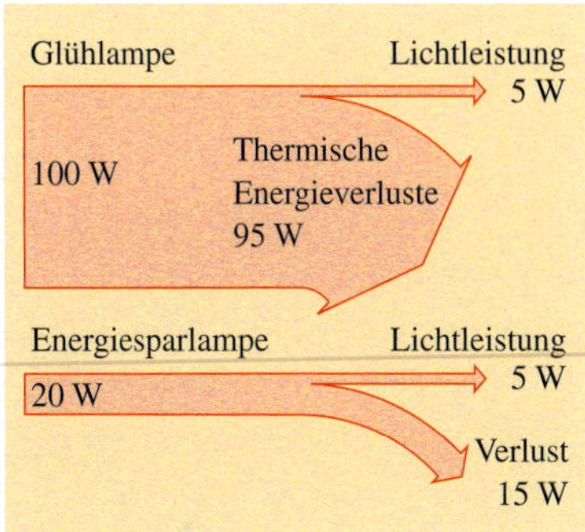

5 Wirkungsgrad von Glühlampe und Energiesparlampe

↑Basiskonzept Energie

Aufgaben

1 Ein Dieselmotor leistet 90 kW. Sein Wirkungsgrad beträgt 35 %. Berechne die durch den Treibstoff gelieferte Energiestromstärke.

2 Wirkungsgrade von Generator und Motor

a Bestimme die Wirkungsgrade in den Experimenten 1 und 2.

b Nenne Ursachen für die unterschiedlichen Wirkungsgrade.

3 Prüfe die Berechnung der Energieersparnis in Bild ↑6 nach.

4 Eine elektrische 400-W-Bohrmaschine hat einen Wirkungsgrad von 60 %. Berechne die genutzte mechanische Leistung.

5 Schätze anhand der folgenden Daten ab, wie nahe der Wirkungsgrad eines modernen Kohlekraftwerks an 100 % herankommt: Das Kohlekraftwerk verbrennt bei einer Leistung von 600 MW in jeder Stunde 180 t Steinkohle. Beim Verbrennen von 1 t Steinkohle wird eine Wärme von 29,3 GJ abgegeben. Für den Betrieb der Kraftwerksanlagen müssen 50 MW „abgezweigt" werden.

Heizungspumpen Baujahr		
1980 (145 W)	1995 (92 W)	
0,145 kW	0,092 kW	6000 Betriebsstunden
810 kW · h	552 kW · h	Preis pro kW · h: 0,20 €
162 €	110 €	Energiekosten pro Jahr
ca. 150 €	ca. 100 €	Sparpotenzial pro Jahr

6

Auf einen Blick

Die elektrische Spannung Sie ist definiert als Quotient aus Energiestromstärke und elektrischer Stromstärke:

$$\text{Spannung} = \frac{\text{Energiestromstärke}}{\text{elektrische Stromstärke}}; \; U = \frac{P}{I}.$$

Die Einheit der Spannung ist 1 Volt (1 V), 1 V=1 W/1 A.
Die Spannung gibt an, wie groß die Energiestromstärke ist, die bei der elektrischen Stromstärke 1 A übertragen werden kann.

Zur Messung der elektrischen Spannung wird der Spannungsmesser parallel zur Spannungsquelle oder zu den Verbrauchern geschaltet. Der Stromkreis wird nicht unterbrochen.

Parallelschaltung In Parallelschaltungen liegt an jedem Verbraucher dieselbe Spannung. Wenn die Schaltung direkt an die Quelle angeschlossen ist, ist diese Spannung gleich der Quellenspannung.

$U = U_1 = U_2 = U_3 = \ldots$

Weiterhin gilt: $I = I_1 + I_2 + I_3 + \ldots$ und $P = P_1 + P_2 + P_3 + \ldots$

Reihenschaltung In Reihenschaltungen ist die Summe der Spannungen an den Verbrauchern gleich der Spannung an der elektrischen Quelle.

$U = U_1 + U_2 + U_3 + \ldots$

Weiterhin gilt: $I = I_1 = I_2 = I_3 = \ldots$ und $P = P_1 + P_2 + P_3 + \ldots$

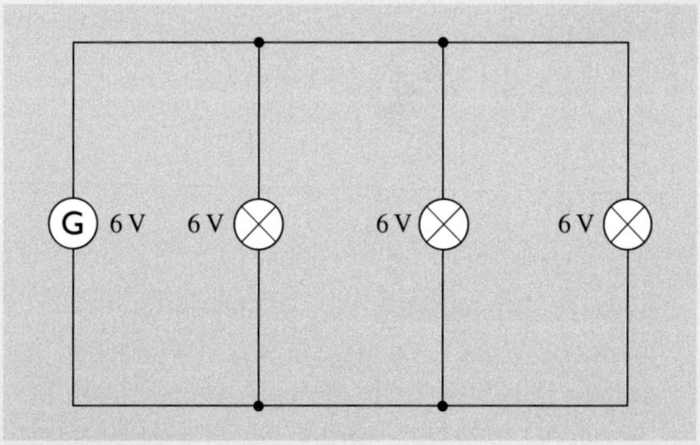

1 Spannung bei Parallelschaltung

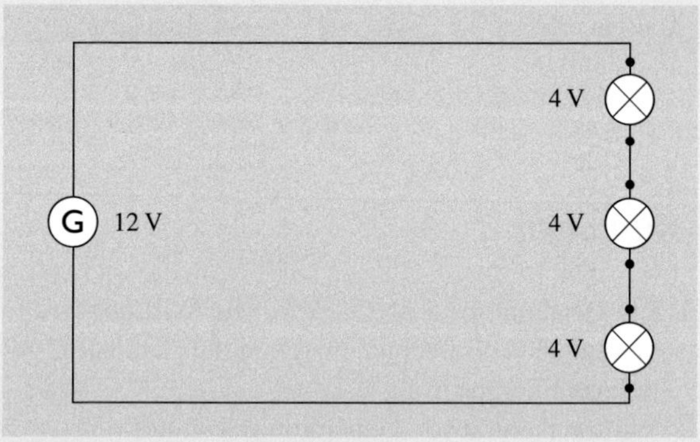

2 Spannung bei Reihenschaltung

Wirkungsgrad Der Wirkungsgrad η eines Gerätes gibt an, welcher Anteil der zugeführten Energie für den vorgesehenen Zweck genutzt wird.

$$\eta = \frac{E_{\text{nutz}}}{E_{\text{zu}}} = \frac{P_{\text{nutz}}}{P_{\text{ges}}}$$

020-1

1 Jede der beiden Scheinwerferlampen eines Autos ist für sich an die 12-V-Batterie angeschlossen. Die Lampen haben jeweils eine Leistung von 55 W. ↑3

a Berechne die Stromstärke in jeder einzelnen Lampe. Berechne zum Vergleich auch die Stromstärke in einer 60-W-Haushaltsglühlampe.

b Jeder Scheinwerfer hat etwa die gleiche Leistung wie die 60-W-Lampe. Trotzdem ist die Stromstärke in der Scheinwerferlampe höher als die in der Glühlampe. Gib dafür eine Erklärung.

c Berechne, wie lange man die beiden Autoscheinwerfer mit einer Energie von 1 kW · h betreiben kann.

d Wie lange dauert es, bis die Autobatterie (100 A · h) erschöpft ist, wenn die beiden Scheinwerfer (je 55 W) und die beiden Rückleuchten (je 6 W) nach dem Abstellen des Motors eingeschaltet bleiben?

3 Scheinwerfer

2 Im Haushalt wird die Energie für unterschiedliche Zwecke verwendet. Lies den Jahresbedarf eines Kühlschranks ab und berechne, wie groß die mittlere Leistung in Watt ist. ↑4 Begründe, warum die Wattzahl auf dem Typenschild höher ist als in der Rechnung.

3 Eine 11-V-Laptop-Batterie mit der Aufschrift 4000 mA · h kann 4,0 Stunden lang einen elektrischen Strom von 1 A liefern. Wie viel ist die gespeicherte Energie wert? (*Tipp:* 1 kW · h kostet ca. 0,20 €.)

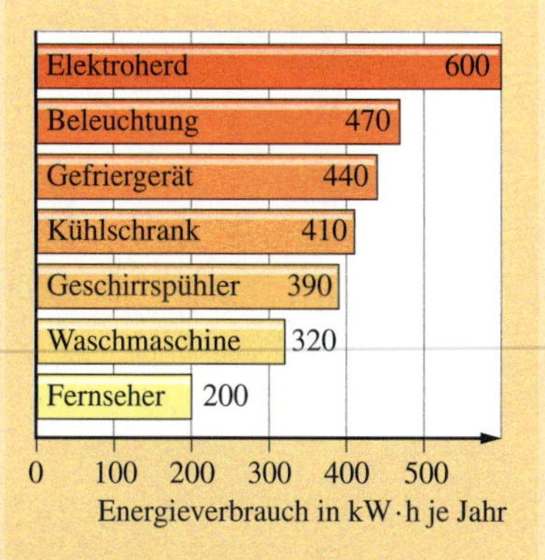

4 Energieverbrauch

4 Wie viel Energie wandeln die in der Tabelle genannten Geräte in der angegebenen Zeit um? Übertrage die Tabelle in dein Heft und ergänze die fehlenden Angaben. Rechne mit 0,20 € für 1 kW · h.

Gerät (Leistung)	Betriebsdauer	Energie in kW · h	Energie in MJ	Kosten in €
DSL Router (Stand-by 7 W)	10 h	?	?	?
PC (Stand-by 10 W)	16 h	?	?	?
Fernseher (150 W)	4 h	?	?	?
Backofen (2 kW)	90 min	?	?	?

5 Auf einem Dach soll eine Fotovoltaikanlage montiert werden. Sie soll eine Gleichspannung von 240 V liefern und dazu eine möglichst hohe Energiestromstärke. Jede der dargestellten Zellen liefert bei Sonnenschein eine Spannung von 15 V. ↑5 Auf dem Dach lassen sich auf einer Fläche von 20 m^2 96 dieser Zellen installieren.

a Zeichne eine Schaltskizze für diese Anlage und begründe, welcher Teil der Schaltung für die vorgegebene Spannung sorgt. Erläutere, auf welche Weise eine möglichst große Energiestromstärke erzeugt wird.

b Auf jeden Quadratmeter der Anlage fällt im Sommer mittags von der Sonne ein Energiestrom von 500 W. Die Anlage hat einen Wirkungsgrad von 20 %. Wie viel leistet die Anlage maximal?

6 Drei Taschenlampen unterscheiden sich dadurch, dass zwei, drei oder vier Batteriezellen (je 1,5 V) in Reihe geschaltet sind. Die Stromstärken in den Glühlämpchen sind etwa gleich hoch (0,5 A). Berechne jeweils die Energiestromstärken von der Batterie zur Lampe.

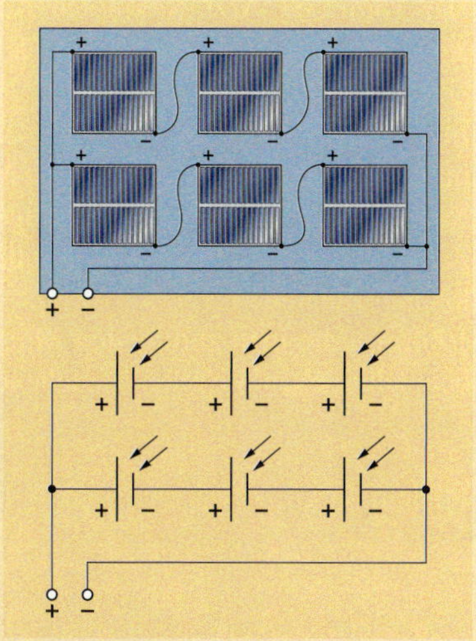

5 Solarmodul

Vom Zitteraal zum Defibrillator

Bei den Zitterfischen entsteht die Spannung im elektrischen Organ. Dabei handelt es sich um umgewandelte Hautdrüsen oder Muskeln. Beim Zitterrochen besteht das elektrische Organ aus vielen nebeneinanderliegenden Säulen. Sie ähneln in ihrem Aufbau einer Batterie mit vielen Einzelzellen.

Bereits in der Antike nutzten griechische und römische Ärzte elektrische Fische als schmerzstillendes Mittel. Der römische Arzt Scribonius Largo wollte mit den vom Zitterrochen erteilten elektrischen Schlägen Geisteskranke heilen.

Im 18. Jahrhundert wurden Versuche unternommen, mithilfe einer Elektrisiermaschine Medikamente in den Körper des Patienten einzubringen. Amerikanische Zahnärzte nutzten im 19. Jahrhundert Gleichstrom zur lokalen Betäubung.

1908 wandte man zum ersten Mal in der Medizin die bei elektrischen Strömen entstehende Wärme an.

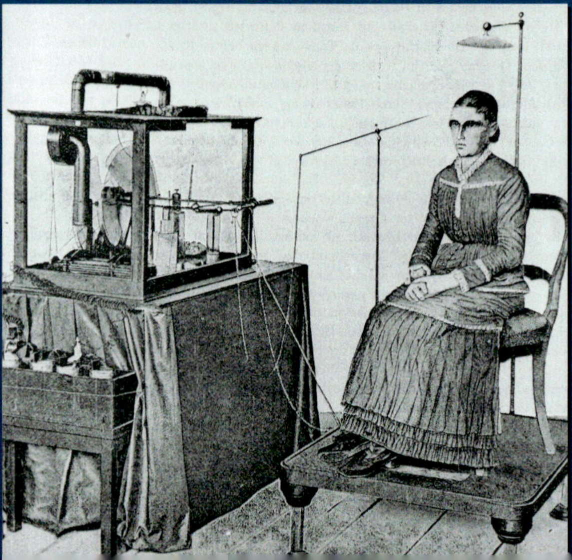

Gleichstromtherapie Fließt ständig ein Gleichstrom, zeigen sich hellrote Verfärbungen an den Hautstellen, die sich unter den Elektroden befinden. Diese verbesserte Durchblutung verstärkt alle Stoffwechselvorgänge, verbessert die Ernährung sowie die Funktion und Regeneration des behandelten Gewebes. Der Gleichstrom wirkt entzündungshemmend, schmerzdämpfend und fördert die Aufnahme von Nährstoffen.
Fließt der Gleichstrom nicht ständig, sondern wird er immer wieder kurz unterbrochen, werden Stromimpulse erzeugt. Mit diesen Impulsen können Nerven und Muskeln gereizt werden.

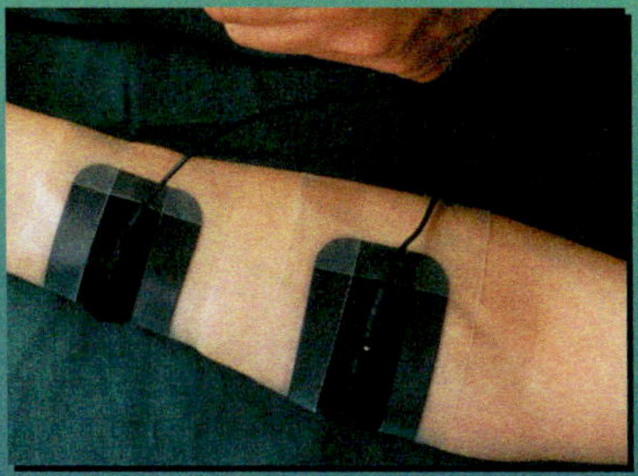

Mit kleinen, batteriebetriebenen Apparaten können Stromimpulse zur Schmerzdämpfung eingesetzt werden. Der schwache Stromreiz bewirkt eine Blockade der Schmerzweiterleitung zum Gehirn.

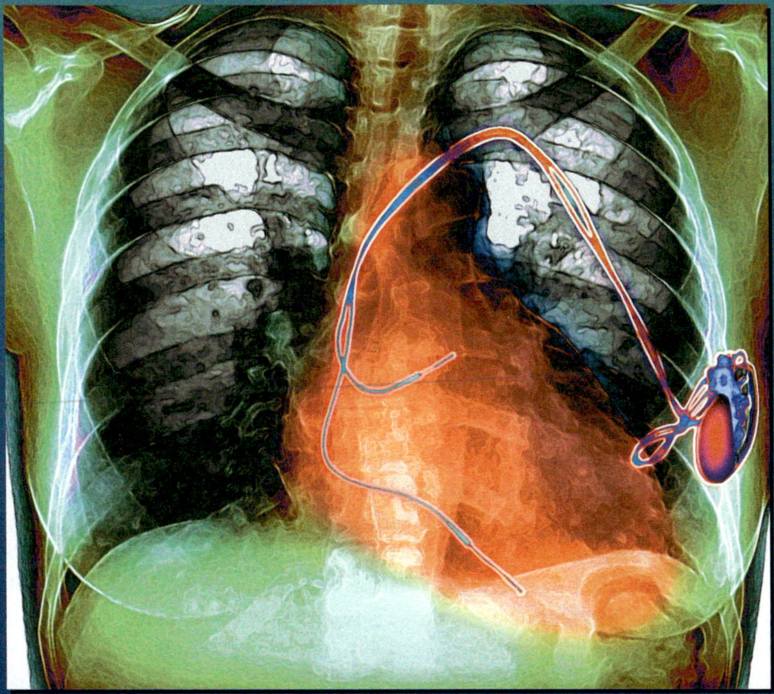

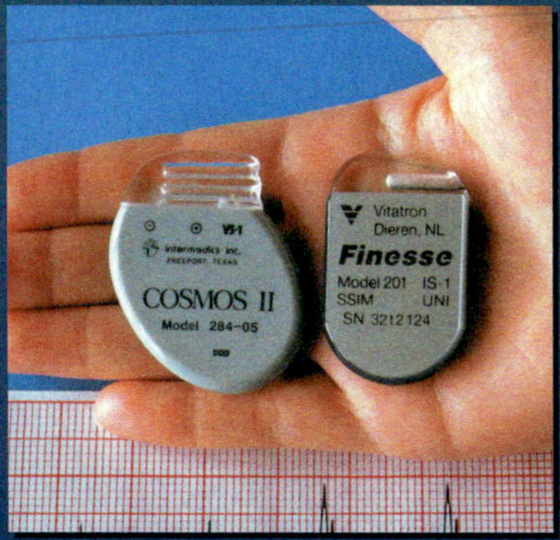

Herzschrittmacher Ein Herzschrittmacher wird erforderlich, wenn das Herz zu langsam schlägt. Er besteht aus einem „Minicomputer", einer Batterie und Elektroden und wird direkt unter der Haut implantiert. Durch eine Vene werden die Elektroden in das Herz eingeführt und an der Innenwand des Herzens befestigt. Die Elektroden übertragen die Stromimpulse zum Herzen und die Signale über eigene Herzaktivitäten zum Schrittmacher. Der Schrittmacher tritt nur in Aktion, wenn das Herz zu langsam schlägt.

Defibrillator Der Defibrillator soll bei lebensbedrohlichen Herzrhythmusstörungen durch starke Stromstöße die normale Herzaktivität wiederherstellen. Durch einen starken elektrischen Schock wird das Steuerungssystem des Herzens gestört. Danach soll sich der normale Herzrhythmus spontan wieder ein-

Bei manuellen Defibrillatoren werden die Kontakte mit dem Brustkorb des Patienten in Kontakt gebracht. Der Strom fließt zwischen ihnen direkt über das Herz. Vollautomatische Defibrillatoren werden wie ein Herzschrittmacher implantiert.

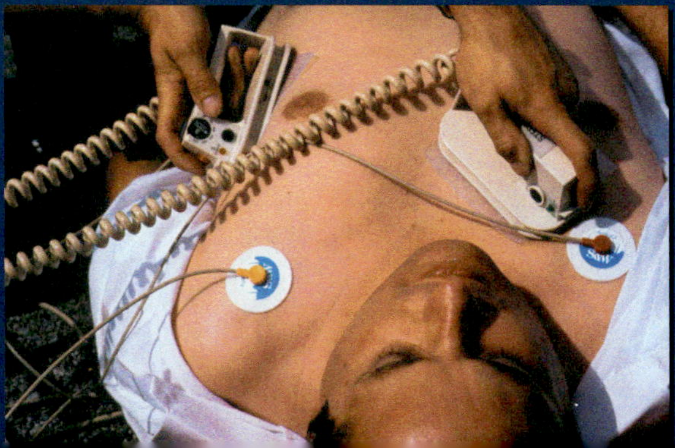

Energieströme im Alltag – elektrischer Widerstand

Wenn ein Blitz auf der Erde einschlägt, so ist das für Menschen, die sich in der Nähe des Einschlagsortes befinden, meist lebensgefährlich – Gebäude können entflammt oder beschädigt werden. Ursache dieser Gefahr ist eine Energiestromstärke von vielen Gigawatt bei einer elektrischen Stromstärke von bis 30 000 A und einer Spannung von einigen Millionen Volt. Ein Blitz ist eine gewaltige elektrische Entladung. Sie führt zu einer Erhitzung des Blitzkanals auf bis zu 30 000 °C.
Was passiert, wenn die Luft im Blitzkanal zum Leiter wird, und warum wird der Kanal so heiß?

1 Gewitter

2 Hochspannungsleitungen am Kraftwerk

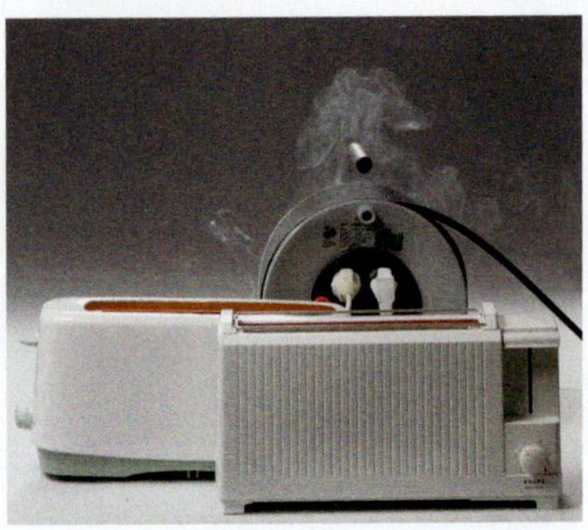

3 Kabeltrommel

Der Energiestrom fließt hier ↑2 vom Kraftwerk zu den Verbrauchern. Obwohl die Energiestromstärke 500 kW beträgt, erwärmen sich die Hochspannungsleitungen kaum. Wie schafft man es, die Energieverluste durch thermische Energie so gering zu halten?
Hier ↑3 fließt der Energiestrom von der Quelle durch die Kabeltrommel zum Toaster. Die Energiestromstärke beträgt nur 5,6 kW, daher sollte sich das Kabel nicht erwärmen. Aber es qualmt doch …!
Obwohl alle Geräte an die Netzspannung angeschlossen sind, ist die Energiestromstärke und damit auch die elektrische Stromstärke in ihnen unterschiedlich groß:

$I_{Lampe} = 0{,}09\,A$, $I_{Toaster} = 4{,}3\,A$, $I_{Herd} = 8{,}7\,A$.

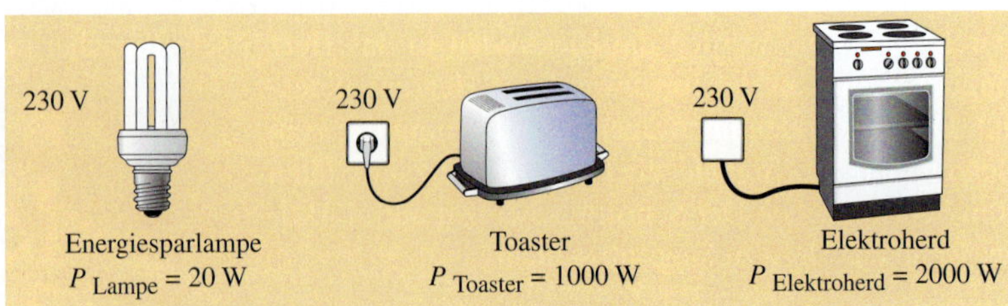

4 Unterschiedliche Stromstärken – unterschiedliche Energiestromstärken

Wie erreicht man es, dass der zu einem Gerät fließende Energiestrom genau die gewünschte Stärke hat?
Warum wird ein Draht warm, wenn in ihm ein elektrischer Strom fließt?
Warum bleiben die Zuleitungen kalt, während die Drähte in Glühlampe, Toaster und Herd glühen?

Experimente

1 Heizdraht und Zuleitungen
Verwende als Heizdraht einen Konstantandraht von 50 cm Länge und 0,2 mm Durchmesser. (Konstantan ist eine Legierung aus Kupfer und Nickel.)

a Schließe den Heizdraht über zwei isolierte Zuleitungen an die Quelle (6 V); überprüfe, ob auch die Zuleitungen warm werden.

b Verwende nun als Zuleitung Kupferdrähte ohne Isolierung. Verbinde ihre Enden mit dem Konstantandraht. Wickle die Zuleitung und dann den Konstantandraht um den Temperaturfühler. ↑5
Was stellst du fest? Suche eine Erklärung für deine Beobachtung.

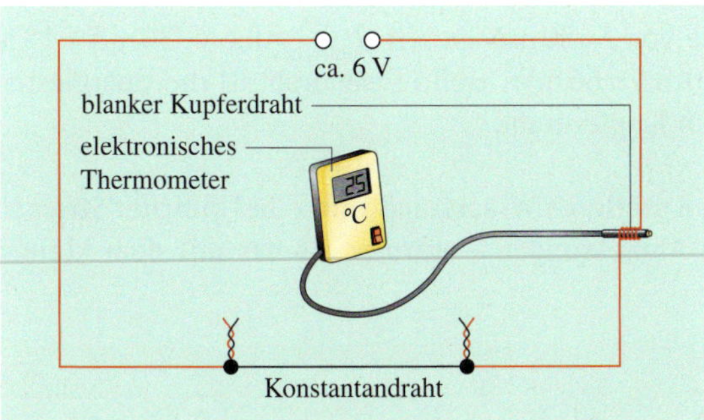

5 Erwärmen sich die Leitungen?

2 Wirkungen des elektrischen Stroms
Untersuche die Wirkungen des elektrischen Stroms in gleich langen und gleich dicken Drähten aus verschiedenen Materialien. Damit ein gleich starker elektrischer Strom durch die Drähte fließt, schalten wir sie in Reihe.

a Schalte die Energiequelle ein und beobachte die Wachskugeln. Was stellst du fest? ↑6

b Miss an jedem Draht die elektrische Spannung.

c Warum sollen die Drähte bei diesem Experiment den gleichen Durchmesser haben und gleich lang sein?

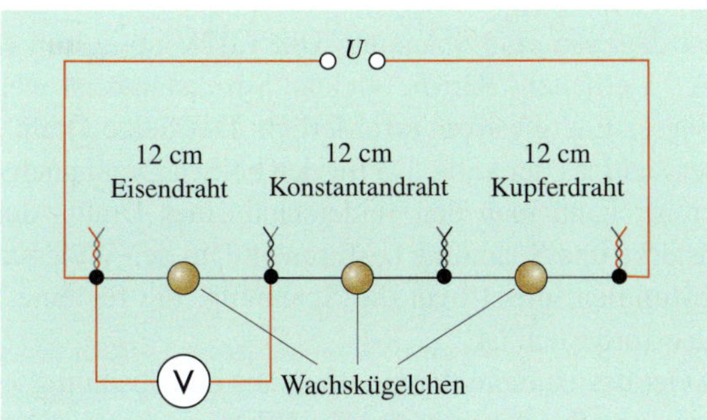

6 Elektrischer Strom und Wärme

3 Temperatur und Stromstärke
Stelle eine Heizwendel her, indem du 0,5 m Eisendraht (Durchmesser 0,2 mm) auf eine Kugelschreibermine wickelst.

a Baue die Wendel in einen Stromkreis mit einer Glühlampe ein. Was beobachtest du, wenn du die Wendel bis zur Rotglut erhitzt? Was bedeutet das für den Zusammenhang zwischen elektrischer Stromstärke und Temperatur des Eisendrahts? ↑7

b Wickle nun eine Wendel aus gleich dickem und gleich langem Konstantandraht. Baue statt der Glühlampe einen Strommesser in den Stromkreis ein. Erhitze die Wendel aus Konstantan. Welchen Unterschied zu Teil a stellst du fest?

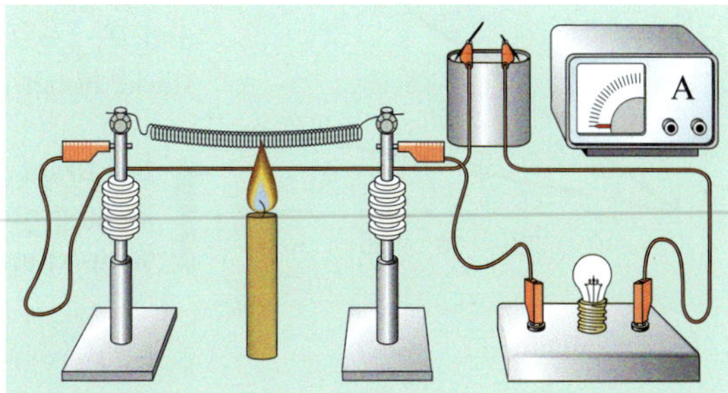

7 Temperatur und Leitfähigkeit

4 Spannung und Stromstärke am Eisendraht
Du benötigst einen 1 m langen Eisendraht von 0,2 mm Durchmesser. Wickle den Draht um einen Stift: Du erhältst so eine handliche Wendel. Wie hoch muss die Spannung zwischen den Drahtenden sein, damit die elektrische Stromstärke 0 A; 0,2 A; 0,4 A; …; 1,0 A beträgt? Stelle die Wertepaare für I und U in einem Diagramm dar.

5 Spannung und Stromstärke am gekühlten Eisendraht
Wiederhole Experiment 4, aber tauche dieses Mal den Draht in destilliertes Wasser. Vergleiche deine Ergebnisse mit dem aus Experiment 4. Deute die Ergebnisse im Hinblick auf die Eingangsüberlegungen.

6 Konstantandraht
Stelle den Zusammenhang zwischen elektrischer Stromstärke und Spannung für einen Konstantandraht in einem U-I-Diagramm dar. Die Stromstärke kann erhöht werden, bis der Draht glüht.

GRUNDLAGEN: Gute Leiter – schlechte Leiter

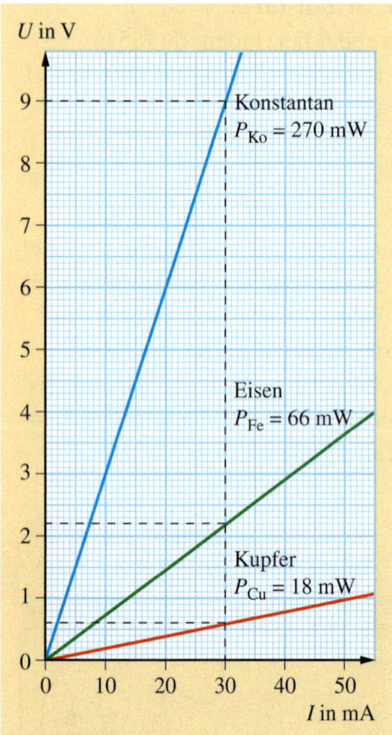

1 *I*-*U*-Diagramm

Die Erwärmung eines Drahts hängt von der Stromstärke, seinen Abmessungen und vom Material ab. Ein Kupferdraht erwärmt sich bei gleicher Stromstärke und gleichen Abmessungen weniger als ein Eisendraht und dieser weniger als ein Konstantandraht. Die Spannung am Kupferdraht ist dabei kleiner als die am Eisendraht und diese wiederum viel kleiner als die am Konstantandraht. Eisen leitet also den elektrischen Strom schlechter bzw. hemmt ihn stärker als Kupfer.

Die Eigenschaft, den elektrischen Strom unterschiedlich stark zu hemmen, beschreibt der Physiker mit dem Begriff *elektrischer Widerstand*. Der Eisendraht hat hier also einen größeren elektrischen Widerstand als der Kupferdraht.

Der Energiestrom fließt von der Energiequelle zu einem Draht. Die Energiestromstärke berechnen wir mit der Beziehung $P_{el} = U \cdot I$. Sie ist beim Eisendraht (Fe) größer als beim Kupferdraht (Cu). ↑1 Bei einer elektrischen Stromstärke von $I = 30\,\text{mA}$ ist z. B. $P_{el,Cu} = 0{,}6\,\text{V} \cdot 30\,\text{mA} = 18\,\text{mW}$ und $P_{el,Fe} = 2{,}2\,\text{V} \cdot 30\,\text{mA} = 66\,\text{mW}$. Beim Eisendraht ist die Energiestromstärke höher als beim Kupferdraht.

↑Basiskonzept Energie

Der Draht mit dem größeren Widerstand wird – bei gleicher Stromstärke und gleichen Abmessungen – wärmer als der mit dem kleineren Widerstand.

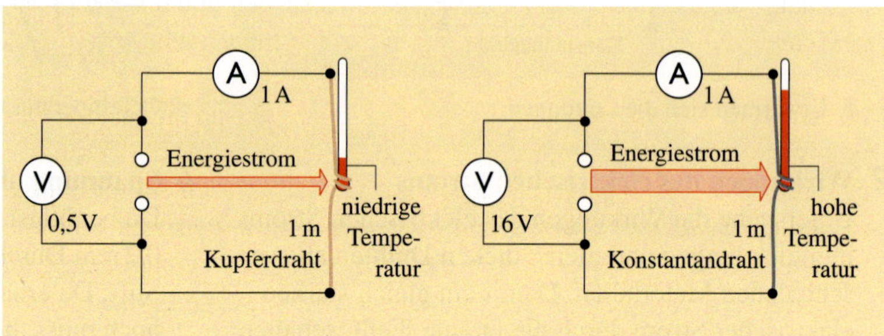

2 Unterschiedliche Erwärmung bei gleicher elektrischer Stromstärke

GRUNDLAGEN: Der elektrische Widerstand als physikalische Größe

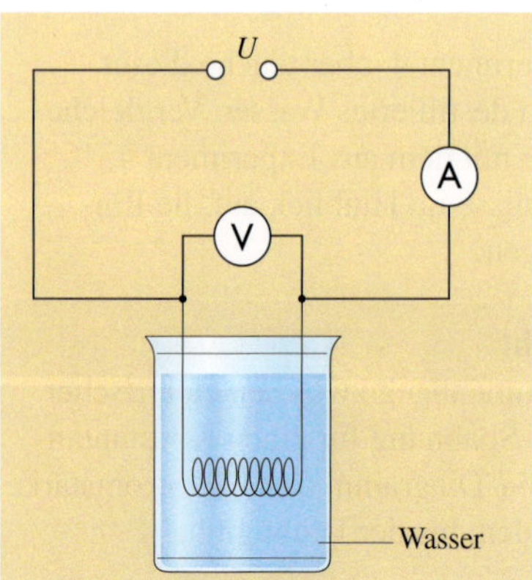

3 Widerstand und Temperatur

Taucht man einen Kupferdraht (mit bestimmter Länge und Querschnittsfläche) in Eiswasser, benötigt man eine Spannung von 0,86 V, um eine Stromstärke von 1 A zu erzeugen. ↑3, 4

In heißem Wasser ist dagegen eine Spannung von 1,07 V nötig, um eine Stromstärke von 1 A zu erhalten. Für die gleiche Stromstärke ist wegen $P = U \cdot I$ also ein größerer Energiestrom erforderlich: Der heiße Draht hat einen größeren Widerstand als der kalte. Da für den heißen Draht auch der Quotient U/I größer ist, kann man den Widerstand eines Drahts durch Messung von Stromstärke und Spannung bestimmen: Um den Widerstand eines Gerätes zu bestimmen, misst man die Spannung, die für eine bestimmte Stromstärke erforderlich ist.

Der Widerstand des Gerätes ist dann der Quotient aus der Spannung zwischen den Anschlüssen und der Stromstärke: $R = U/I$.

$$\text{elektrischer Widerstand} = \frac{\text{Spannung über dem Verbraucher}}{\text{Stromstärke im Verbraucher}};\ R = \frac{U}{I}$$

Das Formelzeichen R für den elektrischen Widerstand ist abgeleitet vom englischen Wort *resistance*: Widerstand. Die Einheit des elektrischen Widerstands ist 1 Ohm. Sie wurde nach dem deutschen Physiker Georg Simon Ohm (1789–1854) benannt. Als Einheitenzeichen für das Ohm wurde der griechische Buchstabe Ω (Omega) gewählt: $1\,\Omega = 1\,\text{V}/1\,\text{A}$. Widerstände werden auch in Kiloohm (kΩ) und in Megaohm (MΩ) angegeben:
$1\,\text{k}\Omega = 1000\,\Omega$; $1\,\text{M}\Omega = 1000\,\text{k}\Omega$.
Der elektrische Widerstand beträgt hier ↑4: $R_{\text{Cu, 0 °C}} = 0{,}86\,\text{V}/1\,\text{A} = 0{,}86\,\Omega$ bzw. $R_{\text{Cu, 95 °C}} = 1{,}07\,\text{V}/1\,\text{A} = 1{,}07\,\Omega$.

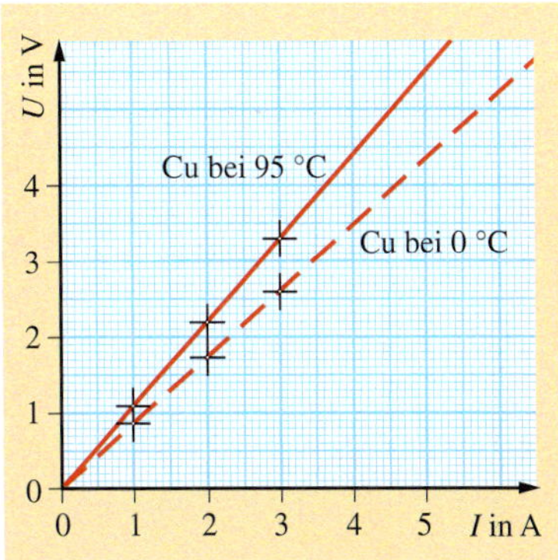

4 *I*-*U*-Diagramm

GRUNDLAGEN: Wie der elektrische Widerstand entsteht

Ursache dafür, dass elektrische Leiter einen Widerstand für die Elektronenbewegung darstellen, sind zum Teil recht komplizierte Vorgänge in ihrem Innern. Wie kann man sich diese Vorgänge vorstellen? ↑5
Die Atome, aus denen alle Körper bestehen, sind elektrisch neutral. In einem Metalldraht sitzen aber nicht ganze Atome an festen Plätzen, sondern nur Atomrümpfe. Das sind Atome, denen Elektronen fehlen. Jedes Atom hat nämlich ein oder zwei Elektronen abgegeben und diese Elektronen können sich praktisch frei zwischen den Atomrümpfen bewegen.

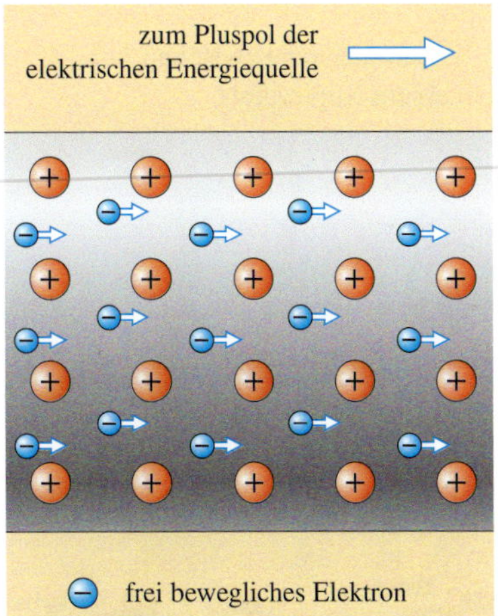

5 Modellvorstellung

Widerstand und Temperatur Wenn man eine Spannung an die Enden eines Drahtes anlegt, werden die (freien) Elektronen durch den Draht getrieben. Auf ihrem Weg wechselwirken sie immer wieder mit den Atomrümpfen (wir stellen uns die Wechselwirkung wie einen Stoß zwischen Elektron und Atomrumpf vor). Dabei geben die Elektronen Bewegungsenergie an die Atomrümpfe ab, diese geraten stärker in Schwingungen. Man erkennt das daran, dass sich der Leiter erwärmt. ↑6, 7

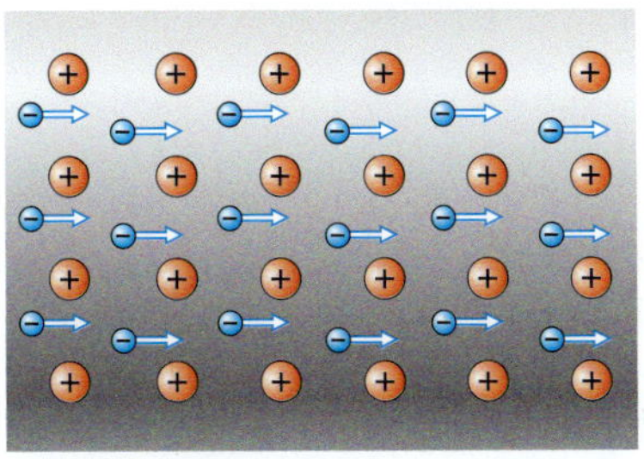
6 Kalter Leiter

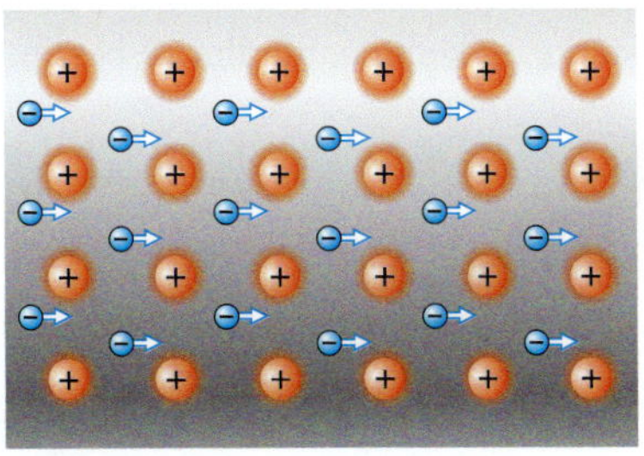
7 Heißer Leiter

Bewegungsenergie wird in thermische Energie umgewandelt. Die Elektronenbewegung wird fortwährend gehemmt. Damit die Elektronen nicht langsamer werden, muss ihnen ständig Energie zugeführt werden. Diese Energie stammt von der Spannungsquelle.

Mit steigender Temperatur vergrößert sich der Widerstand von Metalldrähten.

027-1

↑Basiskonzept Struktur der Materie

↑Basiskonzept System

↑Basiskonzept Wechselwirkung

GRUNDLAGEN: Widerstand und elektrische Stromstärke

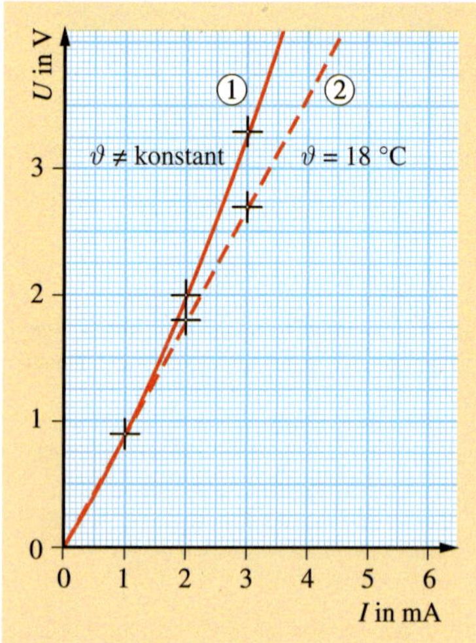

1 Zusammenhang zwischen I und U bei einem Kupferdraht

Die Kurve ① in Bild ↑1 zeigt, wie bei einem Kupferdraht Spannung und elektrische Stromstärke zusammenhängen. Ähnliche Kurven erhält man auch für andere Drähte aus Metall (z. B. für Eisen- oder Silberdrähte). Aus dem Diagramm erkennst du, dass man die Spannung mehr als verdoppeln muss, um die doppelte elektrische Stromstärke zu erhalten: Die Drähte haben bei der doppelten elektrischen Stromstärke einen größeren Widerstand.

Wir können das Ergebnis dieses Experiments so erklären: Die Atomrümpfe geben auch bei höherer Temperatur nicht mehr Elektronen ab. Eine größere elektrische Stromstärke kann nur dadurch entstehen, dass sich die Elektronen schneller bewegen. Sie „stoßen" deshalb heftiger gegen die Atomrümpfe und regen sie so zu stärkeren Schwingungen an: Die Temperatur des Drahts steigt und damit auch sein Widerstand.

Wenn man die Temperatur des Kupferdrahts konstant hält, z. B. durch ein Wasserbad, ergibt sich im Diagramm eine Gerade ②. Auch wenn man die Messungen an anderen Metalldrähten ausführt, erhält man im Diagramm Geraden durch den Ursprung, sofern die Temperatur der Drähte konstant bleibt.

↑Basiskonzept System

Wenn bei einem elektrischen Gerät elektrische Stromstärke und Spannung einander proportional sind, sagt man, es erfüllt das ohmsche Gesetz.
Leiter aus Metall erfüllen das ohmsche Gesetz, wenn ihre Temperatur konstant gehalten wird. Das heißt: Ihr Widerstand ist unabhängig von der elektrischen Stromstärke. 028-1

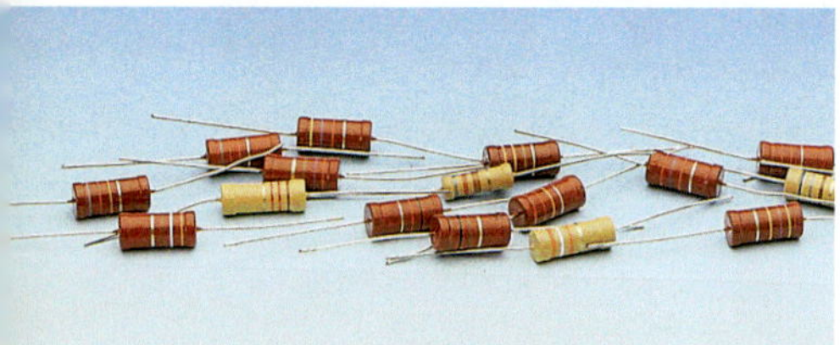

2 Technische Widerstände

Bei Verbrauchern, die das ohmsche Gesetz erfüllen, ist es einfach, elektrische Stromstärken für beliebige Spannungen oder die erforderliche Spannung für eine bestimmte elektrische Stromstärke vorherzusagen. Denn der Widerstand eines solchen ohmschen Verbrauchers hat bei jeder Spannung und bei jeder elektrischen Stromstärke denselben Wert. Man braucht nur bei einer einzigen Spannung die zugehörige elektrische Stromstärke zu kennen, um ihn zu bestimmen.

Ringfarbe	1. Ring 1. Ziffer	2. Ring 2. Ziffer	3. Ring Multiplikator	4. Ring Toleranz
schwarz	0	0	x 1 Ω	
braun	1	1	x 10 Ω	± 1%
rot	2	2	x 100 Ω	± 2%
orange	3	3	x 1 kΩ	
gelb	4	4	x 10 kΩ	
grün	5	5	x 100 kΩ	
blau	6	6	x 1 MΩ	
violett	7	7	x 10 MΩ	
grau	8	8	x 100 MΩ	
weiß	9	9	x 1000 MΩ	
gold			x 0,1 Ω	± 5%
silber			x 0,01 Ω	± 10%
keine				± 20%

Beispiel

$46 \cdot 100\ \Omega \pm 5\%$
$= 4{,}6\ k\Omega \pm 230\ \Omega$

Farbcode von Widerständen: Auf Bauelemente mit kleinen Abmessungen kann man den Betrag des elektrischen Widerstands oft nicht lesbar aufdrucken. Deshalb werden sie mit farbigen Ringen versehen. Aus der Kombination der Farbringe kann man den Betrag des elektrischen Widerstands ermitteln.

3 Farbcode bei technischen Widerständen

Musteraufgabe

Durch einen ohmschen Verbraucher fließt bei einer Spannung von 6 V ein elektrischer Strom mit der elektrischen Stromstärke 0,5 A.

a Welche Spannung muss eine Quelle haben, damit sie in diesem Verbraucher eine elektrische Stromstärke von 2,5 A hervorrufen kann?

b Wie groß ist die elektrische Stromstärke, wenn der Verbraucher an eine Monozelle mit der Spannung 1,5 V angeschlossen wird?

Lösung:

Zunächst kann man aus den bekannten Werten von Spannung und elektrischer Stromstärke den Widerstand des Verbrauchers berechnen:
$R = U/I = 6\,\text{V}/0{,}5\,\text{A} = 12\,\Omega$.

a $U = R \cdot I$
$U = 12\,\Omega \cdot 2{,}5\,\text{A} = 30\,\text{V}$

Ergebnis: Die gesuchte Spannung beträgt 30 V.

b $I = U/R$
$I = 1{,}5\,\text{V}/12\,\Omega = 0{,}125\,\text{A}$

Ergebnis: Die gesuchte elektrische Stromstärke beträgt 0,125 A.

Aus der Geschichte GEORG SIMON OHM

GEORG SIMON OHM war Lehrer an einem Kölner Gymnasium. Zwischen 1822 und 1825 untersuchte er die Leitfähigkeit von Flüssigkeiten und Metallen. Damals war noch unbekannt, in welcher Weise die „elektrische Wirkung“ von den Eigenschaften der Energiequelle und denen des Leiters abhängt. „Stromstärke“ und „Spannung“ waren noch unklare Begriffe. OHM setzte Energiequellen ein, von denen er mehrere in Reihe schaltete. Auf diese Weise konnte er mit unterschiedlichen Spannungen experimentieren. Er erwartete, dass z.B. bei doppelter Spannung auch die Stromstärke doppelt so groß ist. In seinen Experimenten konnte OHM diese Vermutung lange Zeit nicht bestätigen. Er hatte mit vielen Schwierigkeiten zu kämpfen. Die Spannung seiner ersten Energiequellen sank während der Messung und die Messwerte änderten sich mit der Temperatur der Leiter.

4 GEORG SIMON OHM (1789–1854)

Nach vielen Jahren des Experimentierens konnte OHM schließlich im Jahr 1826 zeigen, dass das vermutete Gesetz tatsächlich gilt: Stromstärke und Spannung ändern sich in gleichem Maße, sie sind proportional zueinander, aber nur wenn die Temperatur des Leiters gleich bleibt (ohmsches Gesetz).

Durch OHMs Arbeit wurden die Begriffe „Stromstärke“, „Spannung“ und „Widerstand“ geklärt.

Die Anerkennung seiner Arbeit durch die Wissenschaft ließ jedoch lange auf sich warten: Erst 1849 erhielt er eine von ihm angestrebte Stelle an einer bayerischen Forschungseinrichtung. Und 1852 – erst zwei Jahre vor seinem Tod – wurde er Professor an der Universität München.

Aufgaben

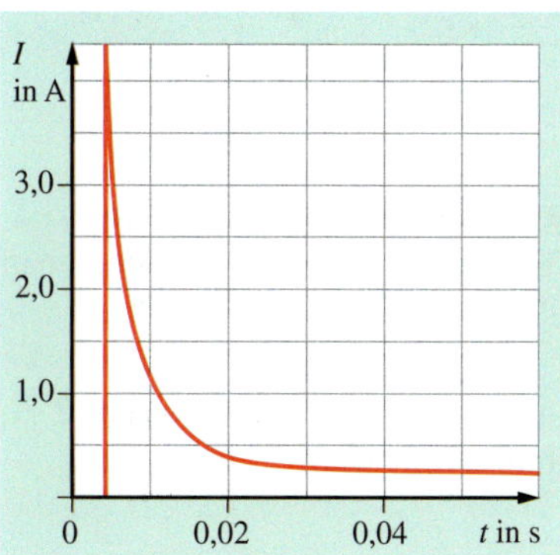

5 Einschaltvorgang

1 Wenn sich Elektronen durch ein Metall bewegen, wechselwirken sie mit Atomrümpfen und geben Energie ab.

a Welche Folge hat das für den Leiter?

b Warum werden die Elektronen auf ihrem Weg durch einen Draht nicht immer langsamer? (Bedenke: Die Stromstärke im ganzen Draht ist gleich groß!)

2 Die elektrische Stromstärke in einer Glühlampe ist kurz nach dem Einschalten besonders hoch. ↑5
Was verrät die Messkurve über den Widerstand der Lampe? (Die Spannung an der Lampe ist konstant.)

Experiment

1 Abmessungen des Drahts
Untersuche, wie die Abmessungen eines Drahts seinen Widerstand beeinflussen. Nutze dazu die dargestellte Experimentieranordnung. ↑1
Die Spannung am Draht wird so lange erhöht, bis die elektrische Stromstärke jeweils 1 A erreicht hat.

a Setze zunächst ein 50 cm langes Stück Konstantandraht mit einem Durchmesser von 0,2 mm in den Stromkreis ein.

b Wie musst du vorgehen, um den Einfluss der Drahtlänge zu untersuchen?

c Untersuche in gleicher Weise auch Drähte mit verschiedenen Durchmessern.

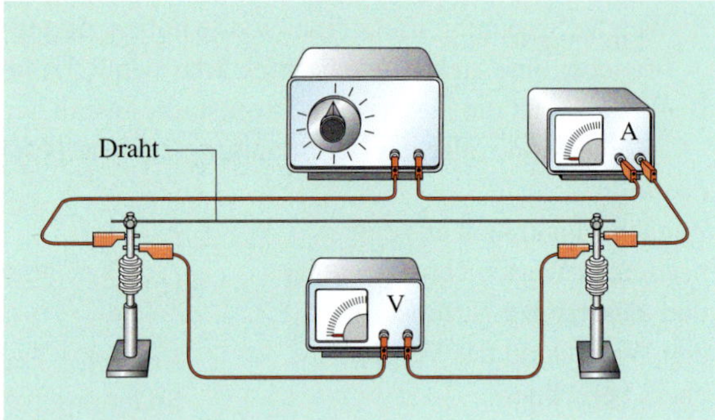

1 Draht und Widerstand

Methode Eine physikalische Größe hängt von mehreren Variablen ab

↑Basiskonzept System

Der Widerstand *R* eines Drahts ist abhängig von seiner Länge, seinem Querschnitt, dem Material, aus dem er besteht, und möglicherweise von seiner Temperatur. Wie kann man aus Messungen eine mathematische Beziehung zwischen diesen Größen erhalten?
Regel: Ist eine physikalische Größe von mehreren Variablen abhängig, so führt man die Messungen so durch, dass man immer nur eine Variable ändert, alle anderen aber konstant hält.

Wir ermitteln also bei einem Draht aus einem bestimmten Material zunächst die Abhängigkeit des Widerstands von seiner Länge *l* und dann von seiner Querschnittsfläche *A*. Als Material wählen wir Konstantan, weil der Widerstand des Drahts dann unabhängig von der Temperatur ist.

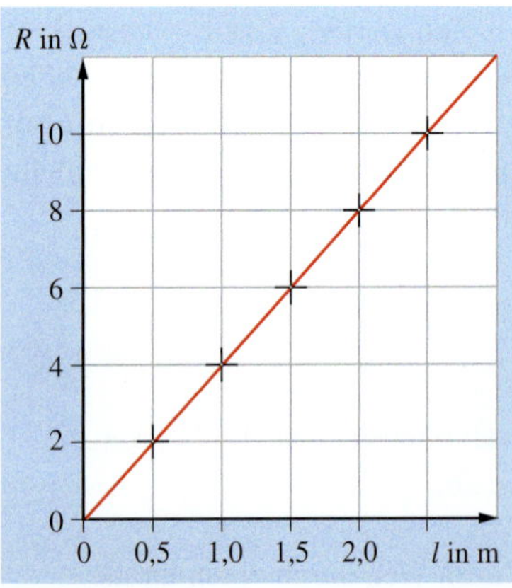

2 *l*-*R*-Diagramm

1 *Wie hängt der Widerstand eines Drahts von der Länge ab?*
Dazu legt man an Konstantandrähte unterschiedlicher Länge die Spannung $U = 2{,}0\,V$ an und misst jeweils die Stromstärke *I*. Bei gleichem Durchmesser (z. B. $d = 0{,}4$ mm) erhält man folgende Werte:

Länge *l* in m	Stromstärke *I* in A	Widerstand *R* in Ω	*R*/*l* in Ω/m
0,50	1,00	2,0	4,0
1,00	0,50	4,0	4,0
1,50	0,33	6,0	4,0
2,00	0,25	8,0	4,0
2,50	0,20	10,0	4,0

Ergebnis: Widerstand *R* und Länge *l* sind einander proportional. ↑2
Diese Beziehung gilt auch für Drähte aus anderen Materialien, wenn man ihre Temperatur konstant hält.

Widerstand *R* und Länge *l* sind einander proportional: $R \sim l$, wenn Querschnitt und Material konstant sind.

2 *Wie hängt der Widerstand eines Drahts vom Querschnitt ab?*
Bei einer konstanten Spannung ($U = 2{,}0\,V$) wird der Widerstand von 1 m langen Konstantandrähten mit unterschiedlichen Querschnittsflächen bestimmt.

Durchmesser d in mm	Querschnittsfläche A [$A = \pi \cdot (d/2)^2$] in mm^2	Stromstärke I in A	Widerstand R in Ω	$(R \cdot A)$ in $\Omega \cdot mm^2$
0,2	0,031	0,126	15,873	0,492
0,4	0,126	0,500	4,000	0,500
0,8	0,503	2,000	1,000	0,500
1,0	0,785	3,180	0,629	0,494

Man erkennt, dass mit wachsender Querschnittsfläche der Widerstand abnimmt. Um festzustellen, ob Widerstand R und Querschnittsfläche A einander vielleicht sogar umgekehrt proportional sind, prüfen wir, ob das Produkt $(R \cdot A)$ konstant ist. Das ist im Rahmen unserer Messgenauigkeit der Fall. ↑3

Widerstand R und Querschnittsfläche A sind einander umgekehrt proportional: $R \sim 1/A$, wenn Länge und Material konstant sind.

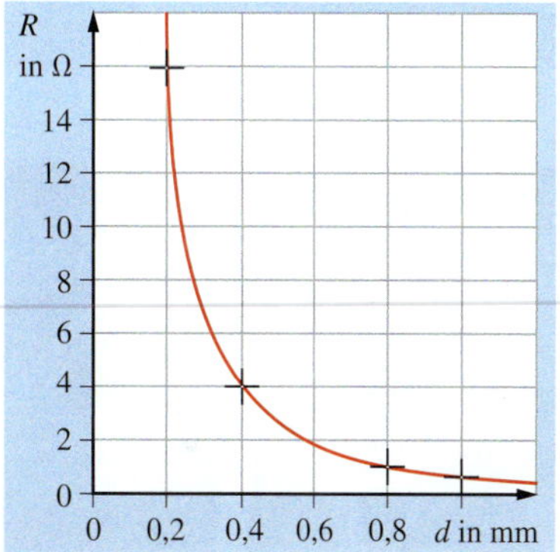

3 d-R-Diagramm

3 *Das Widerstandsgesetz*
Mithilfe dieser Ergebnisse kann man die Widerstände von Konstantandrähten mit beliebigen Abmessungen berechnen:

Aus $R \sim l$ und $R \sim 1/A$ folgt $R \sim \frac{l}{A}$ oder $R = \rho \cdot \frac{l}{A}$.

Die Konstante ρ (Rho) hängt bei konstanter Temperatur nur vom Material des Leiters ab. Sie heißt spezifischer Widerstand.
Mithilfe der Tabelle kann man den Widerstand jedes Bauelements aus den genannten Materialien berechnen.

Spezifischer Widerstand ρ (bei 20 °C)			
Stoff	ρ in $\frac{\Omega \cdot mm^2}{m}$	Stoff	ρ in $\frac{\Omega \cdot mm^2}{m}$
Silber	0,016	Zinn	0,12
Kupfer	0,017	Stahl	ca. 0,13
Gold	0,020	Konstantan	0,50
Wolfram	0,055	Chromnickel	1,10
Eisen	0,10	Graphit	8,0
Platin	0,11	Kohle	50 … 100

Beispiel: Berechne den Widerstand eines 150 m langen Kupferdrahtes von 2 mm^2 Querschnittsfläche.

Lösung: $R = \rho \cdot \frac{l}{A} = 0{,}017 \frac{\Omega \cdot mm^2}{m} \cdot \frac{150\,m}{2\,mm^2} = 1{,}3\,\Omega$

Dieser Kupferdraht hat einen elektrischen Widerstand von 1,3 Ω.

Aus der Geschichte Die Entdeckung der Supraleitung

1 H. KAMERLINGH-ONNES

Wie viele andere Phänomene wurde auch die Supraleitung zufällig entdeckt, und zwar vom niederländischen Physiker HEIKE KAMERLINGH-ONNES. ↑1 Er war ein Spezialist für die Erzeugung tiefer Temperaturen, 1908 gelang ihm erstmals die Verflüssigung des Edelgases Helium. Mithilfe des flüssigen Heliums konnte er Materialeigenschaften auch unterhalb von 4 Kelvin (–269 °C) untersuchen.

Im Jahre 1911 beschäftigte er sich mit dem elektrischen Widerstand von Quecksilber bei tiefen Temperaturen. Eigentlich erwartete er, dass der Widerstand „unendlich groß“ werden müsste, da nach damaligem Wissensstand bei sehr tiefen Temperaturen keine beweglichen Elektronen mehr für den Stromfluss zur Verfügung stehen sollten. Umso erstaunter war er, dass genau das Gegenteil eintrat. Unterhalb einer Temperatur von 4,2 K war bei Quecksilber kein elektrischer Widerstand mehr feststellbar. Die Bedeutung dieser Entdeckung wurde schnell erkannt: Ohne Widerstand transportiert der Strom die Energie vollkommen verlustfrei.

2 Kälteanlage für die Heliumversorgung von HERA

Supraleitung in der Forschung Lange Zeit waren nur Stoffe bekannt, in denen die Supraleitung erst unterhalb von 20 K auftritt. Für solche Temperaturen sind extrem aufwendige Kühlanlagen erforderlich. ↑2 Dennoch wird die Supraleitung seit etwa 1960 in der naturwissenschaftlichen Forschung eingesetzt: Um starke Magnetfelder zu erzeugen, braucht man Spulen, in denen extrem starke Ströme fließen. Konventionelle Spulen würden sich dabei übermäßig aufheizen – supraleitende Spulen dagegen besitzen keinen elektrischen Widerstand und heizen sich daher nicht auf. Auch die großen Teilchenbeschleuniger wie HERA in Hamburg, mit denen die Bestandteile der Atome untersucht werden, arbeiten mit supraleitenden Spulen. ↑3, 4

3 Supraleitende Spulen im Teilchenbeschleuniger HERA (rot u. gelb)

4 Die Kabel der Spulen bestehen aus NbTi-Fasern.

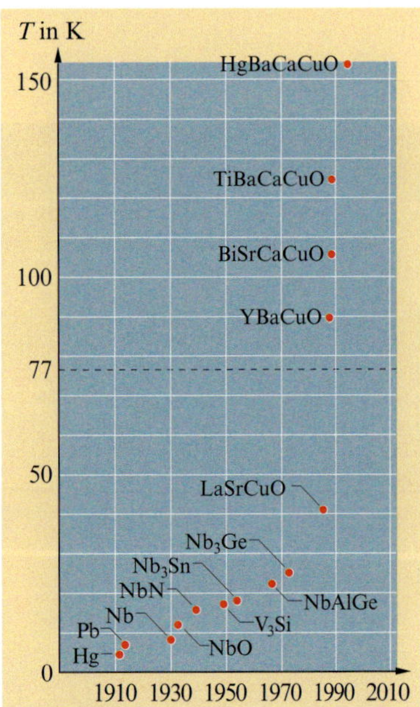

5 Entwicklung der Sprungtemperaturen

Hochtemperatur-Supraleiter Seit 1986 wurden immer mehr Substanzen entdeckt, die schon bei höheren Temperaturen supraleitend werden. ↑5 Oberhalb von 77 K können diese sogenannten Hochtemperatur-Supraleiter bereits mit flüssigem Stickstoff gekühlt werden; dies ist wesentlich günstiger als die Kühlung mit Helium. Allerdings handelt es sich bei den Hochtemperatur-Supraleitern zumeist um spröde keramische Materialien, die nur schwer zu verarbeiten sind. Ob eines Tages ein Material gefunden wird, das bereits bei Zimmertemperatur supraleitend ist, bleibt fraglich. Für einen großtechnischen Einsatz, beispielsweise die verlustfreie Energieversorgung von Wohnungen oder Industrieanlagen, müsste dieses Material außerdem kostengünstig und leicht zu verarbeiten sein.

Methode Herleiten von Neuem aus Bekanntem

Reihen- und Parallelschaltung von Widerständen – Energieumsatz
In den Naturwissenschaften kann man neue Beziehungen durch eine logische Herleitung aus bekannten Gesetzmäßigkeiten aufstellen. Das Ergebnis ist dann eine Vorhersage, die man anschließend experimentell überprüft.

1 Reihenschaltung

Gesamtwiderstand:
Schaltet man Widerstände R_1, R_2, R_3 … in Reihe, so gilt für den Gesamtwiderstand R:
$R = R_1 + R_2 + R_3 + \ldots$

Wir leiten diese Beziehung durch Deduktion her – durch eine logische Herleitung aus bekannten Gesetzmäßigkeiten (hier am Beispiel von drei Widerständen):

$$R = \frac{U}{I} = \frac{(U_1 + U_2 + U_3)}{I} = \frac{U_1}{I} + \frac{U_2}{I} + \frac{U_3}{I}$$
$$= R_1 + R_2 + R_3$$

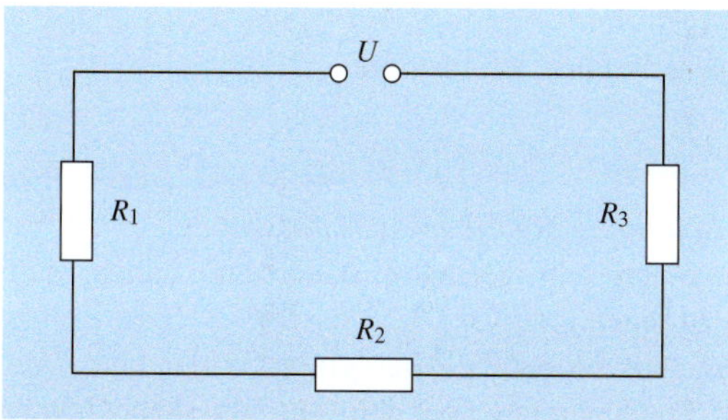

6

Energieumsatz:
Wird ein Widerstand R von einem Elektronenstrom mit der elektrischen Stromstärke I durchflossen, so beträgt die Energiestromstärke P_R zu ihm $P_R = R \cdot I^2$.
$P_R = U_R \cdot I = R \cdot I \cdot I = R \cdot I^2$

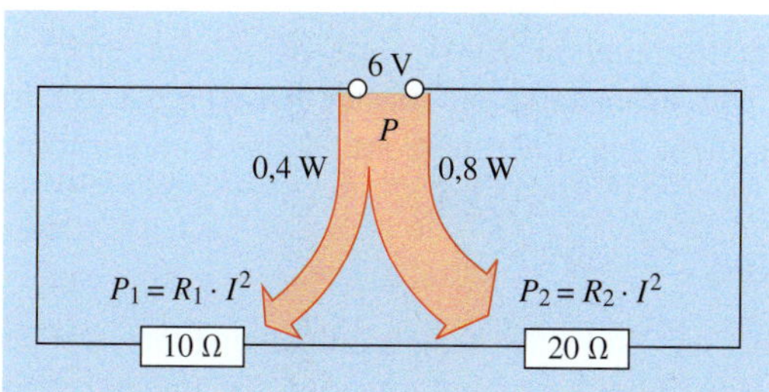

7

2 Parallelschaltung

Gesamtwiderstand:
Schaltet man Widerstände R_1, R_2, R_3 … parallel, so gilt für den Gesamtwiderstand R:

$$\frac{1}{R} = \frac{1}{R_1} + \frac{1}{R_2} + \frac{1}{R_3} + \ldots$$

Die Formel ist komplizierter abzuleiten, denn es gilt $I = I_1 + I_2 + I_3$.
Um diese Summe im Zähler zu haben, betrachten wir $\frac{1}{R}$:

$$\frac{1}{R} = \frac{I}{U} = \frac{(I_1 + I_2 + I_3)}{U} = \frac{I_1}{U} + \frac{I_2}{U} + \frac{I_3}{U}$$
$$= \frac{1}{R_1} + \frac{1}{R_2} + \frac{1}{R_3}$$

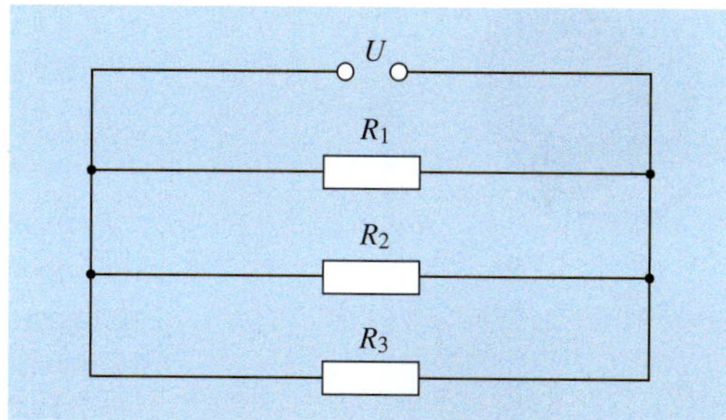

8

Energieumsatz:
Liegt an einem Widerstand R die Spannung U, so beträgt die Energiestromstärke P_R zu ihm

$P_R = \frac{U^2}{R}$.

$P_R = U \cdot I_R = U \cdot \frac{U}{R} = \frac{U^2}{R}$

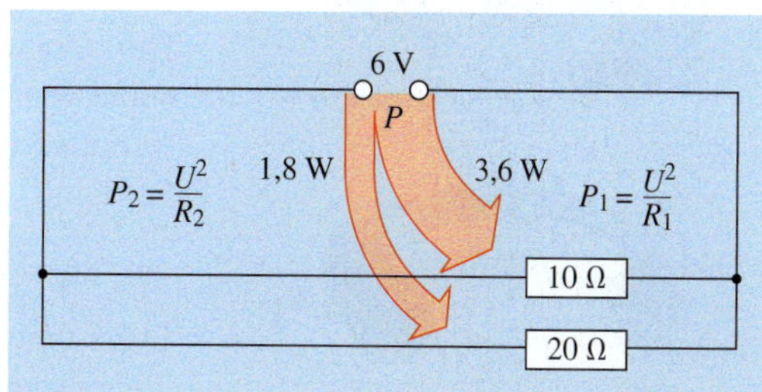

9

033-1

Die Ergebnisse dieser Herleitungen werden durch alle entsprechenden Messungen bestätigt.

Aus der Natur Warum Luft leiten kann und der Blitzkanal so heiß wird

1

Die Luft im Blitzkanal wird ionisiert, sobald die Spannung zwischen Wolke und Erdoberfläche hoch genug ist (etwa 1 000 000 V). Freie Elektronen werden stark beschleunigt und trennen durch Stoß Elektronen von den Luftmolekülen. Diese Elektronen werden wiederum beschleunigt usw. In Bruchteilen von Sekunden entsteht eine riesige Anzahl von freien Elektronen und Ionen – die Luft wird zum elektrischen Leiter. Eine gewaltige Entladung setzt ein – es blitzt. Elektronen und Ionen treffen mit hoher Geschwindigkeit auf Luftmoleküle, sie stoßen an diese, ionisieren sie und setzen die Ionen und Moleküle der gesamten Luftschicht im und um den Blitzkanal in so heftige Bewegung, dass eine Temperatur von ca. 30 000 °C entstehen kann. Es baut sich ein riesiger Luftdruck in dieser Luftschicht auf, damit entsteht eine Druckwelle, die wir aufgrund vielfacher Reflexionen als länger anhaltendes Donnergeräusch wahrnehmen. 034-1

Aus der Technik Warum qualmt die Kabeltrommel?

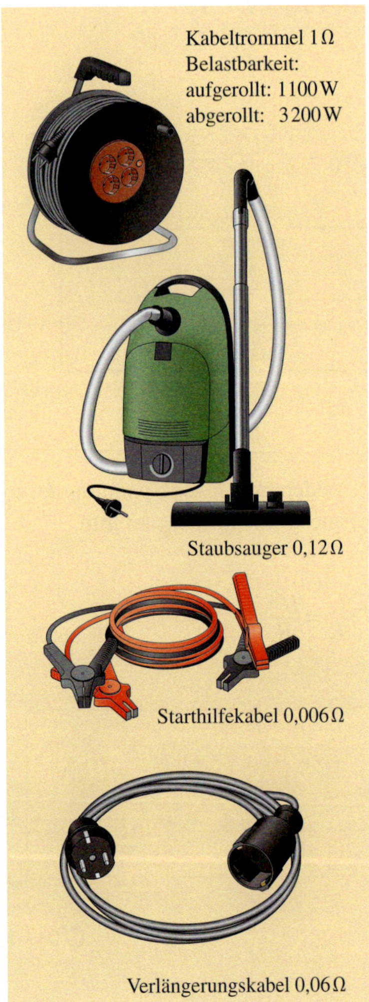

2

Ein Toaster soll 1000 W leisten, wenn er an die Netzspannung angeschlossen wird. Da auch die elektrischen Zuleitungen einen Widerstand haben, fließt auch ein Teil des Energiestroms zu ihnen. Berechne die entsprechende Energiestromstärke.

1. Berechnung der elektrischen Stromstärke:

$$I = \frac{P}{U} = \frac{1000\,\text{W}}{230\,\text{V}} = 4{,}3\,\text{A}$$

2. Berechnung der Spannung über dem Anschlusskabel:
Zuleitungen sollten einen sehr geringen Widerstand haben, damit die Energiestromstärke zu ihnen klein ist ($P_D = R_D \cdot I^2$).
Ein handelsübliches Anschlusskabel hat einen Widerstand von etwa $2 \cdot 0{,}3\,\Omega$ ($R = R_1 + R_2$). Die Spannung über dem Anschlusskabel beträgt dann gemäß der Beziehung:

$$U_D = R \cdot I = 0{,}6\,\Omega \cdot 4{,}3\,\text{A} = 2{,}58\,\text{V}.$$

3. Berechnen der Energiestromstärke:
Zum Anschlusskabel fließt ein Energiestrom. Die Eneregiestromstärke beträgt:

$$P_D = R_D \cdot I^2 = 0{,}6\,\Omega \cdot (4{,}3\,\text{A})^2 = 11\,\text{W}.$$

Der Draht der Kabeltrommel in Bild ↑3 auf ↑S. 24 hat einen Widerstand von etwa 1 Ω. Die Stromstärke im Toaster beträgt 8,6 A. Auch in das Verlängerungskabel fließt ein Energiestrom. Seine Energiestromstärke beträgt:

$$P_D = R_D \cdot I^2 = 1\,\Omega \cdot (8{,}6\,\text{A})^2 = 74\,\text{W}.$$

Das ist nicht viel, aber das Kabel der Kabeltrommel qualmte, weil es nicht abgewickelt wurde. Im Kabel hat sich die thermische Energie vergrößert und sie konnte nicht in hinreichendem Maße als Wärme an die Umgebung abgegeben werden. Das Kabel wurde immer heißer, sein Widerstand stieg immer weiter: Letztlich wäre der Draht durchgeschmort.

Aufgaben

1 An verschiedene Metalldrähte wurde eine Spannung angelegt und die zugehörige elektrische Stromstärke gemessen. Berechne die Widerstände.

	Draht 1	Draht 2	Draht 3
U in V	3,0	5,0	6,0
I in A	1,20	0,20	0,27

2 Eine Spannung von 230 V ruft in einer 75-Watt-Haushaltsglühlampe eine elektrische Stromstärke von 330 mA hervor. Bei einer Spannung von 10 V fließt ein Strom der Stärke 75 mA. Berechne die Widerstände der Lampe bei beiden Spannungen.

3 Bei Anschluss an eine 230-V-Steckdose ergeben sich diese elektrischen Stromstärken:
- Heizstrahler: 4,4 A
- Bügeleisen: 0,43 A
- Kochplatte: 6,5 A
- Staubsauger: 2,2 A

Berechne die Widerstände.

4 Bei Elektrounfällen wird auch der Mensch Teil eines Stromkreises. Dabei spielt der Widerstand des menschlichen Körpers eine wichtige Rolle. Er kann weniger als 1 kΩ betragen, wenn man über beide Handflächen Kontakt mit der elektrischen Quelle hat.

a Berechne die elektrischen Stromstärke bei einem Unfall mit Netzspannung (230 V).

b Elektrische Stromstärken über 25 mA sind lebensgefährlich. Von welcher Spannung an besteht Gefahr?

5 Die Widerstände $R_1 = 10\,\Omega$, $R_2 = 20\,\Omega$, $R_3 = 50\,\Omega$ sind in Reihe geschaltet; das Netzgerät liefert eine Spannung von 16 V.

a Bestimme die Spannung über R_2.

b „Die Spannungen über R_1 und R_3 sind nun einfach zu berechnen." Erläutere diese Behauptung und bestimme die Spannungen.

6 Das I-U-Diagramm einer Glühlampe (Wolframdraht) sieht wie folgt aus: ↑3

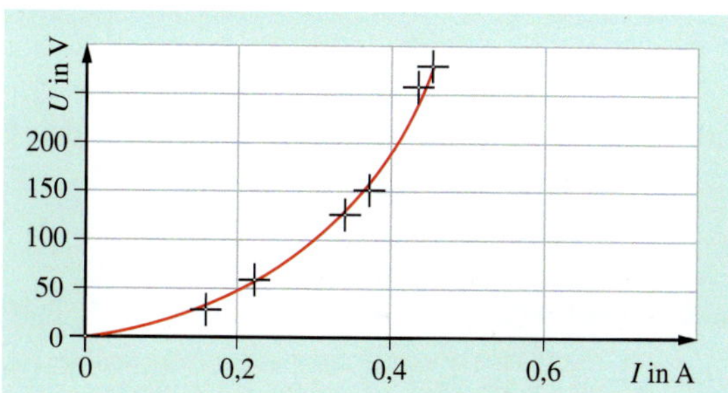

3

a Bestimme Widerstand und Energiestromstärke bei $U_1 = 40$ V und $U_2 = 230$ V.

b Gilt hier das ohmsche Gesetz? Begründe.

c Bestimme die Energie, die die Lampe bei $U_2 = 230$ V in 10 Minuten abgibt.

7 Die Lampe in der Schaltung soll möglichst hell leuchten. Über die Widerstände ist nichts bekannt. ↑4

Welche der folgenden Aussagen ist richtig? Begründe.

Die größte Helligkeit wird erreicht:

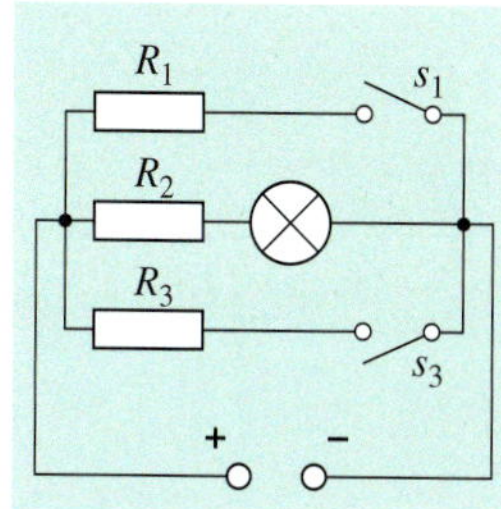

4

a wenn S_1 geöffnet und S_3 geschlossen ist

b wenn S_3 geöffnet und S_1 geschlossen ist

c wenn beide Schalter geöffnet sind

d wenn beide Schalter geschlossen sind

e Die Lampe brennt immer gleich hell.

8 Vergleiche die Helligkeiten der baugleichen Lampen in der Schaltung. ↑5 Gibt es eine Lampe, die in einem der Fälle am hellsten leuchtet? Begründe.

a Alle Lampen leuchten.

b Nur L_1 wird entfernt.

c Nur L_2 wird entfernt.

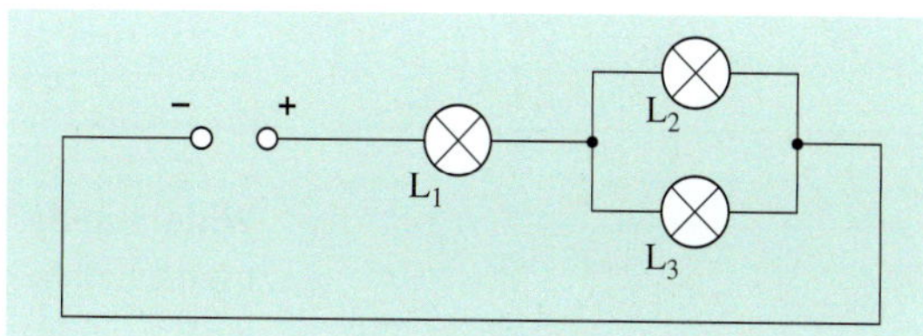

5

9 Bestimmt man die „Widerstandskennlinie" eines 1 m langen Konstantandrahtes von 1 mm² Querschnittsfläche, erhält man das Diagramm ①.
Für einen anderen Konstantandraht von 1 mm² Querschnittsfläche ergibt sich das Diagramm ②.
Um wie viel Prozent unterscheiden sich die Widerstände der beiden Drähte?

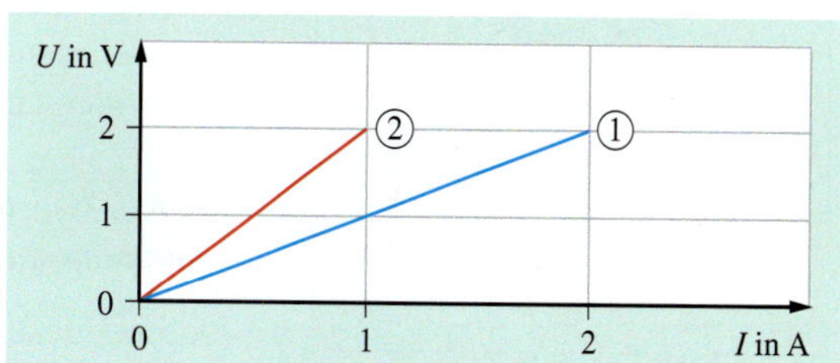

6

Auf einen Blick

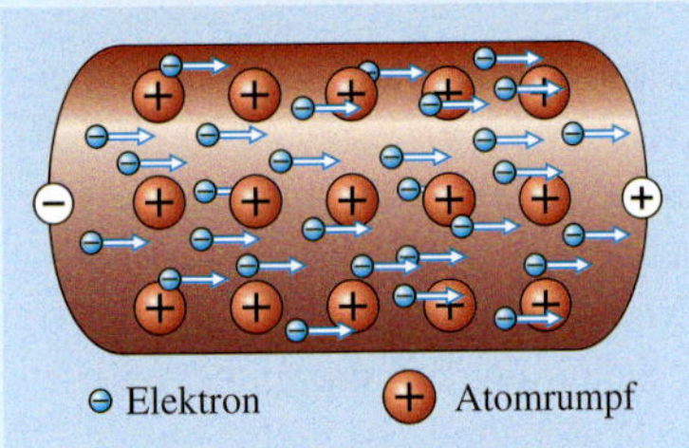

1

Energieumwandlung – der elektrische Widerstand Bei unterschiedlichen Drähten braucht man verschieden hohe Spannungen, um einen Elektronenstrom von 1 A zu erzeugen. Je höher diese Spannung ist, desto mehr Energie wird dem Draht dabei zugeführt. Sie wird im Draht in thermische Energie umgewandelt.
Die Eigenschaft elektrischer Leiter, Elektronen in ihrer Bewegung zu hemmen, nennt man elektrischen Widerstand.

Zustandekommen des Widerstands: Die Elektronen wechselwirken auf ihrem Weg durch den Leiter mit den Atomrümpfen. Dabei geben sie Energie an den Leiter ab – dieser erwärmt sich. Der elektrische Widerstand R ist von folgenden Bedingungen abhängig:
- vom Material, aus dem der Leiter besteht
- von den Abmessungen des Leiters (Länge l und Querschnittsfläche A)
- von der Temperatur, die der Leiter gerade hat

Der elektrische Widerstand R ist definiert als Quotient aus der Spannung U und der elektrischen Stromstärke I: $R = \frac{U}{I}$.
Die Einheit des elektrischen Widerstands ist 1 Ohm (1 Ω): $1\,\Omega = \frac{1\,\text{V}}{1\,\text{A}}$.

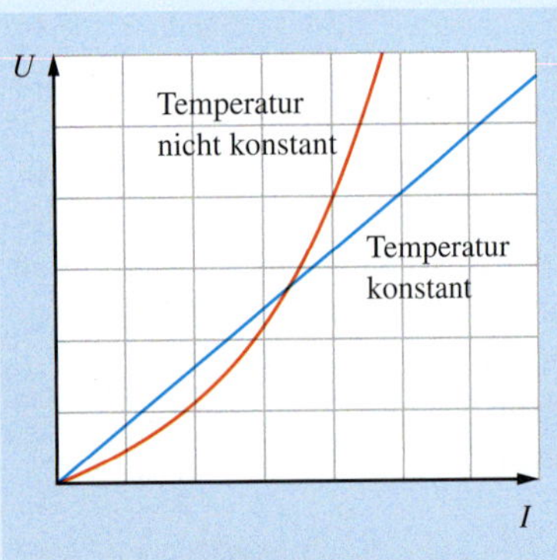

2

Das ohmsche Gesetz Die elektrische Stromstärke I ist proportional zur Spannung U: $I \sim U$.

Dass für einen Leiter das ohmsche Gesetz gilt, ist gleich bedeutend damit, dass sein Widerstand konstant ist. Das ohmsche Gesetz gilt z. B. für alle Leiter aus reinen Metallen bei konstanter Temperatur.

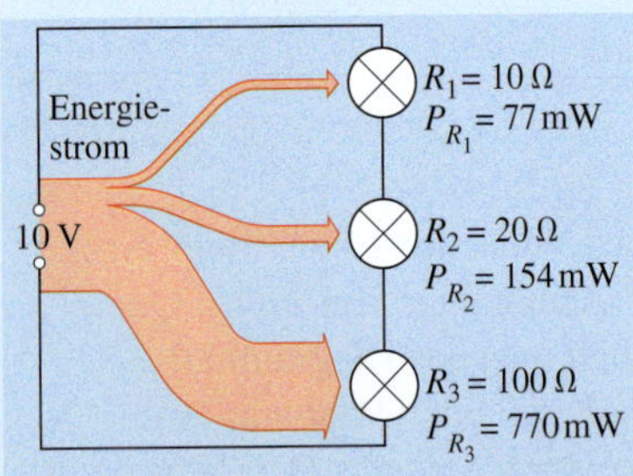

3

Widerstände in Schaltungen In Stromkreisen ergeben sich beim Zusammenschalten von Bauelementen je nach Schaltungsart folgende Gesamtwiderstände:

Reihenschaltung
Schaltet man Widerstände R_1, R_2, R_3 … in Reihe, so gilt für den Gesamtwiderstand $R = R_1 + R_2 + R_3 + \ldots$
Energieumsatz: Wird ein Widerstand R von einem elektrischen Strom mit der Stromstärke I durchflossen, so beträgt die Energiestromstärke P_R zu ihm $P_R = R \cdot I^2$.

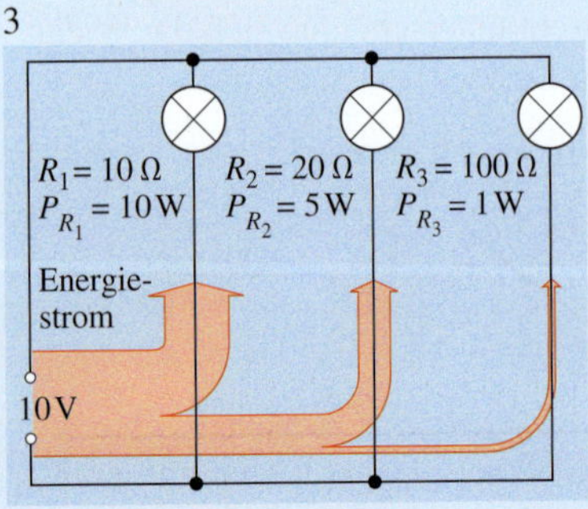

4

Parallelschaltung
Schaltet man die Widerstände R_1, R_2, R_3 … parallel, so gilt für den Gesamtwiderstand R:

$$\frac{1}{R} = \frac{1}{R_1} + \frac{1}{R_2} + \frac{1}{R_3} + \ldots$$

Energieumsatz: Liegt an einem Widerstand R die Spannung U_R, so beträgt die Energiestromstärke $P_R = \frac{U_R^2}{R}$.

036-1

1 Erkläre im Modell, wie man sich bei einem Metalldraht das Vorhandensein des elektrischen Widerstands vorstellt.

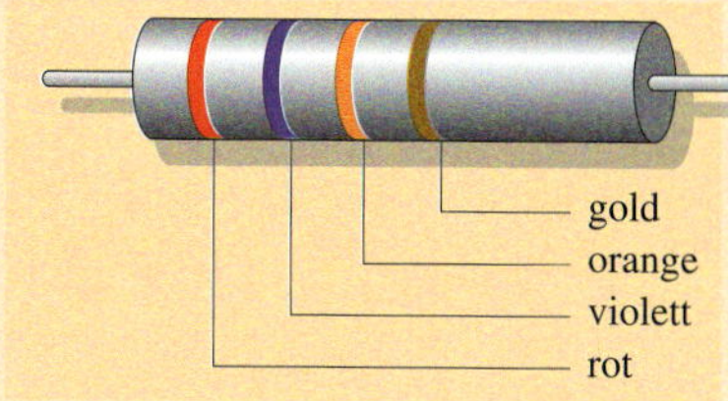

5 Festwiderstand

2 Das Bauteil in Bild ↑5 nennt man einen Festwiderstand. Wie groß ist sein elektrischer Widerstand? (Farbcode siehe ↑S. 28.)

3 Glühlampen für Taschenlampen oder Fahrradleuchten werden oft durch zwei Werte gekennzeichnet:
– die Spannung, die angibt, an welche Energiequelle die Lampe angeschlossen werden soll, damit sie normal hell leuchtet, und
– die Stromstärke, wenn sie an die vorgesehene Spannung angeschlossen wird.
Welche der folgenden Lampen hat den größten Widerstand?
L_1: 6,0 V; 0,5 A L_2: 3,7 V; 0,2 A L_3: 12 V; 0,15 A

4 Für eine Schaltung soll aus drei Bauteilen eines mit konstantem Widerstand ausgewählt werden. Dazu ist jeweils die Stromstärke in Abhängigkeit von der Spannung gemessen worden. (↑Tabelle)
Zeichne alle *I*-*U*-Kennlinien und gib an, welches Bauteil die Anforderung erfüllt. Begründe deine Entscheidung.

U in V	0	1,50	3,00	4,50	5,90	7,40	9,10	10,7	12,0
I_1 in mA	0	50,0	75,0	90,0	90,8	92,5	95,8	97,3	100
I_2 in mA	0	15,0	31,0	44,0	60,0	73,0	90,0	110	120
I_3 in mA	0	10,0	20,7	32,4	45,4	61,7	83,5	109	138

5 Ein Kupferdraht hat einen geringeren Widerstand als ein Eisendraht mit den gleichen Abmessungen. Die Anzahl der freien Elektronen pro cm^3 ist bei Kupfer kaum größer als bei Eisen.
Gib eine Erklärung im Modell.

6 Ein Kupfer- und ein Eisendraht haben gleiche Längen und Querschnittsflächen. Damit die elektrische Stromstärke in beiden Drähten gleich ist, muss man an den Eisendraht eine höhere Spannung legen.
a Gib eine Erklärung.
b Welche Aussage kannst du über die Geschwindigkeit der Elektronen in den Drähten machen?

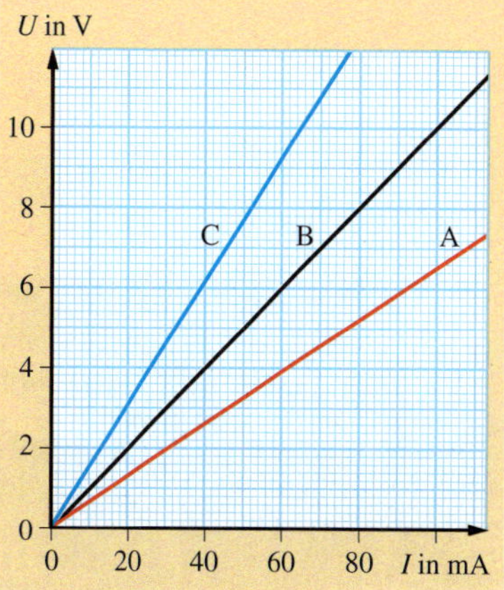

6

7 Ermittle aus dem nebenstehenden *I*-*U*-Diagramm die elektrischen Widerstände für die Bauelemente A, B und C. ↑6

8 Widerstände in Stromkreisen
a Zwei elektrische Widerstände ($R_1 = 8{,}0\,\Omega$; $R_2 = 12\,\Omega$) sind parallel geschaltet, die Gesamtstromstärke beträgt $I = 2{,}6\,A$. Zeichne zunächst die Schaltskizze. Berechne dann die Spannung *U* an den Widerständen sowie die Teilströme I_1 und I_2.
b An zwei in Reihe geschaltete Widerstände ($R_1 = 10\,\Omega$; $R_2 = 30\,\Omega$) wird eine Spannung 12 V gelegt. Berechne die Stromstärke und die Teilspannungen.

Wie elektrische Energie erzeugt und transportiert wird

Um ein Handy oder einen MP3-Player wieder aufzuladen, kannst du ein Ladegerät mit einem Transformator an eine Steckdose anschließen oder aber auch einen Kurbelgenerator verwenden.

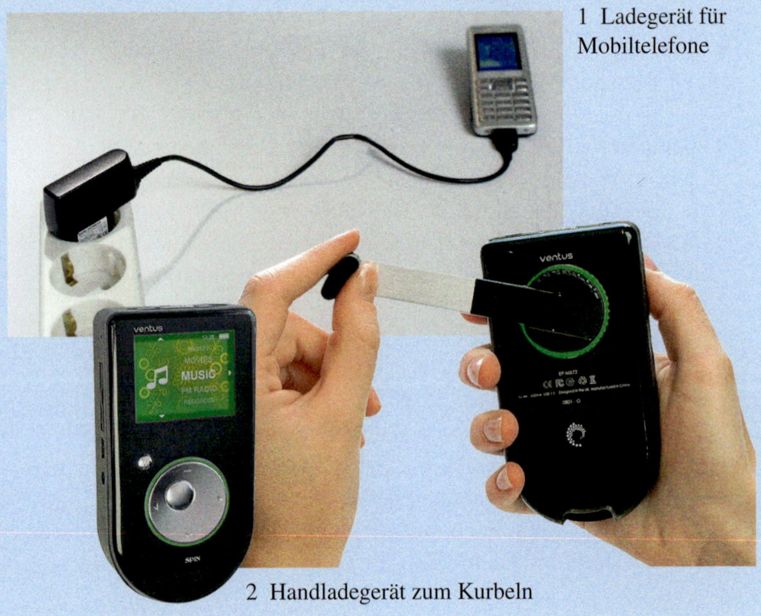

1 Ladegerät für Mobiltelefone

2 Handladegerät zum Kurbeln

↑Basiskonzept Energie

↑Basiskonzept System

Die Energie für den Aufladevorgang wird dem Handladegerät mit der Bewegung zugeführt. Auch die Energie, die über die Hochspannungsleitungen zu den Steckdosen transportiert wird, wird durch Bewegung erzeugt: Generatoren wandeln die Bewegungsenergie von Dampf oder Wasser in elektrische Energie um. ↑3
Transformatoren stellen die jeweils benötigte Spannung her. ↑4
Transformatoren und Generatoren beruhen auf dem gleichen physikalischen Vorgang – der Induktion. Bei der Induktion werden mithilfe von Magnetfeldern elektrische Ströme erzeugt. Sie ist somit die Umkehrung des Elektromagnetismus.

3 Dampfturbine mit angeschlossenem Generator

4 Trafostation

Spulen werden zu Energiequellen

↑Basiskonzept Energie ↑Basiskonzept System

Eine Lampe, die immer dann hell leuchtet, wenn wir es brauchen. Die Schüttellampen sind immer einsatzbereit. Schütteln genügt. – So lautet der Werbetext für die Taschenlampe. ↑5
Wie wird hier elektrische Energie erzeugt?

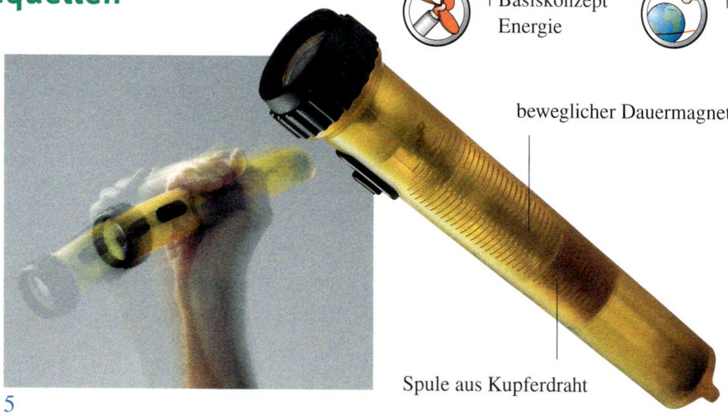

5

Experimente

1 Mit einem Magneten Spannungen erzeugen
Zur Verfügung stehen verschiedene Dauermagnete, Spulen und ein empfindliches Spannungsmessgerät (am besten mit Mittelanzeige). Schließe das Messgerät an die Spule und versuche mit einem Magneten einen Ausschlag zu erzeugen. ↑6

a Beschreibe, wie du vorgehst, um eine elektrische Spannung zu erzeugen.
b Wie erreichst du einen möglichst großen Ausschlag? Es gibt verschiedene Möglichkeiten.
c Achte auf den Zeigerausschlag am Messgerät. Beschreibe den Verlauf der Spannung.
d Gelingt es dir, mit der gefundenen Methode eine Glühlampe oder LED zum Leuchten zu bringen?

2 Wovon hängt die Spannung an der Spule ab?
Untersuche systematisch, gehe schrittweise vor und führe Protokoll:

a Bewege den Magneten verschieden schnell in der Spule. Versuche es auch mit einer Drehung des Magneten in der Spule. ↑7
b Untersuche Spulen mit verschiedenen Windungszahlen. ↑8
c Formuliere ein Ergebnis der Untersuchungsreihe.

3 Mit einem Elektromagneten Spannungen erzeugen
Anstelle eines Dauermagneten soll in Experiment 1 nun ein Elektromagnet verwendet werden.

a Versuche den Magneten rasch der zweiten Spule zu nähern.
b Setze den Elektromagneten und die Spule auf einen gemeinsamen U-Kern.
c Versuche mit diesem Aufbau eine kleine Glühlampe oder LED zum Leuchten zu bringen.
d Suche weitere Möglichkeiten, um die Energieerzeugung mit Magnetismus und Spule zu verbessern.

4 Spulen – nur mit einer Windung?
Lehrerexperiment: Aus einem langen Experimentierkabel wird eine Spule mit 1, 2, 3… Windungen gemacht und ein Mikrovoltverstärker an deren Enden angeschlossen. Nun wird wie in Bild ↑7 eine Spannung erzeugt.
Welcher Zusammenhang ergibt sich zwischen der Anzahl der Windungen und der entstehenden Spannung?

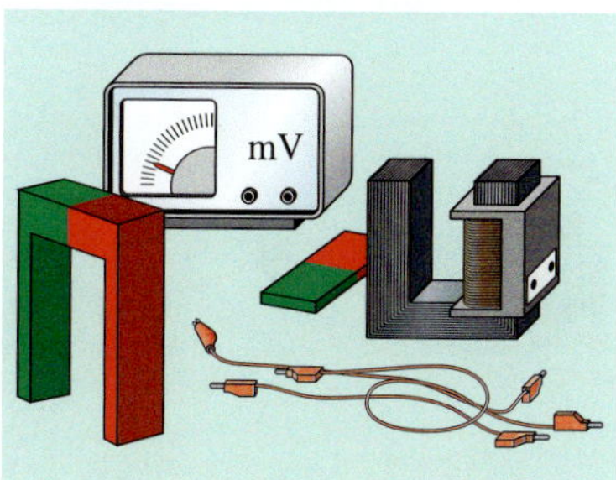

6 Experimentiergeräte

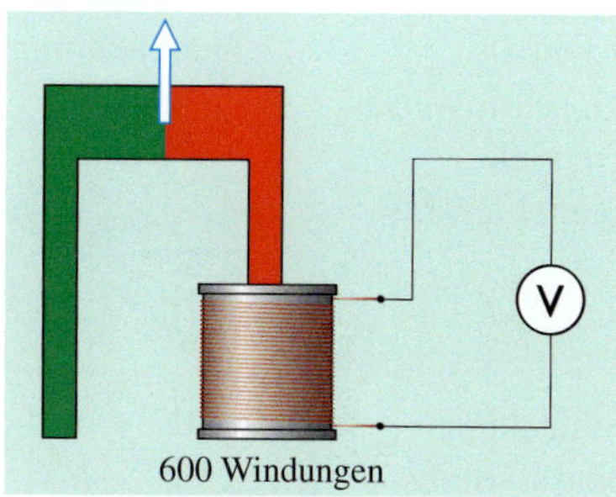

7 Unterschiedlich schnell bewegen

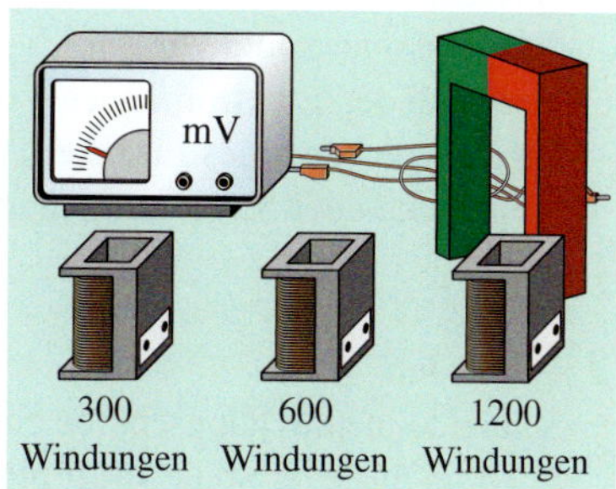

8 Unterschiedliche Windungszahlen

GRUNDLAGEN: Induktion

↑ Basiskonzept System

In der Schüttellampe befinden sich ein Magnet und eine Spule. Bewegt sich der Magnet durch die Spule, so entsteht eine Spannung und die Lampe leuchtet.

Es gibt aber auch andere, scheinbar ganz verschiedene Methoden, um an einer Spule eine elektrische Spannung zu erzeugen:

- indem man einen Dauer- oder Elektromagneten in der Nähe der Spule bewegt ↑1
- indem man die Spule in der Nähe des Magneten bewegt ↑2
- indem man die Stärke des Elektromagneten ändert (z. B. durch Ein- und Ausschalten) ↑3

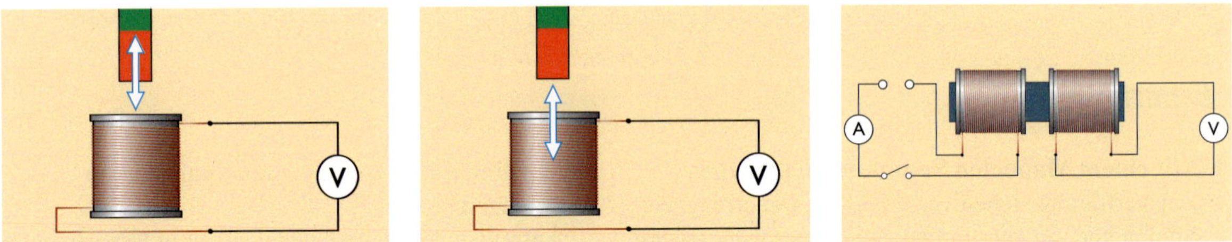

1–3 Unterschiedliche Möglichkeiten, um eine Spannung zu induzieren

Diesen Vorgang bezeichnet man als Induktion. Man sagt auch: Es wird eine Spannung induziert. Die Spule, an der die Spannung erzeugt wird, heißt Induktionsspule, die entstehende Spannung Induktionsspannung. Der bei geschlossenem Stromkreis fließende elektrische Strom heißt Induktionsstrom.

Bei allen drei Methoden, an einer Spule eine elektrische Spannung zu induzieren, spielt der Magnet in der Spule die entscheidende Rolle. Bevor wir untersuchen, wie sich eine möglichst große Induktionsspannung erzeugen lässt, wiederholen wir kurz die verschiedenen Möglichkeiten, ein magnetisches Feld zu erzeugen. 040-1

Probier 's mal!

1 Elektromagnete

a Untersuche den Raum um einen stromdurchflossenen Draht mit einer Kompassnadel.

b Schließe eine Spule an eine Batterie an. Zeige mithilfe einer Kompassnadel, dass sich eine stromdurchflossene Spule wie ein Magnet verhält.

c Verstärke den Elektromagneten durch schrittweises Hineinschieben eines Eisenkerns. Wie viele Centstücke oder Nägel kann dein Magnet jeweils halten?

2 Feldlinien

a Schneide in eine Pappscheibe ein rechteckiges Loch, in das eine Spule straff hineinpasst. Befestige die Spule mit einem Pappstreifen, den du in die Öffnung der Spule hineinschiebst. ↑4

b Schließe die Spule an eine Spannungsquelle an und untersuche das Magnetfeld, indem du Eisenfeilspäne auf die Pappe streust. Beschreibe deine Beobachtungen.

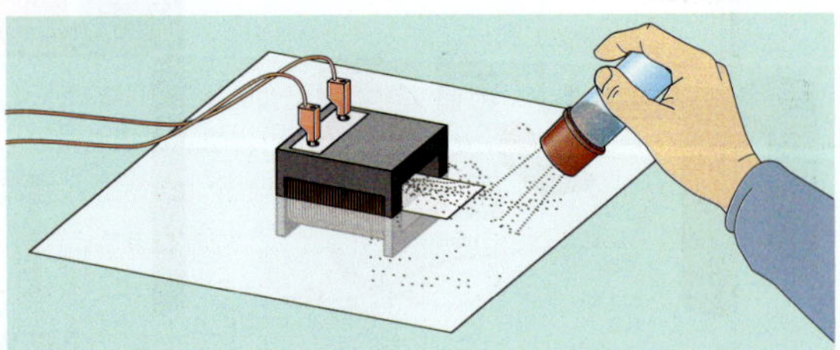

4 Elektromagnet

GRUNDLAGEN: Magnetfelder

Der Raum in der Umgebung eines Magneten, in dem er auf Körper aus Eisen oder andere Magnete Kräfte ausübt, bezeichnet man als Magnetfeld.

Die magnetischen Kräfte in einem Magnetfeld sind an verschiedenen Stellen unterschiedlich groß und haben verschiedene Richtungen. Man kann sich einen Überblick verschaffen, indem man das Magnetfeld mit einer Kompassnadel „abtastet“ (z. B. indem man sie immer in die Richtung bewegt, in die ihr Nordpol zeigt). ↑5

Man kann auch Eisenfeilspäne dünn auf eine Glasscheibe streuen, unter der ein Magnet liegt. ↑6

Die kleinen Späne werden magnetisiert und richten sich so aus, dass wir uns Linien vorstellen können. Diese gedachten Linien nennt man *Feldlinien*.

Feldlinienbilder werden benutzt, um die wichtigsten Eigenschaften des Magnetfelds eines Magneten zu veranschaulichen. Im Feldlinienmodell des Magnetfelds gilt:

- Die Richtung einer Feldlinie gibt die Richtung der Kraft an, die an dieser Stelle auf den Nordpol eines Magneten ausgeübt werden würde.
- Außerhalb von Dauermagneten verlaufen die Feldlinien vom Nordpol zum Südpol des Magneten.
- Je dichter die Feldlinien in einem Gebiet liegen, desto größer ist die Kraft, die der Magnet auf einen anderen Magneten oder einen Körper aus Eisen ausübt, den man an diese Stelle bringt.
- Die Feldlinien liegen in der Nähe von Magnetpolen besonders dicht.
- Die Feldlinien sind in sich geschlossen (auch im Innern von Dauermagneten). 041-1

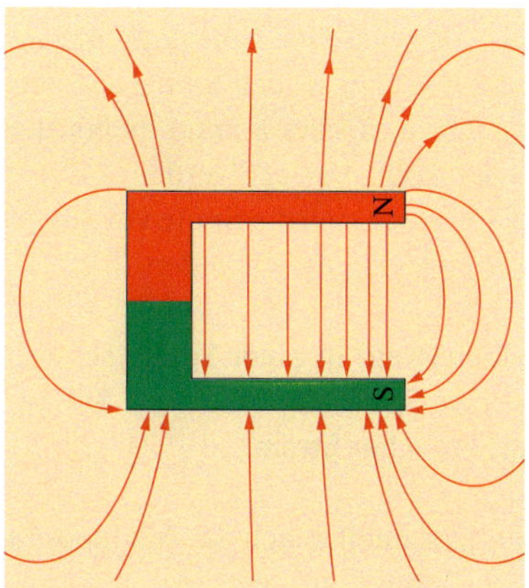

7 Magnetfeld eines Hufeisenmagneten

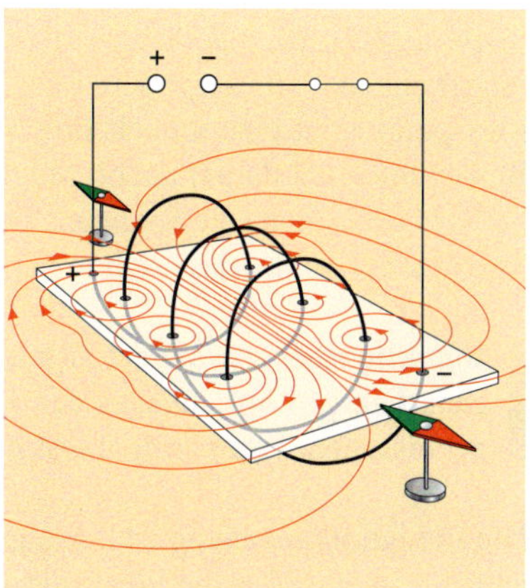

8 Magnetfeld eines Elektromagneten

Auch elektrische Ströme sind von einem Magnetfeld umgeben. ↑8, 9

Auf diesem Prinzip beruhen so wichtige Erfindungen wie der Elektromagnet, die elektrische Klingel oder auch der Elektromotor (↑S. 224).

Besonders starke Magnetfelder (Elektromagneten) erhält man durch die enge Wicklung eines stromdurchflossenen Drahts zu einer Spule. Ein Eisenkern verstärkt das Magnetfeld der Spule erheblich.

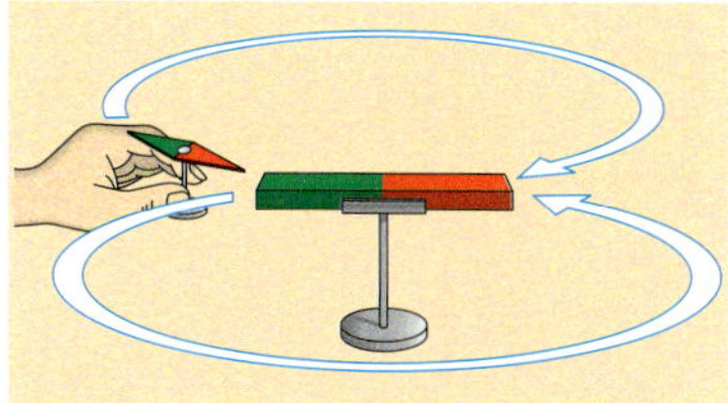
5 Abtasten mit einer Magnetnadel

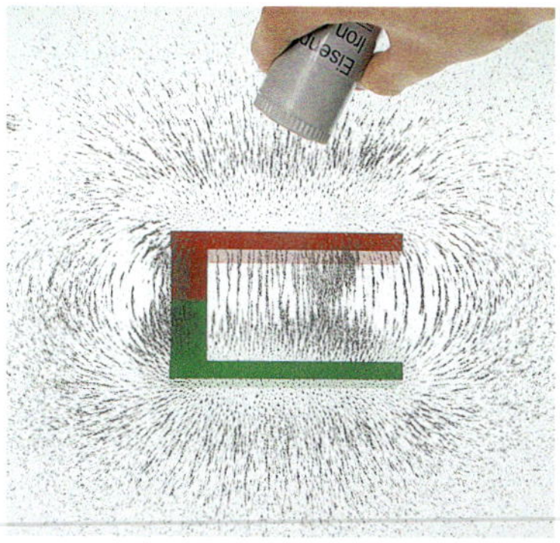
6 Eisenfeilspäne im Magnetfeld

Schon gewusst?

Um die Richtung der magnetischen Feldlinien um einen stromdurchflossenen Leiter zu finden, hält man den linken Daumen in Richtung der Elektronenbewegung. (Er muss in Richtung des Leiters zum Pluspol der Quelle weisen.) Die zur Faust geschlossenen Finger zeigen dann in die gleiche Richtung wie die Feldlinien. ↑9

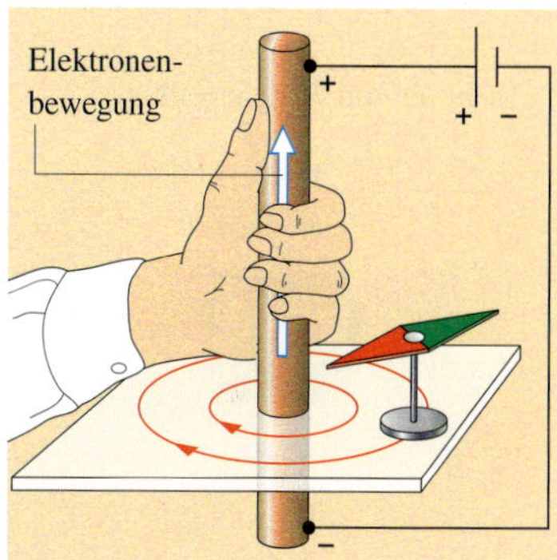

9

↑Basiskonzept Energie

↑Basiskonzept System

GRUNDLAGEN: Induktion und Magnetfeld

Der stärkste Dauer- oder Elektromagnet inmitten einer Spule induziert allein noch keine elektrische Spannung. Dies geschieht erst, wenn z. B. der Magnet herausgezogen, der Elektromagnet ausgeschaltet oder ein Eisenkern aus der Spule gezogen wird. Veranschaulicht man die Situationen mit Magnetfeldlinien, fällt die Gemeinsamkeit auf: In allen Fällen kommt es zu einer Änderung des Magnetfelds in der Induktionsspule. ↑1

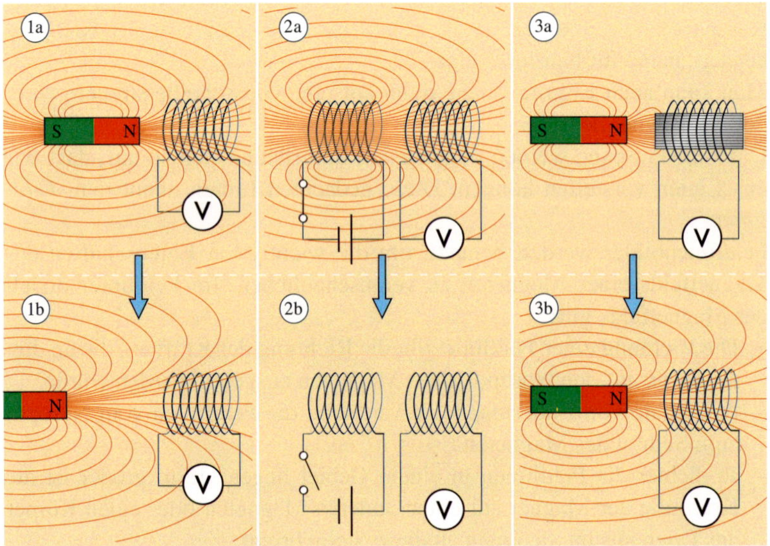

1 Änderung des Magnetfelds in der Induktionsspule

Egal, ob der Magnet oder der Eisenkern aus Spule gezogen oder der Elektromagnet ausgeschaltet wird, immer verringert sich das Magnetfeld in der Spule und das Messgerät zeigt in diesem Moment eine Spannung an. Im umgekehrten Fall vergrößert sich das Magnetfeld in der Spule und das Messgerät zeigt eine umgekehrte Spannung an. Dabei kommt es bei der Bewegung nicht darauf an, ob Magnet oder Spule bewegt werden.
So wird auch dann eine Spannung induziert, wenn sich die Spule vor einem Magneten so dreht, dass sich in der Spule das Magnetfeld ändert. ↑2

Induktionsgesetz: Ändert sich das Magnetfeld in einer Spule, so wird zwischen den Anschlüssen der Spule eine Spannung induziert. Bei geschlossenem Stromkreis fließt ein elektrischer Strom.

Die Induktionsspannung ist umso größer, je schneller sich das Magnetfeld ändert und je größer die Windungszahl der Induktionsspule ist.
Das Vorzeichen der Spannung und Stromstärke hängt davon ab, ob sich die Stärke des Magnetfelds vergrößert oder verkleinert. 042-1

Selbstinduktion und lenzsche Regel Beim Ein- und Ausschalten eines Elektromagneten ändert sich das magnetische Feld nicht nur in der Umgebung des Elektromagneten, sondern auch in der Spule des Elektromagneten selbst. Könnte es sein, dass die Spule dabei an sich selbst eine Spannung induziert? ↑3

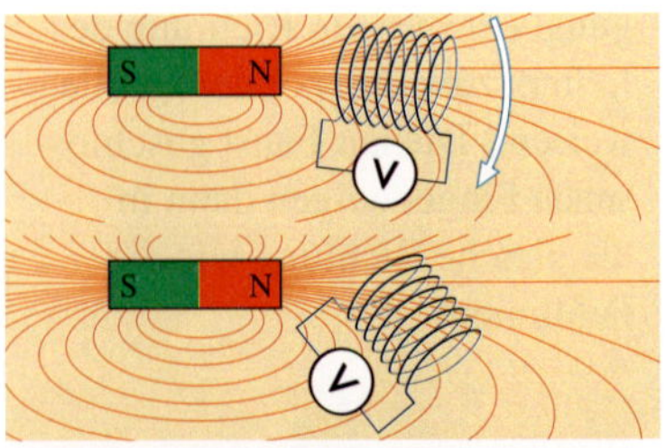

2 Drehung und Magnetfeld

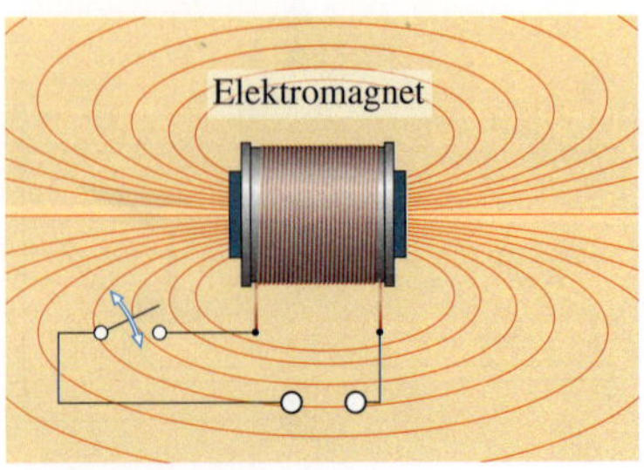

3 Einschaltvorgang

Denken wir uns einen Elektromagneten, der eingeschaltet wird. ↑3
Im Innern des Elektromagneten baut sich in sehr kurzer Zeit ein Magnetfeld auf. Wenden wir das Induktionsgesetz auf diesen Fall an, so muss sich wegen des sich ändernden Magnetfelds zusätzlich zur Batteriespannung eine Induktionsspannung an der Spule aufbauen. Doch mit welchem Vorzeichen?
Stiege die Gesamtspannung an der Spule durch die Induktion weiter an, dann würde der Elektromagnet durch den zusätzlichen Induktionsstrom noch stärker. Das Magnetfeld änderte sich weiter und die Stromstärke müsste anwachsen. Das widerspricht jedoch der Energieerhaltung und kommt somit nicht infrage.
Haben Batteriespannung und Induktionsspannung aber ein entgegengesetztes Vorzeichen, dann wirkt der Induktionsstrom so, dass er dem Einschaltvorgang – also seiner Ursache – entgegenwirkt und ihn verzögert. Dieses Ergebnis lässt sich noch allgemeiner formulieren:

Ein Induktionsstrom ist immer so gerichtet, dass er der Induktionsursache entgegenwirkt. (lenzsche Regel)

Für den Elektromagneten folgt aus der lenzschen Regel, dass Ein- und Ausschaltvorgang verzögert werden. ↑4

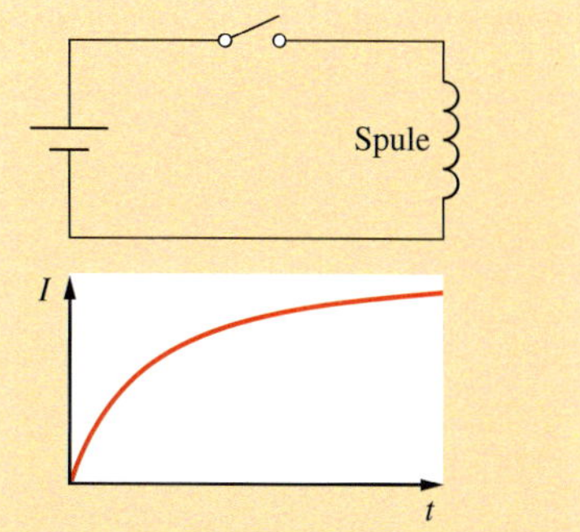

Nach dem Schließen des Schalters beginnt der elektrische Strom nur allmählich zu fließen.

4 Selbstinduktion

↑Basiskonzept Energie

Aufgaben

1 Wie kann man durch Induktion eine Spannung erzeugen, ohne Spule und Magnet zu bewegen?
2 Von welchen Bedingungen hängt die Höhe der Induktionsspannung ab?
3 Gib zu jedem Vorgang an, ob in der Drahtwindung eine Spannung induziert wird oder nicht. Begründe deine Vermutung. ↑5
4 Michael Faraday brachte sich selbst Physik und Chemie bei. 1831 entdeckte er die Induktion. Finde mehr über ihn heraus und schreibe eine Forscherbiografie.

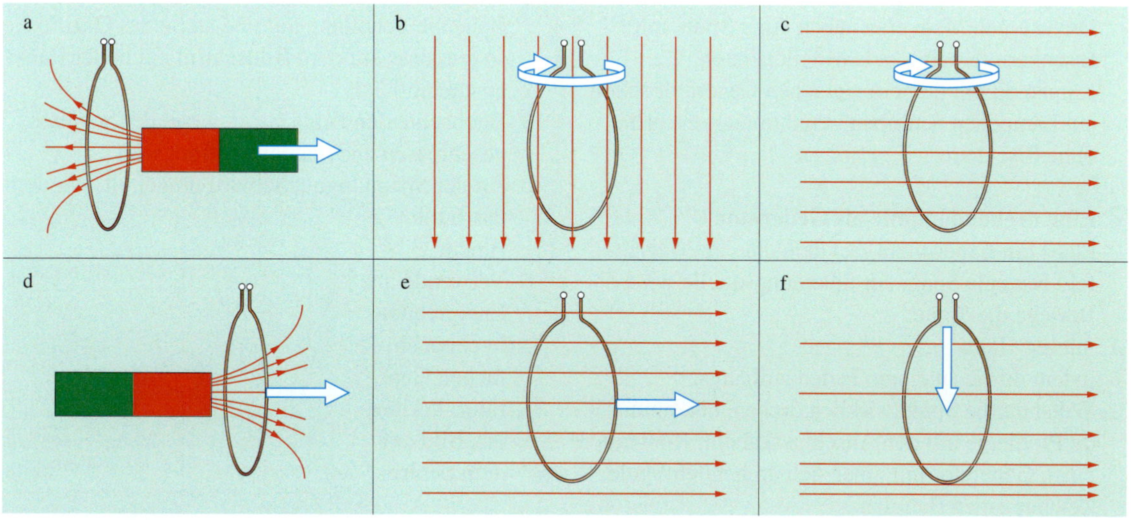

5 Wann wird eine Spannung induziert?

Die Erzeugung von Wechselstrom – Generatoren

Mithilfe der elektromagnetischen Induktion kann aus der mechanischen Energie einer Bewegung elektrische Energie gewonnen werden. Das wird im kleinen und großen Maßstab mithilfe von Generatoren gemacht. Es gibt sie in verschiedenen Größen und in verschiedenen Ausführungen, aber alle arbeiten nach demselben Prinzip.

1 Generatoren in Windkraftanlage und Fahrraddynamo

Experimente

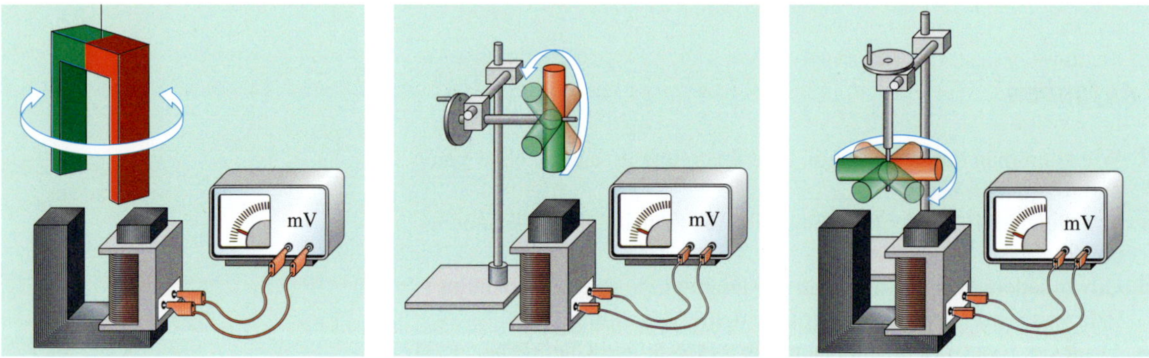

2 Drehbare Magnete

1 Ein gedrehter Magnet als Generator
Drehe einen Magneten neben einer Spule mit Eisenkern. Es gibt viele Möglichkeiten. ↑2
Kannst du mit deinem einfachen Generator schon ein Lämpchen betreiben? Funktioniert es auch ohne Eisenkern?

2 Eine drehende Spule als Generator
Plane ein Experiment, bei dem eine im Magnetfeld bewegte Spule zur Spannungsquelle wird. Bewege die Spule:
a mit der Hand
b indem du sie an einem Faden aufhängst
c Willst du die Spule wirklich drehen, bekommst du Probleme mit den Anschlusskabeln. Konstruiere einen Generator mit einer sich drehenden Spule. Zeichne einen Bauplan.

3 Das Oszilloskop
Baue die Schaltung auf und stelle das Oszilloskop so ein, dass auf dem Bildschirm ein heller Punkt erscheint. ↑3
a Beobachte den Bildschirm, wenn der Schalter geschlossen und wieder geöffnet wird.
b An der Spannungquelle wird umgepolt. Wiederhole das Experiment.
c Verwende als Energiequelle einen einfachen Generator. Erkläre das Bild auf dem Schirm.

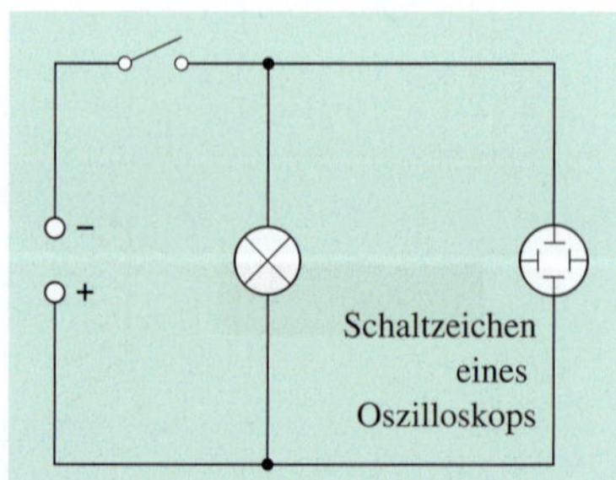

3 Schaltung Oszilloskop

GRUNDLAGEN: Die Funktionsweise von Generatoren

↑Basiskonzept System

In einem einfachen Generator dreht sich entweder ein Dauermagnet vor einer Spule oder eine Spule vor einem Dauermagneten. Statt eines Dauermagneten werden in Generatoren auch Elektromagnete eingesetzt. Das drehende (rotierende) Teil wird als *Rotor*, das stehende (statische) als *Stator* bezeichnet. ↑4
Dreht sich die Spule, so verwendet man Schleifkontakte, damit sich die Anschlusskabel nicht verdrillen.

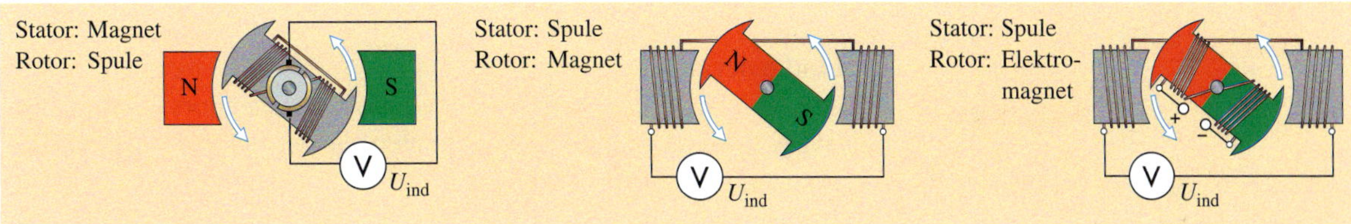

4 Verschiedene Generatortypen

Die an einem Generator induzierte Spannung bleibt während der Drehung nicht konstant. Um den zeitlichen Verlauf der Spannung aus dem Induktionsgesetz abzuleiten, betrachten wir eine Spule mit nur einer Windung, die sich in einem Magnetfeld dreht. ↑5
In Stellung 1 greift das Magnetfeld nicht durch die Spule hindurch, in Stellung 3 ist die Durchsetzung maximal. Nach dem Induktionsgesetz entsteht somit zwischen den Enden der Spule eine Spannung. Zwischen Stellung 3 und 5 verringert sich das Magnetfeld durch die Spule wieder. Die induzierte Spannung hat nun das entgegengesetzte Vorzeichen. Stellung 1 und 5 sind identisch, somit wiederholt sich der Spannungsverlauf nach jeder vollen Drehung. Der Generator ist ein Wechselspannungsgenerator.

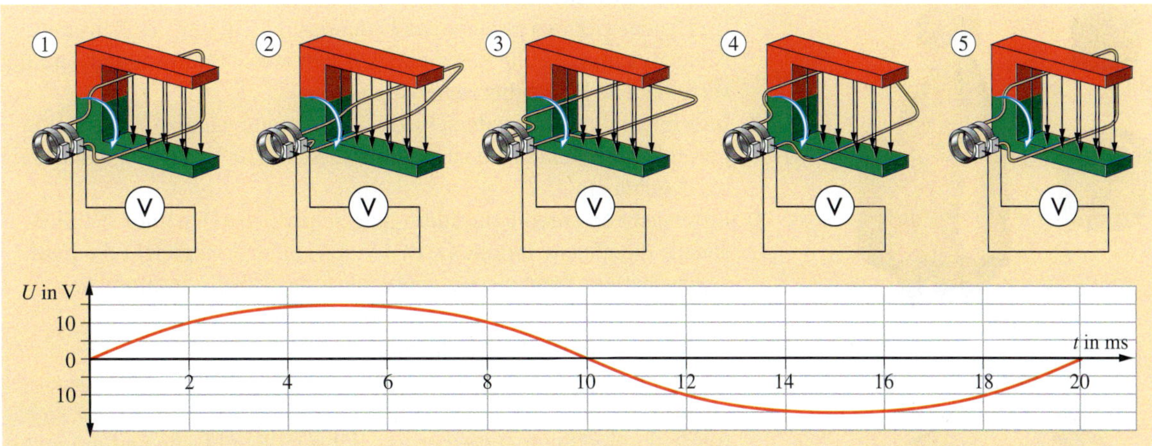

5 Funktionsprinzip des Generators

Im Generator werden eine Spule und ein Magnet so gegeneinander bewegt, dass sich in der Spule andauernd das Magnetfeld ändert. Die so induzierte Spannung wechselt ständig ihre Richtung. An der Spule entsteht eine Wechselspannung. In einem angeschlossenen Stromkreis fließt Wechselstrom.

045-1

Selbst erforscht

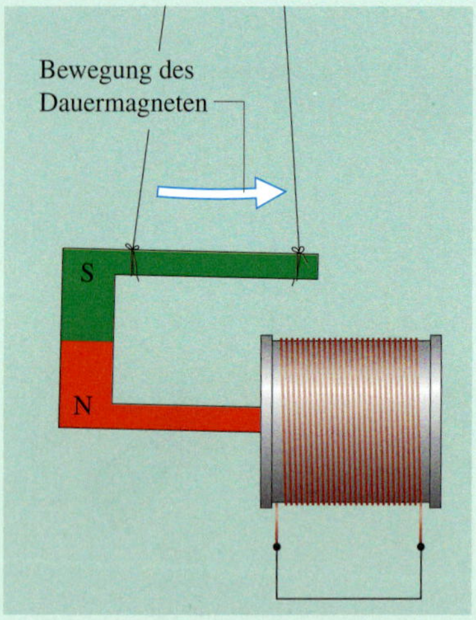

1 Magnetschaukel

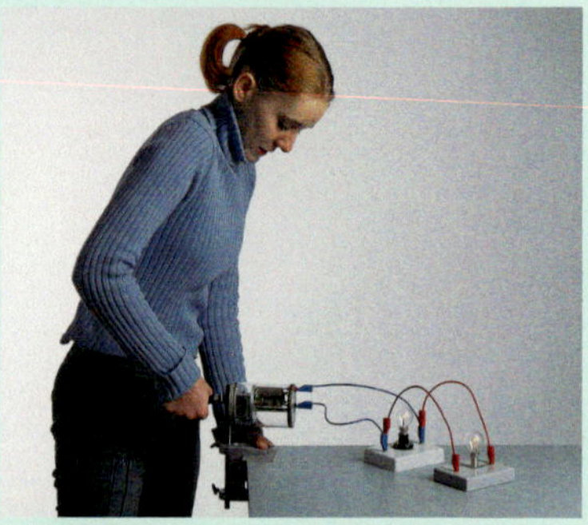
2 Handgenerator

3 Fahrraddynamo

4 Nabendynamo offen

Generatoren

1 Eine Schaukel wird zum Generator

Ein kräftiger Magnet soll in eine Spule hineinschaukeln.
Wie oft schwingt er hin und her, wenn die Spulenanschlüsse

a nicht verbunden sind
b mit einem Experimentierkabel verbunden sind
c über einem 500-Ω-Widerstand verbunden sind

Erkläre deine Beobachtungen mit der lenzschen Regel.

2 Handgenerator

a Untersuche den Spannungsverlauf eines Handgenerators am Oszilloskop. In welchen Eigenschaften unterscheidet sich die Generatorspannung von der Netzspannung?
b Bringe mit dem Handgenerator eine geeignete LED zum Leuchten. Kannst du die Wechselspannung „sehen“?
c Belaste den Generator erst mit einer und dann mit zwei parallel geschalteten identischen Glühlampen (6 V; 5 A). In welchem Fall fällt dir das Kurbeln schwerer? Erkläre.

3 Wie funktioniert ein Fahrraddynamo?

Zerlege einen alten Fahrraddynamo. Bezeichne die einzelnen Bauteile und ermittle, welche Funktion diese haben. Untersuche den Magneten auf seine Eigenschaften.
Beschreibe, wie der Dynamo elektrische Energie erzeugt. Erstelle ein Poster, auf dem die Funktion des Dynamos mit Zeichnungen und Texten erklärt wird.

4 Fahrraddynamos im Test

Im Handel gibt es verschiedene Dynamos: Leichtlauf-, Rollen- und Nabendynamos … Sie unterscheiden sich in der Bauform und sind für verschiedene Einsatzbereiche vorgesehen.

a Informiere dich über unterschiedliche Fahrraddynamos. Wie sind sie gebaut? Wo kommen sie zum Einsatz? Stelle die Vorteile den Nachteilen gegenüber.
b Untersucht an euren Fahrrädern unterschiedliche Dynamos. Schließt jeweils die gleiche Lampe (z. B. 4 V; 1 A) an und vergleicht die Laufeigenschaften. Tragt die Ergebnisse in einer Tabelle zusammen.

5 Generator mit dem Erdmagnetfeld

Ob für einen Generator auch das schwache Magnetfeld der Erde ausreicht?
Bastle dir eine Spule mit einer möglichst großen Fläche und möglichst vielen Windungen. Nimm dafür z. B. eine alte Fahrradfelge und umwickle sie mit einem isolierten Draht. Kannst du bei unterschiedlichen Bewegungen der Felge zwischen den Enden des Drahts eine Spannung messen? Nutze für deine Untersuchungen einen Mikrovoltverstärker aus der Physiksammlung.

GRUNDLAGEN: Wechselstrom und Wechselspannung

Bei einem Generator ändert sich ständig das Vorzeichen der Spannung und deshalb auch die Stromrichtung. Man sagt: Der Generator erzeugt Wechselspannung und Wechselstrom. Auch Netzgeräte erzeugen meist Wechselspannung. Mit einem Oszilloskop kann man den zeitlichen Verlauf der Wechselspannung sichtbar machen. ↑5
Bei Netzspannung durchläuft der Leuchtpunkt den abgebildeten Wellenzug 50-mal in jeder Sekunde. Die Wechselspannung ist genauso lange positiv wie negativ. Im Durchschnitt ist sie „0“. ↑6
Aber in der Lampe fließt ständig elektrischer Strom hin und her und erzeugt dort Licht und Wärme: Die Wärmewirkung des Wechselstroms in Drähten ist also mit dem eines Gleichstroms vergleichbar.
Messgeräte für Wechselspannungen und -ströme zeigen jeweils den Wert an, bei dem ein Gleichstrom dieselbe Wärmewirkung wie der Wechselstrom hat. Diese Werte heißen *Effektivwerte* von Spannung und Stromstärke. Die *Scheitelwerte* von Strom und Spannung sind um den Faktor $\sqrt{2}$, also ungefähr 1,4-mal, größer als die Effektivwerte. ↑7
So wechselt die Netzspannung in Deutschland zwischen $\sqrt{2} \cdot 230\,\text{V} = 325\,\text{V}$ und –325 V hin und her.

Um die Effektivwerte von Wechselspannungen und Wechselströmen auf Messgeräten anzuzeigen, müssen diese auf Wechselstrom (AC – alternating current) bzw. Wechselspannung (V~) eingestellt sein. Den genauen Verlauf des Wechselstroms zeigt man mit einem Oszilloskop an. Dieses lässt sich so einstellen, dass es in *x*-Richtung die Zeit und in *y*-Richtung die gemessene Spannung anzeigt.
Heute werden Oszilloskope zunehmend durch Computer mit speziellen Anschlüssen und Software ersetzt. 047-1

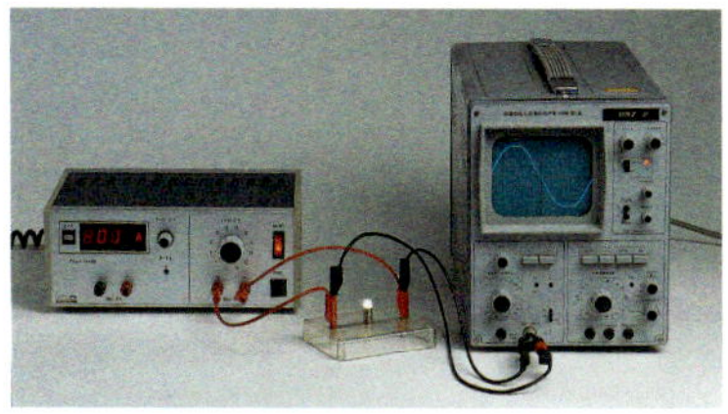

5 Wechselspannung im Experiment

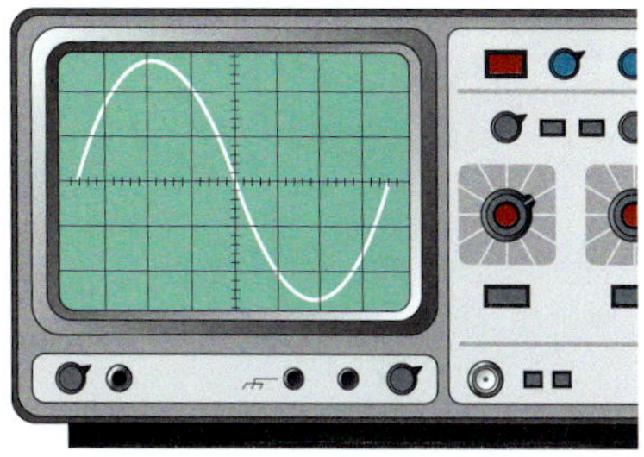

6 Oszillografenbild

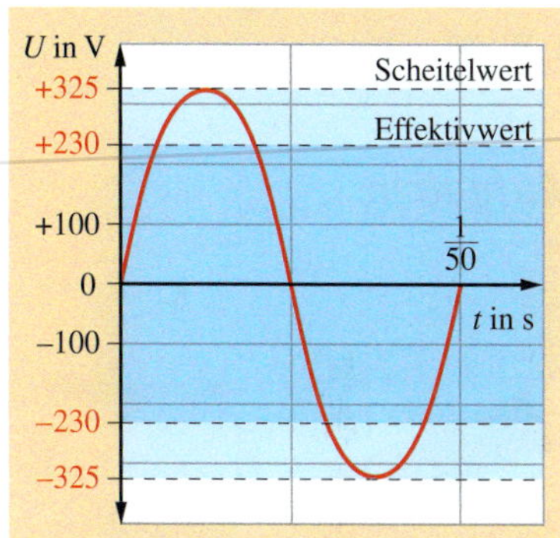

7 Wechselspannung – Scheitel- und Effektivwert

Schon gewusst?

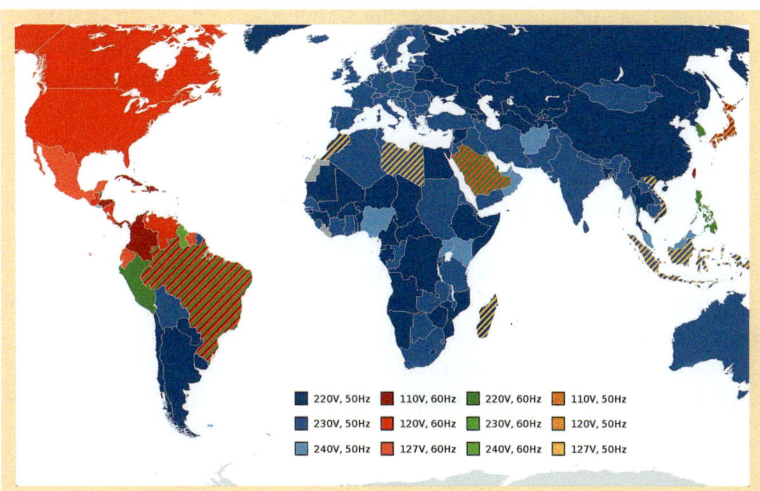

8 Netzspannungen und -frequenzen weltweit

Netzspannung und Netzfrequenz sind nicht in allen Ländern gleich. ↑8 Die Netzspannung besitzt in den meisten Teilen der Welt eine Frequenz von 50 Hz (Hertz), so als würde sie von einem einfachen Generator erzeugt, der sich 50-mal in der Sekunde dreht.

Aus der Technik Generatoren in Kraftwerken

1 Wasserturbine und Generator

2 Dampfturbine und Generator

3 Generator in einer Windkraftanlage

In Elektrizitätswerken wird elektrischer Strom mit riesigen Generatoren erzeugt. Diese erzeugen sehr große Spannungen und können viele Menschen mit elektrischer Energie versorgen. Im Innern dieser Generatoren dreht sich ein riesiger Elektromagnet, dessen rotierendes Magnetfeld in den rundherum angeordneten Induktionsspulen elektrischen Strom erzeugt. Die Drehung des Elektromagneten wird je nach Kraftwerk durch bewegtes Wasser, Dampf oder Wind hervorgerufen. Die Energie zur Dampferzeugung stammt aus Verbrennungsprozessen oder der Kernspaltung.

Aufgaben

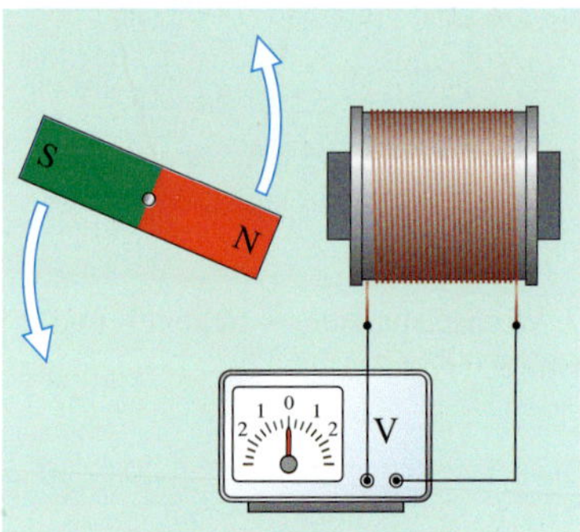

4 Was zeigt das Messgerät?

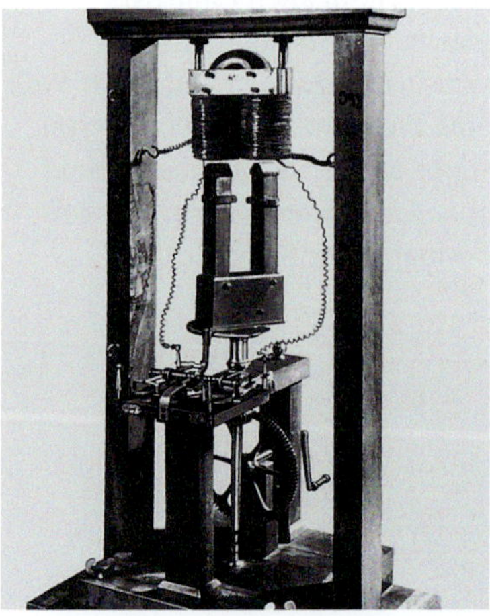

5 Erster Generator nach PIXII

1 In der Anordnung von Bild ↑4 wird der Magnet gedreht. Was ist am Messgerät zu beobachten?

2 Auf der Seite ↑39 haben wir dir eine batterielose Taschenlampe vorgestellt. Erkläre, wie die Spannung beim Schütteln entsteht.

3 Wer baute den ersten Generator? Schon ein Jahr nach der Entdeckung der Induktion durch MICHAEL FARADAY wurde der erste Generator vom französischen Mechaniker HIPPOLYTE PIXII gebaut. Bei diesem Generator konnte man mit einer Kurbel einen starken Bügelmagneten vor zwei Spulen rotieren lassen. ↑5 Es folgten weitere, verbesserte Generatoren. 1866 entwickelte WERNER VON SIEMENS einen neuen Generatortyp mit Elektromagneten. Informiere dich in Lexika, Technikbüchern und im Internet über die Entwicklung der ersten Generatoren. Dokumentiere deine Recherche auf einem Plakat. Schreibe eine Forscherbiografie über HIPPOLYTE PIXII und WERNER VON SIEMENS. Informiere dich dazu in verschiedenen Medien.

4 Der Wirkungsgrad eines kleinen Generators soll bestimmt werden: Auf der Achse des Generators ist ein Faden aufgerollt, an dem ein Wägestück ($m = 500\,\text{g}$) hängt. Wenn es absinkt, wird die Schnur abgerollt und der Generator angetrieben. Am Generator ist eine Lampe angeschlossen. Stromstärke und Spannung an der Lampe werden gemessen.

a Fertige eine Experimentskizze mit elektrischem Schaltplan an.

b Das Wägestück sinkt in 2,8 s um 1,0 m ab. Die Spannung an der Lampe beträgt 5,6 V, die Stromstärke 285 mA. Berechne den Wirkungsgrad des Generators.

Der Transformator – elektrische Energie bei unterschiedlichen Spannungen

Zwischen den Kabeln einer Hochspannungsleitung liegt eine Spannung von bis zu 380 000 V (380 kV). An unseren Steckdosen liegt aber nur eine Spannung von 230 V an. Und mit den kleinen schwarzen Steckern lässt sich die Spannung noch weiter reduzieren, um z. B. das Handy oder den MP3-Player aufzuladen.
Wie funktioniert diese Spannungsänderung und welche Rolle spielt sie bei der Energieübertragung?

6 Jede Menge „kleine schwarze Stecker“?

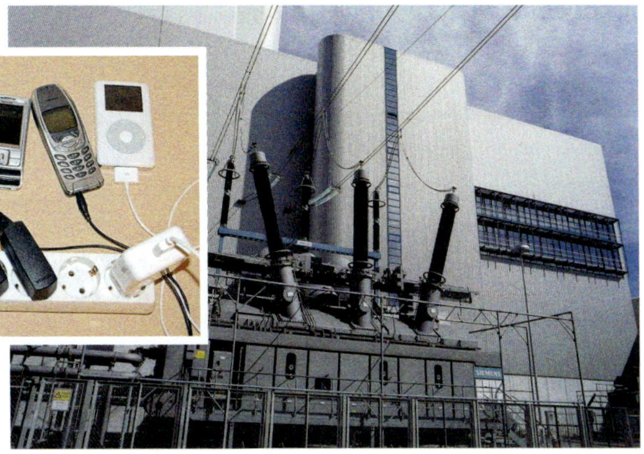

7 Trafostation am Kraftwerk

Experimente

1 Mit Spulen Energie übertragen
Stelle zwei Spulen mit Eisenkern eng zusammen. Schließe an eine Spule (Feldspule) eine Wechselspannung an. ↑8

a Schließe an die zweite Spule (Induktionsspule) eine Glühlampe (2,5 V; 0,1 A) an. Wenn du die Feldspule unter einem Schuhkarton versteckst, ist das Experiment besonders eindrucksvoll.
b Miss die Spannung an der Induktionsspule.
c Vertausche die beiden Spulen und miss erneut die Spannung an der Induktionsspule.

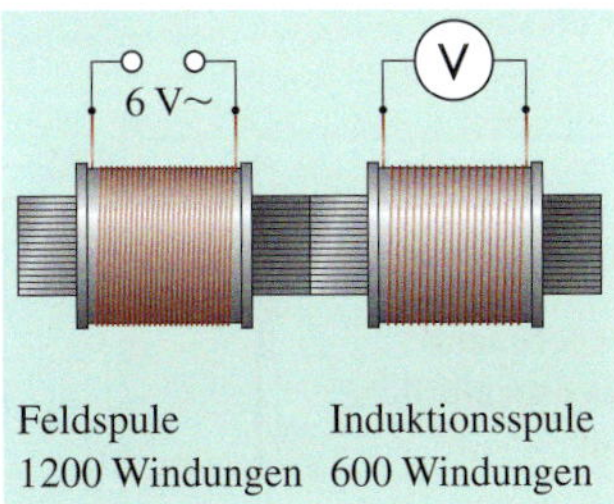

8 Energieübertragung

2 Transformatoren ändern Spannungen
Ein Transformator besteht aus zwei Spulen, die auf einem geschlossenen Eisenkern montiert sind. Baue einen Transformator auf. ↑9

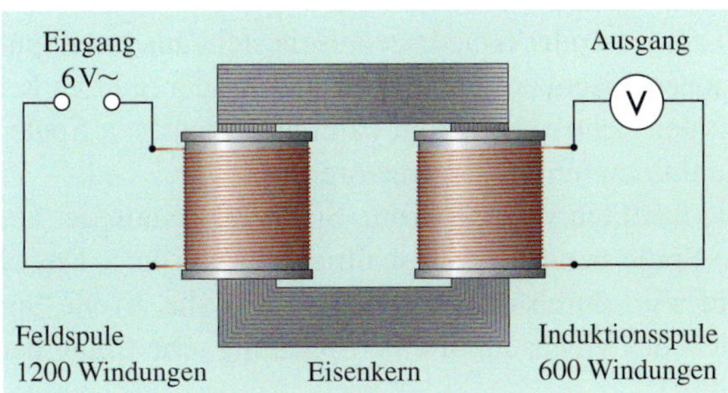

9 Spannungsänderung

Die Feldspule wird an ein Netzgerät mit 6 V Wechselspannung angeschlossen.

a Miss an der Induktionsspule die Spannung.
b Was passiert, wenn du den Eisenkern oben öffnest?
c Tausche die Induktionsspule gegen andere Spulen mit kleineren Windungszahlen aus (300, 150, 75 Windungen).
Miss jeweils die Spannung.
Notiere die Ergebnisse in einer Tabelle.
Welche Regel erkennst du?

3 Transformatoren ändern Stromstärken
Wir beobachten die Stromstärke in der Feldspule, wenn an der Induktionsspule ein Verbraucher angeschlossen wird. ↑10

a Notiere die Stromstärke bei geöffnetem Schalter.
b Schließe den Schalter und notiere die Stromstärke, wenn die Lampe leuchtet.
c Vergleiche die Veränderung der Stromstärke in der Feldspule mit der Stromstärke in der Induktionsspule.

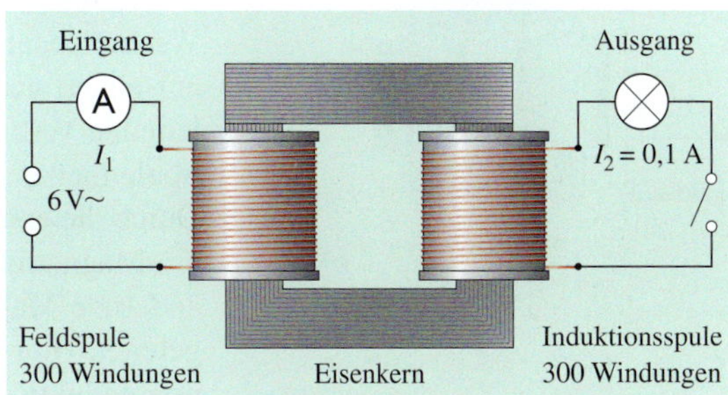

10 Änderung der Stromstärke

Experimente

4 Modell einer Überlandleitung

Wir bilden den Energietransport vom Kraftwerk zur Wohnung im Modellexperiment nach.
Das Netzteil ersetzt den Generator im Kraftwerk. Statt der Überlandleitungen werden zwei lange Konstantandrähte (0,2 mm Ø) verwendet. Damit wird der elektrische Widerstand von Leitungen simuliert, die Hunderte von Kilometern lang sind. Die Glühlampe stellt die Elektrogeräte in der Wohnung dar.
Baue das Modell auf und beobachte. ↑1 Stelle Vermutungen an, was hier passiert.
Miss die Spannung an der Lampe und die Stromstärke im Stromkreis. Erkläre das Verhalten der Modellschaltung.
Vergleiche die Leistungen von Energiequelle und Lampe. Erkläre den Unterschied.

5 Übertragung mit „Hochspannung"

Lehrerexperiment

Hohe und lebensgefährliche Stromstärken!

Die Modellschaltung wird nun so verändert, dass sie der Energieübertragung mit Hochspannung entspricht. ↑2 Dazu wird die Spannung des Netzgeräts (also des Generators im Kraftwerk) im Verhältnis 1 : 8 hochtransformiert. Damit die Glühlampe mit der richtigen Spannung versorgt wird, muss die Hochspannung am Ende der Übertragungsstrecke heruntertransformiert werden.
Wir messen die Stromstärken in der Übertragungsstrecke und im Lampenstromkreis und vergleichen sie mit dem Experiment 1. Wie ist der Unterschied zu erklären?
Welche Spannung wird hier zur Energieübertragung benutzt?

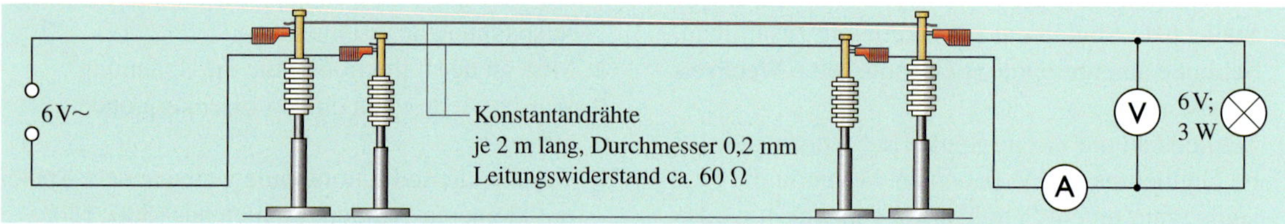

1 Überlandleitung ohne Hochspannung (Modell)

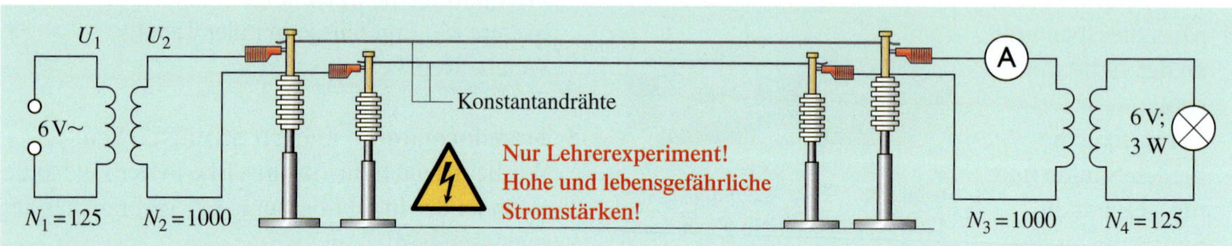

2 Überlandleitung mit Hochspannung (Modell)

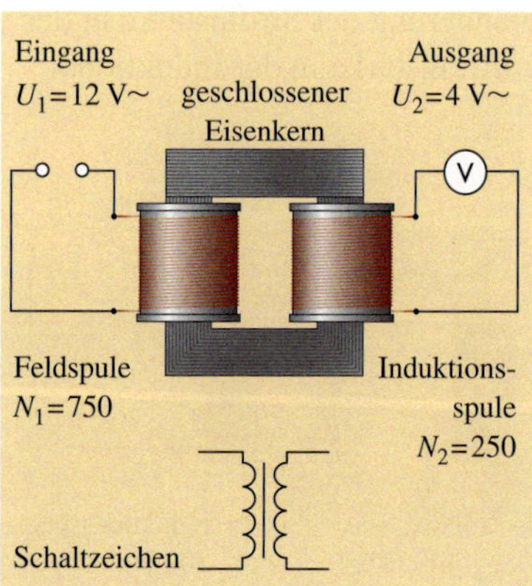

3 Transformator (Aufbau)

GRUNDLAGEN: Änderung von Stromstärke und Spannung bei Transformatoren

Funktionsweise des Transformators Mit einem Transformator kann man Wechselspannungen erhöhen oder erniedrigen. Er besteht aus zwei Spulen auf einem geschlossenen Eisenkern. Zwischen den Spulen gibt es keine leitende Verbindung; der elektrische Strom kann also nicht von Spule zu Spule fließen. Wie funktionieren Transformatoren?
Durch die erste Spule fließt ein Wechselstrom. Somit entsteht in der Spule ein Magnetfeld. Die Spule nennt man deshalb auch Feldspule. Das sich ändernde Magnetfeld wird durch den Eisenkern bis in die zweite Spule geleitet. Hier induziert das Wechselfeld eine Spannung. Die Spule nennt man Induktionsspule. ↑3

Der Wechselstrom in der Feldspule des Transformators ruft ein sich änderndes Magnetfeld im Eisenkern hervor. Dadurch wird an der Induktionsspule eine Spannung erzeugt.

Bestimmung der Induktionsspannung Die Bilder ↑4–6 zeigen, welche Rolle die Windungszahlen der Spulen spielen.

Fall 1: Auch wenn die Induktionsspule nur eine Windung hat, kann man eine Induktionsspannung messen. In unserem Beispiel beträgt sie 0,1 V. ↑4 Die Spannung für eine Windung kann man aus der Spannung U_1 an der Feldspule und deren Windungszahl N_1 berechnen:

$$U_{\text{Windung}} = \frac{U_1}{N_1}.$$

Fall 2: Wenn die Induktionsspule N_2 200 Windungen besitzt, liegt an den Enden jeder einzelnen Windung eine Spannung von 0,1 V an. Da die Windungen in Reihe geschaltet sind, kann man die Einzelspannungen addieren – wie bei Batteriezellen. An den Enden dieser Induktionsspule ergibt sich eine Spannung von $200 \cdot 0{,}1\,\text{V} = 20\,\text{V}$.
Bei gleichen Windungszahlen von Feld- und Induktionsspule sind Eingangs- und Ausgangsspannung gleich. ↑5

Fall 3: Die Windungszahl N_2 der Induktionsspule beträgt 400 und ist doppelt so groß wie die der Feldspule. Die Induktionsspannung beträgt $400 \cdot 0{,}1\,\text{V} = 40\,\text{V}$. Die Induktionsspannung ist doppelt so groß wie die Eingangsspannung. ↑6

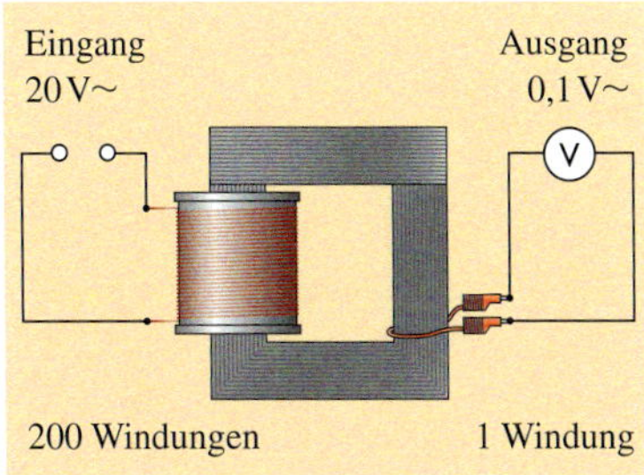

4

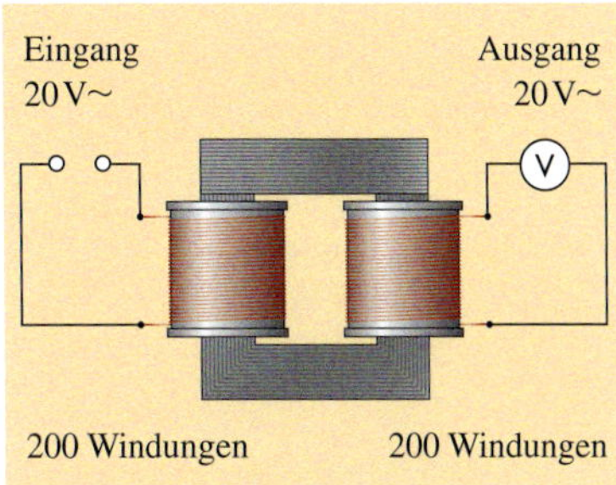

5

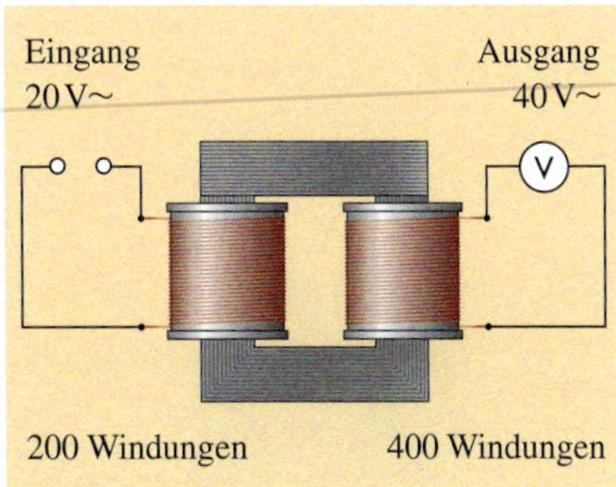

6 Bestimmung der Induktionsspannung

↑Basiskonzept System

Allgemein gilt für die Induktionsspannung, wenn der Stromkreis an der Induktionsspule nicht durch einen Verbraucher geschlossen ist (unbelasteter Transformator):

$$U_2 = U_{\text{Windung}} \cdot N_2 \quad \text{oder} \quad U_2 = \frac{N_2}{N_1} \cdot U_1$$

Die Spannung U_2 an der Induktionsspule hängt von der Spannung U_1 an der Feldspule und von den Windungszahlen N_2 und N_1 der Spulen ab.

Für den unbelasteten Transformator gilt: $\frac{U_2}{U_1} = \frac{N_2}{N_1}$.

Schließt man an einen Transformator einen Verbraucher an, so fließt fast die gesamte Energie, die das Netzgerät liefert, durch den Transformator zum Verbraucher. Dass die Energie nicht vollständig in der Glühlampe ankommt, erkennt man schon alleine durch Berührung des Eisenkerns. Durch das dauernde Ummagnetisieren erwärmt er sich spürbar.
So können wir die elektrischen Ströme bei einem belasteten Transformator nur näherungsweise bestimmen: $P_1 \approx U_1 \cdot I_1 \approx U_2 \cdot I_2 \approx P_2$ oder $\frac{U_2}{U_1} \approx \frac{I_1}{I_2}$.

Bei einem belasteten Transformator gilt: $\frac{I_1}{I_2} \approx \frac{N_2}{N_1}$

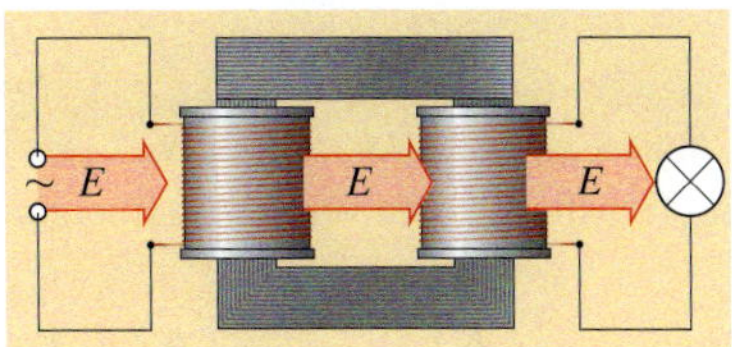

7 Energietransport

Beide Formeln gelten streng genommen nur für die jeweiligen idealisierten Fälle. Zur Abschätzung kann man beide jedoch auch auf reale Probleme anwenden.

GRUNDLAGEN: Transformatoren verringern Energieverluste

↑Basiskonzept Energie

↑Basiskonzept System

Ein wesentlicher Vorzug elektrischer Energie besteht darin, dass sie durch Kabel auch über große Strecken transportiert werden kann. Da das Kabel jedoch einen elektrischen Widerstand besitzt, erwärmt es sich. Durch diese Erwärmung kommt also ein Teil der Energie nicht bei den Verbrauchern an, sondern wird in thermische Energie umgewandelt.

Es gilt: $P_{therm} = U \cdot I = R \cdot I \cdot I = R \cdot I^2$. (↑S. 33)

Der Energieverlust in den elektrischen Leitern ändert sich demnach direkt proportional mit dem Quadrat der elektrischen Stromstärke. Bei einer Stromstärke von 100 A wird $100^2 = 10\,000$-mal mehr Energie in thermische Energie umgewandelt als bei 1 A.
In den Städten Deutschlands wird für jeden Einwohner im Durchschnitt ein elektrischer Energiestrom von ca. 1,0 kW benötigt. Bei einer Spannung von 230 V wäre für jeden Einwohner ein elektrischer Strom von 4,4 A zu übertragen: $P = U \cdot I = 230\,\text{V} \cdot 4{,}4\,\text{A} = 1{,}0\,\text{kW}$.
Für eine Stadt mit 100 000 Einwohnern müsste die Stromstärke in den Überlandleitungen 440 000 A betragen. Auch die dicksten Leitungen würden dann durch die thermischen Verluste sofort schmelzen.
Um elektrische Energie in großem Maßstab überhaupt sinnvoll transportieren zu können, muss man somit für möglichst kleine elektrische Ströme sorgen. Das gelingt in Umspannwerken durch den Einsatz von Transformatoren. ↑1, 2

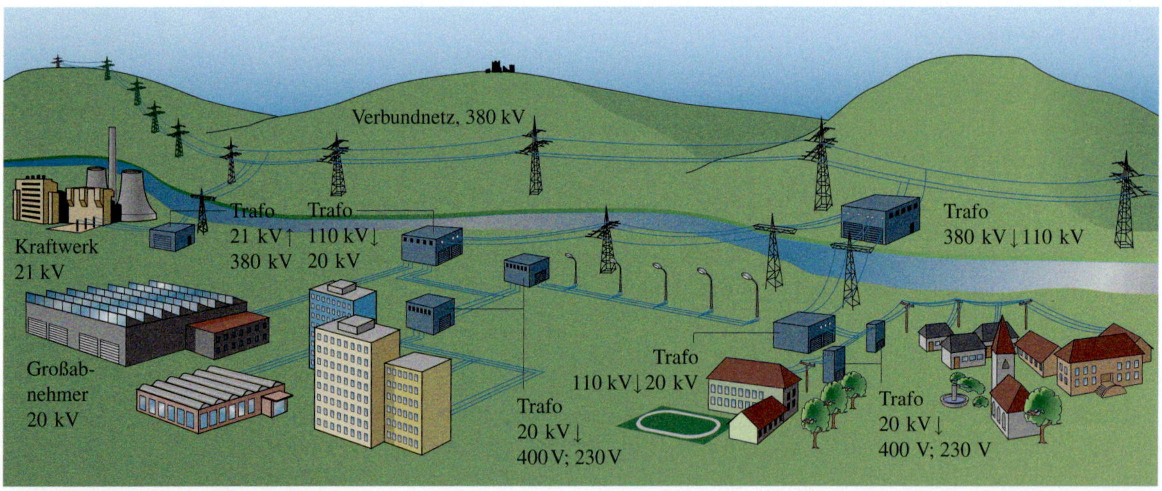

1 Transformatoren verringern Energieverluste

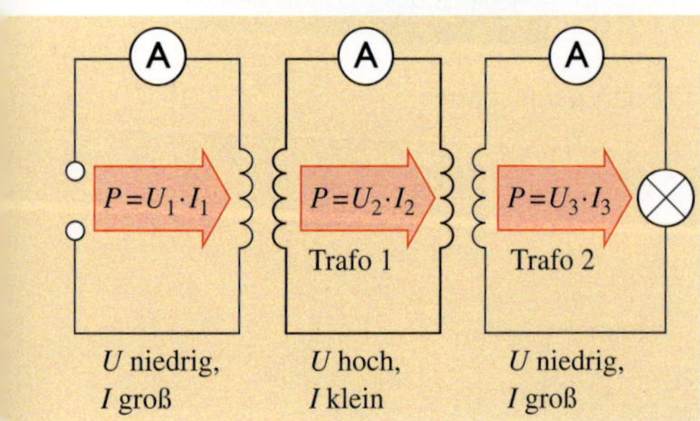

2

Zur Übertragung in den Überlandleitungen wird eine hohe Spannung benutzt. Damit ist die Stromstärke in den Leitungen wesentlich kleiner. Auf der Verbraucherseite wird durch einen Transformator wieder eine niedrige Spannung hergestellt. ↑2
In Hochspannungsleitungen beträgt die Spannung bis zu 400 kV. Die Leiter können Stromstärken von 1000 A aushalten. Mit solchen Leitungen können also bis zu 400 000 Menschen mit Energie versorgt werden. Bei geringerem Energiebedarf wählt man für die Übertragung geringere Spannungen (220 kV, 110 kV oder 20 kV).

052-1

Aus der Technik Der europäische Energieverbund

Die Betriebe in den deutschen Industriegebieten brauchen zeitweise mehr Energie, als die Kraftwerke der Region erzeugen können. Die nötige Energie wird in anderen Regionen gekauft oder „geliehen“. Die Energieversorger in Deutschland sind nämlich zu einem umfassenden Verbundsystem zusammengeschlossen. ↑3 Das Verbundnetz wird von einer Schaltzentrale in Brauweiler (bei Köln) überwacht und gesteuert. Mithilfe von Computern werden die Energieströme verfolgt. Von dort kann z. B. auch ein Pumpspeicherwerk zusätzlich eingeschaltet werden, wenn die laufenden Kraftwerke an ihre Leistungsgrenze kommen. Oder einige Kraftwerke werden abgeschaltet, wenn die restlichen Kraftwerke nicht ausgelastet sind.

Auch überregional haben sich die Länder Europas zu einem europäischen Energieverbund zusammengeschlossen. ↑4 Die Wasserkraftwerke in der Schweiz z. B. produzieren während der Schneeschmelze mehr Energie als für die Schweiz erforderlich. Die überschüssige Energie wird über das Verbundnetz exportiert. Auch bei einem Ausfall von Hochspannungsleitungen oder Elektrizitätswerken kann man die Energieversorgung über das Verbundnetz aufrechterhalten.

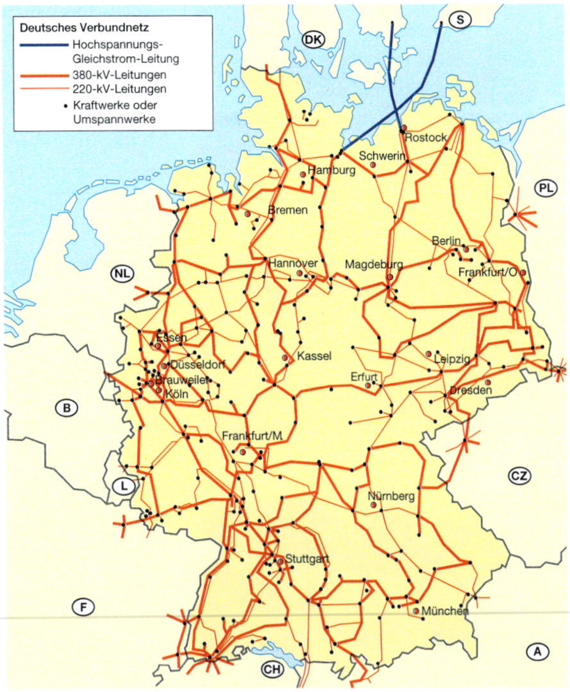

3 Deutsches Verbundnetz

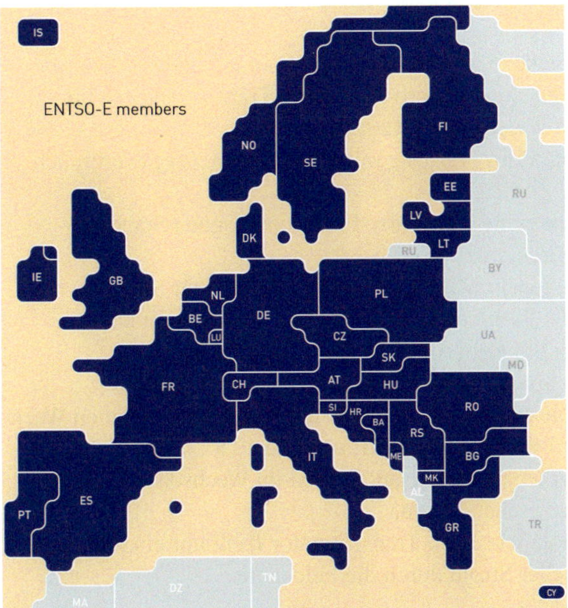

4 Mitglieder des europäischen Verbundnetzes

1 Das europäische Verbundnetz hat viele Vorteile, aber auch kleine Nachteile für seine Teilnehmer. Erläutere.

Am 4. 11. 2006 um 21.38 Uhr wurde zur Überführung eines Kreuzfahrtschiffes in die Nordsee eine Höchstspannungsleitung über der Ems abgeschaltet. Dadurch kam es zu einem unvorhergesehen Zwischenfall: Die Netzbelastung stieg unerwartet hoch an und führte zur Notabschaltungen der Leitung Bielefeld/Gütersloh und in Folge zu weiteren Stromausfällen quer durch Deutschland, Österreich und weiteren Ländern. Die Netzfrequenz fiel in einigen Teilen Europas auf 49 Hz ↑5 und stieg in anderen Gebieten auf 50,4 Hz an. Zwei Stunden später konnten alle Leitungen wieder zugeschaltet werden. Zeitweise waren mehr als 15 Millionen Menschen in weiten Teilen Europas ohne elektrischen Strom.

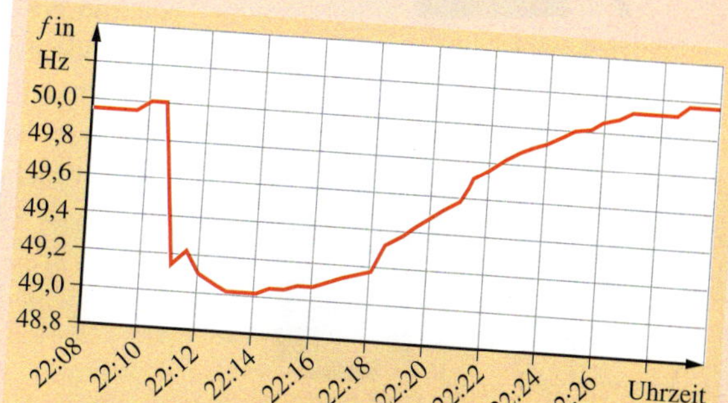

5 Änderung der Netzfrequenz; gemessen im Ruhrgebiet am 4. 11. 2006

Aus der Umwelt Energieverluste beim Stand-by

Viele elektrische Kleingeräte werden nicht direkt mit 230V betrieben, sondern erfordern eine kleinere Spannung. Sie wird von Transformatoren bereitgestellt, die sich häufig in kleinen Steckernetzteilen befinden. ↑1 Oftmals verbleiben die Transformatoren auch ohne Verbraucher in der Steckdose. Wird dann – also im Stand-by – auch Energie benötigt?
Das neben stehende Foto ↑2, aber auch einfaches Handauflegen, zeigen es deutlich. Einige der Transformatoren werden auch ohne jede Belastung warm.
Dieser Stand-by-Verlust tritt auch dann auf, wenn der Transformator im Gerät (Computer, DVD-Player) versteckt ist und beim Ausschalten des Geräts nicht mit abgeschaltet wird. Eine EU-Verordnung verbietet seit 2010 den Verkauf von Netzteilen, die im Stand-by zu hohe Energieverluste aufweisen.
Denn es gibt inzwischen moderne Netzgeräte, die z. B. mit einer elektronischen Schaltung die Wechselstromfrequenz vor dem Transformieren stark erhöhen. Diese Netzgeräte haben wesentlich geringere Verluste und können auch leichter gebaut werden.
Um Stand-by-Verluste völlig zu verhindern, gibt es eine ganz einfache Lösung: Den Stecker ziehen oder das Gerät über eine Steckleiste ausschalten.

1 Netzgeräte

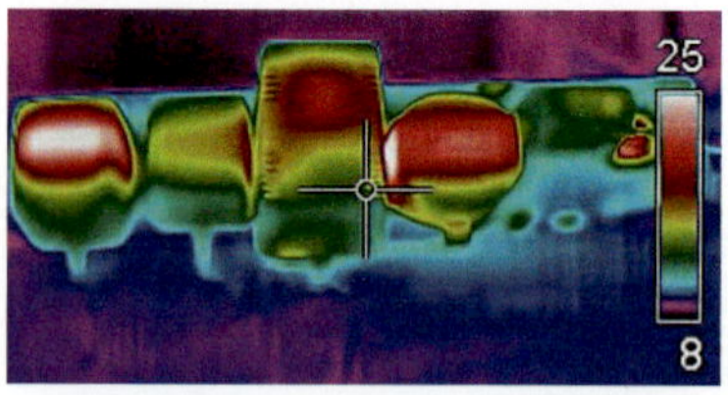

2 Wärmebild

3 Infrarotthermometer

4 Energiewächter

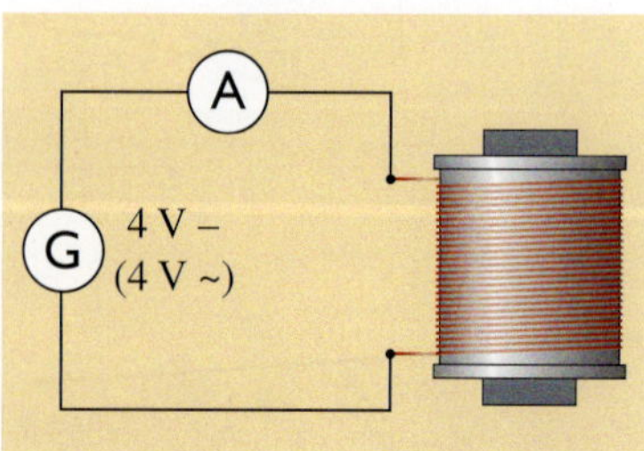

5 Spule an Gleich- und Wechselspannungsquelle

1 Untersuche verschiedene kleine Transformatoren im Betrieb und beim Stand-by auf Wärmeverluste. ↑3
2 Bestimme mit einem Energiewächter die Energiestromstärke im Stand-by einiger ausgeschalteter Haushaltsgeräte und unbelasteter Steckernetzteile. ↑4
3 *Fermiaufgabe:* Schätze ab, wie viele kW · h an elektrischen Energie in einem typischen Haushalt pro Jahr durch Transformatoren im Stand-by entwertet werden. ↑S. 120 f.
4 Vergleiche die Stand-by-Verluste mit dem Gesamtenergieverbrauch eines Haushalts.
5 Auch Geräte ohne echte „Stand-by-Funktion“ können Stand-by-Verluste haben. Erläutere.
6 „Auch Kleinvieh macht Mist“ – „Die Diskussion über Stand-by lenkt nur von den große Problemen ab.“ Führt eine Diskussion über die Abschaffung von Stand-by-Geräten durch.
7 Untersuche eine Spule im Gleich- und Wechselstromkreis.
a Schalte eine Spule erst in einen Gleichstrom- und dann in einen Wechselstromkreis und vergleiche die Stromstärken. ↑5
b Begründe mit der lenzschen Regel: Spulen im Wechselstromkreis drosseln den elektrischen Strom.
c Begründe: Beim unbelasteten Transformator fließt nur ein relativ geringer elektrischer Strom durch die Feldspule.

Aufgaben

1 Die Feldspule eines Transformators besitzt 600 Windungen und seine Induktionsspule hat 12 000 Windungen.
a Wieso handelt es sich um einen Hochspannungstransformator?
b Die Feldspule ist an die Netzspannung angeschlossen. Berechne die Induktionsspannung U_2.

2 In einer kleinen Schultrafostation soll die Spannung von 20 kV auf 230 V transformiert werden.
a Welche Spulen könnte man verwenden?
b Warum transformiert man die elektrische Spannung wieder herunter und verwendet nicht 20 kV an der Steckdose?
c Wenn aus dem Transformator 240 A bei 230 V fließen, wie groß ist dann theoretisch die elektrische Stromstärke in der Hochspannungsleitung?

3 Nenne Beispiele für die Anwendung von Transformatoren. Ordne sie nach der zu nutzenden Spannung.

4 Was für eine tolle Idee! Der Hamster treibt einen kleinen Generator an, der eine Wechselspannung von 2,3 Volt erzeugt. Diese Spannung vergrößern wir dann mit einem Transformator auf 230 V. ↑6
Können wir auf diese Weise unsere Haushaltsgeräte betreiben?

5 Beim Elektroschweißen bringt man ein Stück Metall, das an einen Trafo angeschlossen ist, zum Glühen. Ein Lehrerexperiment zeigt im Prinzip, wie das gelingt. ↑7
Warum glüht der Nagel nach kurzer Zeit auf und schmilzt durch?

6 Würde man beim Transport elektrischer Energie noch größere Spannungen (z. B. 1 GV) verwenden, könnte man so den elektrischen Strom und damit den thermischen Verlust erheblich minimieren.
a Vergleiche den thermischen Verlust bei 1 MV und 1 GV Spannung.
b Warum wird die elektrische Energie nicht mit einer so hohen Spannung transportiert? *Hinweis:* Je nach Luftfeuchte fließt ab einer Spannung von 10 000 V pro cm auch durch die Luft ein Strom (Blitz).

7 Die Induktion ist Grundlage für viele technische Geräte wie z. B. Festplatte im Computer, elektrodynamische Mikrofone, Tonkopf beim Kassettenrekorder, Pick-up bei der E-Gitarre, Induktionsschleife vor der Ampel, Fahrradtacho, Induktionskochfeld, Zahnbürste mit Auflademechanismus usw. ↑8, 9
Finde bei allen Geräten Magnet oder Feldspule und Induktionsspule. Welche Funktion haben sie hier? Halte ein Referat oder stelle dein Ergebnis auf einem Poster dar.

6 Tolle Idee?

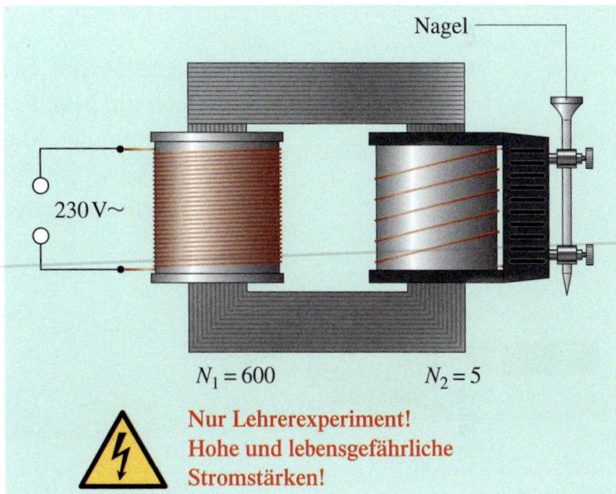

7 Hochstromtrafo

8 Induktionskochfeld

9 Festplatte

Auf einen Blick

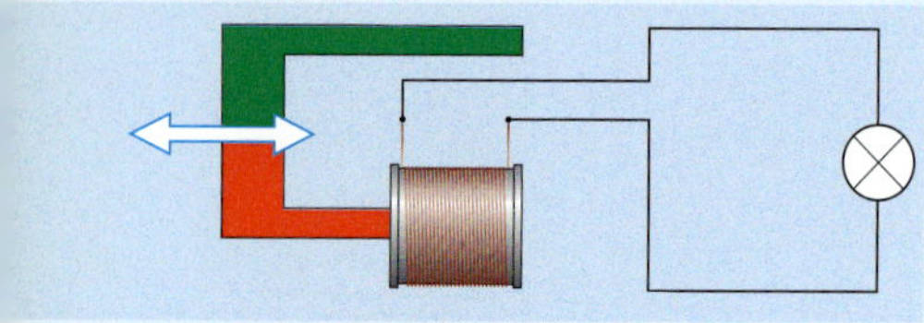
1

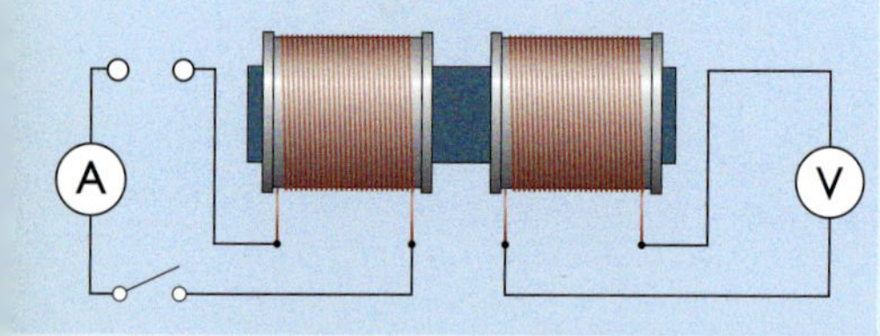

2

Spulen als Energiequellen Verändert sich in einer Spule das Magnetfeld, so wird an deren Enden eine Spannung induziert. Befindet sich die Spule in einem geschlossenen Stromkreis, so fließt ein Induktionsstrom.
Das Magnetfeld in der Spule ändert sich zum Beispiel, wenn:
- der Magnet oder die Spule bewegt werden
- der Magnet ein- oder ausgeschaltet wird ↑1, 2

Je schneller die Änderung erfolgt, umso größer ist die induzierte Spannung. Je mehr Windungen die Induktionsspule besitzt, umso größer ist die induzierte Spannung.

Generatoren Sie sind die wichtigsten elektrischen Energiequellen. Dreht sich ein Magnet vor dem Eisenkern einer Induktionsspule, ändert sich andauernd das Magnetfeld in der Spule. Es entsteht eine Wechselspannung. Dasselbe geschieht, wenn die Spule zwischen den Polen eines Dauer- oder Elektromagneten gedreht wird. ↑3, 4

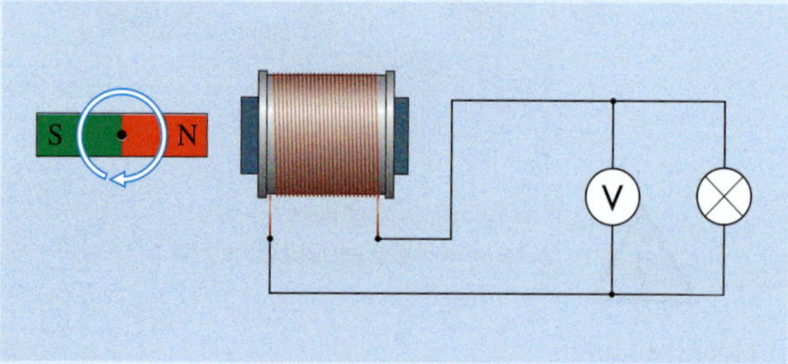

3

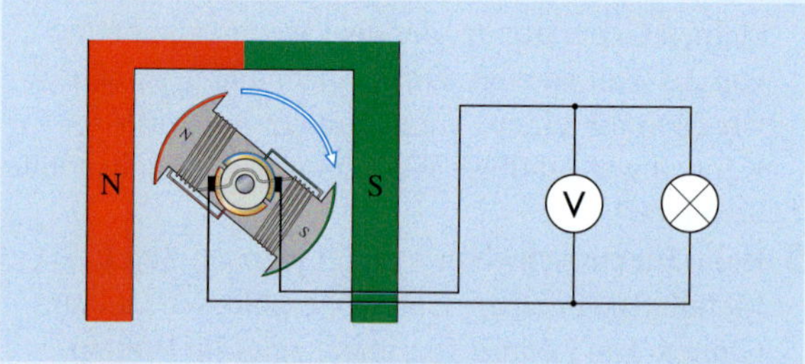

4

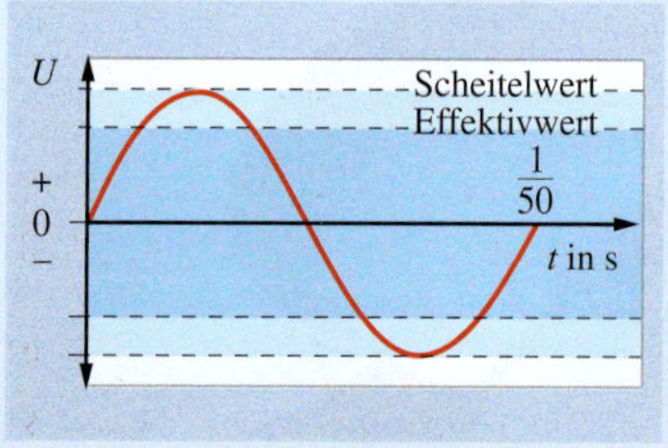

5

Wechselspannung – Wechselstrom Beim einfachen Generator wechselt die induzierte Spannung bei jeder halben Drehung das Vorzeichen. Elektrische Ladungen werden durch die Wechselspannungen abwechselnd in die eine oder andere Richtung getrieben.
Bei der Netzwechselspannung geschieht dies 50-mal pro Sekunde (50 Hz). Eine Hin- und Herbewegung dauert 1/50 s.
Messgeräte zeigen den Wert an, den eine Gleichspannung oder ein Gleichstrom mit derselben Wirkung hat (Effektivwert). ↑5

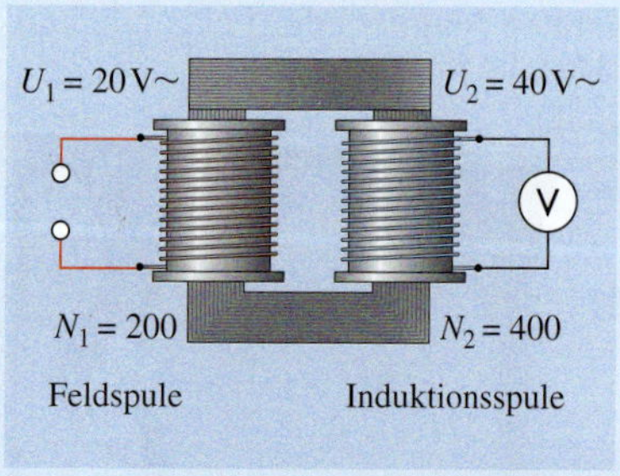

6

Transformatoren Beim Transformator ruft der Wechselstrom in der Feldspule ein magnetisches Wechselfeld im Eisenkern hervor. Das Wechselfeld induziert eine Wechselspannung an der Induktionsspule.
- Beim Transformator liegt an der Spule mit größerer Windungszahl auch die größere Spannung. Beim unbelasteten Transformator gilt: $\frac{U_2}{U_1} = \frac{N_2}{N_1}$.
- Beim belasteten Transformator fließt in der Spule mit kleinerer Windungszahl der größere Strom: $\frac{I_1}{I_2} \approx \frac{N_2}{N_1}$.

1 Eisenfeilspäne zeigen verschiedene Magnetfelder an. ↑7 Übertrage die Linien in dein Heft und ergänze die „Feldverursacher“.

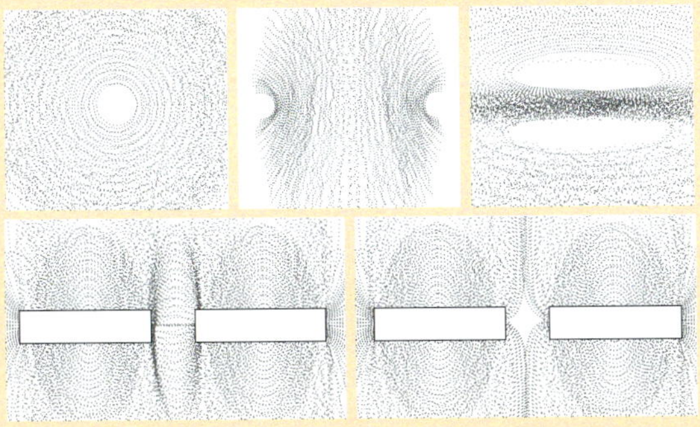

7

2 „Von nichts kommt nichts!“ – Wende diese Aussage auf die Induktion an.

3 Erkläre mit einer Skizze und einem erläuternden Text, wie ein Generator funktioniert.

4 Warum zeigt das Messgerät „0 V“ an, obwohl die Lampe leuchtet? ↑8 Was müsste geändert werden, damit der Effektivwert der Spannung an der Lampe angezeigt wird?

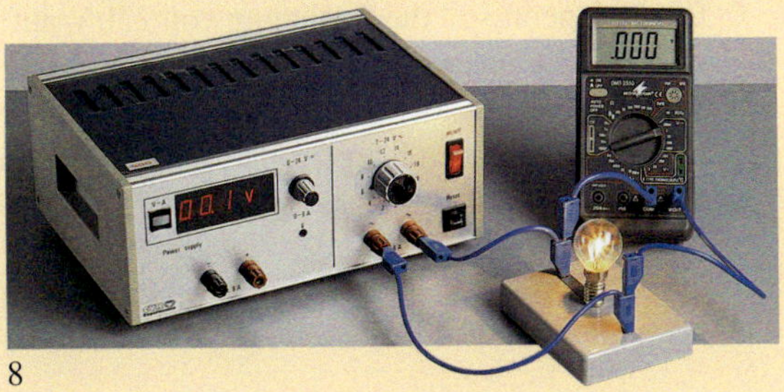

8

5 Einem Generator muss Energie zugeführt werden. Welche Energieformen werden in der Technik genutzt, um die Generatoren anzutreiben? Nenne jeweils ein Beispiel.

6 Ein Trafo soll die Wechselspannung von 230 V auf 19 V senken. Dafür stehen Spulen mit 125, 250, 500, 750, 1500 und 3000 Windungen zur Verfügung. Welche Spulenkombinationen sind sinnvoll?

7 Die Feldspule eines Transformators hat 100 Windungen und ist an eine Energiequelle mit 12 V Wechselspannung angeschlossen. Wie viele Windungen muss die Induktionsspule haben, damit sie eine Spannung von 6 V (18 V, 21 V, 9 V) liefert?

8 In den Experimentieranordnungen nach den Bildern ↑9a und 9b wird jeweils der Schalter geschlossen. Was könntest du am Messgerät beobachten? Begründe deine Antwort.

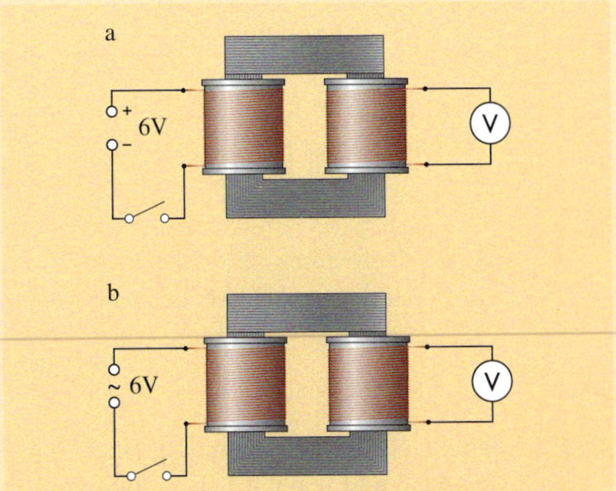

9

9 Warum hat die Induktionsspule eines Schweißtransformators weniger Windungen als die Feldspule?

10 Im Haushalt wird ein Staubsauger (1200 W) eingeschaltet. Um welchen Betrag steigt dadurch die Stromstärke in der Fernleitung (380 kV)?

11 Wie wird beim Induktionsfeuerzeug der „zündende Funke“ erzeugt? ↑10

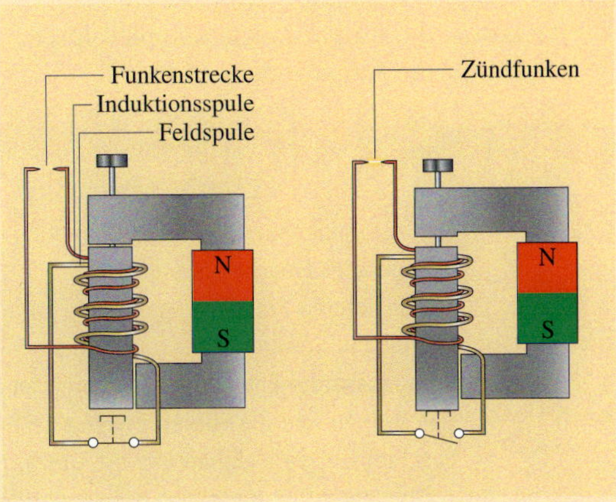

10

Check up

1 Eine Kochplatte hat einen „Anschlusswert“ von 1000 W.
a Was ist damit gemeint?
b Wie viel Energie wird in der Kochplatte umgewandelt, wenn sie 20 Minuten eingeschaltet ist? Gib das Ergebnis in kJ und in kW · h an.

2 Eine Taschenlampe mit einer 2,5-W-Glühlampe leuchtet 45 Minuten.
a Wie viel Energie strömt insgesamt aus der Batterie in die Glühlampe?
b Die Glühlampe wird durch 5 parallel geschaltete Leuchtdioden (je 0,1 W) ersetzt. Wie lange könnte man sie mit dieser Energie betreiben?

3 In einen Stromkreis mit einer Glühlampe wird eine zweite gleicher Bauart in Reihe geschaltet. Wie schafft man es, dass beide Lampen hell leuchten?

4 Über das Bordnetz eines Autos fließen zeitweise Energiestromstärken von 1 kW. Begründe, warum man trotzdem mit einer Spannung von 12 V auskommt.

5 Wofür ist die elektrische Spannung einer Energiequelle ein Maß und wie wird sie definiert? In welcher Einheit wird sie angegeben?

6 Erkläre im Modell, auf welche Weise die Elektronen in einem Widerstand Energie abgeben.

7 Drei Glühlampen sind in Reihe geschaltet. Wie groß ist die elektrische Stromstärke in den einzelnen Lampen?

8 Drei Taschenlampen unterscheiden sich dadurch, dass zwei, drei oder vier Batteriezellen (je 1,5 V) in Reihe geschaltet sind. Die elektrische Stromstärke an den Glühlämpchen ist etwa gleich groß ($I = 0{,}5\,A$). Wie groß ist jeweils die Energiestromstärke von der Batterie zur Lampe?

9 Mit einer Spule soll elektrische Energie erzeugt werden.
a Beschreibe, welche Dinge du benötigst und wie du vorgehst.
b Wie kannst du ein möglichst gutes Ergebnis erreichen?
c Was haben diese Experimente mit der Energieerzeugung in einem Kraftwerk gemeinsam?

10 Mit einem Transformator können Spannungen verändert werden.
a Wie ist ein Transformator aufgebaut?
b Wie könnte man die Spulen eines Transformators wählen, um eine Eingangsspannung zu vervierfachen?
c Ein Netzgerät soll die Spannung von 230 V auf eine Betriebsspannung von 12 V transformieren. Es steht eine Spule mit 4600 Windungen zur Verfügung. Wie ist der Transformator des Netzgeräts aufzubauen?

058-1

Schätze deine Kenntnisse und Fähigkeiten ein.

Ordne dazu deiner Lösung im Heft ein Smiley zu:
☺ Ich konnte die Aufgabe richtig lösen.
😐 Ich konnte die Aufgabe nicht komplett lösen.
☹ Ich konnte die Aufgabe nicht lösen.

→ **Die Lösungen findest du im Anhang.**

Aufgabe	Fähigkeit	Hilfe findest du auf Seite ...
1, 2, 4	Den Zusammenhang zwischen Spannung, Ladung und gespeicherter bzw. umgesetzter Energie anwenden.	13, 14
3, 5, 6, 7, 8	Die Beziehung zwischen Spannung, Stromstärke und elektrischen Widerstand anwenden.	10, 26
1, 2, 3, 4	Die umgesetzte Energie und Leistung im Stromkreis bestimmen.	19
9, 10	Den Aufbau und die Funktionsweise technischer Geräte und Anlagen beschreiben, vergleichen und erläutern.	40, 42, 45, 50

Fortbewegung und Mobilität

Inline-Skating erhält seinen Reiz durch die hohe Geschwindigkeit, große Sprünge und plötzliche Richtungsänderungen. Allzuoft verderben aber schwere Stürze den Spaß an der sportlichen Betätigung. Anfänger und geübte Inline-Skater sollten deshalb unbedingt Schutzkleidung tragen.
Denn auch hier müssen die Naturgesetze beachtet werden.
Die Mechanik beschäftigt sich u. a. mit der Geschwindigkeit und der Kraft – physikalische Größen, die auch beim Inline-Skating eine wichtige Rolle spielen.

Mit dem Navigationssystem unterwegs

„Bitte den Richtungspfeilen folgen!“ Viele Autofahrer lassen sich von ihrem Navigationssystem durch die Stadt führen. Meist „kennt“ das Gerät den Weg. Aber manchmal hört man doch jene oder eine ähnliche Anweisung. Dann „weiß“ das Navigationssystem nicht mehr, wo es langgeht: Die Ortsbestimmung über die GPS-Satelliten und die im Gerät gespeicherte Landkarte passen nicht zusammen.

1

2 GPS-Satellit

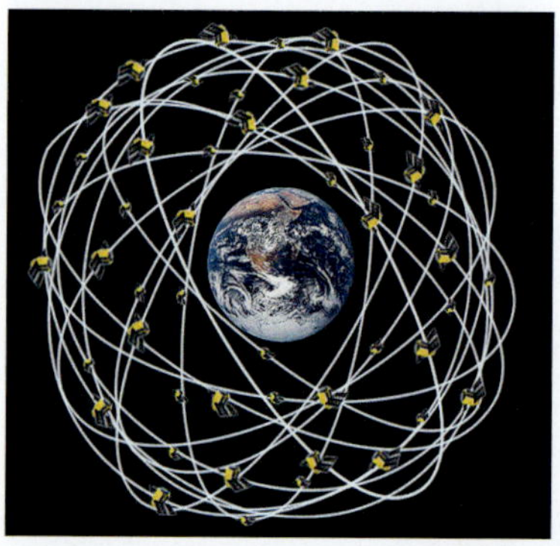
3 Umlaufbahnen der GPS-Satelliten

↑Basiskonzept System

Beim Navigationssystem gibt man das Ziel ein, und das Gerät sucht auf der gespeicherten Landkarte den Weg dorthin und setzt ihn Stück für Stück aus Wegabschnitten zusammen: „Nach 300 m links auf die Bundesstraße 197“, „jetzt links und dann 13 km der Bundesstraße folgen“ …
Nicht nur in Autos findet man heute Navigationssysteme, auch für Wanderer und Radfahrer gibt es diese Hilfen, und sogar einige Mobiltelefone sind mit dem Global Positioning System, kurz GPS, ausgestattet.
Mehr als 24 Satelliten ↑2 kreisen in etwa 20 000 km Höhe um die Erde ↑3 und senden ständig Signale aus. Vom Navigationssystem werden die Signale empfangen und daraus die Position bestimmt. Im Navigationsgerät ist eine Landkarte gespeichert, auf der diese Position eingetragen wird. Wenn der Nutzer ein Ziel eingegeben und damit auf der elektronischen Landkarte markiert hat, sucht der Computer im Gerät den kürzesten oder schnellsten Weg dort hin. Wenn der Fahrer den vorgeschlagenen Weg verlässt, „merkt“ dies das Navigationsgerät und sucht auf der Karte den Weg zur festgelegten Route oder berechnet schnell den Weg zum Ziel neu.
Per Tastendruck kann die voraussichtliche Ankunftszeit abgefragt werden. Wie berechnet das Navigationssystem diese Ankunftszeit? Und wie können aus Laufzeiten der Satellitensignale die Abstände des Satelliten vom Empfänger berechnet werden?

4 Wenn alles klappt, wird das Ziel pünktlich erreicht.

5 Navigationsgerät am Fahrrad

Experimente

1 Messen mit dem Navigationsgerät

a Bestimme auf dem Pausenhof für zwei mindestens 50 m entfernte Orte die genaue Position. Bilde die Differenz der Winkelangaben und bestimme den Abstand. Vergleiche mit der direkten Messung des Abstands.
Hilfe: 1′ Breite entspricht 1852 m, also 0,1′ = 185,2 m; 0,01′ = 18,52 m usw.
1′ Länge entspricht in Deutschland etwa 1000 m.

b Gehe einen bestimmte Strecke (z. B. 500 m) mit gleichmäßigem Tempo und beobachte die Geschwindigkeitsanzeige. Miss ebenfalls die Zeit, die du für den Weg gebraucht hast, und berechne die Geschwindigkeit. Vergleiche die Anzeige mit der Messung.

6

2 Segelregatta mit Würfeln

Würfelspiel mit zwei Würfeln, weiß und rot. Auf Karopapier wird eine Start- und Ziellinie festgelegt. Start hinter der Ziellinie, zwei gelbe Tonnen müssen umrundet werden und dann die Ziellinie (Startlinie) überfahren werden. Der Spieler würfelt mit beiden Würfeln und muss der Augenzahl entsprechend in Farbrichtung ziehen (vor oder zurück ist frei wählbar). ↑7

7

3 Schallgeschwindigkeit

Schall benötigt für den Weg von der Schallquelle zum Empfänger (z. B. das Ohr) eine bestimmte Zeit. ↑8
Verwendet eine Starterklappe aus dem Sportunterricht, um einen kurzen Knall zu erzeugen. Die Schallquelle soll sich immer weiter vom Hörer entfernen. Der Hörer startet beim sichtbaren Signal die Stoppuhr und stoppt sie, wenn er den Knall hört. Messt die Strecke zwischen Starterklappe und Hörer. Macht mehrere Messungen und legt eine Messwertetabelle an.

8

4 Zimmer-GPS

Lege auf den Boden mitten in dein Zimmer einen Radiergummi und miss seinen Abstand von der Zimmerlampe, dem Lichtschalter und der Ecke des Fensterbretts.

a Wie ändern sich diese Abstände, wenn du den Radiergummi verschiebst?

b Wie kannst du den unbekannten Ort des Radiergummis finden, wenn dir nur die drei Abstände von Lampe, Schalter und Fensterbrett gegeben sind?

5 Schnelles Spielzeug

Untersuche die Bewegung verschiedener Fahrzeuge (Schwungradauto, Spielzeugauto mit Batterieantrieb …) genauer. Lege dazu eine „Teststrecke" von 5 m bis 10 m fest.

a Markiere im Sekundentakt den Ort des Autos oder die zurückgelegte Strecke. ↑9

b Vergleiche den Abstand der Markierungen für verschiedene Autos. Welche Unterschiede stellst du fest?

c Trage die in der ersten, zweiten, dritten … Sekunde zurückgelegten Wege in eine Tabelle ein (Muster). Vergleiche die Spalten für verschiedene Autos. Beschreibe die Unterschiede.

Zeit	Zurückgelegter Weg Fahrzeug 1	 Fahrzeug 2	 Fahrzeug 3
nach 1 s	?	?	?
nach 2 s	?	?	?
…	?	?	?

9

GRUNDLAGEN: Positionsangabe

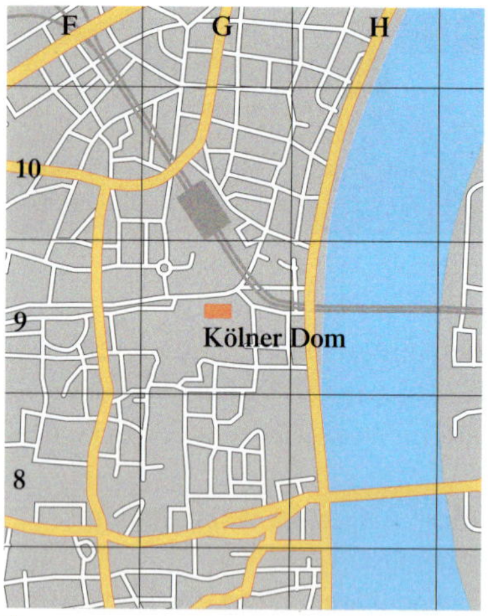

1

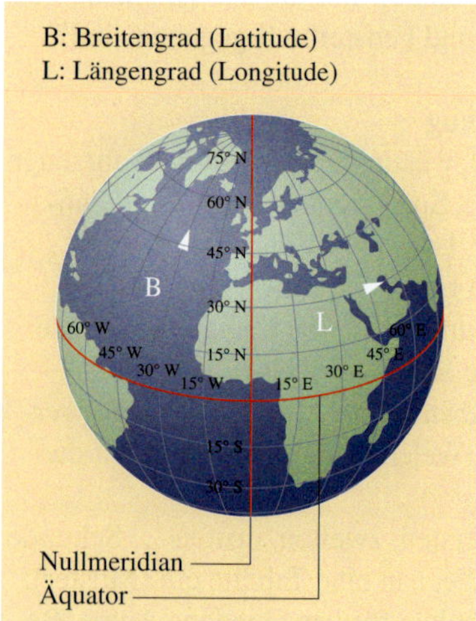

2

Wenn du auf dem Stadtplan eine Straße suchst, so ist das nicht ganz einfach, denn im Straßenverzeichnis findest du beispielsweise für den Kölner Dom nur die Angabe „G9". G9 ist ein rechteckiges Feld, in dem der Dom zu finden ist. Mit großen Buchstaben ist oft die vertikale, mit Zahlen die horizontale Koordinate bezeichnet, die du am unteren und oberen bzw. am linken und rechten Rand der Karte findest. ↑1
Auf genaueren Karten sind am linken und rechten Kartenrand die *Breitengrade* und am unteren und oberen Kartenrand die *Längengrade* angegeben.

Breiten- und Längengrade Für eine genaue Positionsangabe haben die Geodäten – das sind die Landvermesser – die Erdkugel mit einem Netz von gedachten Linien überzogen. ↑2 Durch die Pole der Erde gehen die *Längengrade*. Der Längengrad 0° geht durch die Sternwarte von Greenwich bei London, der 15. Längenkreis östlicher Länge (15° E wie *East* = engl. Ost) geht durch Görlitz, einen Ort an der deutsch-polnischen Grenze. Parallel zum Äquator sind *Breitenkreise* um die Erde gelegt, mit 0° am Äquator beginnend und mit 90° nördlicher Breite (90° N wie North oder Norden) am Nordpol endend. Deutschland liegt etwa zwischen den Breitengraden 48° N und 55° N und etwa zwischen den Längengraden 7° E und 15° E. Um Orte genau zu bestimmen, werden die Grade in 60 Bogenminuten (60′) geteilt. Und jede Bogenminute kann noch in 60 Bogensekunden (60″) geteilt werden. Da ein Grad auf einem Längenkreis etwa 111 km entspricht, ergibt sich für eine Bogenminute eine Strecke von 1,852 km; das entspricht genau einer Seemeile.

Für jeden Ort auf der Erde kann man genau den Breiten- und den Längengrad angeben, die sich dort schneiden.

Der Dom zu Köln liegt auf dem nördlichen Breitengrad: 50° 56′28,64″N und östlichen Längengrad 6° 57′29,41″E.

Aufgaben

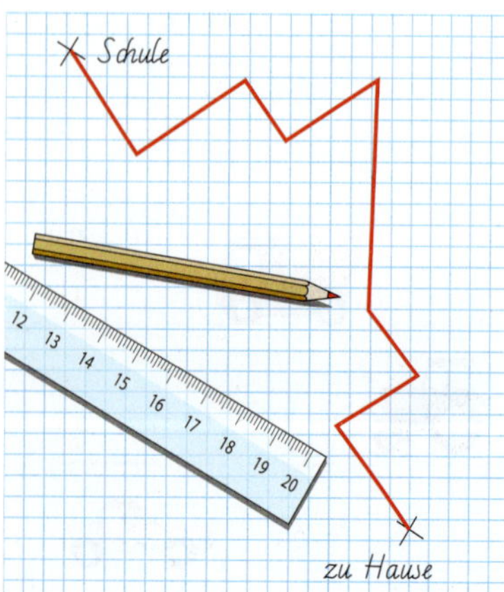

3

1 *Kürzeste Wege*: Suche auf einer Straßenkarte den Weg von deinem Heimatort nach Berlin, Hamburg oder München. Bestimme einen möglichst kurzen Weg und bestimme seine Länge und einen möglichst schnellen Weg. Warum ist der kürzeste nicht unbedingt der schnellste Weg? Wovon wird die Fahrzeit abhängen?

2 *Schulweg*: Suche auf dem Stadtplan deinen Schulweg. Übertrage den Schulweg möglichst genau in dein Heft; benutze Lineal und Winkelmesser. Welchen Maßstab musst du wählen, damit der Schulweg eine DIN-A4-Seite gut füllt? ↑3

3 Schaut euch verschiedene Karten (Atlas, Wanderkarte ...) genauer an. Wie wurden die Karten unterteilt? Welche Angaben befinden sich auf den „Netzlinien"?

4 Ermittle die Koordinaten für deinen Heimatort. Welche Koordinaten hat dein Schulort? Nutze auch das Internet.

GRUNDLAGEN: Maßstab und Distanzmessung

Stadtpläne und Landkarten haben unterschiedliche *Maßstäbe*: Auf Stadtplänen ist angegeben, welche Strecke auf dem Plan der Wirklichkeit in der Stadt entspricht, 100 m in der Stadt entsprechen beispielsweise 1 cm auf dem Stadtplan.
Auf einer Landkarte mit dem Maßstab 1:100 000 entspricht 1 cm auf der Karte gerade 100 000 cm in der Wirklichkeit, also 1 km:
100 000 cm = 1000 m = 1 km.
Auf Wanderkarten im Maßstab 1 : 25 000 entspricht 1 cm gerade 250 m; solche Karten werden auch 4-cm-Karten genannt. Warum wohl?

4

Auf Landkarten kannst du den Abstand zweier Orte mit dem Zirkel bestimmen: Stich mit der einen Spitze des Zirkels in den Ort A und mit der anderen in den Ort B. An einem Lineal kannst du den Abstand der Orte in cm ablesen, und nach der Umrechnung gemäß Maßstab ermittelst du den Abstand.

Beispiel: Einem Abstand von 4,5 cm auf einer Straßenkarte mit Maßstab 1 : 500 000 entspricht der Distanz von 4,5 cm × 5 km/cm = 22,5 km auf der Erde. Dieser kürzeste Abstand zwischen zwei Orten wird auch als *Luftlinie* bezeichnet.

Distanzmessung Willst du den Weg beispielsweise von Ort A zum Ort B genauer ausmessen, kannst du gerade Straßen- und Wegabschnitte mit dem Zirkel abgreifen und Abschnitt für Abschnitt entlang einer geraden Linie abtragen. Die entstandene Strecke kannst du dann mit dem Lineal abmessen und in einen Gesamtweg umrechnen. ↑5
Mit einem Segelboot kann man auf hoher See nur selten von einem Hafen zum anderen auf direktem Weg segeln, denn selten weht der Wind aus der passenden Richtung. Dann muss man kreuzen, also im Zick-zack segeln. Jedes Wegstück muss in seiner Länge und in seiner Richtung genau aufgezeichnet werden, damit man auch wirklich den Zielhafen erreicht. ↑6
Die Längen der Wegstücke werden beim Segeln aus der Geschwindigkeit und der gesegelten Zeit berechnet: Geschwindigkeit mal gesegelte Zeit gleich gesegeltes Wegstück.
Wird der Weg vom Startort A zum Zielort B mit stückweise geraden Pfeilen dargestellt, dann kann ein Pfeil direkt von A zu B gezeichnet werden. Dieser Pfeil zeigt die Distanz, also die Luftlinie zwischen A und B an. Man kann dies auch anders formulieren:

> **Die Summe aller Wegpfeile ist gleich der Distanz zwischen Start und Ziel und kann durch einen Pfeil dargestellt und – im passenden Maßstab – auch ausgemessen werden.**

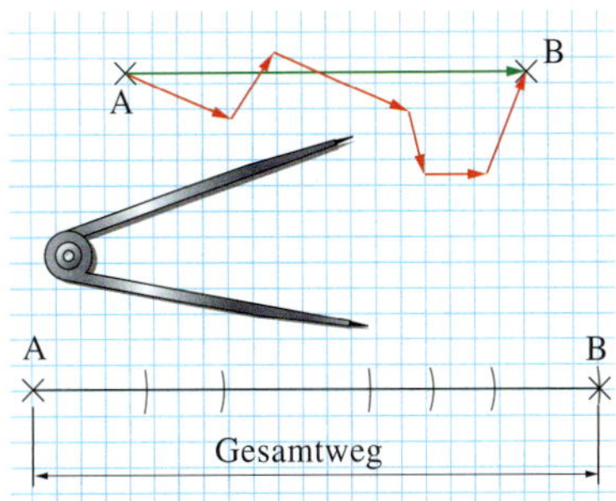

5

6

GRUNDLAGEN: Positionsbestimmung mit dem Navigationsgerät

Schon gewusst?

GPS-Satelliten bewegen sich mit einer Geschwindigkeit von etwa 3,9 km pro Sekunde um die Erde und brauchen für die Umrundung 11 Stunden und 58 Minuten. GPS-Satelliten haben sehr genau gehende Atomuhren an Bord; die Uhr im Empfänger geht nicht so genau. Deshalb müssen die Signale zusätzlicher Satelliten empfangen werden, um die Zeitangabe der Empfängeruhr korrigieren zu können. Die Zeitsignale des Satelliten sind Radiowellen. Diese sind mit Lichtgeschwindigkeit unterwegs.
Bei der Bestimmung der Abstände zwischen Satellit und Empfänger muss die Relativitätstheorie berücksichtigt werden. ↻ 064-1

Mehr als 24 Satelliten kreisen in etwa 20 000 km Höhe um die Erde und senden ständig Radiosignale aus. Diese Signale enthalten verschlüsselt die genaue Uhrzeit beim Start. Vom Navigationsgerät werden die Signale empfangen und mit der Uhr im Navigationsgerät verglichen. So kann die Laufzeit der Signale vom Satelliten zum Empfänger bestimmt werden und aus der Laufzeit wird der Abstand des Satelliten vom Empfänger berechnet: Signalgeschwindigkeit mal Laufzeit gleich Abstand.
Jeder Satellit sendet zugleich ein weiteres Signal, das den Abstand des Satelliten von einer Bodenstation auf der Erde enthält. Diese Bodenstation ist auf der elektronischen Landkarte des Navigationssystems verzeichnet. Auf diese Weise „kennt" das Navigationsgerät die Orte der Satelliten.

Positionsbestimmung Bild ↑1 zeigt das Prinzip der Positionsbestimmung im zweidimensionalen Modell: Die Orte von mindestens drei Satelliten sind bekannt. Ist der Abstand *a* des Empfängers vom Satelliten A bekannt, befindet sich der Empfänger irgendwo auf dem Kreis mit Radius *a*. Sind die Abstände *a* und *b* von zwei Satelliten A und B bekannt, schneiden sich die beiden Kreise in zwei Punkten. Drei Kreise können sich in einem gemeinsamen Punkt schneiden. Dort befindet sich der Empfänger.
In Wirklichkeit befinden sich die Satelliten im dreidimensionalen Raum „hoch am Himmel". Deshalb ist die Ortsbestimmung etwas komplizierter und meist nicht ganz genau. Moderne Navigationsgeräte, die bis zu 12 Satelliten gleichzeitig „sehen", erlauben bis auf etwa ein Meter genaue Ortsbestimmungen.

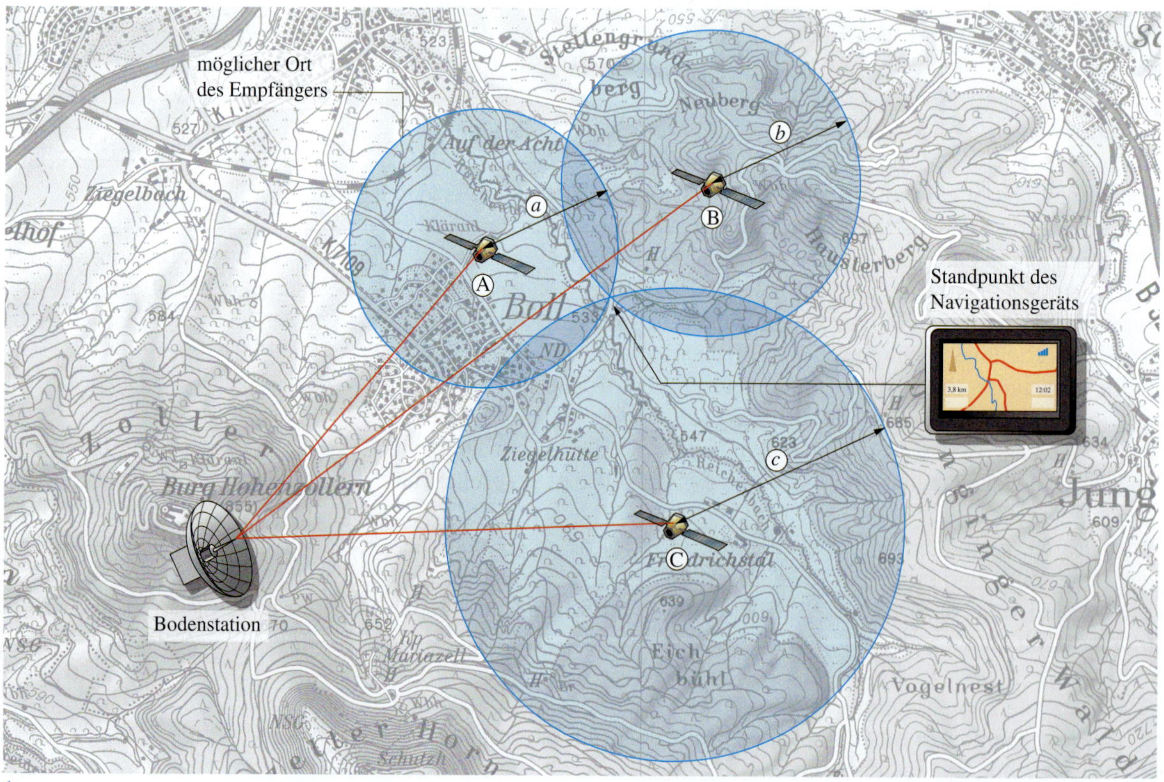

1

Aus der Geschichte Positionsbestimmung auf See

Man schreibt das Jahr 1707. Und wieder einmal erreicht eine schreckliche Nachricht das europäische Festland. Mehr als 1700 Seeleute sind ertrunken und vier Schiffe mit wertvoller Ladung sind untergegangen. Der englische Admiral Sir Cloudesley Shovell war nach siegreicher Schlacht auf dem Heimweg nach England und wurde dort in wenigen Tagen erwartet. Bei unruhiger See ist seine Flotte von fünf Schiffen jedoch auf ein Felsenriff vor den Scilly-Inseln aufgelaufen und zerschellt. Auch Admiral Shovell verlor sein Leben. Ganz offensichtlich hatte der Navigator den falschen Kurs gewählt. ↑2

2 Admiral Shovell

3 Historischer Sextant

Das Längenproblem Solche dramatischen Schiffsunglücke geschahen damals recht häufig. Zwar gab es bereits Seekarten, auf denen Felsen und andere gefährliche Gebiete verzeichnet waren, aber die Positionsbestimmung auf offener See war schwierig und ziemlich ungenau. Man konnte bereits mit dem Sextanten ↑3 die geografische Breite sehr genau bestimmen: Die Messung des Winkels zwischen Horizont und Sonne bzw. Sternen erlaubte die Bestimmung des Breitenkreises bis auf wenige Seemeilen genau. Die Bestimmung des Längengrads war das Problem. Und deshalb lobte die englische Regierung 1714 einen Preis für eine praktisch brauchbare Lösung des Längenproblems aus: Wer eine Methode fand, die genauer als ½ Grad war, sollte 20000 £ erhalten, war der Fehler nicht größer als ein Grad, sollte es noch 10000 £ geben; das war damals viel mehr Geld, als heute beim Nobelpreis vergeben wird!
Ein Grad Länge entspricht am Äquator 60 Seemeilen (ca. 111 km), die Strecke nimmt zu den Polen hin ab und beträgt auf der Breite des Ärmelkanals rund 40 Seemeilen (ca. 74 km). Eine Fehlbestimmung des Längengrades von ½ Grad macht in der Nordsee einen Positionsfehler von etwa 20 km in Ost-West-Richtung aus!

Schiffs-Chronometer Zur Lösung des Längenproblems versuchten die Astronomen jener Zeit, die Mondbahn genau zu berechnen und in Tabellen zu erfassen. Aus dem Vergleich der beobachteten Mondposition am Sternenhimmel und der Berechnung kann dann der Längengrad berechnet werden, allerdings auf sehr komplizierte Weise.
Die zweite Methode machte sehr genau gehende Uhren erforderlich, mit denen die Londoner Uhrzeit mit auf die Reise genommen werden konnte. Zur Längenbestimmung kann nämlich auch der genaue Zeitpunkt des Sonnenhöchststands, Mittagspunkt genannt, genutzt werden: Zeigt die Uhr beispielsweise nach vierzehntägiger Reise nicht 12 Uhr, sondern 14 Uhr an, wenn die Sonne am höchsten steht, dann ist das Schiff 30° weiter westlich von London. Denn in jeder Stunde dreht sich die Erde um 15° nach Osten, in 4 Minuten 1°. Die Uhr darf deshalb über viele Wochen trotz Wind, Wellen und Salzwasser nicht einmal eine Minute vor- oder nachgehen.
Der geniale Erfinder John Harrison wollte solche Uhren entwickeln. 1728 hatte er ein Konzept entwickelt und 7 Jahre später die erste Uhr fertig; er nannte sie H1. Weil Harrison kein anerkannter Wissenschaftler, ja nicht einmal Uhrmacher war, wurde seinen Uhren nicht getraut. Nach fast 30 Jahren Entwicklungsarbeit brachte erst seine vierte Uhr den Durchbruch: H4 war nicht viel größer als eine Taschenuhr jener Zeit und erfüllte dennoch die Bedingungen des Preiskomitees hervorragend. Fast 20 Jahre später erhielt Harrison einen Teil des Preisgeldes und der Rest wurde nach seinem Tod seiner Witwe ausgezahlt! James Cook hat diese Uhr auf seiner zweiten Weltumseglung (1773–1775) erfolgreich getestet.

4 Der Schiffs-Chronometer H4 von John Harrison aus dem Jahr 1759 erreichte eine Genauigkeit von nur 5,1 Sekunden Abweichung in 4 Monaten!

Methode Mit Pfeilen rechnen – Addition und Subtraktion von Vektoren

Nicht nur für Zahlen kann man Rechenregeln aufstellen. Auch mit Pfeilen – Mathematiker nennen diese Pfeile *Vektoren* – kann man rechnen, man kann sie addieren und subtrahieren und sogar miteinander multiplizieren. Weil einige physikalische Größen als Vektor dargestellt werden können, sollst du die Regeln für das Addieren und Subtrahieren von Vektoren kennenlernen.

1

Vektoren Vektoren werden durch Pfeile grafisch dargestellt. Jeder Vektor hat eine bestimmte *Länge* und eine *Richtung*; er wird als Pfeil mit Anfangspunkt und Spitze gezeichnet.
Will man ausdrücken, dass eine Größe ein Vektor ist, so erhält das Formelzeichen einen kleinen Pfeil darüber: $\vec{a}$ (oder einen kleinen Strich darunter: $\underline{a}$).

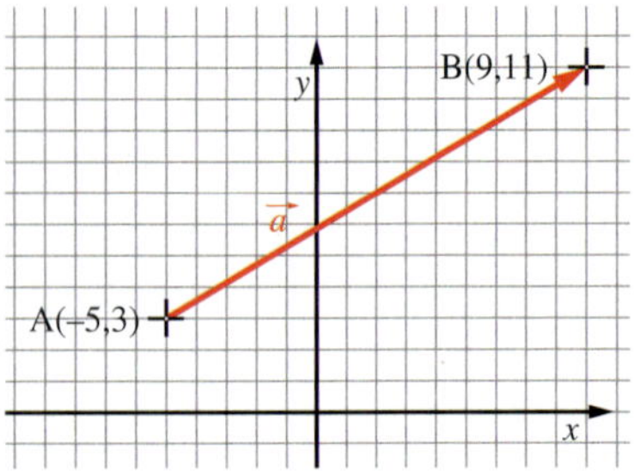

2

Koordinatensystem In einem Koordinatensystem kann jeder Punkt durch seine x- und y-Koordinaten beschrieben werden: Der Punkt wird durch einen großen Buchstaben gekennzeichnet und seine Koordinaten in der Form (x, y) angegeben. Wenn der Vektor in ein Koordinatensystem eingezeichnet wird, dann können für seinen Anfangspunkt und seine Spitze die Koordinaten angegeben werden. ↑2
Man kann einen Vektor mit einer Zahl multiplizieren und verändert damit seine Länge; in der Vektorrechnung werden Zahlen auch *Skalar* genannt. Die Richtung ändert sich dabei nicht.

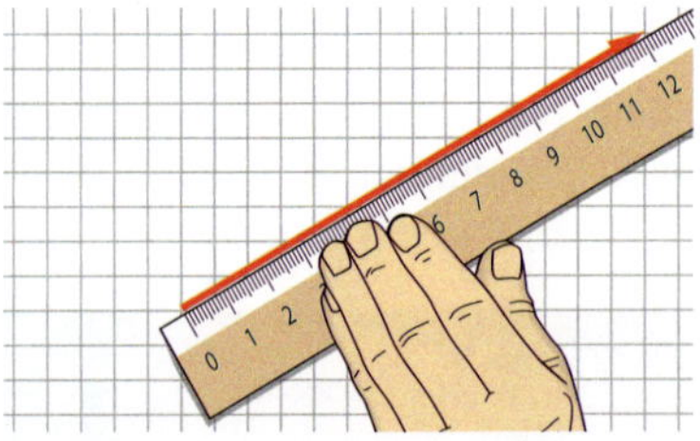

3

Länge Die Länge des Vektors kann mit einem Lineal gemessen werden. Diese Länge hat eine physikalische Bedeutung: Soll der Pfeil beispielsweise die Geschwindigkeit eines Autos kennzeichnen, dann kann man sich z. B. darauf einigen, dass einer Geschwindigkeit von 10 km/h gerade der Länge 1 cm entspricht; eine Geschwindigkeit von 75 km/h würde dann durch einen Vektor der Länge 7,5 cm dargestellt werden können. ↑3
Man legt also einen Maßstab fest.

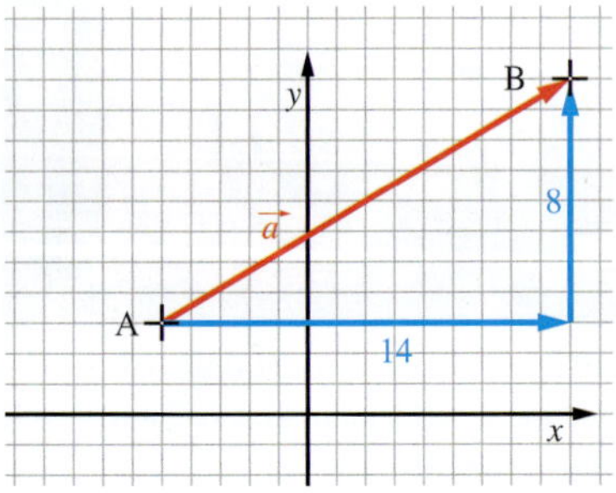

4

Richtung Jeder Pfeil hat eine Richtung, in die er weist. Zeichne im Koordinatensystem durch den Anfangspunkt A eine Parallele zur x-Achse und durch die Spitze B eine Parallele zur y-Achse. Diese Geraden schneiden sich. Miss den x-Abschnitt von A bis zum Schnittpunkt und den y-Abschnitt vom Schnittpunkt bis zu B. ↑4
Wird dabei in die negative Richtung gezählt, dann erhält dieser Koordinatenabschnitt ein negatives Vorzeichen. ↑6
Zur Unterscheidung von Punkten wird die Richtung von Vektoren als Spalte geschrieben, oben der x-Abschnitt und darunter der y-Abschnitt: $\vec{a}\binom{x}{y}$.

Man kann die Richtung eines Vektors auch mit dem Winkelmesser bestimmen, wenn eine Null-Grad-Richtung vorgegeben wird. Auf Landkarten wird die Richtung als Winkel zur Nordrichtung bestimmt.

5

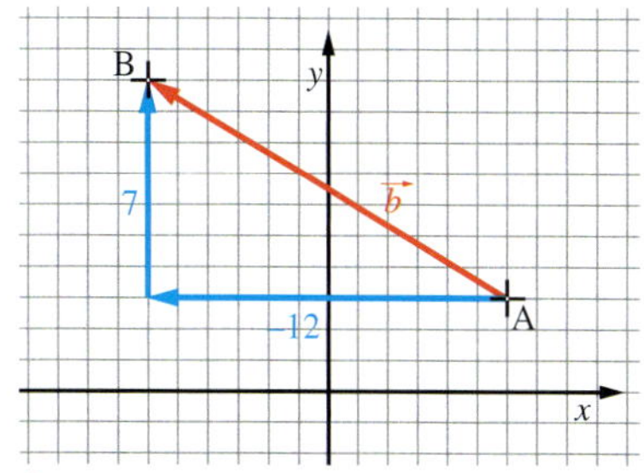

6

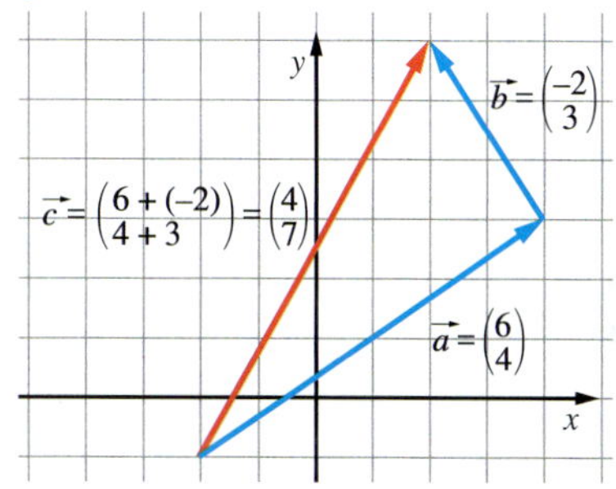

7

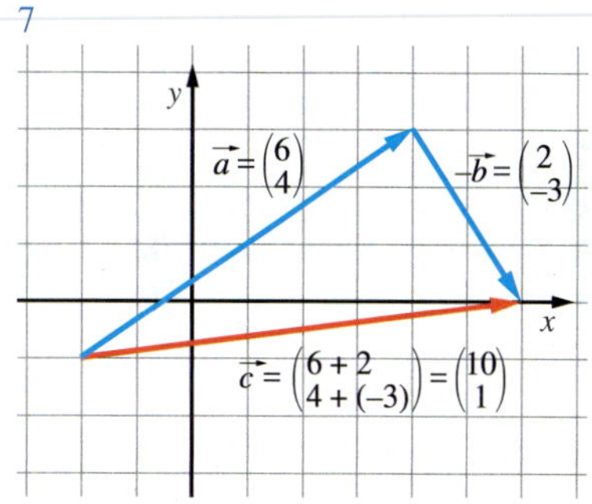

8

Addition Zur Addition von Vektor $\vec{a}$ und Vektor $\vec{b}$ wird der Anfangspunkt von Vektor $\vec{b}$ an die Spitze von Vektor $\vec{a}$ gesetzt. Der Vektor $\vec{a}+\vec{b}=\vec{c}$ geht dann vom Anfangspunkt von $\vec{a}$ zur Spitze von $\vec{b}$. ↑7
Auf die gleiche Weise kann man auch mehrere Vektoren addieren, indem man sie „aneinanderhängt". Der Summenvektor geht dann vom Anfangspunkt des ersten zur Spitze des letzten Vektors.
Die Richtung ergibt sich durch die Addition der x- und der y-Abschnitte der beiden Vektoren $\vec{a}$ und $\vec{b}$:

$\vec{c}\begin{pmatrix}x_a+x_b\\y_a+y_b\end{pmatrix}$.

Subtraktion Für das Rechnen mit Zahlen hast du gelernt: $3-2=3+(-2)=1$. Ganz ähnlich kann man Vektoren subtrahieren: Wird bei einem Vektor die Richtung exakt umgekehrt, dann wechseln die x- und y- Abschnitte ihr Vorzeichen; aus $b\begin{pmatrix}-2\\3\end{pmatrix}$ wird $-b\begin{pmatrix}2\\-3\end{pmatrix}$.

Soll also der Vektor $\vec{b}$ vom Vektor $\vec{a}$ subtrahiert werden, wird der Vektor $-\vec{b}$ an die Spitze von Vektor $\vec{a}$ angesetzt. Der Vektor $\vec{c}=\vec{a}-\vec{b}$ geht dann wieder vom Ausgangspunkt von $\vec{a}$ zur Spitze von $-\vec{b}$. ↑8

1 Welche Länge hat der resultierende Vektor der Addition $\vec{a}+\vec{a}$, wenn $\vec{a}\begin{pmatrix}3\\4\end{pmatrix}$? Welche Länge hat der Vektor $2\vec{a}$?
2 Welchen Winkel bilden die Vektoren $\vec{a}\begin{pmatrix}3\\0\end{pmatrix}$ und $\vec{b}\begin{pmatrix}0\\3\end{pmatrix}$ miteinander? Und welchen Winkel bilden $\vec{a}$ und $(\vec{a}+\vec{b})$?
3 Subtrahiere die Vektoren $\vec{a}\begin{pmatrix}1\\2\end{pmatrix}$ und $\vec{b}\begin{pmatrix}2\\1\end{pmatrix}$.
4 Beginne auf Rechenpapier im Koordinatensystem am Nullpunkt (0,0) mit dem Vektor $\vec{a}\begin{pmatrix}3\\1\end{pmatrix}$ und setze beliebige Vektoren $\vec{b}$, $\vec{c}$, $\vec{d}$ … aneinander, deren Summe genau null ergibt. Wie groß ist die Summe aller x- und aller y-Abschnitte?

↑Basiskonzept Wechselwirkung

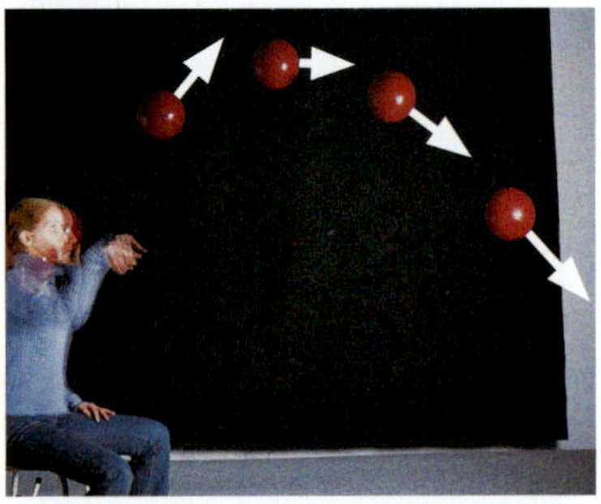
1

2

3

GRUNDLAGEN: Geschwindigkeit als Vektor

Wenn sich zwei einen Ball zuwerfen, dann fliegt er auf einem großen Bogen von dem einen zum anderen. Beim Abwurf und kurz vor dem Fangen ist der Ball schneller als am höchsten Punkt der Flugbahn. Wird diese Flugbahn mit einem regelmäßig aufleuchtenden Blitzlicht (Stroboskop) fotografiert, dann sieht der Weg des Balls wie eine Perlenkette aus. ↑1 Zwischen den einzelnen Ballorten ist immer die gleiche Zeit vergangen. Offensichtlich legt der Ball in gleichen Zeitabschnitten unterschiedliche Strecken zurück, im unteren Bereich der Flugbahn größere als in der Nähe ihres höchsten Punkts. Lange Pfeile kennzeichnen also ein größeres Tempo, kürzere Pfeile ein geringeres. Die Richtung des Pfeils zeigt die Richtung der Bewegung an dieser Stelle. Die Geschwindigkeit eines Körpers kann mit Vektoren dargestellt werden. Die *Geschwindigkeit ist ein Vektor*.

Die Richtung des Geschwindigkeitsvektors gibt die Richtung der Bewegung an. Seine Länge entspricht dem Tempo der Bewegung: Je schneller die Bewegung, desto länger ist der Geschwindigkeitsvektor.

Fährt ein Fahrzeug auf gerader Strecke mit gleichbleibendem Tempo, dann hat der Geschwindigkeitsvektor stets die gleiche Richtung und Länge, dieser Geschwindigkeitsvektor ist konstant. Bei einem Karussell fahren alle Figuren gleich schnell, die Richtung der Bewegung ändert sich jedoch dauernd: Bei der gleichmäßigen Kreisbewegung hat der Geschwindigkeitsvektor zwar stets die gleiche Länge, aber er ändert dauernd seine Richtung:

Bei der gleichmäßigen Kreisbewegung ändert sich der Geschwindigkeitsvektor dauernd, obwohl das Tempo gleich bleibt.

Probier 's mal!

1 Welcher Fußball ist am schnellsten?

a Messt eine 10 m lange Strecke ab. Stoppt die Zeit, die der Ball vom Abschuss bis zum Eintreffen an der Torlinie benötigt.
Hinweis: Die Zeit wird von fünf Schülern gleichzeitig gemessen. Aus den fünf Messwerten bildet ihr den Mittelwert, indem ihr alle gemessenen Werte addiert und dann durch die Anzahl der Messungen (hier also 5) teilt.

b Welche Vorteile hat dieses Verfahren?

c Ihr könnt zur Auswertung auch ein Tabellenkalkulationsprogramm nutzen.

2 Schnelle Räder

In einer ruhigen Seitenstraße wird eine Strecke von 100 m festgelegt. Mit dem Fahrrad soll diese Strecke mit möglichst konstanter Geschwindigkeit durchfahren werden.

a Überlege, wie man im Experiment eine konstante Geschwindigkeit erreicht – fliegender Start …

b Lege eine Messwertetabelle nach folgendem Muster an. Trage die gemessenen Zeiten ein.

c Ermittle die Zeiten, die der Radfahrer benötigen würde, wenn er die Geschwindigkeit ganz genau eingehalten hätte.

d Überprüfe, wer die vorgeschriebene Geschwindigkeit am besten eingehalten hat. ↻ 068-1

Geschwindigkeit in km/h	gemessene Zeit	theoretischer Zeitbedarf in s
5	?	?
10	?	?
15	?	?
…	?	?

GRUNDLAGEN: Die gleichförmige Bewegung

In den Bildern ↑5a–c sind unterschiedliche Bewegungsvorgänge eines Fahrzeugs dargestellt, dessen Position jeweils im Sekundentakt markiert ist. Bei langsamer werdenden Bewegungen werden die Wegabschnitte, die je Sekunde zurückgelegt werden, kürzer ↑5b, bei schneller werdenden Bewegungen länger ↑5c. Werden in gleichen Zeitabschnitten gleiche Wegabschnitte durchfahren, wird eine solche Bewegung gleichförmige Bewegung genannt ↑5a.

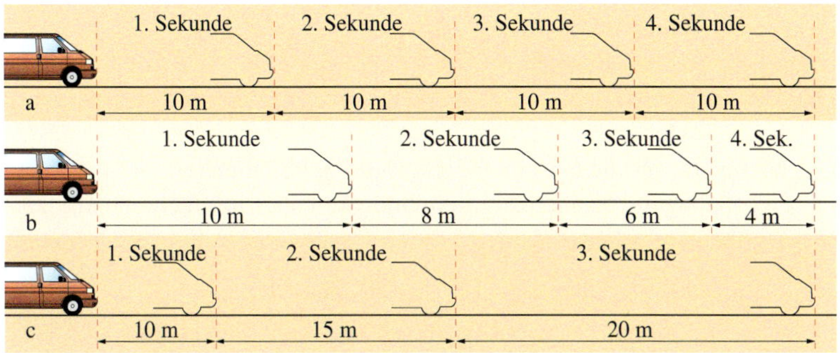

5 Gleichförmige und ungleichförmige Bewegungen

Bei gleichförmigen Bewegungen werden auf dem gesamten Weg in gleichen Zeitabschnitten Δt die gleichen Wegabschnitte Δs zurückgelegt.

Das Tempo einer Bewegung ist größer, wenn in gleichen Zeitabschnitten größere Wegabschnitte zurückgelegt werden, und ebenso, wenn gleiche Wegabschnitte in kürzeren Zeitabschnitten durchfahren werden.
Der Quotient $\Delta s/\Delta t$ wird als Maß für die Geschwindigkeit, also das Tempo eines Körpers genutzt.

Die Geschwindigkeit v ergibt sich als Quotient aus dem zurückgelegten Weg Δs und der dafür benötigten Zeit Δt:

$$v = \frac{\Delta s}{\Delta t}.$$

Der Quotient $v = \Delta s/\Delta t$ bestimmt die Länge des Geschwindigkeitsvektors. Soll ein solcher Vektor gezeichnet werden, muss der Quotient v mit einem passenden Maßstabsfaktor multipliziert werden; ein Tempo von 10 m/s könnte als 10 mm langer Vektor gezeichnet werden, dann ergibt sich für ein Tempo von 25 m/s ein Vektor von 25 mm Länge.

Der Geschwindigkeitsvektor $\vec{v}$ gibt Richtung und Tempo einer Bewegung wieder: Die Richtung ist gleich der Bewegungsrichtung und die Länge ist gleich $v = \Delta s/\Delta t$ (multipliziert mit einem Maßstabsfaktor).

Auch für ungleichförmige Bewegungen kann an jeder Stelle des Wegs der Quotient $\Delta s/\Delta t$ gebildet werden. Dieser Quotient wird als *Durchschnittsgeschwindigkeit* $\overline{v} = \Delta s/\Delta t$ der Bewegung an dieser Stelle des Wegs bezeichnet.

4 Gleichförmige Bewegung auf einer Rolltreppe

6 Gleichförmige Kreisbewegung

Schon gewusst?

Ein *Zeitabschnitt* kann beginnen, wenn die Stoppuhr z. B. 45 s anzeigt, und enden, wenn sie 57 s anzeigt. Der Zeitabschnitt hat dann eine Dauer von 12 s. Diesen Wert erhält man, wenn die Differenz von 57 s und 45 s gebildet wird. Die Differenz wird durch den griechischen Buchstaben Δ (Delta) beschrieben. *Zeitabschnitte* werden mit Δt bezeichnet; Streckenabschnitte mit Δs.

GRUNDLAGEN: Die Einheit der Geschwindigkeit

1 Tachometer in einem Pkw

Misst man den Weg in Metern und die Zeit in Sekunden, erhält man die Einheit der Geschwindigkeit: 1 m/s. Ein Gegenstand hat eine Geschwindigkeit von 1 m/s, wenn er in jeder Sekunde genau 1 m zurücklegt. Ergeben sich bei dieser Einheit zu kleine oder zu große Zahlenwerte, können auch Einheiten wie km/s oder mm/s benutzt werden. Im Alltag wird häufig die Einheit km/h verwendet. Man kann sie wie folgt in m/s umrechnen:

$$1\,\frac{\text{km}}{\text{h}} = 1 \cdot \frac{1000\,\text{m}}{3600\,\text{s}} = \frac{1\,\text{m}}{3{,}6\,\text{s}}.$$

Daraus ergibt sich umgekehrt:

$$1\,\frac{\text{m}}{\text{s}} = 3{,}6\,\frac{\text{km}}{\text{h}}.$$

Das Messgerät für die Geschwindigkeit ist der Tachometer. ↑1
Er zeigt ständig die Momentangeschwindigkeit an. Eine Tachometeranzeige von 80 km/h bedeutet, dass mit dieser Geschwindigkeit in einer Stunde ein Weg von 80 km zurücklegt werden könnte. 070-1

2 Gepard

Einige Geschwindigkeiten in der Natur

Schnecke	0,011 m/s	Fledermaus	13,9 m/s	Strauß	20,0 m/s
Grauwal	2,0 m/s	Rennpferd	17,0 m/s	Falke	22,0 m/s
Stubenfliege	2,3 m/s	Hirsch	18,6 m/s	Gepard ↑2	25,0 m/s
Delfin	12,8 m/s	Albatros	19,4 m/s	Schwalbe	89,0 m/s
Hauskatze	13,3 m/s	Antilope	19,4 m/s		

GRUNDLAGEN: Rechnen mit Geschwindigkeiten

3

Zeit	Kilometerstand	Beschreibung	Strecke	Richtung
10:00	0	START: D-12489 Berlin/ Adlershof, Rudower Chaussee Rudower Chaussee/ Akademieplatz	-	Anschlussstelle Adlershof (5)
10:00	0,1	-	links abbiegen auf Rudower Chaussee/Akademieplatz	Anschlussstelle Adlershof (5)
10:00	0,1	Rudower Chaussee/ Akademieplatz	links abbiegen auf Rudower Chaussee/Akademieplatz	Anschlussstelle Adlershof (5)
10:01	0,5	Wegedornstrasse	links abbiegen auf Wegedornstrasse	Anschlussstelle Adlershof (5)
10:01	0,8	Ernst-Ruska-Ufer	rechts abbiegen auf Ernst-Ruska-Ufer	Anschlussstelle Adlershof (5)
10:03	1,7	-	rechts auffahren auf A113	Autobahnkreuz Schönefelder Kreuz (11)(1)(3)
10:10	14,2	-	halb rechts halten auf A10/ E30/E55	Magdeburg/Leipzig/ Potsdam
10:32	58,9	-	halb rechts halten auf A10/ E30/E55	Hannover/Hamburg/ Magdeburg
10:37	66,8	A2/E30\Autobahndreieck Werder	weiter auf A2/ E30\Autobahndreieck Werder	Hannover/Magdeburg
14:02	491,5	-	halb rechts abfahren von A2/E34, weiter auf B236	Schwerte/Dortmund/ Lünen
14:02	491,6	-	halb links halten auf B236	Schwerte/Dortmund
14:02	492	-	halb rechts halten auf B236	Schwerte/Dortmund
14:06	497,2	-	rechts halten auf B236	Dortmund

4

Wenn im Navigationssystem in Berlin das Fahrziel Dortmund eingegeben wird, dann sucht das Gerät auf der Landkarte nach einem geeigneten Weg und per Tastendruck nennt das Gerät die Ankunftszeit in Dortmund.
Beträgt der Weg von Berlin nach Dortmund 501 km und fährt das Auto durchschnittlich mit einer Geschwindigkeit von 80 km/h, dann braucht es etwa 6 Stunden für diese Strecke:

$$v = \frac{\Delta s}{\Delta t} \rightarrow \Delta t = \frac{\Delta s}{v}.$$

Das Navigationssystem ist aber genauer:
Alle Wegabschnitte, die auf Landstraßen zurückgelegt werden, werden addiert.
Die Fahrzeit wird bei einer durchschnittlichen Geschwindigkeit von 60 km/h berechnet.
Ebenso werden alle Autobahnabschnitte addiert und mit der Durchschnittsgeschwindigkeit 120 km/h in eine Fahrzeit umgerechnet.
Wenn sich dabei eine Gesamtfahrzeit von 6 h 23 min ergibt, ist bei einem Start in Berlin um 10:00 Uhr die Ankunft um 14:23 Uhr in Dortmund.
Wenn es unterwegs nicht gerade einen Stau gibt, stimmen die errechneten Ankunftszeiten recht genau.

Insbesondere bei Wanderungen möchte man manchmal wissen, wie weit man noch kommt, wenn man noch 2 Stunden Zeit bis zum Mittag hat. ↑5 Dann muss aus der Wandergeschwindigkeit von beispielsweise $v = 4\,\text{km/h}$ die im Zeitabschnitt $\Delta t = 2\,\text{h}$ zurücklegbare Strecke Δs berechnet werden:

$$v = \frac{\Delta s}{\Delta t} \rightarrow \Delta s = v \cdot \Delta t.$$

Bei dieser Wanderung kommen die Wanderer 8 km weit, bevor sie Mittagspause machen können.

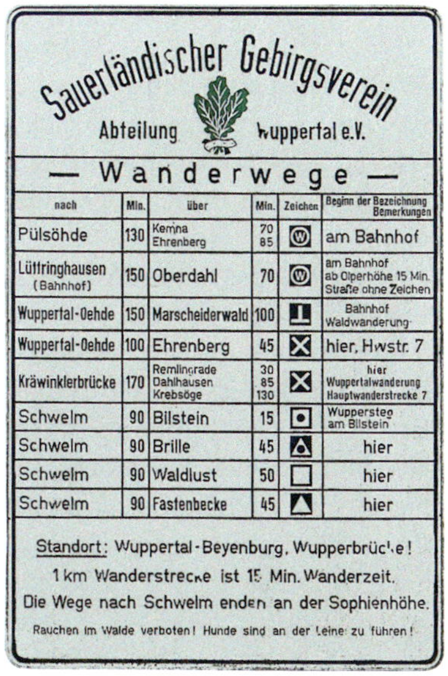

5 Wanderwege mit Zeitangaben

GRUNDLAGEN: Zeit-Weg-Diagramm

Für drei Fahrzeuge einer Carrerabahn mit Modellautos wurden die zurückgelegten Strecken im Sekundentakt gemessen. ↑7

Die Messwerte werden in ein Koordinatensystem übertragen: Auf der vertikalen Achse werden nacheinander die Wegabschnitte abgetragen, auf der horizontalen Achse die entsprechenden Zeitabschnitte. ↑6

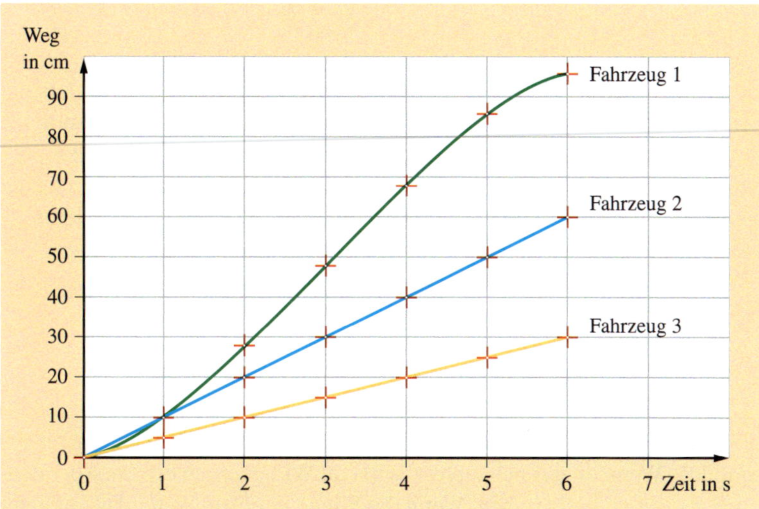

6

7

Im Zeitabschnitt …	Zurückgelegte Strecken von …		
	Fahrzeug 1	Fahrzeug 2	Fahrzeug 3
1. Sekunde	10 cm	10 cm	5 cm
2. Sekunde	18 cm	10 cm	5 cm
3. Sekunde	20 cm	10 cm	5 cm
4. Sekunde	20 cm	10 cm	5 cm
5. Sekunde	18 cm	10 cm	5 cm
6. Sekunde	10 cm	10 cm	5 cm

Werden die einzelnen Messpunkte miteinander verbunden, ergeben sich im Zeit-Weg-Diagramm unterschiedliche Graphen.

Für Fahrzeug 1 ergibt sich keine gerade Linie: In den ersten 3 Zeitabschnitten wurde es schneller, in den nächsten beiden blieb es gleich schnell und dann wurde es wieder langsamer. Fahrzeug 1 machte eine ungleichförmige Bewegung.

Für Fahrzeug 2 ergibt sich eine gerade Linie: In gleichen Zeitabschnitten wurden stets die gleichen Wegabschnitte durchfahren; Fahrzeug 2 machte eine gleichförmige Bewegung.

Auch Fahrzeug 3 macht eine gleichförmige Bewegung. Die Linie verläuft jedoch flacher, denn die Geschwindigkeit von Fahrzeug 3 ist geringer als die von Fahrzeug 2.

071-1

Je steiler der Graph im Zeit-Weg-Diagramm verläuft, desto größer ist die Geschwindigkeit (das Tempo) des beobachteten Körpers zu diesem Zeitpunkt.

Aus der Geschichte Geschwindigkeitsmessung auf See

Geschwindigkeit war für unsere Vorfahren kein Thema. Zur Fortbewegung dienten Füße, Pferde und Kutschen. Wie weit man damit kam, war bekannt. Man gab Entfernungen in „Wegstunden“ oder in „Tagesreisen“ an.
Auf See war die Situation anders. Dort hing die Geschwindigkeit vom Wind und von der Strömung des Wassers ab. Man musste die Geschwindigkeit messen, um aus dem Messwert die zurückgelegte Entfernung berechnen zu können. Damit konnte der Ort bestimmt werden, an dem sich das Schiff gerade befand. Dazu dienten seit Ende des 16. Jahrhunderts Handlogs, mit denen Segelschiffe ausgerüstet waren. Ein Handlog bestand aus einem mit Blei beschwerten Brett, an dem die Logleine befestigt war. Dieses Brett wurde vom Schiffsheck aus ins Wasser geworfen. Während sich das Schiff vorwärts bewegte, wurde das Brett vom Wasser zurückgehalten. ↑1
Die Folge war, dass sich die Logleine abrollte – und das umso schneller, je schneller die Bewegung des Schiffs war. An der Logleine befanden sich in bestimmten Abständen Knoten. Sie wurden gezählt, solange die Loguhr (eine Sanduhr für genau 15 s) lief. Die Anzahl der Knoten war ein Maß für die Geschwindigkeit.

In der Seefahrt werden Geschwindigkeiten heute noch in Knoten (kn) angegeben:
1 Knoten bedeutet „1 Seemeile pro Stunde“:
1 kn = 1 sm/h = 1.852 km/h.

1

1 Durch die Messung mit dem Log konnte man berechnen, welche Strecke das Schiff täglich zurücklegte. So konnte auch der Ort ermittelt werden, an dem es sich gerade befand. Wenn das Schiff aber in eine Meeresströmung geriet, konnte es passieren, dass das Schiff an einem ganz anderen Ort war, als der Kapitän vermutete. Erläutere.

2

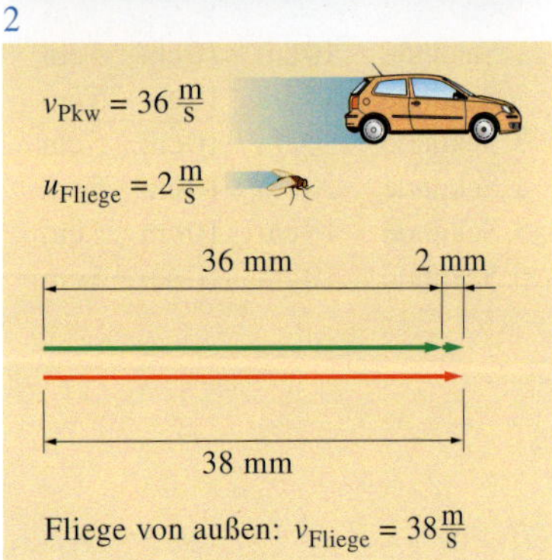

3

GRUNDLAGEN: Rechnen mit Geschwindigkeitsvektoren

„Eine Fliege schafft eine Geschwindigkeit von mehr als 130 Kilometer pro Stunde!“ Wenn du das behauptest, wirst du Widerspruch ernten. Aber dennoch kannst du recht haben. Wenn die Fliege in einem Auto, das mit einer Geschwindigkeit von 130 km/h auf der Autobahn unterwegs ist, an der Heckscheibe sitzt, dann bewegt auch sie sich mit einer Geschwindigkeit von 130 km/h. Und wenn sie zur Frontscheibe mit der Geschwindigkeit von 2 m/s fliegt, ist sie sogar schneller als das Auto, allerdings nur für einen Beobachter von außen! Die Mitfahrer würden sagen, im Auto fliegt eine Fliege mit einer Geschwindigkeit von etwa 2 m/s.

Die beiden Geschwindigkeitsvektoren von Auto und Fliege können addiert werden; für beide Vektoren müssen dieselben Einheiten und derselbe Maßstab verwendet werden. ↑3 Fliegt die Fliege in der entgegengesetzten Richtung, müssen die Vektoren subtrahiert werden. Die im Auto beobachtete Geschwindigkeit der Fliege wird mit u_{Fliege}, die von außen beobachtete Geschwindigkeit der Fliege mit v_{Fliege} bezeichnet.

Wenn du von einer Brücke auf einen Lastkahn schaust, auf dem ein Matrose quer über das Deck geht, legt er aus deiner Sicht einen schrägen Weg zurück. Er bewegt sich und wird zugleich vom Schiff bewegt. ↑4

Auch hier können die beiden Geschwindigkeitsvektoren addiert werden. Die von außen beobachtete Geschwindigkeit des Matrosen wird mit u_{Matrose} bezeichnet. ↑4

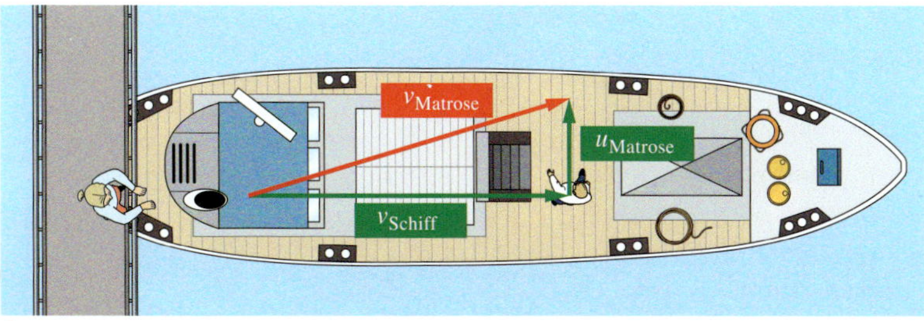

4

Geschwindigkeitsvektoren können addiert werden, um die Bewegung eines Körpers in einem bewegten Bezugssystem aus einem ruhenden System beschreiben zu können. Der Betrag der Geschwindigkeit (das Tempo) muss mit dem Lineal gemessen und mithilfe des Maßstabs in die Geschwindigkeit umgerechnet werden. ↑5

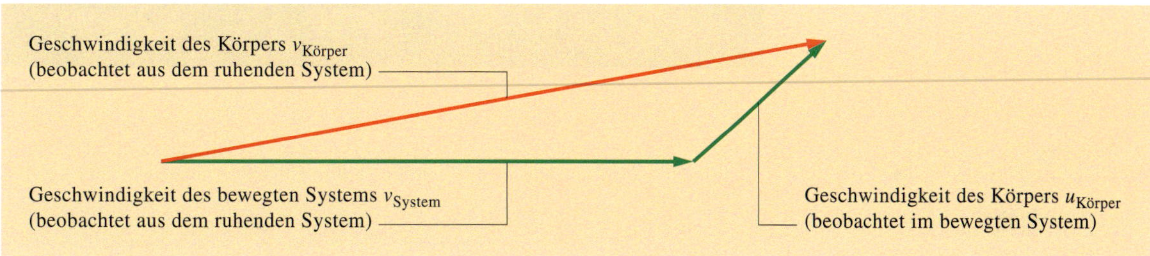

5

Aus der Technik Geschwindigkeitskontrollen

Zu den häufigsten Ursachen schwerer Verkehrsunfälle zählt eine zu hohe Geschwindigkeit. Wer die zulässige Höchstgeschwindigkeit überschreitet, handelt nicht selten völlig verantwortungslos gegenüber anderen Verkehrsteilnehmern. Die Geschwindigkeit muss der jeweiligen Verkehrssituation angepasst sein. Die Einhaltung der zulässigen Höchstgeschwindigkeit wird gelegentlich kontrolliert, z. B. mit der Dreifach-Lichtschranke. ↑6

Das Messprinzip ist einfach: Man misst, wie lange ein Fahrzeug benötigt, um eine bestimmte Strecke zurückzulegen. Die Zeiten werden automatisch gemessen. Die Uhr startet, wenn das Fahrzeug das erste Lichtbündel unterbricht, und stoppt, wenn das dritte Bündel unterbrochen wird. Da die Zeitmessung sehr genau ist, reicht eine Messstrecke von 50 cm aus. Durch die mittlere Lichtschranke wird die Strecke in zwei Teilstrecken von 25 cm Länge unterteilt.

Ein Computer ermittelt und vergleicht die Geschwindigkeiten für die Teilstrecken und die Gesamtstrecke. Wenn die Werte um mehr als 3 % voneinander abweichen, wird die Kamera, die das Fahrzeug fotografiert, nicht ausgelöst.

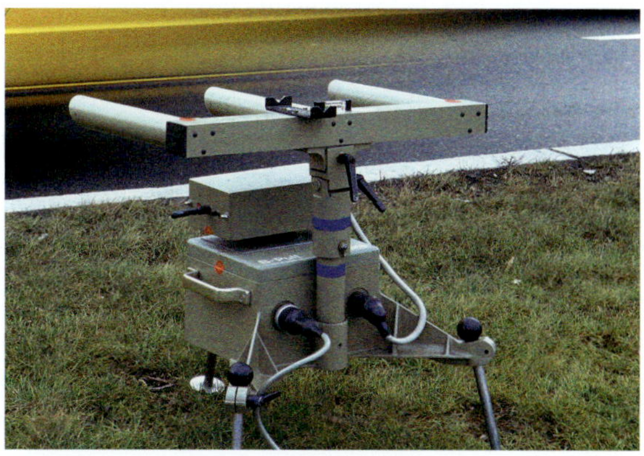

6

1 Die zulässige Höchstgeschwindigkeit beträgt 50 km/h. Welche Zeit darf höchstens auf der Gesamtstrecke der Lichtschranke gestoppt werden?

Aus der Natur Geschwindigkeiten im Weltall

Alle Planeten bewegen sich auf kreisähnlichen Bahnen um die Sonne. Für einen vollständigen Umlauf benötigt die Erde ein Jahr, das sind $365\frac{1}{4}$ Tage. Sie bewegt sich dabei mit einer mittleren Bahngeschwindigkeit von 29,79 km/s. (Da im Kalenderwesen nur mit ganzen Tagen gerechnet wird, ist jedes vierte Jahr ein Schaltjahr mit 366 Tagen.)
Unser Mond bewegt sich mit einer Geschwindigkeit von etwa 1 km/s um die Erde.

1 Welchen Weg legen Merkur und Jupiter an einem Tag zurück?
Vergleiche diese Werte.

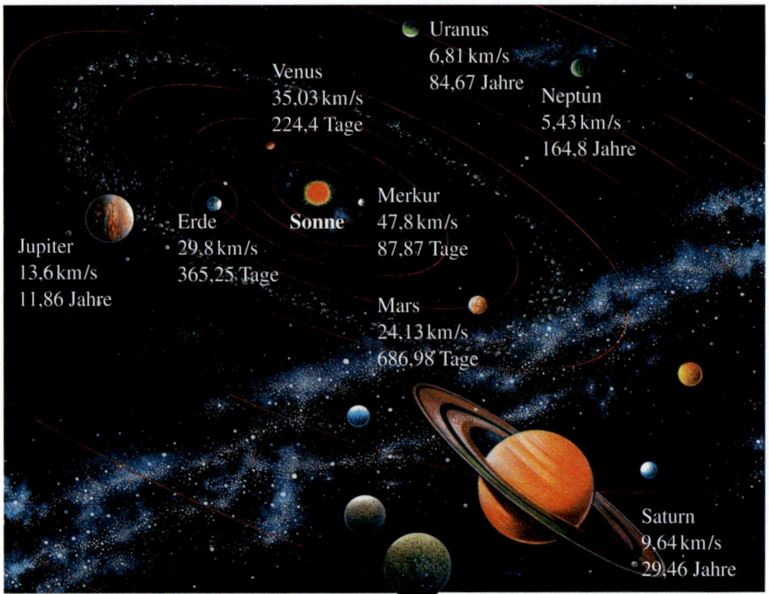

1

Aufgaben

Musteraufgabe

Die Beziehung $v = s/t$ für eine gleichförmige Bewegung, die bei $s = 0$ m und $t = 0$ s beginnt, kann bei unterschiedlichen Aufgabenstellungen angewendet werden. Grundsätzlich gilt: Sind zwei der drei Größen bekannt, kann die dritte berechnet werden. Dazu muss die Gleichung umgeformt werden.

$v = \frac{s}{t} \Leftrightarrow s = v \cdot t \Leftrightarrow t = \frac{s}{v}$

a Ein Auto legt in 5,0 s eine Strecke von 90 m zurück. Wie groß ist die Geschwindigkeit?

$v = \frac{s}{t} = \frac{90\,\text{m}}{5\,\text{s}} = 18\,\frac{\text{m}}{\text{s}} = 64{,}8\,\frac{\text{km}}{\text{h}}$

Die Geschwindigkeit beträgt etwa 65 km/h.

b Ein ICE fährt mit einer Geschwindigkeit von 200 km/h = 55,6 m/s. Wie lange braucht er für eine 100 m lange Stecke?

$t = \frac{s}{v} = \frac{100\,\text{m}}{55{,}6\,\text{m/s}} = \frac{100\,\text{m} \cdot \text{s}}{55{,}6\,\text{m}} = 1{,}8\,\text{s}$

Der ICE benötigt also 1,8 Sekunden.

c Ein Dauerläufer läuft mit einer Geschwindigkeit von 4,0 m/s. Welche Stecke legt er in 2 Stunden und 10 Minuten zurück?

$s = v \cdot t = 4\,\frac{\text{m}}{\text{s}} \cdot 130\,\text{min} = 4\,\frac{\text{m}}{\text{s}} \cdot 7800\,\text{s} = 31\,200\,\text{m}$

Der Läufer legt eine Strecke von 31,2 km zurück.

1 Bei schönem Wetter fährt Anne den 9 km langen Weg bis zur Schule mit dem Fahrrad. Auf einer Fahrt hat sie die Länge einzelner Abschnitte gemessen und die Zeit gestoppt, die sie benötigte.

a Vergleiche alle Streckenabschnitte miteinander. Auf welchem Abschnitt war Anne am schnellsten, auf welchem war sie am langsamsten?

b Ordne alle Abschnitte nach der Geschwindigkeit.

c Untersuche deinen eigenen Schulweg. Lege dazu Strecken fest und miss die Zeit, die du benötigst.

Streckenbschnitt	Länge	Zeit
1	800 m	110 s
2	800 m	120 s
3	1,6 km	210 s
4	600 m	100 s
5	750 m	100 s
6	350 m	50 s
7	2000 m	280 s
8	2,1 km	290 s

Aufgaben

2 Die Erde bewegt sich mit einer Geschwindigkeit von etwa 30 000 m/s auf ihrer Bahn um die Sonne.

a Welchen Weg legt sie in einer Stunde zurück?

b Warum spürt man nichts von dieser hohen Geschwindigkeit? Schreibe einen kleinen Bericht über unsere „Flugreise" auf der Erde um die Sonne.

3 Welchen Weg legt ein Auto bei einer Geschwindigkeit von 50 km/h in 1 s – der so genannten Schrecksekunde – zurück?

4 Beschreibe die im Diagramm dargestellte Bewegung. ↑2

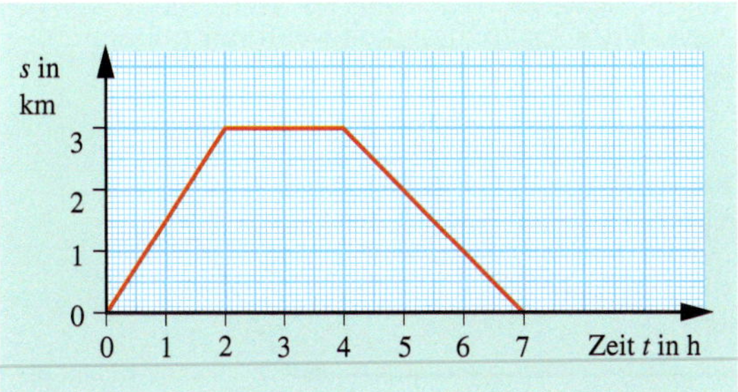

2

5 Übertrage von einer Straßenkarte den Weg von Bonn nach Dortmund maßstabs- und winkelgetreu auf ein DIN-A4-Blatt.

a Wie lang sind die einzelnen Wegabschnitte, wie lang die gesamte Strecke?

b Schätze die Gesamtfahrzeit ab, indem du für jeden Abschnitt die mögliche Geschwindigkeit schätzt.

c Wie lang ist die direkte Verbindung (Luftlinie) zwischen Bonn und Dortmund?

d Vergleiche mit der Streckenführung, die ein Routenplaner im Internet vorschlägt.

6 Licht breitet sich mit einer Geschwindigkeit von ca. 300 000 km/s aus.

a Der Mond ist etwa 400 000 km von der Erde entfernt, die Sonne 150 000 000 km. Wie lange braucht Licht für diese Strecken?

b Auch die Signale der GPS-Satelliten breiten sich mit Lichtgeschwindigkeit aus und benötigen 0,07 813 s bzw. 0,07 s bis zum selben Empfänger. Wie weit sind diese Satelliten vom Empfänger entfernt?

7 Von Astronauten wurde auf dem Mond ein Spiegel aufgestellt, der von der Erde aus mit einem Laser angeblitzt werden kann. Für den Hin- und Rückweg des Lichts ergeben sich Laufzeiten zwischen 2,657 s und 2,322 s. Zwischen welchen Werten schwankt demnach der Abstand Mond–Erde?

8 Sportliche Höchstleistungen

a Berechne die Durchschnittsgeschwindigkeiten (in m/s und km/h): 100-m-Lauf: 9,9 s; 500-m-Eisschnelllauf: 37 s; 1000-m-Radfahren (hinter einem Auto): 17,6 s; Skiabfahrtslauf (1950 m): 68,35 s.

b Suche im Internet weitere Geschwindigkeitsrekorde. Berechne auch hier die Durchschnittsgeschwindigkeiten.

9 In einem Protokoll der Geschwindigkeitsmessung verschiedener Modellfahrzeuge wird die Geschwindigkeit des Siegerfahrzeugs mit $v_1 = 17{,}345$ km/h, der Zweite mit $v_2 = 17{,}343$ km/h angegeben.
Bewerte die Genauigkeitsangabe der Geschwindigkeiten. Welche Strecke fährt der Zweite, während der Sieger genau 100 m gefahren ist?

10 Ordne die Begriffe Momentangeschwindigkeit und Durchschnittsgeschwindigkeit zu:

a Reisegeschwindigkeit eines Flugzeugs: 900 km/h

b Geschwindigkeitsbegrenzung: 100 km/h

c „Er kommt nur mit 25 km/h voran."

d Der Tacho zeigt 35 km/h an.

11 Ein Kind lässt auf einem vorbeifahrenden Boot einen Ball fallen.

a Wie sieht das Fallen und Hüpfen des Balls für einen Beobachter am Ufer aus?

b Fertige eine Zeichnung für den Weg des fallenden Balls an, den der Beobachter am Ufer sieht. Der Ball verlässt bei 0,0 s die Hand des Kindes in 80 cm Höhe und ist nach 0,1 s bereits 5cm, nach 0,2 s 20 cm, nach 0,3 s 45 cm gefallen und erreicht nach 0,4 s den Boden. Das Boot fährt mit $v_{Boot} = 2$ m/s.

12 Ein Schwimmer kann in ruhendem Gewässer eine Geschwindigkeit von 0,8 m/s längere Zeit durchhalten. In einem Fluss mit einer Strömungsgeschwindigkeit von 0,3 m/s schwimmt er einmal mit der Strömung, einmal gegen sie und einmal senkrecht zu ihr. Wie groß ist die jeweilige Geschwindigkeit über Grund? Wähle dir einen geeigneten Maßstab und löse die Aufgabe mithilfe einer Zeichnung.

13 Auf einem Kreuzfahrtschiff wird an Deck quer zur Fahrtrichtung Tennis gespielt. Bestimme zeichnerisch Tempo und Richtung der Geschwindigkeit des Aufschlags v_{Tennis} für einen Beobachter, an dem das Schiff mit $v_{Schiff} = 18$ km/h vorbei fährt, wenn der Aufschlag mit $u_{Tennis} = 18$ m/s erfolgt.

Auf einen Blick

Der Gegenstand bewegt sich umso schneller,
- je größer die pro Sekunde zurückgelegte Strecke Δs ist oder
- je kleiner der Zeitabschnitt Δt ist, der für eine bestimmte Strecke benötigt wird.

Der Quotient $\Delta s/\Delta t$ wird umso größer,
- je größer der Zähler Δs ist und
- je kleiner der Nenner Δt ist.

Geschwindigkeit Jede Bewegung eines Gegenstands erfolgt in eine Richtung und mit einer bestimmten Geschwindigkeit (Tempo).
Die Geschwindigkeit kann durch einen Vektor dargestellt werden: Die Richtung des Vektors entspricht der Bewegungsrichtung, seine Länge der Größe der Geschwindigkeit (Tempo).

Der Quotient $v = \frac{\Delta s}{\Delta t}$ gibt an, wie schnell sich ein Körper bewegt.

Die Einheit der Geschwindigkeit ist $1\frac{\text{m}}{\text{s}}$.

Die Geschwindigkeit von 1 m/s hat ein Gegenstand, der in jeder Sekunde genau einen Meter zurücklegt.

Bewegungen in einem bewegten System können aus einem ruhenden System beobachtet werden. Die Geschwindigkeitsvektoren müssen entsprechend addiert werden:

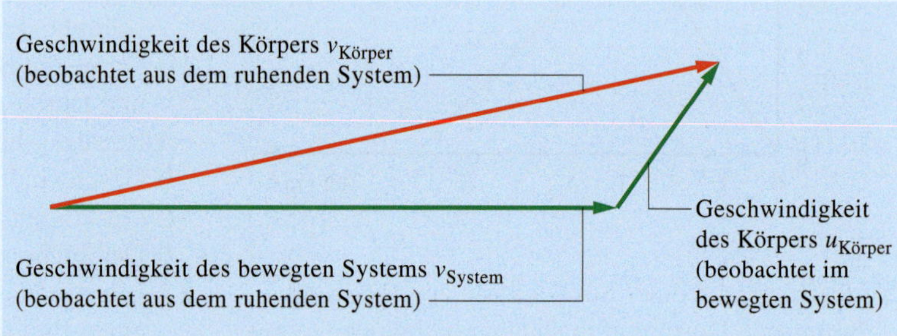

1

Gleichförmige Bewegungen Bewegen sich Gegenstände immer gleich schnell, liegt ein Sonderfall vor. Die Bewegung wird dann gleichförmig genannt. Gleichförmige Bewegungen zeichnen sich dadurch aus, dass in gleich langen Zeitabschnitten gleich lange Strecken zurückgelegt werden. Die Geschwindigkeit bleibt immer gleich. ↑2

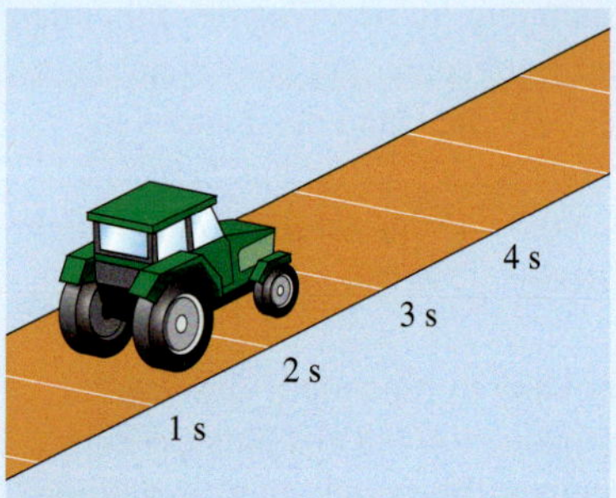

2

Diagramme Bewegungen können in Zeit-Weg-Diagrammen dargestellt werden. Bei einer gleichförmigen Bewegung zeigt das Diagramm eine Gerade. Je steiler die Gerade verläuft, desto größer ist die Geschwindigkeit. Wenn die Gerade waagerecht verläuft, heißt das, dass der Gegenstand stillsteht. Wenn die Gerade fällt, bewegt sich der Gegenstand in die entgegengesetzte Richtung. ↑3
Der Gegenstand bewegt sich umso schneller,
- je größer die pro Sekunde zurückgelegte Strecke Δs ist oder
- je kleiner der Zeitabschnitt Δt ist, der für eine bestimmte Strecke benötigt wird.

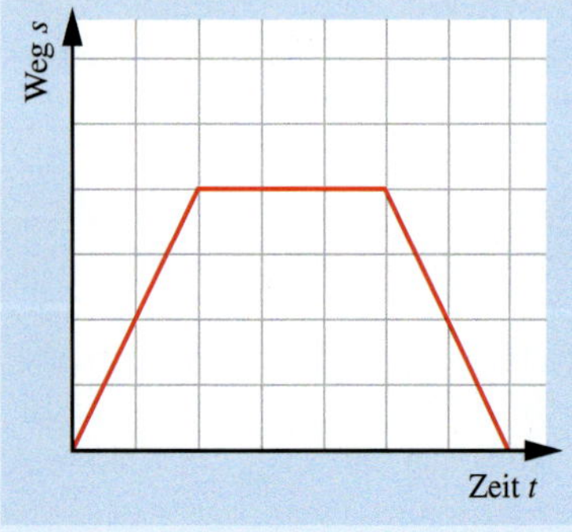

3

1 Nenne Bewegungen, die nahezu gleichförmig verlaufen, und solche, die sehr ungleichförmig verlaufen.

2 Der ICE 875 fährt von Berlin nach Basel. Hier ist ein Ausschnitt aus dem Fahrplan: ↑4

a Gib ohne Rechnung an, ob der Zug von Mannheim nach Karlsruhe oder von Freiburg nach Basel schneller war. Begründe.

b Berechne die Durchschnittsgeschwindigkeiten auf den einzelnen Teilstrecken. Vergleiche die Durchschnittsgeschwindigkeiten.

c Was kann über die maximale Momentangeschwindigkeit auf den einzelnen Streckenabschnitten gesagt werden?

3 Die Orte A-Stadt und B-Stadt liegen 10 km auseinander. Ein Mopedfahrer fährt von A nach B und sofort wieder zurück mit konstanter Geschwindigkeit von 20 km/h.
Ein zweiter Mopedfahrer fährt auf dem Hinweg mit 10 km/h, dafür auf dem Rückweg mit 30 km/h.
Wer erreicht als Erster wieder den Ausgangspunkt?

a Beantworte die Frage zunächst ohne Rechnung.

b Berechne dann den Zeitbedarf jeweils für den Hinweg und den Rückweg. Überprüfe dann deine Antwort auf die Frage a.

4 Wie kann man im Zeit-Weg-Diagramm erkennen, ob eine Bewegung gleichförmig war oder nicht? ↑5

5 In einem Zeit-Weg-Diagramm ist die Bewegung zweier Fahrzeuge dargestellt. Beide Fahrzeuge bewegen sich gleichförmig. Woran kann man erkennen, welches Fahrzeug schneller ist? ↑6

6 Zeichne das Zeit-Weg-Diagramm eines Fahrzeugs, das sich wie folgt bewegt:
- 10 s lang: Bewegung mit $v = 2$ m/s
- dann 2 s lang Stillstand
- dann 5 s lang Bewegung mit $v = 4$ m/s
- dann in 5 s zum Ausgangsort zurück

7 Wird die Geschwindigkeit durch einen Vektor dargestellt, dann muss die Länge des Vektors bestimmt werden. Beispielsweise kann 1 mm Länge genau 1 km/h entsprechen: Bestimme die Länge des Geschwindigkeitsvektors für den Pkw. ↑7
Wähle nun für die Geschwindigkeit von 1 m/s die Länge 1 mm. Wie lang ist nun der Geschwindigkeitsvektor des Pkw, wie lang für das Tempo des Gepards? ↑8

8 Im Navigationsgerät wird aus der Laufzeit des Signals, das mit Lichtgeschwindigkeit unterwegs ist, die Distanz des Empfängers zum Satelliten berechnet.
Wie lange ist das Signal unterwegs, wenn sich der Satellit in 22 000 km Höhe über dem Gerät befindet? Die Lichtgeschwindigkeit beträgt 300 000 km/s.

Ankunft	Ort	Abfahrt
	Mannheim	13:37
	↓61 km	
13:59	Karlsruhe	14:01
	↓69 km	
14:28	Offenburg	14:30
	↓63 km	
15:01	Freiburg	15:03
	↓61 km	
15:38	Basel	

4

5

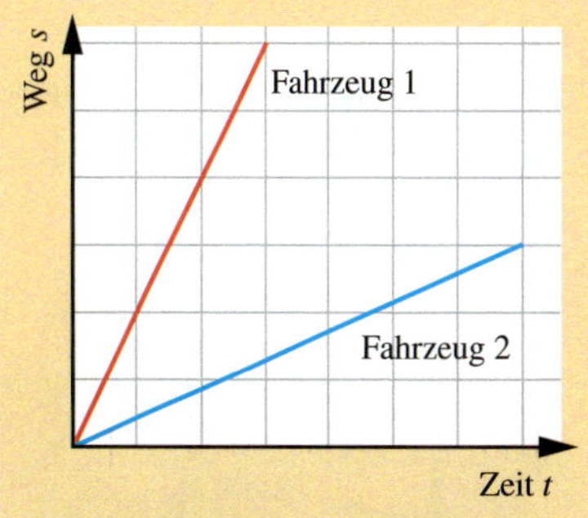

6

7 Tachometer in einem Pkw

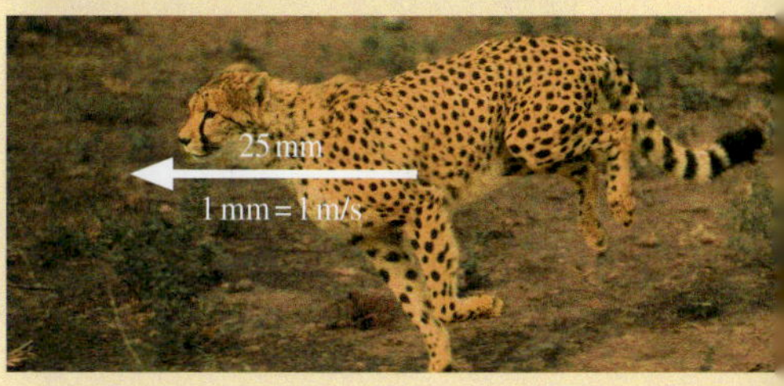

8 Gepard

Wechselwirkungen und Kräfte

Kaum oben angekommen, geht es vornüber fast senkrecht wieder hinab. Die Wagen werden rasend schnell und am tiefsten Punkt geht es in eine enge Kurve. Man muss sich festhalten, um nicht aus dem Wagen zu fliegen. Der Schwung reicht für den nächsten Hügel und schon wieder geht es hinab.

↑Basiskonzept Wechselwirkung

1

2

3

Riesige Achterbahnen gehören zu den Attraktionen auf den Jahrmärkten. Heute bieten viele andere Fahrgeschäfte ähnliche Nervenkitzel. Bei manchen Menschen überwiegt die Angst vor der rasenden Fahrt und den Kräften in den engen Kurven, bei anderen jedoch siegt der Reiz der Gefahr in gesicherter Umgebung.

In der Achterbahn geht es zunächst bergauf: Ein Zahnradantrieb oder Elektromotoren an der Fahrbahn ziehen den Wagen nach oben. An der höchsten Stelle dann geht es steil bergab. Fast im freien Fall werden die Wagen immer schneller. In den engen Kurven der Achterbahn kann man die Kräfte spüren, die einen von der geraden Fahrt in die Kurve zwingen. Man muss sich am Wagen festhalten, der seinerseits mit seinen Doppelrollen ↑3 von der Bahn festgehalten wird. Die gekrümmte Bahn, mit vielen Streben starr aufgebaut und auf dem Boden verankert, erzwingt die Richtungsänderung der rasanten Fahrt. ↑2

Achterbahnen und die anderen modernen Fahrgeschäfte auf der Kirmes werden vor Inbetriebnahme geprüft. Jedes Rad, alle Streben und jede Verbindung werden gründlich untersucht. Denn in jeder Fahrsituation muss die Schiene die Kräfte aushalten, die das Fahrzeug vor allem in den Kurven und Krümmungen auf sie ausübt. Gleichzeitig müssen die Räder den Kräften standhalten, die die Schienen auf sie ausüben. Fahrbahn und Wagen müssen solche Kräfte aushalten, ohne zu verbiegen, zu reißen oder zu brechen.

Überall Kräfte – doch unterschiedliche Wirkungen

4

Wenn du wie der Karate-Sportler mit der Hand auf einen Stapel Ziegel schlägst, kann es passieren, dass die Ziegel kaputtgehen. Ohne Übung wird es aber eher so sein, dass du dir die Hand verletzt. Was könnte die Ursache dafür sein?

Experimente

1 Kurvenfahrt
Lege einen kräftigen Magneten (am besten einen sog. Supermagneten) auf einen ebenen, glatten Tisch und rolle eine Stahlkugel daran vorbei. ↑5

a Beobachte Magnet und Kugel bei unterschiedlich dicht am Magneten vorbeiführenden Bahnen der Kugel.

b Befestige den Magneten mit Klebeband und beobachte erneut die Bahnen. Beschreibe die unterschiedlichen Ergebnisse.

2 Flache Achterbahn
Forme aus zwei ca. 1 m langen Drähten (z. B. Kupferdraht der Elektroinstallation) eine ebene parallele Schlangenlinie und lege diese als „Achterbahnschiene" auf einen glatten ebenen Tisch. ↑5 Stoße eine Stahlkugel so an, dass sie durch die Schienen läuft. Beobachte genau. Was musst du tun, damit die Kugel der Schlangenlinie folgt?

3 Fadenreißen
Befestige an einem stabilen Haken einen dünnen, nicht sehr festen Faden und daran eine kleine Plastiktüte. Fülle die Tüte nach und nach mit trockenem Sand ↑6.

a Bei welcher Menge reißt der Faden? Bestimme die Masse des Sands mit einer Hauhaltswaage.

b Wie viel Sand kannst du einfüllen, wenn zwei Fäden die Tüte halten?

c Was passiert, wenn die beiden Fäden an zwei Haken befestigt sind und schräg nach oben verlaufen?

4 Wägestück und Feder
Eine Schraubenfeder hängt an einem Haken. An ihrem unteren Ende wird mit einem Faden ein Wägestück angebunden.

a Schneidet den Faden durch. Beschreibt, was mit dem Wägestück und was mit der Feder geschieht.

b Welche Kräfte werden ausgeführt, wenn das Wägestück an der Feder hängt? Wie sind diese Kräfte gerichtet?

5 Zugkräfte
Ein Wagen wird mit konstanter Geschwindigkeit auf einem schräg gestellten Brett hochgezogen.

a Miss Gewichtskraft und Zugkraft.

b Lege eine Metallscheibe auf den Wagen. Miss wieder Gewichtskraft und Zugkraft.

c Ändere die Steilheit des schrägen Bretts und miss die Zugkraft.

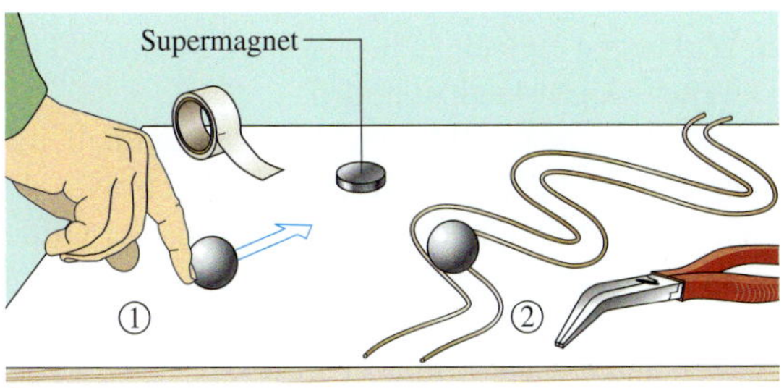

5

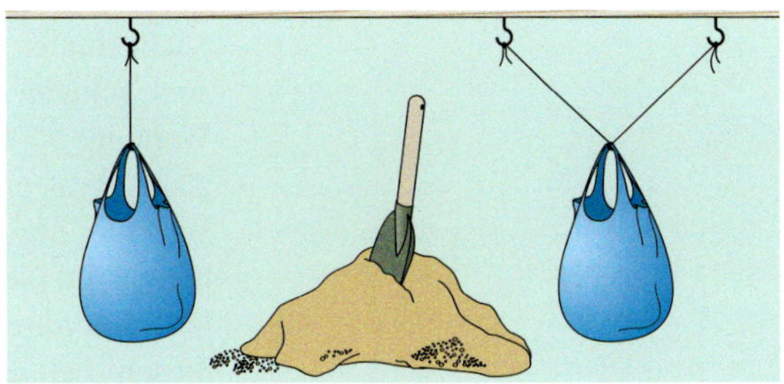

6

GRUNDLAGEN: Mechanische Wechselwirkungen

Fällt eine schwere Vase auf einen gefliesten Fußboden, wird meist nicht nur die Vase zerstört, auch die Bodenfliesen werden beschädigt. Die Vase und die Fliesen wirken wechselseitig aufeinander ein.

Wenn man mit einem Bohrer ein Loch in ein Stück Holz bohrt, ist die Wirkung am Holzstück deutlich zu erkennen. Am Bohrer scheint es keine Wirkung zu geben. Wenn man aber viele Löcher bohrt, wird der Bohrer irgendwann stumpf und muss durch einen neuen ersetzt werden. Auch hier hat also nicht nur der Bohrer auf das Holz gewirkt, sondern auch das Holz auf den Bohrer.

Der englische Physiker ISAAC NEWTON (1642–1727) erkannte, dass in der Mechanik Gegenstände immer wechselseitig aufeinander einwirken. Niemals tritt eine Wirkung allein auf. Wenn an einem Gegenstand eine mechanische Wirkung festgestellt wird, dann gibt es einen zweiten Gegenstand, der diese Wirkung hervorruft und an dem ebenfalls eine mechanische Wirkung beobachtet werden kann. ↑ 1–6

Alle mechanischen Wirkungen an Gegenständen werden durch Wechselwirkungen mit anderen Gegenständen hervorgerufen.

1

2

3

4

5

6

Nicht immer sind die Wirkungen einfach zu beobachten. Manchmal ist es auch schwierig, den zweiten Gegenstand zu finden.
Wenn man z. B. einen aufgeblasenen, nicht verschlossenen Luftballon loslässt, saust er im Zickzackkurs durch das Zimmer. Wodurch wird diese Wirkung hervorgerufen? Der Luftballon drückt die Luft aus der Öffnung heraus, im Gegenzug wirkt die ausströmende Luft auf den Luftballon und lässt ihn durch das Zimmer sausen. Die Wechselwirkungspartner sind in diesem Fall der Luftballon und die ausströmende Luft. 080-1

Probier 's mal!

1 Schleppen mit Reibung
Ziehe mit einem Kraftmesser eine volle Wasserkiste schleifend über den Fußboden. Probiere unterschiedliche Böden aus, Steinboden, Holzdielen, Teppichboden. ↑7

a Welche Kraft ist für eine gleichförmige Bewegung erforderlich? Hängt diese Kraft von der Geschwindigkeit ab?

b Verhindere die Reibung am Boden, indem du die Wasserkiste auf gut gelagerte Rollen stellst, z. B. ein Skateboard. Ziehe möglichst lange mit gleichbleibender Kraft! Beobachte und beschreibe den Bewegungsablauf.

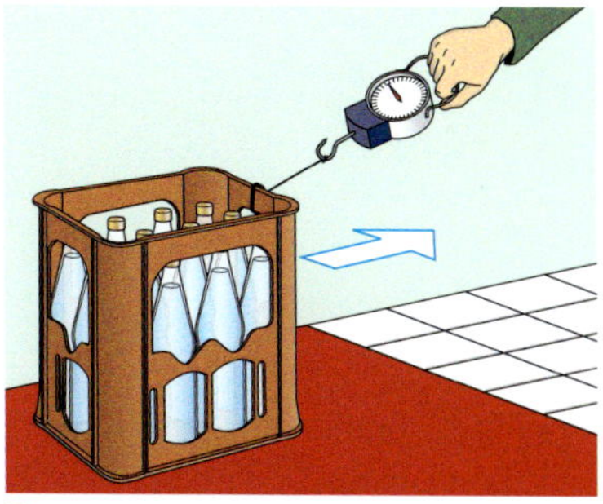
7

2 Auto und Fahrbahn
Für dieses Experiment benötigt ihr ein Spielzeugauto mit Federmotor, ein Fahrbahnstück und zwei Rundstangen.
Setzt das Fahrzeug mit aufgezogenem Motor auf die Fahrbahn und lasst es losfahren.
Beobachtet genau und beschreibt, was geschieht.
Erläutert an diesem Beispiel den Begriff „Wechselwirkung". ↑8

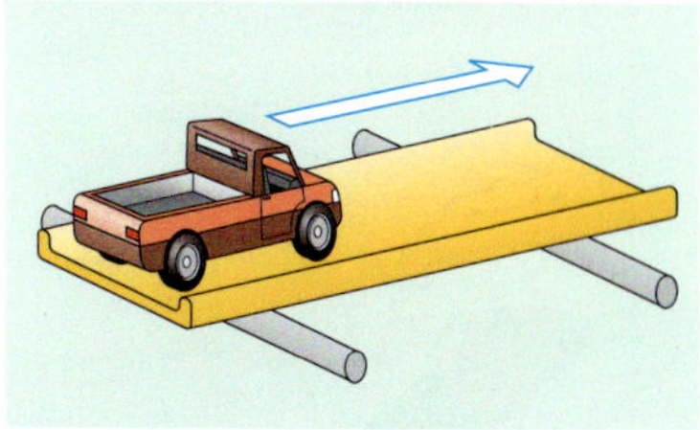
8

3 Fliegender Luftballon

a Ein Luftballon wird aufgeblasen und losgelassen. Beobachtet das Verhalten des Ballons. Warum setzt er sich in Bewegung? Warum ändert er mehrfach seine Bewegungsrichtung?

b Der Luftballon wird jetzt mit Wasser gefüllt und so in ein Wasserbecken gelegt, dass er schwimmt. Die Öffnung des Ballons wird mit den Fingern zugedrückt.
Beobachtet das Verhalten des Ballons, wenn ihr die Öffnung des Ballons freigebt.
Findet eine Erklärung für das Verhalten des Ballons.

4 Magnet und Stahlkugel
Mithilfe eines Dauermagneten kannst du sowohl die Geschwindigkeit einer Stahlkugel als auch ihre Bewegungsrichtung verändern. ↑9
Suche nach weiteren Möglichkeiten und probiere sie aus. Beschreibe jeweils genau, wie sich die Bewegung der Kugel ändert.

5 Die fliegende Mine
Schraube von einem Kugelschreiber das Oberteil ab. Drücke die Mine mit der Spitze eines Fingernagels in das Unterteil des Kugelschreibers und lass die Mine los. (Augen schützen!)
Beschreibe, wie sich die Bewegung der Mine zwischen Start und Aufprall ändert. Wodurch werden die Bewegungsänderungen verursacht?

6 Spielzeugauto und Massestück
Bringe ein Spielzeugauto, ohne es anzuschubsen, auf einem Tisch in Fahrt. Bindfaden und Massestücke sind erlaubt. Beobachte die Bewegung des Spielzeugautos genau. Beschreibe, wie sich die Bewegung ändert.

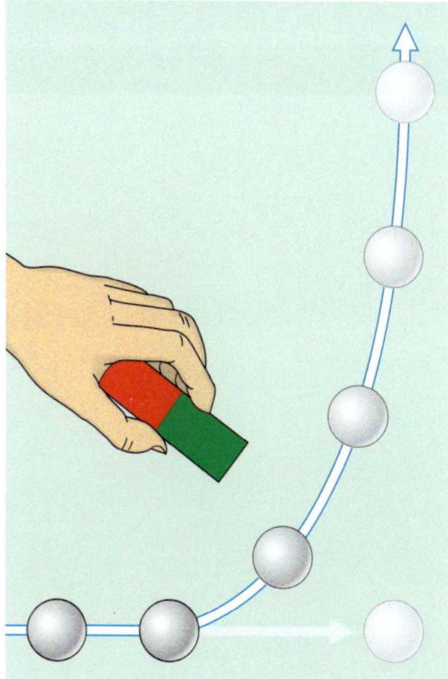
9

GRUNDLAGEN: Woran man Kräfte erkennt

Möchte man mit einem Magneten einen Schlüssel aus einer schwer zugänglichen Stelle hervorholen, ist nur die Wirkung auf den Schlüssel interessant. Man sagt dann: Der Magnet übt eine Kraft auf den Schlüssel aus Eisen aus. Hält man den Magneten fest in der Hand, ist die Kraft des Schlüssels auf den Magneten von geringer Bedeutung.
Die Formulierung: „Auf einen Körper wird eine Kraft ausgeübt" bedeutet immer, dass dieser Körper mit einem anderen Körper wechselwirkt. Dabei wird aber die Wirkung auf den anderen Körper nicht betrachtet.

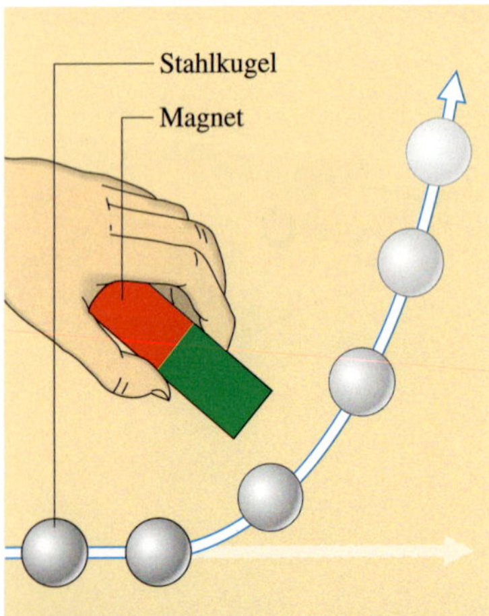

1

2

Wird ein Fußball abgeschossen, findet eine Wechselwirkung zwischen dem Ball und dem Fuß des Spielers statt. Wenn man einen Luftballon aufbläst und loslässt, wechselwirken der Luftballon und die ausströmende Luft. Vergleicht man die Kraftwirkung auf den Ball und auf den Luftballon, kann man eine Gemeinsamkeit erkennen: In beiden Fällen wird ein Gegenstand in Bewegung versetzt. Es gibt noch andere mögliche Wirkungen von Kräften. Wird durch einen Magneten eine Kraft auf eine Eisenkugel ausgeübt, (↑Experiment 4, vorhergehende Seite) kann man:
- die Eisenkugel in Bewegung setzen,
- die Geschwindigkeit der Eisenkugel vergrößern, ↑3
- die Eisenkugel abbremsen, ↑4
- die Bewegungsrichtung der Kugel ändern. ↑1

Die gleichen Wirkungen erzielt man am Magneten, wenn man ihn leicht beweglich lagert und ein Eisenstück in der Hand hält.

Eine weitere Form der Wechselwirkung liegt vor, wenn ein Baum im Wind verbogen wird. Verformungen von Körpern sind Wirkungen einer Kraft. Verformungen sind manchmal so klein, dass man sie gar nicht wahrnimmt. Sie können aber auch so stark sein, dass der Körper dabei zerstört wird. ↑2 082-1

Wenn auf einen Körper eine Kraft ausgeübt wird, ändert der Körper den Betrag oder die Richtung seiner Geschwindigkeit oder er wird verformt. Oft treten Geschwindigkeits- und Formänderung gleichzeitig auf.

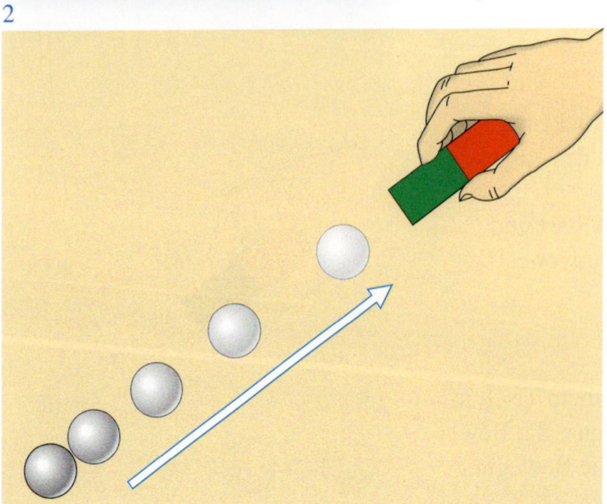
3

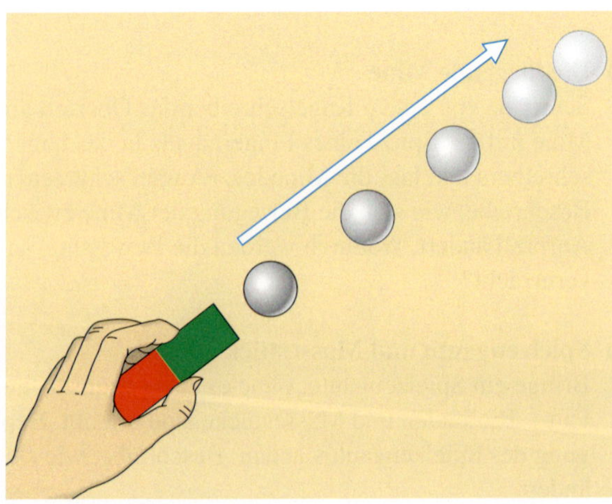
4

GRUNDLAGEN: Gewichtskraft und Masse

Gewichtskraft Hält man eine Tasse in der Hand und lässt sie los, setzt sie sich in Bewegung und fällt hinunter. Legt man einen dicken Stein auf ein dünnes Holzbrett, verbiegt sich das Brett. An der Tasse und dem Stein kann man die Wirkungen von Kräften beobachten. Sucht man nach einem Wechselwirkungspartner, kommt nur die Erde infrage. Die Erde und die Tasse ziehen sich gegenseitig an. Das Gleiche gilt für den Stein und alle anderen Gegenstände. ↑5

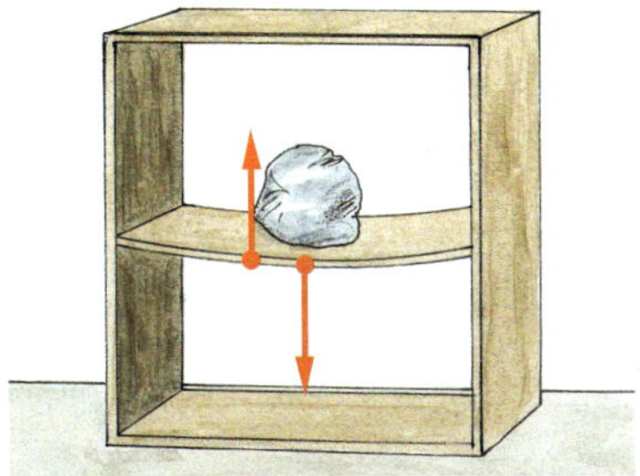
5

Auf alle Gegenstände wird aufgrund der Wechselwirkung mit der Erde eine Kraft ausgeübt. Diese Kraft heißt Gewichtskraft.

Die Gegenstände üben auch eine Kraft auf die Erde aus. Die Erde ist allerdings so groß, dass diese Kraft keine sichtbaren Wirkungen bei der Erde erzeugt. Wenn du eine Schultasche in der Hand hältst, dann ziehen sich die Schultasche und die Erde gegenseitig an. Wir nehmen nur die Wirkung der Erde auf die Schultasche wahr. Man sagt deshalb: „Die Erde übt eine Kraft auf die Tasche aus."

Masse Je mehr Wasser in dem Eimer ist, desto stärker drückt er auf die Unterlage. ↑6 Die Gewichtskraft, die der Wassereimer auf die Unterlage ausübt, nimmt mit der Menge des Wassers zu. Wird statt Wasser Sand in den Eimer gefüllt, dann drückt er bei gleichem Volumen stärker auf die Unterlage. Die Gewichtskraft, die der Eimer auf die Unterlage ausübt, hängt von dem Volumen und dem Material ab, das sich im Eimer befindet.

6

Die Gewichtskraft eines Körpers hängt eng mit seiner Masse zusammen. Steht der Eimer auf einer Waage, so zeigt die Waage die Masse des Eimers samt Inhalt in Kilogramm (kg) an. 083-1

↑Basiskonzept Wechselwirkung

Aufgaben

1 Warum schmerzt eigentlich der Fuß, wenn du mit einem Pflasterstein „Fußball" spielst?

2 Untersuche die auftretenden Wechselwirkungen, wenn ein Kanufahrer sich mit seinem Kanu in Bewegung setzt.

3 Zwei Schüler versuchen beim Tauziehen den jeweils anderen Schüler auf ihre Seite zu ziehen.

a Was passiert, wenn einer der Schüler das Seil loslässt?

b Erläutere an diesem Beispiel, dass Wirkungen immer Wechselwirkungen sind.

GRUNDLAGEN: Körper im Kräftegleichgewicht

Zwei Zugmaschinen ziehen in entgegengesetzte Richtungen an einem Quader – der Quader setzt sich nicht in Bewegung, obwohl zwei Kräfte auf ihn ausgeübt werden: Die bewegungsändernden Wirkungen der Kräfte heben sich gegenseitig auf. ↑1

1

Genauso ist es, wenn man eine Tasche hält: Auf die Tasche wird die nach unten gerichtete Gewichtskraft ausgeübt. Zusätzlich übt die Schülerin eine Kraft nach oben aus. Die bewegungsändernden Wirkungen beider Kräfte heben sich auf. Die Tasche bewegt sich nicht. ↑2

2

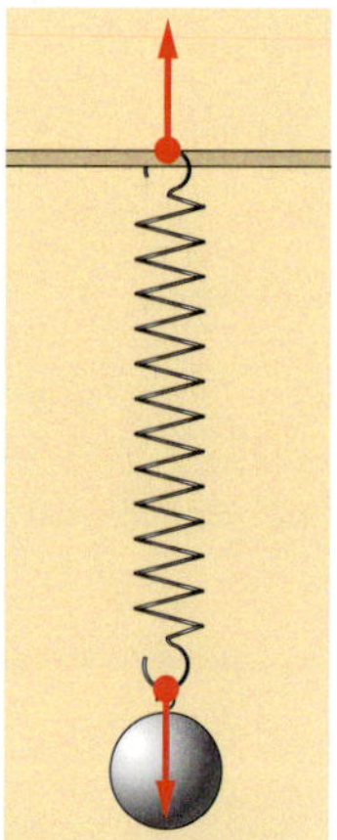
3

Greifen an einem Körper gleichzeitig mehrere Kräfte so an, dass sich ihre bewegungsändernden Wirkungen gegenseitig aufheben, sagt man: Der Körper ist im Kräftegleichgewicht.

Das ist z. B. dann der Fall, wenn zwei gleich große, aber entgegengesetzt gerichtete Kräfte auf einen Körper ausgeübt werden. Greifen die Kräfte an unterschiedlichen Punkten an, wird der Gegenstand im Kräftegleichgewicht nicht bewegt. Er wird aber durch die Kräfte mehr oder weniger stark verformt. Durch diese Verformung unterscheidet sich das Kräftegleichgewicht von dem Zustand, in dem keine Kräfte auf den Körper ausgeübt werden. Sobald keine Kräfte mehr ausgeübt werden, nehmen viele Körper ihre ursprüngliche Form wieder an. Solche Körper bezeichnet man als elastisch. Elastische Körper sind z. B. Federn, aber auch Sprungstäbe und Bäume. ↑4, 5

084-1

4

5

Kräftegleichgewicht an einer Feder Hängt man eine Kugel an eine Feder, sinkt die Kugel nach unten. Die Feder wird gedehnt. Schließlich kommt die Kugel zum Stillstand. ↑3 Es tritt Kräftegleichgewicht ein: Die Kugel zieht unten an der Feder nach unten und der Haken zieht oben an der Feder nach oben. Durch diese beiden Kräfte wird die Feder gedehnt, also verformt. Da beide Kräfte in entgegengesetzter Richtung auf die Feder ausgeübt werden, heben sich ihre bewegungsändernden Wirkungen auf.

Kräftegleichgewicht und Bewegung Am Beginn der Achterbahnfahrt werden die Wagen den Berg emporgezogen. Die Gewichtskraft zieht die Wagen abwärts, der Kettenantrieb zieht sie aufwärts. Beide Kräfte sind gleich groß, aber entgegengesetzt gerichtet, sie heben sich also auf: Mit gleichbleibender Geschwindigkeit geht es bergan.
Fährt ein ICE mit gleichbleibender Geschwindigkeit dahin, ↑6 müssen dauernd die Elektromotoren die Räder antreiben: An den Rädern übt die Schiene eine *Kraft in Fahrtrichtung* auf den ganzen Zug aus. Er wird aber nicht mehr schneller. Die Reibung der Luft an dem Zug führt zu einer Gegenkraft. Die Luft übt also eine *Kraft gegen die Fahrtrichtung* auf den Zug aus. Wenn diese beiden entgegengesetzten Kräfte den gleichen Betrag haben, fährt der Zug mit konstanter Geschwindigkeit.

6

Werden auf einen bewegten Körper zugleich mehrere Kräfte ausgeübt, deren Wirkungen sich gegenseitig aufheben, dann ändert sich seine Geschwindigkeit nicht.

Kein Gleichgewicht der Kräfte Wenn es bei der Achterbahn bergab geht, dann werden die Wagen schneller und schneller. Wenn nur eine Kraft in Bewegungsrichtung auf einen Körper ausgeübt wird, wenn also kein Kräftegleichgewicht besteht, dann nimmt die Geschwindigkeit des Körpers zu: Er wird beschleunigt.
Geht es nach der Steilfahrt bei der Achterbahn mit Schwung den nächsten Berg wieder hinauf, werden die Wagen langsamer. Auch hier wird die Gewichtskraft ausgeübt, nun allerdings bremst sie die Fahrt ab. Ist ein Körper bereits in Bewegung und wird nur eine Kraft auf ihn ausgeübt, die der Bewegungsrichtung entgegengerichtet ist, dann nimmt die Geschwindigkeit des Körpers ab, er wird gebremst.
Auf der Achterbahn werden die Wagen von den Schienen in die Kurve gezwungen. Die Schienen üben eine Kraft auf die Wagen aus, z. B. nach rechts. Deshalb ändern die Wagen ihre Bewegungsrichtung nach rechts: Auch wenn das Tempo gleich bleibt, ändert sich hier der Vektor der Geschwindigkeit, denn die Richtung der Geschwindigkeit wird verändert. ↑7
Beim Start eines Pkw versetzen Motor und Getriebe die Räder in Drehung. Wenn nicht gerade Glatteis herrscht, wird das Auto anfahren und schneller werden. Hier wechselwirken die Räder mit der Straße. Die Räder üben eine Kraft nach hinten auf die Straße aus und gleichzeitig übt die Straße über die Räder eine Kraft nach vorn auf das Auto aus. ↑8

7

8 Beim Bremsen übt die Straße über die Räder und Bremsbacken eine Kraft auf das bewegte Auto aus und bremst es.

Wird auf einen Körper eine Kraft ausgeübt, dann ändert sich seine Geschwindigkeit: Der Betrag der Geschwindigkeit nimmt zu oder ab, oder die Richtung der Geschwindigkeit ändert sich.

GRUNDLAGEN: Die Kraft – eine gerichtete physikalische Größe

1

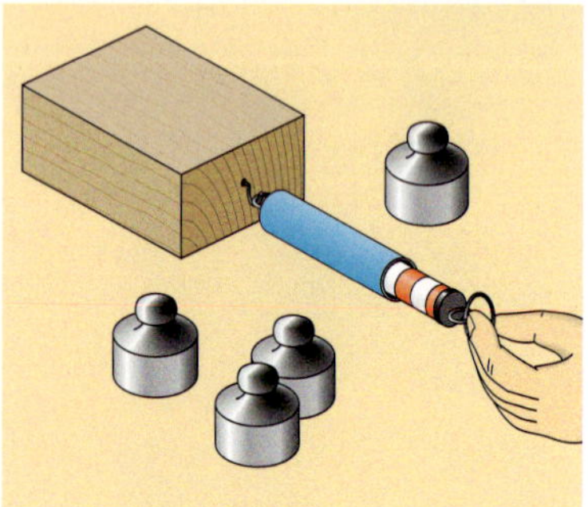

2

Führt ein Fußballspieler einen Strafstoß aus, hängt der Erfolg davon ab, wie schnell der Ball geschossen und wie platziert er geschossen wird. Der Spieler muss versuchen eine möglichst große Kraft auf den Ball auszuüben. Gleichzeitig muss die Schussrichtung stimmen, sonst geht der Ball am Tor vorbei.

> **Bei einer Kraft kommt es darauf an, wie groß sie ist und in welche *Richtung* sie ausgeübt wird. Will man nur etwas darüber sagen, wie groß die Kraft ist, spricht man vom *Betrag der Kraft*.**

Der Betrag der Kraft wird in der Einheit Newton (N) angegeben. Sie wurde nach dem englischen Physiker SIR ISAAC NEWTON benannt.
Die Gewichtskraft einer 100-g-Tafel Schokolade beträgt etwa 1 N. ↑1
Für Kräfte verwendet man das Formelzeichen $\vec{F}$. Der Pfeil über dem F wird weggelassen, wenn nur der Betrag der Kraft gemeint ist.

Mit dem Federkraftmesser kann der Betrag von Kräften gemessen werden. Wenn der Kraftmesser „lose" gehalten wird, ↑2 stimmt seine Längsrichtung mit der Richtung der Kraft überein.

Kraft als Vektor Soll in einer Zeichnung die Kraft auf einen Körper als Vektor dargestellt werden, so müssen der Angriffspunkt, die Richtung und die Länge festgelegt werden:

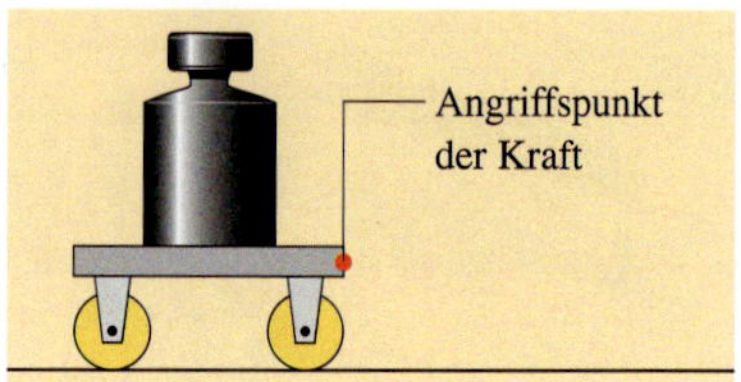

3 Der Angriffspunkt der Kraft am Körper ist der Anfangspunkt des Vektors.

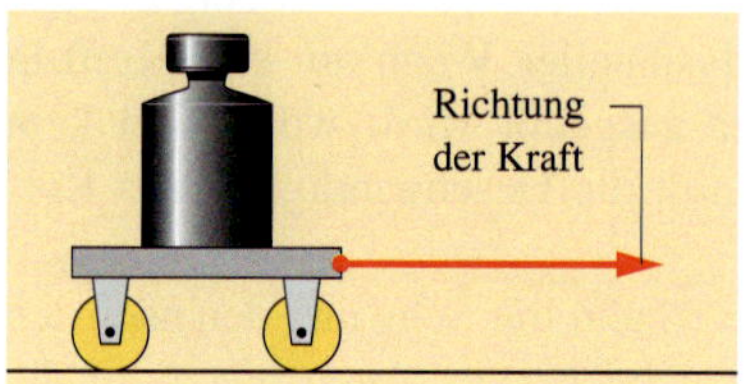

4 Der Vektor zeigt in Richtung der Kraft.

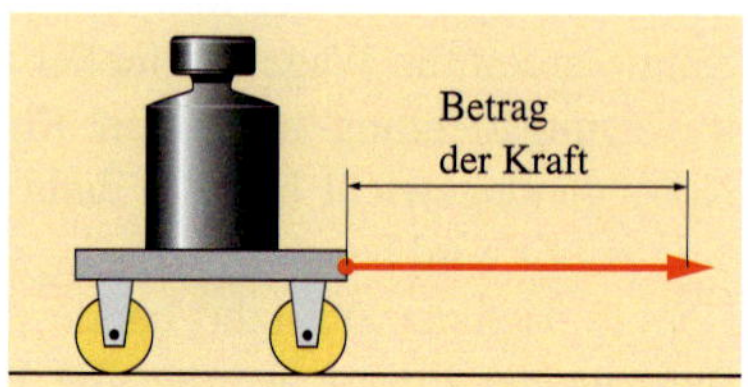

5 Die Länge des Vektors gibt den Betrag der Kraft an. Es ist ein geeigneter Maßstab zu wählen, z. B. 10 N ≙ 1 cm.

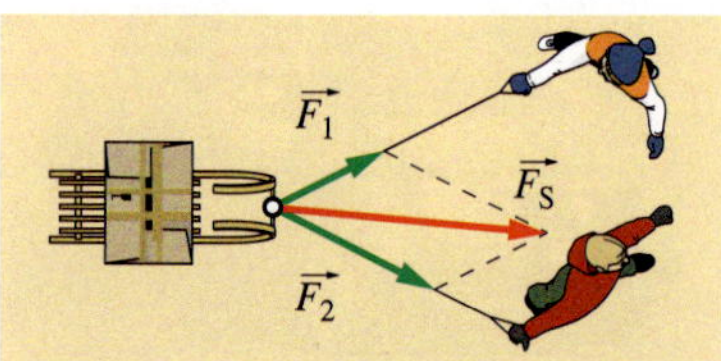

6 Zwei Zugkräfte beschleunigen den Schlitten.

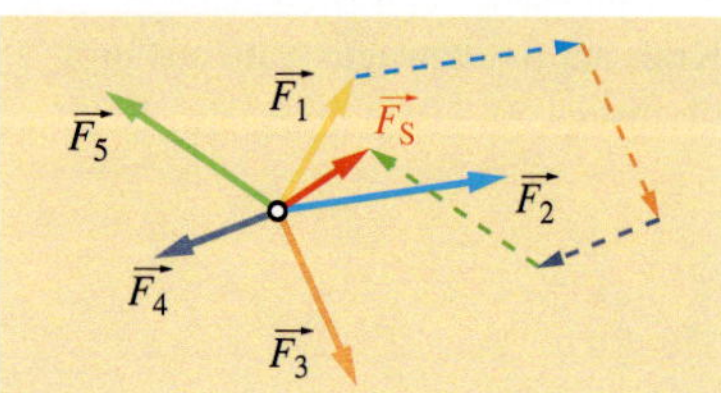

7

Kräfteaddition Greifen an einem Angriffspunkt mehrere Kräfte an, können diese wie Vektoren addiert werden. ↑S. 66 f.
Beispielsweise wird ein Schlitten von zwei Personen mit den Kräften $\vec{F}_1$ und $\vec{F}_2$ gezogen. Einer der beiden Vektoren wird *parallel* so verschoben, dass sein Anfangspunkt an der Spitze des anderen Vektors ist. Vom Anfang des ersten Vektors bis zur Spitze des zweiten ergibt sich der Summenvektor $\vec{F}_S$. ↑7
Greifen mehrere Kräfte am selben Punkt an, dann müssen alle Kraftvektoren in dieser Weise aneinandergehängt werden. Die Summe all dieser Kräfte wird vom Summenvektor dargestellt, der wiederum vom Anfangspunkt des ersten zur Spitze des letzten Vektors reicht. Der Summenvektor stellt die Kraft dar, die allein dieselbe Wirkung auf den Körper hätte wie alle Kräfte zusammen.
Prüfe an einem Beispiel nach, dass die Reihenfolge der Vektoren keinen Einfluss auf den Summenvektor hat. 086-1

GRUNDLAGEN: Das Wechselwirkungsgesetz

Im Experiment von Bild ↑8 versuchen die beiden Schülerinnen durch Ziehen am Seil möglichst schnell zusammenzukommen. Wird das Experiment mit zwei gleich schweren Schülerinnen ausgeführt, treffen sie sich in der Mitte. Wandelt man das Experiment so ab, dass eine der beiden Schülerinnen das Seil nur festhält und die andere sich am Seil entlanghangelt, treffen sie sich wieder an der gleichen Stelle.

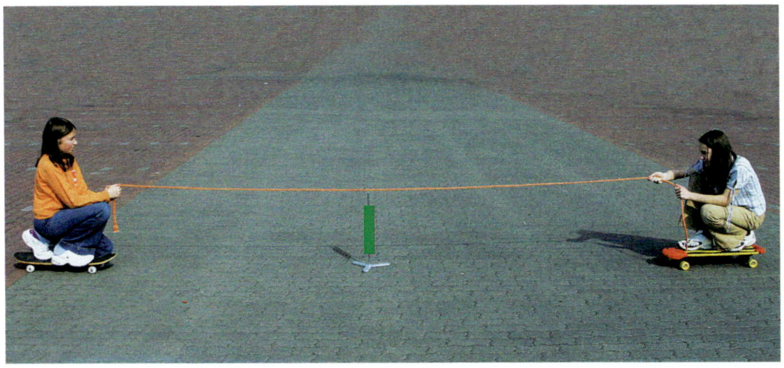

8

9 ISAAC NEWTON (1642–1727)

Beide Schülerinnen üben eine Kraft aus. Auch die Schülerin, die das Seil festhält. Die Kräfte müssen entgegengesetzt gerichtet sein, da sich die Schülerinnen in entgegengesetzte Richtungen bewegen.
Um herauszufinden, wie groß die ausgeübten Kräfte sind, baut man auf jeder Seite, am Ende des Seils, einen Kraftmesser ein. Sobald eine Schülerin zu ziehen beginnt, zeigen beide Messgeräte die gleiche Kraft an.
Auch wenn man das Experiment mit unterschiedlich schweren Personen wiederholt, zeigen beide Kraftmesser immer die gleiche Kraft an.
ISAAC NEWTON fasste diese Erfahrung in folgendem Satz zusammen:

Wenn Körper miteinander in Wechselwirkung treten und gegenseitig Kräfte aufeinander ausüben, sind diese stets gleich groß und entgegengesetzt gerichtet. ↻ 087-1

10 Beim Start eines Sprinters treten Sprinter und Startblock in Wechselwirkung. Der Sprinter übt eine nach hinten gerichtete Kraft auf den Startblock aus. Der Startblock übt eine gleich große nach vorn gerichtete Kraft auf den Sprinter aus.

11 Beim Rudern treten die Ruder und das Wasser in Wechselwirkung. Die Ruder üben eine nach hinten gerichtete Kraft auf das Wasser aus. Das Wasser übt eine gleich große nach vorn gerichtete Kraft auf die Ruder aus.

Aufgaben

1 Zwischen zwei Körpern befindet sich eine zusammengedrückte Feder. Auf den einen Körper wird eine Kraft von 15 N ausgeübt. Fertige eine Zeichnung an, in welcher du die ausgeübten Kräfte im Maßstab 3 N ≙ 1 cm darstellst. ↑1

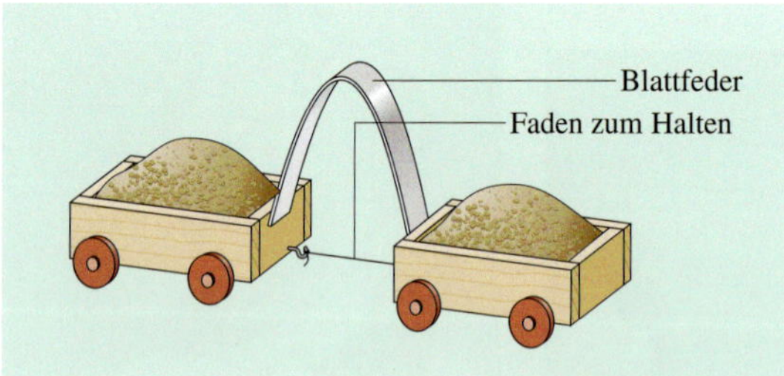

1

2 Bei welchen Kräften kann es sich um ein Paar von Wechselwirkungskräften handeln? ↑2 Begründe.

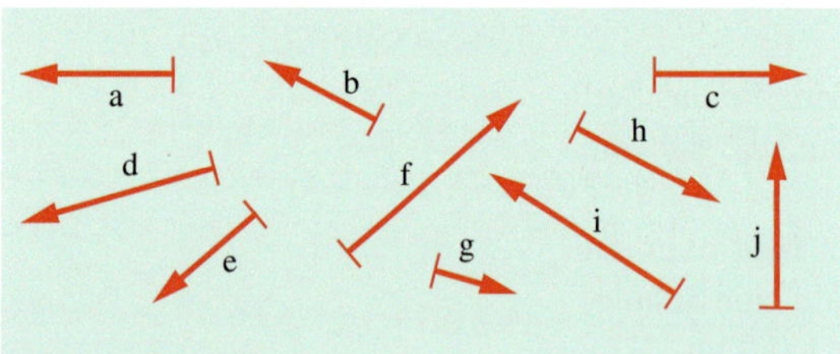

2

3 Gib zu jeder Kraft in den Aufgaben a bis d den Wechselwirkungspartner an.

a Gewichtskraft auf einen Stein

b Reibungskraft auf einen durch die Luft geworfenen Ball

c Antriebskraft auf ein anfahrendes Auto

d Antriebskraft auf ein durch eine Schiffsschraube angetriebenes Schiff

4 Hier sind fünf Situationen beschrieben, in denen Kräfte ausgeübt werden:

① Ein Torwart faustet einen Ball über das Tor.
② Ein Kugelstoßer stößt die Kugel.
③ Ein Auto fährt auf eine rote Ampel zu.
④ Ein Autofahrer gibt Gas.
⑤ Ein Magnet lenkt eine rollende Stahlkugel ab.

a Auf welche Körper wird jeweils eine Kraft ausgeübt?

b An welchen Wirkungen erkennst du, dass auf den Körper eine Kraft ausgeübt wird?

5 Stelle dir eine Welt ganz ohne Reibung vor. Schreibe eine kleine Geschichte, was in dieser Welt möglich und nicht möglich wäre. Wie könnte in dieser Welt ein Fahrzeug angetrieben werden?

6 Beim Curling lässt man einen schweren, blank polierten Granitstein über ein Eisfeld gleiten. Das Ziel ist über 35 m entfernt. Wie ist es möglich, dass der Stein so weit rutscht? Welche Aufgabe haben die beiden Spieler mit dem Besen? ↑3 ↻ 088-1

3

7 Wenn man bei starkem Regen mit dem Auto zu schnell fährt, kann es zum *Aquaplaning* kommen.

a Finde mithilfe eines Lexikons heraus, was man unter Aquaplaning versteht.

b Bei Aquaplaning kann man ein Auto weder abbremsen noch lenken. Begründe.

c Wie bewegt sich ein Auto bei Aquaplaning?

8 Auf einen Körper ausgeübte Kräfte erkennt man an der Änderung seiner Geschwindigkeit. Gib an, ob in den folgenden Beispielen die Geschwindigkeit geändert wird, und begründe:

① Eine Radfahrerin rollt mit gleichbleibender Geschwindigkeit eine Rampe hinab.
② Sie fährt eine Kurve, bleibt aber gleich schnell.
③ Sie bremst das Fahrrad ab und kommt zum Stillstand.

9 Wie groß sind die Kräfte in folgendem Bild? ↑4

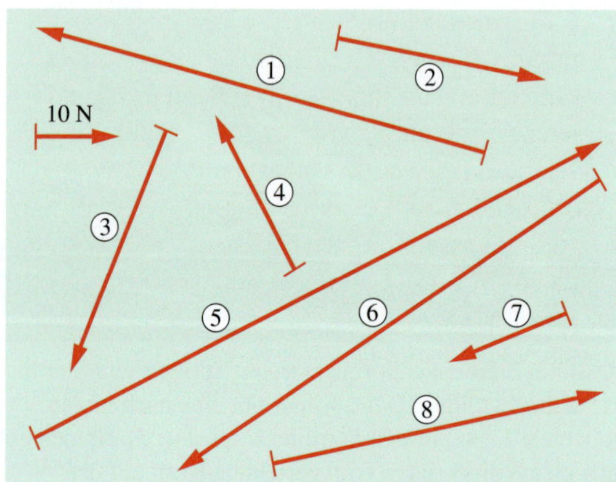

4

Kräfte messen

5

Vor dem Bau der Drahtseilbahn muss berechnet werden, welche Abmaße die Seile haben müssen, damit sie die Gondel sicher tragen. Wie kann man Kräfte messen?

↑Basiskonzept System

↑Basiskonzept Wechselwirkung

Experimente

1 Kräftevergleich
Vergleicht mit einem Expander (oder mit einem Fahrradschlauch) eure Kräfte. (*Achtung:* Den Expander gut befestigen, damit er nicht abrutscht! Nehmt beim Fahrradschlauch das Ventil zwischen die Finger.) ↑6

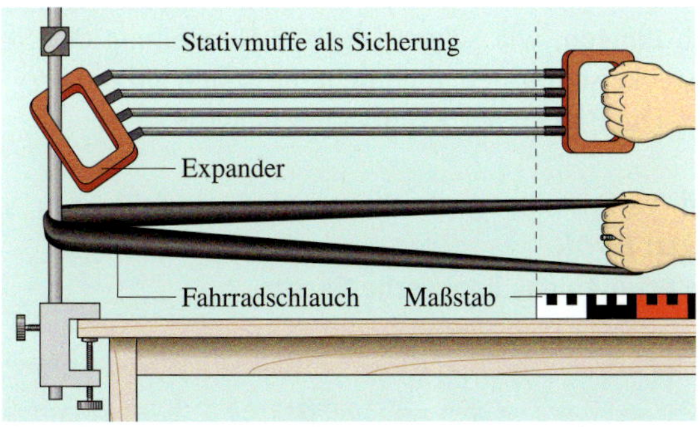

6

a Woran erkennst du, wer mit einer großen und wer mit einer kleinen Kraft zieht?
b Wann kann man sagen: „Zwei Schüler üben die gleiche Kraft aus"?
c Welche Eigenschaft von Expander und Schlauch wird bei diesem Vergleich genutzt?
d Wie könnte man feststellen, dass ein Schüler doppelt so stark zieht wie ein anderer?

2 Das Messgerät – selbst gebaut
Baue mithilfe einer Schraubenfeder aus Stahl ein Messgerät für die Kraftmessung. Dazu benötigst du noch mehrere gleiche Wägestücke. ↑7

a Überprüfe mithilfe der Anordnung, ob die Gewichtskräfte auf die Wägestücke gleich groß sind. Beschreibe, wie du vorgegangen bist.
b Um Messungen durchzuführen, muss man für die Feder eine Skala herstellen, auf der die Messwerte abgelesen werden können.
Stelle eine Skala für die Feder her.
c Um genauer messen zu können, muss man den Bereich zwischen zwei Skalenstrichen weiter unterteilen. Wie gehst du vor?
d Miss die Gewichtskraft auf dein Schreibetui.
e Informiere dich über die international gebräuchliche Einheit für die Kraft. (↑Siehe auch folgende Seite im Lehrbuch.)

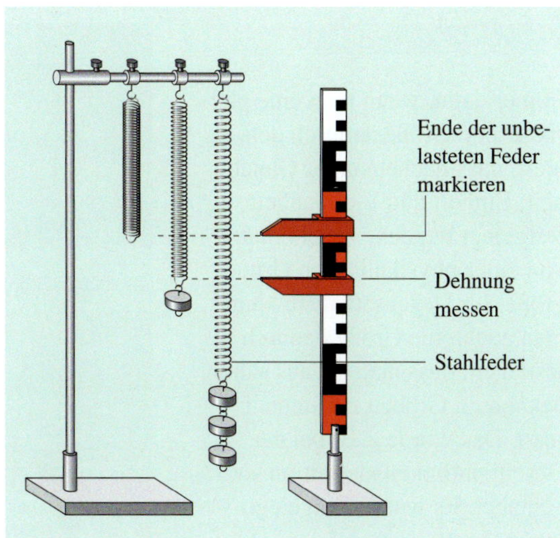

7

GRUNDLAGEN: So werden Kräfte gemessen

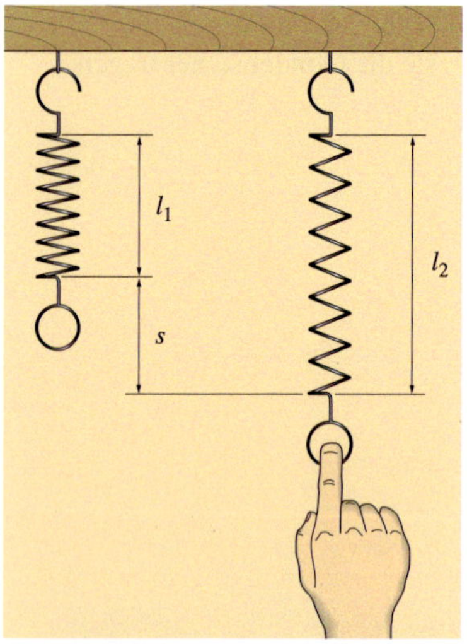

1 Längenänderung einer Feder

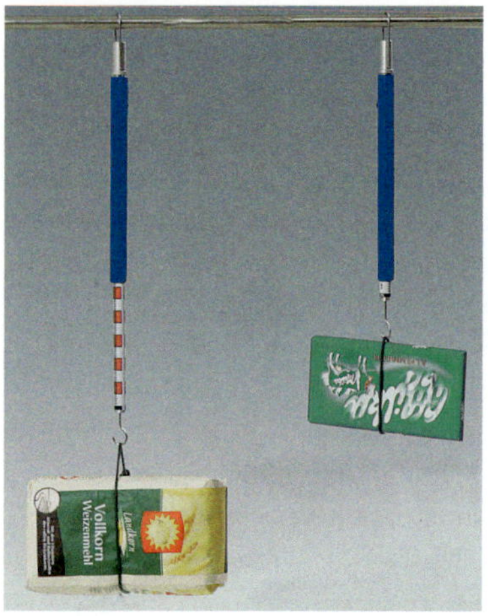

2

Schon gewusst?

Immer dann, wenn man eine physikalische Größe dadurch definiert, dass nacheinander Gleichheit, Einheit und Vielfachheit festgelegt werden, spricht man von einer physikalischen Grundgröße. Im Gegensatz dazu kann man auch eine Größe dadurch festlegen, dass man sie aus schon bekannten Größen zusammensetzt. Das wurde z. B. bei der Geschwindigkeitsdefinition so gemacht. Es wurde festgelegt: $v = \Delta s / \Delta t$.

Je stärker man an einer Schraubenfeder zieht, desto länger wird sie. Diese Eigenschaft nutzt man, um Kräfte zu messen. Man hat festgelegt:
Zwei Kräfte sind gleich groß, wenn sie eine Schraubenfeder um die gleiche Strecke verlängern.
Mit dieser einfachen Regel kann man sich viele Wägestücke herstellen, auf welche die gleiche Gewichtskraft ausgeübt wird. Um eine Skala herzustellen, hängt man nun ein Wägestück nach dem anderen an die Feder und markiert die jeweilige Länge der Feder. Als zweite Regel hat man vereinbart, dass die Gewichtskraft auf 2; 3; … Wägestücke auch 2; 3; … -mal so groß ist wie die Gewichtskraft auf ein einzelnes.

Schaut man sich das Ergebnis an, stellt man fest, dass die Markierungen völlig gleichmäßig in immer gleichem Abstand aufeinanderfolgen. Das bedeutet, dass die Längenänderung Δl proportional ist zur ausgeübten Kraft ($\Delta l \sim F$), oder anders formuliert: Um die Feder doppelt so weit auszulenken, ist eine doppelt so große Kraft nötig ($F \sim \Delta l$).

Man kann die Skala gleichmäßig unterteilen, z. B. den Abstand zwischen zwei Markierungen jeweils in 10 gleiche Teile. Wenn man dann einen Stein an die Feder hängt und sich die Feder um 2,4 Skalenteile verlängert, heißt das, dass die Gewichtskraft auf den Stein 2,4-mal so groß ist wie die Gewichtskraft auf eines der verwendeten Wägestücke.

Auf diese Weise kann man sich überall auf der Welt einen Kraftmesser bauen. Damit alle diese Kraftmesser gleiche Messergebnisse liefern, muss man sich aber noch einigen, wie schwer die zur Herstellung der Skala verwendeten Wägestücke sein sollen, d.h., man muss sich auf die verwendete Einheit einigen. Die Einheit der Kraft ist das Newton (1 N).

Wenn Kraft und Verformung proportional sind, spricht man vom hookeschen Gesetz: $F \sim \Delta l$.
Schraubenfedern erfüllen das hookesche Gesetz.

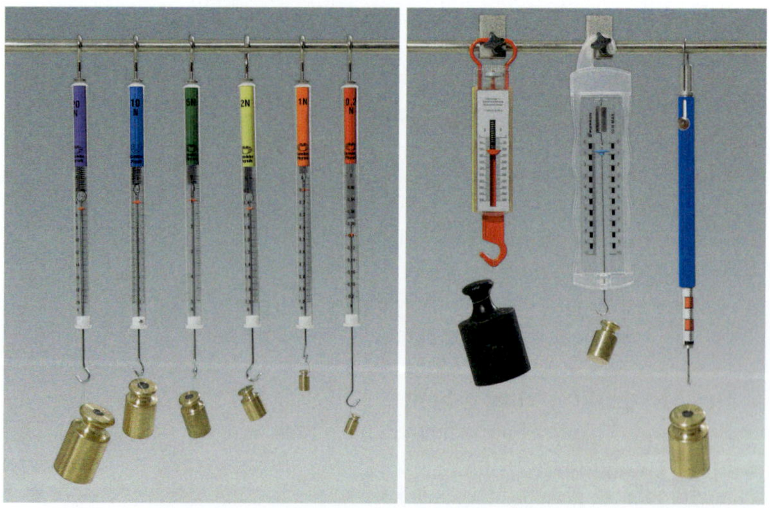
3 Federkraftmesser mit unterschiedlichen Messbereichen

Dieses Gesetz wurde nach dem englischen Wissenschaftler ROBERT HOOKE (1635–1703) benannt. Die Proportionalität gilt nur, solange die Feder nicht bleibend verformt wird. Proportionalität von F und Δl heißt auch, dass der Quotient von F und Δl konstant ist:

$$\frac{F}{\Delta l} = konstant = D.$$ ↻ 091-1

D wird als Federkonstante (Federhärte) bezeichnet. Die Federkonstante wird in der Einheit N/m oder N/cm gemessen. Beträgt die Federkonstante 5 N/cm bedeutet das, dass eine Vergrößerung der Kraft um 5 N eine Verlängerung der Feder um 1 cm bewirkt.

Zur Federung von schweren Güterwagen benötigt man andere Federn als zum Abfedern der Stöße beim Fahrradfahren oder zum Einbau in Kugelschreibern. Je größer die wirkenden Kräfte und je geringer die Auslenkung sein soll, desto härter muss die Feder sein. Die Bilder zeigen unterschiedlich harte Federn. ↑4, 5, 6

Das hookesche Gesetz gilt bei den meisten elastischen Körpern nur für kleine Verformungen. Untersucht man die Verformung eines Gummibands, stellt man fest, dass hier das hookesche Gesetz nicht gilt. ↑8

4

5

6

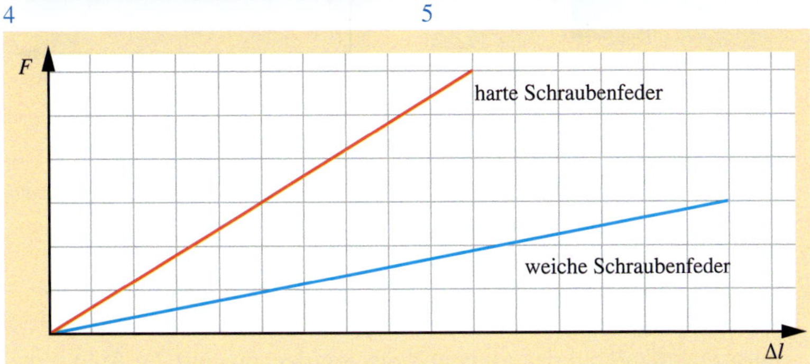

7 Längenänderung von unterschiedlichen Schraubenfedern, für die das hookesche Gesetz gilt. Bei der gleichen Kraft ändert sich die Länge von harten Federn weniger als die von weichen.

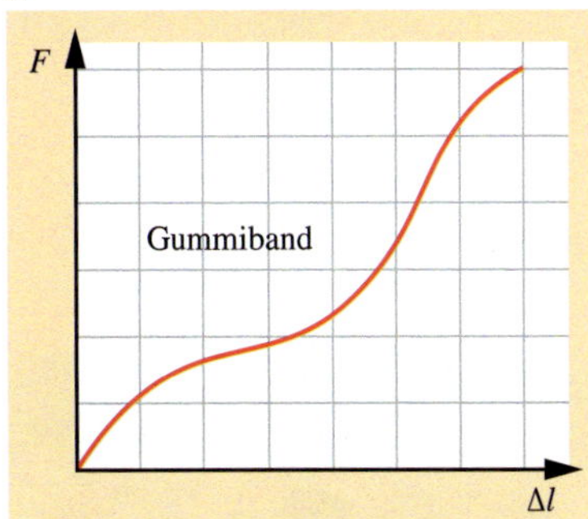

8 Längenänderung von einem Gummiband. Hier gilt nicht das hookesche Gesetz.

9 Aufbau eines Federkraftmessers

Aus der Technik Materialprüfung

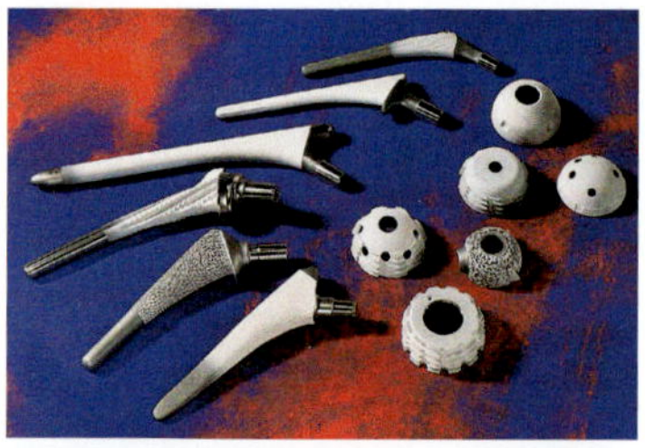

1

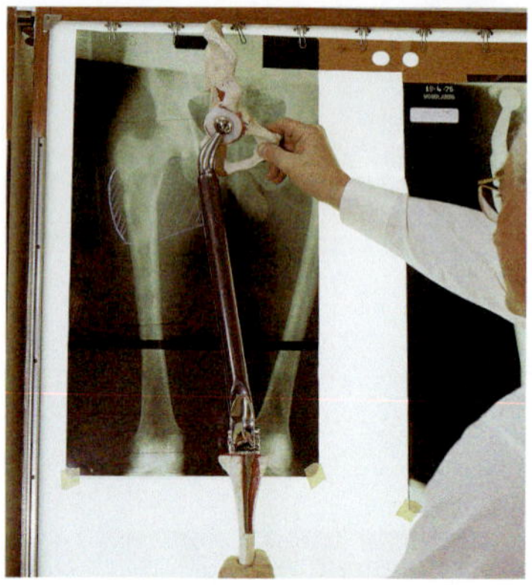

2

Gesundheit und Lebensqualität hängen entscheidend von der Beweglichkeit eines Menschen ab. Bei vielen älteren, aber auch bei jungen Menschen wird die Fähigkeit zur Bewegung durch Abnutzung der Gelenke eingeschränkt. Durch schwere Unfälle können Knochen geschädigt oder zerstört werden. Künstliche Gelenke geben diesen Menschen ihre Beweglichkeit zurück. Dabei werden künstliche Gelenke, die aus keramischen Werkstoffen und Metall bestehen, direkt in den gesunden Knochen eingepflanzt. ↑1

Für Mediziner und Forscher stellt sich die Aufgabe, Materialien zu entwickeln und zu prüfen, die sehr stabil sind und vom menschlichen Gewebe nicht abgestoßen werden. Sie müssen so im Knochen verankert werden, dass sie fest sitzen, und es muss aber auch ein späterer Wechsel wieder möglich sein. ↑2

Am Institut für Werkstoffwissenschaft der Martin-Luther-Universität Halle-Wittenberg entwickelte man spezielle Prüfverfahren: Mithilfe einer Testnadel ermittelt man die maximale Kraft, mit der Knochen und Implantat belastet werden können. ↑3

Im Belastungsdiagramm kann man erkennen, bei welcher Kraft sich Implantat und Knochen zu trennen beginnen. Außerdem können die Wissenschaftler ermitteln, wie viel Energie Knochen und Implantat aufnehmen können, ohne zerstört zu werden. ↑4

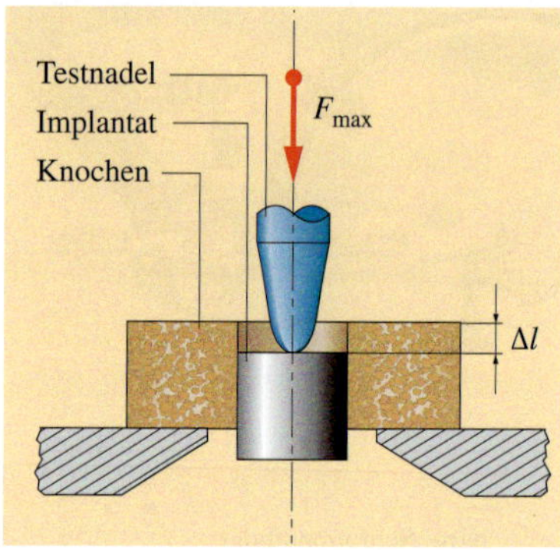

3

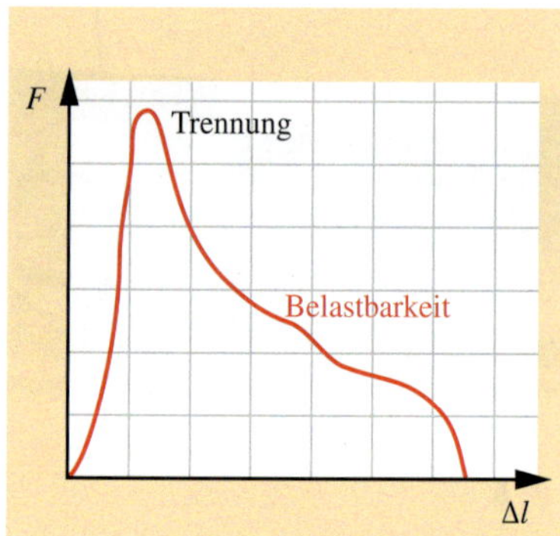

4

Aufgaben

5

1 Warum ist das unmöglich? ↑5

2 Wenn ein Auto mit konstanter Geschwindigkeit geradeaus auf einer ebenen Autobahn fahren soll, muss es angetrieben werden. Wieso muss eine Kraft auf das Auto ausgeübt werden, obwohl das Auto seine Geschwindigkeit nicht verändert?

3 Springt ein Fallschirmspringer aus dem Flugzeug, nimmt seine Geschwindigkeit zunächst rasch zu. Nach etwa 10 s erreicht er, noch mit geschlossenem Fallschirm, eine bestimmte Höchstgeschwindigkeit (ca. 200 km/h). Seine Geschwindigkeit ändert sich dann nicht mehr. Kurz nachdem sich der Fallschirm entfaltet hat, fällt er mit einer gleichbleibenden Geschwindigkeit von 20 km/h. Erkläre, wie es zu diesem Bewegungsablauf kommt.

Aufgaben

4 Im Bild sind Kräfte maßstäblich dargestellt. ↑6
a Ermittle, welche Beträge diese Kräfte haben.
b Zeichne im gleichen Maßstab Kräfte mit folgenden Beträgen in dein Heft:
0,8 N; 1,5 N; 5 N; 10 N; 10,8 N.

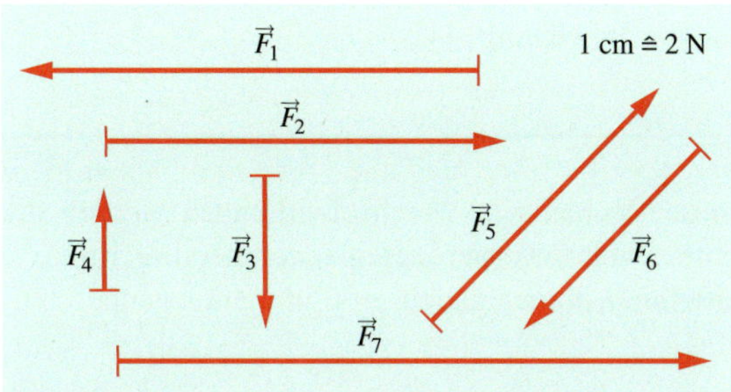

6

5 Drei gleich lange Kraftmesser haben ganz unterschiedliche Messbereiche: 0 N bis 1 N, 0 N bis 10 N und 0 N bis 100 N.
a Welcher Kraftmesser hat die härteste Feder?
b Wenn mit einer Kraft von 1 N an den Kraftmessern gezogen wird, verlängern sie sich um 1 mm, 1 cm, 10 cm. Welche Verlängerung gehört zu welchem Kraftmesser? Begründe deine Antwort.

6 Die Feder eines Personenkraftwagens hat eine Federkonstante von 24 N/mm. ↑7

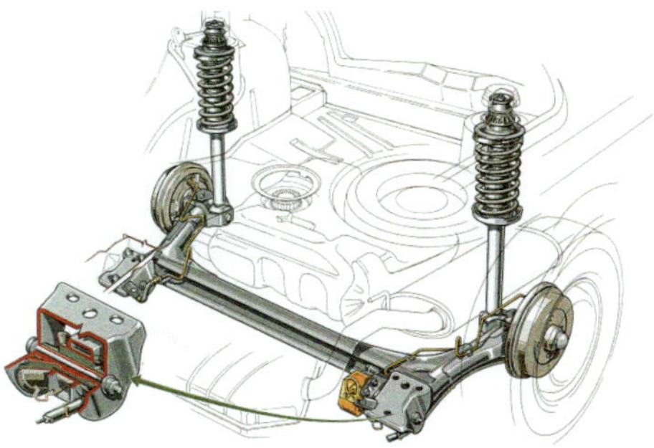
7

a Die Feder soll um 1,2 cm auseinandergezogen werden. Wie groß muss die Kraft sein?
b Der Pkw wird beladen. Die Gewichtskraft auf die Ladung beträgt 3600 N und verteilt sich gleichmäßig auf vier Federn. Um welche Strecke wird jede Feder zusammengedrückt?

7 Die Feder eines Kugelschreibers hat eine Federkonstante von 2 N/cm.
a Was kannst du über die Verlängerung bei einer Kraft von 50 N sagen?
b Worauf muss man bei Anwendung des hookeschen Gesetzes achten?

8 Im Diagramm ist für drei Stahlfedern der Zusammenhang von Kraft und Verlängerung der Federn dargestellt. ↑8

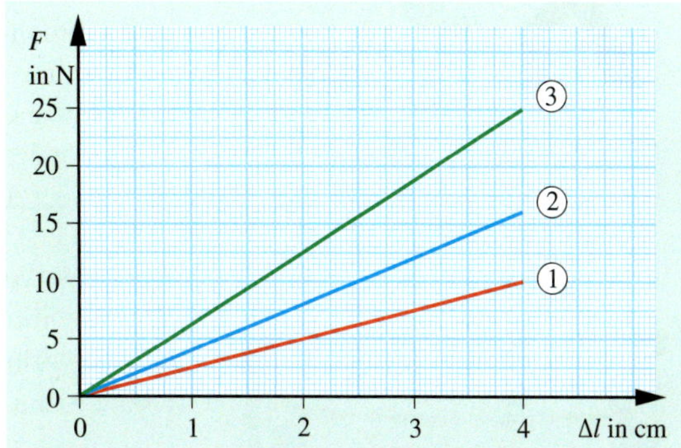

8

a Bestimme die Federkonstanten.
b Welche der Geraden gehört zur härtesten bzw. weichsten Feder?
c Wie kann man aus dem Diagramm erkennen, ob eine Feder härter oder weicher als eine andere ist? Wie unterscheiden sich ihre Federkonstanten?

9 Bei einem Gummiband und einer Stahlfeder wurde die Verlängerung in Abhängigkeit vom Betrag der Kraft gemessen. Dabei ergaben sich die folgenden beiden Messreihen:

F in N	Δl_1 in cm	Δl_2 in cm
0,0	0,0	0,0
0,2	0,8	1,7
0,4	1,6	2,4
0,6	2,5	2,7
0,7	?	?
0,8	3,3	3,0
1,0	4,2	4,7
1,1	?	?
1,2	5,0	8,1
1,4	5,8	11,5

a Stelle die beiden Messreihen in einem Δl-F-Diagramm dar.
b Welche Messreihe gehört zur Stahlfeder, welche zum Gummiband?
Begründe deine Antwort.
c Ermittle mithilfe des Diagramms die fehlenden Werte.
d Bestimme die Federkonstante der Stahlfeder.

Auf einen Blick

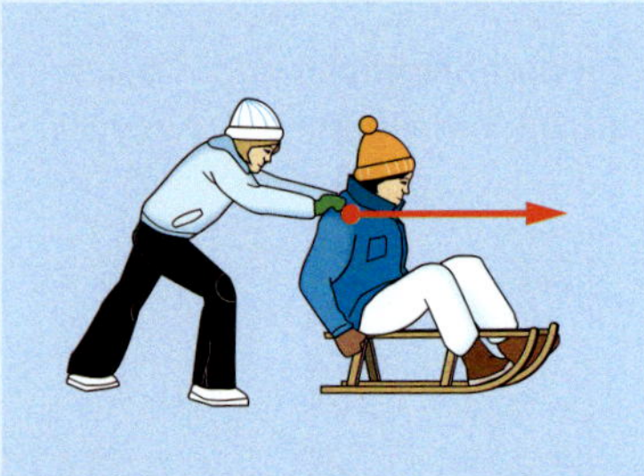

1

Wechselwirkung und Kraft Auf einen Körper wird eine Kraft ausgeübt, wenn es eine mechanische Wechselwirkung zwischen diesem Körper und einem anderen gibt. So wird z. B. auf jeden Körper eine Gewichtskraft ausgeübt, weil der Körper und die Erde sich gegenseitig anziehen.

Kraftwirkungen Erkennbare Wirkungen sind: ↑1
- Änderung der Geschwindigkeit
- Richtungsänderung der Bewegung
- Formänderung

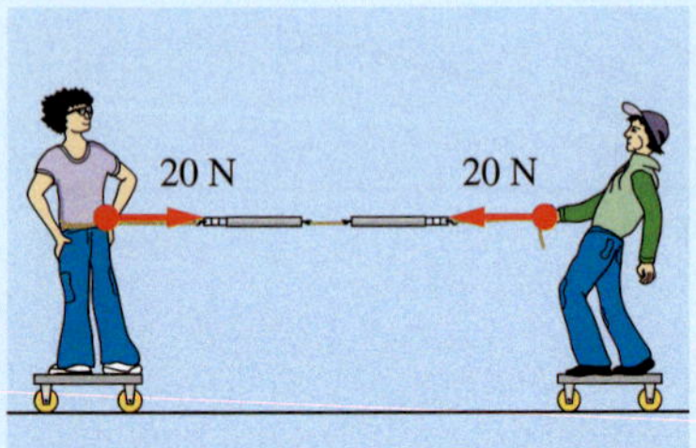

2

Wechselwirkungsgesetz Mechanische Wechselwirkungen werden durch Wechselwirkungskräfte zweier Körper aufeinander hervorgerufen: Die Wechselwirkungskräfte sind immer gleich groß und entgegengesetzt gerichtet. ↑2

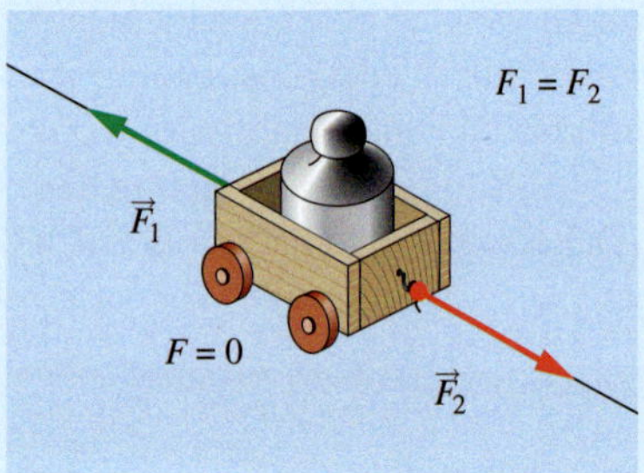

3

Kräftegleichgewicht Wenn auf einen Gegenstand gleichzeitig mehrere Kräfte ausgeübt werden und sich trotzdem weder die Richtung noch der Betrag der Geschwindigkeit ändern, so liegt das daran, dass der Gegenstand im Kräftegleichgewicht ist. Kräftegleichgewicht besteht z. B. dann, wenn zwei entgegengesetzt gerichtete, gleich große Kräfte auf einen einzigen Gegenstand ausgeübt werden. ↑3
Kräftegleichgewicht besteht auch, wenn die Summe aller am Gegenstand angreifenden Kräfte null ist. Dann bildet die Summe der Kraftvektoren einen geschlossenen Streckenzug.

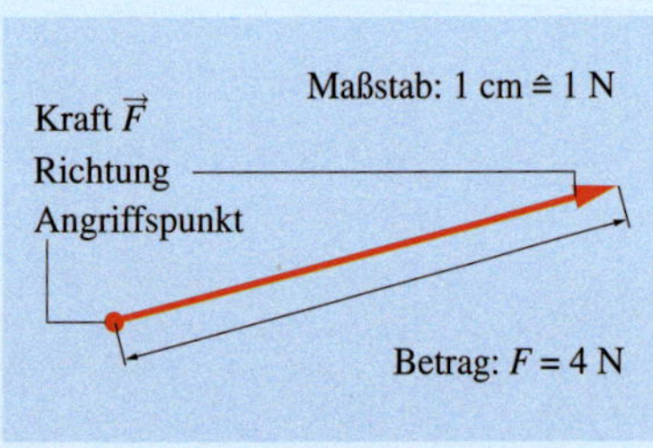

4

Darstellung von Kräften Kräfte werden durch Vektoren dargestellt. Die Pfeilspitze gibt die Kraftrichtung und die Pfeillänge den Betrag der Kraft an. Der Anfangspunkt des Vektors gibt die Stelle des Körpers an, an welcher die Kraft angreift. ↑4

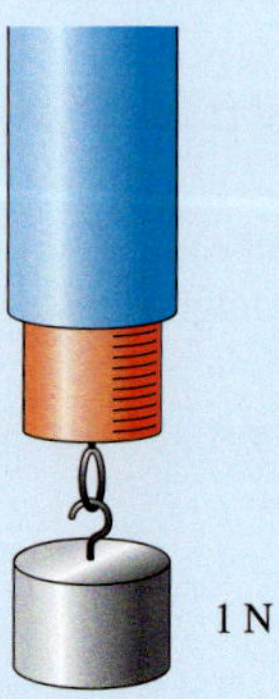

5

Kraftmessung Wenn man Schraubenfedern mit einer Skala versieht, kann man damit Kräfte messen. Damit nicht alle Kraftmesser unterschiedliche Werte anzeigen, benötigt man eine für alle verbindliche Einheit. Diese Einheit ist 1 N (1 Newton).
Die Gewichtskraft auf einen Liter Wasser ist so groß wie die Gewichtskraft auf ein Wägestück mit der Aufschrift 1 kg. In beiden Fällen beträgt die Gewichtskraft ungefähr 10 N.
1 N ist die Gewichtskraft auf 0,1 Liter Wasser. ↑5

Hookesches Gesetz Die Länge von Schraubenfedern ändert sich, wenn eine Kraft auf sie ausgeübt wird. Um eine bestimmte Längenänderung Δl zu erreichen, benötigt man eine Kraft F, die proportional ist zu Δl ($F \sim \Delta l$). ↑5

Proportionalität bedeutet, dass der Quotient von F und Δl immer den gleichen Wert ergibt. Dieser Quotient wird Federkonstante D genannt. Es gilt:

$D = \frac{F}{\Delta l}$ oder $F = D \cdot \Delta l$.

Das hookesche Gesetz gilt nur, solange die Schraubenfeder nicht überdehnt wird. Bei Gummibändern gilt das hookesche Gesetz nicht.

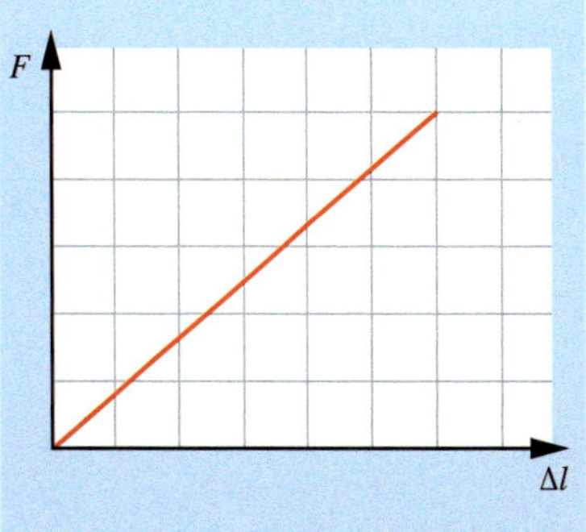

6

Alles klar?

1 In der Umgangssprache taucht das Wort Kraft auf, ohne die hier beschriebene physikalische Bedeutung zu haben. Was ist gemeint, wenn man sagt, ein Waschmittel habe große Waschkraft? Suche nach weiteren Beispielen.

2 Erläutere den Begriff Wechselwirkung am Beispiel des Raketentriebwerks. ↑7

3 Vergleiche Wechselwirkungskräfte und Gleichgewichtskräfte. Nenne Gemeinsamkeiten und Unterschiede.

4 Um welche Wechselwirkung geht es, wenn von der Gewichtskraft die Rede ist?

5 Hätte es Vorteile oder Nachteile für unsere Bewegungsfähigkeit, wenn es keine Reibung gäbe?

6 Welche der folgenden Gegenstände sind im Kräftegleichgewicht, welche nicht? Begründe deine Entscheidungen.
a ein schweres Buch, das im Regal steht
b ein Motorrad, das mit konstanter Geschwindigkeit durch eine Kurve fährt
c ein Fahrrad, dessen Fahrer losfährt, nachdem die Ampel auf Grün geschaltet hat
d ein Auto, dessen Fahrer mit seinem Auto zum Überholen ansetzt
e ein Hubschrauber, der mit konstanter Geschwindigkeit eine Zeit lang geradeaus fliegt

7 Die Federkonstante einer Feder soll bestimmt werden. Beschreibe, wie du vorgehst.

8 Auf einen Körper wird eine Kraft nach unten von 10 N, nach oben von 5 N und nach rechts von 2 N ausgeübt. Zeichne ein Bild der Kräfte. Verwende einen geeigneten Maßstab.

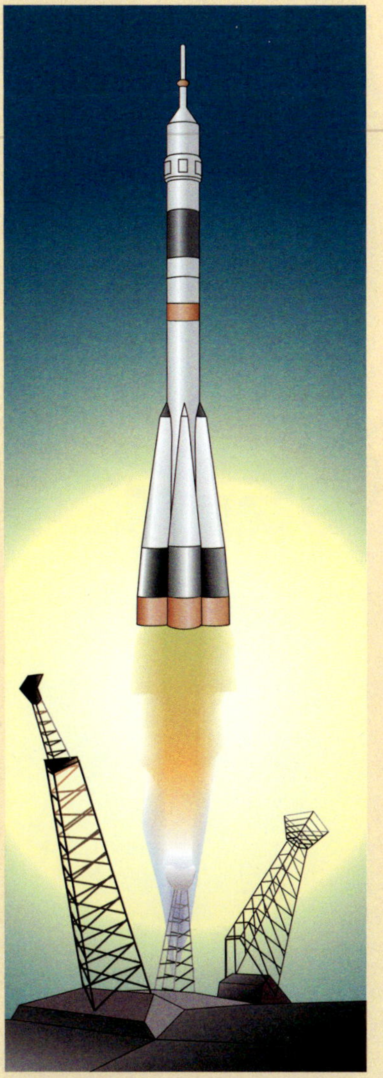
7

Die Schwerkraft

Der Fall ins Nichts ist für den Bungeespringer eine Herausforderung. In abgeschwächter Form kann jeder das aufregende Gefühl beim Fallen erleben, wenn er vom Sprungturm eines Schwimbads springt.
Auch die Achterbahn bezieht einen großen Teil ihres Reizes aus der schnellen Bewegung nach unten. Der Fallturm auf der Kirmes lässt die Fahrgäste kreischen, wenn es ungebremstabwärts geht.
Dass Körper auf der Erde schwer sind, liegt daran, dass sie von der Erde angezogen werden. Diese Anziehungskraft kann nicht abgeschaltet werden. Sie wird auch ausgeübt, wenn wir uns fallen lassen. Das kann man daran erkennen, dass die Gegenstände beim Fallen immer schneller werden.
Auch unsere inneren Organe werden durch die Schwerkraft nach unten gezogen. Sie werden dabei von Muskeln und Bändern gehalten. Wenn wir fallen, werden die Bänder nicht belastet. Diese ungewohnte Entlastung der Muskeln und Bänder führt zu dem aufregenden Gefühl beim Turmspringen oder in der Achterbahn.

Experimente im Fallturm bei Bremen dienen wissenschaftlichen und kommerziellen Interessen. Ziel ist es, den Einfluss von Schwerelosigkeit auf bestimmte Vorgänge zu untersuchen. Weder Gegenstände noch Menschen sind beim Fallen schwerelos. Dass im Fallturm trotzdem Schwerelosigkeit simuliert werden kann, liegt daran, dass alle Körper gleich schnell fallen, wenn keine Luftreibungskräfte ausgeübt werden. Wenn man im Fallturm eine Kugel auf eine Waage legt und beides fallen lässt, zeigt die Waage nichts an. Die Waage fällt unter der Kugel weg, und zwar genauso schnell wie die Kugel. Die Kugel kann daher keine Kraft auf die Waage ausüben. Die Kugel ist scheinbar schwerelos.

Dass Menschen in Raumkapseln schweben können, ist ebenfalls eine Folge der scheinbaren Schwerelosigkeit. In Wirklichkeit sind die Raumkapseln der Erde noch so nah, dass sie eine erhebliche Schwerkraft erfahren. Es ist genau wie bei der Kugel auf der Waage. Das Raumschiff, alle Gegenstände und Personen darin vollführen unter dem Einfluss der Schwerkraft die gleichen Bewegungen. Kräfte zwischen den Personen und dem Raumschiff treten daher nicht auf.

Der Jupiter hat eine viel größere Masse als die Erde. Ein Mensch mit einer Masse von 50 kg erfährt auf der Erde eine Gewichtskraft von ungefähr 500 N. Auf dem Jupiter würde seine Gewichtskraft fast 1200 N betragen. Auch seine Arme und Beine würden ihm fast 2,4-mal schwerer erscheinen als hier auf der Erde. Ein Astronaut auf dem Jupiter könnte sich nur mühsam kriechend fortbewegen.

Check up

1 Drei Wagen bewegen sich gleichförmig. Wagen 1 legt 50 m in 2,0 s, Wagen 2 legt 50 m in 1,8 s und Wagen 3 legt 46 m in 1,8 s zurück. Löse die Aufgaben a und b ohne Rechnung. Begründe deine Antworten.

a Welcher der Wagen 1 und 2 ist schneller?

b Welcher der Wagen 2 und 3 ist schneller?

c Berechne, ob Wagen 1 oder 3 schneller ist.

2 Bewegungsablauf bei drei Körpern ↑1

a Woran erkennt man, dass sich alle Körper gleichförmig bewegen?

b Welcher Körper bewegt sich am schnellsten, welcher am langsamsten? Begründe deine Entscheidung.

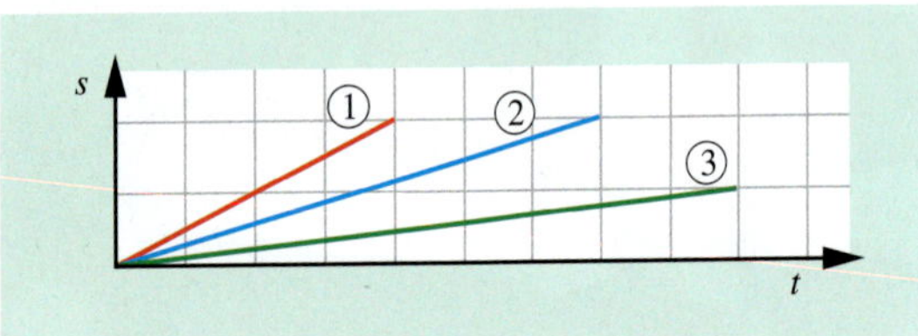

1

3 Zwei Kräfte können ein Kräftegleichgewicht hervorrufen, zwei Kräfte treten aber auch bei einer Wechselwirkung auf. Welche Gemeinsamkeiten und welche Unterschiede liegen in den beiden Fällen vor?

4 Auch auf der Erde kann ein Kraftmesser unterschiedliche Gewichtskräfte anzeigen, wenn man denselben Körper anhängt. Versuche dafür eine Erklärung zu finden.

5 Zwei Brüder tragen einen Limokasten erst in Eintracht, dann im Streit. Welche Art ist physikalisch günstiger? Begründe deine Antwort.

2

6 Herr K. fährt von Lippstadt nach Steinfurt (120 km) mit einer durchschnittlichen Geschwindigkeit von 90 km/h. Herr A. fährt die ersten 80 km mit der gleichen Geschwindigkeit, den Rest mit einer durchschnittlichen Geschwindigkeit von 120 km/h.

a Wie lange benötigt Herr K.?

b Wie viel eher ist Herr A. am Ziel?

7 Ein Kanufahrer benötigt für eine geradlinige 500 m lange Strecke zum anderen Ufer eines Sees 5 min. Bei starkem Gegenwind erreicht er das Ufer erst nach 7,5 min. Wie groß ist die Windgeschwindigkeit?

8 Ein Auto fährt an. Die antreibende Kraft auf das Fahrzeug beträgt 2,5 kN, die Gewichtskraft des Fahrzeugs beträgt 10 kN. Die Reibungskraft beträgt 1 kN. Zeichne die Kräfte in einem geeigneten Maßstab. ↻ 098-1

Schätze deine Kenntnisse und Fähigkeiten ein.

Ordne dazu deiner Lösung im Heft ein Smiley zu:

☺ Ich konnte die Aufgabe richtig lösen.

😐 Ich konnte die Aufgabe nicht komplett lösen.

☹ Ich konnte die Aufgabe nicht lösen.

→ **Die Lösungen findest du im Anhang.**

Aufgabe	Fähigkeit	Hilfe findest du auf Seite…
1, 2, 7	Bewegungen erkennen und erklären.	69, 70, 71
2	Diagramme interpretieren.	71
6, 7	Geschwindigkeiten berechnen.	69, 70
3	Wechselwirkung und Kräftegleichgewicht erkennen.	84, 87
4, 5, 8	Kräfte erkennen und darstellen.	86
6	Kräfteaddition und -zerlegung anwenden.	86

Technik im Dienst des Menschen

Die Menschen ersannen schon frühzeitig Hilfsmittel, um ihre Muskelkraft zu verstärken. Eine der wichtigsten Erfindungen war das Rad. Damit konnten nicht nur Transportprobleme gelöst werden, sondern es wurde die Entwicklung vieler neuer Geräte und Maschinen erst möglich.
Der italienische Universalgelehrte LEONARDO DA VINCI hat zahlreiche Maschinen erfunden, bei denen Kraftwandler eine entscheidende Rolle spielen. Welche kraftumformenden Einrichtungen nutzt der Mensch und wie helfen ihm diese beim Kraftsparen?

Kleine Kräfte – lange Wege

Die Steinkreisanlage von Stonehenge ist ein monumentales Bauwerk. Der Bau der Anlage dauerte bis 1300 v. Chr. Die bis zu 50 Tonnen schweren Steine wurden aus 30 km Entfernung herangeschafft. Dazu wurden sie auf Baumstämme gelegt und an Seilen gezogen. Für einen Stein brauchte man schätzungsweise 800 Männer zum Ziehen und 200 weitere, die die Baumstämme von hinten nach vorn transportierten.

1

2

Die Pyramiden von Giseh werden zu den „sieben Weltwundern der Antike“ gezählt. Und sie sind das einzige Bauwerk von den sieben, das heute noch vollständig erhalten ist. Wie die Ägypter ein solch riesiges Bauvorhaben in die Tat umsetzen konnten, ist für Forscher in aller Welt seit Jahrhunderten ein großes Rätsel. ↑4

Bisher steht nur fest: Es gibt keinerlei Aufzeichnungen oder Überlieferungen, die über den Bau der Pyramiden Auskunft geben. Die Ägypter kannten vor 5000 Jahren weder das Rad noch die Wasserwaage. Ihre Werkzeuge waren aus relativ weichem Material – Bronze und Eisen waren noch unbekannt. Allein für die Cheopspyramide mit einer Höhe von 146,6 Metern und einer Seitenlänge von fast 230 Metern mussten 6,5 Mio. Tonnen Kalkstein verarbeitet und bewegt werden. Nur mit Muskelkraft war das nicht möglich. Und woher kamen die großen Steinquader? Wie wurden sie transportiert und gehoben?

Herodot, ein griechischer Geschichtsschreiber, war fasziniert von den Pyramiden. In seinen Aufzeichnungen deutet er an, dass Maschinen und „Gerüste von kurzen Stangen“ benutzt wurden. Aber als Herodot Ägypten bereiste, standen die Pyramiden bereits seit 2000 Jahren. Kannten die alten Ägypter bereits Hebelmaschinen, Flaschenzüge oder Kräne? Oder nutzten sie Rampen für den Transport der Steinquader? Es gibt viele Spekulationen – eine endgültige Erklärung ist bis heute nicht gefunden. Dass Kraftwandler zur Verstärkung der Muskelkraft beim Bau benutzt wurden, ist allerdings unumstritten.

3

4

Rampen helfen bei der Energieübertragung

5

Der Rollstuhlfahrer benutzt hier eine Rampe. Sie ist viel länger als die Treppe. ↑5
Ohne Rampe würde er es später nicht schaffen, die zum Hochkommen nötige Energie auf seinen Körper zu übertragen. Die Kraft seiner Arme reicht dazu nicht aus. Liegt es an der Länge der Rampe, dass die Energieübertragung viel einfacher wird?

↑Basiskonzept Energie

↑Basiskonzept System

↑Basiskonzept Wechselwirkung

Experimente

1 Eine Regel für Rampen
Rampen, die denselben Höhenunterschied überwinden, können verschieden steil sein. Wie wirkt sich das genau auf die Kraft aus, die nötig ist, um einen Gegenstand nach oben zu befördern?

a Hänge einen Wagen zunächst an einen geeigneten Kraftmesser und hebe ihn langsam mit konstanter Geschwindigkeit von der Tischplatte bis zur Oberkante eines auf dem Tisch stehenden Klotzes hoch. ↑6
Notiere den Betrag F_s der (Gewichts-)Kraft sowie den Weg Δs als erstes Wertepaar in einer Tabelle.

	Ohne Rampe	Rampe 1	Rampe 2	Rampe 3
Δs in m	?	?	?	?
F_s in N	?	?	?	?

b Ziehe den Wagen auf verschieden langen Rampen langsam von der Tischplatte bis zur Oberkante des Klotzes hoch. So wird der Wagen (bzw. sein Schwerpunkt) stets um dieselbe Höhe Δh angehoben. Hinweise: Werde beim Ziehen weder schneller noch langsamer. Ziehe den Kraftmesser parallel zur Oberfläche und zur Längskante der Rampe. Lies jeweils den Wert der Zugkraft F_s ab und trage ihn mit der Rampenlänge Δs in die Tabelle ein.

c Füge in deiner Tabelle eine vierte Zeile für das Produkt $F_s \cdot \Delta s$ (in N · m) an. Berechne die Produkte aus deinen Messwerten und trage sie ein. Was fällt dir beim Betrachten der letzten Tabellenzeile auf? Fasse deine Beobachtung in einem Satz zusammen. *Hinweis:* Die Reibungskraft beim Ziehen des Wagens nimmt ab, je steiler die Rampe ist, und „verschwindet“ beim senkrechten Hochheben ganz.

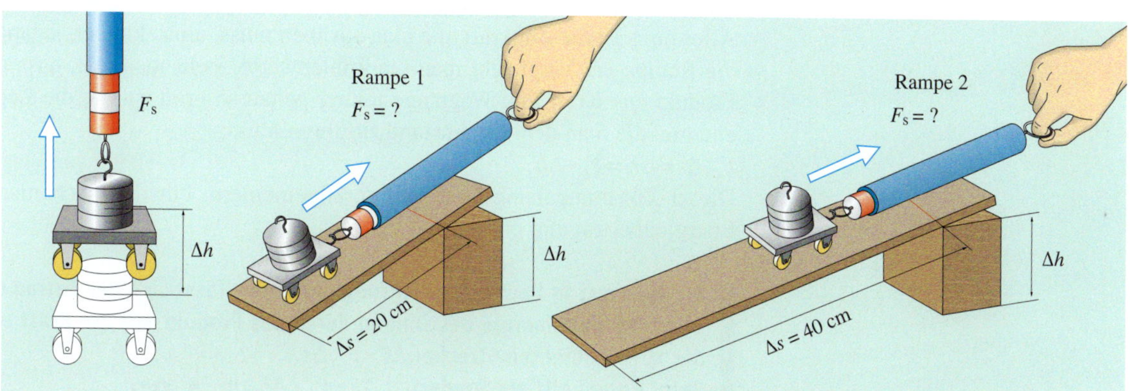

6 Kraft und Weg beim Hochheben und Hochziehen auf verschiedenen Rampen

1

Schon gewusst?

Immer dann, wenn auf einen Körper Energie übertragen wird, indem auf ihn eine Kraft entlang eines Weges ausgeübt wird, sagt man auch, dass an dem Körper Arbeit W (engl.: *work*) verrichtet wird:
$W = F \cdot \Delta s$.
Die verrichtete Arbeit hat den gleichen Wert wie die übertragene Energie, also:
$W = \Delta E$.
Man spricht z. B. von Hubarbeit, wenn die übertragene Energie dazu dient, einen Körper anzuheben.

GRUNDLAGEN: Kraft und Energie sind zweierlei

Den Unterschied zwischen Kraft und Energie erkennst du an einem Beispiel: 80 Mauersteine (von je 3 kg Masse) werden oben in 4 m Höhe gebraucht. ↑1
Wenn du 240 kg Steine um 4 m anheben willst, musst du ihre Lageenergie um
$\Delta E = g \cdot m \cdot \Delta h = 10 \frac{\text{J}}{\text{kg} \cdot m} \cdot 240\,\text{kg} \cdot 4\,\text{m} = 9600\,\text{J}$
vergrößern.
Die dafür nötige Leistung stellt kein Problem dar: Bei einer Körperleistung von 30 W beförderst du die Steine in der Zeit
$\Delta t = \frac{\Delta E}{P} = \frac{9600\,\text{J}}{30\,\text{W}} = 320\,\text{s}$
hoch. Aber wenn du versuchst, 80 Steine auf einmal zu heben, hast du keine Chance. Deine Kraft reicht nicht aus!
Trägst du immer nur 5 Steine, dann reicht deine Kraft: 15 kg kannst du heben. Aber du musst 16-mal hochsteigen. Dein Weg wird viel länger.
Je weniger Mauersteine man auf einmal hebt, desto weniger strengt man sich beim Heben an. Man wendet weniger Energie pro zurückgelegten Weg auf und man benötigt weniger Kraft. Energie pro Weg ist ein Maß für die Kraft.

Wenn bei einem Bewegungsvorgang Energie übertragen wird, so gibt die Kraft an, wie viel Energie pro zurückgelegtem Weg übertragen wird: Kraft = $\frac{\text{übertragene Energie}}{\text{zurückgelegter Weg}}$, $F = \frac{\Delta E}{\Delta s}$.
Die Einheiten von Kraft und Energie sind so gewählt, dass gilt:
$1\,\text{N} = \frac{1\,\text{J}}{1\,\text{m}}$ oder $1\,\text{J} = 1\,\text{N} \cdot \text{m}$. 102-1

GRUNDLAGEN: Energieübertragung bei der Rampe

Sorgt man in Experiment 1 dafür, dass die Reibungskräfte so klein werden, dass sie praktisch keine Rolle spielen, stellt man fest, dass die Energie, die dazu benötigt wird, den Gegenstand in eine bestimmte Höhe zu befördern, nicht davon abhängt, wie steil die Rampe ist.
Das ist nicht überraschend, schließlich hat der Gegenstand ja am Ende immer die gleiche Lageenergie.
Allerdings ist die Zugkraft, die man ausüben muss, umso kleiner, je länger die Rampe ist. Vergleicht man die Zahlenwerte, stellt man fest, dass das Produkt aus Kraft und Weglänge immer genau so groß ist wie die Lageenergie, die man dem Gegenstand zuführen muss:
$F_s \cdot \Delta s = \Delta E = F_G \cdot \Delta h$.
Dieser Zusammenhang lässt sich verallgemeinern. Für die mechanische Energieübertragung gilt:

Ist die Kraft in Bewegungsrichtung gerichtet, lässt sich der Betrag der übertragenen Energie bestimmen durch das Produkt aus der Kraft und der zurückgelegten Strecke: $\Delta E = F \cdot \Delta s$.
Beim Heben gilt als Sonderfall $\Delta E = F_G \cdot \Delta h = m \cdot g \cdot \Delta h$.

Will man wissen, welche Kraft man (im Idealfall) ausüben muss, um einen Gegenstand der Masse m auf einer Rampe nach oben zu ziehen, kann man dies so bestimmen:

$$F_s = \frac{\Delta E}{\Delta s} = \frac{m \cdot g \cdot \Delta h}{\Delta s} = \frac{\Delta h}{\Delta s} \cdot m \cdot g = \frac{\Delta h}{\Delta s} \cdot F_G.$$

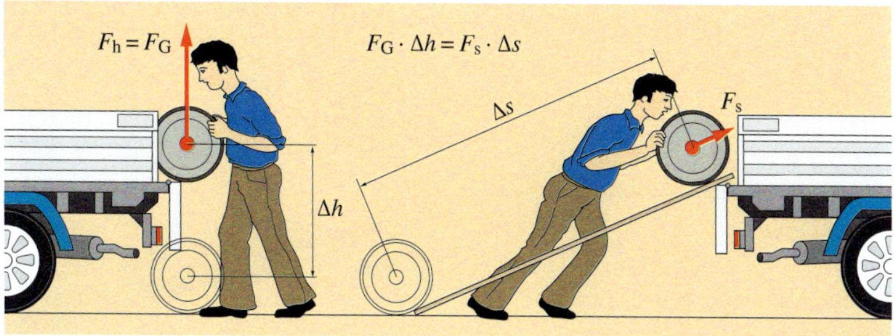

2

Wenn man ein Fass auf einer Rampe nach oben rollt, muss weniger Kraft ausgeübt werden als beim Heben. Dafür muss man diese Kraft aber auf einem längeren Weg ausüben. Im Idealfall geht man davon aus, dass Reibung vollständig vermieden wird, also überhaupt keine Energie in thermische Energie umgewandelt wird. Ist der Weg doppelt so lang wie beim Heben, beträgt die Kraft zum Rollen nur die Hälfte der Gewichtskraft des Fasses.

Mechanisch kann man dieselbe Energie auf kurzem Weg bei großer ausgeübter Kraft und auf langem Weg bei kleiner ausgeübter Kraft auf einen Gegenstand übertragen. Dabei muss die Kraft längs des Weges Δs ausgeübt werden. Es darf keine Umwandlung in thermische Energie auftreten. $\Delta E = F_1 \cdot \Delta s_1 = F_2 \cdot \Delta s_2$

Aufgaben

1 Um einen Schrank zu verschieben, muss Markus eine Kraft von 400 N ausüben. Wie viel Energie ist nötig, um ihn 4 m weit zu schieben?

2 Frank und Michael gelangen auf verschiedenen Wegen nach oben. ↑3 Diskutiert, ob Michael mehr Energie aufbringen muss.

3 Lastwagen haben es an Steigungen schwer. Der Motor eines Tanklastwagens erbringt eine Leistung von 300 kW. Das beladene Fahrzeug hat eine Masse von 25 t. ↑4

a Wie viel Energie muss er aufwenden, um einen Höhenunterschied von 10 m zu überwinden? Wie lange braucht er dazu mindestens?

b Erörtert den Sinn einer Lkw-Spur auf Straßen mit sehr starker Steigung.

3

4

Flaschenzüge – Helfer bei der Energieübertragung

Das Mädchen wiegt nur 43 kg und der Sportlehrer 80 kg …
Wieso kann das Mädchen den Lehrer nach oben ziehen?

104-1

↑Basiskonzept Energie

↑Basiskonzept System

↑Basiskonzept Wechselwirkung

1

Experimente

1 Wie kann man Lasten nach oben ziehen?

a Zum Hochziehen kann man verschiedene Vorrichtungen verwenden. ↑2–5
Welchen Einfluss haben sie jeweils auf den Betrag, die Richtung und den Angriffspunkt der Zugkraft?

b Plane zu jedem Bild ein Experiment (Skizze!). Nimm als Last z. B. ein 500-g-Wägestück.
Lege eine Tabelle an. ↑6 Fülle zunächst die Spalten 1 bis 3 aus. Überprüfe dann deine Vermutungen durch Messungen. Notiere die Messwerte in der Tabelle.

c Versuche die unterschiedlichen Ergebnisse zu erklären.

d Welchen Vorteil hat das Verfahren von Bild ↑4 und welchen hat das von Bild ↑5?
Erfinde eine Vorrichtung, die beide Vorteile vereint. Fertige dazu eine Skizze an.

2–5 Vorrichtungen zum Heben des Wassers

Experimentieranordnung nach …	Last Gewichtskraft in N	Vermutete Zugkraft in N	Gemessene Zugkraft in N
Bild 2	?	?	?

6 Mustertabelle

Experimente

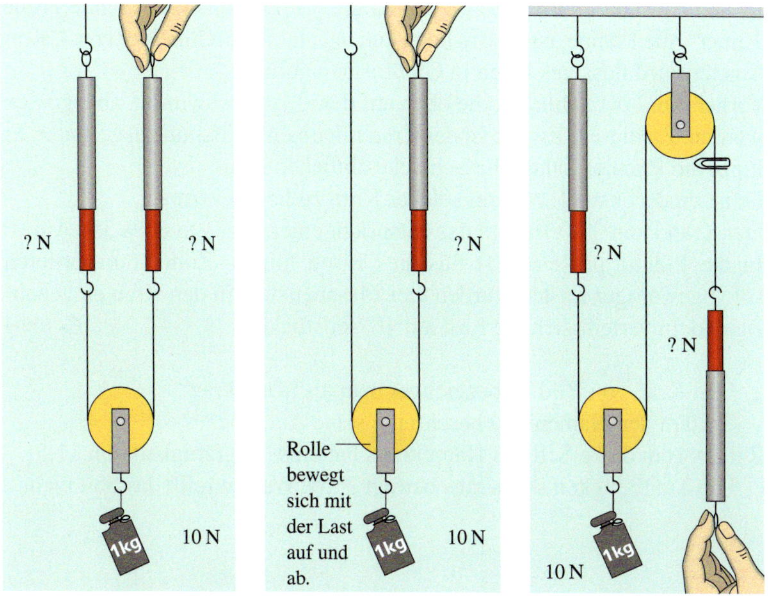

7–9 Einfacher Flaschenzug

2 Wir untersuchen Flaschenzüge

a Wie groß sind die Kräfte, die die Kraftmesser bei Gleichgewicht anzeigen? ↑7–9 Schätze zunächst.

b Welchen Zweck hat die zusätzliche Rolle? ↑9

c Wenn man eine kleine Kraft ausübt, muss man einen Nachteil in Kauf nehmen …
Zieh die Last um 10 cm (20 cm) hoch. Wie viel Seil musst du ziehen? Markiere dazu das Zugseil mit einer Büroklammer.

d Wie groß sind die Kräfte auf die Haken?

e Nimm an, eine Rolle hätte eine Masse von 200 g. Wie würde sich die Anzeige der Kraftmesser ändern?

GRUNDLAGEN Flaschenzug – Kombination von Rollen und Seilen

Um die Last in Bild ↑7 oder 8 um 10 cm hochzuheben, muss man die Hand um 20 cm bewegen. Der Abstand zwischen Rolle und oberer Befestigung muss nämlich auf jeder Seite 10 cm kürzer werden. Die von der Hand aufgewandte Energie verteilt sich jetzt auf die doppelte Strecke. Der Quotient aus Energie und Strecke, also die benötigte Kraft, ist nur noch halb so groß wie beim Heben ohne Rolle.

Beim Heben eines Gegenstands von 50 kg scheiterst du vielleicht an der Kraftgrenze, denn $500\,\frac{\text{J}}{\text{m}} = 500\,\text{N}$ auszuüben ist schon recht schwierig. Aber mit zwei Rollen (Bild ↑9) kannst du die 500 J auf 2 m verteilen, du brauchst nur noch 250 N auszuüben. Das schaffst du sicher.

Mit Rollen kann man die aufzubringende Energie auf längere Strecken verteilen. Dadurch verringern sich die Kräfte. Verdoppelt sich z. B. der Weg (weil die Last an zwei Seilen hängt, die beide verkürzt werden), so halbiert sich die Kraft. Mit einem *Flaschenzug* kann man die benötigte Kraft noch weiter verringern. ↑10 Um die Last 10 cm zu heben, muss man hier vier Seile jeweils um 10 cm verkürzen, das rechte Seil also 40 cm nach unten ziehen. Weil der Weg, auf den die Energie verteilt wird, viermal so lang ist, beträgt die Kraft nur noch ein Viertel.

Je mehr Seilstücke die Last beim Flaschenzug tragen, desto geringer ist die Zugkraft und desto mehr Seil muss man ziehen. ↑10–11

105-1

Es gilt wieder:
Man kann die gleiche mechanische Energie auf kurzem Weg bei großer ausgeübter Kraft und auf langem Weg bei kleiner Kraft übertragen.

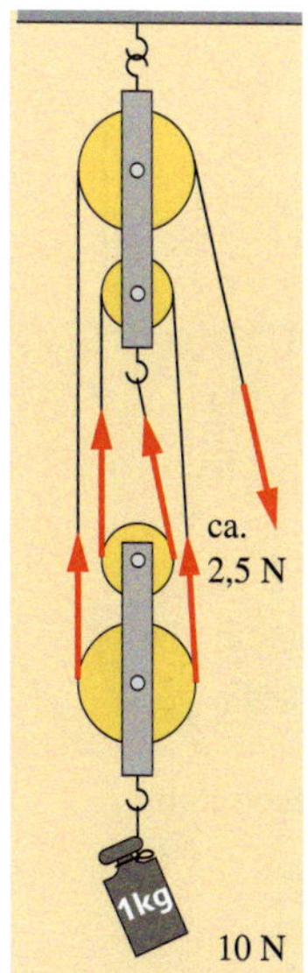

10 Vier tragende Seilstücke
$F_Z = \frac{1}{4} F_G$
4-fache Seillänge

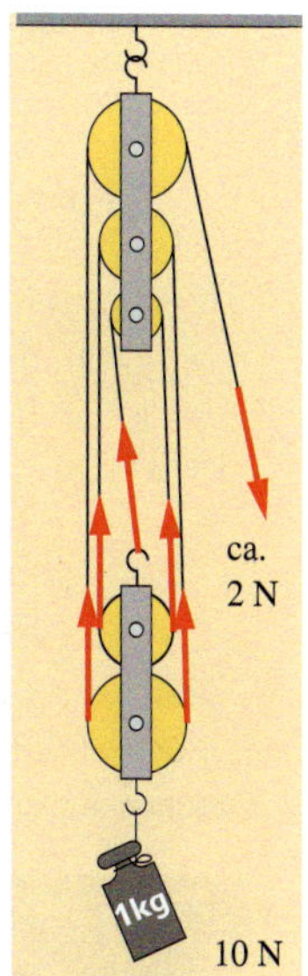

11 Fünf tragende Seilstücke
$F_Z = \frac{1}{5} F_G$
5-fache Seillänge

Aus der Technik Flaschenzüge im Gießkran

1 Gießkran im Stahlwerk

In Stahlwerken gibt es riesige Gießkräne. ↑1 Der unten hängende große „Eimer", die Pfanne, ist 4,60 m hoch und hat einen Durchmesser von 4,30 m. Aus ihr wird flüssiges Eisen in Gießformen gefüllt.
Vorher muss die Schlacke, die oben auf dem Eisen schwimmt, abgegossen werden. Zu diesem Zweck ist der Kran mit einem Hilfshub ausgestattet. Er kippt die Pfanne, sodass die Schlacke abfließen kann.
Es ist eindrucksvoll, was ein solcher Kran zu heben vermag:
Der Kran kann 375 t tragen; das entspricht einer Last von etwa 350 Autos! In die Pfanne passen 270 t flüssiges Eisen hinein. Zum Transportieren solch gewaltiger Lasten wurden vier Flaschenzüge in den Kran eingebaut. Bei jedem verteilt sich die Last auf 10 Seilstücke. 106-1

1 Den Kran von Bild ↑1 bezeichnet man als „Gießkran".
Erkläre den Namen und beschreibe seine Aufgabe.

2 Das 4 cm dicke Seil des Hauptkrans hat eine Tragfähigkeit von 11,5 t. Die Tragfähigkeit des Krans beträgt 375 t. Warum reißt das Seil nicht?

Aufgaben

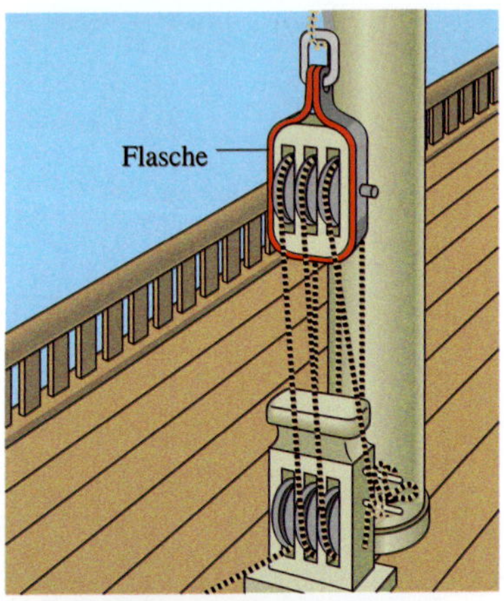

2 Flaschenzug auf Segelschiff

3

1 Wie viele Seile müssen in diesem Flaschenzug ↑2 verkürzt werden, um die Flasche zu senken? Auf welchen Bruchteil verringert sich die benötigte Kraft durch den Flaschenzug?

2 Mit dieser Anordnung ↑3 schlägst du beim Tauziehen jeden – aber nur wenn du am richtigen Seil ziehst … Welches Seil ist gemeint? Erkläre!

3 Das Mädchen von Bild ↑1 von Seite 104 schaffte den „Kraftakt" mit einem Flaschenzug. Der Lehrer wurde von drei tragenden Seilen gehalten. Das Seil war an der unteren Flasche befestigt.

a Zeichne den Flaschenzug auf.

b Wie groß ist die Kraft, die das Mädchen ausübt?

4 In einer Autowerkstatt wird ein Motor ($m = 900$ kg) mithilfe eines Flaschenzuges um 2 m angehoben. Der Flaschenzug besteht aus zwei Flaschen mit jeweils 2 Rollen.

a Es gibt zwei Möglichkeiten: Das eine Seilende kann an der oberen Flasche oder an der unteren Flasche befestigt werden. Skizziere beide Anordnungen.

b Wie groß ist die Kraft, die zum Heben des Motors erforderlich ist? (Reibungskräfte und Gewichtskraft der unteren Flasche bleiben unberücksichtigt.)

c Bewerte die Anordnungen. Welche hältst du für praktischer?

5 Harry behauptet: „Die Zugkraft beim Flaschenzug kann man ganz leicht berechnen. Man braucht nur die Rollen zu zählen, und dann teilt man einfach die Gewichtskraft durch die Anzahl der Rollen." Wende seine Regel auf einen von dir skizzierten Flaschenzug aus Aufgabe 4 an. Rechne nach und beurteile, ob die Ergebnisse stimmen.

Hebel – Helfer bei der Energieübertragung

Eine Astschere ist ein sehr nützliches Gartengerät. ↑4 Sie ermöglicht es, mit geringem Kraftaufwand einen Ast zu durchtrennen. An den kurzen Schneiden werden dabei große Kräfte ausgeübt.

↑Basiskonzept Energie

↑Basiskonzept System

↑Basiskonzept Wechselwirkung

4

Experimente

1 Kraft am Hebel
Miss die Kraft, die zum Durchkneifen des Nagels benötigt wird. ↑5

a Überlege: Wo wird die größte und wo die kleinste Kraft benötigt – bei A, B oder C?

b Ergänze: „Je länger die Griffe einer Zange (einer Schere) sind, desto …“

c Führe das Experiment durch und miss die Kräfte zum Durchkneifen des Nagels.

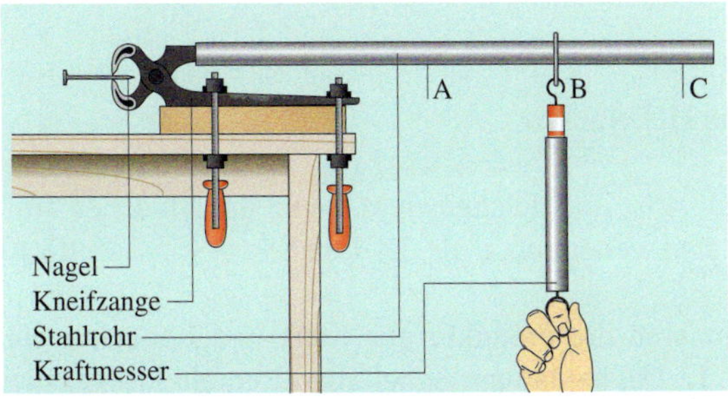

5

2 Zweiseitiger Hebel
Untersuche mit der Anordnung in Bild ↑6, wie die Wippe ins Gleichgewicht kommt.
Hänge links ein Wägestück ein und überlege: Wo musst du rechts ein zweites Wägestück einhängen, um Gleichgewicht zu erhalten? Probiere es aus. Trage die Werte in eine Tabelle ein.
Wer schafft es, spätestens nach dem dritten Probieren richtig vorherzusagen, wohin die Wägestücke jeweils gehängt werden müssen?

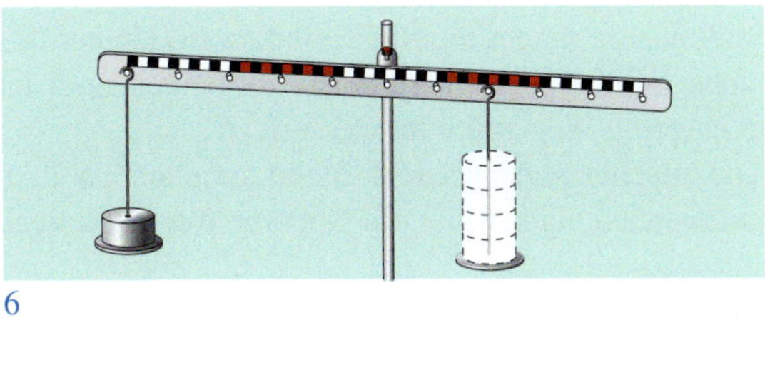
6

3 Einseitiger Hebel
Wann ist ein einseitiger Hebel im Gleichgewicht? Hänge Wägestücke ein und miss die Kraft, die nötig ist, um den Hebel im Gleichgewicht zu halten. Notiere die Ergebnisse in einer Tabelle. Hänge den Kraftmesser in verschiedene Löcher und versuche die Ergebnisse vorherzusagen. ↑7

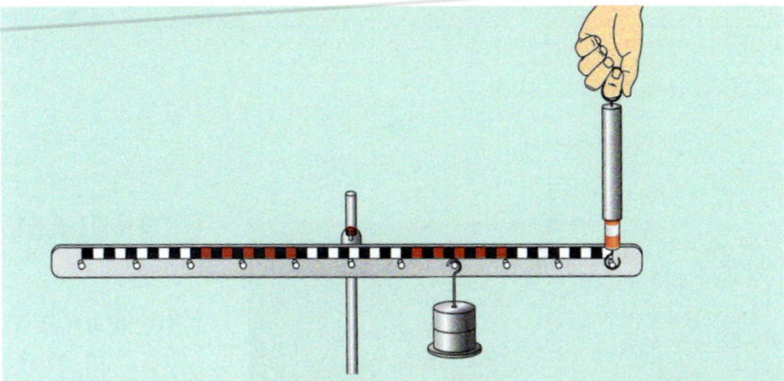
7

4 Schraubendreher als Hebel
Farbdosen kann man z. B. mit einem Schraubendreher öffnen. ↑8

a Übertrage den Schnitt durch den Dosenrand vergrößert in dein Heft. Zeichne den richtig angesetzten Schraubendreher ein.

b Zeichne den Angriffspunkt der Kraft ein, die die Hand auf den Schraubendreher ausübt. Zeichne auch ein, wo die Kraft auf den Deckel angreift.

c In welche Richtung bewegt sich die Hand, in welche der Deckel?

d Kennzeichne die Stelle an der Dose, über die der Schraubendreher gekippt wird, mit einem Punkt.

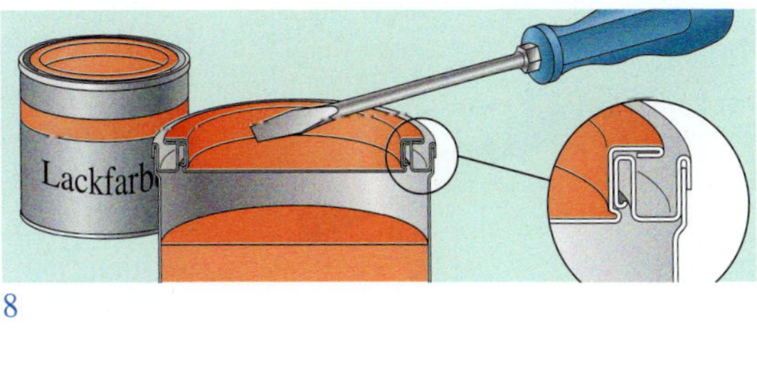

8

GRUNDLAGEN: Hebel und Hebelarme

1

Bei vielen einfachen Geräten nutzt man die Hebelwirkung. ↑1
Der Name Hebel ist vom Wort „heben“ abgeleitet.
Hebel erkennt man daran, dass ein *Drehpunkt* vorhanden ist, um den eine Vorrichtung gedreht wird. Die *Hebelarme* l_1 und l_2 reichen vom Drehpunkt bis zum jeweiligen Angriffspunkt der Kraft. ↑2
Im einfachsten Fall ist der Hebel eine gerade Stange, die z. B. um einen Endpunkt oder ihren Mittelpunkt gedreht wird.
Liegen bei einem geraden Hebel die Hebelarme auf der gleichen Seite vom Drehpunkt, spricht man von einem *einseitigen Hebel,* im anderen Fall von einem *zweiseitigen Hebel.* ↑2, 3

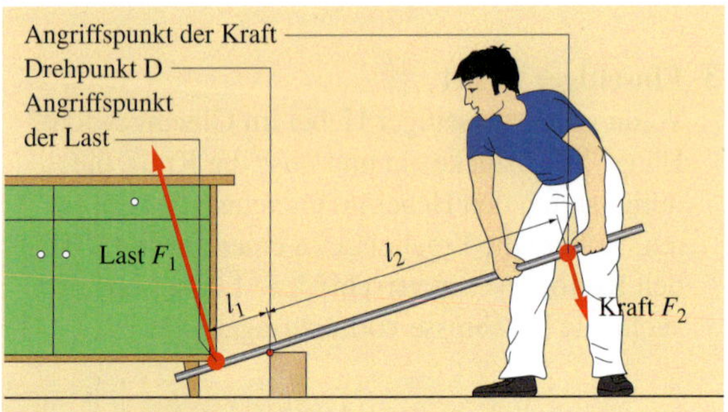

2 Zweiseitiger Hebel

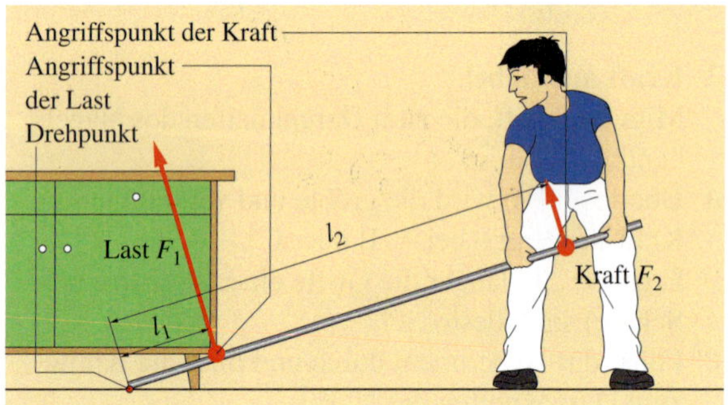

3 Einseitiger Hebel

GRUNDLAGEN: Das Hebelgesetz

4

Die Wippe von Bild ↑4 ist im Gleichgewicht, wenn das Mädchen am längeren Hebel sitzt – also weiter außen als der Junge. 108-1

Im Gleichgewicht sind die Produkte aus Kraft und Hebelarm gleich groß: $F_1 \cdot l_1 = F_2 \cdot l_2$. Die beiden am Hebel angreifenden Kräfte müssen zueinander parallel sein.

Mit Hebeln kann man Kräfte vergrößern. Es gilt: $F_2 = F_1 \cdot \frac{l_1}{l_2}$. Ist der Hebelarm l_1 z. B. doppelt so lang wie l_2, ist F_2 doppelt so groß wie F_1. ↑5

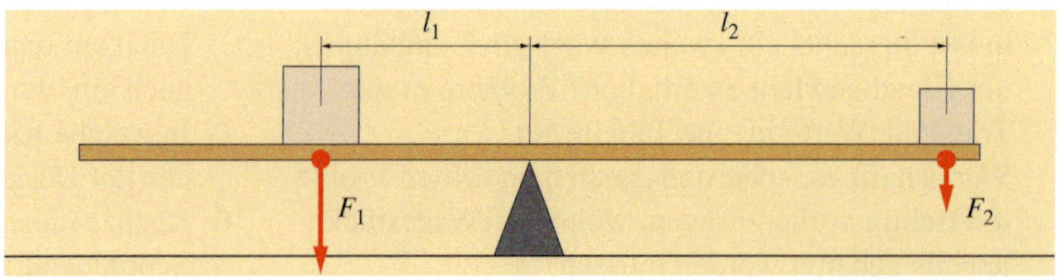

5

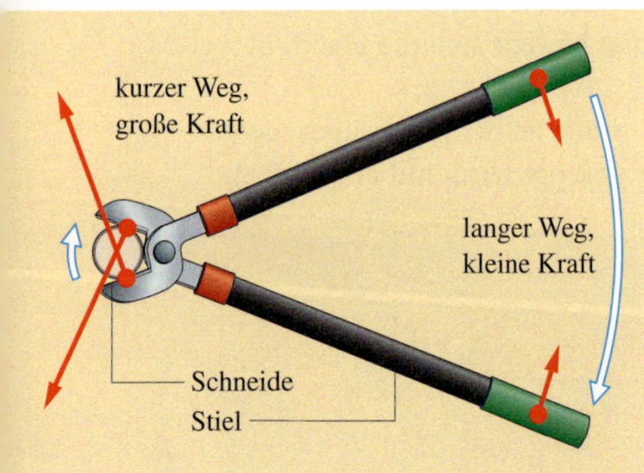

6

Bei der Astschere heißt das: Je länger die Stiele sind, desto kleiner ist die Kraft, die man ausüben muss. Die kleinere Kraft am langen Stiel muss allerdings auf einem längeren Weg ausgeübt werden. ↑6
Beim Hebel gilt: Die mechanische Energie bleibt erhalten. Will man eine kleinere Kraft aufwenden, dann muss ein längerer Weg zurückgelegt werden.

Aus der Umwelt Hebeltechniken beim Sport

Bei vielen Sportarten spielt die Anwendung und die geschickte Nutzung des Hebelgesetzes eine wichtige Rolle.

Rudern Beim Riemenrudern handelt es sich um einen zweiseitigen Hebel mit der Halterung am Boot als Drehpunkt. l_1 ist der Abstand der Hände vom Drehpunkt, l_2 der Abstand vom Drehpunkt zum Druckpunkt im Wasser. Wenn der Ruderer mit der Kraft F_1 die Ruder zu sich zieht, wird die Kraft F_2 nach hinten auf das Wasser ausgeübt. Mit einer gleich großen Kraft treibt das Wasser das Boot vorwärts. ↑7

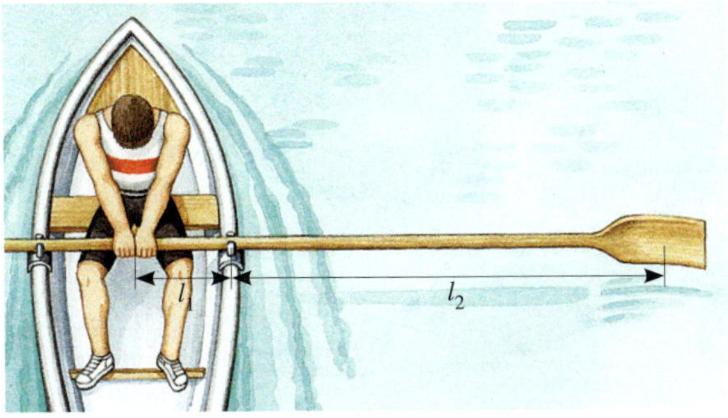

7

8

Paddeln Beim Paddeln handelt es sich um einen einseitigen Hebel. Drehpunkt ist die Mitte des Paddels. Die Entfernung vom Drehpunkt bis zur Hand (l_1) ist kürzer als die Länge von der Mitte zum Blatt (l_2). Die aufzuwendende Kraft F_1 ist umso kleiner, je größer der Abstand zwischen Hand und Drehpunkt ist. ↑8

Krafttraining Zum Fitnesstraining kann man einen Bauchmuskeltrainer verwenden. Die Entfernung vom Kopf zum Drehpunkt (l_2) ist immer länger als der Hebelarm bis zu den Händen (l_1). Je nachdem, wo man mit den Händen greift, ist l_1 länger (oben) oder kürzer (seitlich). Dadurch lassen sich die aufzuwendende Kraft und der Trainingseffekt variieren. ↑9

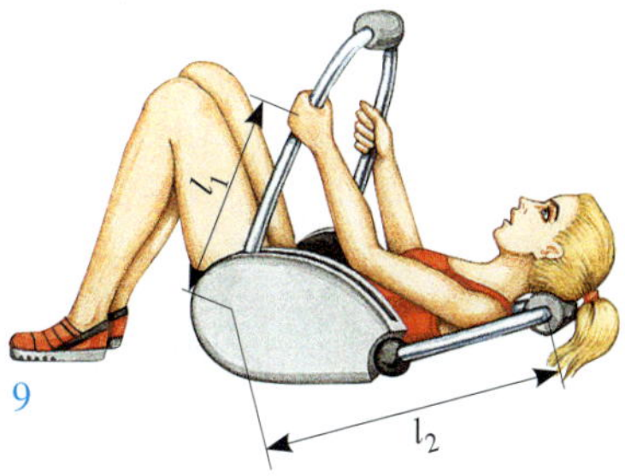

9

Judo Mit Geschicklichkeit und Schnelligkeit lassen sich Wurftechniken beim Judo einsetzen, um den Gegner aus dem Gleichgewicht zu bringen. Dabei kann das Hebelgesetz eine wichtige Rolle spielen. Der Punkt, an dem sich die Judokas berühren, wirkt als Drehpunkt des Hebels. Beim Kniewurf bildet die Länge von der Kniekehle bis zur Schulter den langen Hebelarm, wenn man also die Kniekehle blockiert, ist die notwendige Kraft zum Ausheben entsprechend gering. ↑10

10

Aus der Natur Wie die Kreuzotter den Giftzahn aufrichtet

Auch bei Tieren findet man Hebel in vielerlei Formen, z. B. bei der Kreuzotter. Diese Schlange hat mächtige Giftzähne. Sie richten sich erst dann drohend auf, wenn das Maul geöffnet wird. ↑1

Bei geschlossenem Maul sind die Giftzähne nach innen gegen den Oberkiefer geklappt. Sonst würden sie das Tier verletzen. ↑2

Und so funktioniert die „automatische" Giftzahnaufrichtung: Der Giftzahn steckt bei B drehbar im Oberkiefer. Wenn die Kreuzotter ihr Maul öffnet, hebt sich der Schädelknochen. Die Folge ist, dass der Giftzahn nach vorn kippt. Schließt die Schlange ihr Maul wieder, so senkt sich der Schädelknochen, und der Zahn kippt nach innen. ↑3

1

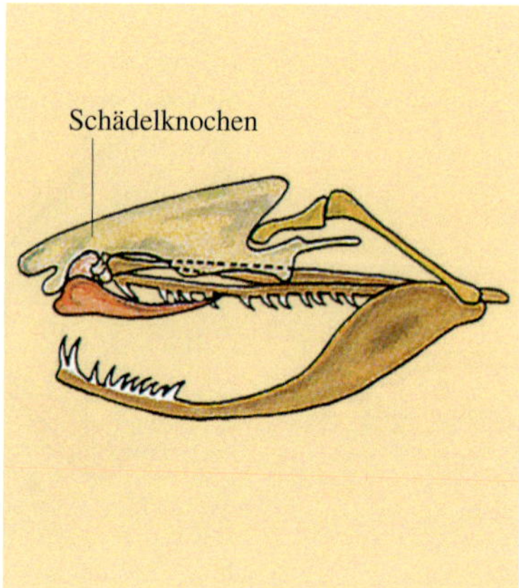

2

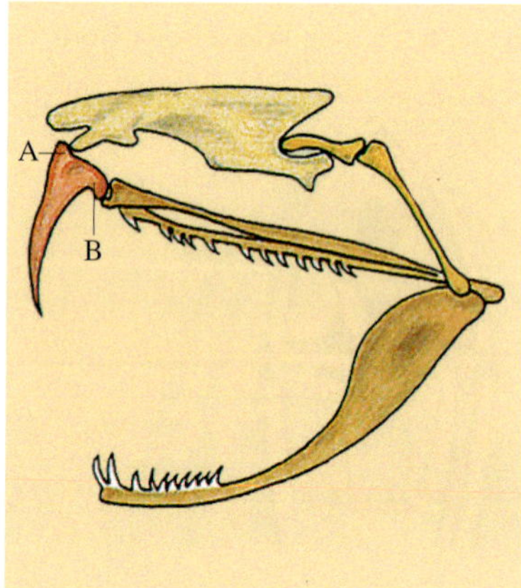

3

Aufgaben

1 In den Bildern ↑5–7 sind Hebel zu erkennen.
a Um welche Art Hebel handelt es sich?
b Erkläre, warum man die erforderliche Kraft verkleinern kann.
c Untersuche, ob jeweils das Hebelgesetz gilt.
d Würde das Hebelgesetz gelten, wenn die Pedalstellung in Bild ↑7 verändert wird?

2 Was fällt dir bei den Tabellenwerten aus Experiment 2 und 3 auf. ↑S. 107 Versuche eine Gesetzmäßigkeit zu finden.

3 Welche der Kräfte und Kraftarme gehören jeweils zu einer Seite eines zweiseitigen Hebels, der sich im Gleichgewicht befindet?
a 3 N, 2 N, 6 cm, 4 cm
b 5 N, 3 N, 3 cm, 5 cm

4 Die Frau in Bild ↑4 wiegt 50 kg und ist 1,2 m vom Drehpunkt entfernt. Welchen Abstand muss das Kind (30 kg) bei Gleichgewicht haben?

4

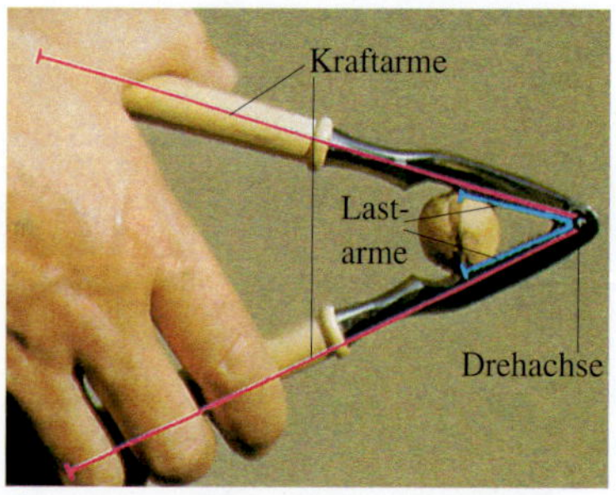

5

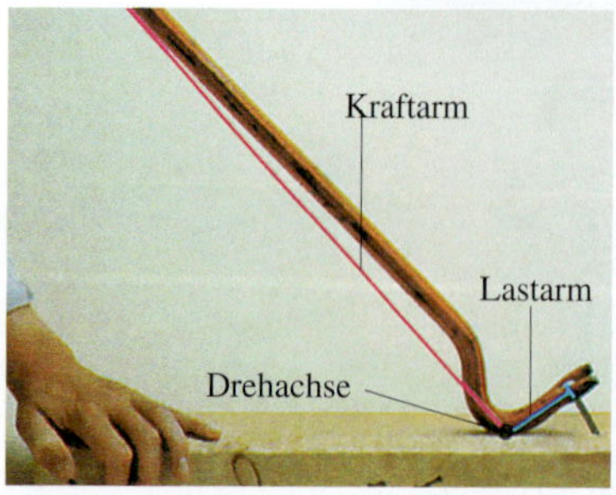

6

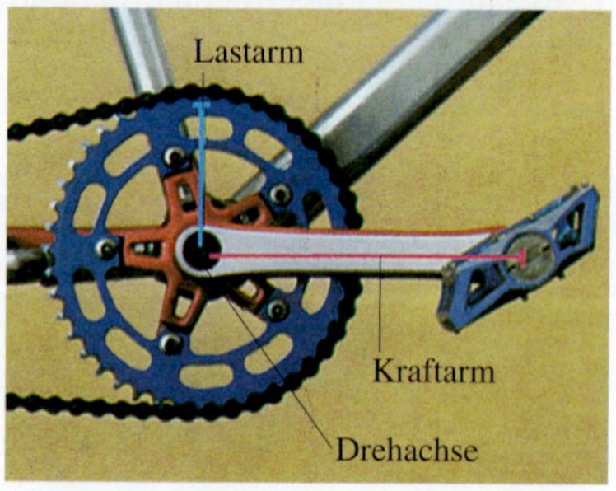

7

Hydraulische Anlagen übertragen Energie

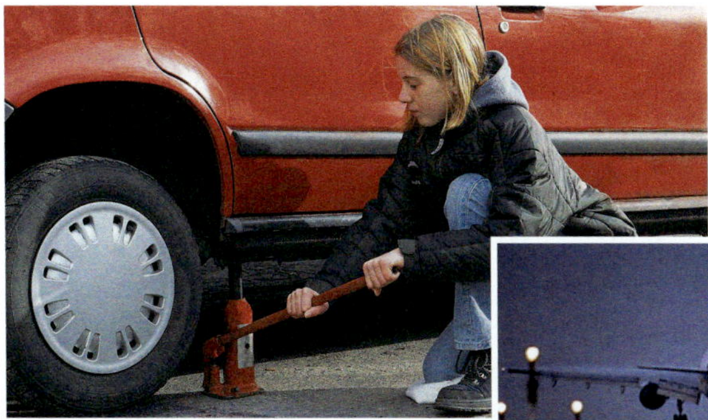
8

Mit einem hydraulischen Wagenheber ist es kinderleicht ein Auto anzuheben. ↑8

9

Auch die Fahrwerke der tonnenschweren Flugzeuge werden bei Start und Landung hydraulisch ein- und ausgefahren.

↑Basiskonzept Energie

↑Basiskonzept System

↑Basiskonzept Wechselwirkung

Experimente

1 Kolbenproberwettbewerb
Verbindet zwei Plastikspritzen mit unterschiedlich großen Kolben mithilfe eines dünnen Schlauchs. Achtet auf eine feste Verbindung des Schlauchs mit den Spritzen. Füllt dann die Spritzen mit gefärbten Wasser so, dass sich möglichst keine Luft zwischen den Kolben befindet. Markiert die Stellung der Kolben. ↑11
Zwei von euch nehmen jeweils eine Spritze zwischen zwei Finger einer Hand und drücken mit dem Daumen gegen den Kolben. Wer schafft es, seinen Kolben in die Spritze hineinzuschieben?

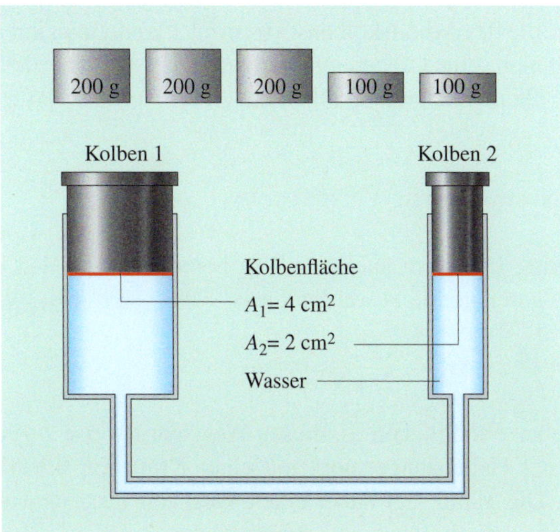

10

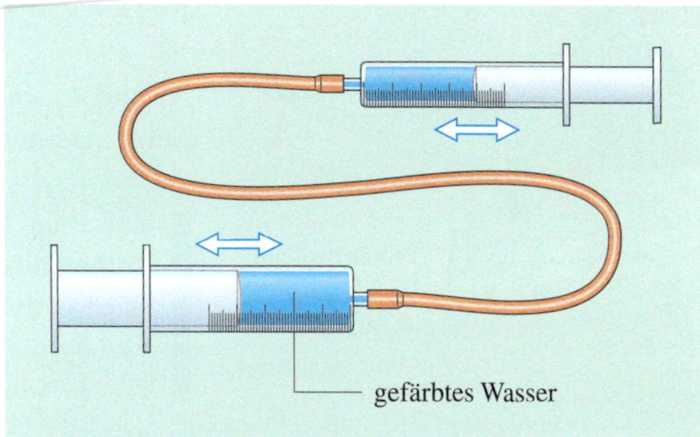

11

2 Modell einer Hydraulikanlage
Zwei unterschiedlich große Kolbenprober werden miteinander verbunden ↑10. Mit ihnen soll untersucht werden, wie der hydraulische Teil des Wagenhebers funktioniert.

a Kolben 2 wird mit einem 200-g-Wägestück belastet, sodass der Kolben 2 nach unten geht. Um welche Strecke hebt sich Kolben 1, wenn Kolben 2 um 10 cm nach unten geht?

b Begründe, dass mit Kolben 2 ein Wägestück angehoben werden kann, das eine größere Masse hat als 200 g. Wie groß dürfte die Masse dieses Wägestücks sein, wenn es keine Reibung zwischen Kolben und Zylinder gäbe. Probiere aus, welche Masse das Wägestück in Wirklichkeit haben darf.

c Versuche eine Gesetzmäßigkeit zwischen den Kräften auf beiden Seiten aufzustellen.

GRUNDLAGEN: Hydraulische Anlagen

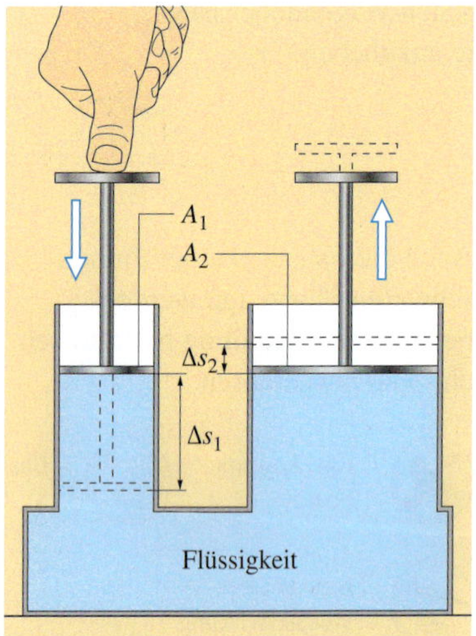

1

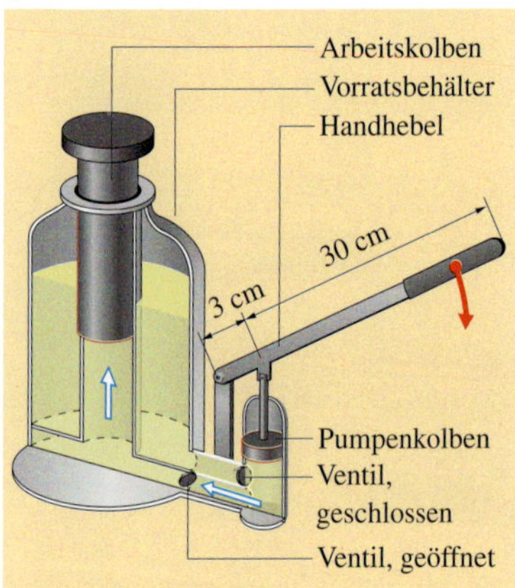

2

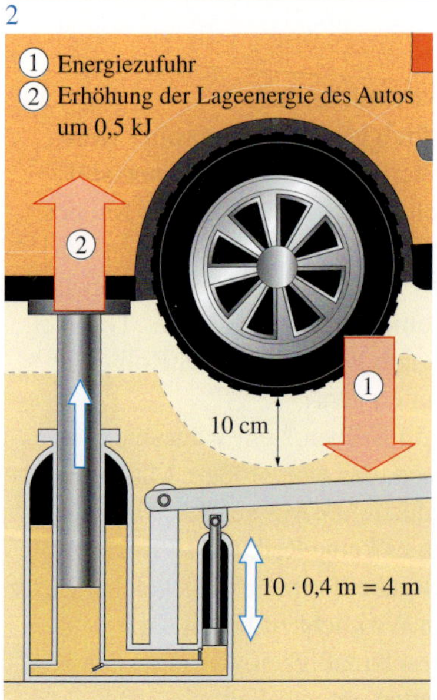

3

Die hydraulische Anlage ist ein weiteres Beispiel für die Übertragung mechanischer Energie. Das Prinzip kann man sich so klar machen: Man nimmt einen Flüssigkeitsbehälter. Daran schließt man 2 Zylinder mit unterschiedlichen Durchmessern an. Die Zylinder sind durch Kolben, die möglichst reibungsarm in den Zylindern gleiten, verschlossen. Der ganze Behälter ist vollständig mit Flüssigkeit gefüllt.

Wenn man den linken Kolben nach unten schiebt, geht der rechte Kolben nach oben. Da Flüssigkeiten praktisch nicht zusammengedrückt werden können, wird die Flüssigkeit einfach innerhalb des Systems verschoben. Hat der rechte Kolben z. B. eine viermal so große Querschnittsfläche wie der linke, wird sich der rechte Kolben nur um ein Viertel der Strecke heben, um die sich der linke Kolben gesenkt hat. Setzt man auf den linken Kolben ein Wägestück, das die Kraft F_1 ausübt, könnte man im Idealfall mit Kolben 2 ein viermal so schweres Wägestück anheben.

Es gilt:

$F_1 \cdot \Delta s_1 = F_2 \cdot \Delta s_2$ und damit $\frac{F_2}{F_1} = \frac{\Delta s_1}{\Delta s_2}$.

Das auf der einen Seite verdrängte Flüssigkeitsvolumen ist gleich dem Volumen, das auf der anderen Seite hinzukommt. Es gilt daher:

$\Delta V_1 = \Delta V_2 = A_1 \cdot \Delta s_1 = A_2 \cdot \Delta s_2$ und damit $\frac{\Delta s_1}{\Delta s_2} = \frac{A_2}{A_1}$.

A_1 und A_2 sind die Querschnittsflächen der Kolben.

Setzt man in der ersten Gleichung für $\Delta s_1/\Delta s_2$ die zweite ein, erhält man:

Bei einer hydraulischen Anlage stehen die Kräfte, die auf die beiden Kolben ausgeübt werden, im gleichen Verhältnis wie die Querschnittsflächen der Kolben:

$$\frac{F_2}{F_1} = \frac{A_2}{A_1}.$$

Energieübertragung beim Wagenheber Das Auto lastet z. B. mit einer Gewichtskraft von 5 kN auf dem Wagenheber. Die Fläche des Pumpenkolbens beträgt $0{,}9\,\text{cm}^2$, die des Arbeitskolbens $3{,}6\,\text{cm}^2$. ↑3 Wenn man ihn um 10 cm anhebt, erhöht man seine Lageenergie um $\Delta E = 5\,\text{kN} \cdot 0{,}10\,\text{m} = 0{,}5\,\text{kJ}$. Diese Energie muss über den Pumpenkolben zugeführt werden. Dafür ist eine Kraft von

$F_1 = \frac{A_1 \cdot F_2}{A_2} = 1{,}25\,\text{kN}$ erforderlich.

Aus dieser Überlegung lässt sich auch der Weg berechnen, um den der Pumpenkolben nach unten gedrückt werden muss:

$$\Delta E = F_1 \cdot \Delta s_1; \quad \Delta s_1 = \frac{\Delta E}{F_1}; \quad \Delta s_1 = \frac{0{,}5\,\text{kJ}}{1{,}25\,\text{kN}} = 0{,}4\,\text{m}.$$

Ventile im Wagenheber ermöglichen es, diesen Weg schrittweise zurückzulegen. Am Ende der Hebelstange muss mit einer Kraft von 0,125 kN „gepumpt" werden. Die Hand legt dabei einen Weg von insgesamt 4 m zurück. Deshalb kann auch ein Kind ein schweres Auto „anheben".

Aus der Technik Hydraulische Anlagen

Hydraulische Anlagen werden meist eingesetzt, wenn große Kräfte ausgeübt werden sollen. Bei realen Maschinen muss beachtet werden, dass die Kolben an den Zylinderwänden reiben, wodurch mechanische Energie in thermische Energie umgewandelt wird. ↑4, 5

Ihr Vorteil gegenüber anderen Vorrichtungen zur Kraftverstärkung besteht darin, dass sie keine Rollen, Zahnräder, Hebel, Seile oder Stangen enthalten, die im Laufe der Zeit verschleißen. Als Flüssigkeit in einer hydraulischen Anlage wird meistens Mineralöl verwendet. Gegenüber dem Wasser hat Mineralöl den Vorteil, dass es bei den üblichen Wintertemperaturen nicht einfriert und alle Teile vor Korrosion schützt.

Der Pumpenkolben wird durch Muskelkraft oder durch einen Motor bewegt und auf die Flüssigkeit gedrückt. Die am Arbeitskolben hervorgerufene Kraft kann unter zwei Bedingungen besonders groß werden: Man übt auf den Pumpenkolben eine besonders große Kraft aus oder man wählt einen Arbeitskolben mit besonders großer Querschnittsfläche.

Hydraulische Presse Beim einmaligen Niederdrücken des Pumpenkolbens wird nur wenig Flüssigkeit in den Arbeitszylinder gedrückt, sodass sich der Arbeitskolben nur Bruchteile von einem Millimeter hebt. Deshalb muss der Pumpenkolben mehrmals niedergedrückt werden. Bei großen Pressen übernehmen Elektromotoren das Heben und Senken des Pumpenkolbens. ↑5

Ventile sorgen dafür, dass beim Anheben des Pumpenkolbens kein Öl aus dem Arbeitszylinder zurückfließt, aber zusätzliches Öl aus dem Vorratsbehälter eingelassen wird. Soll der Arbeitskolben wieder gesenkt werden, öffnet man das Ventil für den Rücklauf in den Vorratsbehälter. ↑5

4

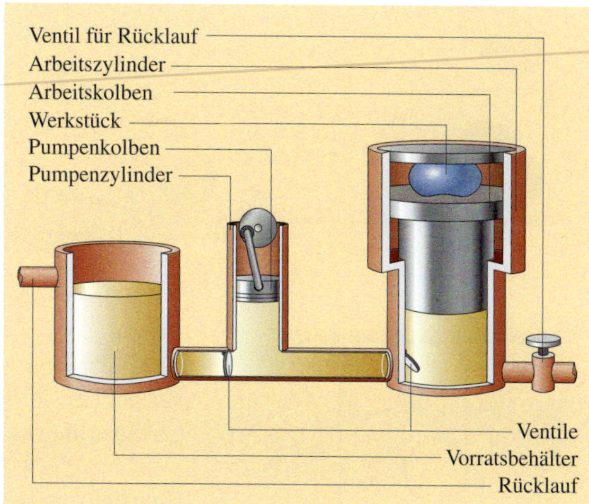

5

Aufgaben

1 Beschreibe den Aufbau und erkläre die Wirkungsweise eines hydraulischen Wagenhebers. Mithilfe von Bild ↑3 kannst du erklären, warum es selbst Kindern möglich wäre, einen Pkw anzuheben.

2 Seit den 1930er Jahren nutzt man hydraulische Bremsen in Pkws. Erkläre mithilfe von Bild ↑6 die Wirkungsweise hydraulischer Bremsen.

3 Die Feuerwehr ist mit Rettungsgeräten ausgestattet, mit denen Metall zerschnitten, Fensteröffnungen geweitet, Rahmenteile auseinandergedrückt und schwere Lasten angehoben werden können. Damit wird es möglich, z.B Unfallopfer zu bergen. Alle diese Geräte haben eine Gemeinsamkeit: Die großen Kräfte, die ausgeübt werden können, werden mittels Hydraulikkomponenten erzeugt. Recherchiere im Internet unter dem Stichwort „Rettungsgeräte“ und präsentiere deine Ergebnisse.

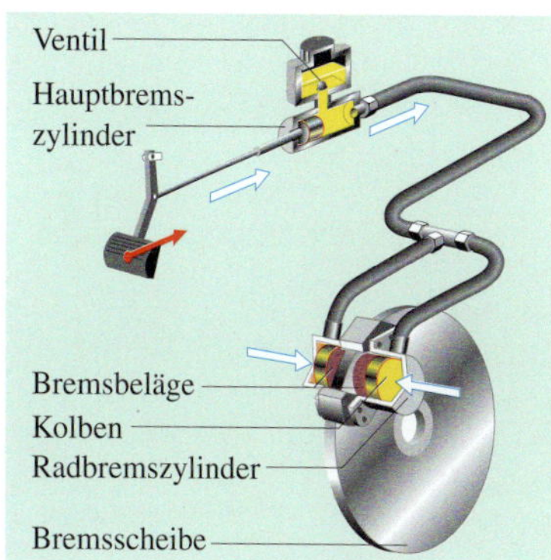

6

Auf einen Blick

Mechanische Energieübertragung Energie wird z. B übertragen, wenn etwas hoch gehoben wird, wenn ein Gegenstand in Bewegung gesetzt wird oder wenn ein Gegenstand verschoben wird und er dabei auf der Unterlage reibt. Die Kraft wird dabei in Bewegungsrichtung ausgeübt.

Wenn ein Gegenstand eine Strecke von 1 m zurücklegt und dabei eine Kraft von 100 N in Bewegungsrichtung auf ihn ausgeübt wird, wird eine Energie von 100 J auf den Gegenstand übertragen.

Legt ein Gegenstand eine Strecke Δs zurück und wird dabei auf ihn eine Kraft F in Bewegungsrichtung ausgeübt, so wird dabei die Energie $\Delta E = F \cdot \Delta s$ auf den Gegenstand übertragen.
Kennt man die mechanisch übertragene Energie ΔE und die Länge der Strecke Δs, auf welcher die Energie übertragen wird, kann man die durchschnittlich ausgeübte Kraft F berechnen: $F = \Delta E / \Delta s$.

Man kann die gleiche mechanische Energie auf kurzem Weg bei großer ausgeübter Kraft und auf langem Weg bei kleiner ausgeübter Kraft übertragen. Die Kraft muss längs des Weges Δs ausgeübt werden und es darf keine Umwandlung in thermische Energie auftreten:
$\Delta E = F_1 \cdot \Delta s_1 = F_2 \cdot \Delta s_2$.

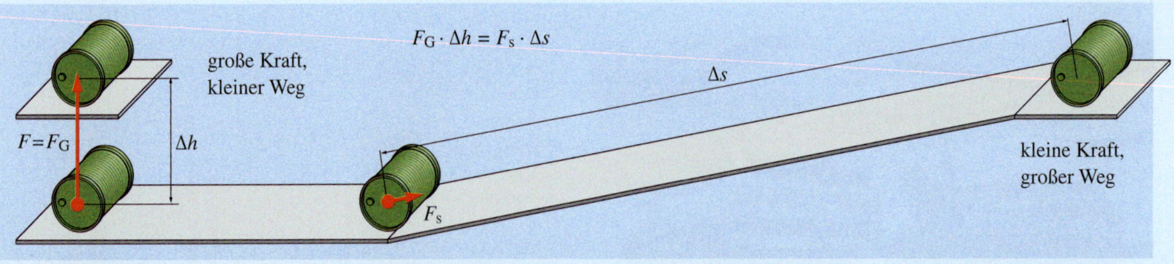

1

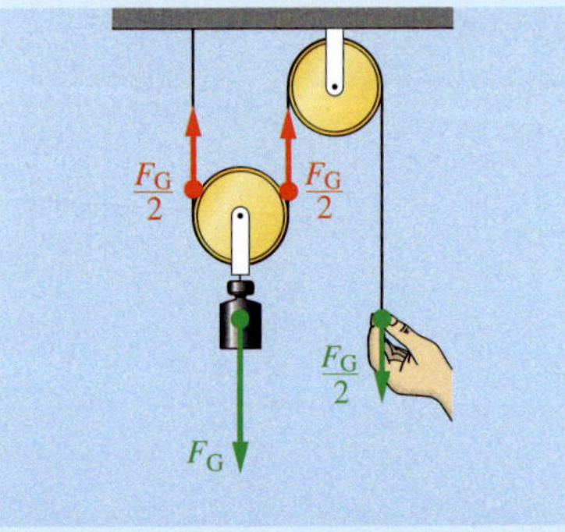

2

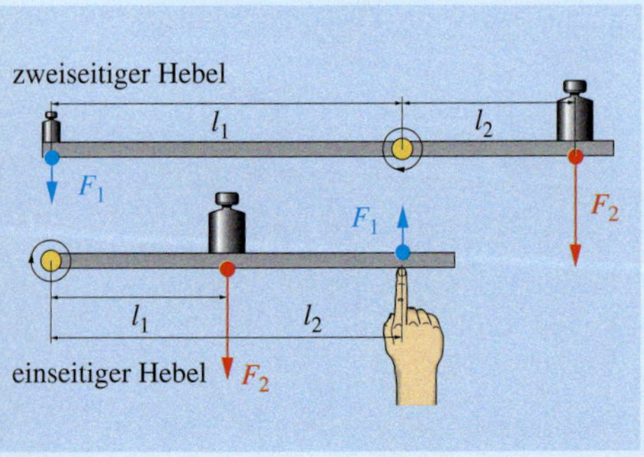

3

Rampe Soll ein Gegenstand in eine bestimmte Höhe gebracht werden, kann man den Weg, auf dem die Kraft ausgeübt wird, durch eine Rampe verlängern. Je flacher die Rampe, desto länger die Rampenstrecke, desto geringer die aufzuwendende Kraft.

Flaschenzug Bei einem Flaschenzug wird das Seil so über Rollen geführt, dass das Seilstück, das man einholt, viel länger ist als die Strecke, um welche die Last gehoben wird. Die aufzuwendende Kraft wird dabei geringer.

Hebel Die Angriffspunkte der Kräfte liegen unterschiedlich weit vom Drehpunkt entfernt. Daher legen die Angriffspunkte bei einer Drehung des Hebels unterschiedlich lange Wege zurück. Am längeren Hebelarm ist die aufzuwendende Kraft geringer.

Hydraulische Anlagen Der Kolben mit der kleineren Querschnittsfläche bewegt sich um eine längere Strecke als der Kolben mit der größeren Querschnittsfläche. Die aufzuwendende Kraft ist am Kolben mit der kleineren Querschnittsfläche geringer.

In allen Fällen ist das Produkt $F \cdot \Delta s$ genau so groß wie die Energie, die dem hochgehobenen Gegenstand zugeführt wird.

Alles klar?

1 Ein Fahrzeug wird auf einer 50 m langen Strecke durch eine Kraft von 150 N angetrieben. Die Kraft ist in Bewegungsrichtung gerichtet. Wie groß wäre die Bewegungsenergie des Fahrzeugs am Ende der Strecke, wenn keine Energie durch Reibung abgegeben würde?

2 Ein Fahrzeug hat eine Bewegungsenergie von 50 000 J. Diese Energie soll auf einer 40 m langen Bremsstrecke abgegeben werden. Welche Kraft ist erforderlich?

3 Manchmal wendet man folgende Regel an: Eine große Kraft auf einer kurzen Strecke wird in eine kleinere Kraft auf einer längeren Strecke übersetzt. Denke dir Geräte aus, bei denen eine solche Übersetzung sinnvoll ist.

4 Wie groß ist die Kraft, die erforderlich ist, um mit diesem Flaschenzug die Last zu heben? ↑4

5 Konstruiere einen Flaschenzug, bei dem 5 m Seil eingeholt werden müssen, damit die Last um 1 m angehoben wird. Mit welcher Kraft musst du ziehen, um eine 1000 N schwere Kiste hochzuziehen? Bewerte die berechnete Kraft – gib Bedingungen an, unter denen dein Ergebnis richtig ist.

6 Wie musst du eine Schubkarre beladen, damit du es beim Schieben leicht hast? ↑5
Zeichne die Karre ab und trage Drehpunkt, Hebelarme und Kräfte ein.

7 Wie kann man mit der römischen Schnellwaage verschiedene Gegenstände abwiegen? ↑6
Wie schwer ist der Sack Kartoffeln, der hier gewogen wird?

8 Der Unterkiefer ist im Kiefergelenk drehbar gelagert. ↑7
Um zuzubeißen, zieht sich der Muskel zusammen.
a Handelt es sich beim Unterkiefer um einen einseitigen oder einen zweiseitigen Hebel?
b Muss die Kraft durch den Muskel größer oder kleiner sein als die Kraft, die man zum Abbeißen eines Apfels braucht? Schätze die Kraftübersetzung ab.

9 Wie dick die Zweige maximal sein dürfen, die man mit einer Astschere durchschneiden will, hängt wesentlich davon ab, wie nah man den Ast an den Drehpunkt der Astschere heranbringt. Erkläre.

10 Erläutere, wie man bei einer hydraulischen Maschine erreicht, dass es zu einer Kraftvergrößerung kommt. ↑8

11 In der Praxis verwendet man in hydraulischen Anlagen kein Wasser, sondern Öl. Welche Vorteile hat Öl?

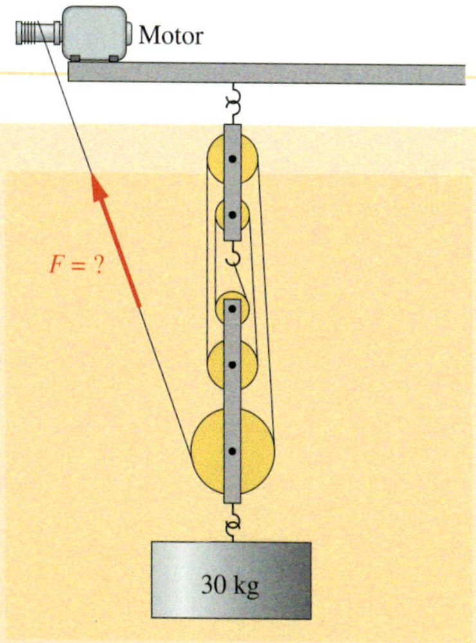

4

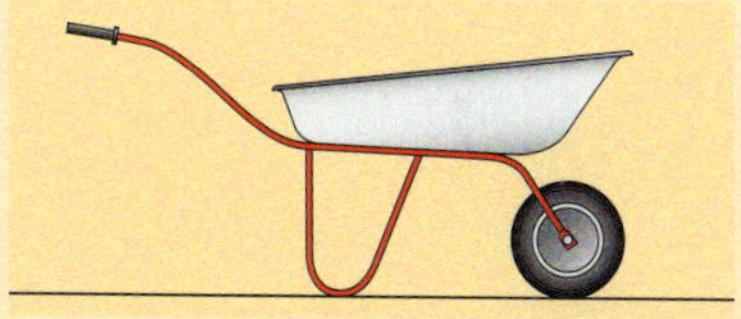
5

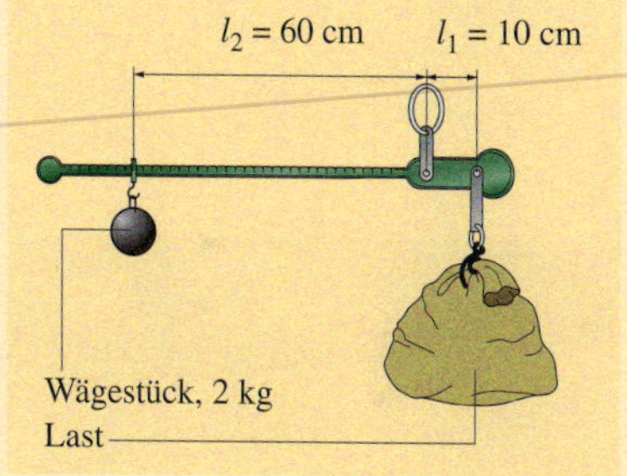

6

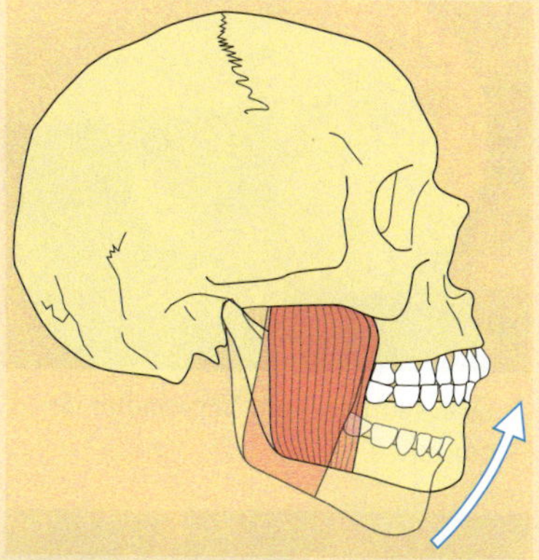
7 Kiefer

8

Schweben, Steigen, Sinken

Carina und Hannah versuchen sich auf den Boden eines Schwimmbads zu legen, doch das ist gar nicht so einfach.

1

Viele Tiere können ganz nach Bedarf und ohne zusätzliche Schwimmbewegungen im Wasser schweben, aufsteigen oder absinken. So steigt der Nautilus ↑2 ohne zusätzliche Schwimmbewegungen nachts im Schutz der Dunkelheit an die nährstoffreichere Wasseroberfläche und sinkt zu Tagesanbruch wieder in sichere Tiefen hinab. Einige Fische, wie die Haie ↑4, müssen sich ständig bewegen, um nicht auf den Meeresgrund zu sinken. Wir Menschen sind eines der wenigen Säugetiere, die das Schwimmen erst lernen müssen, sonst gehen wir unter und kommen von alleine nicht mehr nach oben.

2 Der Nautilus – ein Verwandter der Ammoniten

3 Babys haben angeborene Schutzreflexe und können tauchen.

4 Der Hai hat keine Schwimmblase.

Experimente

1 Schwebeversuche
Versuche eine Filmdose (oder Plastikspritze, Überraschungsei-Hülle ...) im Wasser zum Schweben zu bringen. Befülle sie dazu mit Sand, Nägeln, Schrauben. ↑5

5

2 Ein Schiffswrack wird gehoben
Versenke ein Spielzeugboot oder etwas Ähnliches (Wasserglas) in einem Wasserbehälter. Hebe nun das Boot an:
a mithilfe eines Trinkröhrchens
b mit einer Brausetablette

3 Öl und Wasser
a Fülle ein Becherglas zur Hälfte mit Wasser und gib mindestens fingerbreit Speiseöl hinzu.
b Gib nach etwa einer Minute einen großen Tropfen Tinte hinzu und beobachte die Tinte.
c Rühre so lange um, bis eine undurchsichtige Flüssigkeit entsteht. Suche mit einer Lupe oder einem Mikroskop nach dem Wasser, der Tinte und dem Öl.

4 Dichtebestimmung
a Ermittle den Stoff, aus dem ein vorgegebener Metallkörper besteht:
Bestimme die Masse und das Volumen des Körpers. Berechne die Dichte. Vergleiche die Dichte mit Tabellenwerten und äußere eine Vermutung, um welchen Stoff es sich handeln könnte.
b Bestimme die (mittlere) Dichte eines Apfels oder einer Birne.

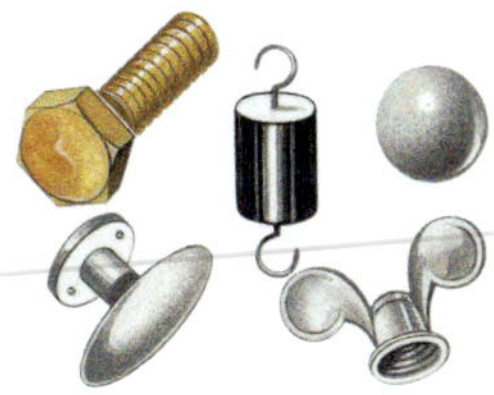

6

Probier 's mal!

1 Tanzende Gummibären
Lege kleine Gummibärchen (mit Rosinen geht es noch besser) in ein Glas mit kohlensäurehaltigem Mineralwasser. Versuche deine Beobachtungen zu erklären. ↑7

7

2 Wer steigt, wer sinkt, wer schwebt? ↑8
Untersuche, ob die folgenden Gegenstände im Wasser sinken, steigen oder schweben:
a Getränkedosen mit Cola und mit Cola light
b Orange oder Zitrone ungeschält und geschält
c verschiedene Holzsorten
d wassergefüllte Luftballons
e Öltropfen und andere Flüssigkeiten

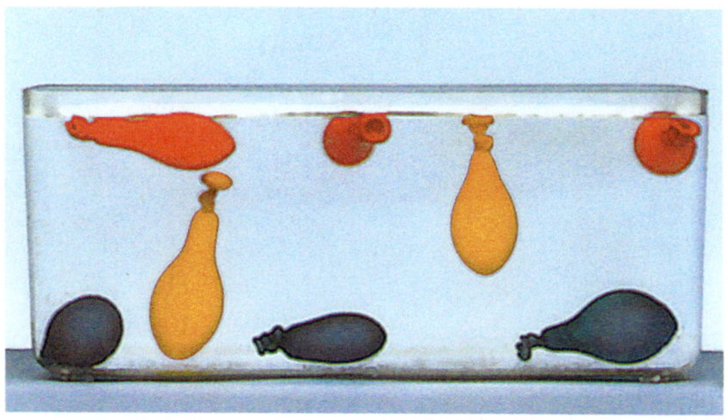

8

3 Zaubertrick mit Ei
Lege ein frisches Hühnerei vorsichtig auf den Grund eines mit Wasser gefüllten Glases. Schütte nun eine Handvoll Salz in das Glas. Schwieriger ist das folgende Experiment: Schichte behutsam etwas Wasser über eine konzentrierte Salzlösung. Lege dann vorsichtig das Ei behutsam mit den Fingern „auf“ die Salzlösung.

9

GRUNDLAGEN: Schwere und leichte Stoffe – die Dichte

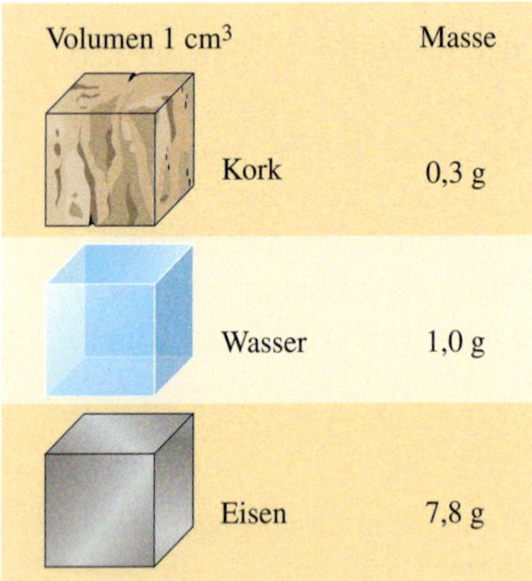

1

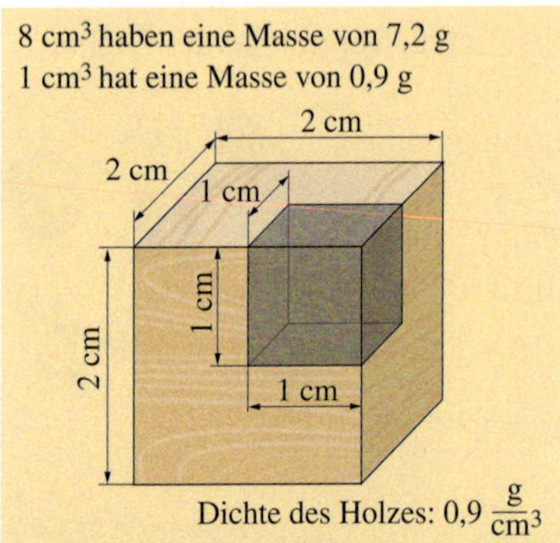

2

Um im Voraus zu entscheiden, ob ein in Wasser getauchter Körper steigt, sinkt oder schwebt, reicht die Angabe seiner Masse nicht aus. Ein Eisenwürfel geht immer unter, Wasser schwebt immer in Wasser und ein Würfel aus Kork steigt immer auf, vollkommen unabhängig von der Masse. Du kennst die Dichte bereits aus dem Chemieunterricht. Eisen ist „dichter" als Wasser. Ein Kubikzentimeter wiegt 7,8-mal so viel wie ein Kubikzentimeter Wasser. Kork ist weniger „dicht" als Wasser. Ein Kubikzentimeter Kork wiegt nur etwa ein Drittel von einem Kubikzentimeter Wasser.

Den Quotienten von Masse m und Volumen V eines Körpers nennt man die Dichte ρ des Körpers.

$\text{Dichte} = \dfrac{\text{Masse des Körpers}}{\text{Volumen des Körpers}}$ Gleichung für die Dichte: $\rho = \dfrac{m}{V}$

Als Einheit der Dichte ergibt sich Kilogramm je Kubikmeter: $\frac{\text{kg}}{\text{m}^3}$.
Meist wird sie in Gramm je Kubikzentimeter $\left(\frac{\text{g}}{\text{cm}^3}\right)$ angegeben; manchmal auch in Kilogramm je Kubikdezimeter oder Kilogramm je Liter $\left(\frac{\text{kg}}{\text{dm}^3}; \frac{\text{kg}}{\ell}\right)$. Zwischen den Einheiten besteht folgende Beziehung:

$$1\frac{\text{g}}{\text{cm}^3} = 1\frac{\text{kg}}{\text{dm}^3} = 1000\frac{\text{kg}}{\text{m}^3}; \quad 1\frac{\text{kg}}{\text{dm}^3} = 1\frac{\text{kg}}{\ell} = 1000\frac{\text{g}}{\ell}.$$

118-1

In der folgenden Tabelle sind die Dichten einiger fester, flüssiger und gasförmiger Stoffe zusammengestellt:

Stoff	Dichte in $\frac{\text{g}}{\text{cm}^3}$	Stoff	Dichte in $\frac{\text{g}}{\text{cm}^3}$	Stoff	Dichte in $\frac{\text{g}}{\text{cm}^3}$
Metalle		Baustoffe		Flüssigkeiten/Gase	
Aluminium	2,7	Schaumstoff	0,015	Benzin	0,7
Zink	7,1	Kork	0,25 bis 0,35	Spiritus	0,8
Zinn	7,3	Holz (Kiefer)	0,3 bis 0,7	Schmieröl	0,9
Stahl	7,8	Holz (Eiche)	0,5 bis 1,3	Wasser	1,0
Eisen	7,9	Lehm	1,5 bis 1,8	Quecksilber	13,6
Messing	8,5	Sand	1,6 bis 2,1		
Kupfer	8,9	Ziegel	1,8	Helium	0,000 18
Silber	10,5	Beton	1,9 bis 2,8	Luft	0,001 29
Blei	11,3	Glas	2,4 bis 2,6	Sauerstoff	0,001 43
Gold	19,3	Granit	2,5 bis 3,1	Kohlenstoffdioxid	0,001 98

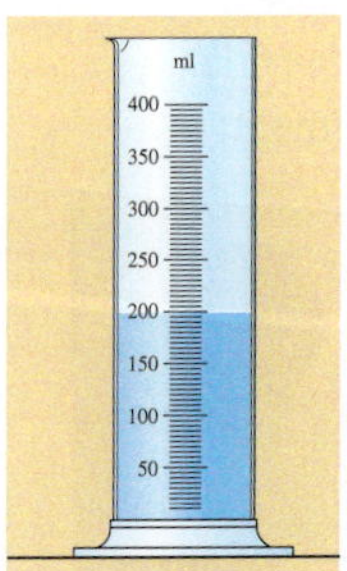

3

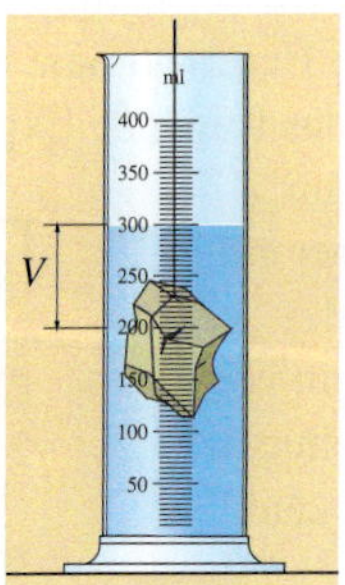

4

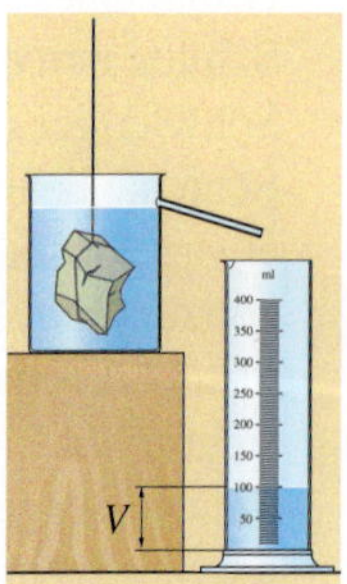

5

Zur Berechnung der Dichte eines Körpers muss neben der Masse auch das Volumen bestimmt werden. Das Volumen regelmäßiger Körper kann man berechnen. Bei flüssigen oder gasförmigen Körpern kann das Volumen mit einem Messzylinder bestimmt werden. ↑3 Bei unregelmäßig geformten Körpern kann man das Volumen mit dem Differenzverfahren ↑3, 4 oder dem Überlaufverfahren ↑5 messen.

GRUNDLAGEN: Schweben, Steigen und Sinken

Gegenstände, die eine größere Dichte haben als Wasser, gehen in Wasser unter. Aber wie steht es mit einem auftauchenden U-Boot? Stahl hat doch eine größere Dichte als Wasser? Hier ist es nicht die Dichte des Stahls, sondern die Dichte des gesamten U-Boots, also die mittlere Dichte, die zählt.

Hält man einen Gegenstand unter Wasser, so entscheidet seine mittlere Dichte, ob er aufsteigt, absinkt oder schwebt.

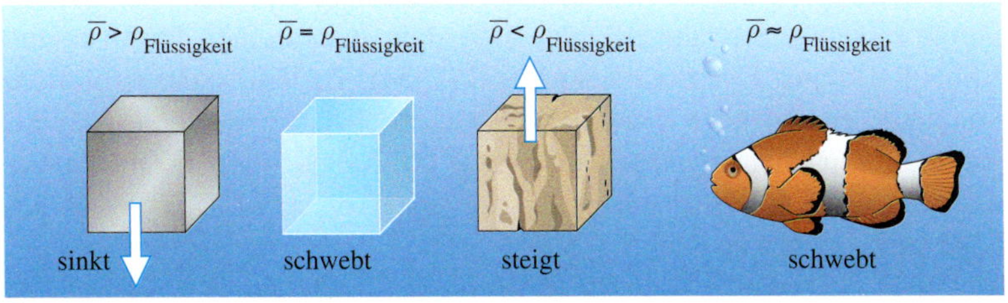

6

Ein Gegenstand mit der Masse 80 g schwebt also, wenn sein Volumen 80 cm^3 beträgt. Da dieser Gegenstand genau 80 g Wasser verdrängt, kann man auch sagen:

Ist die Masse des verdrängten Wassers größer als die eigene, so steigt er auf, ist sie kleiner, so sinkt er.

Ein einfaches Boot aus Eisen wird, einmal untergetaucht, sinken. Seine mittlere Dichte ist höher als die des Wassers. Die Masse des verdrängten Wassers ist kleiner als seine eigene. Auf der Wasseroberfläche schwimmt das Boot allerdings. Es verdrängt dort mehr Wasser als untergetaucht, so viel mehr, dass das verdrängte Wasser gerade seiner eigenen Masse entspricht. 119-1

7 Ein Gedankenexperiment

Aus der Technik Schweben, Steigen und Sinken in Luft

Auch für ein Luftschiff gilt dasselbe Gesetz. Nur muss man hier die mittlere Dichte des Luftschiffs mit der der Luft vergleichen bzw. die Masse des Luftschiffs mit der der verdrängten Luft. Als Füllung für Luftschiffe werden entweder sehr leichte Gase, wie der brennbare Wasserstoff, das teure Helium, oder einfach heiße Luft verwendet.

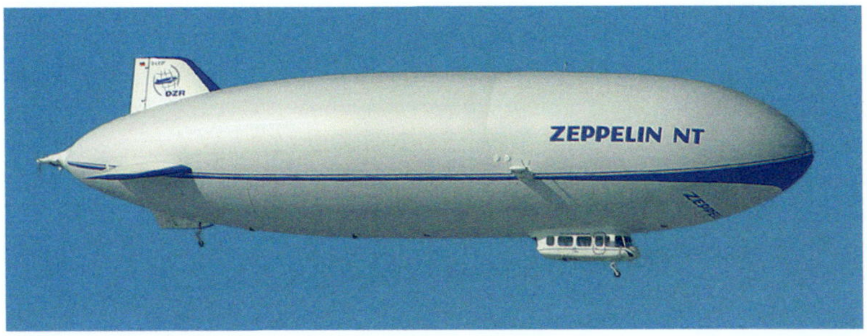

8

Ein Zeppelin beim „Tauchen" in der Luft

Gas bei 0 °C	Dichte in g/ℓ
Luft	1,292
Wasserstoff	0,090
Helium	0,178
Kohlenstoffdioxid	1,977
Luft bei 100 °C	0,946

Methode Fermiprobleme lösen

Musteraufgabe
Auf dem Jahrmarkt werden oft mit Helium gefüllte Luftballons verkauft. Lässt man sie los, so steigen sie auf.
Ist es gefährlich, 100 Ballons gleichzeitig zu kaufen?

Probleme wie dieses, bei denen nicht alle zur Lösung notwendigen Angaben gegeben sind, sondern abgeschätzt werden müssen und bei deren Lösung es am Ende nur auf die Größenordnung ankommt, nennt man Fermiprobleme. Sie sind benannt nach dem italienischen Physiker und Nobelpreisträger ENRICO FERMI (1901–1954). Er ließ seine verblüfften Studenten einmal ohne weitere Angaben abschätzen, wie viele Klavierstimmer es in Chicago gäbe. Sind es eher 10, 100 oder gar 1000? Genauer wollte er es nicht wissen. Er wollte nur sehen, ob seine Studenten in der Lage sind, logisch zu denken.

Anhand eines einfachen Fermiproblems soll gezeigt werden, wie du vorgehen musst, um solche Aufgaben zu lösen: *Kann ein Milliardär sein Geld nach Hause tragen?*

1 *Zusammenstellung der nötigen Werte*
Zuerst musst du herausfinden, welche Größe gesucht ist. Stelle die Daten, die du für die Lösung benötigst, zusammen und überlege, welche anderen Größen du daraus bestimmen kannst.
Wenn der Milliardär es möglichst einfach haben möchte, hebt er das Geld in möglichst großen Scheinen ab, das sind 500 €. Wir müssen also herausbekommen, wie viel ein 500-€-Schein etwa wiegt. Dann können wir ausrechnen, welche Masse insgesamt zusammenkommt.

2 *Abschätzung der nötigen Werte*
Zahlen und Werte, die du nicht kennst, kannst du durch Vergleiche schätzen. Überlege dir dabei den größten und kleinsten möglichen Wert. Es kommt darauf an, realistische Angaben zu schätzen, mit denen man leicht rechnen kann. Für die Abschätzung der gesuchten Größe reicht es aus, wenn du deine Werte rundest.
Natürlich kann man die genaue Masse eines 500-€-Scheins irgendwo erfragen, der Reiz besteht darin, sich anders weiterzuhelfen. Damit ein kleines Taschenbuch etwa 1 kg auf die Waage bringt, braucht es wahrscheinlich etwa 1000 Seiten, die mögen zwar größer, aber dafür auch dünner als der Geldschein sein. Somit wiegt ein 500-€-Schein etwa 1 g.

3 *Überschlagsrechung*
Führe mit den gerundeten Werten eine Überschlagsrechnung durch.
In diesem Fall können wir genau weiterrechnen: Die Millionen wiegen 2 kg, die Milliarden also ca. 2000 kg bzw. 2 Tonnen. Ohne Lkw ist da nichts zu machen.

4 *Überprüfung des Ergebnisses*
Dem Ergebnis solltest du jetzt nicht blind vertrauen. Oft erkennt man am Ergebnis sofort, dass man sich irgendwo verrechnet haben muss. Z. B. braucht Chicago gewiss nicht eine Million Klavierstimmer, mit einem Luftballon fliegt man bestimmt noch nicht fort. Kommt dir das Ergebnis nicht sinnvoll vor, so überprüfe auf jeden Fall deine Schätzungen und Rechnungen.
Der Unterschied zwischen Million und Milliarde ist immer wieder erstaunlich. Das Ergebnis erscheint jedoch sinnvoll und ist fast zwei Größenordnungen (Faktor 100) größer als die Masse eines schweren Koffers (20 kg). In Wirklichkeit wiegt ein 500-€-Schein übrigens 1,12 g, aber der genaue Wert war für die Lösung der Aufgabe nicht nötig.

Nun soll eine der vielen möglichen Lösungswege für die Musteraufgabe vorgestellt werden.

1 *Zusammenstellung der nötigen Werte*
Die Dichte von Helium findest du in der Tabelle auf Seite ↑118. Weiterhin brauchst du deine eigene Dichte, dein Volumen, deine Masse und das Volumen eines Luftballons.

2 *Abschätzung der nötigen Werte*
Die Dichte eines Menschen beträgt ungefähr 1 g pro cm^3, also 1 kg pro Liter. Das ist sogar eine sehr gute Schätzung, denn wir bestehen im Wesentlichen aus Wasser. Deine eigene Masse solltest du für eine Schätzaufgabe nicht zu exakt angeben, 50 kg oder 100 kg sind Werte mit denen man gut im Kopf rechnen kann. Bleiben wir bei 50 kg. Damit ist dein Volumen etwa 50 ℓ. Die Masse der Luftballonhülle vernachlässigen wir. Das Volumen eines Luftballons könntest du mit einer Wasserfüllung genau bestimmen, aber auch hier kommen wir mit einer Abschätzung auf eine richtige Größenordnung. Verformen wir unseren Luftballon zu einem Würfel, hätte dieser womöglich eine Seitenlänge von vielleicht 2 dm, der Würfel also ein Volumen von 8 ℓ, rechnen wir ruhig mit 10 ℓ weiter.

3 *Überschlagsrechung*
Die mittlere Dichte des Systems Mensch und Luftballons beträgt:

$$\frac{(m_{\text{Mensch}} + m_{\text{Ballons}})}{(V_{\text{Mensch}} + V_{\text{Ballons}})} = \frac{(50\,\text{kg} + n \cdot 10\,\ell \cdot 0{,}178\,\text{g}/\ell)}{(50\,\ell + n \cdot 10\,\ell)}.$$

Natürlich ließe sich die Gleichung exakt lösen, doch auch hier reicht eine Überschlagsrechung. Wir setzen für die Dichte von Helium $0{,}178\,\text{g}/\ell \approx 0{,}2\,\text{g}/\ell$, wandeln alles in Liter und Gramm um und erhalten:

$$\frac{(50\,000\,\text{g} + n \cdot 2\,\text{g})}{(50\,\ell + n \cdot 10\,\ell)}.$$

Für 100 Ballons ergibt sich:

$$\frac{(50\,000\,\text{g} + 200\,\text{g})}{(50\,\ell + 1000\,\ell)} \approx \frac{50\,000\,\text{g}}{1000\,\ell} = 50\,\frac{\text{g}}{\ell}.$$

Damit sind wir immer noch viel zu „dicht“, um zu fliegen, denn die Dichte der Luft beträgt etwa 1,3 g/ℓ. Erst in der Größenordnung von 10 000 Luftballons wird es gefährlich.

4 *Überprüfung des Ergebnisses*
Auch hier scheint die Größenordnung sinnvoll, beim Volumen kann man sich schnell verschätzen. Mit gut 10 000 Würfeln kann man einen großen Würfel mit einer Kantenlänge von nur 22 Würfeln zusammenstellen, in unserem Beispiel einen Würfel von weniger als 5 m Seitenlänge.

1 Im Kinofilm „Fluch der Karibik“ entkommt ein Pirat seinen Verfolgern, indem er ein Boot unter Wasser quasi als Taucherhelm verwendet. Ist das realistisch?

2 Schätze die Anzahl der Sandkörner in einem typischen Sandkasten ab. *Hinweis:* Hier solltest du den Sand schon etwas genauer anschauen.

3 Angenommen, dein Zimmer zu Hause wäre mit 1-ct-Münzen (1-€-Münzen) gefüllt. Wärst du dann schon Millionär oder gar Milliardär?

4 Welche Fläche haben die Blätter einer ausgewachsenen Buche?

5 Wie viele Bleistifte brauchte man, um einen Strich einmal um die Erde zu zeichnen?

6 Wie lang sind alle deine Haare hintereinandergelegt. Wie ändert sich diese Länge am Tag?

7 Wie viele Fußbälle passen in die Turnhalle?

8 Denke dir selbst eine Fermiaufgabe aus und löse diese.

121-1

Aufgaben

1 Wie sollte man das Volumen der folgenden Körper angeben:
- Heißluftballon (ℓ, cm^3, m^3)
- Nasentropfen (mm^3, ℓ, ml)
- Mensch (ml, ℓ, m^3)
- Reiskorn (mm^3, ml, dm^3)

2 Wie viel Sand (in cm^3) kann man in Flaschen oder Dosen mit den folgenden Rauminhalten füllen? 330 ml, 0,75 ℓ, 1 ℓ, 1,5 ℓ

3 Wie groß sind Volumen und Dichte dieser Körper?
- Stück Butter (250 g)
- Paket Zucker (1 kg)
- Physikbuch

4 Ein Liter Luft wiegt ungefähr 1,3 g. Berechne die Masse der Luft im Klassenraum.

5 Erstellt eine 2 m lange Dichte-Skala (0–20 g/cm^3) aus Papier oder Holz.
Jeder Schüler beschriftet mindestens 5 Kärtchen mit verschiedenen Körpern oder Materialien bekannter Dichte. (z. B. Goldmünze, Kupferschale, Holzlöffel …) Statt der Kärtchen könnt ihr auch kleine Gegenstände mitbringen.
Legt nun abwechselnd eure Kärtchen (oder Gegenstände) an die richtige Position neben die Skala. Diskutiert eure Entscheidungen.
Die Skala eignet sich auch hervorragend für verschiedene Präsentationen zum Thema „Welche Gegenstände sinken in Wasser, welche schwimmen in Quecksilber?".

6 Wie kannst du bei einer Kette prüfen, ob sie aus Gold ist, ohne sie zu beschädigen?

7 Aus welchem Material könnte das 50-g-Wägestück sein, welches in Bild ↑1 in einen Messbecher getaucht wird?

8 Dichte vergleichen

a Bestimme die Dichte von Wasser, Reis, Salz und Zucker. ↑2

b Die Dichte eines Reiskorns ist größer als die am Messbecher angegebene. Erkläre.

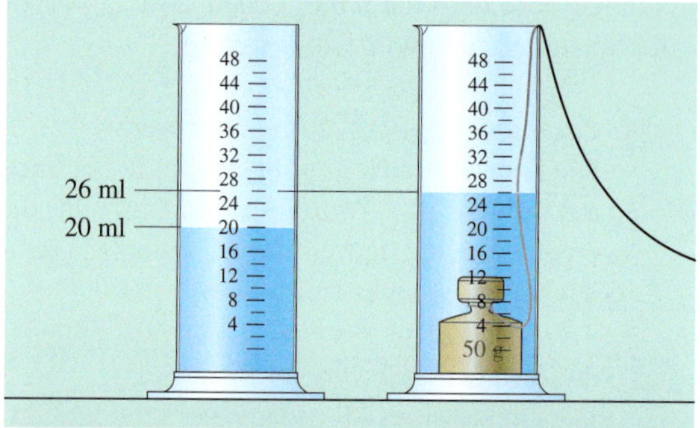

1

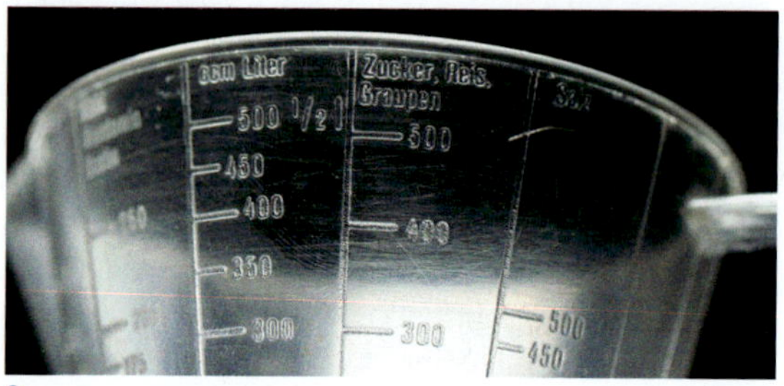

2

9 Übertrage die Tabelle unten in dein Heft und ergänze sie.

Musteraufgaben

Ein Stück Knete ($m = 30\,g$) verdrängt in einem Gefäß 15 ml Wasser. Berechne die Dichte.

Lösung: $\rho = \frac{m}{V} = \frac{30\,g}{15\,cm^3} = 2\,\frac{g}{cm^3}$

Wie groß ist die Masse eines Stücks Knete mit einem Volumen von 40 cm^3?

Lösung: $m = \rho \cdot V = 2{,}0\,\frac{g}{cm^3} \cdot 40\,cm^3 = 80\,g$

1 kg Knete wird verpackt. Berechne das Volumen.

Lösung: $V = \frac{m}{\rho} = \frac{1\,kg}{2{,}0\,\frac{g}{cm^3}} = \frac{1000\,g}{2{,}0\,\frac{g}{cm^3}} = 500\,cm^3$

Körper	Mittlere Dichte in $\frac{g}{cm^3}$	Flüssigkeit	Dichte in $\frac{g}{cm^3}$	Schwimmt	Schwebt	Sinkt
Eisenwürfel	?	?	?	×	–	–
Stahlkasten	0,4	?	?	×	–	–
Aluminiumdraht	?	Salzwasser	1,03	?	?	?
Korken mit Nägeln	1,0	Wasser, 95 °C	0,96	?	?	?
Korken mit Nägeln	1,0	Wasser, 4 °C	1,0	?	?	?

Die Dichte Die Dichte ρ ist der Quotient aus der Masse m eines Körpers und seinem Volumen V. Hat ein Würfel mit einer Kantenlänge von 1 cm eine Masse von 19 g, so beträgt seine Dichte:

$$\rho = \frac{m}{V} = \frac{19\,\text{g}}{1\,\text{cm}^3} = \frac{19\,\text{kg}}{1\,\ell} = \frac{19\,000\,\text{kg}}{\text{m}^3}.$$

Die Dichte ist bei gleichen Bedingungen eine konstante Eigenschaft jedes Stoffs. Im Beispiel könnte es sich um Gold handeln.
Wasser besitzt eine Dichte von etwa $1\,\text{g/cm}^3 = 1000\,\text{kg/m}^3$.

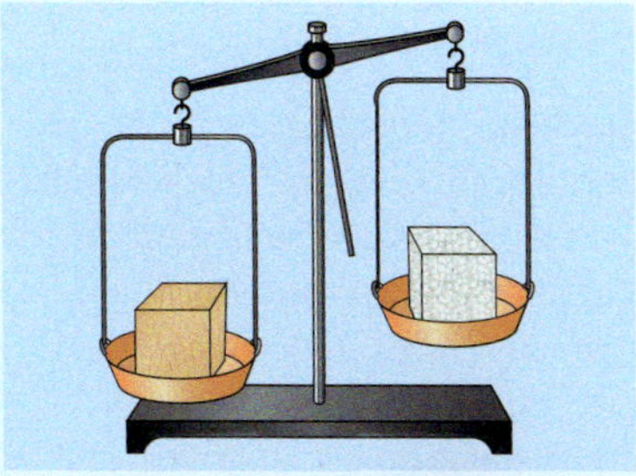

3

Schweben, Steigen und Sinken Ein untergetauchter Körper schwebt, wenn seine mittlere Dichte $\overline{\rho}_{\text{Körper}}$ genau der Dichte der Flüssigkeit $\rho_{\text{Flüssigkeit}}$ entspricht. Ist seine Dichte größer, so sinkt er, ist sie kleiner, so steigt er und schwimmt, wenn er die Oberfläche erreicht hat. ↑4

$\overline{\rho}_{\text{Körper}} > \rho_{\text{Flüssigkeit}}$: Körper sinkt.

$\overline{\rho}_{\text{Körper}} = \rho_{\text{Flüssigkeit}}$: Körper schwebt.

$\overline{\rho}_{\text{Körper}} < \rho_{\text{Flüssigkeit}}$: Körper steigt auf.

Statt die Dichten zu vergleichen, kann man auch die Massen des verdrängten Volumens vergleichen:
Ist die Masse des verdrängten Wassers größer als die eigene, so steigt der Gegenstand auf, ist sie kleiner, so sinkt er.

4

Alles klar?

1 Nenne je ein Beispiel für zwei Gegenstände A und B, bei denen:
a die Dichte von A größer als die von B und das Volumen von B größer als das von A ist
b die Dichte von A größer als die von B und die Masse von B größer als die von A ist

2 Wie bestimmt man das Volumen eines Atemzugs? Beschreibe dein Vorgehen.

3 Eisen schwimmt auf Quecksilber. ↑5 Gibt es auch Metalle, die in Quecksilber sinken?

4 Nach welchem Prinzip funktioniert eine „Sanduhr", bei der der Sand nach oben steigt? ↑6

5 Was ist genau gemeint, wenn man sagt, Eisen sei „schwerer" als Wasser? Warum könnte man den Satz missverstehen?

5

6

Erfahrungen mit Druck

Deine mittlere Dichte entscheidet darüber, ob du beim Tauchen unter Wasser bleibst. Je mehr Luft du vor dem Tauchen ausatmest, desto einfacher ist es, unter Wasser zu bleiben. Tauchst du allerdings etwas tiefer hinab, stellt sich ein unangenehmer Druck in deinen Ohren ein.

1

Der Druck in einem vollgepumpten Fahrradreifen gleicht dem in etwa 40 Meter Wassertiefe. ↑2, 3 Mit zunehmender Wassertiefe wird der Druck immer höher. Er erschwert bis heute die Erforschung der Tiefsee. Bemannte Tauchgänge in großen Tiefen erfordern einen hohen technischen Aufwand und sind somit sehr kostspielig. ↑4

Doch wie entsteht dieser Druck, wie macht er sich bemerkbar und was bedeutet „Druck" eigentlich genau?

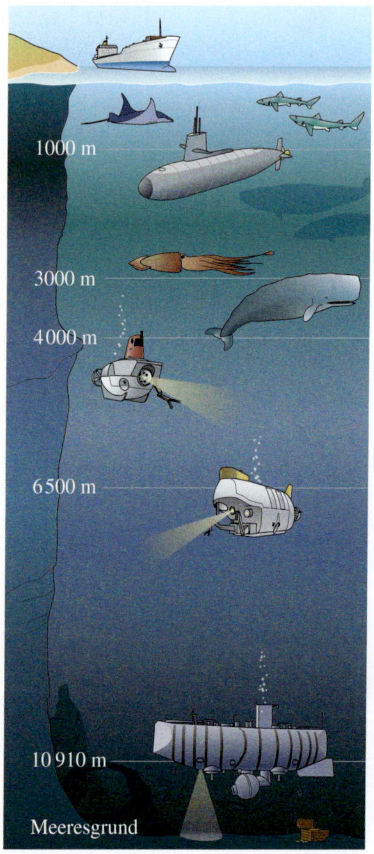

2

3 Fahrradreifen unter Druck

4 Bemanntes Tauchboot

Experimente

1 Kolbendruck

An einer Spritze befindet sich eine Kugel mit mehreren gleichen Düsen. Man füllt diese Kugelspritze mit Wasser und drückt den Kolben hinein.
Was beobachtest du? ↑5

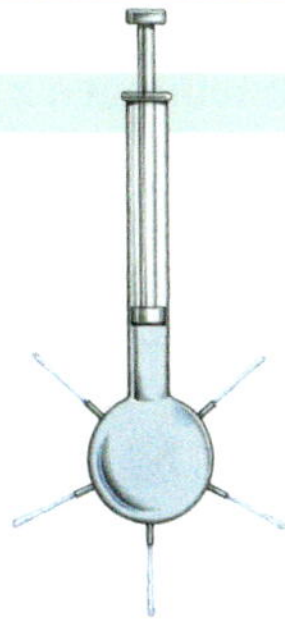

5

2 Luftballon unter Glas

Eine Flasche und ein Kolbenprober sind miteinander verbunden und mit Wasser gefüllt. In der Flasche befindet sich ein kleiner Luftballon. Der Kolben wird in den Kolbenprober hineingedrückt. Beschreibe deine Beobachtung. ↑6

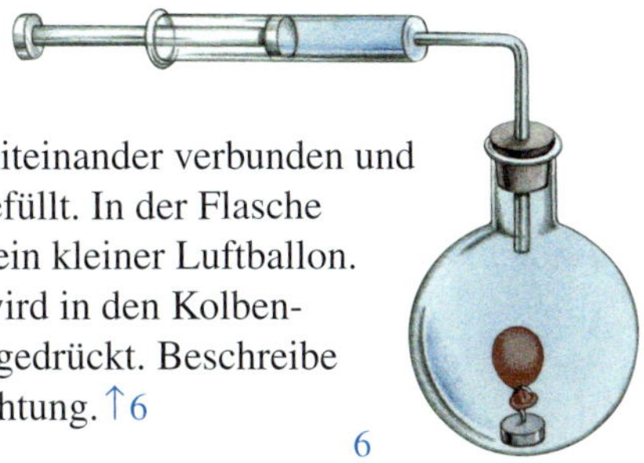

6

3 Schweredruck in Wasser

Eine Drucksonde besteht aus einer offenen Metalldose, über die eine Gummihaut gespannt ist. Drückt man auf diese Membran, so vergrößert sich in der Luft unter der Membran der Gasdruck. Diese Druckerhöhung wirkt auf das im U-Rohr befindliche Wasser und drückt es im linken Schenkel etwas nach unten. Zwischen den beiden Wassersäulen im U-Rohr entsteht ein Höhenunterschied. Dieser ist ein Maß für den Druck auf die Membran.
Mit einer solchen Sonde lässt sich der Druck in einer Flüssigkeit genauer untersuchen. ↑7

a Eine Drucksonde wird unterschiedlich tief in Wasser eingetaucht. Am U-Rohr-Manometer wird die Höhendifferenz abgelesen. Formuliere ein Ergebnis.

b Eine Drucksonde wird bei gleicher Tauchtiefe in unterschiedliche Flüssigkeiten gebracht. Formuliere wieder ein Ergebnis.

4 Verschiedene Gefäße

Auf das abgebildete Gerät werden nacheinander verschieden geformte Röhren mit gleicher Grundfläche aufgesetzt. Die Röhren werden jeweils bis zur gleichen Höhe mit Wasser gefüllt. Die Kraft auf die Grundfläche wird mit einem Wägestück über einen Hebel ausgeglichen. ↑8

a Stelle Vermutungen über den Druck am Boden der verschiedenen Gefäße an.

b Überprüfe deine Vermutungen durch Messungen. Formuliere ein Ergebnis.

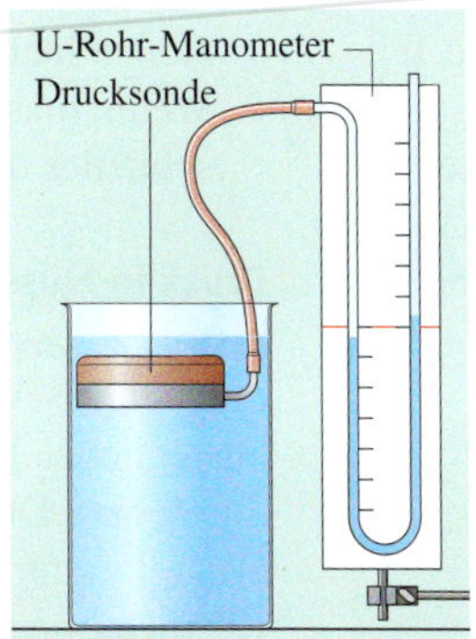

7

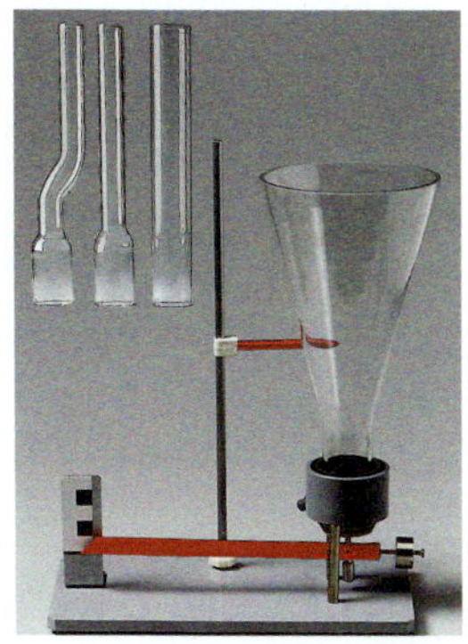

8

Probier 's mal!

1 Siphon

Puste kräftig in das Röhrchen. Was geschieht, nachdem du das Röhrchen aus dem Mund genommen hast? ↑9
Dieses Experiment kannst du auch mit einem Trinkröhrchen und einer mit Knete abgedichteten Wasserflasche probieren.

9

2 Keine Angst vor Spritzen

Besorge dir aus der Apotheke eine Plastikspritze und versuche einmal Luft und einmal Wasser etwas zusammenzupressen. Auf wie viel Prozent des Anfangsvolumens schaffst du es jeweils?

3 Wer gewinnt?

Puste gleichzeitig in zwei Trinkröhrchen, von denen eines in einem vollen, das andere in einem halbleeren Wasserglas steht. Wiederhole das Experiment mit einem vollen Wasserglas und einem vollen Glas mit einer stark konzentrierten Zuckerlösung.

4 Ein Bild sagt mehr als tausend Worte

Bohre mit einem Nagel in eine möglichst hohe Plastikflasche gleich große Löcher auf verschiedenen Höhen. Befülle die Flasche nun mit Wasser. Fertige eine Skizze an.

GRUNDLAGEN: Vorstellungen zum Druck

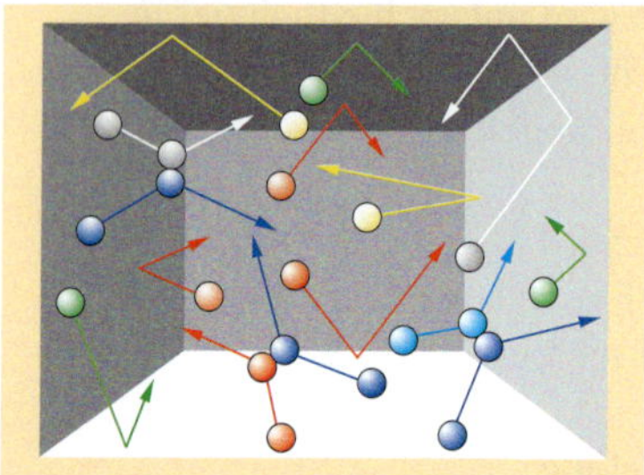

1

↑Basiskonzept Struktur der Materie

Schon gewusst?

Unter einem Vakuum versteht man einen Raum, in dem es nur noch sehr wenige oder keine Teilchen gibt.
Der Weltraum ist zum größten Teil ein fast perfektes Vakuum, ein besseres Vakuum, als man es auf der Erde herstellen kann.

Druck in eingeschlossenen Gasen Durch Anwendung des Teilchenmodells kann man sich die Entstehung des Gasdrucks besser vorstellen: Gase bestehen aus Teilchen. Diese können sich frei und ungeordnet bewegen. Befindet sich ein Gas in einem Gefäß, stoßen die Teilchen gegen die Wände. Von dort prallen sie zurück und fliegen mit geänderter Richtung weiter, bis sie gegen ein anderes Teilchen oder wieder gegen eine Wand stoßen. ↑1
Es gibt dabei keine bevorzugte Bewegungsrichtung der Teilchen und auch keine bevorzugte Gefäßwand, gegen die die Teilchen prallen.

Der Druck in einem eingeschlossenen Gas macht sich durch die Stöße der Gasteilchen gegen die Gefäßwände bemerkbar.
In einem Gefäß ist der Gasdruck an allen Stellen gleich groß. Der Druck wird größer, wenn die Teilchen häufiger oder wenn sie heftiger gegen die Gefäßwände stoßen.

Es gibt deshalb zwei Möglichkeiten, den Gasdruck in einem Gefäß zu erhöhen:

1. Wenn man das Volumen des Gefäßes verkleinert oder wenn man mehr Gas einfüllt, wird der Abstand zwischen den Teilchen kleiner, und sie stoßen häufiger gegen die Wände.
2. Wenn man die Temperatur des Gases erhöht, werden die Teilchen schneller und stoßen heftiger gegen die Wände.

Druck in Flüssigkeiten Es ist ein beliebtes Spiel, andere mit einer Wasserpistole zu bespritzen. Untersucht man eine solche Spritze genauer, erkennt man einen wasserdichten Zylinder. An einem Ende befindet sich ein beweglicher Kolben. Schiebt man den Kolben hinein, spritzt das Wasser durch eine Düse heraus. Durch das Hineinpressen des Kolbens wird das Wasser unter Druck gesetzt. Dabei werden auch auf die Gefäßwände Kräfte ausgeübt. ↑2
Zur besseren Vorstellung kann man auch auf Flüssigkeiten das Teilchenmodell anwenden: Flüssigkeiten bestehen aus Teilchen, die sich wie Murmeln ganz dicht beieinander befinden. ↑3
Drückt ein Kolben auf die Flüssigkeit, so können die Teilchen (Murmeln) kaum dichter zusammengedrückt werden. Die vom Kolben ausgeübte Kraft wird an alle Murmeln und in alle Richtungen weitergegeben. Die Kraft auf die Gefäßwände wird größer, und das heißt: Der Druck in der Flüssigkeit nimmt zu.

2

3

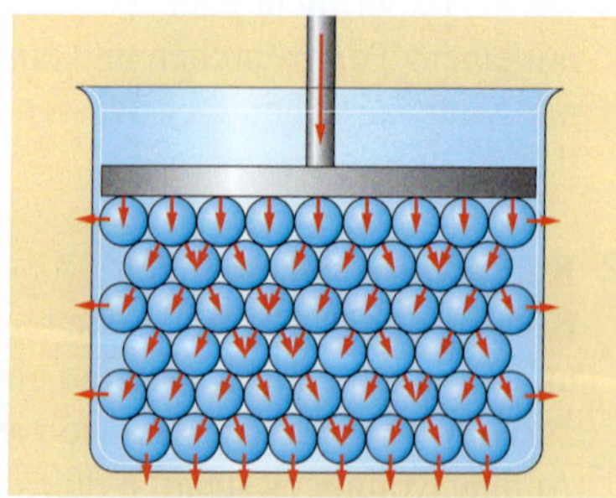

4

GRUNDLAGEN: Druck und Kraft

↑Basiskonzept Wechselwirkung

Schon beim Tauchen in geringen Tiefen spürt man deutlich einen „Druck auf den Ohren". Auch unter Wasser wird eine eingeschlossene Flüssigkeit zusammengepresst, nur ist es hier das „darüber liegende" Wasser, welches mit seinem Gewicht auf dem Wasser darunter lastet. Diesen Druck nennt man auch Schweredruck. Um das Gepresstsein, also den Druck zu definieren, stellen wir ein Gedankenexperiment an:

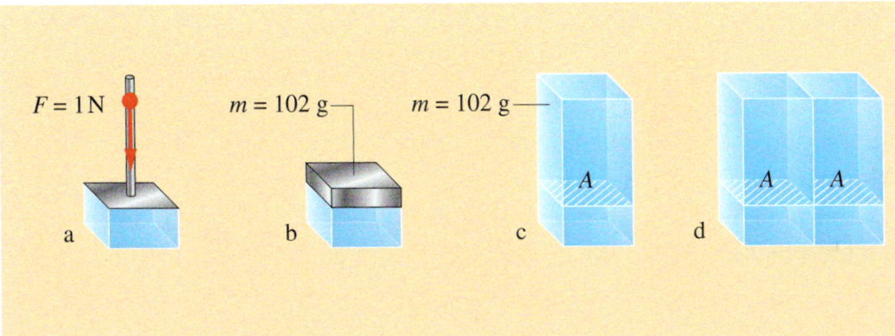

5

Statt eines Kolbens, der mit einer Kraft von 1 N auf etwas Wasser drückt, ↑5a können wir in Gedanken den Kolben durch ein passendes Wägestück ersetzen. ↑5b Um dieselbe Kraft auszuüben, brauchen wir 102 g. Den gleichen Druck in der Flüssigkeit erhalten wir auch, wenn wir das Wägestück durch eine Wassersäule mit derselben Masse ersetzen. Dieses presst mit seiner Schwerkraft das verbliebene Wasser genauso zusammen wie der anfangs verwendete Kolben. ↑5c

Verdoppelt man nun die Fläche, verdoppelt sich auch die Gewichtskraft des darüber liegenden Wassers. ↑5d Der Quotient aus Kraft und Fläche ändert sich also nicht. Offensichtlich bleibt dabei auch die Stärke des „Gepresstseins" in einer bestimmten Tiefe gleich. Es liegt deshalb nahe, den Druck folgendermaßen zu definieren:

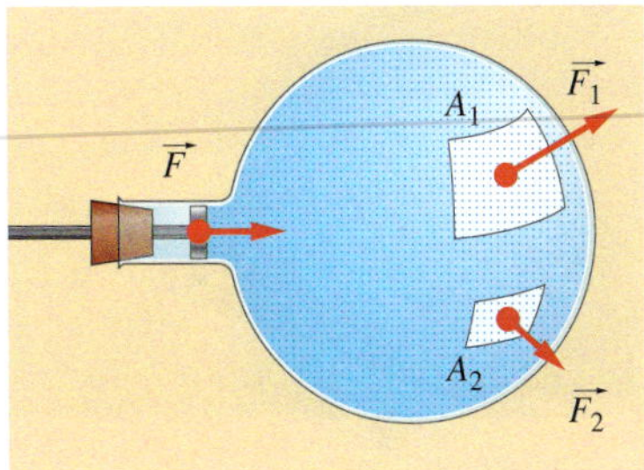

6

Beispiele für Drücke	
Pkw-Reifen	200 kPa
Lkw-Reifen	600 kPa
Fahrradreifen	bis 800 kPa
Spraydose	1000 kPa
Sauerstoffflasche	15 000 kPa
Pressluftflasche	20 000 kPa

Der Druck *p* in Flüssigkeiten und Gasen ist gleich dem Verhältnis aus der Kraft *F*, die das Gas oder die Flüssigkeit auf eine (Begrenzungs-) Fläche ausübt, und dem Flächeninhalt *A* dieser Fläche:

$F = p \cdot A$ **bzw.** $p = \frac{F}{A}$.

Die Einheit des Drucks bezeichnet man zu Ehren des französischen Forschers Blaise Pascal (1623–1662) als Pascal (Pa).

1 Pascal = 1 N/m² ist ein sehr kleiner Druck. Es ist zum Beispiel der Druck, der in einer Wassertiefe von etwa 0,1 mm herrscht. Man benutzt daher meist die Vielfachen dieser Einheit, nämlich Hektopascal (hPa), Kilopascal (kPa) und Megapascal (MPa):

1 Pa = 1 N/m²
1 hPa = 100 N/m²
1 kPa = 1000 N/m²
1 MPa = 1 000 000 N/m²

Zur Angabe des Drucks wird in der Technik häufig auch noch die ältere Einheit bar verwendet. Es gilt: 1 bar = 100 000 Pa = 1000 hPa = 1000 mbar.

Zur Messung des Drucks verwendet man ein Manometer. ↑7 127-1

7 Manometer an einer Tankstelle

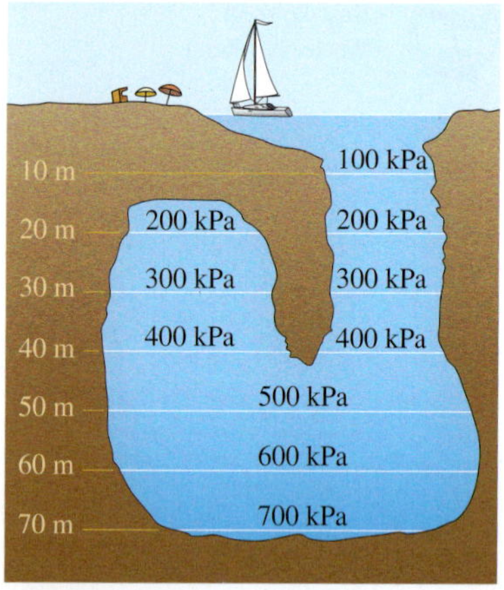

1 Schweredruck des Wassers

2 Staumauer

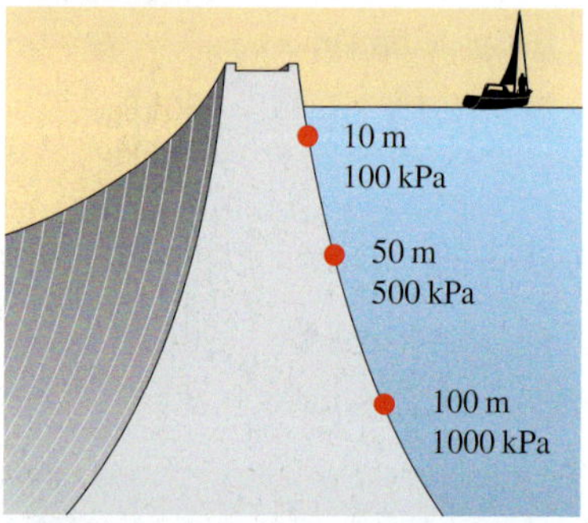

3 Die Kräfte auf die Staumauer nehmen nach unten hin zu.

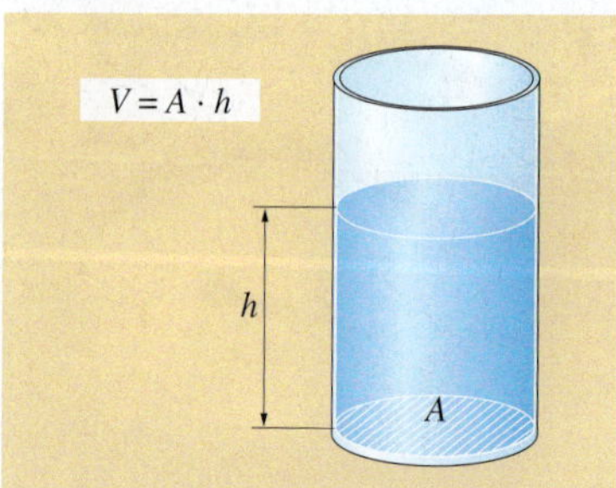

4 Höhe = Volumen / Grundfläche

GRUNDLAGEN: Das hydrostatische Paradoxon

Die Überlegungen zum Druck unter Wasser, dem so genannten Schweredruck, gelten streng genommen nur in Gefäßen mit senkrechten Wänden, in denen eine Flüssigkeitssäule auf eine Grundfläche wirkt. Experimente mit anderen Gefäßen zeigen allerdings:

Der Schweredruck in einer Flüssigkeit hängt nur von der Tiefe unter der Oberfläche ab, nicht aber davon, wie viel Flüssigkeit sich direkt über der Stelle befindet (hydrostatisches Paradoxon).

Das scheint auf den ersten Blick paradox, lässt sich aber wieder im Murmelmodell nachvollziehen. Die Kraft wird von der Flüssigkeit wie von den Murmeln in alle Richtungen weitergereicht. Erst wenn der Druck in einer bestimmten Wassertiefe überall derselbe ist, sich die Kräfte auf eine gedachte Fläche also die Waage halten, kommt das Wasser zur Ruhe.

Der Schweredruck des Wassers nimmt unabhängig von der Gefäßform pro 10 Meter um etwa 100 kPa zu.

Auch die Luft um uns herum wird von einer auf ihr lastenden Luftsäule zusammengedrückt.
Den Schweredruck der Luft nennt man **Luftdruck**.
Der Luftdruck schwankt etwas und beträgt in Meereshöhe etwa 1000 hPa.

GRUNDLAGEN: Berechnung des Schweredrucks

Die Zunahme des Schweredrucks mit der Tiefe müssen Ingenieure bei allen Wasserbauwerken berücksichtigen. Ein Beispiel dafür sind Talsperren, die als Talabschluss einen Stauraum zur Wasserspeicherung schaffen. Bei einer Gewichtsstaumauer nimmt die Dicke von der Krone zur Sohle hin zu. ↑3

Je tiefer eine Wasserschicht liegt, desto höher ist die Wassersäule darüber. Die Gewichtskraft nimmt mit der Höhe der Säule zu. Berechnen kann man den Schweredruck mithilfe der Gewichtskraft der darüber liegenden Wassersäule oder, noch einfacher, mithilfe deren Dichte:

$p = \frac{F_G}{A} = \frac{m \cdot g}{A} = \frac{\rho \cdot V \cdot g}{A} = \rho \cdot h \cdot g$ und somit gilt:

In der Tiefe h unter der Oberfläche beträgt der Schweredruck in einer Flüssigkeit $p = \rho \cdot h \cdot g$. Dabei ist ρ die Dichte der Flüssigkeit.

In 10 000 m Tiefe beträgt der Druck also 1000 kg/m^3 · 10 000 m · 9,81 N/kg ≈ 100 000 000 Pa = 1000 bar. Auf jeden Quadratzentimeter einer Tauchkugel wird somit eine Kraft von 10 000 N ausgeübt. Das entspricht etwa der gesamten Gewichtskraft eines Autos (m = 1 t).

Da der Schweredruck auch von der Dichte der Flüssigkeit abhängt, ist er in Meerwasser bei gleicher Tiefe um etwa 3 % höher als in Süßwasser.

GRUNDLAGEN: Druckunterschiede sorgen für Ströme

Zwei mit einer Flüssigkeit gefüllte Gefäße sind über einen Schlauch mit Ventil verbunden. Die Flüssigkeit steht in den Gefäßen unterschiedlich hoch. Wird das Ventil geöffnet, dann strömt zunächst Flüssigkeit von einem Gefäß in das andere. Schließlich hört die Strömung auf: Es hat sich ein Gleichgewicht eingestellt. ↑5–7

Diesen Vorgang kann man dadurch verstehen, dass man sich anstelle des Ventils eine bewegliche Wand vorstellt. Die Flüssigkeiten üben aufgrund ihres Schweredrucks in entgegengesetzter Richtung Kräfte auf diese Wand aus: $F_1 = p_1 \cdot A$, $F_2 = p_2 \cdot A$. Ist z.B. F_1 größer als F_2, wird die Wand nach rechts verschoben. Dadurch sinkt der linke Flüssigkeitsspiegel und der Schweredruck links von der Wand wird kleiner. Gleichzeitig wird der Druck rechts von der Wand größer. Die Wand wird so lange verschoben werden, bis beide Kräfte gleich groß sind, bis also der Druck auf beiden Seiten der Wand übereinstimmt: $p_1 = p_2$.

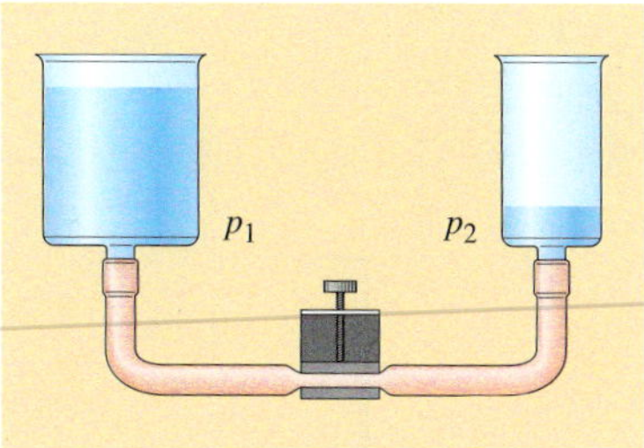

5

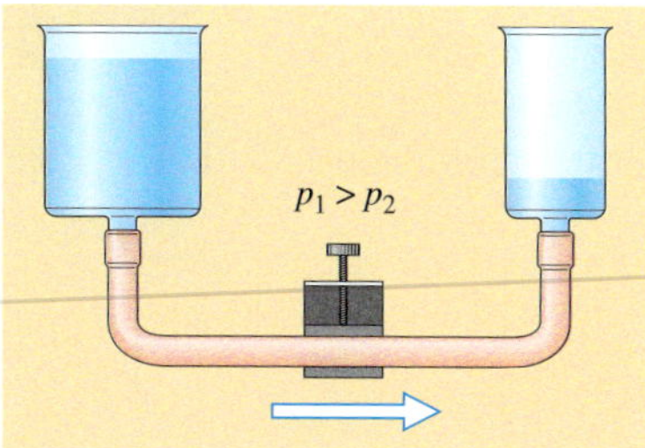

6

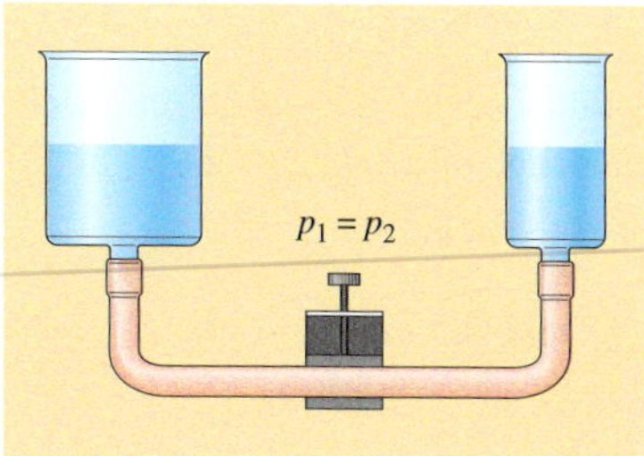

7

Ein Druckunterschied ist der Antrieb für einen Strom in Gasen und Flüssigkeiten.

So lässt sich auch das hydrostatische Paradoxon erklären. Angenommen, der Druck wäre in einer waagerechten Ebene einer Flüssigkeit nicht gleich groß, dann würde diese Druckdifferenz bestrebt sein, sich auszugleichen. Ein Flüssigkeitsstrom wäre die Folge. In großen Gefäßen wie den Weltmeeren oder der Lufthülle der Erde sind Druckunterschiede die Regel und führen zu Meeresströmungen und Wettererscheinungen.

In verbundenen Gefäßen stehen also gleiche Flüssigkeiten gleich hoch. Dieses physikalische Gesetz nutzt man in der Technik in vielfältiger Weise. Beispiele sind die Wasserversorgung in Wohnhäusern durch Wassertürme ↑8 und in Parkanlagen ↑9 sowie Geruchsverschlüsse in der Wohnung ↑10.

129-1

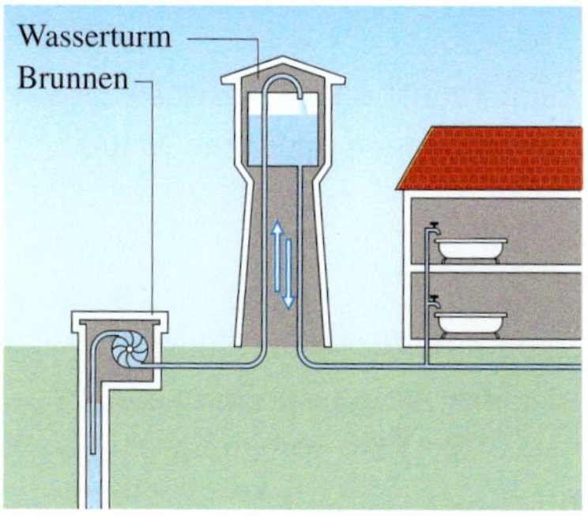

8 Wasserturm

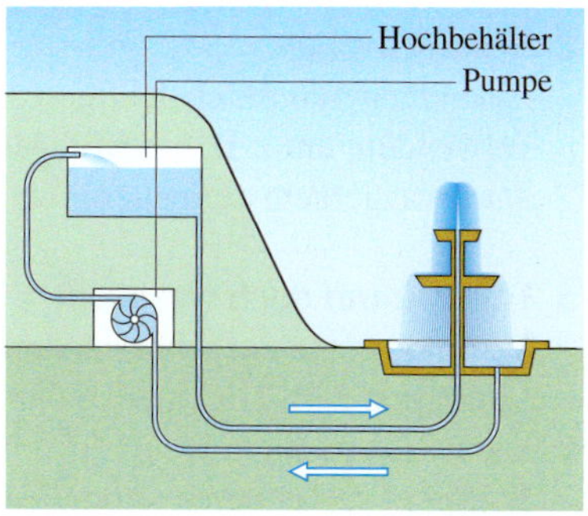

9 Springbrunnen

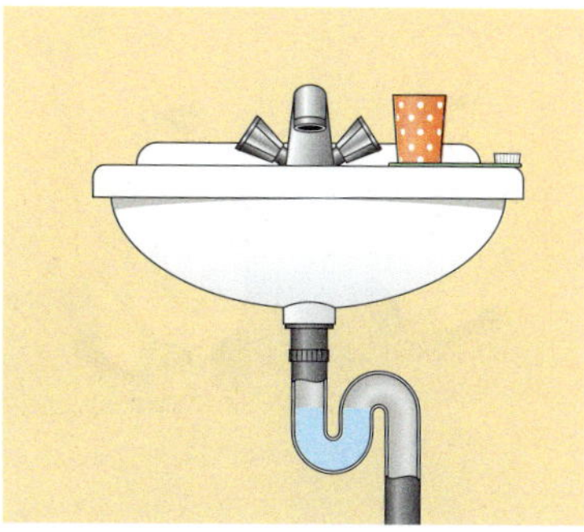
10 Geruchsverschluss

Methode Strukturen in der Physik – Antrieb, Stromstärke und Widerstand

Ein Druckunterschied sorgt für einen Gas- oder Flüssigkeitsstrom. Ein Temperaturunterschied hat einen Wärmestrom zur Folge. Der Unterschied vom Pluspol zum Minuspol einer Batterie bewirkt einen elektrischen Strom.

Diese Ähnlichkeiten in der Struktur in verschiedenen Gebieten der Physik gehen so weit, dass es oft hilfreich ist, sich einen Sachverhalt aus dem einen Gebiet mit analogen aus dem anderen vorzustellen. Dies gilt in besonderem Maße für die Elektrizitätslehre, in der man sich vieles mit Wasserkreisläufen veranschaulichen kann.

Als Widerstand in einem Strom bezeichnet man alles, was den Strom in seinem Fluss behindert. Im ersten Bild ist es das Wasserrad, im zweiten das Fenster (aber natürlich auch die Wände) und im dritten Bild die Lampe.

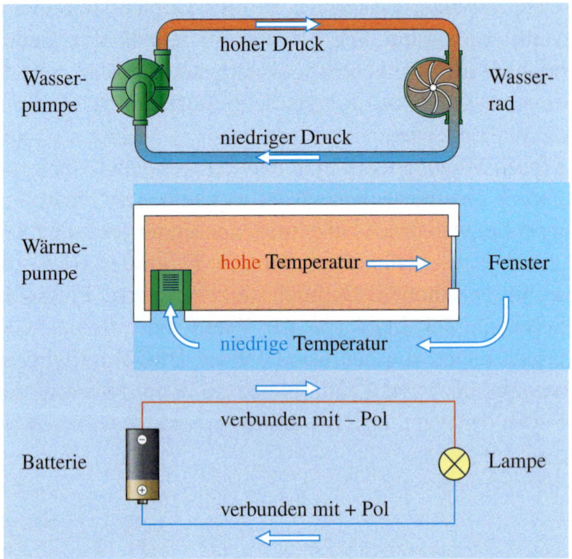

1

Der Gas- oder Flüssigkeitsstrom		hohen Drucks		tiefen Drucks.
Der Wärmestrom	*fließt von Stellen*	hoher Temperatur	*zu Stellen*	tiefer Temperatur.
Der elektrische Strom		mit Elektronenübeschuss		mit Elektronenmangel

↑Basiskonzept System

Probier 's mal!

2 Schlauchwaage

1 Aquarianertrick
Besitzer eines Aquariums leeren ihr Becken, ohne es zu bewegen, mit einem Schlauch. Baue den Trick mit Schlauch und Eimer nach.
Du kannst es auch mit zusammengesteckten Knicktrinkröhrchen und einem Wasserglas versuchen.

2 Schlauchwaage
Einen längeren durchsichtigen Schlauch kannst du als Wasserwaage verwenden, um z. B. ein Bild gerade aufzuhängen oder eine Mauer ganz waagerecht zu mauern. ↑2

3 Hier stimmt doch was nicht
Verbinde einen aufgeblasenen und einen nur etwas aufgeblasenen Luftballon z. B. mit einem Röhrchen, sodass keine Luft entweichen kann. Was passiert, wenn du zulässt, dass die Luft von einem Ballon in den anderen strömt? Warum ist das sonderbar?

Aus der Natur Warum werden Tiere in der Tiefsee nicht zerquetscht?

Wenn der Schweredruck in der Tiefe zunimmt, sollten Fische und andere Lebewesen dann nicht in tieferen Wasserschichten zerdrückt werden? Wasser kann praktisch nicht zusammengedrückt werden, es ist inkompressibel. Das Gleiche gilt für feste Stoffe. Eine offene Wasserflasche wird einen Tauchgang in die Tiefsee unbeschadet überstehen, eine mit Luft gefüllte, zugeschraubte jedoch von allen Seiten eingedrückt. ↑3
Tieren, die ausschließlich aus Flüssigkeiten und festen Stoffen bestehen, kann der enorme Druck somit wenig anhaben. Bei gasgefüllten Hohlräumen wird es in zunehmender Tiefe kritisch. Bei uns Menschen begrenzen die luftgefüllten Hohlräume hinterm Trommelfell und die Lungen unsere maximale Tauchtiefe. Der Nautilus ↑5 und ↑2, S. 116 besitzt mit seinen gasgefüllten Kammern zwar einen perfekten Tauchapparat. Taucht er aber zu tief, implodiert sein Gehäuse durch den großen Druckunterschied.
Fische mit einer Schwimmblase könnten zwar das Zusammendrücken der Schwimmblase überleben, dabei würde sich allerdings bei gleicher Masse ihr Volumen verkleinern und damit ihre mittlere Dichte steigen. Sie würden unweigerlich in die Tiefe sinken. Deshalb füllt oder leert ein Fisch seine Schwimmblase ständig so, dass ihr Volumen in etwa konstant bleibt. Ein besonders ausgeklügeltes System verwendet der Pottwal. ↑S. 132 f.
Menschen beginnen seit einigen Jahrzehnten zunehmend die Tiefsee zu entdecken. Ohne Hilfsmittel können wir mit besonderem Training etwa 30 m tief tauchen. Mit Pressluftgeräten, die die Druckdifferenz am Trommelfell verringern, erreicht man Tauchtiefen von etwa 70 m. ↑7 Probleme bereiten die im Blut gelösten Gase, die beim Auftauchen ihr Volumen vergrößern. Damit wir Menschen tiefer tauchen und trotzdem atmen können, müssen wir uns durch stabile Wände schützen. Weniger aufwendig ist die Verwendung von unbemannten Tauchrobotern. ↑6, 8 ↻ 131-1

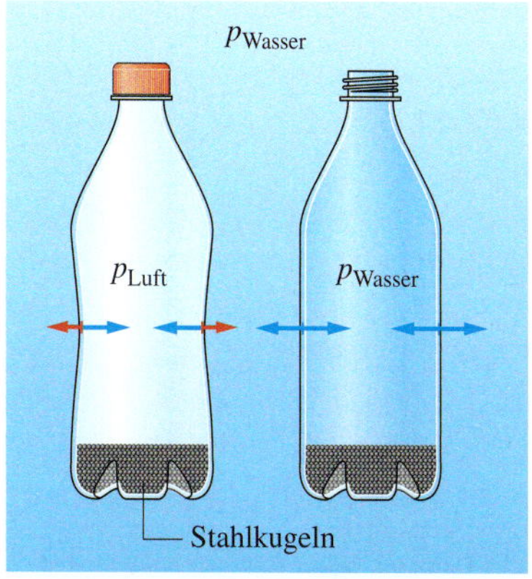

3 In großer Wassertiefe

4 Der Fangzahn – ein Tiefseefisch

5 Gehäuse eines Nautilus

6 Greifarm

7 Tauchen mit Pressluft

8 Tauchroboter

Der Pottwal taucht ab

In der ewigen Nacht der Tiefsee spielt sich regelmäßig ein besonderes Spektakel ab. Riesige Tintenfische kämpfen mit Pottwalen. Dieser Kampf wurde noch nie beobachtet, doch zeugen davon die vielen Abdrücke von z. T. tellergroßen Saugnäpfen und der Mageninhalt toter Pottwale. Pottwale jagen regelmäßig in einer Tiefe von über 1000 m, wahrscheinlich sogar bis 3000 m, nach Kalmaren (Tintenfische). Man hat in einem einzigen Pottwalmagen schon 15 000 Schnäbel von zumeist 1 m großen Tintenfischen gefunden.

Wale sind Säugetiere – nach neusten Erkenntnissen gehören sie eigentlich zu den Paarhufern und sind am nächsten mit den Nilpferden verwandt. Im Laufe der letzten 50 Millionen Jahre haben sie erstaunliche Anpassungen an den Lebensraum Wasser vollzogen:

Aufgrund des enormen Schweredrucks in über 1000 m Tiefe nimmt der Pottwal nur wenig gasförmigen Sauerstoff mit in die Tiefe. Mehr als 90 % des Sauerstoffs speichert er beim Luftholen in Blut und Muskeln. Einen Großteil der Luft nimmt der Wal im Nasenloch mit nach unten. Erst in der Tiefe pumpt er die Luft nach und nach in die Lungen und schafft so den Druckausgleich. Er besteht beim Tauchen zu fast 99 % aus nicht komprimierbaren Flüssigkeiten und Knochen. Da die Knochen das bis zu 58 t schwere Tier nicht „tragen“ müssen, haben sie eine vergleichsweise geringe Dichte. Die Knochen sind porös und fettgefüllt.

Bei allen Zahnwalen und besonders beim Pottwal fällt eine vorgewölbte Stirn auf. Hinter dieser verbirgt sich die mit besonderem Öl gefüllte „Melone“. Diese Melone soll dem Pottwal zur Bündelung der Echolotsignale dienen. Zudem ist das Öl im flüssigen Zustand leichter als Wasser. So gab es Vermutungen, dass der Pottwal diesen Ölvorrat durch Fluten der Nasengänge abkühlen und damit verfestigen kann. Diese gezielte Änderung seiner mittleren Dichte spielt beim Tauchen – wenn überhaupt – aber nur eine untergeordnete Rolle.

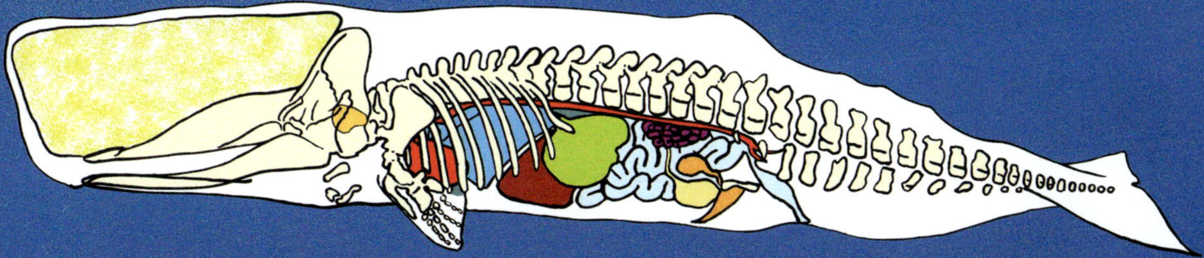

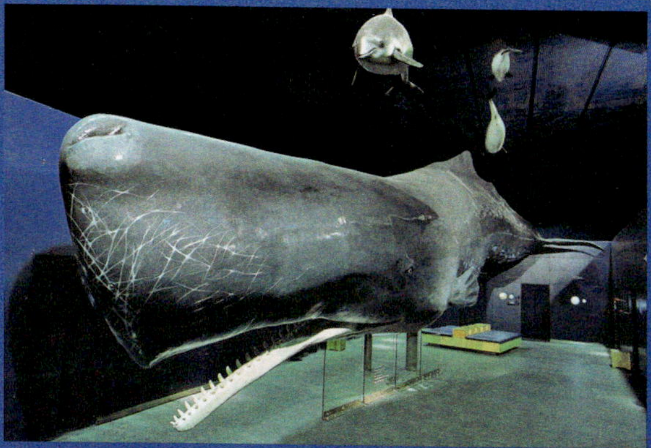

Pottwalskelett im Multimar Wattforum in Tönning, halbseitig als Vollplastik dargestellt

Pottwal (*Physeter macrocephalus*)

Geschlecht:	männlich
Lebendgewicht:	ca. 48 Tonnen
Länge:	17,5 m
Alter:	25 bis 30 Jahre
Gewicht des Schädelknochens:	ca. 2 Tonnen
Skelett:	157 einzelne Knochen

Am 4. Dezember 1997 vor der dänischen Insel Rømø gestrandet.

Gerade dieses hochwertige Öl führte in den letzten 300 Jahren fast zur Ausrottung dieser beeindruckenden Tiere. Das Buch „Moby Dick" von HERMAN MELVILLE schildert die grausame Jagd auf Pottwale. In neuerer Zeit wurden mit immer größeren Schiffen und neueren Waffen Jahr für Jahr mehr Wale getötet. Das Öl verwendete man in großen Mengen sogar in der Waschmittelindustrie. Allein 1963 wurden im Nordpazifik ca. 23 000 Pottwale erlegt. Inzwischen gibt es zahlreiche Artenschutzabkommen, der Bestand ist jedoch weiter gefährdet. 133-1

Illustration zu MELVILLES „Moby Dick"

Aufgaben

1

2 PASCALS Weinfass

4 Brennende Stückchen Methanhydrat, kurz nachdem sie geborgen wurden

1 Was passiert beim „Blubbern" mit einem Trinkröhrchen genau? ↑1

2 In einer Wasserleitung herrscht ein Druck von 2–5 bar, also 200 000–500 000 Pa. Welche Kraft musst du aufwenden, um den Wasserhahn zuzuhalten, welche Kraft um einen Feuerwehrschlauch mit dem gleichen Wasserdruck zuzuhalten? Die Querschnittsflächen sollst du schätzen.

3 Suche im Atlas nach den tiefsten Stellen in den verschiedenen Ozeanen. Berechne den Schweredruck in diesen Tiefen.

4 BLAISE PASCAL (↑S. 127) soll mit ein paar Gläsern Wein ein volles Weinfass zerstört haben. ↑2 Wie war das möglich?

5 Du tauchst in 20 Meter Tiefe unter einem schweren Containerschiff hindurch. Ändert sich das „Gepresstsein" des Wassers, also der Druck, durch die Anwesenheit des Schiffs?

6 Erkundige dich beim örtlichen Wasserversorger, unter welchem Druck er das Wasser „losschickt" und unter welchem Druck es in den Häusern ankommt. Bis in welches Stockwerk reicht der Druck aus? Präsentiert eure Ergebnisse in Form einer geeigneten Zeichnung. Vergleicht eure Zeichnungen und diskutiert Vor- und Nachteile der unterschiedlichen Darstellungen.

7 Durch das Rohr ↑3 fließt Wasser. Im linken Teil beträgt die Stromstärke 2 Liter pro Sekunde. Die Druckdifferenz auf der linken Seite beträgt 4 bar. Was kannst du über die Stromstärke und die Druckdifferenz im rechten Teil des Rohrs aussagen?

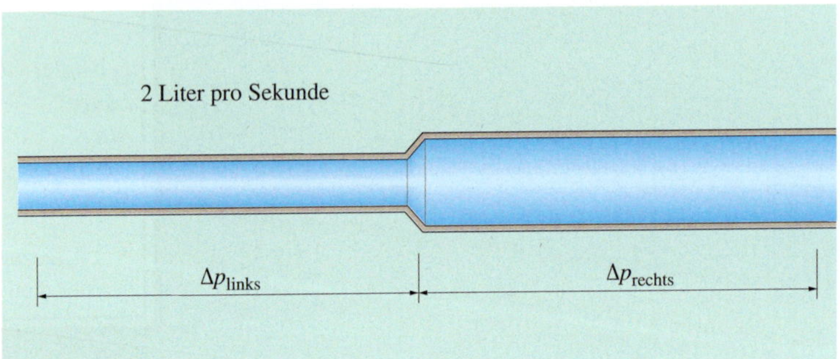

3

8 Methanhydrat findet sich in großen Mengen an den Kontinentalabhängen der Meere. Es entsteht dort bei einem Druck von etwa 2000 kPa aus kaltem Wasser und Methan. ↑4

a Welcher Wassertiefe entspricht dieser Schweredruck?

b Die Dichte des Methanhydrats beträgt 0,9 g/cm^3. Was ist daran erstaunlich?

c Recherchiere im Internet zum Thema Methanhydrat. Welche Hoffnungen und welche Gefahren werden mit diesem Stoff verbunden?

9 Zum Nachdenken: Beim Trinken mit einem Trinkröhrchen heißt es oft, man „ziehe" das Getränk nach oben. Das ist nicht ganz korrekt, denn Flüssigkeiten und Gase lassen sich nicht „ziehen". Dabei würden sie sofort auseinanderfallen. Vielmehr wird die Flüssigkeit durch das Trinkröhrchen nach oben gedrückt. Tauscht euch darüber aus, wer oder was die Flüssigkeit nach oben drückt?

Der Druck Er beschreibt einen Zustand (Gepresstsein) eines flüssigen oder gasförmigen Stoffs. Man kann dem Druck einen Zahlenwert p zuordnen, indem man die Kraft pro Flächeninhalt, also das Verhältnis von Kraft F und Begrenzungsfläche A, bestimmt.
Die Einheit des Drucks ist $1\,\text{Pa} = 1\,\text{N/m}^2$.

$$p = \frac{F}{A}$$

Gasdruck Wenn der Druck in einem Gas zunimmt, übt es auf jede Fläche der Gefäßwand eine größere Kraft aus. Man kann sich vorstellen, dass die Gasteilchen häufiger oder heftiger gegen die Fläche stoßen.

Es gibt deshalb zwei Möglichkeiten, den Gasdruck in einem Gefäß zu erhöhen:
1. Verkleinerung des Volumens
2. Erhöhung der Temperatur des Gases

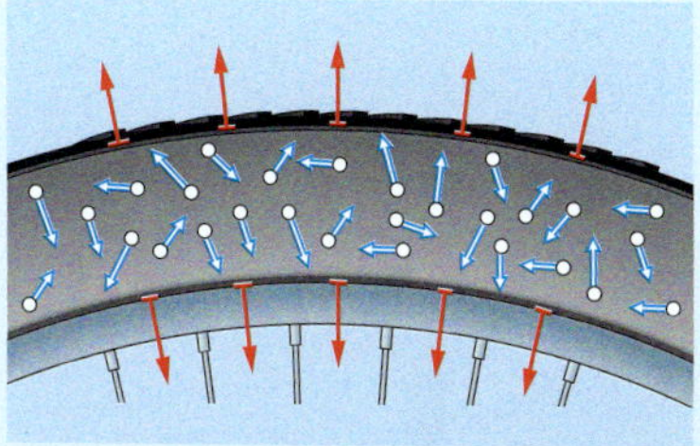
5 Gasdruck im Teilchenmodell

Druck in Flüssigkeiten Flüssigkeiten sind inkompressibel. Man kann sie sich im Teilchenmodell folgendermaßen vorstellen: Flüssigkeiten bestehen aus Teilchen, die sich wie Murmeln ganz dicht beieinander befinden. Eine von außen ausgeübte Kraft wird von Murmel zu Murmel in alle Richtungen weitergegeben, sodass ein Körper, der sich in der Flüssigkeit befindet, von allen Seiten Kräfte erfährt. In Bild ↑6 ist das der kleine Taucher.

6

Schweredruck In Flüssigkeiten herrscht auch in offenen Behältern ein Druck, der Schweredruck. Dieser entsteht in jeder Tiefe durch die Gewichtskraft der höher liegenden Flüssigkeitsschichten. Unabhängig von der Gefäßform ist der Schweredruck einer Flüssigkeit in einer bestimmten Tiefe h gleich.
Für beliebige Flüssigkeiten gilt: $p = \rho \cdot h \cdot g$.

ρ: Dichte der Flüssigkeit
h: Tiefe in der Flüssigkeit
g: Ortsfaktor, $g = 9{,}81\,\text{N/kg}$

Alles klar?

1 Was ist der Unterschied zwischen der Kraft auf den Kolben einer Spritze und dem Druck in der Spritze?

2 Welche Kraft wird auf dein Trommelfell etwa ausgeübt, wenn der Druckunterschied zum Innenohr 1 hPa beträgt? *Hinweis:* Das Trommelfell hat eine Fläche von etwas weniger als $0{,}1\,\text{cm}^2$.

3 Warum platzen viele Fische aus der Tiefsee, wenn man sie zu schnell nach oben holt?

4 Bei einem ungeübten Taucher kann schon ein Schweredruck von 180 000 Pa zu Orientierungsstörungen führen. Welcher Wassertiefe entspricht dieser Druck?

5 Kann ein Taucher in 50 m Tiefe einfach durch einen 50 m langen Schnorchel atmen?

6 Ist der Gasdruck in einem Luftballon zu groß, so platzt er. Welche Möglichkeiten gibt es, den Gasdruck zu erhöhen?

Kräfte beim Tauchen und Schwimmen

Nina kann die größere Celin mühelos hochheben. Wer oder was hilft ihr dabei? Denn eins ist klar: So etwas funktioniert nur unter Wasser oder auf dem Mond.

1

2 Blauwal

Ein Nilpferd mag auf dem Land tollpatschig und zu dick wirken. ↑3 Unter Wasser ist es jedoch leicht und wendig, obwohl es übrigens nicht wirklich schwimmen kann.

Auch bei den großen Dinosauriern ↑4 wird diskutiert, ob sie nicht zumindest zeitweilig im Wasser gelebt haben, damit ihre Knochen die große Last tragen konnten.

Und nicht zufällig lebt das größte Lebewesen aller Zeiten ↑2 im Meer. Trotz einer Masse von bis zu 200 Tonnen, „wiegt" der Blauwal unter Wasser fast nichts.

Aber wie kommt es, dass man im Wasser „leichter" wird? Wir werden sehen, dass es der Schweredruck im Wasser ist, der uns diesen Auftrieb verleiht. Ist diese Auftriebskraft genauso groß wie unsere Gewichtskraft, so schweben wir. Damit kann erklärt werden, warum ein Körper sinkt, schwebt, aufsteigt oder schwimmt.

3 Nilpferd

4 Die Zeit der Dinosaurier

Experimente

1 Auftrieb und Verdrängung

a Fülle einen Luftballon mit Wasser und binde ihn zu. Im Ballon darf keine Luft mehr sein. Hänge ihn an einen Kraftmesser. Miss folgende Größen und vervollständige die Tabelle:
- die Kraft F_G, die den Ballon in Luft nach unten zieht (Gewichtskraft)
- die Kraft F_W, die den Ballon nach unten zieht, wenn er ganz in Wasser eingetaucht ist
- das Volumen *V* des Wassers, das verdrängt wird, wenn der Ballon vollständig untergetaucht ist

b Führe das Experiment auch mit anderen Körpern durch, die in Wasser sinken. Verändere bei gleichem Material auch die Form. Fällt dir in der Tabelle etwas auf? Formuliere eine Vermutung.

2 Auftrieb in Flüssigkeiten

a Hänge einen Gegenstand, der in Wasser sinkt (Stein, Wägestück), an einen Federkraftmesser und bestimme seine Gewichtskraft F_G in Luft.

b Tauche den Gegenstand vollständig in Wasser ein und bestimme erneut die Gewichtskraft.

c Wiederhole die Messungen, tauche den Körper aber nur etwa zur Hälfte ein.

d Wiederhole die Messung mit einem der Körper in Öl oder einer anderen ungefährlichen Flüssigkeit.

e Mit Umlenkrolle, Faden und Federkraftmesser kannst du auch die Kraft bestimmen, mit der ein leichterer Körper im Wasser nach oben „will“. Entwirf ein Experiment und führe es durch. *Hinweis:* Der Kraftmesser darf nicht nass werden.

Gewichtskraft auf den Körper F_G in N	Nach unten gerichtete Kraft in Wasser F_W in N	Scheinbarer Gewichtsverlust $F_G - F_W$ in N	Volumen des verdrängten Wassers *V* in cm³	Gewichtskraft auf das verdrängte Wasser F_A in N
?	?	?		?

Probier 's mal!

1 Auftriebskraft im Wasser

Drücke einen Gummiball (oder ein Stück Styropor) ganz unter Wasser. Lass ihn dann los. Du kannst so die Wirkung der Kraft beobachten, die der Gewichtskraft entgegengerichtet ist. Warum nennt man diese Kraft wohl „Auftriebskraft“?

2 Gummibänder messen den Auftrieb

a Untersuche, ob Eisenmuttern im Wasser leichter sind als in der Luft. Verwende dazu ein Gummiband als Kraftmesser.

b Finde heraus, ob die Wassertiefe auch eine Rolle spielt.

c Ersetze das Wasser durch eine ungefährliche Flüssigkeit mit einer anderen Dichte.

3 Tauchende Streichholzköpfe und Orangenschalen

Die folgenden Taucher nennt man auch cartesianische Taucher. ↑7
Im Internet gibt es viele Anleitungen zur Herstellung dieser Taucher.

a Gib einige Streichholzköpfe in eine randvoll mit Wasser gefüllte Kunststoffflasche. Verschließe sie ohne Luftblasen. Drücke nun die Flasche etwas zusammen und beobachte die Streichholzköpfe. Du kannst es auch mit einem Stückchen Brot, etwas Orangenschale oder einer kleine Tüte Ketchup als Taucher versuchen.

b Was ist allen Tauchern gemeinsam? Was unterscheidet sie von Fischen mit Schwimmblase? Finde die Funktionsweise des cartesianischen Tauchers heraus.

5

6

7 Ursprünglich wurden cartesianische Taucher kunstvoll aus Glas hergestellt.

GRUNDLAGEN: Der Auftrieb

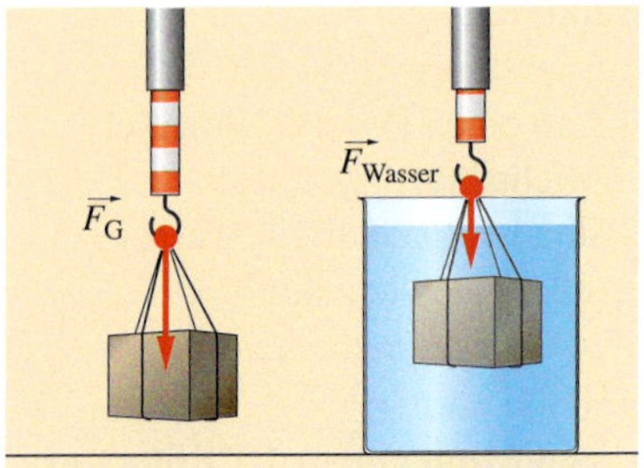

1

↑Basiskonzept Wechselwirkung

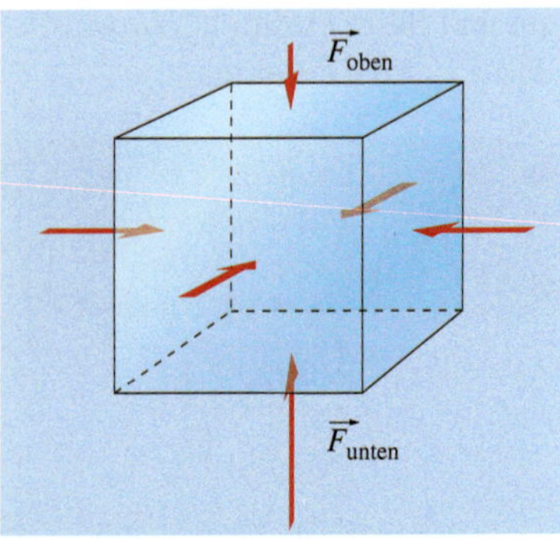

2

Unter Wasser kannst du schwere Gegenstände leichter tragen als an Land. In den Experimenten zeigt der Federkraftmesser eine kleinere Kraft an, wenn der jeweilige Körper in die Flüssigkeit eingetaucht ist. Es scheint, als würde auf einen untergetauchten Körper eine kleinere Gewichtskraft F_G ausgeübt.

In Wirklichkeit ist aber die Gewichtskraft eines Körpers in Wasser und in Luft gleich groß. Die Erdanziehung bleibt ja gleich.

Dass ein Körper im Wasser „leichter" ist, liegt daran, dass das Wasser auf den Körper eine Kraft nach oben ausübt. Diese Auftriebskraft ist die Differenz aus den in Bild ↑1 gemessenen Kräften:

$\vec{F}_A = \vec{F}_G - \vec{F}_{Wasser}$.

In Flüssigkeiten (und Gasen) wird auf eingetauchte Körper eine Auftriebskraft F_A ausgeübt.

Diese Auftriebskraft F_A wirkt der Gewichtskraft F_G entgegen. Deshalb kann ein Taucher einen großen Steinbrocken im Wasser zunächst leicht vom Grund anheben. Sobald der Stein aber aus dem Wasser herausragt, wird die Auftriebskraft kleiner und man muss am Ende die gesamte Gewichtskraft überwinden. Daher kann man häufig den Steinbrocken trotz größter Mühe nur teilweise aus dem Wasser herausheben.

Entstehung des Auftriebs In einer bestimmten Wassertiefe herrscht ein bestimmter Schweredruck. Dadurch übt das Wasser auf die Begrenzungsflächen eines eingetauchten Körpers Kräfte aus.

Bild ↑2 zeigt die Kräfte auf die sechs Flächen eines untergetauchten Würfels. Die Kräfte auf die vier Seitenflächen heben sich paarweise gegenseitig auf. Die auf die Bodenfläche und die Deckfläche des Würfels ausgeübten Kräfte heben sich jedoch nicht auf. Weil der Schweredruck mit der Tiefe zunimmt, ist die untere Kraft F_{unten} größer als die obere Kraft F_{oben}. Die Auftriebskraft F_A ist die Differenz aus diesen beiden Kräften.

Ersetzt man $F = p \cdot A$ und setzt für den Schweredruck $p = \rho \cdot h \cdot g$ ein, so erhält man:

$$F_A = F_{unten} - F_{oben}$$
$$F_A = p_{unten} \cdot A - p_{oben} \cdot A$$
$$F_A = \rho \cdot h_{unten} \cdot g \cdot A - \rho \cdot h_{oben} \cdot g \cdot A$$
$$F_A = \rho \cdot (h_{unten} - h_{oben}) \cdot A \cdot g$$
$$F_A = \rho \cdot V_{Würfel} \cdot g$$
$$F_A = m_{Wasserwürfel} \cdot g$$

Die Auftriebskraft entspricht somit genau der Gewichtskraft des vom Würfel verdrängten Wassers. Diese Überlegung lässt sich auf beliebig geformte Körper übertragen. Klebt man zwei Würfel zusammen und taucht diese unter, so ändert sich an den oben erlangten Ergebnissen nichts. Die seitlichen Kräfte heben sich immer auf und die Auftriebskräfte entsprechen weiterhin der Gewichtskraft des von allen Würfeln gemeinsam verdrängten Wassers. Da man sich jeden Körper wie aus Bausteinen ↑3 aus sehr vielen, sehr kleinen Würfeln zusammengesetzt vorstellen kann, gilt für beliebige Körper:

3 Tauchboot aus Bausteinen

Die Auftriebskraft F_A hat den gleichen Betrag wie die Gewichtskraft $F_{G, Flüss}$ der vom Körper verdrängten Flüssigkeit. Sie hängt nicht von der Form des Körpers und nicht von der Tiefe, sondern nur von dessen Volumen ab: $F_A = \rho_{Flüssigkeit} \cdot V_{Flüssigkeit} \cdot g$.

Diesen Zusammenhang stellte zuerst der griechische Naturforscher ARCHIMEDES (etwa 285–212 v. Chr.) fest. Nach ihm wird er **archimedisches Gesetz** genannt.

Mit der Experimentieranordnung in Bild ↑4 lässt sich das archimedische Gesetz sehr schön veranschaulichen. Taucht der Holzklotz in das Wasser, verdrängt er Wasser mit der Masse m, welches in den Messbecher abläuft und aus dem „System Waage" verschwindet. Nach dem archimedischen Gesetz fehlt dann aber genauso viel Wasser, wie der Holzklotz zusätzlich auf die Waage bringt. Die Waage bleibt im Gleichgewicht.
Aus dem archimedischen Gesetz folgen sofort die Bedingungen für das Steigen, Schweben und Sinken, aber auch für das Schwimmen. ↑5–8

139-1

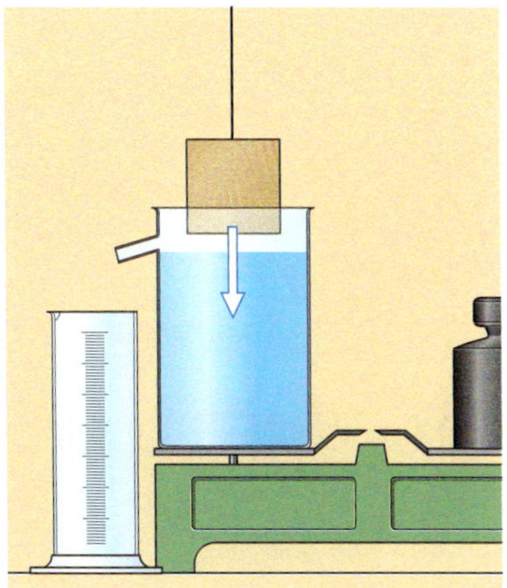

4

↑Basiskonzept System

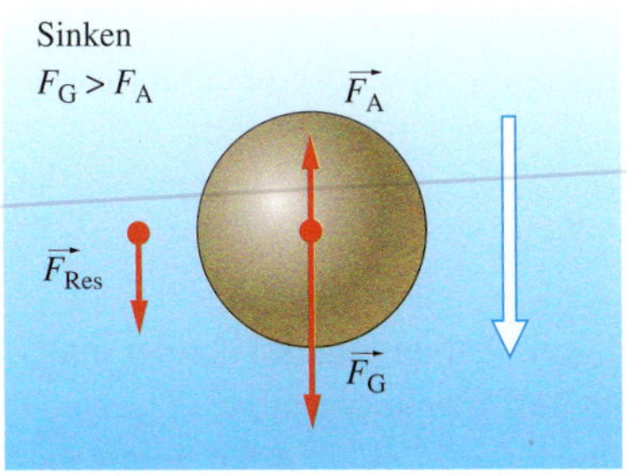

5

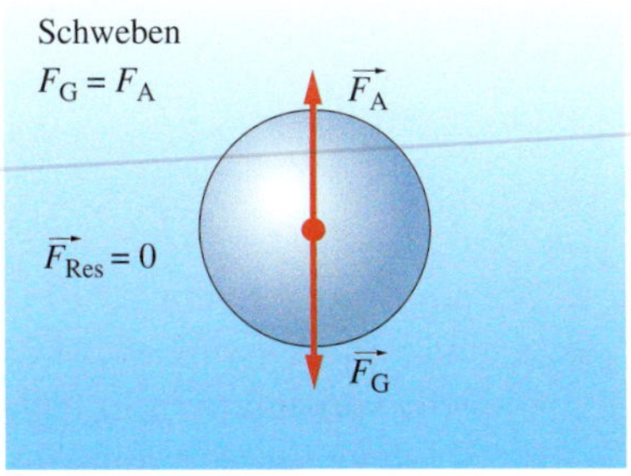

6

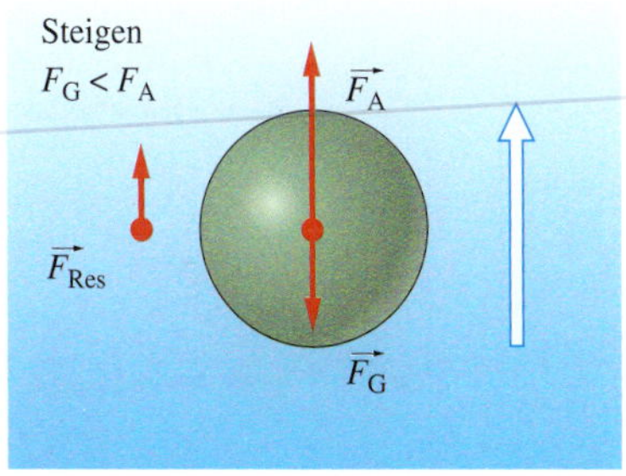

7

GRUNDLAGEN: Schwimmen

Ein Körper, dessen mittlere Dichte kleiner ist, als die der Flüssigkeit, steigt so lange auf, bis er die Oberfläche erreicht. Beim weiteren Aufsteigen verringern sich das verdrängte Volumen und damit die Auftriebskraft. Ist diese gleich der Gewichtskraft, so schwimmt der Körper und steigt nicht weiter auf. ↑8
Schiffe schwimmen, obwohl Körper aus Eisen auch sinken können. Sie schwimmen, weil sie eine besondere Form haben: Ihre Rümpfe sind hohl. Bereits bei geringer Eintauchtiefe verdrängt ein Schiff so viel Wasser, dass die Auftriebskraft und die Gewichtskraft auf das leere Schiff gleich groß sind. Für jede Tonne Ladung, die das Schiff aufnimmt, muss es 1 t Wasser mehr verdrängen.
Beladene Schiffe tauchen somit tiefer ein. ↑9
Wird ein Schiff undicht, so wird es immer schwerer. Schließlich sinkt es, weil das Schiff mit dem Leckwasser eine größere Masse hat, als es mit dem Rumpf verdrängen kann.
Neben dem statischen Auftrieb gibt es auch noch den **dynamischen Auftrieb**. Der entsteht z. B. durch Arm- und Beinbewegungen beim Schwimmen. So kannst du dich auch noch über Wasser halten, wenn du eine etwas höhere Dichte als Wasser hast.

139-2

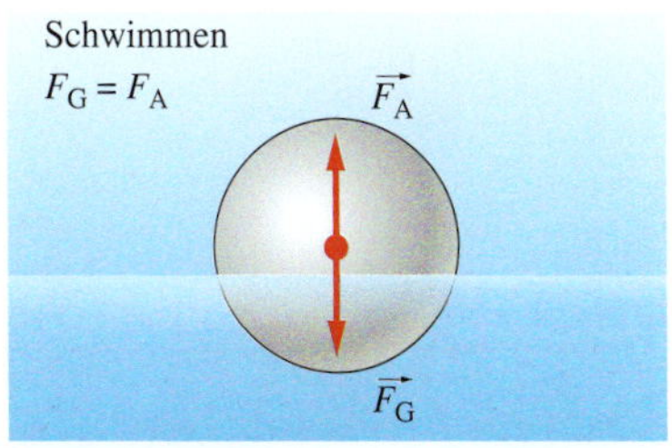

8

9

Aufgaben

8. Jahrgang. № 1. | Illustrierte Knaben-Zeitung. | Erscheint wöchentlich. Preis vierteljährl. 2 M. = 2 Frcs. 70 Cts. — in Oesterreich nach Kurs ausschließlich Stempel.

Der Oelprinz.

Von Karl May.

Erstes Kapitel. Das Kleeblatt.

Wer auf dem gewöhnlichen Wege von El Paso del Norte über den Rio Colorado nach Kalifornien hinüber wollte, der kam, bevor er Tucson, die Hauptstadt von Arizona erreichte, vorher nach der alten Mission San Xavier del Bac, welche ungefähr neun Meilen von Tucson entfernt liegt. Diese Mission wurde im Jahre 1668 gegründet und ist ein so prächtiges Bauwerk, daß es den Wanderer mit Staunen erfüllt, ein so glänzendes Monument der Zivilisation mitten in den Wildnissen von Arizona anzutreffen.

An jeder Ecke des Gebäudes erhebt sich ein hoher Glockenturm; die Front ist mit phantasti-

1

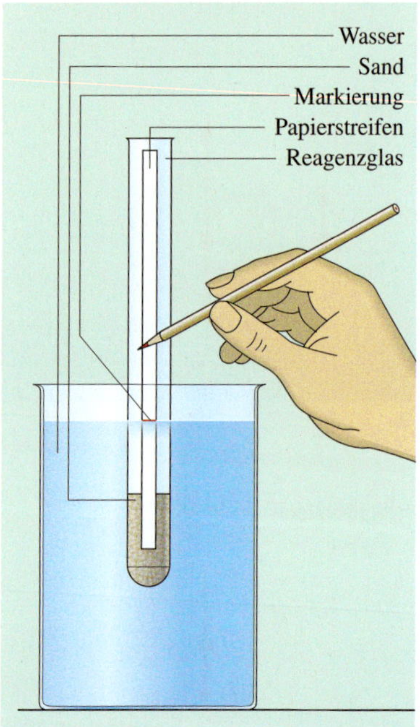

2

3 Im Hamburger Hafen

Musteraufgabe Ein Boot ($m = 100\,kg$) kann maximal $1\,m^3$ Wasser verdrängen, bevor es mit Wasser vollläuft. Bestimme die maximale Auftriebskraft. Wie viele Personen können noch zusteigen?

Gesucht: F_A

Gegeben: $\rho_{Wasser} = 1\,t/m^3 = 1000\,kg/m^3$
$V_{Wasser} = 1\,m^3$
$g = 9{,}81\,N/kg$

Lösung: $F_A = \rho_{Wasser} \cdot V_{Wasser} \cdot g$
$F_A = 1000\,kg/m^3 \cdot 1\,m^3 \cdot 9{,}81\,N/kg$
$F_A = 9810\,N$

Ergebnis: Die maximale Auftriebskraft auf das Boot beträgt 9810 N. Das entspricht der Masse des verdrängten Wassers: 1000 kg. So bleiben für die Last noch maximal 900 kg, also etwa 10 Personen.

1 Warum schwimmt ein Schiff?

2 In einem Buch von KARL MAY will ein Gauner einem Händler eine Ölquelle verkaufen. ↑1 Er behauptet, am Grund eines Sees lagern große Ölmengen, die vom Wasser niedergedrückt würden. Führt in Partnerarbeit ein Rollenspiel durch, bei dem der Händler dem Gauner mit physikalischen Argumenten eine Antwort gibt.

3 Auf dem Planeten Hydrargyrum schwimmen dessen Bewohner in Seen aus flüssigem Quecksilber. Erfahren sie dort mehr oder weniger Auftrieb als die Schwimmer unseres Planeten?

4 Begründe die folgende Aussage: Wasser in Wasser wiegt nichts.

5 Ein Eimer wird unter Wasser gedrückt.

a Welche Kraft braucht man etwa, um einen leeren 50-ℓ-Baueimer mit der Öffnung nach unten unter die Wasseroberfläche zu drücken?

b Die Luft im Eimer wird bei zunehmender Tiefe immer mehr zusammengedrückt. Wird die Auftriebskraft dadurch größer, kleiner oder bleibt sie unverändert?

6 Löse das Fermiproblem mit den Luftballons ↑S. 120 f. mithilfe des archimedischen Gesetzes.

7 Bild ↑2 zeigt ein Aräometer, ein Dichtemessgerät für Flüssigkeiten. Was genau misst es, wie funktioniert es?

8 Schätze die Masse des Schiffs. ↑3 *Hinweis:* Dies ist eine Fermiaufgabe. ↑S. 120 f. Nimm an, das Schiff sei 30 m breit und 200 m lang.

9 Unter Wasser und auf dem Mond ist man „leichter". Finde Unterschiede und Gemeinsamkeiten dieser Veränderung.

10 Eisberge befinden sich zum Teil über und zum Teil unter der Wasseroberfläche. Berechne das Verhältnis des untergetauchten Volumens zum Gesamtvolumen ($\rho_{Eis} = 0{,}92\,g/cm^3$).

Physik im Schwimmbad

Physikunterricht kann man zur Abwechslung auch einmal im Schwimmbad machen. Denn wo kann man Auftriebskräfte am eigenen Körper besser erfahren als im Schwimmbad?

4

Vorher allerdings noch einige wichtige Hinweise:

- Informiert unbedingt die Badeaufsicht über euer Vorhaben. Die Durchführung muss von einer Schwimmlehrerin/einem Schwimmlehrer bzw. Lehrerinnen und Lehren mit Rettungsschein beaufsichtigt werden.
- Nur wer über ein Schwimmabzeichen verfügt, darf die Tauchexperimente durchführen.
- Taucht für die Experimente nicht tiefer als 2 m. Größere Tauchtiefen erfordern viel Übung.
- „Hört" auf euren Körper und bleibt nicht zu lange unter Wasser, bei Erkältungen oder Heuschnupfen solltet ihr gar nicht tauchen.

5

Auftrag 1 Fahrstuhl ↑5
Material: –
Durchführung:
a Legt euch waagerecht ins Wasser und spielt durch Ein- und Ausatmen mit eurer mittleren Dichte.
b Eine Person rollt sich zu einem Päckchen ein und hält die Luft an. Der andere spielt mit seinem Partner Jo-Jo.
c Versucht, euch auf den Boden zu legen oder zu setzen.

6

Auftrag 2 Luftballon unter Wasser ↑6
Material: Luftballons, Plastikmaßband
Durchführung:
a Pustet einen Luftballon auf und lasst die Luft wieder heraus. Versucht es nun unter Wasser.
b Nehmt einen aufgepusteten, aber zugehaltenen Luftballon mit auf den Beckenboden. Seht ihr eine Veränderung? Messt den Umfang und bestätigt so eure Vermutung.

Auftrag 3 Der schwere Eimer ↑ 1, 2
Material: Eimer mit Henkel, Gewichte, Netz, 12 leere 1-ℓ-Flaschen aus Plastik
Durchführung:
Stellt den Eimer mit den Gewichten auf den Boden des Schwimmbeckens. Am Henkel des Eimers ist ein Netz befestigt.
Versucht nun den Eimer mit leeren Plastikflaschen zum Steigen zu bringen. Wie viele braucht ihr?

1

2

Auftrag 4 Eimer unter Wasser
Material: Baueimer
Durchführung:
Versucht mit vereinten Kräften einen umgestülpten Baueimer inklusive Luft mit in die Tiefe zu nehmen.

3

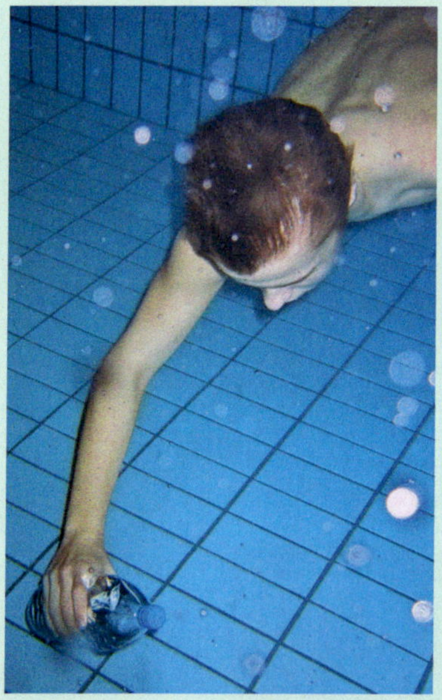
4

Auftrag 5 Der Schweredruck im Wasser ↑ 3, 4
Material: durchsichtiger Messbecher, leere Plastikflasche, mit Luftballon verschlossener Becher
Durchführung:
a Untersucht mit einem luftgefüllten umgestülpten Messbecher, wie stark die Luft zusammengedrückt wird.
b Beobachtet die folgenden Gegenstände während eines Tauchgangs in 2 m Wassertiefe:
  – eine leere zugeschraubte Plastikflasche
  – einen Becher, der mit einem Luftballon verschlossen wurde

Auftrag 6 Auftrieb
Material: Hakenwaage
Durchführung:
a Versucht eine andere Person im Wasser hochzuheben. Könnt ihr sie ganz aus dem Wasser heben?
b Messt die Gewichtskraft auf einen Körper, während er untergetaucht, halb untergetaucht bzw. nicht eingetaucht ist.

Auftrag 7 Ein langer Trinkhalm
Material: 2,5 m und 0,5 m Gartenschläuche
Durchführung:
a Versucht vom Beckenrand aus durch den Schlauch in verschiedene Wassertiefen zu blubbern.
b Drückt einen leeren Baueimer zur Hälfte ins Wasser. Füllt ihn mit dem kurzen Schlauch zur Hälfte mit Wasser (Aquarianertrick).

Auf einen Blick

Auftrieb In Flüssigkeiten und Gasen wirkt auf alle Körper eine Auftriebskraft F_A. Ursache der Auftriebskraft ist die Zunahme des Schweredrucks mit der Tiefe.

Die Auftriebskraft F_A ist gleich der Gewichtskraft F_G des vom Körper verdrängten Stoffs – archimedisches Gesetz.

Sinken, Schweben und Steigen Ein Körper, der vollständig in eine Flüssigkeit eintaucht, sinkt, schwebt oder steigt. Welche Bewegung der Körper ausführt, hängt allein von der Gewichtskraft F_G und der Auftriebskraft F_A ab:

$F_G > F_A$ – Sinken
$F_G = F_A$ – Schweben
$F_G < F_A$ – Steigen, bis der Körper auftaucht und F_A kleiner wird, sodass für den schwimmenden Körper $F_G = F_A$ gilt.

5

Alles klar?

1 Warum erfordert es viel Kraft, einen leeren Eimer ins Wasser zu drücken?

2 Das Fahrgastschiff „Moby Dick", das auf dem Rhein zwischen Bonn und Koblenz verkehrt, hat eine Masse von 120 t. Wie viel Kubikmeter Wasser muss es verdrängen, damit es schwimmen kann?

3 Fahren mit einem Heißluftballon
a Wodurch entsteht bei einem Heißluftballon die Auftriebskraft?
b Was muss der Ballonfahrer tun, wenn er aufsteigen oder sinken will?
c Warum starten Heißluftballons gewöhnlich frühmorgens oder abends nach Sonnenuntergang?
d Erfordert eine Ballonfahrt im Winter weniger Brenngas als im Sommer?

4 Die Geschichte von ARCHIMEDES und der Goldkrone wird oft mit einer Waage verdeutlicht.

7

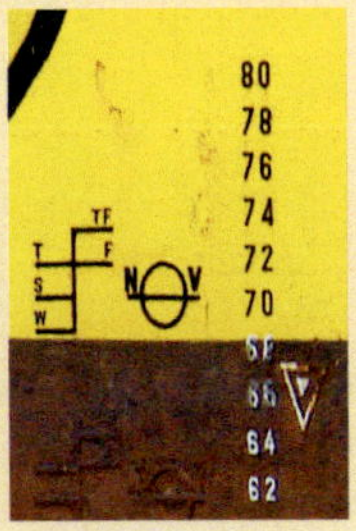

8

Erkläre die Fälschung der Krone mithilfe von Bild ↑7.

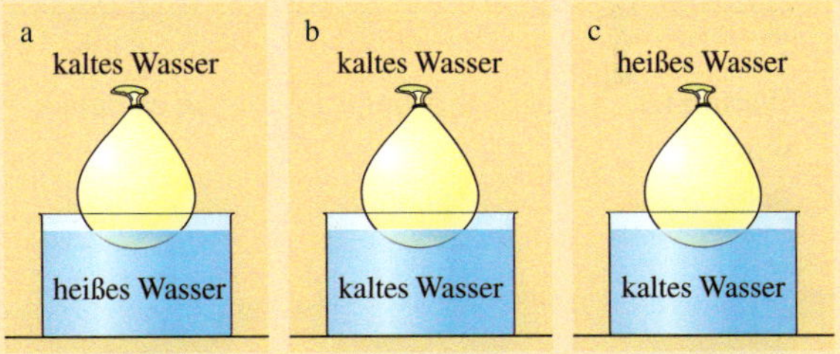

6

5 Was wird in den Experimenten ↑6a–c mit den Ballons geschehen? Schwimmen, schweben oder sinken sie?

6 Ein Schiff fährt von der Ostsee über die Nordsee in den Atlantik. Dabei wird der Salzgehalt des Wassers immer größer. Wo taucht das Schiff am tiefsten und wo am wenigsten tief ein?

7 An der Bordwand vieler Schiffe findet man Freibordmarken. ↑8 Diese zeigen die erlaubten Eintauchtiefen bei verschiedenen „Wassersorten" an. F bedeutet dabei Frischwasser, S Salzwasser im Sommer, W Salzwasser im Winter. Erkläre, aus welchem Grund die Frischwasserlinie über der Salzwasserlinie und die Sommerlinie über der Winterlinie liegt.

Check up

1 Was kannst du über die mittlere Dichte der Ballons aussagen? ↑1

1

2 Wie entsteht der Schweredruck in einer Flüssigkeit?

3 Welches Manometer zeigt den höchsten Druck an? ↑2

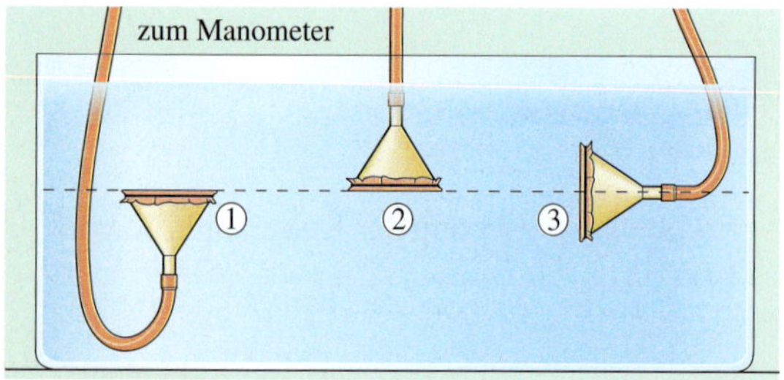

2

4 Warum taucht ein Schiff tiefer ein, wenn es beladen wird?

5 Weshalb müssen die beiden Flüssigkeitssäulen unterschiedlich hoch sein? ↑3

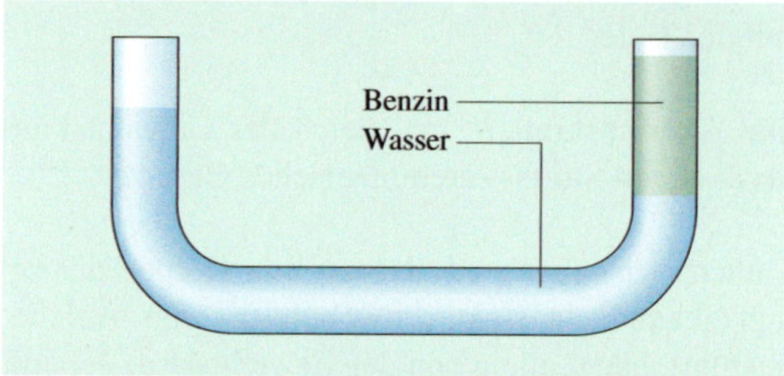

3

6 Warum wird ein Taucher nicht durch das Wasser über ihm zu Boden gedrückt?

7 Denke dir einen untergetauchten Körper. Auf ihn werden die Gewichtskraft und die Auftriebskraft ausgeübt. In welcher Beziehung müssen diese Kräfte stehen, damit der Körper aufsteigt, sinkt oder im Wasser schwebt?

8 Ein 200-kg-Fass soll auf die Ladefläche eines Lastwagens (80 cm Höhe) befördert werden.

a Es wird eine Rampe von 4 m Länge verwendet. Wie viel Kraft ist nötig?

b Die Rampe wird durch einen Flaschenzug ersetzt. Wie viele Rollen muss er haben, wenn man nicht mehr Kraft als bei der Rampe aufwenden will? Fertige eine Skizze an.

c Erläutere an den beiden Beispielen die goldene Regel der Mechanik. ↻ 144-1

Schätze deine Kenntnisse und Fähigkeiten ein.

Ordne dazu deiner Lösung im Heft ein Smiley zu:
☺ Ich konnte die Aufgabe richtig lösen.
😐 Ich konnte die Aufgabe nicht komplett lösen.
☹ Ich konnte die Aufgabe nicht lösen.

→ **Die Lösungen findest du im Anhang.**

Aufgabe	Fähigkeit	Hilfe findest du auf Seite ...
1, 4	Die mittlere Dichte als Kriterium für das Steigen, Schweben und Sinken eines untergetauchten Körpers verwenden.	118, 119
2	Die Entstehung des Schweredrucks begründen.	127, 128, 129
3, 5, 6	Den Schweredruck in Beispielen anwenden.	128, 129
7	Mithilfe der Auftriebskraft das Steigen, Schweben, Sinken und Schwimmen erklären.	129, 130
8	Einfache kraftumformende Einrichtungen beschreiben und ihren Einsatz bei den Energieübertragung erläutern.	102, 103, 105

Zukunftssichere Energieversorgung

In manchen Gegenden von Deutschland gehören seit einigen Jahren Windkraftanlagen zum Landschaftsbild. Auch wenn durch sie bislang nur ein bescheidener Beitrag zur allgemeinen Energieversorgung geleistet wird, zeigt sich in ihnen bereits der Beginn einer neuen Zeit. In Zukunft werden erneuerbare Energien die fossilen Brennstoffe nach und nach ersetzen müssen. Wie das Energieszenario in 50 Jahren genau aussehen wird, wissen wir noch nicht. Man kann aber davon ausgehen, dass dabei die Sonnenenergie in ihren verschiedenen Formen die entscheidende Rolle spielen wird. Ob als Lichtenergie in Solarzellen aufgefangen, als thermische Energie in Sonnenkollektoren gesammelt, als mechanische Energie aus dem Wind abgezweigt oder als chemische Energie aus den Pflanzen gewonnen – stets steht die Sonnenenergie als primärer Energielieferant dahinter.

Energie von der Sonne

Sonnenschein ist eine Grundlage für das Leben auf der Erde. Ohne ihn wäre die Erde eisig kalt, dunkel und eine einzige Wüste.
Wie gelangt die Sonnenenergie zur Erde? Wie viel Sonnenenergie kommt auf der Erde an und was wird aus der Energie, nachdem sie von der Erde aufgenommen wurde?

↑Basiskonzept Energie

↑Basiskonzept System

1 Sonnenlicht ist die Grundlage für das Leben auf der Erde.

2

3

4

Durch die Sonnenstrahlung wird die Erde auf eine Durchschnittstemperatur von 15 °C erwärmt.
Die Pflanzen sind unmittelbar auf das sichtbare Sonnenlicht angewiesen. Zum Wachsen nutzen die grünen Blätter der Pflanzen Licht. Dabei wird durch Fotosynthese aus dem Kohlenstoffdioxid der Luft, aus Wasser und Mineralien des Erdbodens organische Substanz gebildet. ↑2
Die Wettervorgänge sorgen dafür, dass durch Regen der Boden feucht gehalten wird. Wolkenbildung und Winde werden ebenfalls durch die Sonnenenergie in Gang gehalten. ↑3
Abgestorbene Pflanzen und Tiere sind die Grundlage für Kohle, Erdöl und Erdgas. In Jahrmillionen gelangten sie durch geologische Vorgänge unter die Erde und wurden zu Kohle, Öl und Gas. Diese fossilen Brennstoffe können daher als „Spardose der Sonnenenergie" angesehen werden. Wenn wir in unseren Wärmekraftwerken, Autos und Heizungen fossile Brennstoffe verbrennen, leben wir von der Sonnenenergie früherer Zeiten. Die Menschheit ist dabei, die Spardose so schnell zu plündern, dass der Zeitpunkt abzusehen ist, wann sie leer sein wird. ↑4
Die Menschen werden damit nicht nur einen wichtigen Rohstoff für verschiedene Werkstoffe und Arzneien verlieren. Durch das Verbrennen von Kohle, Öl und Gas gelangen wieder Substanzen mit negativen Folgen für das Klima in die Atmosphäre. Die Mehrheit der Wissenschaftler geht davon aus, dass darauf die seit etwa hundert Jahren zu beobachtende zusätzliche Erderwärmung und der Anstieg des Meeresspiegels zurückzuführen sind.
Der Menschheit bleibt letztlich nur die Möglichkeit, den hohen und weiterhin steigenden Energiebedarf aus der Sonnenenergie zu decken, die uns tagtäglich in unterschiedlichen Formen zur Verfügung gestellt wird. Diese solaren Energiequellen sind sowohl umweltverträglich als auch unerschöpflich. Die naturwissenschaftliche Technik unserer Tage ist darauf ausgerichtet, durch Solarzellen, Sonnenkollektoren, Windkraftanlagen, Wasserkraftwerke usw. Ersatz für die fossilen Energiequellen zu liefern.

Die Erde im Licht der Sonne

Die Erde bewegt sich im Laufe eines Jahres in etwa demselben Abstand um die Sonne. Dabei dreht sie sich jeden Tag einmal um sich selbst, sodass immer nur eine Hälfte beleuchtet und erwärmt wird (Tag) und die andere im Dunkeln liegt (Nacht).
Wie viel Sonnenenergie gelangt dabei im Durchschnitt auf die Erde und wie verteilt sie sich über die Erdkugel?

↑Basiskonzept Energie

↑Basiskonzept System

5 Die Erde im Licht der Sonne

Experimente

1 Strahlungsenergie messen
Mit diesem einfachen Experiment kannst du abschätzen, wie viel Strahlungsenergie der Sonne auf eine Fläche von 1 m^2 fällt. Deine Wangen werden als „Strahlungsmessgerät" benutzt. Halte eine Wange in die Sonne. Der gegenüberliegenden Wange wird eine 100-W-Lampe so weit genähert, bis du auf beiden Wangen das Gleiche spürst. ↑6
In diesem Zustand wird der Abstand zwischen Glühwendel und Wange gemessen. Mit welcher Energiestromstärke trifft das Sonnenlicht auf eine Fläche von 1 m^2?

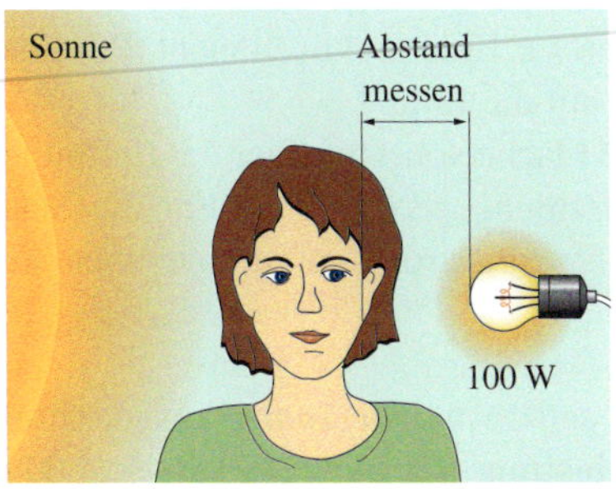

6 Abschätzung der Strahlungsenergie der Sonne

2 Energiestrom mit Solarzelle messen
Mit der in Bild ↑7 dargestellten Messschaltung mit einem Widerstand von 100 Ohm, kannst du durch Messung von U und I die Energiestromstärke P des Sonnenlichts bestimmen. Dabei musst du den Wirkungsgrad der Solarzelle berücksichtigen.

a Stelle die Solarzelle so in den Sonnenschein, dass die Strahlung senkrecht auf die Oberfläche fällt. Bestimme die Energiestromstärke.

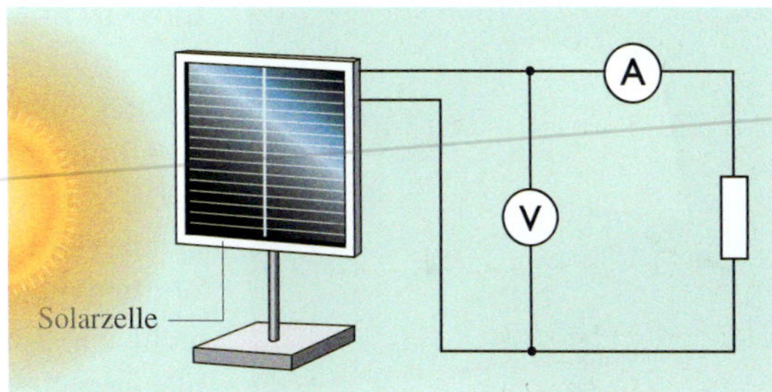

7 Messung der Energiestromstärke

b Berechne die Stärke des Energiestroms der Sonne, indem du davon ausgehst, dass nur etwa 10 % der Sonnenenergie in elektrische Energie umgewandelt werden.

c Richte die Solarzelle in unterschiedlichen Winkeln zur Sonnenstrahlrichtung aus (60°, 45°, 30°) und bestimme die Energiestromstärke. Wie kommt es zu den Unterschieden?

3 Tellurium
Demonstriere mit einem geeigneten Modell ↑8 die Entstehung der Jahreszeiten. Begründe, warum die Verteilung des Energiestroms von der Sonne abhängig von der Jahreszeit und der geografischen Breite des Ortes ist.

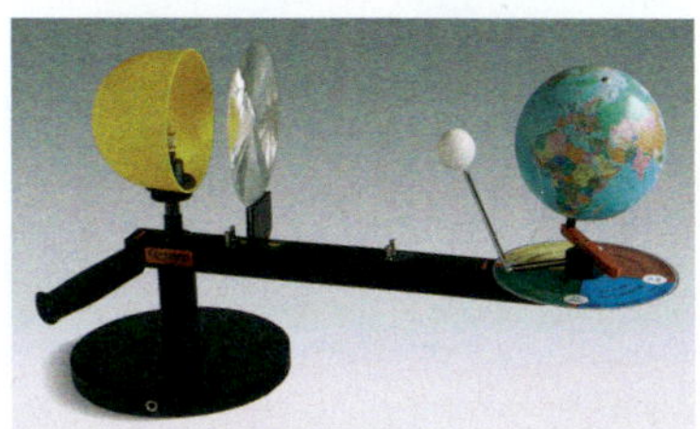
8

Experimente

4 Solarkonstante messen

Für dieses Experiment musst du eine Getränkedose folgendermaßen vorbereiten: Der Boden der Getränkedose wird mit Ruß oder mattschwarzer Farbe gefärbt. Bei strahlendem Sonnenschein wird die Dose mit dem geschwärzten Boden zur Sonne ausgerichtet. Sie wird mit Wasser gefüllt, dessen Temperatur etwa 2 °C unter der Außentemperatur liegt. Zur Messung der Temperatur des Wassers wird ein Wärmefühler durch ein kleines Loch passgenau (mit Dichtungsmasse abdichten) in die Dose eingeführt. Dann misst du die Zeit, die vergeht, bis die Temperatur 2 °C über der Außentemperatur liegt. ↑1

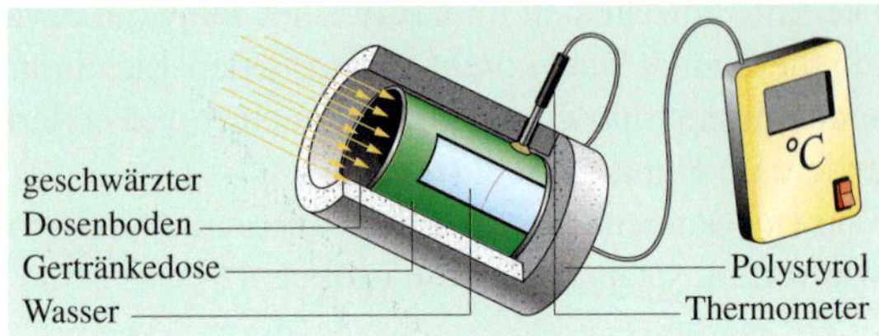

1

Aus der Masse *m* des Wassers, der Wärmekapazität *c*, der Temperaturdifferenz $\Delta\vartheta$ und der Zeit Δt kannst du die Energiestromstärke *P* berechnen (*Hinweis:* $P = \Delta E / \Delta t$ mit $\Delta E = c \cdot m \cdot \Delta\vartheta$). Anschließend kann man wie in Experiment 1 die Energiestromstärke auf eine Fläche von 1 m^2 beziehen.

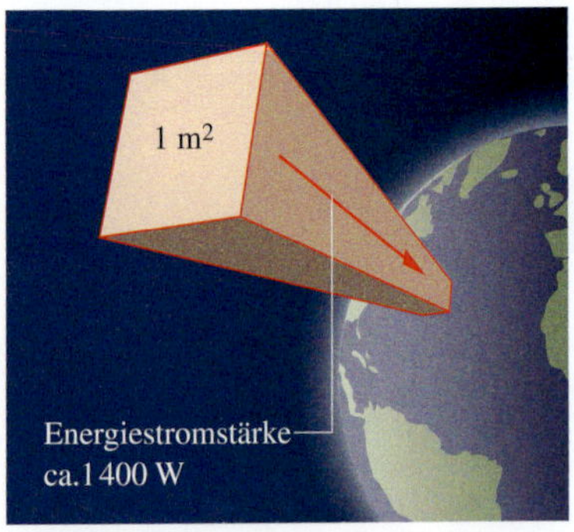

2 Zur Definition der Solarkonstante

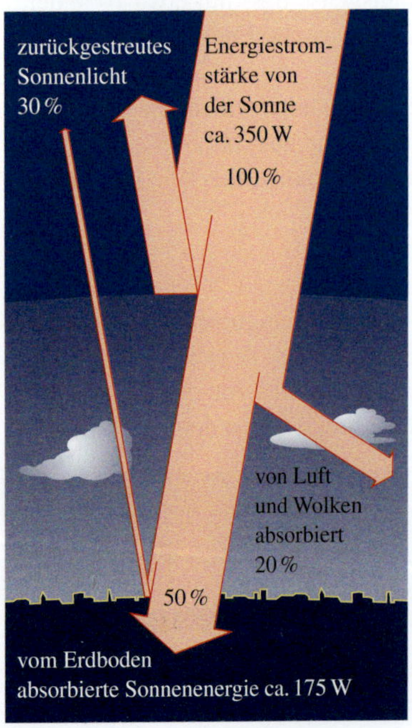

3 Verteilung der Energiestromstärke in der Atmosphäre und am Erdboden

GRUNDLAGEN: Wie viel Sonnenenergie gelangt auf die Erde?

Während ihres jährlichen Umlaufs um die Sonne ist die Erde immer annähernd gleich weit von der Sonne entfernt. Daher ändert sich der Energiestrom von der Sonne zur Erde praktisch nicht. Pro Zeiteinheit strömt stets gleich viel Energie auf die Erde. ↑2

Wir betrachten eine Fläche von 1 m^2 über der Lufthülle der Erde, die senkrecht zur Sonnenstrahlung gerichtet ist. Für die Stärke des durch diese Fläche geflossenen Energiestroms misst man einen Wert von 1,37 kJ/s = 1,37 kW.

Der durch eine senkrecht zur Sonne ausgerichtete Fläche von 1 m^2 fließende Energiestrom hat eine Stärke von 1,37 kW. Diese Größe S_E heißt Solarkonstante.

Das entspricht etwa dem Energiestrom, der von einer viel kleineren elektrischen Kochplatte auf Heizstufe 3 abgegeben wird.

Der insgesamt auf der Lufthülle der Erde auftreffende Energiestrom geht durch die Querschnittsfläche der Erde hindurch und hat eine Stärke von $P_a = 174{,}5 \cdot 10^{12}$ kW. Er trifft auf eine sich drehende Erdkugel mit einer Oberfläche, die viermal so groß ist wie die Querschnittsfläche.

Auf jeden Quadratmeter der Lufthülle der Erde trifft durchschnittlich nur ein Viertel des durch die Solarkonstante gegebenen Wertes von 1,37 kW auf, also 342 W.

Der Energiestrom wird beim Durchqueren der Atmosphäre geschwächt. Denn das Sonnenlicht wird an der Luft und an Wolken gestreut und absorbiert. Im Mittel kommt daher nur ein Energiestrom der Stärke von 175 W pro Quadratmeter als Strahlung an. ↑3 Da es sich hier um einen über die ganze Erdoberfläche gemittelten Wert handelt, liegt der tatsächliche Wert je nach Breitengrad und Wolkenbedeckung darunter oder darüber. In Deutschland misst man im Durchschnitt nur etwa 110 W/m^2. 148-1

GRUNDLAGEN: Energiestromverteilung Deutschland

In der Grafik sind die über viele Jahre gemittelten Energiestromstärken angegeben, die in Deutschland pro Quadratmeter auftreffen. Die Werte sind selbst in den Regionen mit den größten Energiestromstärken von ca. 140 W pro m^2 noch wesentlich geringer, als die Erde insgesamt im Durchschnitt pro m^2 erhält. Wie kommt es zu dieser Abweichung? ↑4
Während die Sonne in der Äquatorgegend steil von oben auf die Erde einstrahlt, erreicht sie bei uns eine wesentlich geringere Höhe. Das ist eine unmittelbare Folge der Kugelgestalt der Erde. Deshalb verteilt sich der Energiestrom mit einem Querschnitt von 1 m^2 in unseren Breiten auf eine größere Fläche. ↑5
Hinzu kommt, dass die Erdachse zur Erdbahn um die Sonne geneigt ist. Daher ist der Sonnenstand im Sommer am höchsten und im Winter am niedrigsten. Das hat eine entsprechend längere und kürzere Dauer der Sonneneinstrahlung zur Folge. Am „längsten Tag" im Sommer scheint die Sonne in Deutschland bis etwa 15½ Stunden, am kürzesten Tag im Winter nicht einmal 8½ Stunden, wenn sie denn scheint.
Zwar nimmt die Energiestromstärke pro m^2 nach Süden hin zu, aber nicht gleichmäßig. Vielmehr ergibt sich ein „Flickenteppich" unterschiedlicher Energieeinstrahlung. Dies ist vor allem auf unterschiedliche Wolkenbedeckungen und die Reinheit der Luft zurückzuführen. ↻ 149-1

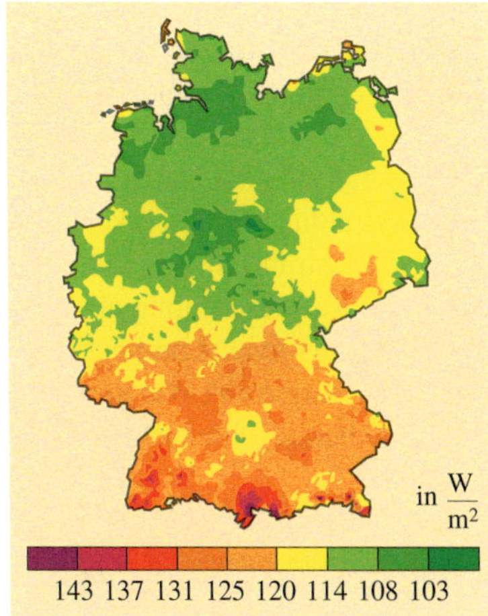

4 Energiestromstärke von der Sonne pro m^2 im Jahresmittel

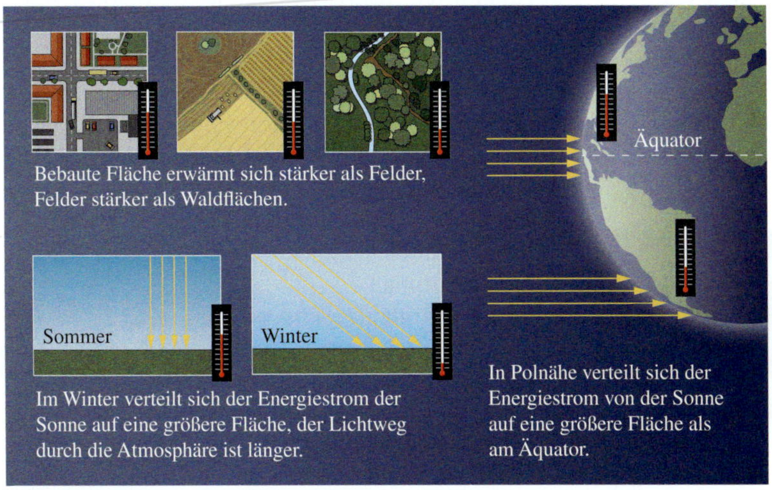

5 Wovon hängt die Verteilung des Energiestroms von der Sonne ab?

Musteraufgabe
Berechne aus der Solarkonstante die gesamte Energiestromstärke P_a des auf die Erde auftreffenden Sonnenlichts (Radius der Erde $R_E = 6370\,km$).

Lösung:
Da der gesamte Energiestrom durch die Querschnittsfläche der Erde hindurchgeht, muss man die Solarkonstante mit der Querschnittsfläche A multiplizieren, wobei gilt: $A = \pi \cdot R_E^2$.

$$P_a = S_E \cdot \pi \cdot R_E^2 = 1{,}37 \cdot 10^{12}\,(kW/m^2) \cdot \pi \cdot (6\,370\,000\,m)^2 = 174{,}5 \cdot 10^{12}\,kW$$

Aufgabe

1 Kann die Menschheit ihren Energiebedarf nur mit Sonnenenergie decken?

a Wie groß ist die Energiestromstärke von der Sonne im Vergleich zum gegenwärtigen Verbrauch an Energie durch die Menschen (ca. 10^{10} kW)?

b Berechne, wie groß die Auffangfläche mindestens sein müsste, um die gesamte Menschheit ausschließlich mit Sonnenenergie zu versorgen? Setze dabei voraus, dass 15 % der Sonnenenergie genutzt werden könnten.

c In der Europäischen Union leben etwa 495 Millionen Menschen. Welche Fläche würde im Durchschnitt jeder Einzelne benötigen, um seinen Energiebedarf nur mit Sonnenenergie zu decken?

Strahlende Erde

Die Erde dreht sich im Licht der Sonne, sodass ständig eine Hälfte Strahlungsenergie aufnimmt. Müsste die Erde dann nicht im Laufe der Zeit immer wärmer werden?
Schaut man sich die Nachtseite der Erde an, die keine Sonnenstrahlung erhält, erkennt man, dass die Erde Energie ausstrahlt. Infrarotaufnahmen ↑1 bilden unsichtbare Wärmestrahlung ab. Warme Objekte sehen dunkel, kalte Objekte hell aus. Strahlt die Erde auch tagsüber Energie ab? Wie kommt es, dass sich eine gleichbleibende Durchschnittstemperatur einstellt?

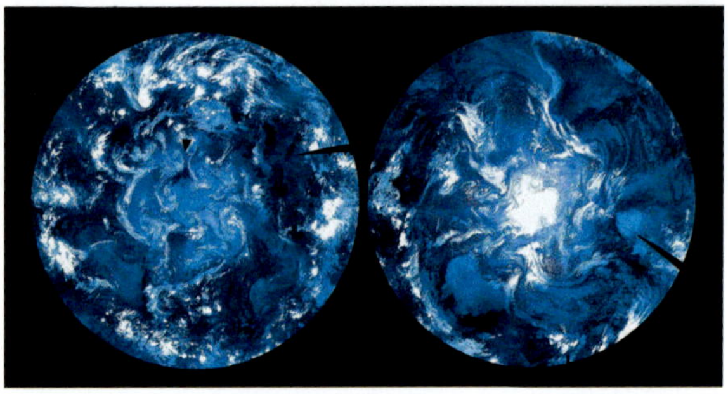

1 Der Satellit NOAA-9 fotografierte den Nordpol (links) und den Südpol (rechts) der Erde während der Polarnacht im infraroten Licht.

↑Basiskonzept Wechselwirkung

↑Basiskonzept System

Experimente

1 Strahlungsmessgerät
Richte die Empfängerfläche eines Strahlungsmessgeräts auf verschiedene Gegenstände: auf deine Hand, auf den Heizkörper, auf das Innere eines Kühlschranks, auf das Fenster usw. ↑2

a Erkläre die unterschiedlichen Anzeigen des Messgeräts.

b Miss die Energiestromstärke einer Glühlampe bei unterschiedlichen Temperaturen. Verändere dazu die angelegte Spannung.

2 Messung mit dem Strahlungsmessgerät

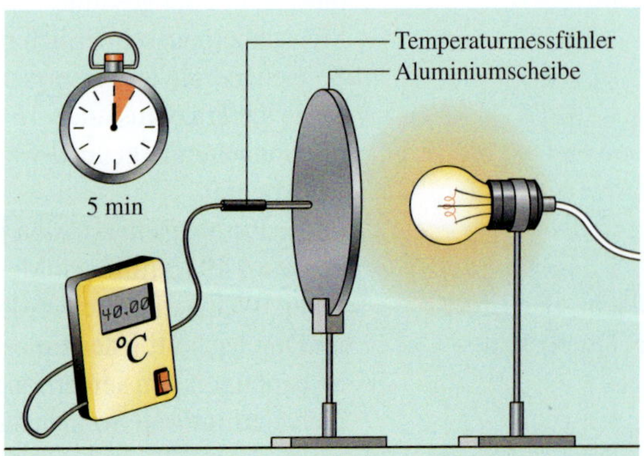

3 Untersuchungen an einer Aluminiumscheibe

2 Temperatur und Energiestrom
Der Glühfaden einer Lampe gibt die zugeführte Energie durch Strahlung ab.

a Ermittle die elektrische Energiestromstärke $P = U \cdot I$ bei unterschiedlichen Temperaturen der Glühwendel. Beginne mit einer hell glühenden Wendel (ca. 2500 °C) und regle zur Verringerung der Temperatur die Spannung schrittweise herunter.

b Beschreibe deine Beobachtungen.

3 Wo bleibt die eingestrahlte Energie?
Eine Aluminiumscheibe wird mit einer 30-Watt-Lampe bestrahlt. ↑3

a Miss alle 5 min ihre Temperatur.

b Trage den Temperaturverlauf in ein Diagramm ein.

c Interpretiere und erkläre den Kurvenverlauf.

4 Fließgleichgewicht
Stelle den Wasserhahn so ein, dass das Wasser bei offenem Auslauf langsam steigt. ↑4

a Stelle Vermutungen an, was im Lauf der Zeit passiert.

b Führe dann ein Experiment durch, um deine Vermutung zu überprüfen.

c Vergleiche Gefäß und Wasser mit Aluminiumscheibe und Strahlung in Experiment 3. Was entspricht dem Zulauf, was dem Ablauf, was dem momentanen Wasserstand?

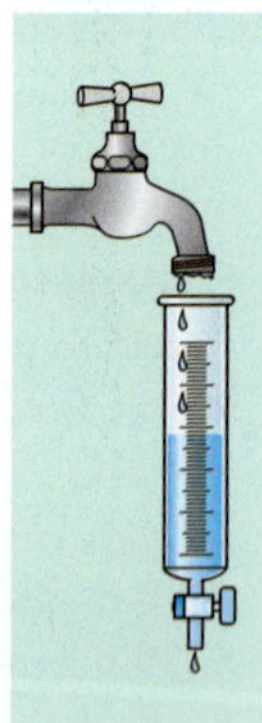

4 Fließgleichgewicht

GRUNDLAGEN: Alle Gegenstände absorbieren und strahlen

Ein in die Sonne gelegter Stein nimmt Energie auf. Dadurch steigt seine Temperatur über die Umgebungstemperatur hinaus an. Gleichzeitig gibt er auch Energie ab. Davon merkt man zunächst nichts, weil es sich um unsichtbare Wärmestrahlung (Infrarotstrahlung) handelt. ↑5
Ab einer bestimmten Temperatur kann man diese Strahlung spüren, wenn man die Hand in seine Nähe hält. Schließlich erreicht er eine Temperatur, bei der so viel Energie in Form von Infrarotstrahlung ausgesendet wird, wie er an Energie in Form von sichtbarem Sonnenlicht aufnimmt. Es herrscht ein (dynamisches) Gleichgewicht zwischen aufgenommener und ausgestrahlter Energie (Strahlungsgleichgewicht). Die Energie und damit auch die Temperatur des Steins bleiben nun konstant. ↻ 151-1

5 Infrarotstrahlung, sichtbar gemacht

Im Strahlungsgleichgewicht gibt ein Körper genauso viel Energie ab, wie er aufnimmt.

Je höher die Temperatur eines Körpers ist, desto größer ist der ausgestrahlte Energiestrom. Bei Temperaturen bis etwa 600 °C wird die Energie durch unsichtbare Infrarotstrahlung abgegeben. Steigt die Temperatur über 600 °C, wird auch sichtbares Licht ausgestrahlt. Der Gegenstand fängt zunächst an, rot zu glühen, und geht bei etwa 2000 °C in Weißglut über. Die Sonne hat eine Oberflächentemperatur von 5450 °C. ↑6

6 Temperatur und Energiestromstärke

Die strahlende Erde Die im Licht der Sonne „schwebende“ Erde verhält sich ähnlich wie der Stein. Bei einer Durchschnittstemperatur von 15 °C nimmt sie im Durchschnitt pro Quadratmeter einen solaren Energiestrom von 175 W auf und gibt genauso viel wieder ab. Im Unterschied zum Stein dreht sich die Erde wie ein „Bratspieß“ in der Sonne, sodass immer nur eine Hälfte der Erdoberfläche Energie aufnimmt, während die Abstrahlung der unsichtbaren Wärmestrahlung stets rundherum erfolgt. ↑7
Im Gebiet von Deutschland wird im Durchschnitt mehr Energie ins Weltall abgestrahlt, als an Sonnenenergie aufgenommen wird. Dass es trotzdem nicht kälter wird, verdanken wir den Wettervorgängen: Durch Winde, Wolken und Meeresströme wird Energie aus den Gebieten zwischen Äquator und 40. Breitengrad in den Norden transportiert, sodass dort mehr Energie ankommt als allein durch die Einstrahlung von Sonnenenergie. ↑8

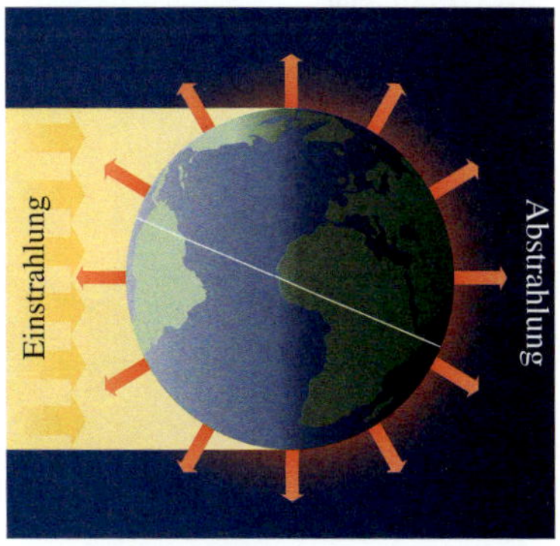

7 Strahlende Erde

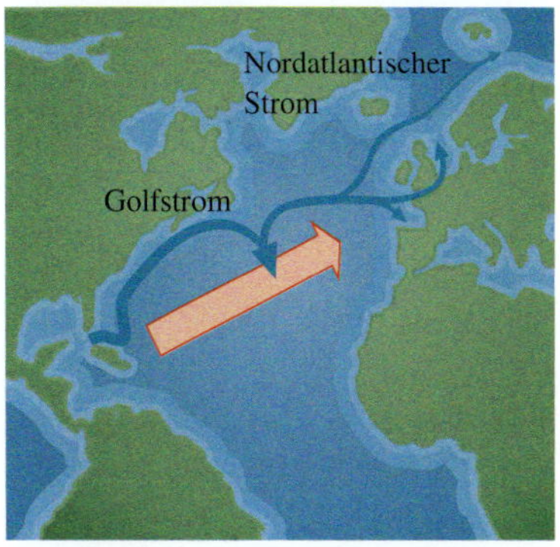

8 Golfstrom

Einige natürliche Strahlungsquellen

Strahler	Temperatur in °C	Von 1 m^2 abgestrahlte Energiestromstärke in kW
Sonne	5450	64 000
Mond		
im Sonnenlicht	107	1,2
im Schatten	–173	0,006
Erde		
durchschnittlich	15	0,39
Wüste bei 40 °C	40	0,56
Wald bei 20 °C	20	0,43

Aufgaben

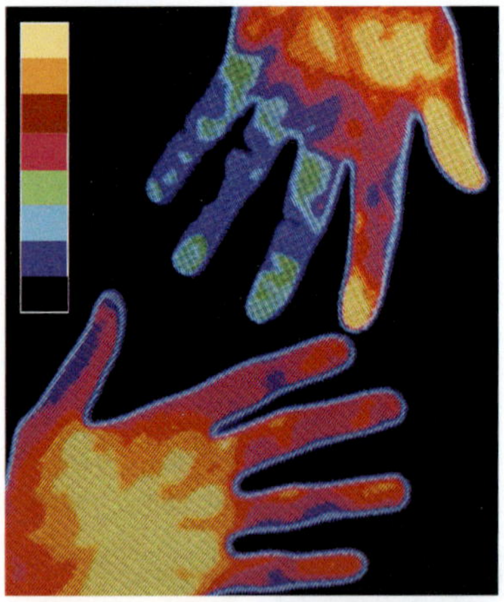

1 Infrarotaufnahme der Hände

1 Wenn du eine Aluminiumscheibe in das Licht einer Glühlampe stellst, so erwärmt sie sich zunächst schnell, dann langsamer. Schließlich steigt ihre Temperatur nicht mehr.

a Erkläre dieses Verhalten.

b Erläutere den Begriff „Strahlungsgleichgewicht" am Beispiel der Aluminiumscheibe und am Beispiel der Erde.

2 Der Energiestrom ist bei einem 1000-Watt-Bügeleisen wesentlich größer als bei einer 100-W-Glühlampe. Erläutere, warum das Bügeleisen nicht leuchtet?

3 Die Erde strahlt im Durchschnitt genauso viel Energie ab, wie sie aufnimmt. Warum sieht man von der Abstrahlung nichts? Woran kann man sie aber trotzdem erkennen?

4 Welche Aufgabe hat die glänzende Oberfläche künstlicher Satelliten?

5 Bild ↑1 zeigt zwei Infrarotaufnahmen einer Hand. Die obere Aufnahme entstand, nachdem die Person eine Zigarette geraucht hatte. Welche Wirkung zeigt der Vergleich der Bilder?

6 Käme es nur auf die Ein- und Abstrahlung an, dann müsste sich in Deutschland das Strahlungsgleichgewicht von Jahr zu Jahr bei einer immer tieferen und am Äquator bei einer immer höheren Temperatur einstellen. Versuche zu erklären, warum dies nicht eintritt?

Experimente

2 Kann infrarote Strahlung die Glasplatte durchdringen?

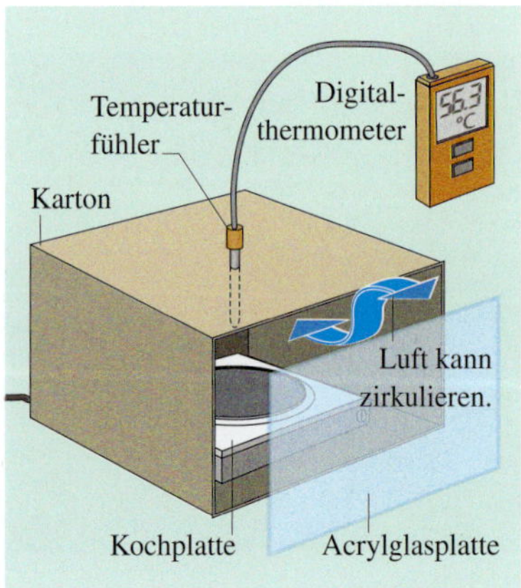

3 Ein Modell für die Erdatmosphäre

1 Infrarotstrahlung

Sichtbares Licht kann Luft und Glas durchdringen. Gilt das auch für Wärmestrahlung (Infrarotstrahlung)? Halte deine Hand 20 cm neben eine 100-Watt-Glühlampe. Schiebe dann eine Glasplatte zwischen Lampe und Hand.
Verwende danach ein Bügeleisen (eine Kochplatte) als Strahlungsquelle. Was kannst du beobachten? ↑2

2 Leistung und Temperatur

Bestrahle 5 min lang zwei gleiche Glasplatten: die eine mit einer 200-W-Glühampe, die andere mit einer Kochplatte bei gleicher Energiestromstärke (Leistungsmessgerät). Miss danach mit einem Temperaturfühler die Temperatur der Glasplatten. Was stellst du fest?

3 Modell für die Atmosphäre

Eine Kochplatte in einem Karton wird gleichmäßig beheizt. ↑3
Wenn die Temperatur nicht mehr ansteigt, wird einige Zentimeter vor die Öffnung eine Acrylglasplatte gestellt. Wie ändert sich die Temperatur im Karton? Prüfe nach 1 bis 2 min mit der Wange die Strahlung der Glasplatte auf beiden Seiten. Stelle den Bezug zwischen diesem Aufbau und der Erde her.

GRUNDLAGEN: Der Treibhauseffekt

↑Basiskonzept System

Das weiße Licht einer Glühlampe geht fast ungehindert durch eine Glasscheibe hindurch. Die bei viel niedrigerer Temperatur ausgesandte Infrarotstrahlung eines Bügeleisens wird fast vollständig von der Glasplatte absorbiert. Dadurch steigt ihre Temperatur und sie wird selbst zum Strahler, indem sie die aufgenommene Energie nach beiden Seiten abstrahlt.
Der Erdboden absorbiert einen Teil des sichtbaren Lichts, erwärmt sich und strahlt die aufgenommene Energie als infrarotes Licht zurück. Lässt man das sichtbare Licht durch eine Glasscheibe gehen, bevor es den Boden erreicht, so gerät die Energie in eine Falle. Die vom Boden zurückgestrahlte Infrarotstrahlung wird von der Scheibe absorbiert. Sie erwärmt sich und ihre Temperatur steigt. In dem Maße, wie die Temperatur zunimmt, strahlt sie einen Teil der Energie nach außen ab und einen anderen nach innen zurück. Es stellt sich ein Strahlungsgleichgewicht ein, bei dem die Glasscheibe insgesamt einen genauso großen Energiestrom abstrahlt, wie sie von der Lampe aufnimmt. Im „Treibhaus" unter der Scheibe ist daher ein viel größerer Energiestrom unterwegs, als von der Lampe eingestrahlt wird. Und das macht sich in einer höheren Temperatur bemerkbar. ↑4, 5

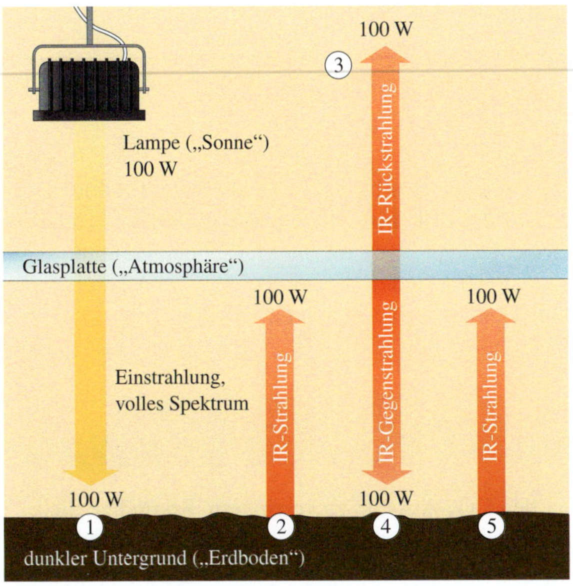

4 Wirkung einer Glasplatte auf Strahlung

5 Wirkung der Atmosphäre auf die Strahlung

Natürlicher Treibhauseffekt Dieses „Treibhausmodell" lässt sich auf das Zusammenspiel von Erde und Lufthülle übertragen. Einige Gase der Lufthülle (z. B. Kohlenstoffdioxid, Wasserdampf, Methan, Ozon) absorbieren ähnlich wie die Glasscheibe einen großen Teil der von der Erde kommenden Infrarotstrahlung und strahlen sie nicht nur ins Weltall hinaus, sondern auch zum Boden zurück. Die Temperatur der Erdoberfläche steigt infolgedessen so lange an, bis sich ein Strahlungsgleichgewicht einstellt.
Diesem natürlichen Treibhauseffekt ist das Leben auf der Erde zu verdanken. Ohne Atmosphäre würde durch die Sonneneinstrahlung nur eine Temperatur von durchschnittlich –19 °C erreicht. Mit Atmosphäre stellt sich eine lebensfreundliche Durchschnittstemperatur von 15 °C ein.

153-1

Anthropogener Treibhauseffekt Im vergangenen Jahrhundert ist die Durchschnittstemperatur auf der Erde um 0,7 °C gestiegen. ↑1 Die Klimaforscher haben Hinweise darauf, dass diese Erwärmung durch die Aktivitäten der stark anwachsenden Menschheit verursacht wird. Daher spricht man auch vom anthropogenen, d.h. vom Menschen verursachten Treibhauseffekt. Von Jahr zu Jahr wurden und werden in steigendem Maße immer mehr Gase an die Atmosphäre abgegeben, die den natürlichen Treibhauseffekt verstärken. Es sind dies vor allem Spurengase wie Kohlenstoffdioxid (CO_2), Methan (CH_4), Ozon (O_3) und Fluorchlorkohlenwasserstoffe (FCKWs). Die steigende Nutzung von fossilen Brennstoffen durch Elektrizitätswerke und Kraftfahrzeuge, aber auch die Rodung von Urwäldern, die Intensivierung des Reisanbaus und der Viehhaltung (Methan, Lachgas) führen zu erhöhten Emissionen von CO_2 und anderen Treibhausgasen. ↑2

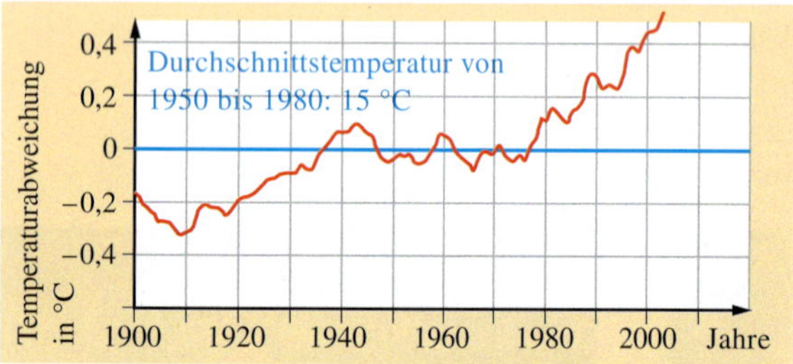

1 Anstieg der Durchschnittstemperatur

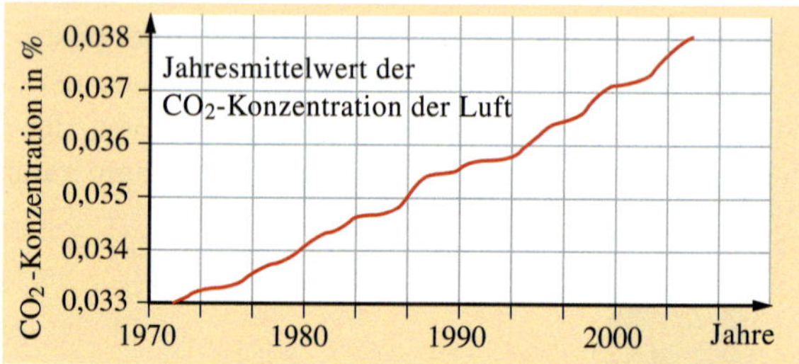

2 Anstieg der CO_2-Konzentration

Die durch den anthropogenen Treibhauseffekt bedingte Erhöhung der mittleren Temperatur auf der Erde birgt die Gefahr, dass es zu Klimaveränderungen mit weitreichenden Folgen für die Menschheit kommen kann. Befürchtet wird, dass sich Klimazonen verschieben und der Meeresspiegel durch Erwärmung des Wassers und Schmelzen der Polkappen und Gletscher steigt.

154-1

Aufgaben

1 Fenster ohne Gardinen sehen aus einiger Entfernung betrachtet schwarz aus.

a Bedeutet das, dass keine Strahlungsenergie von diesen Fenstern ausgeht?

b Müsste nicht das von außen eingestrahlte Licht wieder herauskommen?

c Welche Wirkung haben helle Gardinen?

2 Was sagt die in etwa gleichbleibende Durchschnittstemperatur der Erde über das Verhältnis von eingestrahlter zu ausgestrahlter Energie aus?

3 Erkläre, warum der vom Erdboden abgestrahlte Energiestrom wesentlich größer ist als der Energiestrom, der von der Sonne auf die Erde eingestrahlt wird?

4 Um den Anstieg des anthropogenen Treibhauseffekts zu verlangsamen, bemühen sich die Staaten, den CO_2-Ausstoß zu verringern. Erkundige dich, warum es so schwer ist, dieses Ziel zu erreichen, wenn man gleichzeitig bemüht ist, das wirtschaftliche Wachstum zu fördern.

5 Wenn man im Winter in der Nähe eines (einfach verglasten) Fensters sitzt, hat man den Eindruck, dass es zur Fensterseite hin kalt ist, obwohl die Zimmertemperatur ausreichend hoch ist. Wie kommt es zu dieser Empfindung?

6 Manche Kamine werden gegen Funkenflug durch eine Glasscheibe abgeschirmt. Wenn du dich in die Nähe der Scheibe begibst, kannst du deutlich die Strahlungswärme spüren.
Wie kommt es, dass du die Wärmestrahlung (Infrarotstrahlung) spürst, obwohl die Glasscheibe für Wärmestrahlung undurchlässig ist?

Fotovoltaik – Umwandlung von Sonnenlicht in elektrische Energie

↑Basiskonzept Energie

3 Durchsichtige Solarzellen und Bürohochhaus mit einer Fassade aus Solarzellen

Der Blick durch ein Solarzellenfenster – es ist belegt mit folienartigen Dünnschichtzellen. Wahlweise können sie 1 %, 5 % oder 10 % des Lichts durchlassen und bei günstigem Sonnenwetter gleichzeitig einen Energiestrom von etwa 51 W/m², 46 W/m² oder 41 W/m² ins elektrische Netz einspeisen. Wie viel Energie könnte auf diese Weise auf den riesigen Flächen der großen Bürotürme gewonnen werden?

Experimente

1 Solarzelle und Leuchtdiode
Mit einer einzigen Solarzelle kannst du keine Leuchtdiode betreiben. Wie viele Solarzellen musst du in Reihe schalten, damit die LED leuchtet? Experimentiere und erkläre.

4 Solarmodul

2 Solarzelle treibt Solarmotor an
Baue einen Stromkreis mit Solarzelle und Solarmotor auf. Beleuchte die Solarzelle optimal.

a Miss in diesem Stromkreis die Stromstärke und die Spannung an der Solarzelle.

b Lass den laufenden Motor Energie abgeben, indem du ihn mit den Fingern abbremst. Beobachte dabei Stromstärke und Spannung.

c Berechne die Energiestromstärke von der Solarzelle zum Motor im Leerlauf.

3 Solarmodule
Ein Solarzellenmodul besteht aus mehreren einzelnen Solarzellen. ↑4

a Miss die Spannung an einem Solarzellenmodul, wenn es nicht in einen Stromkreis geschaltet ist (Leerlaufspannung). Vergleiche die Spannung mit der einer einzelnen Solarzelle.

b Wie sind die einzelnen Solarzellen zusammengeschaltet? Aus wie vielen Solarzellen besteht ein Modul? *Tipp:* Denke daran, wie du Batterien kombinierst, um eine höhere Spannung zu erhalten.

c Schalte zwei Solarmodule so zusammen, dass sich die Leerlaufspannung erhöht.

4 Ein Spielzeugauto, mit alternativen Energien betrieben
Das mit Solarzellen bestückte Auto nutzt Sonnenenergie und fährt, betrieben durch eine Brennstoffzelle. ↑5
Die elektrische Energie wird genutzt, um Wasser in seine atomaren Bestandteile Wasserstoff und Sauerstoff zu zerlegen (Elektrolyse). Wenn diese Gase in einer Brennstoffzelle wieder zu Wasser reagieren, wird elektrische Energie zum Antrieb des Autos erzeugt.

5 Modellauto

a Führt die Elektrolyse von Wasser mithilfe von Solarzellen durch. ↑6

b Woran kann man erkennen, in welchem der beiden Gefäße sich Sauerstoff angesammelt hat?

c Könnte man die elektrische Energie der Solarzelle nicht direkt zum Antrieb des Autos nutzen? Welchen Sinn mag die zweimalige Umwandlung haben?

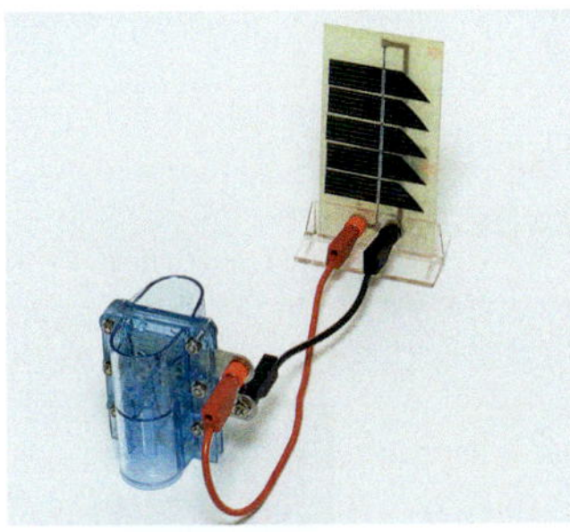

6 Elektrolyse

1 Solarmodul aus polykristallinem Silicium

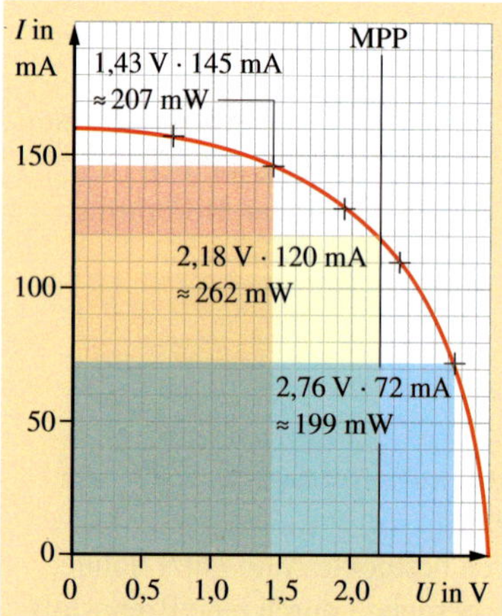

2 *U*-*I*-Diagramm

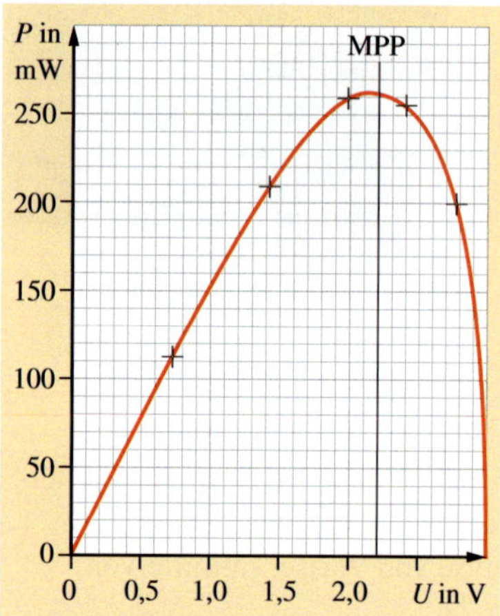

3 Maximal Power Point (MPP)

GRUNDLAGEN: Solarzellen wandeln Sonnenlicht direkt in elektrische Energie

Solarzellen sieht man mittlerweile immer häufiger. ↑1 In Taschenrechnern, Uhren, Gartenleuchten findet man die kleinen, bläulich schimmernden Zellen. In jüngster Zeit werden auch immer mehr Hausdächer mit Solarzellen ausgestattet. Je nach Verwendungszweck werden Solarzellen zu mehr oder weniger größeren Einheiten (Modulen) zusammengeschlossen und wie die Blätter von Pflanzen der Sonne zugewandt. Daher befinden sich die Solarzellen meist auf Dächern, die nach Süden ausgerichtet sind.

Die Energiestromstärke von Solarmodulen ist umso größer, je größer ihre Fläche und je größer die Energiestromstärke des auftreffenden Lichts ist.

Bei der Umwandlung von Lichtenergie in elektrische Energie wird die Eigenschaft von bestimmten Halbleitermaterialien (vor allem Silicium) ausgenutzt, unter dem Einfluss von Licht eine Spannung hervorzurufen. Dadurch kann ein elektrischer Strom fließen und elektrische Energie transportiert werden. Diese Technik bezeichnet man als Fotovoltaik.

Die Kennlinie im Spannung-Stromstärke-Diagramm zeigt die *U*-*I*-Paare für unterschiedliche Belastungen. Die elektrische Energiestromstärke $P = U \cdot I$ kann durch den Flächeninhalt der jeweiligen *U*-*I*-Paare bestimmt werden. ↑2 Man kann erkennen, dass die Energiestromstärke für verschiedene Messpunkte verschieden ist.

Bei einer bestimmten Belastung ergeben sich Werte von *U* und *I*, für die die Energiestromstärke maximal ist.

Dieser Punkt im *U*-*I*-Diagramm heißt *Maximal Power Point* (MPP). Man kann den MPP einer Solarzelle ermitteln, indem man an diese einen regelbaren Widerstand anschließt, viele *U*-*I*-Paare misst und die Energiestromstärke über der Spannung aufträgt. ↑3
In einem Solarmodul sind je nach der gewünschten Spannung mehrere Solarzellen in Reihe geschaltet. Um eine größere Stromstärke zu erreichen, werden diese Solarmodule parallel geschaltet.
Im Vergleich zu vielen anderen Energiequellen ist die Fotovoltaik absolut sauber. Es fallen keine Treibhausgase an. Außerdem können Solaranlagen in allen Größenordnungen hergestellt werden. Sieht man von den zurzeit noch relativ hohen Herstellungskosten ab, haben die Solarzellen den einzigen Nachteil, nur so lange Energie zu liefern, wie die Sonne scheint. Es stellt sich also das Problem einer geeigneten Energiespeicherung.

156-1

Experiment

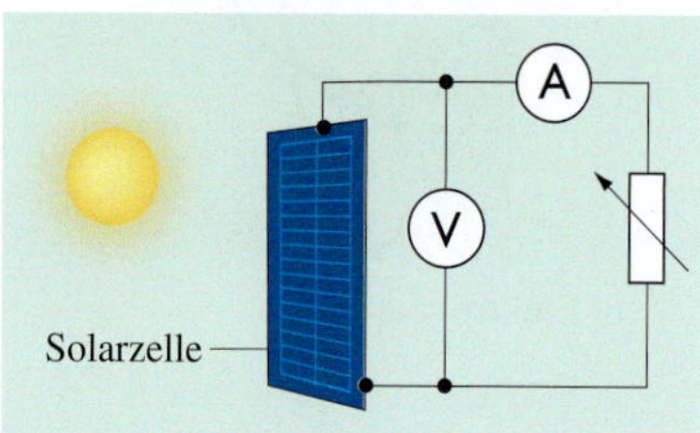

4

1 Bestimmung des MPP

Bestimme durch Messung von Spannung und Stromstärke den MMP einer Solarzelle. Nutze die dargestellte Experimentieranordnung. ↑4 Ändere die Belastung mithilfe des regelbaren Widerstands.

Aus der Technik Fotovoltaik und „graue Energie"

Die Energiestromstärke einer Anlage für erneuerbare Energie wie Sonnen- und Windenergie wird in kW_p (p = peak) angegeben. Das ist die in kW gemessene Spitzenleistung, die unter optimalen Bedingungen erreicht werden kann. Denn im Unterschied zu herkömmlichen Kraftwerken ist man von den jeweiligen Wetterbedingungen abhängig. Die durchschnittliche Energiestromstärke liegt daher oft deutlich unter dem in kW_p angegebenen Wert. Die darin zum Ausdruck kommenden Unwägbarkeiten der Wetterbedingungen sind ein Nachteil der erneuerbaren Energien.
Bei den Solarzellen kommt ein weiterer Nachteil hinzu: Wie man aus der Tabelle entnehmen kann, liegen die Herstellungs- und Betriebskosten von Fotovoltaikanlagen pro installierter Spitzenleistung (in kW_p) zurzeit noch um einen Faktor 3 bis 4 höher als die bei Steinkohle und Windenergie. Weiterhin ist zumindest in unseren Breiten die Sonnenenergie um den Faktor 2 bis 4 benachteiligt, da sie oft hinter Wolken verborgen ist.

	Fotovoltaik	Steinkohle	Wind (onshore)	Wind (offshore)
spezifische Investitionskosten in €/kW_p (Stand 2009)	4200	1200	1000	1500
jährliche Volllaststunden in h/a	1000	4000	2000	4000
jährliche Betriebskosten (fix) bezogen auf die Investitionskosten	0,5 %	4 %	2 %	2 %
Brennstoffkosten und dynamische Betriebskosten in ct/(kW · h)	–	3	–	–

Eine solche Beurteilung der Wirtschaftlichkeit durch das Verhältnis von insgesamt gewonnener zu insgesamt eingesetzter Energie gilt ganz allgemein und wird auch als energetischer Erntefaktor bezeichnet. Wenn zusätzlich noch mögliche Schädigungen der Umwelt berücksichtigt werden, spricht man auch von der Ökobilanz.
Bezieht man in die Bilanz noch alle weiteren (energetischen) Kosten wie etwa Transport und Gewinnung der Rohstoffe mit ein, so nennt man die indirekt aufgewandte Energie auch *graue Energie*.

Die hohe Anteil an grauer Energie ist auch ein Grund dafür, dass Solarzellen mit hohem Wirkungsgrad (24 % im Labor) noch zu unwirtschaftlich sind, um in größerem Maßstab eingesetzt zu werden. Sie erzeugen zwar über 50 % mehr elektrische Energie als die weit verbreiteten Solarzellen mit einem Wirkungsgrad von etwa 12 %. Deren Anteil an grauer Energie ist jedoch wesentlich geringer, sodass sie trotz des geringeren Wirkungsgrades wirtschaftlicher sind. Die graue Energie dieser Zellen wird im Schnitt nach 5 Jahren erwirtschaftet, ihre Lebensdauer beträgt aber ein Mehrfaches davon.

5 Graue Energien

1 Informiere dich über die Einsatzmöglichkeiten von Dünnschichtsolarzellen. Wie funktionieren insbesondere die Solarzellenfenster?
2 Inwiefern stellen Windkraftanlagen eine Ergänzung der Solarzellentechnologie dar?

Aus der Natur Das grüne Blatt – Solarzelle der Natur (Fotosynthese)

↑Basiskonzept System

Die Solarzelle erinnert sehr stark an das „Verfahren“ der Natur, Sonnenenergie für das Wachstum von Pflanzen verfügbar zu machen. Durch die Fotosynthese wird Sonnenenergie in chemische Energie umwandelt, die in Form von Pflanzen die Grundlage auch für das Leben von Mensch und Tier darstellt.

Bei der Fotosynthese wird unter Verwendung von Farbstoffen (Chlorophylle) über die Blätter der Pflanzen Sonnenlicht aufgenommen. Dabei werden in diesen Stoffen gebundene Elektronen in einen höheren Energiezustand gebracht. Dadurch wird die Herstellung einer energiereicheren chemischen Verbindung (Glucose) möglich, die den Pflanzen im Baustoffwechsel, beim Wachstum, aber auch beim Energiestoffwechsel dienen.

Entscheidend ist dabei, dass die anorganischen Bestandteile Wasser (H_2O) und Kohlenstoffdioxid (CO_2) unter Aufnahme von Licht zu Glucose ($C_6H_{12}O_6$) und Sauerstoff (O_2) umgewandelt werden. ↑1

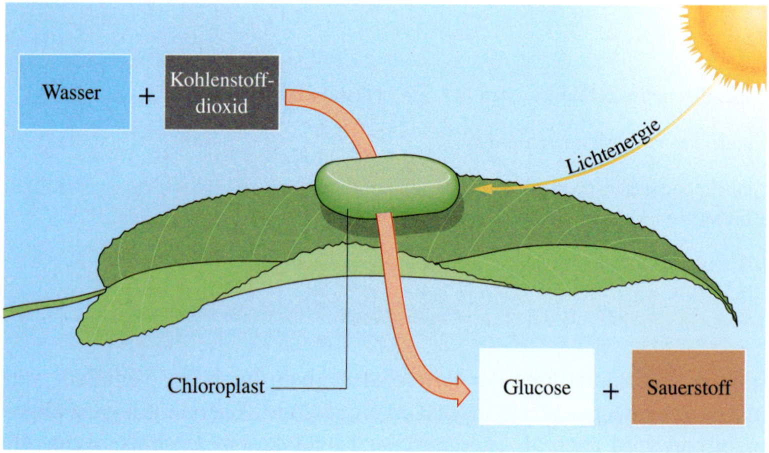

1 Fotosynthese

Als Summenformel lässt sich die Fotosynthese folgendermaßen schreiben:

$$12\,H_2O + 6\,CO_2 + \text{Sonnenenergie} \rightarrow C_6H_{12}O_6 + 6\,O_2 + 6\,H_2O\,.$$

Bei der Fotosynthese wird rotes und blaues Licht absorbiert. Daher gibt das nicht absorbierte grüne Licht den Pflanzen ihr typisches Aussehen.

Der (Brutto-)Wirkungsgrad für die Umwandlung von Sonnenlicht in chemische Energie beträgt durchschnittlich etwa 20 %. Bezogen auf die chemische Energie, die im produzierten Zellmaterial gespeichert wird, ergibt sich ein wesentlich kleinerer (Netto-)Wirkungsgrad von etwa 1 bis 2 %.

Auch bei einer Solarzelle gilt der angegebene Wirkungsgrad nur für optimale Bedingungen (Volllast). Die pro Jahr gewonnene Energie wird durch die Zahl der Stunden gekennzeichnet, die dazu unter Volllast nötig gewesen wäre. Ein typischer Durchschnittswert für Deutschland sind 800 Stunden unter Volllast. Setzt man diesen Wert ins Verhältnis zur gesamten Stundenzahl eines Jahres, so ergibt sich ein Wert von 0,09 und damit ein Nettowirkungsgrad von $0{,}09 \cdot 12\,\% = 1\,\%$. Das ist von derselben Größenordnung wie bei der Fotosynthese.

158-1

1 Welche Gemeinsamkeiten bestehen zwischen Solarzelle und grünem Blatt?

2 Nenne einige Energieverluste, die bei der Fotosynthese auftreten. Betrachte dabei den Vorgang der Speicherung, der aus Strahlungsenergie gewonnenen chemischen Energie in Form von Zellmaterial genauer.

3 Wenn der Wirkungsgrad der Solarzellen in etwa dem Wirkungsgrad der pflanzlichen Produktion von Biomaterie entspricht, warum ist es dennoch sinnvoll, auch pflanzliche Ausgangsstoffe für den Energiehaushalt zu benutzen?

Aus der Technik Weltgrößtes Solarzellenkraftwerk in China geplant

Das weltgrößte Solarzellenkraftwerk soll bis 2019 in der mongolischen Wüste Chinas entstehen. Ein gigantischer Park aus Solarzellen soll mit zwei Gigawatt (2000 Megawatt) so viel Energie erzeugen wie etwa zwei Atomkraftwerke zusammen. Schon im Juni 2010 wird im Solarpark ein fotovoltaisches Kraftwerk mit 30 Megawatt gebaut werden, das dann schrittweise um jeweils 100 Megawatt und zuletzt 1000 Megawatt ausgebaut werden soll.

Mit dieser fotovoltaischen Riesenanlage will China den Anteil erneuerbarer Energien bis 2010 auf 10 % und bis 2020 auf 15 % ausbauen. Das sind insgesamt 10 bis 20 Gigawatt. Das heute größte Sonnenkraftwerk in Deutschland, das 2009 nördlich von Cottbus in Brandenburg in Betrieb gegangen ist, leistet auf einer Fläche von 210 Fußballfeldern 53 Megawatt.

Überschüssige Energie, die Fotovoltaikanlagen tagsüber erzeugen, kann mithilfe von Überlandleitungen zu Druckluftenergiespeichern in der Nähe großer Städte geleitet werden. Diese Technologie ist bereits verfügbar. Die Anlage der PowerSouth Energy Cooperative in McIntosh im US-Bundesstaat Alabama ist schon seit 1991 in Betrieb. Dort wird elektrische Energie genutzt, um Motoren und Kompressoren in Gang zu setzen. Diese verdichten die Luft und pumpen sie in leere Kavernen oder stillgelegte Minen. Diese Druckluftspeicher kann man nachts anzapfen. Man lässt die komprimierte Luft wieder ausströmen und erhitzt sie zusätzlich durch das Verbrennen kleiner Mengen von Erdgas. Schließlich treibt die heiße, expandierende Luft eine Turbine an, die elektrische Energie erzeugt.

2 Der Solarpark Viana in Spanien ist mit 24 000 Solarmodulen eines der größten Solarzellenkraftwerke der Welt.

Aufgaben

1 Um einen möglichst großen Energiestrom ausnutzen zu können, sorgt man dafür, dass eine Solarzelle im MPP betrieben wird.

a Warum kann man sich bei der Nutzung der Solarzellen nicht auf einen festen MPP festlegen? Welche Probleme ergeben sich daraus für die praktische Nutzung der Fotovoltaik?

b Informiere dich, wie die als Gleichspannung und bei sich änderndem MPP anfallende Energie der Solarzellen ins normale Wechselspannungsnetz eingespeist wird.

2 Berechne den Flächenbedarf von Solarzellen, wenn ein Elektroherd, ein Fernseher u. Ä. betrieben werden soll. Recherchiere die dazu benötigten Daten.

3 An sonnigen Tagen werden Knospe und Blätter der Sonnenblume der Sonne nachgeführt (dies gilt nicht für die verhärteten Fruchtstände, die in der Regel nach Osten weisen). ↑3 Bringe in Erfahrung, ob solche Nachführmechanismen auch für „Felder" von Solarzellen üblich sind.

4 Ist es für den Betrieb von Solarzellen von Bedeutung, ob sie bei bedecktem Himmel oder strahlendem Sonnenschein betrieben werden?

5 Vergleiche Solarzellen und herkömmliche Energiewandler. Stelle die Vor- und Nachteile der Fotovoltaik heraus.

6 Recherchiere, wie die durch Solarzellen gewonnene Energie für die nächtlichen Stunden „aufbewahrt" werden kann. Welche Möglichkeiten bestehen oder sind geplant, um die durch Fotovoltaik gewonnene Energie längerfristig zu speichern?

3 Sonnenblumen

Methode Internetrecherche

In einem Vortrag über erneuerbare Energie soll darauf eingegangen werden, welche Energiemenge für die Solarzelle aufgewendet werden muss, bevor sie zum Einsatz kommt, und welche Möglichkeiten der Speicherung der gewonnenen elektrischen Energie genutzt werden können.

1 *Formuliere ein Problem oder eine Frage.*
Wie viel Energie muss für die Herstellung, den Transport, die Lagerung, den Verkauf und schließlich die Entsorgung von Solarzellen aufgewandt werden?

2 *Finde geeignete Suchwörter.*
graue Energie, Erntefaktor, Ökobilanz, Kosten, Nutzen …

3 *Suche im Internet mit geeigneten Suchmaschinen.*
Mögliche Suchmaschinen sind:
www.google.de; www.lycos.de; www.yahoo.de; www.altavista.de; www.abacho.de; www.klug-suchen.de; www.metager.de; www.suchfibel.de; www.bing.de …

4 *Gib das Suchwort ein.*

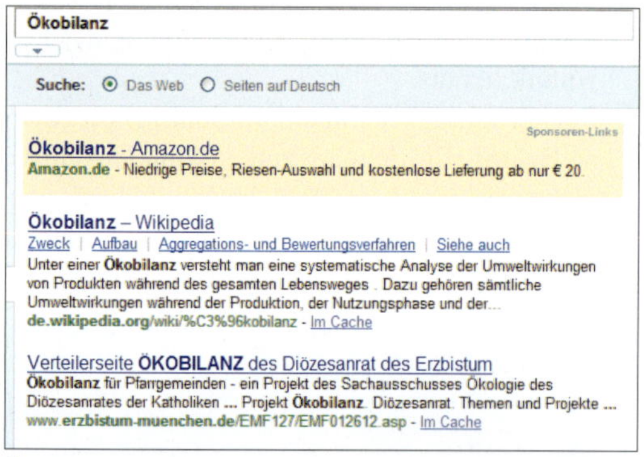

1

5 *Schränke das Suchergebnis ein.*
Oft gibt die Suchmaschine zu viele Fundstellen an. Dann kann das Suchergebnis eingeschränkt werden, indem du mehrere Suchwörter eingibst. Viele Suchmaschinen wie www.google.de bieten eine „erweiterte Suche" an. Damit können Seiten mit **allen Wörtern**, mit der **genauen Wortgruppe**, mit **irgendeinem der Wörter** oder **ohne die Wörter** gesucht werden. Gibt man mehrere Suchwörter durch Leerzeichen voneinander getrennt in das Suchfeld ein, werden alle Seiten angezeigt, die gleichzeitig beide Begriffe enthalten. Die genaue Wortgruppe kann gesucht werden, indem sie in Anführungszeichen gesetzt wird. Zur Einschränkung der Suche gib ein weiteres aussagekräftiges Suchwort ein. Suchwörter: Ökobilanz, erneuerbare Energiequellen

2

6 *Sichte die Seiten.*
Überfliege die Fundstellen und kopiere die Adressen von geeigneten Seiten, damit du sie später schnell finden kannst. Zudem hast du damit die Daten, die du als Quellenangabe für wörtlich oder inhaltlich übernommene Textpassagen benötigst.

7 *Notiere die gefundenen Aussagen.*
Eine Ökobilanz analysiert möglichst umfassend den gesamten Produktlebensweg und die zugehörigen ökologischen Auswirkungen und bewertet die während des Lebenswegs auftretenden Stoff- und Energieumsätze und die daraus resultierenden Umweltbelastungen:
http://www.umweltdatenbank.de/cms/lexikon/lexikon-o/oekobilanz.html
http://de.wikipedia.org/wiki/%C3%96kobilanz
http://www.umweltlexikon-online.de/fp/archiv/RUBrechtmanagement/Oekobilanz.php

8 *Prüfe die gefundenen Informationen.*
Häufig findet man im Internet fehlerhafte Aussagen. Unterziehe die gefundenen Informationen deshalb stets einer kritischen Prüfung. Dies kann z. B. durch einen Abgleich unterschiedlicher Quellen erfolgen.

Erwärmung von Erdboden und Wasser

Wenn man an einem sonnigen Urlaubstag ein kühles Bad im Meer nehmen will, kann der Sand so heiß sein, dass man kaum barfuß darübergehen kann.
Obwohl das Wasser genauso wie der Sandstrand stundenlang von derselben Sonnenstrahlung erwärmt wurde, haben sie völlig unterschiedliche Temperaturen. Welche Bedeutung haben diese Unterschiede für die Energieversorgung?

↑Basiskonzept Energie

↑Basiskonzept System

3 An heißen Tagen kann der Weg über den Strand sehr beschwerlich sein.

Experimente

1 Energiespeicherung in Sand und Wasser
Bestrahlt einen mit Sand und einen mit Wasser gefüllten Eimer mit einer 100-W-Lampe. Damit die Energiestromstärke in etwa der Sonnenbestrahlung an einem Sommertag entspricht, sollte sich die Lampe 10 cm über der Oberfläche befinden. ↑4

4 Temperaturverteilung im Erdboden

a Beobachtet die Temperaturänderungen nahe der Oberfläche sowie in 5 cm und 10 cm Tiefe. Notiert die Temperaturen im Abstand von 5 min in einer Tabelle.
b Schaltet nach 40 min die Lampen ab. Die Temperaturmessungen werden aber fortgesetzt.
c Fertigt ein Zeit-Temperatur-Diagramm an. Stellt den Temperaturverlauf für die Sandtemperaturen in jeder der gemessenen Tiefen dar. Versucht die unterschiedlichen Verläufe der Kurven zu erklären.
d Vergleicht die Temperaturverläufe im Sand und im Wasser. Welche Unterschiede stellt ihr fest?

2 Wie viel Energie ist zum Erwärmen von Wasser und Sand nötig?
a Fülle 1 kg Wasser und ein Gemisch aus 1 kg Wasser und 1 kg feinem Quarzsand in je ein Becherglas. Erwärme das Wasser und die Wasser-Sand-Mischung mit einem Tauchsieder um 20 °C. Rühre dabei ständig um. Miss die benötigte Zeit und berechne die vom Tauchsieder abgegebene Energie.
b Berechne, wie viel Energie erforderlich ist, um 1 kg Wasser bzw. 1 kg Sand zu erwärmen.

Experimente

3 Energiebedarf

Untersucht in Gruppen, wie viel Energie benötigt wird, um verschiedene Flüssigkeiten zu erwärmen.

a Wiederholt eure Kenntnisse über den Zusammenhang von Energiestromstärke, Energie, Temperaturerhöhung und Masse der erwärmten Flüssigkeit.

b Plant ein Experiment, in dem ihr die Energie bestimmen könnt, die benötigt wird, um verschiedene Flüssigkeitsmengen zu erwärmen.

c Berechnet die jeweils zugeführte Energie.

d Berechnet, wie viel Energie pro Grad Temperaturerhöhung und pro kg Masse zugeführt wird.

Gruppe	Tauchsieder Leistung P in W	Masse der Flüssigkeit m in kg	Heizzeit t in s	Temperaturerhöhung $\Delta\vartheta$ in °C	Energie $\Delta E = P \cdot \Delta t$ in J
Wasser					
1	300	0,5	60		
2	300	0,5	120		
3	300	1,0	120		
4	1000	1,0	60		
5	1000	0,5	30		
Frostschutzmittel					
6	1000	1,0	30		

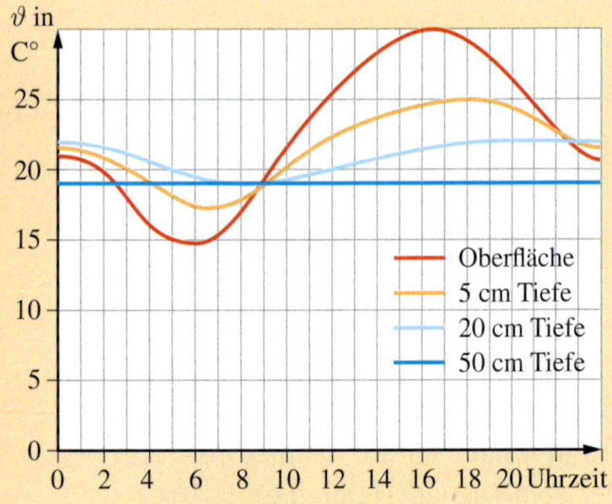

1 Temperaturverlauf im Erdboden an einem Tag

Spezifische Wärmekapazitäten	
Stoff	c in $\frac{\text{kJ}}{\text{kg} \cdot °\text{C}}$
Wasser	4,19
Ethylalkohol	2,42
Luft (freie Atmosphäre)	1,01
Beton	0,88
Glas	0,78
Sand/Stein	0,75
Eisen	0,45
Kupfer	0,39

GRUNDLAGEN: Die Erwärmung von Erdboden und Wasser durch die Sonnenstrahlung

Luft lässt Sonnenstrahlung fast ungehindert durch, sodass der Erdboden von dem unverminderten Energiestrom getroffen wird. Ein großer Teil der Energie wird von der Erde absorbiert, ein Teil wird reflektiert. In Sand und Erde kann die Strahlung nur einige Zentimeter tief eindringen, sodass die Temperatur zunächst nur in einer dünnen Oberflächenschicht zunimmt. Die erwärmte Schicht strahlt einen Teil der Energie als Infrarotstrahlung wieder ab. Ein anderer Teil wird durch Wärmeleitung an darunter liegende Erd- oder Sandschichten und an die unmittelbar darüber liegende Luftschicht weitergeleitet. ↑1 In Gewässern sind die Verhältnisse anders. Da die Sonnenstrahlung bis zu 100 m tief in das Wasser eindringt, kann eine viel größere Wassermasse als die Masse der flachen Bodenschicht Energie aufnehmen. Deshalb ist die Temperaturerhöhung erheblich geringer als im Boden.

Es gibt noch einen weiteren Grund für die unterschiedliche Erwärmung von Sand und Wasser. Die Fähigkeit, Energie zu speichern, ist bei Wasser viel größer als bei Sand. Man sagt auch, die spezifische Wärmekapazität ist unterschiedlich: Um nämlich 1 kg Sand um 1 °C zu erwärmen, sind 0,75 kJ nötig. Für Wasser braucht man jedoch 4,19 kJ. Wenn also Wasser und Sand dieselbe Energie aufnehmen, ist die Temperaturerhöhung in Sand größer als in Wasser. 162-1

Beim Erwärmen eines Stoffs von der Temperatur ϑ_1 auf die Temperatur ϑ_2 steigt die thermische Energie um $\Delta E = c \cdot m \cdot \Delta\vartheta$. Dabei ist $\Delta\vartheta = \vartheta_2 - \vartheta_1$ die Temperaturerhöhung, m die Masse des erwärmten Stoffs und c seine spezifische Wärmekapazität.

Aufgaben

1 Die Grafik zeigt, wie sich der Boden bei Sonneneinstrahlung erwärmt. ↑2 Schreibe dazu einen erklärenden Text.

2 Wie schnell erwärmt sich die Erdoberfläche bei Sonnenschein? Unter folgenden Annahmen kannst du das berechnen: Am Mittag heizt die Sonne die Erdoberfläche mit 800 W pro m^2 auf. Am Strand wird die Sonnenstrahlung von einer 1 cm dicken Sandschicht absorbiert. 1 dm^3 Sand hat eine Masse von 2 kg.

a Welche Temperatur hat der Sand nach 1 s (nach 1 h)?

b Nimm an, die Hälfte der absorbierten thermischen Energie wird an eine 1 m dicke Luftschicht abgegeben. Wie heiß ist die Luft nach einer Stunde (Dichte von Luft bei 20 °C: 1,2 g/dm^3)?

3 Um wie viel Grad Celsius erwärmt die Sonnenstrahlung die See in einer Stunde? Nimm an, die Sonnenstrahlung (800 W/m^2) dringt tief ins Meerwasser ein und wird in einer 100 m dicken Wasserschicht absorbiert.

4 Nach einem heißen Sommertag kann man abends noch lange auf der Terrasse sitzen, weil die Hauswand tagsüber gespeicherte thermische Energie abstrahlt.

a Berechne, wie viel Energie in 1 kg Beton bei einer Temperaturerhöhung von 10 °C gespeichert wird.

b Informiere dich, wo Steine als Wärmespeicher benutzt werden. Welche Eigenschaften besitzen gute Wärmespeicher?

c Beschreibe ein Experiment, durch das man eine Gesteinsart anhand ihrer Energiespeicherfähigkeit (Wärmekapazität) bestimmen kann.

5 Beim Duschen lässt man sich 5 min lang von 40 °C warmem Wasser „berieseln". Die Wasserstromstärke betrage 0,1 Liter/s. Beim Vollbad werden etwa 250 Liter Wasser von 40 °C benötigt.

a Vergleiche in beiden Fällen die Energien zum Heizen des Wassers ($\vartheta_1 = 10\,°C$).

b Berechne, wie groß die Energiestromstärke beim Duschen ist. Schätze vor dem Rechnen. Vergleiche mit der Energiestromstärke einer 60-Watt-Glühlampe.

6 Warum dauert es im Frühjahr und Sommer sehr lange, bis das Wasser im Meer warm genug zum Baden ist?

7 Thermische Energie ist im Vergleich zur mechanischen und elektrischen Energie sehr unauffällig. Aus welcher Höhe müsste man einen Pkw (1000 kg) fallen lassen, damit so viel Energie frei wird, wie man benötigt, um 1 Liter Wasser von 20 °C auf 100 °C zu erwärmen?

8 Wo bleibt die chemische Energie, die Menschen und andere Lebewesen mit der Nahrung aufnehmen? Wie äußert sich die Abgabe von Energie durch den Menschen vor allem?

9 Ein Mensch gebe einen Energiestrom von durchschnittlich 150 W ab. Wie viel Zucker müsste er pro Tag zu sich nehmen, um diesen Energiestrom aufrechtzuerhalten? (1 kg Zucker enthält etwa 16 800 kJ an chemischer Energie.)

10 Erfüllt ein 5 kg schwerer Stein als „Wärmflasche" seinen Zweck ebenso gut wie ein Behälter mit 5 Liter Wasser? Begründe.

11 Die Sonne steht am 21. Juni am höchsten. Warum sind dann der Juli und August wärmer als der Juni?

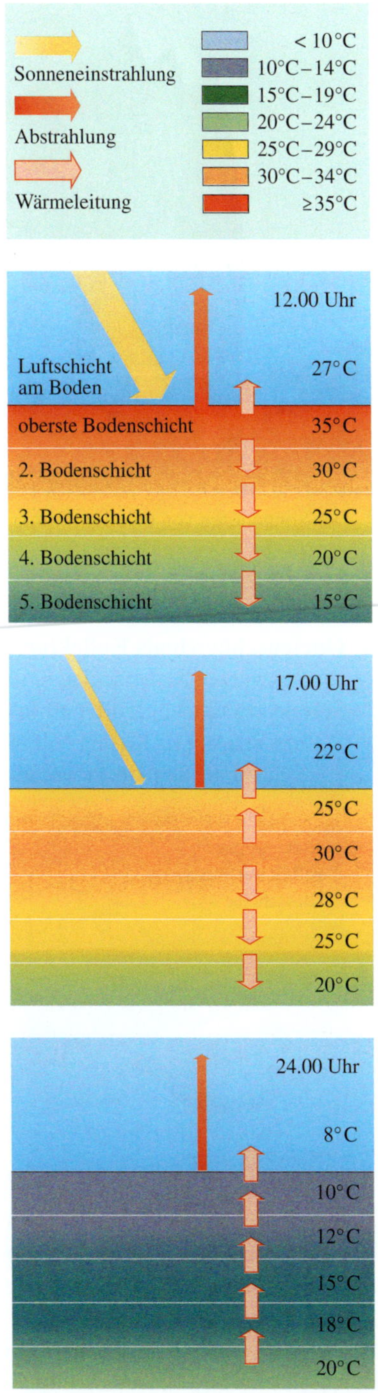

2 Erwärmung von Erdboden und Wasser im Vergleich

Solarthermie

1 Der Sonnenofen von Odeillo (Frankreich)

Im Sonnenofen von Odeillo wird mit zahlreichen Spiegeln Sonnenlicht gebündelt. Auf diese Weise lassen sich Temperaturen von bis zu 3900 °C erreichen. Das erinnert uns daran, dass die Sonne nicht nur Licht, sondern auch Wärme spendet. In den meisten Fällen braucht man jedoch thermische Energie, die bei relativ niedrigen Temperaturen abgegeben wird. Dazu reichen jedoch einfache Flachkollektoren aus, wie man sie auch in unseren Breiten immer häufiger auf den Dächern von Häusern sehen kann. Sonnenkollektoren können wesentlich dazu beitragen, die Energiekosten zu senken. Allgemein spricht man bei der Umwandlung von Sonnenenergie in thermische Energie von Solarthermie. Auf welche Weise kann man mit Sonnenkollektoren thermische Energie dem Sonnenlicht entnehmen?

Experimente

1 Gartenschlauch als Kollektormodell
Ein schwarzer Gartenschlauch wird zu einer Spirale zusammengerollt und in einem passenden Kasten fixiert. Der Kasten soll mit einer Glas- bzw. Plexiglasplatte abgedeckt werden können. ↑2

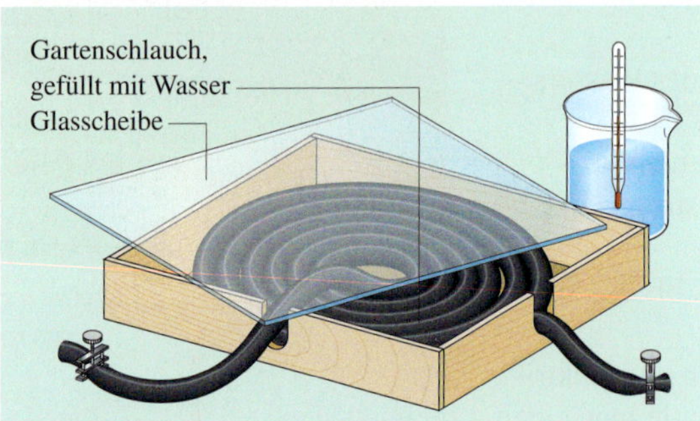

2 Kollektormodell

a Lege dieses Modell eines Sonnenkollektors zunächst ohne Abdeckung in die Sonne und verfolge den Temperaturverlauf des Wassers im Schlauch, indem du alle 5 Minuten misst.
b Wiederhole den Versuch mit Abdeckung.
c Beschreibe und erkläre den unterschiedlichen Versuchsausgang.

2 Erwärmung einer Oberfläche.
a Plane ein Experiment, mit dem du untersuchen kannst, wovon die Erwärmung einer Oberfläche abhängt. (*Hinweis:* Benutze unterschiedliche Materialien, die gegen die Auflage isoliert sein müssen.)
b Stelle mit einer Solarzelle fest, welcher Anteil der Strahlung von den Materialien reflektiert wird.

3 Antrieb eines Heißluftmotors mit Lichtenergie
Richte das Licht der Sonne oder einer Halogenlampe (500 bis 1000 W) auf einen Hohlspiegel (Parabolspiegel), sodass dieser gut ausgeleuchtet wird. ↑3 (*Tipp:* Das Sonnenlicht kann mit passend geneigten Spiegeln zum Ort des Geschehens gelenkt werden.).
a Bestimme den Brennpunkt des Spiegels.
b Stelle den Heißluftmotor mit dem Stutzen zur Erwärmung in den Brennpunkt des Spiegels. Beschreibe deine Beobachtungen.

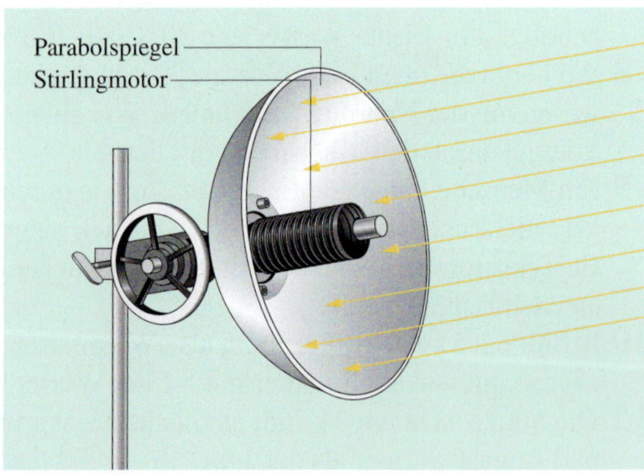

3 Heißluftmotor

GRUNDLAGEN: Thermische Energie aus Sonnenkollektoren

↑Basiskonzept Energie

Da neben elektrischer Energie vor allem thermische Energie zu Heizzwecken und zur Bereitstellung von Warmwasser gebraucht wird, kann man sich mit Sonnenkollektoren diese Energie auch direkt von der Sonne holen. ↑4

Ein Sonnenkollektor besteht im Wesentlichen aus einer schwarzen Fläche (Absorberfläche), die mit einem Flüssigkeitskreislauf verbunden ist. Die Absorberfläche dient dazu, möglichst viel Sonnenlicht zu absorbieren und an die an ihr entlanggepumpte Flüssigkeit abzugeben.

Um Energieverluste durch Konvektion mit der angrenzenden Luft zu verringern, wird die Absorberfläche meist in einem flachen Kasten untergebracht, der mit einer Glasscheibe abgedeckt ist. ↑5, 6

Die Glasscheibe kann die Energieverluste zwar verringern, aber nicht ganz verhindern. Neben der Reflexion des einfallenden Sonnenlichts strahlt die von innen erwärmte Scheibe thermische Energie ab. Die Abstrahlungsverluste sind umso größer, je stärker die Temperatur des Kollektors erhöht wird. Der Wirkungsgrad des Kollektors ist daher temperaturabhängig und beträgt beispielsweise bei einer Temperaturerhöhung von 40 °C über Umgebungstemperatur etwa 70 %, bei 80 °C aber nur noch gut 40 %.

Im einfachsten Fall wird die absorbierte Sonnenenergie direkt an das zirkulierende Brauchwasser abgegeben. Das hat aber mehrere Nachteile. Deshalb wird statt dieses Einkreissystems heute fast ausschließlich ein Zweikreissystem benutzt. Im ersten Kreis wird die thermische Energie durch eine Flüssigkeit in einen Wassertank transportiert, wo sie über einen Wärmetauscher an das Brauchwasser abgegeben wird. Das heiße Wasser steht zur Nutzung zur Verfügung. Die abgekühlte Flüssigkeit gelangt zurück zum Absorber, wo sie erneut mit Energie beladen wird. ↑7

Da Wasser aufgrund der großen Wärmekapazität ein guter Wärmespeicher ist, dient der Wassertank gleichzeitig als Energiespeicher. Er hält die Energie auch für Zeiten bereit, in denen die Sonne einmal nicht scheint.

Abgesehen von grauen Energien während Herstellung, Transport, Installation und Recycling fallen beim Betrieb keine CO_2- oder Feinstaub-Emissionen an. Daher gelten Sonnenkollektoren gerade im Bereich der Gebäudeheizung als zukunftsweisend.

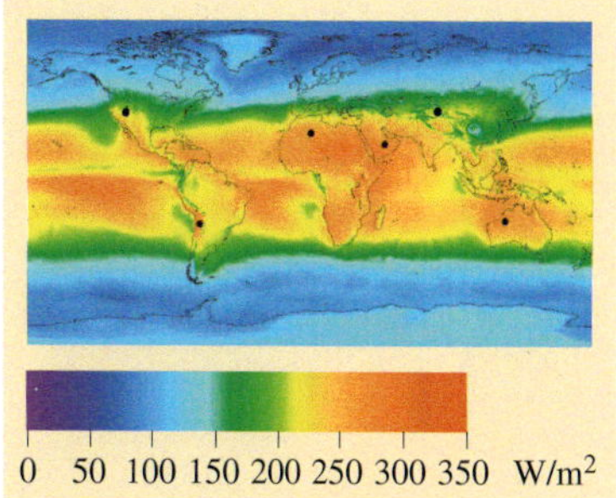

4 Weltweit verfügbare Sonnenenergie – gemittelt über die Jahre 1991–1993. Zur Deckung des gegenwärtigen Weltenergiebedarfs allein durch Solarstrom wären die mit dunklen Flecken gekennzeichneten Flächen ausreichend.

5 Sonnenkollektoren und Solarzellen

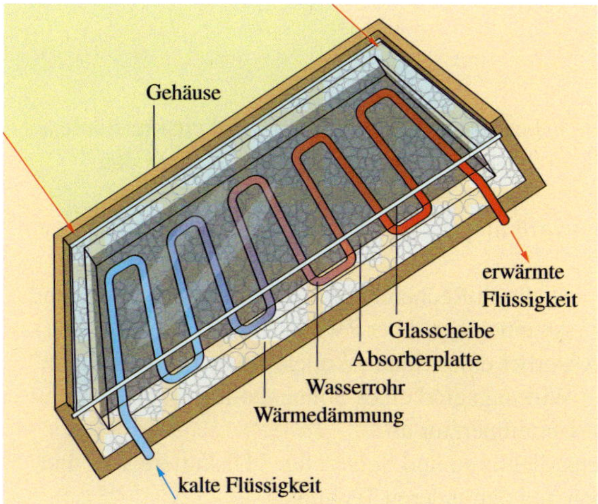

6 Sonnenkollektor (Aufbau)

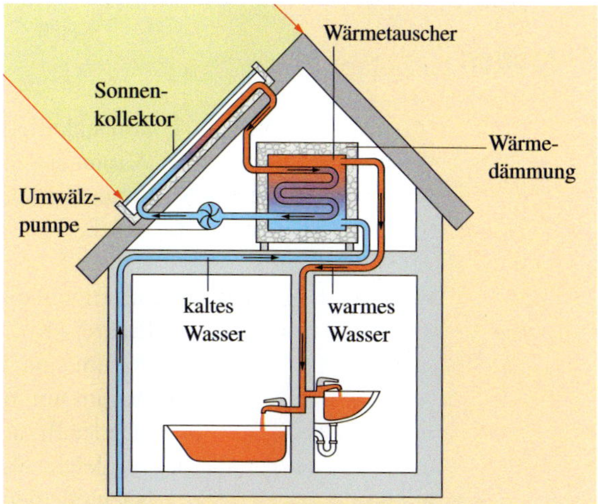

7 Warmwasserversorgung mit Sonnenkollektoren

GRUNDLAGEN: Solarthermische Kraftwerke

1 Die Spiegel werden der Sonne nachgeführt und fokussieren das Licht auf die Spitze des Turms. Dort wird eine spezielle Flüssigkeit erwärmt.

Wenn es sich schon in unseren Breiten lohnt, Sonnenenergie zu nutzen, wie viel vorteilhafter ist es erst dann in den heißen Gebieten unserer Erde. In den großen Wüstengebieten ließen sich große Sonnenenergieströme anzapfen und in die Gebiete umleiten, in denen die Energie benötigt wird. Neben Kraftwerken, die die Fotovoltaik nutzen, sind auch solarthermische Kraftwerke gut dafür geeignet.
In solarthermischen Kraftwerken kann man teilweise auf die aus Wärmekraftwerken bekannte und vielfältig erprobte Technik zurückgreifen. Der Unterschied besteht darin, dass der Wasserdampf nicht durch klimaschädigende fossile Brennstoffe oder Uran erzeugt wird, sondern durch Sonnenenergie. Der so bereitgestellte Wasserdampf wird auf Dampfturbinen geleitet, die ihrerseits Generatoren antreiben und die Bewegungsenergie in elektrische Energie umwandeln.
Um die zum Verdampfen und Aufheizen des Dampfes nötigen Temperaturen zu erreichen, wird die Sonnenenergie gebündelt. Das kann auf verschiedene Weise geschehen: Bei Turmkraftwerken konzentrieren Tausende Spiegel das Sonnenlicht auf den „Dampfkessel", bei Parabolrinnenkraftwerken reflektieren zylinderförmige Spiegel die Sonnenstrahlen auf lange Röhren. ↑1

2 Parabolspiegel

Die Parabolspiegeltechnologie ist am weitesten ausgereift. Dabei handelt es sich um bis zu 400 m lange Rinnen aus parabolisch geformten Spiegelsegmenten. Diese Spiegel werden im Tagesverlauf der Sonne nachgeführt und konzentrieren das Licht mit 80-facher Verstärkung auf Absorberrohre. Diese sind speziell beschichtet, um das Licht möglichst vollständig zu absorbieren. Um auch bei den höheren Temperaturen die Verluste von thermischer Energie zu minimieren, arbeiten diese Vakuumröhrenkollektoren nach dem Thermoskannenprinzip. ↑2
Durch Rohre fließt Öl, das über einen Wärmetauscher Wasser verdampft. Die thermische Energie wird nachts in großen Speichern z. B. aus flüssigem Salz bevorratet. Auf diese Weise kann auch nachts elektrische Energie ins Stromnetz eingespeist werden, was bei Fotovoltaik und Windenergieanlagen nicht möglich ist. 166-1

Aufgaben

1 Sonnenkollektoren haben in der Regel zwei Flüssigkeitskreisläufe.
a Warum erwärmt man das Brauchwasser nicht direkt durch den Sonnenkollektor.
b Welche Flüssigkeit wird im primären Kreislauf des Kollektors benutzt?
c Informiere dich (z. B. durch Recherche im Internet), welche Nachteile Einkreis-Kollektorsysteme gegenüber Zweikreis-Systemen haben.
2 Warum sind die Absorber eines Sonnenkollektors meistens schwarz?
3 Warum nimmt der Wirkungsgrad eines Sonnenkollektors mit zunehmender Brauchwassertemperatur ab?
4 Vergleiche Sonnenkollektoren und Solarzellen? Diskutiere Vor- und Nachteile der einen und der anderen Technik.

Aus der Technik Energie aus der Wüste

Solarthermische Kraftwerke sind nicht neu. In Kalifornien wird ein solches Kraftwerk seit 25 Jahren betrieben und in Spanien werden seit Anfang 2009 mit dem Andasol-1-Kraftwerk 200000 Haushalte mit elektrischer Energie versorgt. Neu sind allerdings Pläne, elektrische Energie in großem Maßstab mithilfe von solarthermischen Anlagen zu erzeugen. Der zurzeit wohl ehrgeizigste Plan ist das „Desertec-Konzept". Demnach sollen bis 2050 15 % des europäischen Bedarfs an elektrischer Energie aus den Wüsten Nordafrikas und des Nahen Ostens gedeckt werden. Die elektrische Energie soll mittels 20 Hochspannungsgleichstromleitungen nahezu verlustfrei aus diesen Gebieten nach Europa geleitet werden. ↑4

3 Andasol-Kraftwerk in Spanien

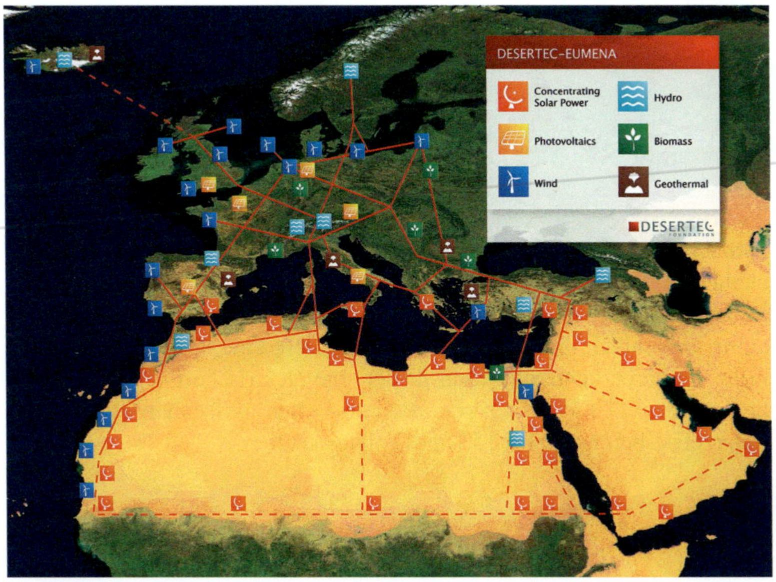

4 Projekt „Desertec"

1 Was hältst du davon, dass die Planungen der Gewinnung von elektrischer Energie in den heißen Gebieten Nordafrikas Europa zugute kommen sollen?

2 Informiere dich, warum die Energie in Hochspannungsgleichstromleitungen transportiert werden soll, obwohl doch fast ausschließlich Wechselstrom benötigt wird?

Aufgaben

5 Um die Energieverluste bei Sonnenkollektoren zu verringern, werden die Absorber mit Glasplatten abgedeckt.

a Welche Wärmetransportmechanismen sind bei den Energieverlusten eines Sonnenkollektors von besonderer Bedeutung? Begründe.

b Inwiefern kann die Glasscheibe des Kollektors Wärmeverluste verringern?

c Das Sonnenlicht enthält auch nach dem Durchgang durch die Atmosphäre Infrarotstrahlung. Diese wird von Glas absorbiert. Warum werden Sonnenkollektoren dennoch mit Glasscheiben abgedeckt?

6 Ein wesentliches Element eines Sonnenkollektors ist der Absorber.

a Welche Eigenschaften muss ein guter Absorber haben?

b Durch welche technischen Maßnahmen und Materialeigenschaften wird dies erreicht?

c Bei modernen Sonnenkollektoren werden selektive Absorberbeschichtungen benutzt. Dabei ist eine TiNOX-Beschichtung von besonderer Bedeutung. Informiere dich über die Eigenschaften eines mit TiNOX beschichteten Absorbers.

Auf einen Blick

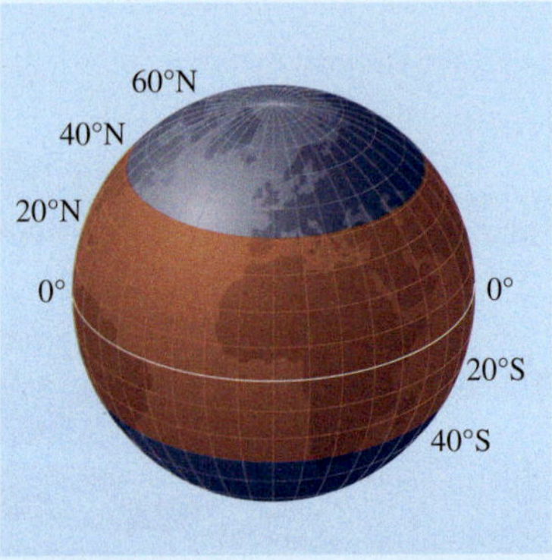

1

Solarer Energiestrom Die Solarkonstante bezeichnet den konstanten Energiestrom der Sonne, der pro Quadratmeter auf eine senkrecht zur Strahlungsrichtung orientierte Fläche auftrifft. Die oberhalb der Atmosphäre gemessene Solarkonstante beträgt 1,37 kJ/m^2. Auf der Erdoberfläche ist sie aufgrund von Energieverlusten in der Atmosphäre etwas geringer. Multipliziert man die Solarkonstante mit der Querschnittsfläche der Erde, so erhält man die mittlere solare Energiestromstärke. Sie beträgt $174{,}5 \cdot 10^{12}$ kW.

Auf jeden Quadratmeter der viermal so großen Oberfläche treffen daher im Mittel nur 342 Watt auf. Aufgrund von Lichtstreuung und Absorption in der Atmosphäre liegt der tatsächliche Wert bei 175 W/m^2. In Deutschland misst man aufgrund der tief stehenden Sonne nur etwa 110 W/m^2.

Strahlende Erde Die Sonne ist „weißglühend“, da sie ihre Energie bei einer Temperatur von ca. 5450 °C abstrahlt. Die Erde erwärmt sich durch die absorbierte Sonnenenergie auf eine mittlere Temperatur von ca. 15 °C. Bei dieser Temperatur strahlt sie im Mittel denselben Energiestrom in den Weltraum, den sie von der Sonne erhält. Da ein Körper von 15 °C nicht sichtbar glüht, kann man von der Strahlung nichts sehen, es handelt sich um Infrarotstrahlung.

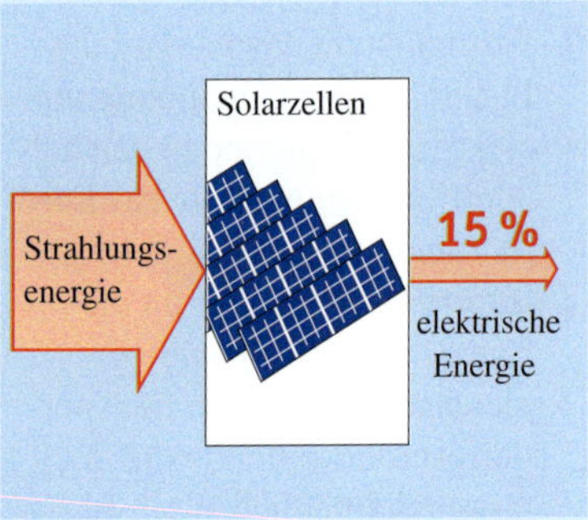

2

Fotovoltaik Solarzellen oder fotovoltaische Zellen sind elektrische Bauelemente, die das Sonnenlicht direkt in elektrische Energie umwandeln. Dabei wird die Eigenschaft gewisser Halbleitermaterialien, vor allem Silicium, ausgenutzt, unter dem Einfluss von Licht eine Spannung hervorzurufen. Dadurch kann ein Strom fließen und elektrische Energie transportiert werden. Der Wirkungsgrad der inzwischen massenhaft eingesetzten Solarzellen beträgt 10 bis 15 % bei Vollauslastung.

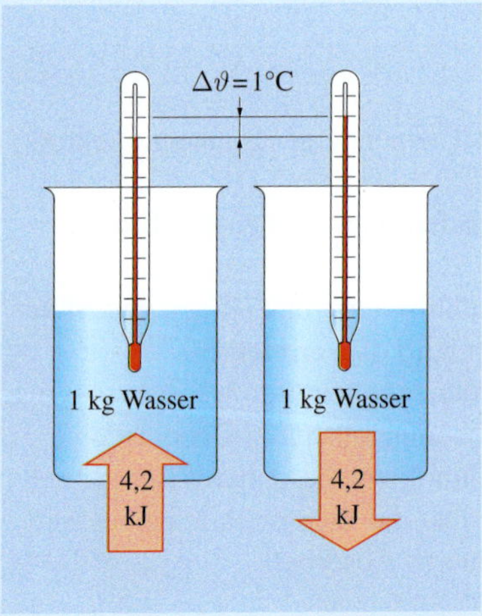

3

Wärmekapazität Sie gibt an, wie viel Energie benötigt wird, um 1 kg eines Stoffes um 1 °C zu erwärmen.

Bei einer Temperaturerhöhung um $\Delta\vartheta$ beträgt die Energiezunahme eines Stoffes mit der Masse m und der spezifischen Wärmekapazität c: $\Delta E = c \cdot m \cdot \Delta\vartheta$.

Thermische Energiespeicherung Nehmen feste, flüssige und gasförmige Systeme Energie auf, steigt ihre Temperatur. Die Energie wird gespeichert. Die spezifische Wärmekapazität gibt das Energiespeichervermögen eines Stoffs an. Dieses Energiespeichervermögen ist bei Wasser besonders groß, bei Bodenstoffen (Sand, Erde, Gestein) nimmt es einen mittleren Wert ein und bei Luft ist es sehr klein.

Treibhauseffekt Die mittlere Durchschnittstemperatur auf der Erde, die sich ergäbe, wenn die Erde keine Atmosphäre hätte, ist mit –19 °C wesentlich kleiner als die tatsächliche Temperatur von etwa 15 °C. Diese zusätzliche Aufwärmung ist der Erdatmosphäre zu verdanken. Die Lufthülle verhält sich ähnlich wie die Glasscheiben eines Treibhauses. Es lässt die sichtbare Sonnenstrahlung durch, aber nicht die Infrarotstrahlung, in die die Sonnenstrahlung umgewandelt wurde, nachdem sie von der Erde absorbiert und wieder ausgestrahlt wurde. Die Luft wird ebenso wie die Scheibe durch die Infrarotstrahlung aufgeheizt und strahlt einen großen Teil zur Erde zurück, sodass diese wesentlich mehr Strahlungsenergie erhält, als von der Sonne eingestrahlt wird. Das führt zu höheren Temperaturen, die das Leben auf der Erde überhaupt erst möglich machen.
Durch die Aktivitäten der Menschen auf der Erde (Industrie, Verkehr, Haushalt) werden über die natürliche Rate hinaus Gase wie CO_2 an die Atmosphäre abgegeben. Diese verstärken den Treibhauseffekt und führen daher zu einer Zunahme der Durchschnittstemperatur auf der Erde. Damit ist u. a. die Gefahr von Klimaveränderungen gegeben.

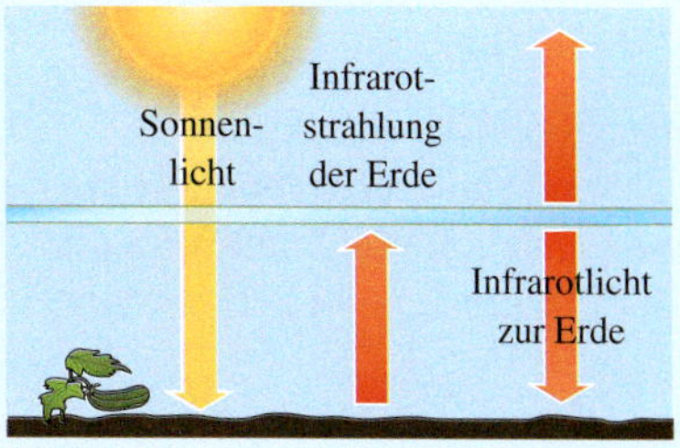

4

Solarthermie Sonnenstrahlung wird von Gegenständen absorbiert, sodass deren thermische Energie zunimmt. In der Solarthermie wird dieser Energiegewinn systematisch ausgenutzt. Technisches Kernstück ist der Sonnenkollektor. Dabei wird eine gut absorbierende Oberfläche der Sonnenstrahlung ausgesetzt. Durch eine Flüssigkeit, die an der erwärmten Fläche vorbeigeführt wird, wird die thermische Energie über einen Wärmetauscher an einen Brauchwasserkreislauf abgegeben. ↻ 169-1

Alles klar?

1 Wie kann man feststellen, wie viel Sonnenenergie bei klarem Himmel auf einen Quadratmeter der Erde einströmt? Wie viel Sonnenenergie strömt im Durchschnitt in unseren Breiten pro Quadratmeter ein?

2 An einem Wintertag bestrahlt eine 100-Watt-Glühlampe in 9 cm Abstand die Wange eines Menschen so stark wie die Sonne. Wie groß war die Energiestromstärke auf 1 m^2?

3 Wie lange könnte die Menschheit beim derzeitigen Energieverbrauch mit der Energie auskommen, die uns die Sonne täglich zustrahlt (Primärenergieverbrauch global 2003: $4{,}37 \cdot 10^{17}$ kJ)?

4 Welche Probleme wären zu bewältigen, wenn man die Menschheit allein aus der direkten Sonnenstrahlung mit Energie versorgen wollte?

5 Berechne die durchschnittliche Energiestromstärke der insgesamt auf die Erde auftreffenden Sonnenenergie (Abstand Erde–Sonne $r_{ES} = 150\,000\,000$ km, Solarkonstante $S_E = 1{,}37\ \mathrm{kW/m^2}$). Wie groß ist insgesamt die Energiestromstärke der Sonne?

Windenergie

Hoch- und Tiefdruckgebiete bestimmen unser Wetter. Für Vorhersagen von Wind und Wetter ist der Luftdruck besonders wichtig.

Unwetterwarnung für Hessen, gültig vom 12.01., 12.00 Uhr bis 13.01., 03.00 Uhr, ausgegeben am 12.01. um 09.00 Uhr: Ein kräftiges Sturmtief zieht auf Deutschland zu.
In Hessen besteht heute Nachmittag und in der Nacht Gefahr von orkanartigen Böen um 110 km/h. In Hochlagen des Berglandes kann es auch Böen über 130 km/h geben.
Vorsicht: Sturmschäden! Gefahr durch umherfliegende Gegenstände und umstürzende Bäume. Mit erheblichen Verkehrsbehinderungen ist zu rechnen.

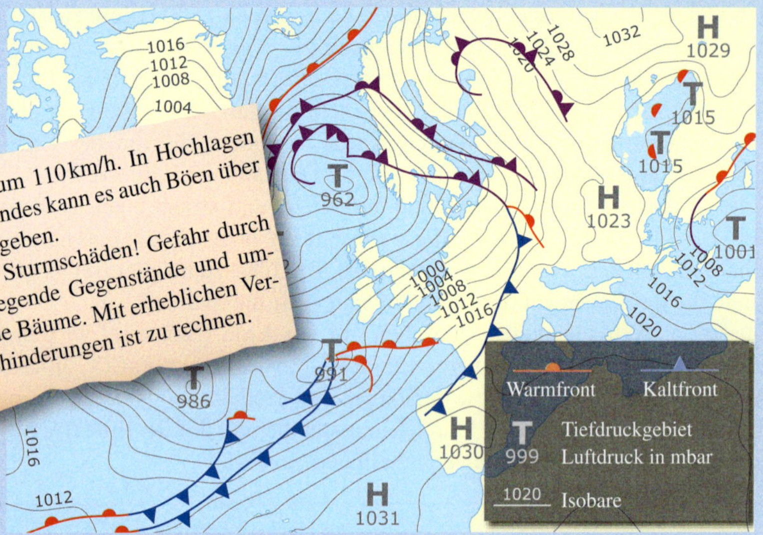

1 Wetterkarte

↑ Basiskonzept Energie

↑ Basiskonzept System

Luftdruckunterschiede werden durch Luftströmungen (Winde) ausgeglichen. Diese können sehr heftig sein und große Energiemengen freisetzen. Im Hurrikan Katrina steckte z. B. so viel Energie, dass man damit den Energiebedarf der Welt ein Jahr lang hätte decken können. Und ein typischer Tornado setzt so viel Energie frei, wie ein großes Kraftwerk in einem Jahr produziert.

Auf der anderen Seite sind Winde wichtig für das Leben auf der Erde. Durch den Wind werden beispielsweise Wolken vom Meer über das Land getrieben. Dort regnen sie sich ab, bewässern das Land und ermöglichen so das Leben von Pflanzen, Tieren und Menschen.

Der Mensch nutzt die Energie des Windes seit Langem aber auch direkt. Auf dem Lande diente sie vor allem dazu, mechanische Energie zum Mahlen von Getreide und zum Betrieb von Ent- und Bewässerungspumpen zur Verfügung zu stellen. Auf dem Meer war der Wind über Jahrhunderte die Energiequelle für den Antrieb von Schiffen, bis er durch Kohle und Öl ersetzt wurde. ↑ 2, 3

Weil die fossilen Brennstoffe wie Öl, Gas und Kohle aber in absehbarer Zeit zur Neige gehen, hat man sich in den letzten Jahren auf die Energie des Windes zurückbesonnen.

2 Segler nutzen auch heute noch die Energie der bewegten Luft.

3 Windmühlen wandeln die Windenergie in mechanische Energie um.

Luftdruck

Das Leben auf der Erde spielt sich auf dem Grund eines riesigen Luftmeeres ab, das die gesamte Erde ↑4 umgibt. Für uns sind die Lufthülle und der Luftdruck, mit dem sie auf allem lastet, etwas Selbstverständliches.

Der Magdeburger Bürgermeister OTTO VON GUERICKE zeigte um 1660 in einem spektakulären Schauversuch, dass Luft unter einem hohen Druck steht: Sechzehn Pferde schafften es nicht, zwei luftdicht aneinandergelegte und dann luftleer gepumpte Halbkugeln auseinanderzuziehen.

Der auf den Halbkugeln lastende Luftdruck war zu groß. ↑4

Wie kommt es zum Luftdruck?

Wie kann man die Stärke des Luftdrucks bestimmen?

4 OTTO VON GUERICKE demonstriert die Wirkung des Luftdrucks.

Experimente

1 Zehn Meter Wasser

Ein 11 m langer, durchsichtiger Schlauch wird unter Wasser luftfrei mit Wasser gefüllt und an einem Ende fest verschlossen. Dann zieht man den Schlauch aus einem mindestens 10 m hohen Fenster oder in einem hohen Treppenhaus nach oben aus dem Wasser heraus, sodass das offene Ende stets unter Wasser bleibt. ↑5

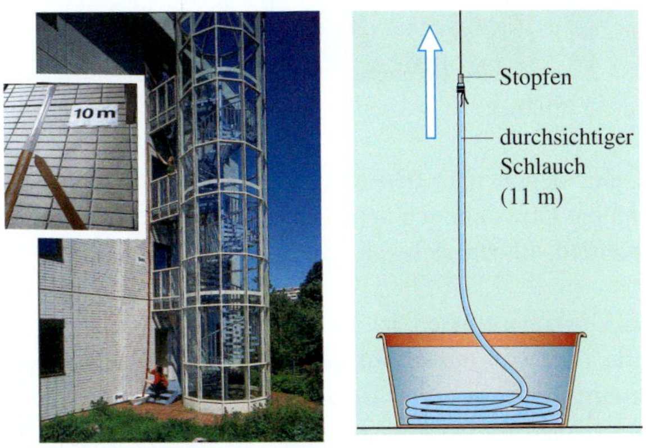

5 Ein 11 m langer wassergefüllter Schlauch hilft, den Luftdruck zu messen.

Das Wasser kann nicht aus dem Schlauch herausfließen, weil die Luft auf das Wassergefäß und damit auf das untere Ende der Wassersäule drückt.

Beschreibe, was passiert, wenn der Schlauch in etwa die 10-m-Marke erreicht.

2 Wirkungen von Luftdruckänderungen

Der Absperrhahn des Glasrohres in Bild ↑6 ist zunächst geschlossen.

a Über das offene zweite Rohr wird Luft aus dem Kolben gesaugt. Beschreibe deine Beobachtungen. Erkläre.

b Beschreibe und erkläre, was geschieht, wenn der Hahn geöffnet wird?

3 Unterdruck im Rundkolben

Der Hahn eines Rundkolbens, aus dem vorher Luft abgepumpt wurde wird geöffnet, während das Rohr unter Wasser ist. Beschreibe deine Beobachtungen und erkläre. ↑7

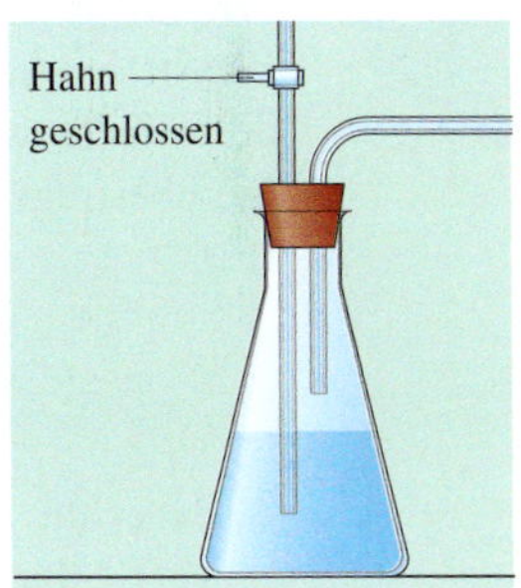

6

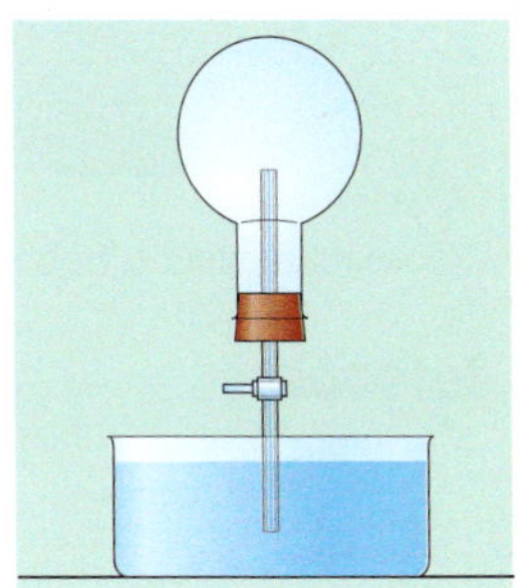

7

Schon gewusst?

Der Druck macht sich durch Kräfte bemerkbar, die auf die Begrenzungsfläche von Gegenständen ausgeübt werden. Die Größe des Drucks p ist definiert als Quotient aus Kraft F und Fläche A: $p = F/A$.
Die Einheit N/m^2 wird mit Pascal (Pa) bezeichnet. Es hat sich eingebürgert, den Luftdruck in Hektopascal (hPa) anzugeben: 1 hPa = 100 Pa. Der durchschnittliche Luftdruck in Meereshöhe beträgt 1013 hPa.

1 Barometer

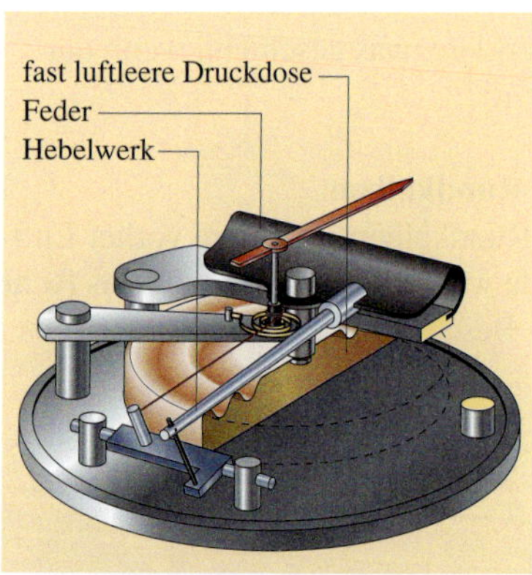

2 Dosenbarometer (Aufbau)

GRUNDLAGEN: Vom Druck der Luft

Die uns umgebende Luft steht unter Druck. Da die Luft wie Wasser eine Masse hat und von der Erde angezogen wird, übt sie eine Kraft auf die Erdoberfläche und alle anderen Gegenstände aus. Man spricht vom Schweredruck der Luft oder kurz vom Luftdruck. ↑S. 124 ff.
Das Experiment mit dem wassergefüllten Schlauch zeigt, dass bei etwa 10 m die Wassersäule im Schlauch plötzlich stehen bleibt. Dann sind Luftdruck und Wasserdruck gleich groß: Der Luftdruck hält dem Wasserdruck die Waage. Der durchschnittliche Luftdruck in Meereshöhe beträgt 1013 hPa.

Messung des Luftdrucks Mit einem mehr als 10 m langen, durchsichtigen Schlauch den Luftdruck zu messen ist natürlich sehr unpraktisch. Bereits EVANGELISTA TORRICELLI (1608–1647), der als Erster den Luftdruck messen konnte, füllte eine oben zugeschmolzene Glasröhre mit Quecksilber, das wegen der großen Dichte ($\rho = 13{,}6\ g/cm^3$ bei 0 °C) 13,6-mal so schwer ist wie Wasser. Er kam daher mit einem sehr viel kürzeren Rohr aus. Die Quecksilbersäule musste nur etwa 760 mm lang sein, um dem Luftdruck standzuhalten. TORRICELLI stellte außerdem fest, dass sich die Länge der Quecksilbersäule im Laufe von Tagen änderte. Er führte diese Schwankungen auf Änderungen des Luftdrucks zurück. ↑3

3 TORRICELLI misst den Luftdruck.

Barometer Geräte, mit denen man den Schweredruck der Luft messen kann, heißen Barometer. Obwohl noch heute manchmal Quecksilberbarometer verwendet werden, haben sich die handlicheren Dosenbarometer durchgesetzt. ↑1
Wichtigster Teil des Dosenbarometers ist die fast luftleere Druckdose aus Blech. Je stärker die Luft von außen auf den gewellten Deckel drückt, desto mehr wird er eingedellt. Mit dem Deckel ist eine Feder verbunden. Sie überträgt die Bewegung des Deckels auf den Zeiger. ↑2 ↻ 172-1

Aufgabe

1 Berechne aus dem durchschnittlichen Luftdruck in Meereshöhe die Masse der Luftsäule, die auf 1 m^2 lastet.

Aus der Natur Der Luftdruck nimmt mit der Höhe ab

Der Luftdruck nimmt mit der Höhe ab. Denn je höher man kommt, desto weniger Luft hat man noch über sich. In Meereshöhe nimmt der Luftdruck um 12 hPa ab, wenn man sich um 100 m nach oben bewegt. Steigt man in 5500 m Höhe um 100 m nach oben, so beträgt die Druckabnahme nur noch 6 hPa. In der dünneren Luft lässt man nämlich mit jedem Höhenmeter eine geringere Luftmasse unter sich als in der dichteren Luft am Boden. ↑4
Der Luftdruck nimmt mit zunehmender Höhe immer langsamer ab.
In 5500 m Höhe ist der Luftdruck nur noch etwa halb so groß wie auf Meeresniveau. Es befindet sich also die Hälfte der Luftmasse unterhalb von 5500 m. ↑5
Nach weiteren Höhenzunahmen von jeweils 5500 m, also in einer Höhe von 11 km, 16,5 km, 22 km …, halbiert sich jeweils der Luftdruck. Reiseflugzeuge fliegen meist in Höhen zwischen 9000 m und 12 000 m. Dort ist die Luft nur noch etwa ein Viertel so dicht wie am Erdboden. Zum Atmen reicht die Luft hier nicht mehr aus. Die Kabinen der Flugzeuge sind deshalb luftdicht verschlossen, der Druck in der Kabine wird so eingestellt, dass er einer Höhe von 2000 bis 2400 m entspricht. 173-1

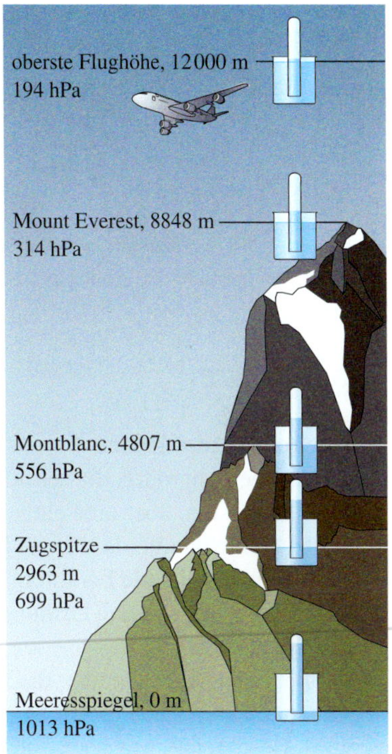

4 Luftdruck und Höhe

1 Der Luftdruck nimmt mit zunehmender Höhe immer langsamer ab. Wie erklärst du das?

2 Wie hoch wäre die Atmosphäre, wenn der Luftdruck – wie der hydrostatische Druck in Wasser – proportional zur Höhe abnehmen würde? (Die Dichte ρ der Luft beträgt bei 20 °C 1,2 kg/m^3.) Vergleiche mit der Höhe der höchsten Berge der Erde.

Aufgaben

1 Die Deckel von Gurkengläsern u. Ä. sitzen meist sehr fest.

a Wenn das Glas geöffnet wird, entsteht eine Art Zischgeräusch. Erkläre.

b Erkläre, was den Deckel so fest an das Glas drückt?

2 Lies aus dem Diagramm ↑5 ab: Wie groß ist der Luftdruck am Boden? In welcher Höhe ist er halb so groß wie am Boden, in welcher Höhe ist er auf 25 % gesunken? Überlege: Wie groß ist der Luftdruck in 44 km Höhe?

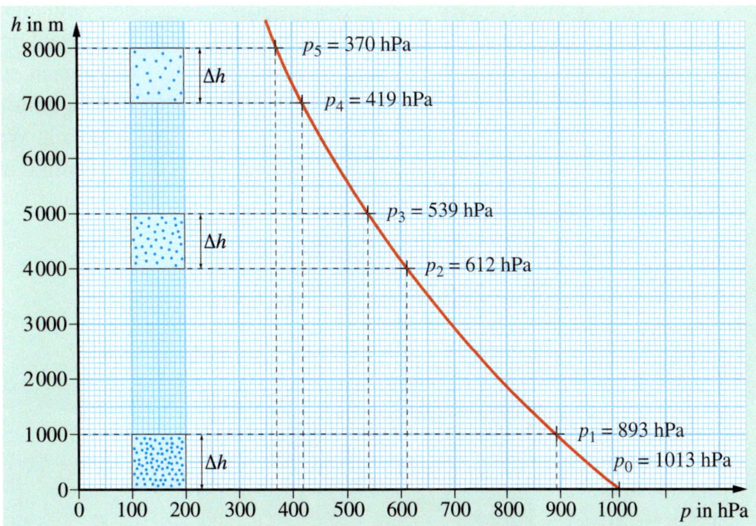

5 *p*-*h*-Diagramm

3 Der Körper von Insekten ist von Atemröhrchen („Tracheen") durchzogen. ↑6
Die Insekten wählen ihre Flughöhe so, dass sich der Druck in den Tracheen möglichst wenig ändert. Er ist immer etwa so groß wie der äußere Luftdruck. Wie müssen sie ihre Flughöhe ändern, wenn der Luftdruck steigt (fällt)?

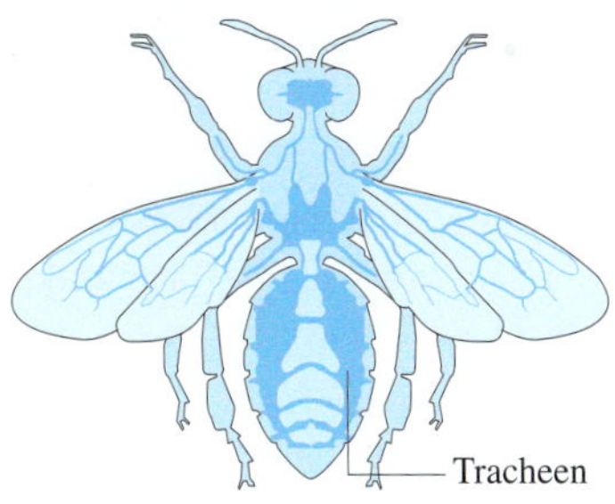

6 Atemröhrchen eines Insekts

Winde – bewegte Luft

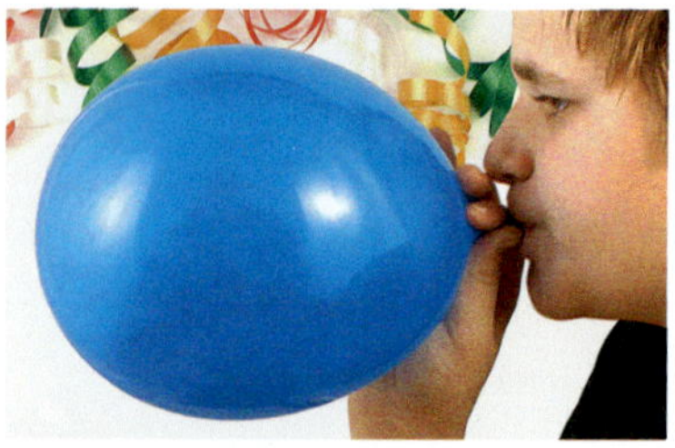

1 Im Ballon herrscht ein großer Druck.

Wenn man einen Luftballon aufbläst, steigt der Luftruck im Ballon. Gibt man die Öffnung des Luftballons frei, so entweicht die Luft wieder. Sie bewegt sich vom Ort des höheren Drucks im Ballon zum Ort des niedrigeren Drucks außerhalb des Ballons. Dies ist eine der einfachsten Methoden, Wind zu erzeugen.
In der Natur ist es nicht anders, auch hier bewegen sich Luftmassen von Gebieten höheren Drucks (Hochs) zu Gebieten niedrigeren Drucks (Tiefs). Doch wie entstehen solche Gebiete unterschiedlichen Luftdrucks?

↑Basiskonzept System

Experimente

1 Kochplatte und Röhre
Stelle eine Pappröhre, die seitlich unten eine kleine Öffnung besitzt, über eine eingeschaltete Kochplatte. Achte darauf, dass keine brennbaren Gegenstände die Kochplatte berühren! ↑2

a Halte die Hand über die Öffnung der Röhre. Was beobachtest du?

b Stülpe einen Müllsack über die Pappröhre, der mit seinem unteren Ende locker an die Röhre gepresst wird. Beschreibe, was nach einiger Zeit passiert, und erkläre.

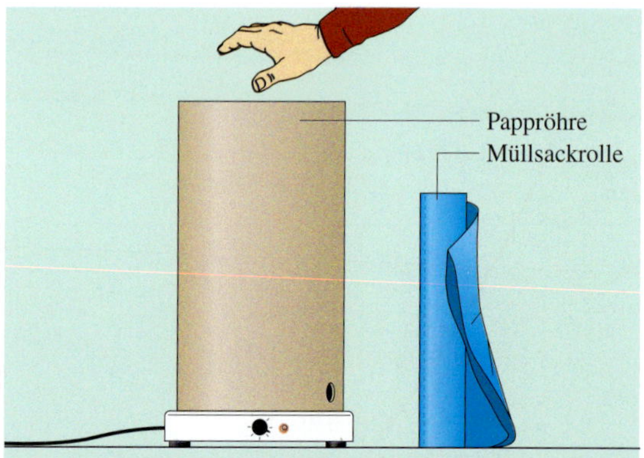

2 Kochplatte und Röhre

2 Teelichtkreis
Stelle viele Teelichter kreisförmig auf und zünde sie an. ↑3

a Beobachte die einzelnen Flammen.

b Warum richten sich die äußeren Flammen nach innen? Welche Rückschlüsse auf den Luftdruck lässt diese Beobachtung zu?

c Welche Luftbewegungen kannst du am äußeren Rand des Teelichtkreises feststellen? (*Hinweis:* Taste die Gegend mit einer Flaumfeder oder einer Kerzenflamme ab.)

3 Teelichtkreis

3 Modelllandschaft
Baut mit einem Wasserbecken, einem Sandbecken und einem darüber angebrachten Wärmestrahler eine Modelllandschaft. Über einen dazwischengestellten Schlauch kann Rauch zugeführt werden. ↑4

a Wartet zunächst, bis beide Thermometer dieselbe Temperatur anzeigen, und blast dann Rauch durch den Schlauch. Wie verhält sich der Rauch?

b Der Strahler wird eingeschaltet. Lies die Temperaturen nach etwa 15 min ab. Was stellst du fest?

c Blase nun noch mal sehr langsam Rauch durch den Schlauch. Was beobachtest du?

d Beschreibe die gesamte Strömung der Luft.

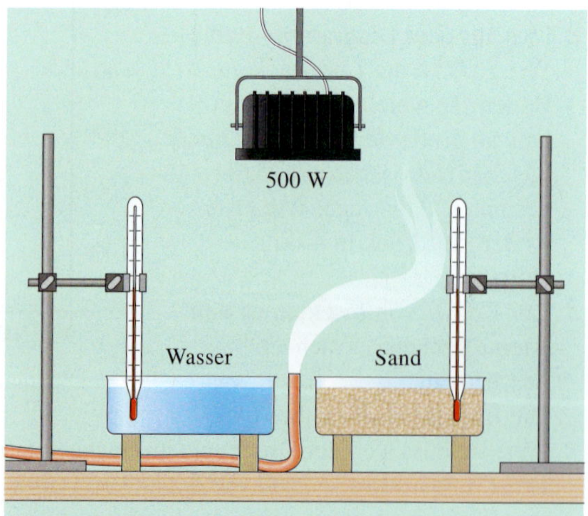

4 Modelllandschaft

GRUNDLAGEN: Wie entstehen Winde?

Wind ist bewegte Luft und entsteht, wenn in der Atmosphäre Luftdruckunterschiede bestehen. Durch den Wind werden Luftdruckunterschiede ausgeglichen.

↑Basiskonzept System

Solche Gebiete unterschiedlichen Drucks sind auf Wetterkarten als Hochs (hoher Luftdruck) und Tiefs (niedriger Luftdruck) eingezeichnet. Winde bewegen sich daher von den Hochdruckgebieten zu den Tiefdruckgebieten. Die Strömung erfolgt allerdings nicht auf direktem Weg, sondern wird durch die Erddrehung gestört.
Die Hochs und Tiefs entstehen, weil die Erdoberfläche durch die Sonne unterschiedlich stark erwärmt wird. Beispielsweise steigt bei gleicher Energiestromstärke des Sonnenlichts die Temperatur von Sandgebieten stärker an als die von Gewässern. Daher geht die Bewegungsenergie des Windes letztlich aus Sonnenenergie hervor.

Wenn du schon einmal am Meer warst, hast du dich vielleicht gewundert, dass ständig ein mehr oder minder starker Wind geht. Dieser hat seine Ursache in der unterschiedlichen Erwärmung von Land und Meer. Wenn tagsüber die Sonne scheint, werden das Land und die darüber befindliche Luft stärker aufgeheizt als das Meer und die Luft darüber. Wärmere Luft dehnt sich aus und steigt nach oben, in den frei werdenden Raum strömt kalte Luft vom Meer nach. Das ist der Seewind. ↑5
Übrigens kühlt das Land in der Nacht schneller ab als das Meer und so dreht sich das Verhältnis von kalter und warmer Luft in der Nacht um. Deshalb bläst an der Küste ständig ein Wind. 175-1

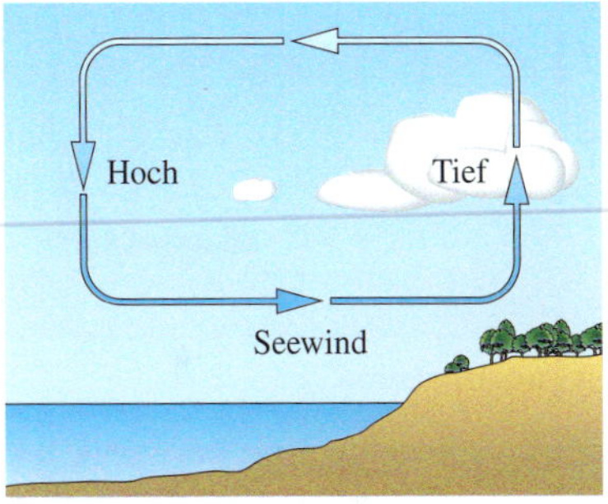

5 Windentstehung

Aufgaben

1 Warum kehrt die Windrichtung nach Sonnenuntergang beim Seewind/Landwind um? Welche Rolle spielt dabei der Luftdruck?

2 Eine Weihnachtspyramide kann als einfaches Modell eines Luftkreislaufs angesehen werden. ↑6

a Erkläre, wie es zur Drehung des Flügelrads kommt.

b An welchen Stellen würde man einen tieferen und an welchen einen höheren Luftdruck feststellen?

6 Weihnachtspyramide

7 Luftströmung im Zimmer

3 Heizkörper erwärmen die Zimmer auch an den gegenüberliegenden Wänden, obwohl Luft ein sehr schlechter Wärmeleiter ist. Wie kommt die warme Luft dorthin? ↑7

4 Allgemein gilt die Regel: Der Luftdruck nimmt mit der Höhe ab. In warmer Luft nimmt der Luftdruck nach oben hin aber langsamer mit der Höhe ab als in kalter Luft. Begründe.

Aus der Natur Seewinde und Landwinde

Der Seewind am Gardasee wird wegen der Pünktlichkeit, mit der er vormittags einsetzt, Ora (lat. *hora:* Stunde) genannt. ↑1 Früher ließen sich die Fischer durch ihn vom nächtlichen Fischfang zum Hafen zurücktreiben. Abends gelangten sie mit dem dann einsetzenden Landwind wieder zu den Fischgründen. Die Sonnenstrahlung trifft Land und Wasser tagsüber gleichermaßen. Trotzdem kommt es über dem Land zu einer deutlich größeren Temperaturzunahme als über dem Wasser. Dieser Unterschied bewirkt, dass Luftmassen in Bewegung gesetzt werden.

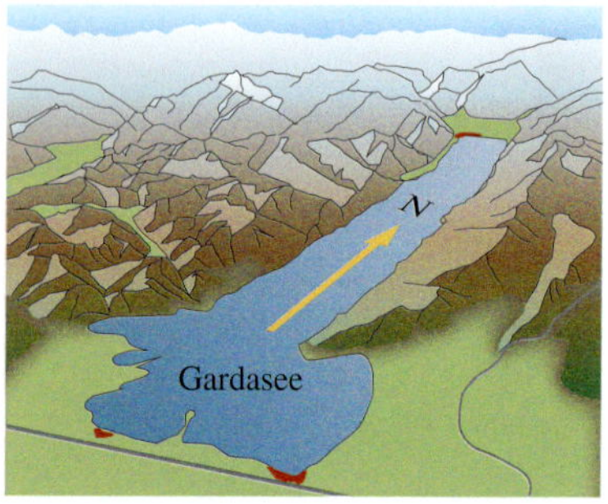

1 Wind am Gardasee

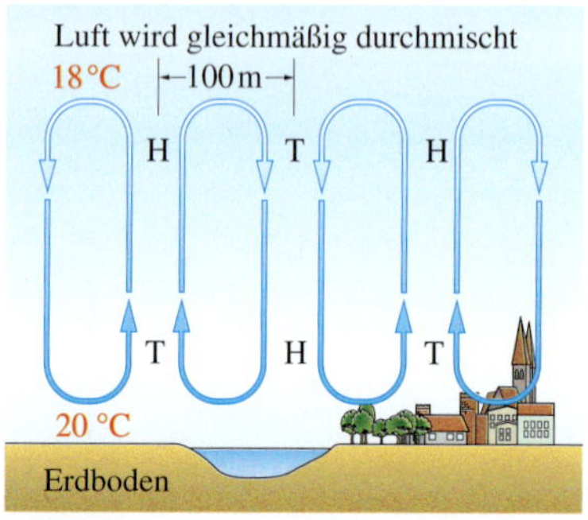

2 Luftzirkulation

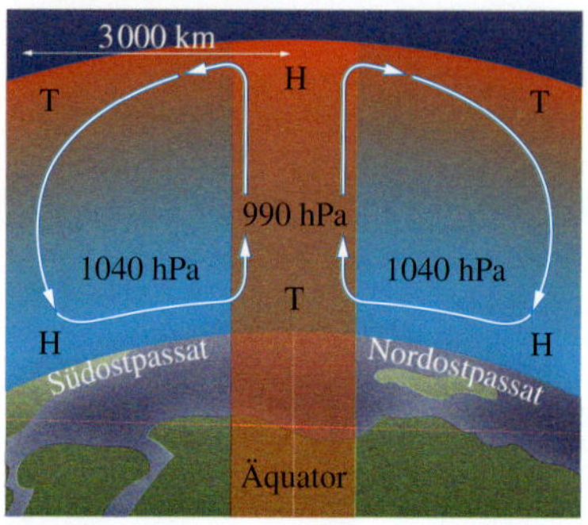

3 Passatwinde

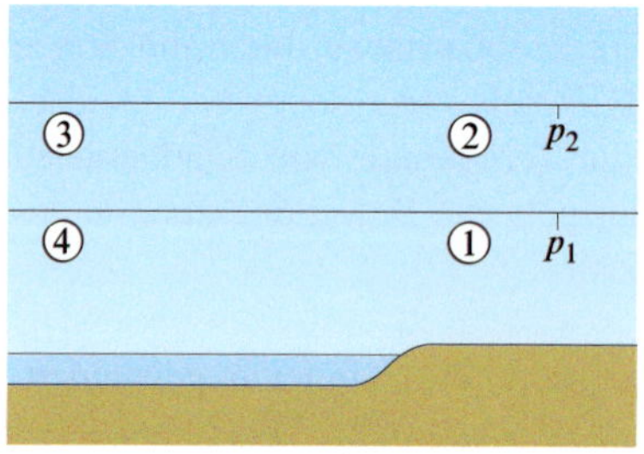

4 Vor Sonnenaufgang ist der Luftdruck in gleichen Höhen gleich groß.

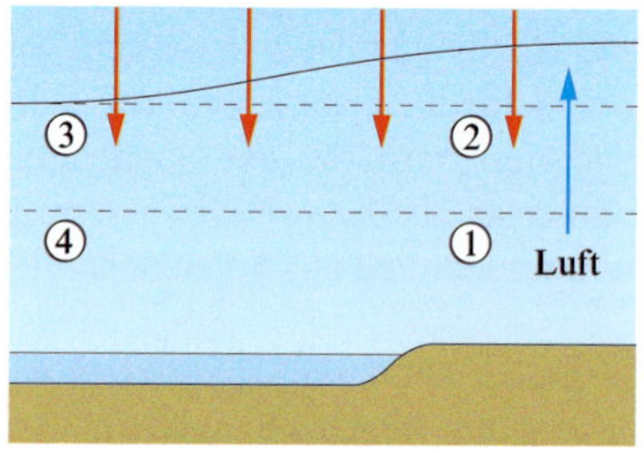

5 Bei Sonnenschein dehnt sich die erwärmte Luft über dem Land aus und steigt auf. Dabei wird Luft von unten nach oben verlagert, sodass der Luftdruck in der Höhe wächst. Am Boden ändert er sich zunächst nicht, weil die gesamte Luftmasse dieselbe bleibt.

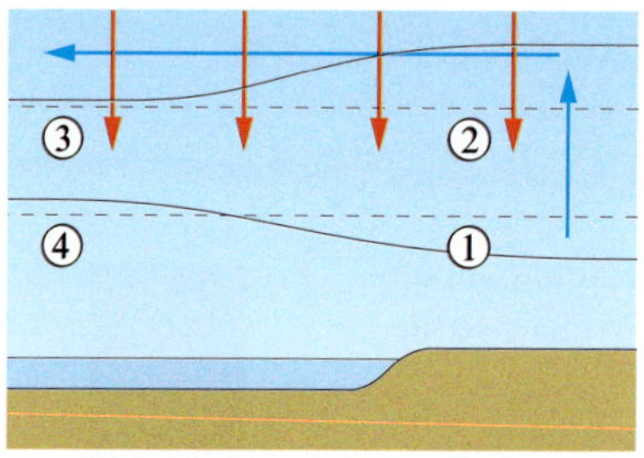

6 Da der Luftdruck bei ② größer ist als bei ③, fließt Luft von ② nach ③ ein. Dadurch sinkt bei ① der Luftdruck und nimmt an der Stelle ④ zu.

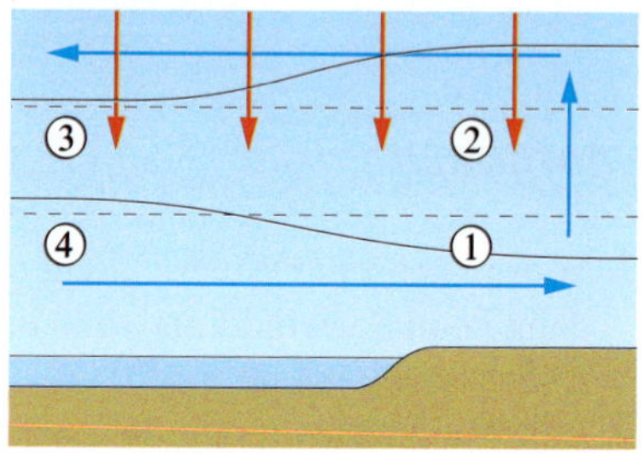

7 Der Druckunterschied zwischen ④ und ① bewirkt den Seewind. Insgesamt entsteht ein Luftkreislauf, der so lange anhält, wie die Sonne scheint.

1 Informiere dich, wie Passatwinde entstehen? Warum kommen die Passatwinde nicht direkt aus Norden oder Süden, sondern immer aus östlichen Richtungen? ↑3

Nachts kehren sich die Verhältnisse um. Da die Temperatur über dem Land nach Sonnenuntergang schneller sinkt als über dem Wasser, sinkt nunmehr dort die Luft ab und führt zum bodennahen Landwind.

An allen großen Binnenseen und an den Küsten der Meere kann man bei ansonsten ruhigem Wetter den Wechsel zwischen See- und Landwinden feststellen. Aber auch durch anders bedingte Unterschiede in der Erwärmung des Bodens können sich Gebiete geringeren und höheren Luftdrucks einstellen und zu entsprechenden Winden führen. ↑2

Die mit diesen Luftkreisläufen verbundenen Aufwinde werden von Greifvögeln, Drachenfliegern und Segelflugzeugen genutzt, um sich bis zu einigen Hundert Metern hochtragen zu lassen.

Wind als Energiequelle

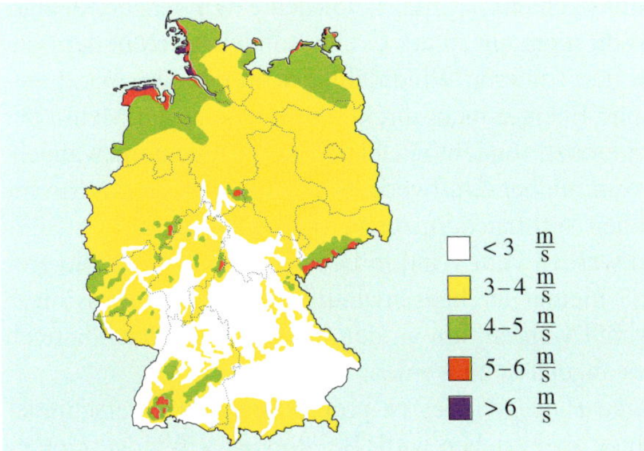

8 Windgeschwindigkeiten in Deutschland

Windkraftanlagen gehören inzwischen zum Alltagsbild zumindest in den Küstengebieten Norddeutschlands. Oft stehen sie in unmittelbarer Nachbarschaft zu den alten Windmühlen, die heute nur noch Museumscharakter haben. Dem Wind Energie zu entnehmen ist ein naheliegender, wenn auch kein neuer Gedanke. Denn bewegte Luft ist Bewegungsenergie pur. Man muss sie nur eine Form bringen, in der sie leicht zu transportieren ist – in elektrische Energie.

↑Basiskonzept Energie

Experimente

1 Windgeschwindigkeit eines Haartrockners
Miss mit einem Windmesser die „Windgeschwindigkeiten" eines Haartrockners in verschiedenen Abständen. Erkläre. ↑9

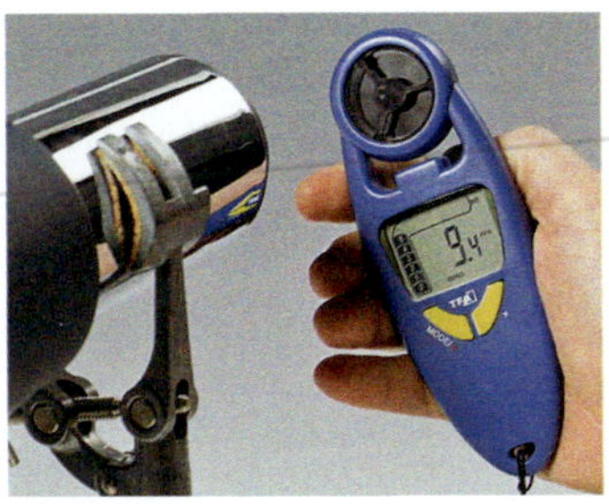

9 Messung der Windgeschwindigkeit

2 Wie groß ist der Energiestrom einer Miniwindenergieanlage?
Ein Solarmotor mit Propeller soll als Windenergieanlage dienen. Der Motor arbeitet als Generator. Wind wird mit einem Haartrockner erzeugt.

a Baue eine Messschaltung auf. Schließe einen 100-Ohm-Widerstand an den Generator an. Miss die Stromstärke in diesem Stromkreis und die Spannung am Generator. Ermittle die Energiestromstärke der Windenergieanlage. ↑10

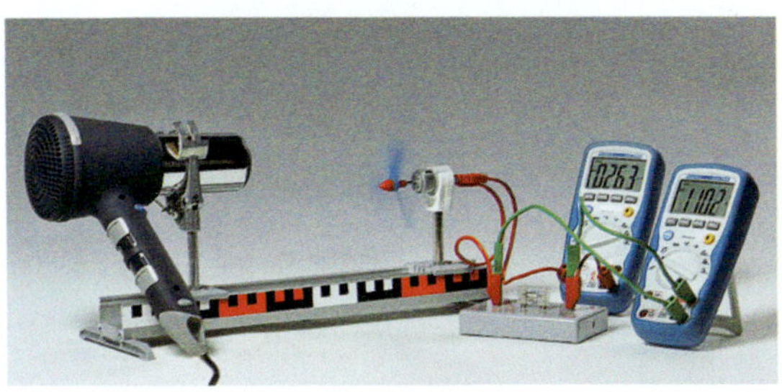

10 Bestimmung der Energiestromstärke

b Untersuche den Zusammenhang zwischen Windgeschwindigkeit und Energiestromstärke des Windrades?

c Verändere die „Windrichtung". Wie lässt sich der Energiestrom steigern?

3 Windenergie durch aufsteigende warme Luft
Ein mattschwarzes (Papp-)Rohr mit Luftöffnungen am Boden und einem Windrad über der oberen Öffnung kann als Modell eines Aufwindkraftwerks dienen. Eine Lampe kann als Wärmestrahler benutzt werden. ↑11

a Beschreibe, wie es zum Luftstrom kommt, der das Windrad zum Drehen bringt?

b Vergleiche die Windentstehung in diesem Modell mit der Windentstehung in der Natur.

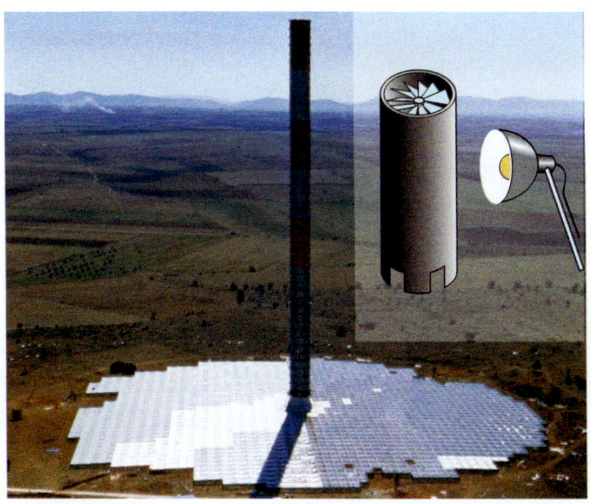

11 Aufwindkraftwerk im Modell

GRUNDLAGEN: Windenergieanlagen

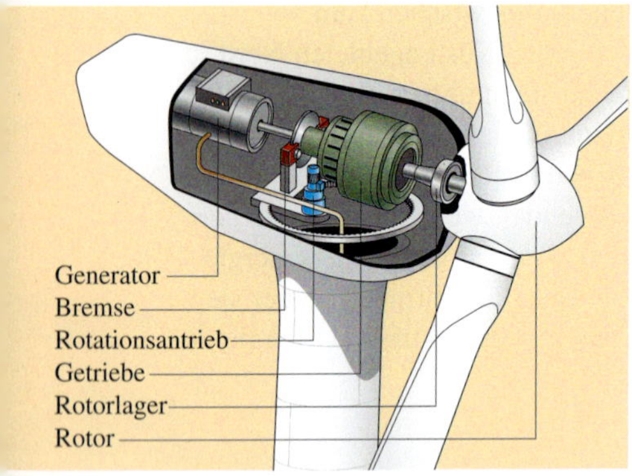

1 Aufbau eines Windrads

Was früher Windmühle genannt wurde, heißt heute Windenergieanlage. Der Unterschied besteht nicht nur in der Größe, sondern auch in der Nutzung. Anders als bei den früheren Windmühlen wird die dem Wind entnommene mechanische Energie nicht direkt zum Mahlen von Mehl oder Pumpen von Wasser genutzt, sondern in elektrische Energie umgewandelt. Wie die Energie herkömmlicher Kraftwerke wird auch diese in das Stromnetz eingespeist und den Verbrauchern zur Verfügung gestellt.

Die riesigen Rotoren werden vom Wind in Drehung versetzt. Da die großen Flügel bei relativ kleiner Drehgeschwindigkeit rotieren, muss diese über ein Getriebe erhöht werden, um an den optimalen Drehzahlbereich des Elektrogenerators angepasst zu werden. ↑1

Die Energiestromstärke P des Windes ist proportional zur Querschnittsfläche A, die vom Rotor überstrichen wird. Bei doppelter Windgeschwindigkeit verachtfacht sich die Energiestromstärke. Um viel Energie zu ernten, muss man also möglichst große Rotoren haben und eine möglichst hohe Windgeschwindigkeit ausnutzen können. Beides führt dazu, dass die Windenergieanlagen sehr groß sein müssen. Denn die Windgeschwindigkeit ist wegen der Reibung mit dem Boden in großen Höhen größer als in der Nähe der Erdoberfläche.

Da insbesondere in Küstengebieten im Durchschnitt die stärksten Winde wehen, findet man hier die meisten Windenergieanlagen. 178-1

Aus der Technik Windenergieparks in Deutschland

Deutschland verfügte 2009 über Windenergieanlagen mit einer installierten Gesamtleistung von über 25 Gigawatt. Die installierte Leistung bezeichnet die maximale Energiestromstärke, die die Anlagen bei optimalen Windverhältnissen ins Stromnetz abgeben. Aufgrund der Schwankungen der Windgeschwindigkeit wird diese Angabe nicht immer erfüllt.

Ein großer Windenergiepark bei Emden mit 56 Windrädern verfügt über eine installierte Leistung von 100 Megawatt. Seine größten Generatoren liefern jeweils 6 Megawatt. Die meisten Anlagen leisten jedoch maximal 1 bis 2 Megawatt. Die höchste Anlage steht nördlich von Cottbus und hat eine Nabenhöhe von 160 m und ist daher höher als der Kölner Dom mit 157 m. Die drei Rotoren sind jeweils 45 m lang, sodass sogar eine Höhe von 205 m erreicht wird. Ihre Spitzen beschreiben einen Kreis mit dem Radius von 45 m, sodass im Betrieb der Anlage eine Kreisfläche von 6300 m^2 überstrichen wird, was der Fläche eines in dieser Höhe senkrecht zum Wind orientieren Fußballfeldes entspricht.

Die Rotoren der Windenergieanlagen sind wie die Tragflächen eines Flugzeugs in besonderer Weise geformt. Zusätzlich sind sie in sich verdrillt und laufen zu den Enden hin spitz zu. Damit soll u. a. erreicht werden, dass die Windenergie bis hin zu den sich fast mit Schallgeschwindigkeit bewegenden Spitzen auch noch an den Enden der Rotoren aufgenommen werden kann.

Da der Wind im Jahr durchschnittlich nur 2000 Stunden mit ausreichender Geschwindigkeit weht, kann man auf andere Kraftwerke nicht verzichten. Bei Windparks auf See in Küstennähe (Offshore-Parks) kann die mittlere nutzbare Stundenzahl wesentlich gesteigert werden. In Deutschland sind 40 Offshore-Windparks geplant. Davon sollen 30 in der Nordsee und 10 in der Ostsee gebaut werden. ↑2

2 Windräder – offshore

GRUNDLAGEN: Wirkungsgrad einer Windenergieanlage

Wie viel Energie kann die Windkraftanlage aus der Bewegungsenergie des Windes entnehmen? Genauer: Wie groß ist das Verhältnis η der Energiestromstärke P, die im Idealfall theoretisch aus dem Wind abgezweigt werden könnte, zur Energiestromstärke P_0 des Windes?
$\eta = P/P_0$ nennt man auch Wirkungsgrad eines Energiewandlers. Man würde vielleicht vermuten, dass die Bewegungsenergie unter optimalen Bedingungen zu 100 % in Rotationsenergie der Flügel umgewandelt werden könnte, der Wirkungsgrad also 1 oder 100 % ist. Bei genauerer Überlegung kann man sich jedoch klarmachen, dass eine vollständige Übertragung des Energiestroms des Windes zur Folge hätte, dass der Wind vollständig abgebremst werden müsste. Damit wäre aber nichts gewonnen. Denn dann würde die Luft gestaut und der Luftstrom käme am Ort der Rotoren zum Erliegen. Den Wind überhaupt nicht abzubremsen wäre aber auch keine Lösung. Denn dann könnte überhaupt keine Energie entnommen werden. Die Größe des maximal zu nutzenden Energiestroms liegt daher zwischen diesen beiden Extremen. Man kann ausrechnen, dass im günstigsten Fall der Wind auf 1/3 seiner ursprünglichen Geschwindigkeit abgebremst werden muss, um den maximalen Energiestrom nutzen zu können. ↑3

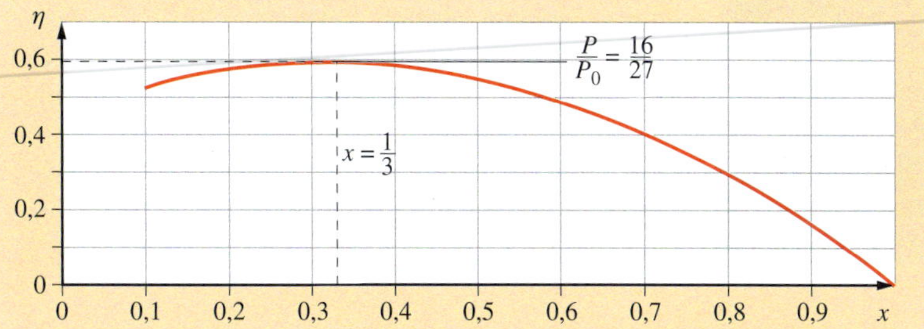

Der Parameter x ist das Verhältnis aus optimaler zu tatsächlicher Windgeschwindigkeit.

3 Wirkungsgrad in Abhängigkeit von der Windgeschwindigkeit

4 Windrad – onshore

Das bedeutet, dass der Wirkungsgrad $\eta = P/P_0 = 16/27 = 59{,}3\,\%$ beträgt. Der tatsächlich erreichte Wirkungsgrad liegt noch darunter, da man technisch die optimalen Bedingungen nicht ganz erreicht.

↑Basiskonzept Energie

↑Basiskonzept System

Energiestrom quantitativ* Die Bewegungsenergie einer Luftmasse m mit der Geschwindigkeit v beträgt:

$$E_{kin} = \tfrac{1}{2} m \cdot v^2.$$

Pro Zeiteinheit Δt strömt ein Volumen $\Delta V = A \cdot l$ durch die von den Rotoren überstrichene Fläche A. Die Länge l der Luftsäule ergibt sich aus der Windgeschwindigkeit v zu:
$$l = v \cdot \Delta t.$$
Da die Masse der Luftsäule gleich dem Produkt aus der Dichte ρ der Luft und dem Volumen ΔV ist, ergibt sich für die Energiestromstärke des Windes:

$$P_0 = \frac{\Delta E}{\Delta t} = \frac{\frac{1}{2}\rho \cdot A \cdot l \cdot v^2}{\Delta t} = \tfrac{1}{2}\rho \cdot A \cdot v^3.$$

Um die maximale Energiestromstärke P auf die Windkraftanlage zu übertragen, muss man den Wind um $\frac{2}{3}v$ auf $\frac{1}{3}v$ der ursprünglichen Geschwindigkeit abbremsen. Daraus ergibt sich für die maximale Energiestromstärke:

$$P = \tfrac{1}{2}\rho \cdot A \cdot \tfrac{16}{27} \cdot v^3.$$

Setzt man die Werte für P und P_0 in die Definitionsgleichung des Wirkungsgrades ein, erhält man:

$$\eta = \tfrac{16}{27} = 59{,}3\,\%.$$

Aus der Technik Moderne Frachter mit Segelantrieb

1 SkySails im Praxistest

Der als Spiel- und Sportgerät bekannte Drachen könnte sich als Antrieb für Frachtschiffe bewähren. Die Idee ist denkbar einfach: Ein aus haltbarem Spezialgewebe gefertigter Drachen mit großer Segelfläche wird vor das Schiff gespannt und durch den Wind getrieben. Dadurch soll der Motorantrieb des Schiffes entlastet und Energie gespart werden. ↑1

Ein System namens „SkySails“ ist seit 2009 in Erprobung. Es besteht aus einem Zugdrachen mit Seil, einem Start- und Landesystem und einem Steuerungssystem für den vollautomatischen Betrieb.

Auf diese Weise kann das Segel bis zu einem Winkel von 50° am Wind (das ist der Winkel zwischen Windrichtung und Fahrtrichtung) Energie aufnehmen. Es ist damit wesentlich effektiver als die alten Rahsegler, die nur bis 80° am Wind segeln konnten.

Diese unterstützenden Antriebe der Frachtschiffe sind nicht nur aus der Sicht der Energieeinsparung von Bedeutung, sondern auch ökologisch. Denn die Schifffahrt verbraucht jährlich 200 bis 250 Millionen Tonnen Öl und produziert 600 bis 800 Millionen Tonnen CO_2. Sie trägt damit doppelt so viel zum Klimawandel bei wie der Luftverkehr. Hinzu kommt, dass das vielfach eingesetzte Schweröl wegen seines extrem großen Schwefelgehalts zu zusätzlichen Umweltverschmutzungen führt.

Aufgaben

1 Recherchiere im Internet

a Welchen Anteil hat die Windenergie an der insgesamt erzeugten elektrischen Energie in Deutschland?

b Wie viel Stunden im Jahr muss durchschnittlich auf Windenergie verzichtet werden?

2 Warum haben Rotoren einer Windenergieanlage ähnlich geformte Profile wie Schiffsantriebsschrauben, Propeller und Tragflächen eines Flugzeugs? Worauf kommt es beim Profil an?

3 Warum kann bei einem Wasserkraftwerk ein Wirkungsgrad von über 90 % erreicht werden? Informiere dich über den Unterschied zwischen der Übertragung der Bewegungsenergie bei Wasser und Wind.

4 Organisiert eine Podiumsdiskussion in der Klasse. Alle bereiten sich durch Recherche im Internet und anderen Medien auf das Thema: „Vor- und Nachteile der Windenergie“ vor. Einige Schülerinnen und Schüler setzen sich auf das „Podium“, wo einige die wesentlichen Argumente „pro“ und andere „kontra“ Windenergie vortragen. Nach der Vorstellung kann die gesamte Klasse Fragen an das Podium stellen. Zum Schluss wird darüber abgestimmt, welche Position überzeugender vorgetragen wurde.

5 Warum sind Windräder so groß?

6 Windräder sind eher an der Küste als im Binnenland zu sehen. Es werden sogar Windparks offshore, also in Küstennähe im Meer gebaut. Warum?

7 Informiere dich, in welcher Form die elektrische Energie durch den Generator bereitgestellt und auf welche Weise sie ins Leitungsnetz eingespeist wird.

Luftdruck und Höhe Die Luft hat wie alle anderen Körper eine Masse und übt eine Gewichtskraft auf die Erde aus. Den Quotienten aus Gewichtskraft und Fläche nennt man Druck. Der Luftdruck nimmt nach oben hin ab, weil mit zunehmender Höhe die auf einen Quadratmeter drückende Luftmenge und auch die Dichte der Luft abnehmen. Da Luft kompressibel ist, hat sie wegen des größeren Drucks in Erdnähe dort auch eine größere Dichte.

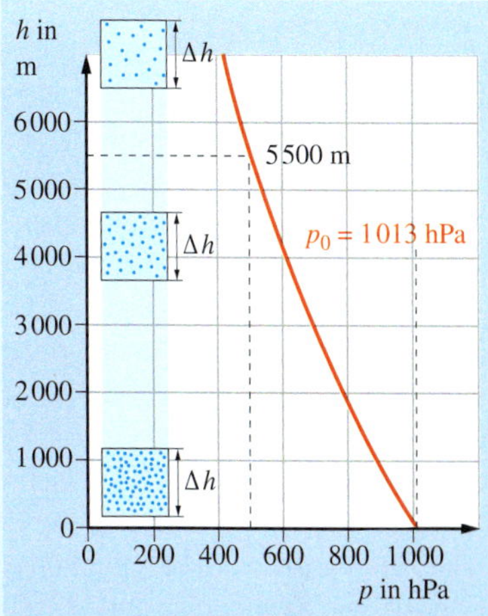

2

Winde Sie entstehen, wenn in der Atmosphäre Gebiete hohen Luftdrucks (Hochs) und niedrigen Luftdrucks (Tiefs) vorhanden sind. Durch Winde wird Luft von Hochs zu Tiefs transportiert. Die Hochs und die Tiefs entstehen, weil die Erdoberfläche durch die Sonne unterschiedlich stark erwärmt wird.

3

Windenergie Winde transportieren Bewegungsenergie. Diese Bewegungsenergie kann auf vielfältige Weise genutzt werden. Mithilfe von Segeln kann dem Wind ein Teil der Energie zum Antrieb von Schiffen entnommen werden.
Windenergieanlagen entziehen dem Wind ebenfalls Energie und wandeln sie mithilfe von Elektrogeneratoren in elektrische Energie um, die zur weiteren Nutzung ins elektrische Stromnetz eingespeist wird.

4

Alles klar?

1 Erkläre, warum Elektroautos dazu dienen können, Windenergie zu „puffern“, d. h. zwischenzulagern, um auf diese Weise Windflauten auszugleichen.

2 Warum kann der auf die rotierenden Flügel auftreffende Windstrom nicht hundertprozentig in mechanische bzw. elektrische Energie umgewandelt werden.

3 Ein Wasser- und Windstrom mit demselben Querschnitt bewegen sich mit derselben Geschwindigkeit. In welchem der beiden ist die Energiestromstärke größer? Begründe.

4 Beschreibe den Bau und die Funktionsweise einer Windenergieanlage. Finde insbesondere heraus:
- wie die Rotoren zum Wind orientiert sein müssen
- wie die Rotorstellung verändert wird, wenn der Wind sich dreht
- warum Windräder nicht in kurzem Abstand hintereinander in Reihe aufgestellt werden sollten

5 Inwiefern nutzen auch Windräder Sonnenenergie? Warum ist es sinnvoll, neben Solarthermik und Fotovoltaik auch die Windenergie als alternative Energie zu fördern? Wodurch ergänzen sich diese unterschiedlichen Nutzungsformen?

Das Energiesparhaus

In Deutschland werden in den Häusern 44 % der gesamten Energie unseres Landes verbraucht, hauptsächlich als thermische Energie für Heizung und Warmwasser. In der Energieeinsparverordnung von 2009 ist vorgesehen, den Energieverbrauch in Häusern um 30 % zu senken. Ab 2012 soll bei Neu- und Altbauten abermals eine Verringerung von 30 % erreicht werden.
Da ein wesentliches Ziel der Energiesparmaßnahmen in der Verbesserung des Klimaschutzes liegt, geht es vor allem um eine Verminderung der CO_2-Emissionen. Eingespart werden sollen daher vor allem fossile Energie wie Kohle, Gas und Öl. Zu den vorgesehenen Maßnahmen ist daher nicht nur eine tatsächliche Verringerung des Energieverbrauchs, sondern auch der Einsatz erneuerbarer Energien vorgesehen.
Welche Maßnahmen der Energieeinsparung bieten sich bei Häusern und Gebäuden an?

1 Niedrigenergiehäuser werden schon heute serienmäßig mit einer Wärmepumpe beheizt.

2 Die Front dieses Hauses ist nach Süden ausgerichtet und nutzt so die Sonnenenergie, um zu heizen. Die zusätzlich benötigte Wärme kommt von einer Wärmepumpe.

3 Eine hoch effektive Wärmedämmung und der Einsatz einer Wärmepumpe machen aus einem Einfamilienhaus ein Null-Liter-Haus.

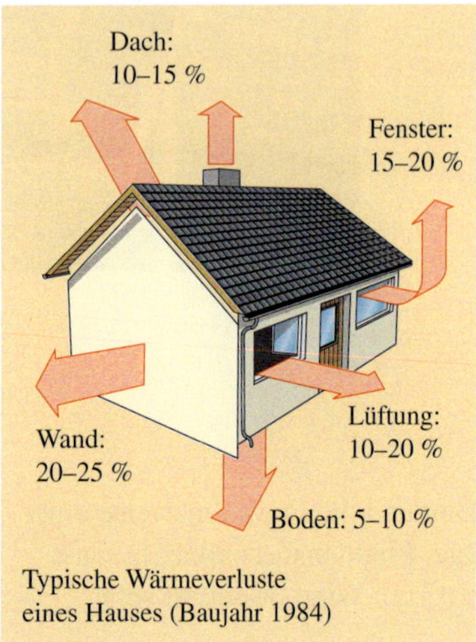

4 Alte Häuser sind „Energieschleudern".

↑Basiskonzept Energie

↑Basiskonzept System

Häuser, deren Energieverbrauch deutlich niedriger ist, als gesetzlich gefordert wird, nennt man Energiesparhäuser. Unter dem Sammelbegriff der Energiesparhäuser werden solche Haustypen zusammengefasst, für die genaue Messwerte des Energieverbrauchs an thermischer Energie und genaue technische Anforderungen für die Wärmedämmung bestehen.
Im *Niedrigenergiehaus* darf im Jahr höchstens eine Energiemenge verbraucht werden, die umgerechnet 7 Liter Heizöl pro Quadratmeter entspricht. Wenn ein Haus sogar nur mit 3 Litern auskommt, nennt man das Niedrigenergiehaus auch *3-Liter-Haus*.
Kommt ein Haus ohne aktives Heiz- und Klimatisierungssystem aus und verbraucht damit fast 90 % weniger als ein durchschnittliches Gebäude, spricht man von einem *Passivhaus*.
Noch weniger Energie wird im *Nullenergiehaus* (1,5-Liter-Haus) verbraucht. Weil in den Nullenergiehäusern die dafür aufgewandte graue Energie noch größer ist als die Energieeinsparung, wurden davon bislang nur wenige gebaut.
In Energiesparhäusern nutzt man ganz unterschiedliche Möglichkeiten. An erster Stelle bemüht man sich, die Energie daran zu hindern, das Haus zu verlassen. Besondere Bedeutung haben:
- die Wärmedämmung
- die Energierückgewinnung
- die Nutzung von thermischer Energie der Umgebung

Außerdem spielen Anlagen zur Gewinnung erneuerbarer Energie eine wichtige Rolle. In jüngster Zeit wird darüber hinaus geplant, durch Blockkraftwerke nicht nur thermische Energie im Haus zu produzieren, sondern auch elektrische Energie, die ins Leitungsnetz abgegeben werden kann.

Thermische Energie und Wärmedämmung

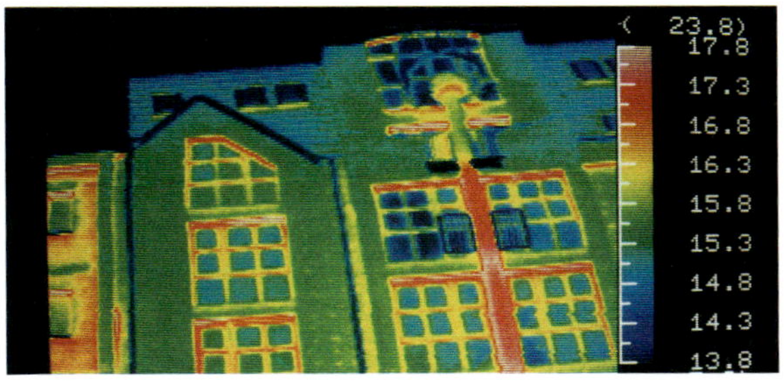

5 Aufnahmen mit Wärmebildkameras machen die „Fluchtwege" für thermische Energie sichtbar.

Die Wärmebildaufnahme zeigt die „Fluchtwege" der thermischen Energie aus einem Haus an. Welche baulichen Veränderungen wären dem Hausbesitzer zu empfehlen, um Energie und Geld zu sparen?

↑Basiskonzept Energie

↑Basiskonzept System

Experimente

1 Wärmeleitung durch einen Kupferstab
Ein Becherglas mit heißem und eines mit kaltem Wasser werden durch einen U-förmigen Kupferstab verbunden. ↑6

a Beschreibe den Vorgang anhand der Veränderung der Thermometeranzeige.

b Wiederhole das Experiment mit einem Aluminium-, einem Holz- und einem Glasstab. Welche Unterschiede kannst du beobachten?

c Warum werden die Bechergläser bei diesem Experiment auf eine Unterlage aus Styropor gestellt?

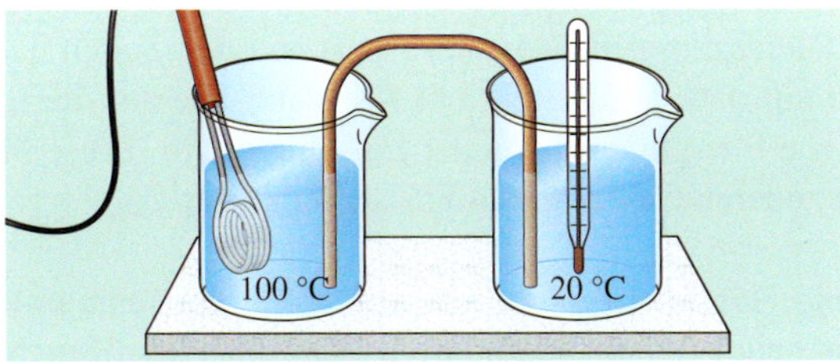

6 Untersuchung der Wärmeleitfähigkeit

2 Abkühlung von Wasser unter verschiedenen Bedingungen
Du brauchst drei Wärmflaschen (oder andere Behälter), die mit je 1 ℓ heißem Wasser gefüllt werden. (Achtung: Verbrühungsgefahr!) Lege jeweils eine Flasche direkt auf den Fliesenboden eines Raums, die zweite auf ein Stück Styropor, das auf dem Boden liegt, die dritte unter eine Federbettdecke und wickle die vierte in eine Lebensrettungsfolie, bevor du sie auf ein Stück Styropor legst.

a Miss nach jeweils 10 Minuten möglichst schnell die Temperatur und trage die Werte in ein Zeit-Temperatur-Diagramm ein.

b Interpretiere die Ergebnisse, indem du dir die infrage kommenden Wärmetransportvorgänge vor Augen führst.

3 Wärmeleitung durch Fenster
Fenster spielen bei der Wärmedämmung von Häusern eine wichtige Rolle. Untersuche, welche Vorteile eine Doppelverglasung bei der Einsparung von Energie hat. ↑7

a Beschreibe, worin sich die Anordnungen unterscheiden?

b Untersuche das Wärmedämmvermögen der „Fenster". Plane dazu ein Experiment. (*Tipp:* Du brauchst auch eine Uhr.) Überlege vor dem Experimentieren: Welche Ergebnisse erwartest du?

c Erläutere die Vorteile der Doppelverglasung mit Luftschicht dazwischen.

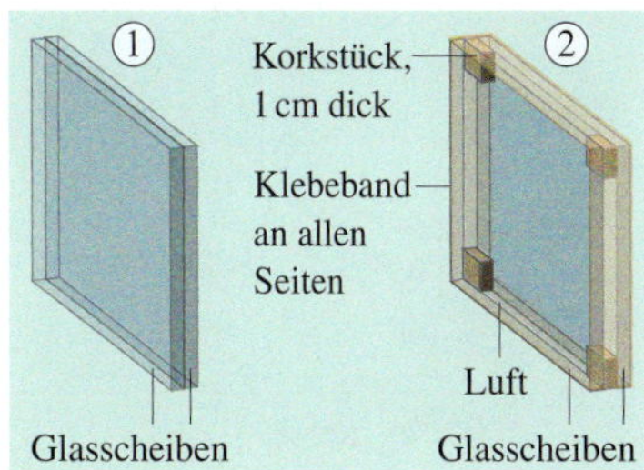

7 Fenster im Vergleich

4 Schmelzen von Eis in einem Weinkühler
Lege 5 Eiswürfel in einen Weinkühler und zum Vergleich 5 weitere auf eine Untertasse.

a Stelle fest, nach welcher Zeit die Eiswürfel jeweils geschmolzen sind.

b Funktioniert das Experiment genauso gut, wenn du statt Eis ein Glas mit siedendem Wasser in den Weinkühler stellen würdest?

c Erkundige dich, wie ein Weinkühler aufgebaut ist.

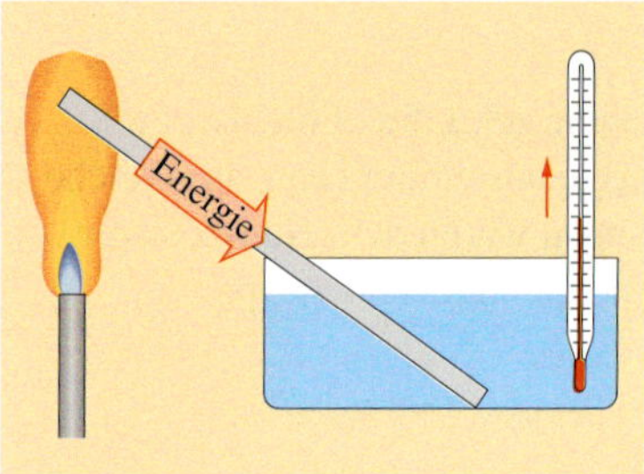

1 Energietransport durch Wärmeleitung

GRUNDLAGEN: Wärmetransport

Wenn das eine Ende eines Kupferstabs in eine Flamme gehalten wird und das andere in ein Gefäß mit Wasser, so kann man beobachten, dass die Temperatur des Wassers steigt. Durch den Stab fließt Energie von der heißen Flamme zum kalten Wasser. ↑1, 2

Strömt thermische Energie durch einen Gegenstand hindurch, ohne dass dabei Stoffe mitbewegt werden, spricht man von Wärmeleitung.

Die Energie fließt dabei stets von einer Stelle hoher zu einer Stelle niedriger Temperatur. Der Energiestrom kommt zum Stillstand, wenn die Temperatur überall gleich ist.

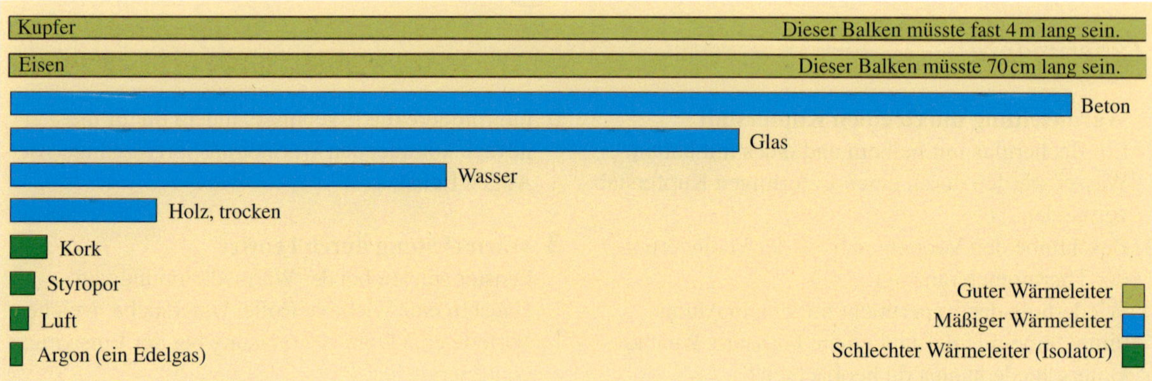

2 Wie gut ein Körper die Wärme leitet, hängt vom Stoff ab, aus dem er besteht.

Ein an der Luft liegender heißer Gegenstand erwärmt durch Wärmeleitung die angrenzende Luft. Dadurch nimmt die Dichte der Luftschicht ab und die Luft steigt auf. Gleichzeitig fließt kühlere Luft von den Seiten nach, wird erwärmt, steigt auf usw. Es entsteht ein Kreislauf. Die auf die Luft übertragene thermische Energie wird von der Luft mitgeführt. Diese Mitführung tritt auch in anderen Gasen und in Flüssigkeiten auf. ↑3

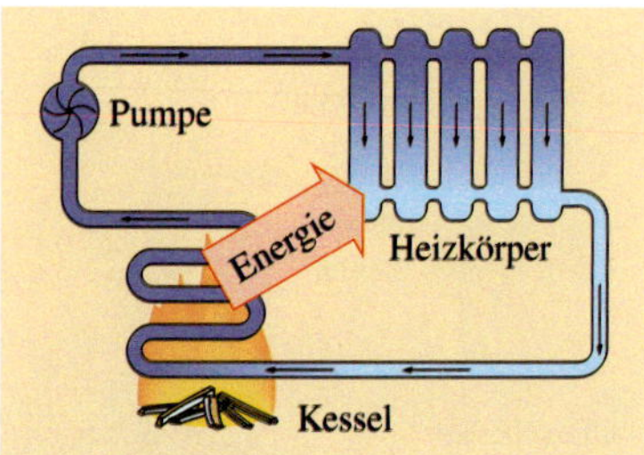

3 Energietransport durch Konvektion in einer Heizungsanlage

Erwärmte Gase und Flüssigkeiten steigen auf, wenn die Temperaturdifferenz zur Umgebung einen bestimmten Wert überschritten hat. Man spricht von Mitführung thermischer Energie oder Konvektion.

Aber selbst wenn ein erwärmter Körper durch ein Vakuum von der Umgebung getrennt ist, verliert er Energie – durch Strahlung.

Ein Körper mit einer höheren Temperatur als die der Umgebung kühlt sich auch durch Abgabe von Wärmestrahlung (Infrarotstrahlung) ab.

Beim Transport von thermischer Energie durch einen Stoff hindurch sind meist alle drei Transportarten beteiligt. Die entsprechende Energiestromstärke P ist proportional zur Differenz der Temperaturen auf der einen (T_i) und auf der anderen (T_a) Seite und zur Fläche A durch die die Energie hindurchfließt: $P = U \cdot A \cdot (T_i - T_a)$. Die Proportionalitätskonstante wird U-Wert (eng. *unit of heat-transfer*) genannt. Sie wird in $W/(m^2 \cdot K)$ gemessen. Der U-Wert ist ein Maß für die Energieverluste. 184-1

GRUNDLAGEN: Wärmedämmung

Unterschiedliche Stoffe leiten die thermische Energie unterschiedlich gut. ↑2 Gute Wärmeleiter sind die Metalle (hoher *U*-Wert). Glas und Wasser leiten die Energie wesentlich schlechter. Gase, insbesondere Luft, leiten die thermische Energie am schlechtesten (kleiner *U*-Wert).
Es reicht aber nicht aus, einen Gegenstand mit Luft zu umgeben, um ihn gegen Verluste von thermischer Energie zu dämmen. Luft verringert zwar die Wärmleitung, nicht aber die Konvektion, die bereits bei geringen Temperaturdifferenzen auftritt. Um auch die Konvektion zu verringern, nutzt man Dämmstoffe. Sie bestehen meist aus porösen Materialien, deren Hohlräume mit Luft gefüllt sind. Die eingesperrte Luft wird auf diese Weise an der Konvektion gehindert. ↑4, 5

Schon gewusst?

Temperaturen werden oft in der absoluten Temperaturskala in der Einheit K (Kelvin) gemessen. Der absolute Nullpunkt liegt bei –273 °C. Das Formelzeichen der Temperatur ist dann *T*. Temperaturdifferenzen haben in °C und K denselben Zahlenwert.

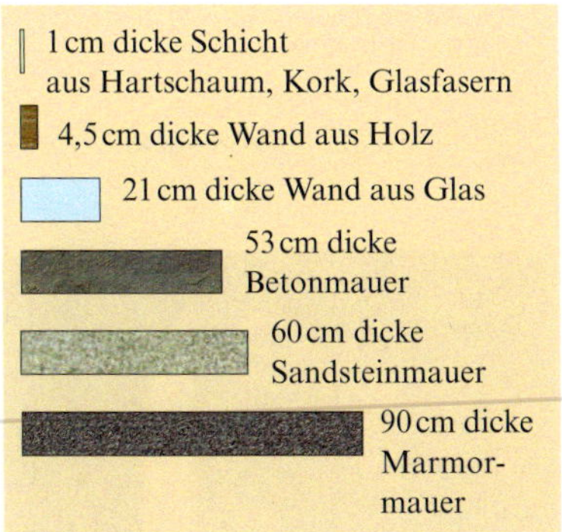

4 Wandstärken bei gleicher Wärmedämmung

5 Wärmedämmung an einem Dach

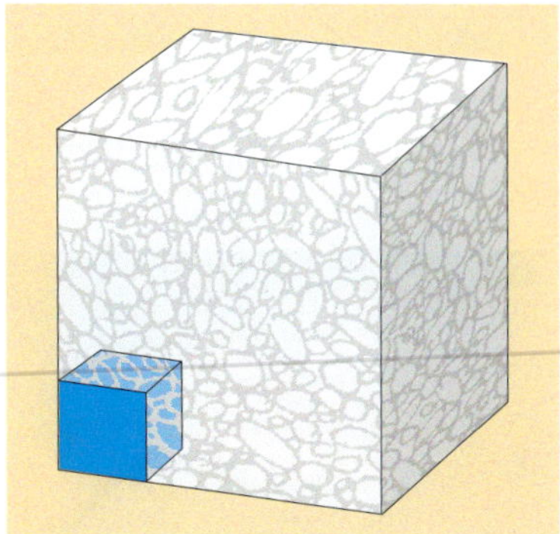
6 Luftanteil in Styropor

Feststoffe, wie Holz, Kork, Styropor, Glaswolle u.a., sind Dämmmaterialien. Sie verdanken die Dämmeigenschaft der eingeschlossenen Luft. Man bezeichnet diese Stoffe auch als Wärmedämmstoffe.

Dass bei den Dämmstoffen die Luft entscheidend ist, kann man z. B. daran erkennen, dass ein Würfel aus Styropor mit einem Volumen von 1000 Litern nur 20 Liter Kunststoff, aber 980 Liter Luft enthält. ↑6 185-1

Aufgaben

Musteraufgabe

1 Wie groß muss der *U*-Wert einer Isolierglasscheibe mindestens sein, damit bei einer Außentemperatur von 0 °C (273 K) und einer Zimmertemperatur von 20 °C (293 K) die Energiestromstärke *P* durch eine Fläche von 2 m² den Wert von 120 W nicht überschreitet?

Lösung:

Aus $P = U \cdot A \cdot (T_i - T_a)$

folgt $U = \frac{P}{A \cdot (T_i - T_a)} = \frac{120\,\text{W}}{2\,\text{m}^2 \cdot 20\,\text{K}} = 3\,\frac{\text{W}}{\text{m}^2 \cdot \text{K}}$.

2 Warum dämmt eine 2 cm dicke Schicht aus Glaswolle besser als eine viel dichtere 2 cm dicke Glasplatte?

3 Ein einfach verglastes Fenster von der Größe 1,20 · 0,90 m hat einen *U*-Wert von 5,9 W/(m² · K).

a Wie groß ist der Energieverlust pro Zeiteinheit (Energiestromstärke *P*) durch dieses Fenster, wenn bei einer Außertemperatur von 0 °C die Zimmertemperatur 20 °C beträgt.

b Um wie viel Watt kann die Energiestromstärke verringert werden, wenn ein Fenster mit Isolierverglasung (*U*-Wert: 2,8 W/(m² · K)) eingesetzt wird?

Aus der Technik Transparente Wärmedämmung

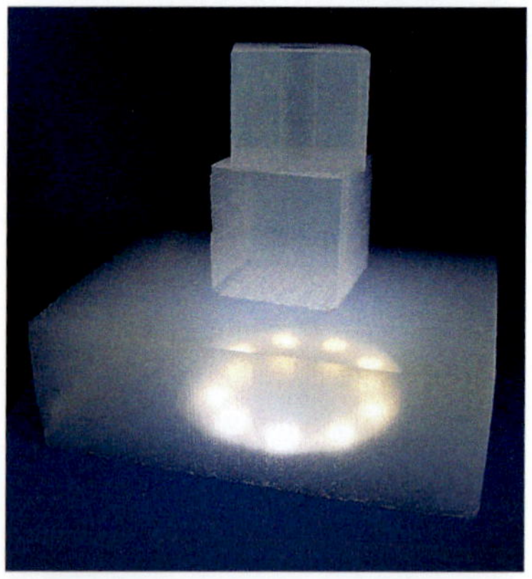

1 Aerogele werden umgangssprachlich auch als „gefrorener Rauch“ bezeichnet.

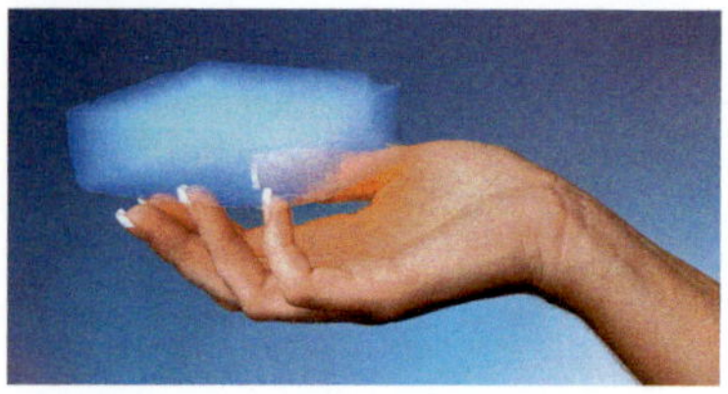

2 Aerogele sind mit einem Porenvolumen von 99 % hochporös und haben nur eine Dichte von 0,2 bis 0,5 g/cm^3.

Wärmedämmung verringert den Transport thermischer Energie aus dem erwärmten Gebäude nach außen. Sie verhindert wegen der Undurchsichtigkeit der Dämmstoffe aber auch, dass Sonnenlicht und damit Sonnenenergie ins Gebäude gelangt. Um die Strahlungsenergie der Sonne, die auch im Winter beträchtlich sein kann, für Heizzwecke nutzen zu können, wurde eine transparente Wärmedämmung entwickelt. Sie besteht aus lichtdurchlässigen Granulaten, sogenannten Aerogelen. ↑1,2

Dabei handelt es sich um hochporöse Feststoffe, die zu 95 % aus luftgefüllten Hohlraumstrukturen bestehen.

Eine Zweifachverglasung mit Aerogel im 30-mm-Scheibenzwischenraum hat einen U-Wert von 0,6 W/(m^2 · K).

Aerogele gehören zu den besten Wärmedämmstoffen. ↑3 Solche transparenten Dämmstoffe verbinden eine hohe Lichtdurchlässigkeit mit sehr guter Wärmedämmung.

Hinzu kommt, dass sie eine große Festigkeit besitzen, sodass sie als Wandmaterial verwendet werden können. ↑4

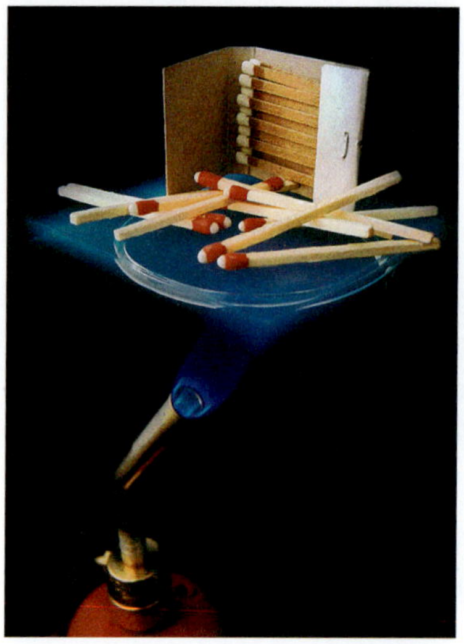

3 Aerogele sind die besten bekannten Wärmeisolatoren. Ihre Wärmeleitfähigkeit ist kleiner als 5 mW/(m · K).

4 Aufgrund ihrer besonderen Struktur weisen diese Dämmstoffe eine hohe Stabilität auf. Hier steht ein Ziegelstein (m = 2,5 kg) auf einem 2 g schweren Aerogelblock.

Der Schmelzpunkt der Aerogele liegt bei etwa 1200 °C. Sie sind unbrennbar, ungiftig und können nicht von chemischen Stoffen angegriffen werden. Im Normalfall können sie mehr als das 2000-Fache ihres Eigengewichtes an Last tragen, ohne zu kollabieren. ↑4

Die transparente Wärmedämmung wird an von der Sonne beschienenen Außenwänden eingesetzt. Eine dunklere Schicht in der Wand, die sich hinter der Wärmedämmung befindet, nimmt die Energie der Sonnenstrahlung auf und gibt sie, da sich nach außen eine Isolierschicht befindet, vor allem in den zu erwärmenden Innenraum ab.

Die transparente Wärmedämmung gehört damit zu den passiven Nutzungsformen der Solarthermie.

1 Erkläre, warum in Bild ↑3 die gute Wärmedämmung des transparenten Materials zum Ausdruck kommt.

Wasserdampf – ein unsichtbarer Energiespeicher

5 Der „Rauch“ aus dem Schornstein enthält sehr viel Wasserdampf.

Die Abgasfahne eines Schornsteins ist oft erst ein Stück oberhalb der Spitze des Schornsteins zu sehen. Die Abgase enthalten sehr viel Wasserdampf, der bei der Verbrennung entsteht. Erst wenn der Wasserdampf genügend thermische Energie an die kalte Umgebung abgegeben hat, kondensiert er zu kleinen Tröpfchen. Und nur diese sind als Nebel sichtbar.
Wie viel Energie enthält Wasserdampf? Muss diese Energie an die Umgebung abgegeben, oder könnte sie in einem Haushalt zu Heizzwecken genutzt werden?

↑Basiskonzept Energie

↑Basiskonzept System

Experimente

1 Wo bleibt die Energie beim Sieden?
Ein Topf mit 0,5 Liter Wasser wird auf einer Heizplatte erhitzt.

a Lies alle 2 Minuten die Temperatur des Wassers ab und trage die Werte in eine Tabelle ein. Nachdem das Wasser zu sieden begonnen hat, sind noch zwei Messungen durchzuführen.

b Erkläre den Verlauf der Temperatur-Zeit-Kurve.

c Wo bleibt die Energie, die auch nach dem Sieden dem Wasser zugeführt wird?

2 Wie viel Energie enthält 1 g Wasserdampf?

a Fülle ein Reagenzglas etwa 2 cm hoch mit Wasser und gib ein paar Siedesteinchen dazu. Miss dann die Anfangstemperatur.

b Wie lange dauert es, bis das Wasser bei kleiner Brennerflamme seine Siedetemperatur erreicht? Ermittle anschließend die Zeit, die vergeht, bis das Wasser vollständig verdampft ist.

c Man kann davon ausgehen, dass der Gasbrenner in jeder Sekunde gleich viel Energie an das Wasser abgibt. Wievielmal mehr Energie ist zum Verdampfen als zum Erhitzen auf Siedetemperatur erforderlich?

d Um 1 g Wasser um 1 K zu erhitzen, braucht man etwa 4,2 J. Wie viel Energie musste pro Gramm Wasser zugeführt werden, bis das Wasser siedete?

e Berechne mit der Antwort von Teil c die Energie, die zum Verdampfen von 1 g Wasser nötig ist.

3 Energierückgewinnung aus Wasserdampf

a Fülle ein Reagenzglas zu zwei Dritteln mit Wasser. Miss Masse und Temperatur des Wassers. Berechne vorab, wie viel Energie bis zum Siedepunkt zugeführt werden muss.

b Lass Dampf durch das Rohr in die Luft strömen, bis sich im Rohr keine Wassertropfen mehr bilden. ↑6

6 Energierückgewinnung

c Leite nun Dampf in das Wasser, bis es siedet. *Tipp:* Das Rohr muss bis zum Boden des Reagenzglases reichen. Die Siedetemperatur ist erst erreicht, wenn Dampfblasen bis zur Oberfläche steigen.

d Miss, wie viel Wasser kondensiert ist. Wie viel Energie hat der Wasserdampf an das Wasser abgegeben?

Experimente

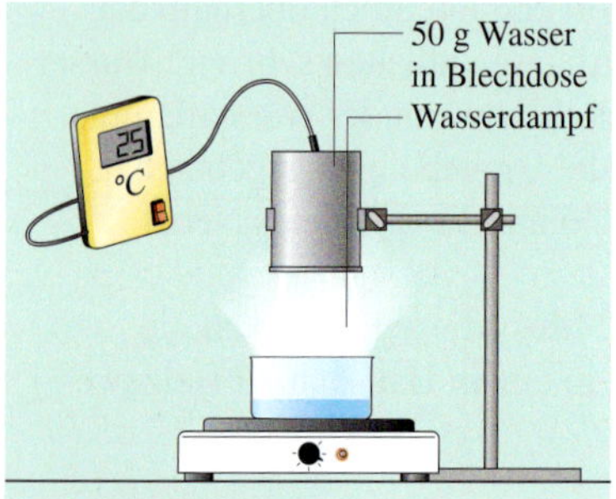

1 Energietransport

2 Handwärmer

4 Energietransport durch Luft und Wasserdampf

Eine Blechdose mit 50 g Wasser wird auf zwei Arten jeweils 5 min lang erhitzt.

a Die Dose wird 15 cm über einer Kochplatte angebracht. Messt die Anfangs- und Endtemperatur. Berechnet, wie viel Energie vom Wasser aufgenommen wurde.

b Bringt die Dose im gleichen Abstand über siedendem Wasser an. ↑1 Wie viel Energie wird nun in der gleichen Zeit an das Wasser abgegeben? Woher kommt die zusätzliche Energie?

5 Der Handwärmer mit dem Klick

Durch Drücken des Metallplättchens wird die Flüssigkeit im Handwärmer fest und warm. ↑2

a Welche Temperatur wird erreicht?

b Lade den leeren Energiespeicher in heißem Wasser erneut auf, der Inhalt wird dabei wieder flüssig und durchsichtig.

c Lass das Kissen einige Tage liegen und wiederhole den Versuch.

d Welchen Vorteil hat dieser Energiespeicher gegenüber einer Thermoskanne mit heißem Wasser?

GRUNDLAGEN: Verdampfungs- und Kondensationswärme

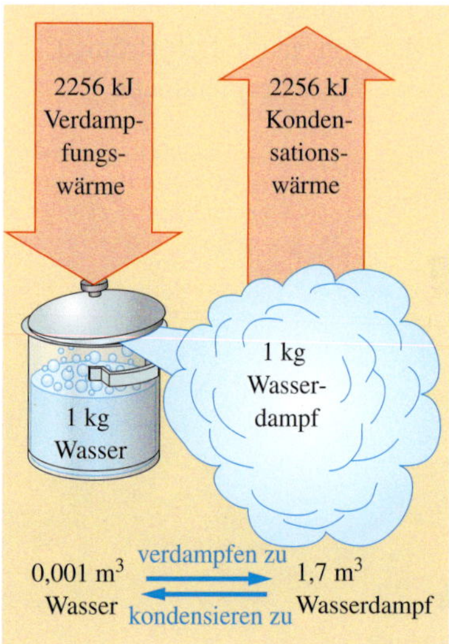

3 Ein Kilogramm Wasser: flüssig und gasförmig

Bringt man Wasser zum Sieden, steigt die Temperatur zunächst bis zur Siedetemperatur von ca. 100 °C an. Dann steigt die Temperatur nicht mehr, obwohl das Wasser nach wie vor denselben Energiestrom aufnimmt.

Zum Verdampfen von Wasser ist Energie nötig. Man bezeichnet sie als Verdampfungswärme.

Die dem Wasser zugeführte und in ihm gespeicherte Energie wird auch innere Energie genannt. Wasserdampf enthält mehr innere Energie als flüssiges Wasser, weil zusätzlich zur Energie, die sich in der Temperaturerhöhung zeigt, „latente Wärme" (lat. *latens:* verborgen) vorhanden ist. Die latente Wärme ist dazu erforderlich, die Wasserteilchen, die sich im flüssigen Zustand anziehen, voneinander zu trennen. Außerdem nimmt dieselbe Wassermasse als Dampf ein sehr viel größeres Volumen als im flüssigen Zustand ein. ↑3 Da das Wasser unter dem Luftdruck der Atmosphäre steht, ist für die Volumenvergrößerung Energie nötig. Für die Trennung der Wassermoleküle von 1 ℓ flüssigem Wasser und der Vergrößerung des Volumens um das 1700-Fache ist eine Energie von 2256 kJ erforderlich. ↑3

Die spezifische Verdampfungswärme von Wasser beträgt 2256 kJ/kg.

Die Verdampfungswärme ist etwa siebenmal so groß wie die Energie, die man benötigt, um dieselbe Wassermasse von Zimmertemperatur zum Sieden zu bringen. Wenn Wasserdampf kondensiert und wieder den flüssigen Zustand annimmt, wird dieselbe Energie wieder an die Umgebung abgegeben. Kondensations- und Verdampfungswärme sind gleich groß.

188-1

Aus der Technik Brennwertkessel

In Warmwasserheizungsanlagen wird in einem Heizkessel vor allem Öl oder Gas verbrannt. Die heißen Verbrennungsgase übertragen den größten Teil ihrer thermischen Energie an das Wasser, das über ein geschlossenes System die Energie an die Heizkörper abgibt. Die Verbrennungsgase werden bei einer Temperatur von ca. 150 °C über den Kamin an die Umgebung abgegeben. Weil die Verbrennungsgase noch relativ heiß sind und viel Wasserdampf enthalten, geht mit ihnen die entsprechende thermische Energie verloren. Die Verluste betragen bei Heizöl ca. 6 %, bei Erdgas sogar 11 %.

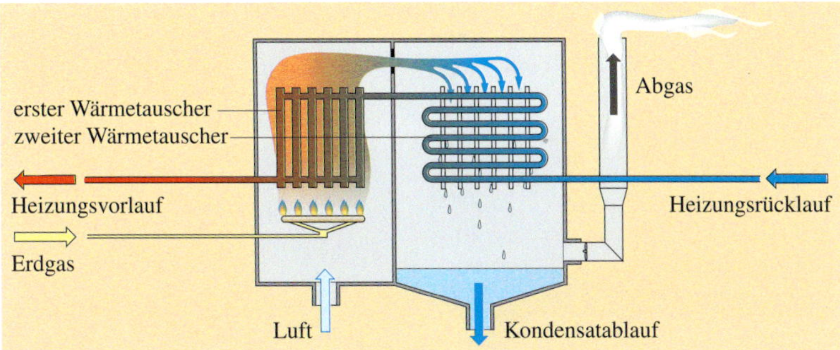

4 Prinzip eines Brennwertkessels

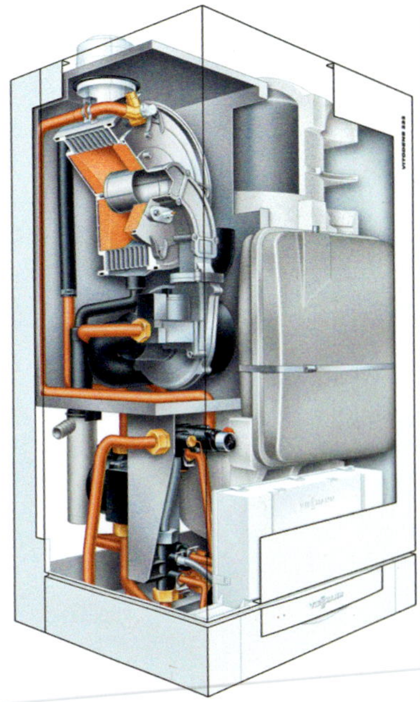
5 Gas-Brennwertkessel

Ein Brennwertkessel nutzt den Energieinhalt des eingesetzten Brennstoffs nahezu vollständig. Die bei der Verbrennung entstehenden wasserdampfhaltigen Abgase werden zunächst im Wärmetauscher des Kessels auf etwa 65 °C abgekühlt. Anschließend werden sie durch einen Luftabgasschornstein geführt. Dort ist das Abgasrohr von einem Luftschacht umgeben, sodass die einströmende Luft von den ausströmenden Abgasen erwärmt wird. Dadurch sinkt die Temperatur unter den Wert, bei dem Wasserdampf kondensiert und die frei werdende Kondensationswärme kann genutzt werden. ↑4

Die dadurch vorgeheizte Frischluft wird dem Brenner zugeführt, sodass die für die Entzündung des Gases oder Öls nötige Energiemenge entsprechend reduziert wird. Die so gewonnene Energie kommt also vollständig der Heizung zugute. Das abgekühlte kondensierte Wasser wird an die Abwasserkanalisation abgegeben. Gasbrennwertkessel sind zurzeit die umweltfreundlichsten Heizungssysteme, die mit fossilen Brennstoffen geheizt werden. Sie haben sich insbesondere bei Gasheizungen durchgesetzt. ↑5

Aufgaben

1 Warum ist eine Verbrühung am Teekessel durch Wasserdampf von 100 °C gefährlicher als durch Wasser von 100 °C?

2 Beim Vorgang der Wolkenbildung steigt Luft, die Wasserdampf enthält, auf und kühlt um 0,6 °C je 100 m ab. Luft ohne Wasserdampf kühlt sich dagegen um 1 °C je 100 m ab. Erkläre diesen Unterschied.

3 Warum muss die Verdampfungswärme stets genauso groß sein wie die Kondensationswärme? Welcher Erfahrungssatz steckt dahinter?

4 Welche Alltagserscheinungen sind darauf zurückzuführen, dass beim Verdampfen/Verdunsten Energie benötigt und beim Kondensieren Energie frei wird?

Aus der Technik Wärmerückgewinnung

Nicht nur die Heizung bringt die thermische Energie ins Haus. Jedes elektrisch betriebene Gerät gibt Energie an den Raum ab, in dem es arbeitet. ↑Tabelle

Selbst der Mensch heizt die Wohnung mit ca. 100 W pro Person auf. Wo bleibt diese Energie? Sie geht wie die übrige Heizenergie durch die Wände und vor allem durch geöffnete Türen und Fenster an die Umgebung über.

Wärmequelle	Leistung in Watt	Betriebzeit pro Tag
elektrischer Wasserkocher	3000	1/3 Stunde
Mikrowelle	1400	1/3 Stunde
elektrische Kochplatten	3300	1/2 Stunde
Backofen	3000	1/2 Stunde
Waschmaschine	2500	0,8 Stunde
Wäschetrockner	2500	0,8 Stunde
Geschirrspüler	2500	0,8 Stunde
Kühlschrank	20	24 Stunden
Gefrierschrank	90	24 Stunden
Klimaanlage	600	1 Stunde

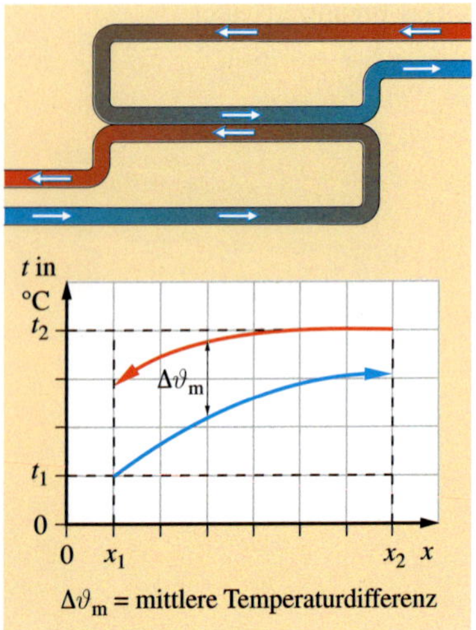

1 Gegenstromprinzip

Bei der Lüftung kommt es darauf an, die verbrauchte Luft gegen frische auszutauschen. Die Energie soll aber nicht gleich mit entsorgt werden! Deshalb hat man Wärmetauscher entwickelt. Beim Luftaustausch halten diese die thermische Energie der Raumluft zurück. Bei Wärmtauschern, die nach dem Gegenstromprinzip arbeiten, lässt man die warme Luft aus dem Zimmer an der kalten Luft aus der Umgebung vorbeiströmen. Dabei wird die verbrauchte Zimmerluft auf die Temperatur der Frischluft abgekühlt und diese auf Zimmertemperatur erwärmt. Dies wird man in der Realität aber nur näherungsweise erreichen. ↑1

Damit solche Anlagen funktionieren, muss das Haus im Übrigen „luftdicht" gegen die Außenwelt abgeschlossen sein. In einem Energiesparhaus mit Wärmerückgewinnungssystem müssen daher in der Heizperiode die Fenster stets geschlossenen bleiben. Außerdem ist zu berücksichtigen, dass die Geräte zur Energierückgewinnung mit elektrischer Energie betrieben werden. Es muss also sichergestellt werden, dass mit 1 kJ elektrischer Energie ein Vielfaches an thermischer Energie zurückgewonnen wird.

Passivhäuser nutzen die passiven Wärmequellen wie Sonne, die inneren Wärmequellen sowie die Wärmerückgewinnung aus der Abluft. Wärmeverluste werden so weit verringert, dass kaum noch geheizt werden muss. Die noch erforderliche Wärme kann über die Zuluft zugeführt werden.

1 Warum lohnt sich die Wärmerückgewinnung nicht in jedem Fall? Welche Nachteile sind damit verbunden?

2 Überlege dir eine Möglichkeit, die Energie des heißen Wassers, das beim Duschen und Waschen verloren geht, zurückzugewinnen. Warum wird von einer solchen Möglichkeit bisher so gut wie kein Gebrauch gemacht?

3 Berechne die durch den Betrieb verschiedener Haushaltsgeräte (↑Tabelle) pro Tag an die Wohnung abgegebene thermische Energie.

Aus der Technik Speicherung latenter Wärme

Die Idee, die überschüssige thermische Energie des Sommers in den Winter hinüberzuretten, läuft auf die Entwicklung von thermischen Energiespeichern hinaus. Eine Möglichkeit besteht darin, an heißen Tagen in großen Wassertanks Wasser zu erwärmen, um damit an kalten Tagen die Heizungsanlage zu beschicken. Da man nur einen Temperaturbereich bis 100 °C ausnutzen kann, benötigt man trotz der hohen Wärmekapazität von Wasser große Wassermengen. Außerdem müssen diese sehr gut isoliert sein, um Energieverluste klein zu halten.

Es gibt aber auch Materialien, die bei Umgebungstemperaturen schmelzen und dabei Energie aus der Umgebung aufnehmen. Das Wärmekissen ist ein gutes Beispiel dafür. Dabei entfällt die meist kostspielige Wärmedämmung völlig. ↑2,3

Dieser Idee folgend wurde ein Porenbeton für Leichtbauwände entwickelt, in dem mikroskopisch kleine Kunststoffkapseln mit einem Kern aus reinem Wachs eingebracht wurden. Erreicht die Raumtemperatur die Schmelztemperatur von 26 °C, verflüssigt sich das Wachs und nimmt die überschüssige thermische Energie des Raums auf. Damit wird der Temperaturanstieg an diesem Punkt gestoppt. Sinkt die Temperatur wieder, verfestigt sich das Wachs und die Kapseln geben die latent gespeicherte thermische Energie an den Raum zurück. So können ohne äußere Regelung Spitzentemperaturen vermieden und Heizenergie gespart werden.

Großtechnisch sollen Latentwärmespeicher auch bei der Speicherung von Sonnenenergie in Solarthermieanlagen genutzt werden. Hier werden am Tage Salze bei hohen Temperaturen geschmolzen. Nachts verfestigen sie sich wieder und die frei werdende Energie wird für den Weiterbetrieb des Kraftwerks bei Nacht genutzt. Durch die Temperaturerhöhung werden die thermische Energie des Salzes und damit die Speichermöglichkeiten zusätzlich erhöht. Allerdings werden dadurch entsprechende Isoliermaßnahmen nötig.

2 Solarhaus – lichtdurchlässig isolierte Absorberwände mit Latentwärmespeicherung

3 Porenbetonstein mit Latentwärmespeicherung

Aufgaben

1 In Restaurants wird Teewasser in wenigen Sekunden dadurch erhitzt, dass Wasserdampf in das kalte Teewasser geleitet wird. Erkläre. ↑4

4 Teewasser wird erwärmt.

2 Früher wurden Äpfel bei plötzlichem Kälteeinbruch dadurch vor dem Erfrieren geschützt, dass man im selben Raum große Gefäße mit Wasser aufstellte. Welche Funktion hat das Wasser dabei erfüllt?

3 Im trockenen Sandboden erfrieren Pflanzen im Winter – bei gleicher Temperatur – schneller als im feuchten Humusboden. Wie ist das zu erklären?

4 Das Wasser einer Pfütze (Oberfläche 0,5 m^2, Wassertiefe durchschnittlich 1 cm) wird von der Sonne bestrahlt und nimmt einen Energiestrom von 400 W auf. Wie lange dauert es, bis alles Wasser verdunstet ist?

5 In Gasheizungen verbrennt Erdgas. Dabei bildet sich neben Kohlenstoffdioxid Wasserdampf. Bei 1 kg Erdgas entstehen 2 kg Wasserdampf. Wie viel Energie ließe sich zusätzlich gewinnen, wenn man den Dampf noch innerhalb der Heizungsanlage zu 100 °C heißem Wasser kondensieren ließe?

6 Erreicht Wasser den Siedepunkt, bleibt die Temperatur konstant, obwohl die Wärmequelle weiterhin Energie an das Wasser abgibt. Was passiert mit dieser Energie?

Wärmekraftmaschinen und Wärmepumpen

1 Schon weithin sichtbar – die Kühltürme eines Wärmekraftwerks

Bei der Umwandlung von chemischer Energie in elektrische Energie in einer Wärmekraftmaschine lässt sich nicht vermeiden, dass ein Großteil der Energie als thermische Energie an die Umgebung abgegeben werden muss. Der Kühler in Form eines Kühlturms bringt dies deutlich zum Ausdruck. Ließe sich diese Energie nicht für Heizzwecke nutzen?
Da im Haushalt überwiegend thermische Energie benötigt wird, die bei verhältnismäßig niedriger Temperatur (z. B. 24 °C bei einer Fußbodenheizung) an das Zimmer abgegeben wird, stellt sich auch die folgende Frage: Welche Möglichkeiten gibt es, thermische Energie von einem System niedriger Temperatur (z. B. dem Grundwasser) an ein System etwas höherer Temperatur abzugeben?

Experimente

1 Stirlingmotor
Ein Stirlingmotor wird auf eine Tasse mit Wasser von ca. 45 °C gestellt. Nach kurzer Anwärmzeit wird das Schwungrad kurz in der einen oder anderen Richtung angestoßen. Anschließend wird der stetig „arbeitende“ Motor mit einer intensiven Lichtquelle (z. B. Rotlichtleuchte) von oben bestrahlt. ↑2

a Wird die zusätzliche Zufuhr von Wärme zu einer schnelleren Bewegung des Motors führen? Beschreibe, was tatsächlich passiert.

b Du wirst feststellen, dass sich der Motor auch noch einige Zeit dreht, wenn du ihn von der Tasse heruntergenommen und auf den Tisch gestellt hast. Begründe.

c Stelle den von der heißen Tasse heruntergenommenen Motor auf einen Kälte-Akku aus der Tiefkühltruhe und warte einige Zeit. Stoße den Motor erneut an. Beschreibe deine Beobachtung und vergleiche mit dem Fall des heißen Wassers. Woher bekommt der Stirlingmotor in diesem Fall seine Energie?

2 Thermogenerator
Der Thermogenerator mit wassergefüllten Behältern wird mit elektrischer Energie betrieben.

a Miss den Temperaturverlauf in den beiden Behältern (Beobachtungszeit etwa 15 min).

b Deute das Ergebnis mithilfe der Begriffe Energie und Energieentwertung.

c Fülle einen der Behälter mit heißem Wasser (z. B. 80 °C), den anderen mit möglichst kaltem Wasser. Schließe an den elektrischen Eingang einen Propellermotor an. Beobachte und erkläre. ↑3

2 Stirlingmotor

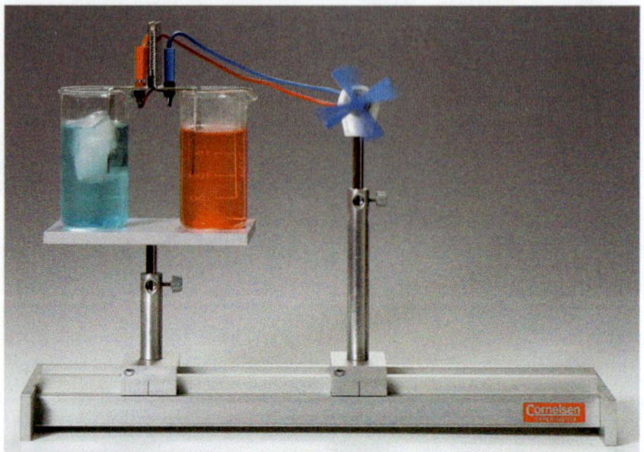

3 Thermogenerator

GRUNDLAGEN: Energie wird entwertet

Eine Tasse heißen Tees kühlt sich ab, eine Kerze brennt nieder, ein Apfel fällt vom Baum. Nie erlebt man, dass solche Vorgänge von selbst in umgekehrter Richtung ablaufen. Warum ist das so? Könnte nicht eine auf Zimmertemperatur abgekühlte Tasse Tee thermische Energie aus der Umgebung aufnehmen und sich auf diese Weise wieder erwärmen? Warum sollten sich die bei der Verbrennung an die Umgebung abgegebenen Stoffe nicht wieder zu einer Kerze zusammentun? ↑4
Und auch der Apfel könnte doch thermische Energie wieder in Bewegungsenergie verwandeln und zum Apfelbaum zurückkehren. Jedenfalls würden diese Vorgänge nicht im Widerspruch zum Energieerhaltungssatz stehen. Sie stehen aber im Widerspruch zur Erfahrung, wonach diese und alle anderen natürlichen Vorgänge nicht von selbst in umgekehrter Richtung ablaufen. Diesen Sachverhalt beschreibt man physikalisch durch das Konzept der Energieentwertung.

Alle natürlichen, d.h. von selbst ablaufenden Vorgänge gehen mit Energieentwertung einher.

Diesen Satz von der Entwertung der Energie nennt man auch 2. Hauptsatz der Thermodynamik. Er ist neben dem 1. Hauptsatz, dem Energieerhaltungssatz, einer der wichtigsten Sätze der Physik.
Wenn Vorgänge in umgekehrter Richtung ablaufen, also beispielsweise im Kühlschrank thermische Energie von kalt nach warm fließt, dann widerspricht das nicht dem 2. Hauptsatz. Denn dies ist nur ein Teilprozess eines Gesamtgeschehens. Ein Kühlschrank funktioniert nur dann, wenn gleichzeitig elektrische Energie in thermische umgewandelt wird, wie man an der Rückseite eines jeden Kühlschranks bemerken kann. Die damit verbundene Energieentwertung muss mindestens so groß sein wie die Energie-„Aufwertung", die mit dem Wärmestrom von kalt nach warm verbunden ist. ↑5, 6
Energieentwertungen lassen sich niemals ganz vermeiden. Das hieße nämlich, man würde einen gewünschten Vorgang gar nicht erst ablaufen lassen. Energieentwertungen lassen sich aber minimieren. Wenn man z. B. in einem Energiesparhaus nur die Hälfte an Energie verbraucht wie in einem herkömmlichen Haus gleicher Größe und Ausstattung, dann hat man mit der halben Energieentwertung dieselbe Energieaufwertung bzw. denselben Nutzen erlangt.

Energiesparen heißt also, die für bestimmte Zwecke notwendigen Energieentwertungen so gering wie möglich zu halten.

4 Dieser Vorgang kann nicht von selbst ablaufen.

↑Basiskonzept Energie

↑Basiskonzept System

5 Kühlschrank – kaltes System

6 Kühlschrank – warmes System

GRUNDLAGEN: Wärmekraftmaschinen – vom Modell zur technischen Realisierung

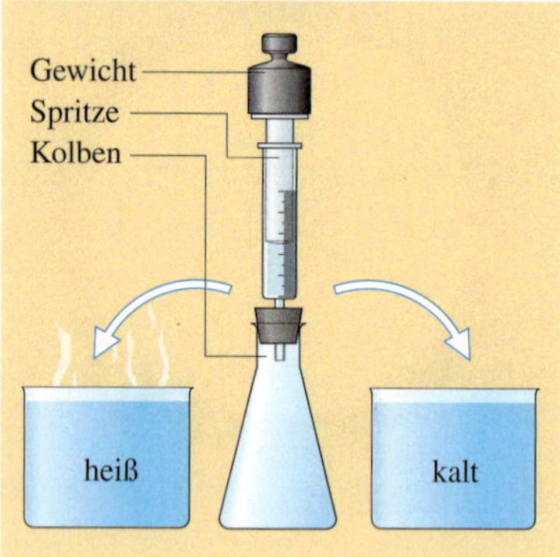

1 Modell einer Wärmekraftmaschine

Eine Wärmekraftmaschine wandelt in einem Kreisprozess thermische in mechanische Energie um. Wie das praktisch geschehen könnte, soll an einem einfachen Modell veranschaulicht werden: Ein mit Luft gefüllter Kolbenprober wird in eine Wanne mit heißem Wasser getaucht. Die Luft nimmt thermische Energie auf und dehnt sich aus, wobei durch den Kolben ein Gewichtstück angehoben wird. Dabei geht thermische Energie in mechanische Energie über. ↑1

Damit dieser Vorgang erneut ablaufen kann, muss das Gewichtstück vom Kolben heruntergenommen und die Luft wieder komprimiert werden. Eine Möglichkeit bestünde darin, den Kolben wieder herunterzudrücken. Damit wäre aber nichts gewonnen, weil man dann mindestens die mechanische Energie, die man gerade gewonnen hat, wieder hineinstecken würde. Wenn man den Kolbenprober jedoch in eine Wanne mit kaltem Wasser stellt, gibt die erwärmte Luft thermische Energie an das Wasser ab und zieht sich wieder zusammen. Weil der Kolben auf diese Weise in die alte Stellung zurückgeht, spricht man von einem Kreisprozess. Wenn man diesen Vorgang automatisiert, hat man eine Wärmekraftmaschine.

↑Basiskonzept System

Der Kolben wird abwechselnd durch Kontakt mit einem heißen und einem kalten Wärmebad gehoben und wieder in die Ausgangslage zurückgebracht. Bei jeder Hubbewegung wird mechanische Energie abgegeben.

194-1

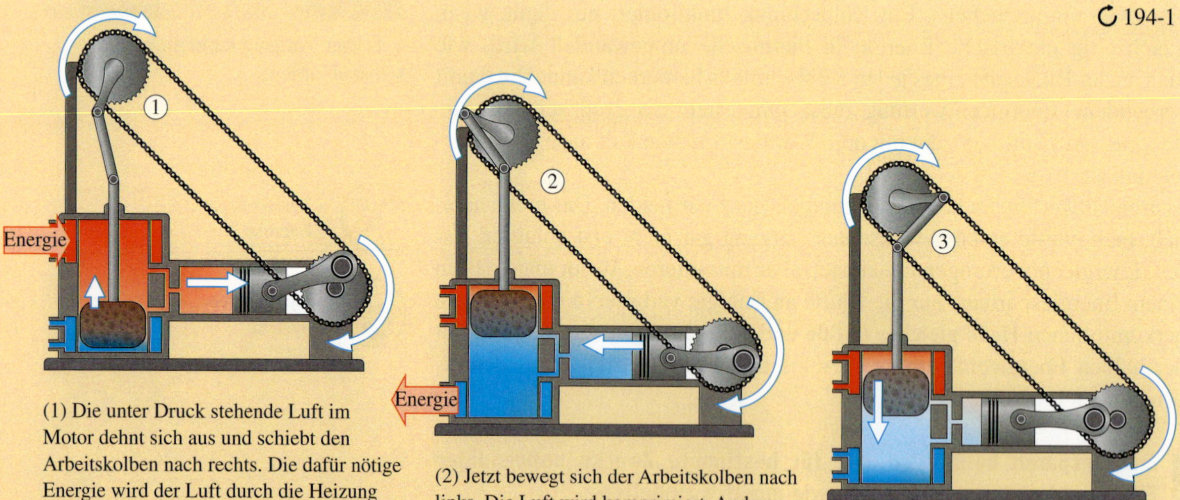

(1) Die unter Druck stehende Luft im Motor dehnt sich aus und schiebt den Arbeitskolben nach rechts. Die dafür nötige Energie wird der Luft durch die Heizung zugeführt. Daher kühlt sich die Luft nicht ab. Ihre Temperatur ist konstant (T_1). Der Verdrängerkolben bewegt sich kaum. Erst wenn der Arbeitskolben rechts angekommen ist, wird der Verdrängerkolben durch die Drehung der Schwungräder nach oben bewegt. Er drängt die heiße Luft in den kalten Zylinderteil und nimmt dabei Energie aus der Luft auf. Ihre Temperatur sinkt auf T_2.

(2) Jetzt bewegt sich der Arbeitskolben nach links. Die Luft wird komprimiert. Anders als bei der Luftpumpe wird sie dabei nicht erwärmt, weil Energie über die Kühlung abgeführt wird. Die Temperatur bleibt konstant (T_2). Der Verdrängerkolben bleibt in seiner Position.

(3) Der Arbeitskolben ist wieder in Ruhe. Der Verdrängerkolben schiebt die (komprimierte) Luft in den heißen Zylinderteil zurück. Die Luft nimmt die im Verdrängerkolben gespeicherte Energie wieder auf. Ihre Temperatur sinkt auf T_1. Der Vorgang beginnt von vorn.

2 Funktionsweise des Stirlingmotors

Aber auch diese Möglichkeit ist nicht ohne Energieentwertung zu haben. Denn es wird thermische Energie an das kalte Wasserbad abgegeben, und die bekommt man nicht wieder zurück. Insgesamt geht dabei weniger thermische Energie „verloren“, als mechanische Energie gewonnen wurde.
Ein Beispiel für eine solche Wärmekraftmaschine ist ein Stirlingmotor. Wie er funktioniert, zeigt Bild ↑2. Er besitzt einen Arbeitskolben und einen nicht abdichtenden Verdrängerkolben. Beide sind über Pleuelstangen um 90° versetzt an der Schwungscheibe angebracht.
Die im Zylinder enthaltene Luft wird zunächst bei konstanter Temperatur erwärmt und dehnt sich aus. Dabei wird mechanische Energie an das Schwungrad abgegeben. Dann gibt die Luft bei konstantem Volumen thermische Energie an den Kühler ab. Sie wird danach bei konstanter Temperatur auf das Ausgangsvolumen komprimiert und schließlich bei konstantem Volumen erhitzt, wodurch das System in den Ausgangszustand zurückgeführt wird.

Schon gewusst?

Von einem Wärmebad oder Wärmereservoir spricht man, wenn sich die Temperatur kaum ändert, wenn man trotz eines Energieaustauschs nichts ändert. Der Kühler einer Kraftmaschine ist ebenso ein Wärmereservoir wie der Dampfkessel, weil in dem Maße, wie ihm Energie zufließt, Energie abgegeben wird.

Umwandlung von thermischer in mechanische Energie Thermische Energie fließt von selbst von warm nach kalt. Diesem Energiestrom wird in einer Wärmekraftmaschine mechanische Energie entzogen.

■ Nur strömender Wärme kann mechanische Energie entzogen werden.

Das geht nur in begrenztem Maße. Denn der abgezweigte mechanische Energiestrom darf den thermischen Energiestrom nicht zum Erliegen bringen. Anders gesagt: Die mit der gewonnenen mechanischen Energie verbundene Energieaufwertung muss kleiner sein als die Energieentwertung, die mit dem thermischen Energiestrom einhergeht (2. Hauptsatz).

GRUNDLAGEN: Wirkungsgrad einer Wärmekraftmaschine

Mechanische Energie E_m wird gewonnen, wenn thermische Energie E_{th} von einem heißen zu einem kalten Reservoir fließt. ↑3 E_m ist umso größer, je höher die Temperatur T_1 des heißen und je niedriger die Temperatur T_2 des kalten Reservoirs ist. Das Verhältnis E_m/E_{th} von gewonnener mechanischer Energie E_m zur eingesetzten thermischen E_{th} Energie nennt man auch Wirkungsgrad η.

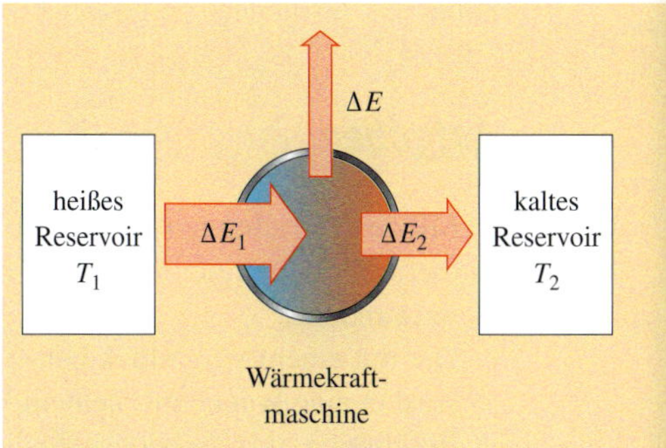

3 Prinzip einer Wärmekraftmaschine

Der Wirkungsgrad η, mit dem thermische in mechanische Energie umgewandelt wird, ist umso größer, je höher die Temperatur T_1 des heißen und je niedriger die Temperatur des kalten Wärmebads T_2 ist.

Es zeigt sich, dass der Wirkungsgrad nur von diesen Temperaturen abhängt. Der maximale Wirkungsgrad η_{max} beträgt:

$$\eta_{max} = \frac{E_m}{E_{th}} = \frac{T_1 - T_2}{T_1} = 1 - \frac{T_2}{T_1}.$$

Zu Ehren des französischen Ingenieurs SADI CARNOT (1796–1832) spricht man auch vom carnotschen Wirkungsgrad. Verbrennungsmotoren und Wärmekraftwerke erreichen einen Wirkungsgrad von bis zu 40 %. Um beurteilen zu können, ob dieser Wert noch verbessert werden kann, muss man ihn mit dem maximalen Wirkungsgrad vergleichen.

↑Basiskonzept Energie

Aus der Technik Minikraftwerke für zu Hause

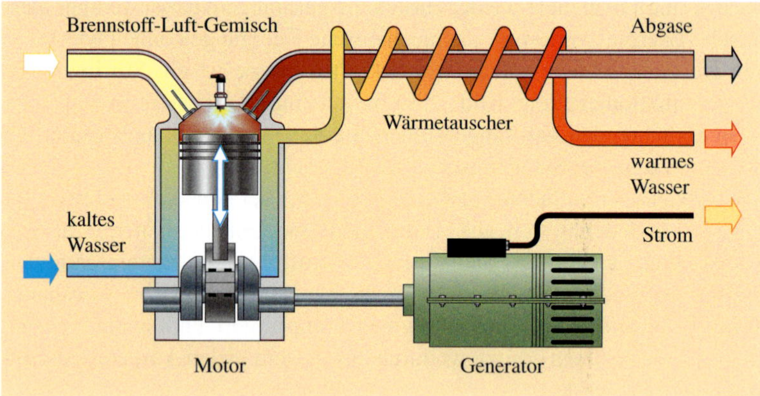

1 Prinzip eines Blockheizkraftwerks

Ein modernes Wärmekraftwerk mit einem Wirkungsgrad von 40 % gibt den größeren Teil der Energie (60 %) ungenutzt an die Umgebung ab. Damit ist man an der Grenze des technisch Machbaren angelangt – mehr ist mit der Technik normaler Wärmekraftwerke an mechanischer bzw. elektrischer Energie aus den fossilen Brennstoffen nicht herauszuholen. Aber ließe sich nicht auch die thermische Energie nutzen? Immerhin wird etwa ein Drittel der im Haushalt benötigten Energie für Heizzwecke aufgewandt!

Bei Kraftwerken lässt sich die thermische Energie nur durch Warmwasserleitungen in aufwendig gedämmten Rohrsystemen zu den nahe gelegenen Haushalten führen. Wenn man aber das Kraftwerk im Keller hätte, könnte die anfallende thermische Energie ohne Verluste direkt ins Zentralheizungssystem eingespeist werden.

Diese Idee wird in Minikraftwerken verwirklicht, bei denen der übliche Heizkessel durch einen Verbrennungsmotor, so wie er in Autos Verwendung findet, ersetzt wird. Statt hochwertiges Erdgas oder Erdöl einfach für Heizzwecke zu verbrennen, verwandelt der Verbrennungsmotor die gesamte mechanische Energie über einen Generator in elektrische Energie, die unmittelbar ins Stromnetz eingespeist wird. Die Abwärme wird wie bei Brennwertkesseln direkt zu Heizzwecken genutzt. ↑1

Ein großer Autobauer hat sich mit einem Energieunternehmen zusammengetan, um in der nächsten Zeit möglichst viele Haushalte mit solchen Kraftwerken zu versorgen. Durch Vernetzung solcher „Zu-Hause-Kraftwerke“ würde dann Deutschlands größtes Gaskraftwerk entstehen.

Eine weitere Bedeutung eines solchen Kraftwerks besteht darin, dass die Energie innerhalb von einer Minute zur Verfügung steht. Ein Atomkraftwerk braucht dagegen einen Tag, um angefahren zu werden. Dies aber ist zu langsam, um die kurzfristigen Schwankungen der Wind- und Sonnenenergie im Stromnetz auszugleichen. ↻ 196-1

Aufgaben

1 Mit der Vorrichtung von Bild ↑1, S. 194 kann man thermische Energie in mechanische Energie umwandeln.

a Der mit einem Wägestück belastete Kolbenprober wird in eine Wanne mit heißem Wasser getaucht. Beschreibe, was du beobachtest. Erkläre.

b Um das Wägestück erneut anzuheben, muss der Kolben in seine Ausgangslage zurückgebracht werden. Das kann man erreichen, indem man den Kolbenprober in eine Wanne mit kaltem Wasser taucht. Erkläre.

c Denke dir eine Möglichkeit aus, die Abkühlungsphase zu automatisieren.

2 Der Niedertemperatur-Stirlingmotor (↑2 S. 192) funktioniert auch, wenn man ihn statt auf eine heiße auf eine eiskalte Unterlage stellt. Heißt das, dass man auch aus „Kälte“ Energie gewinnen kann? Erkläre, indem du zeigst, dass der Prozess des Motors in voller Übereinstimmung mit dem Satz von der Entwertung der Energie abläuft.

3 Ein großer Pkw-Hersteller und ein Energieversorger sind dabei, Minikraftwerke für Wohnhäuser zu produzieren. Finde durch Recherche im Internet heraus:

a Wie arbeiten diese Kraftwerke?

b Welche Vorteile haben sie gegenüber den üblichen Heizungssystemen?

c In welchem Umfang tragen diese Pläne zum Energiesparen bei?

GRUNDLAGEN: Wärmepumpe

Energiesparhäuser sind so angelegt, dass sie ihrer jeweiligen Lage entsprechend alle zugänglichen Energiequellen nutzen, so z. B. auch das Grundwasser, das während des gesamten Jahres etwa eine Temperatur von 10 °C hat. Die thermische Energie der Umgebung kann für Heizzwecke genutzt werden, wenn sie von einem Wärmereservoir niedriger Temperatur zu einem Wärmereservoir höherer Temperatur transportiert wird.
Wärme fließt nicht von selbst von kalt nach warm. Das würde dem 2. Hauptsatz der Thermodynamik widersprechen. Aber mithilfe einer Wärmepumpe gelingt das. Der Thermogenerator kann als Modell für eine Wärmepumpe benutzt werden. Unter Einsatz von elektrischer Energie wird Wärme von einem Wasserbehälter zum anderen transportiert. Dabei kühlt sich der eine ab und der andere erwärmt sich. Nach einer gewissen Zeit ändern sich die Temperaturen in dem kalten und warmen Behälter nicht mehr. Dann sind die Energieströme vom warmen Behälter an die Umgebung und der Energiestrom von der Umgebung zum kalten Behälter gleich groß. Wenn man nun den warmen Behälter als Heizkörper in einem gegen die Umgebung gut isolierten Raum betrachtet, wird Heizenergie von der kalten Umgebung in diesen Raum transportiert. ↑2

2 Einsatzbeispiel einer Wärmepumpe

↑Basiskonzept Energie

↑Basiskonzept System

Wirkungsgrad Die Wärme E_{th} fließt nicht von selbst von der kalten Umgebung (z. B. dem Grundwasser) zum warmen Heizkörper. Dieser mit einer Energieaufwertung verbundene Vorgang kann nur ablaufen, wenn die Entwertung der elektrischen Energie E_{el}, mit der die Wärmepumpe betrieben wird, mindestens so groß ist wie die Energieaufwertung. Damit der Wirkungsgrad der Wärmepumpe möglichst groß ist, muss man einerseits dafür sorgen, dass der Aufwand E_{el} besonders klein und der Nutzen E_{th} möglichst groß ist. Dies ist der Fall, wenn die Temperaturen des Heizkörpers (T_1) möglichst niedrig und die des Grundwassers (T_2) hoch sind.

Für den maximalen Wirkungsgrad einer Wärmepumpe (auch Leistungsziffer η genannt) gilt:

$$\eta_{max} = \frac{E_{th}}{E_{el}} = \frac{T_1}{T_1 - T_2}.$$

Da die Energieumwandlungen, die in der Wärmepumpe ablaufen, als Umkehrung der Vorgänge in einer Wärmekraftmaschine angesehen werden können, verwundert es nicht, dass der Wirkungsgrad auch gerade die Umkehrung des Wirkungsgrads der Wärmekraftmaschine ist. Anschaulich gesprochen, lässt man einen Wärmestrom unter Einsatz von elektrischer Energie entgegen der natürlichen Richtung von kalt nach warm laufen. Dazu muss so viel elektrische Energie eingesetzt werden, wie in der Wärmekraftmaschine gewonnen würde. 197-1

Aufgaben

4 Wieso verstößt eine Wärmepumpe, in der Wärme von kalt nach warm fließt, nicht gegen den Satz von der Entwertung der Energie.

5 Eine Wärmepumpe arbeitet mit einer umso größeren Leistungsziffer, je niedriger die Temperatur des Heizkörpers ist. Begründe.

Das Energiesparhaus

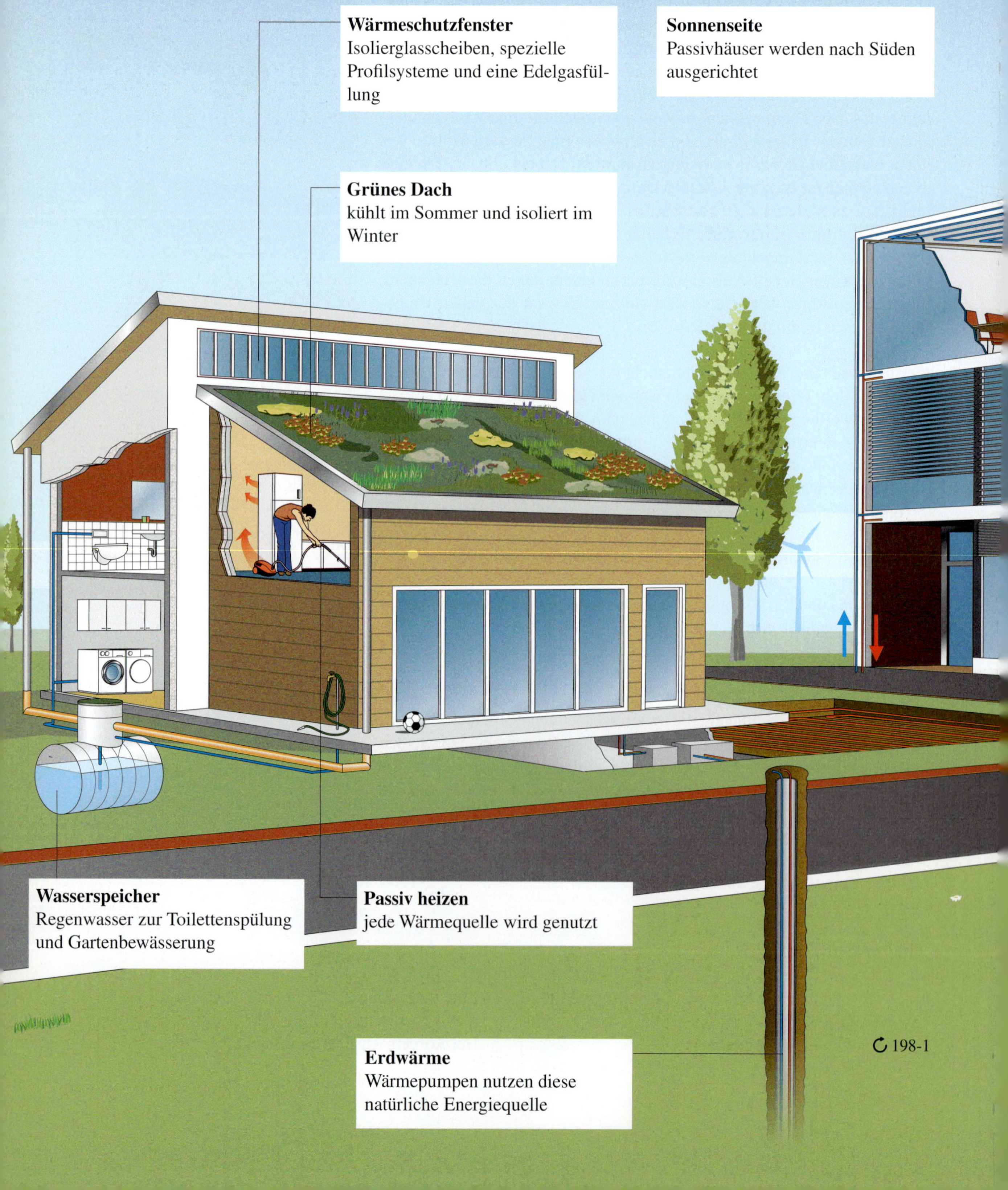

198-1

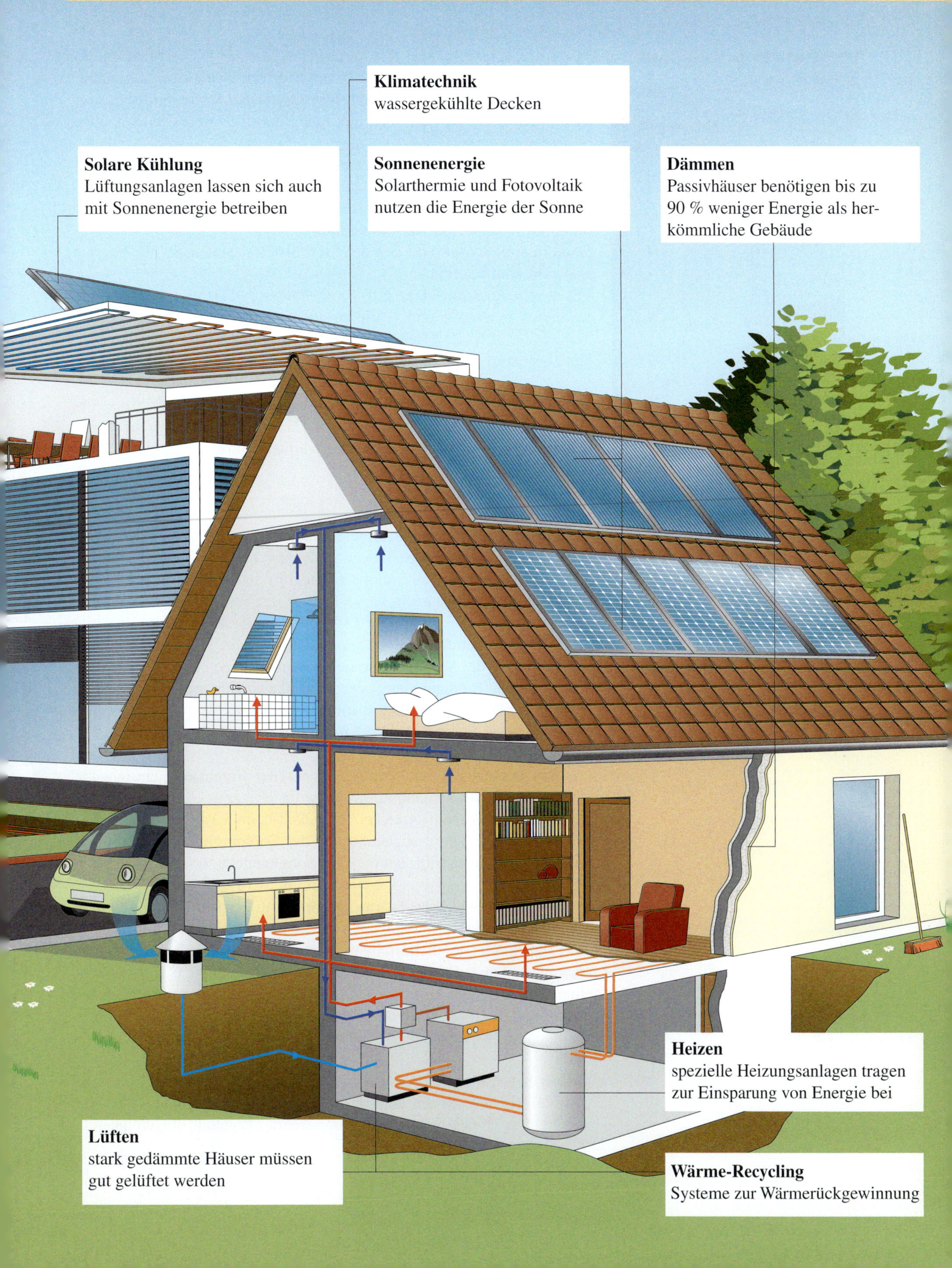
Klimatechnik
wassergekühlte Decken
Solare Kühlung
Lüftungsanlagen lassen sich auch mit Sonnenenergie betreiben
Sonnenenergie
Solarthermie und Fotovoltaik nutzen die Energie der Sonne
Dämmen
Passivhäuser benötigen bis zu 90 % weniger Energie als herkömmliche Gebäude
Heizen
spezielle Heizungsanlagen tragen zur Einsparung von Energie bei
Lüften
stark gedämmte Häuser müssen gut gelüftet werden
Wärme-Recycling
Systeme zur Wärmerückgewinnung

Auf einen Blick

1

Wärmetransportvorgänge Thermische Energie kann auf verschiedene Arten transportiert werden. *Wärmeleitung* liegt vor, wenn die Energie durch einen Gegenstand hindurchströmt, ohne dass dabei Stoffe mitbewegt werden. Dabei fließt sie stets von einer Stelle hoher zu einer Stelle niedriger Temperatur.
Von *Konvektion* spricht man, wenn erwärmte Gase oder Flüssigkeiten aufsteigen und durch kältere Gase oder Flüssigkeiten ersetzt werden.
Ein Körper mit einer höheren Temperatur als die der Umgebung kühlt sich durch die Abgabe von Wärmestrahlung ab.
Beim Energietransport durch einen Stoff hindurch sind meist alle Energietransportarten beteiligt.
Für die Energiestromstärke gilt: $P = U \cdot A \cdot (T_i - T_a)$. Dabei ist T_i die an der wärmeren Innenseite und T_a die an der kühleren Außenseite gemessene Temperatur. A ist die Fläche, durch die die Energie hindurchfließt.
Der U-Wert ist ein Maß für die Energieverluste.

Wärmedämmung Feststoffe wie Holz, Kork, Styropor, Glaswolle u. a. sind Dämmmaterialien. Sie verdanken die Dämmeigenschaft vor allem der in ihnen eingeschlossenen Luft. Die Wärmedämmstoffe vermindern den U-Wert. ↑1

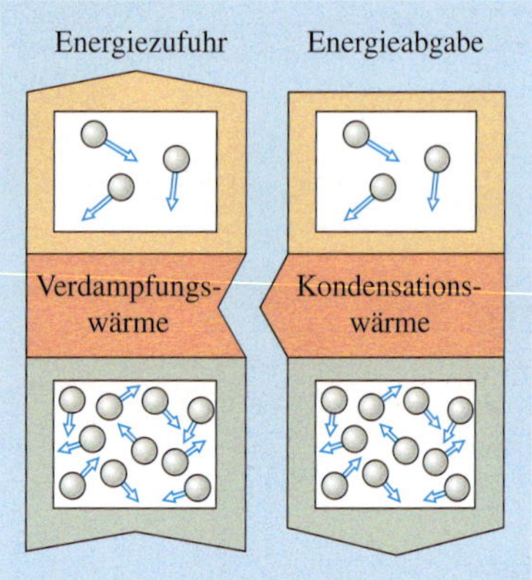

2

Verdampfungs- und Kondensationswärme Wenn eine Flüssigkeit erwärmt wird, steigt die Temperatur. Ist der Siedepunkt erreicht, bleibt die Temperatur trotz unverminderter Energiezufuhr konstant. Die Energie (Verdampfungswärme) dient nunmehr ausschließlich der Verdampfung der Flüssigkeit. Die zur Verdampfung von 1 kg einer bestimmten Flüssigkeit nötige Energie nennt man *spezifische Verdampfungswärme*. Anschaulich gesprochen dient sie der Vergrößerung des Volumens gegen den äußeren Luftdruck und der Trennung der in der Flüssigkeit zusammenhaftenden Teilchen. Wenn Dampf kondensiert, wird die vorher als Verdampfungswärme aufgenommene Energie als Kondensationswärme wieder abgegeben. ↑2

Brennwertkessel Bei der Verbrennung fossiler Brennstoffe entsteht viel Wasserdampf. Um Verdampfungswärme für Heizzwecke zurückzugewinnen, wurde der Brennwertkessel entwickelt. Durch Wärmetauscher wird der heiße Wasserdampf abgekühlt und der Dampf zur Kondensation gebracht. Die Kondensationswärme kann somit genutzt werden.

Latente Wärme und Latentwärmespeicher Um Feststoffe zu verflüssigen bzw. Flüssigkeiten zu verdampfen, ist Schmelz- bzw. Verdampfungswärme nötig. Sie kommt der thermischen Energie der Flüssigkeit bzw. des Dampfes zugute. Sie stellt daher eine Möglichkeit dar, Energie zu speichern, ohne die Temperatur zu erhöhen. Stoffe, deren Schmelz- bzw. Siedepunkt in der Nähe der Umgebungstemperatur liegen, können daher Energie speichern, ohne dass aufwendige Isoliermaßnahmen nötig sind.

Zweiter Hauptsatz der Thermodynamik Jeder von selbst ablaufende (irreversible) Vorgang ist mit einer Energieentwertung verbunden, die darin besteht, dass er nicht von selbst in umgekehrter Richtung ablaufen kann.

Wärmekraftmaschine Eine Wärmekraftmaschine gewinnt aus dem Energietransport von einem heißen Wärmebad (z. B. Dampfkessel) zu einem kalten Wärmebad (Kühler) mechanische Energie. Diese kann durch einen Generator in elektrische Energie umgewandelt werden. ↑3

Maximaler Wirkungsgrad einer Wärmekraftmaschine Er wird unter Berücksichtigung des 1. und 2. Hauptsatzes der Thermodynamik ermittelt und hängt nur von der Temperatur des heißen (T_1) und der Temperatur des kalten Reservoirs (T_2) ab: $\eta = 1 - \frac{T_2}{T_1}$.

Wärmepumpe Eine Wärmepumpe lässt unter Einsatz von elektrischer Energie thermische Energie von einem Wärmebad niedriger Temperatur (z. B. Grundwasser) zu einem Wärmebad höherer Temperatur (z. B. Fußbodenheizung) fließen.

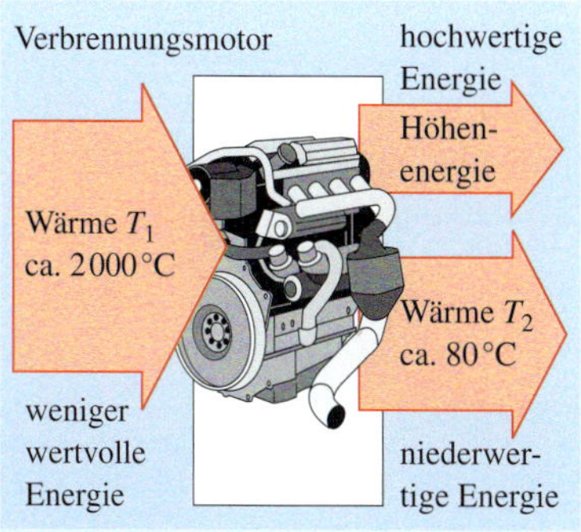

3

Alles klar?

1 Beim Dampfjetboot werden die Rohre mit Wasser gefüllt. Eine Kerzenflamme heizt den „Dampfkessel“. Das Geräusch des Bootes lässt auf einen rhythmischen Vorgang schließen. ↑4

a Beschreibe, wie die Bewegung des Bootes zustande kommt.

b Warum müssen die Rohre in gutem Kontakt mit dem Schiffsrumpf sein?

c Warum gibt es einen Vortrieb, obwohl Wasser ausgestoßen und eingesogen wird?

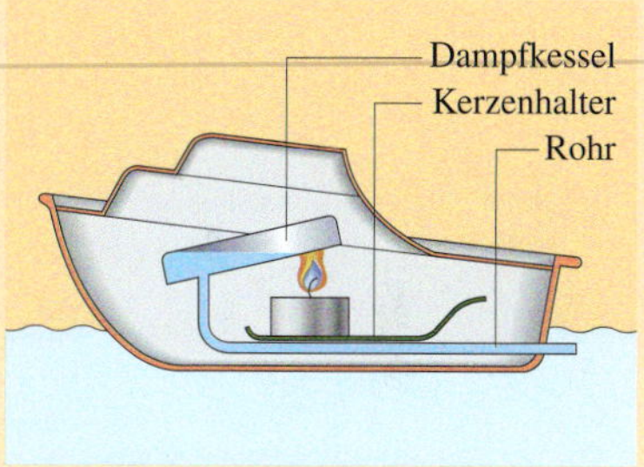

4 Dampfjetboot

2 Die dargestellte Lichtwippe wippt so lange auf und ab, wie die Kerze brennt. Entscheidend für den Antrieb ist eine Bimetallspirale, die die rote Kugel zur anderen Seite dreht. Was passiert dann? Erkläre. ↑5

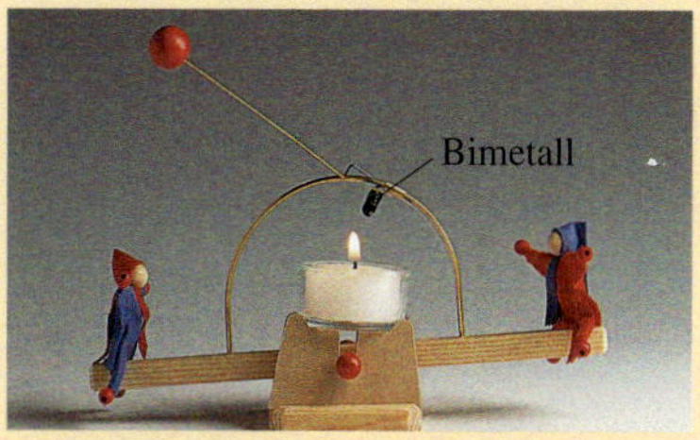

5 Lichtwippe

3 Wann lohnt sich eine Heizungsanlage mit Wärmepumpe?

a Begründe, warum eine Wärmepumpe umso effektiver arbeitet, je niedriger die Temperatur der Heizkörper ist, die eine Wohnung heizen.

b Wie kann man erreichen, dass die Heizkörper auch bei niedriger Temperatur genügend thermische Energie an ein Zimmer abgeben, ohne dass die Zimmertemperatur sinkt?

4 Warum fühlen sich Metallgegenstände wie Besteck, Türklinken usw. kälter an als Wolle, Holz oder Styropor, auch wenn sie die gleiche Temperatur haben?

5 Erläutere die Aussage: „Überlegungen zum Energiesparen sollten bei den Fenstern beginnen.“

6 Warum „wärmt“ eine Daunenjacke besser als eine Regenjacke?

7 Bei Kochtöpfen ist eine gute Wärmeleitung erwünscht. Erläutere diesen Satz und finde weitere Beispiele.

Mobilität und Umwelt

Ferienbeginn – wenn alle woanders hinwollen, gibt es Probleme für Nerven und Umwelt.

↑Basiskonzept Energie

1 Jedes Jahr zur Ferienzeit – die Fahrt in den Urlaub endet im Stau.

Mit den technischen Möglichkeiten, den Autobahnen, ICEs und Flugzeugen haben sich unsere Bedürfnisse verändert. Wochenendfahrten zum nächsten Freizeitpark oder zum Shopping in die nächste Großstadt sind ebenso selbstverständlich geworden wie tropische Früchte im Winter, in Asien produzierte Kleidung, der Ferienflug nach Mallorca oder die tägliche Fahrt zur Arbeit. 60 % der Deutschen benutzen ihren privaten Personenkraftwagen, um zur Arbeit zu kommen. Eineinhalb Stunden sind wir im Durchschnitt täglich unterwegs – meist im Auto, nur 15 % benutzen täglich öffentliche Verkehrsmitteln, 11 % das Fahrrad.

Aber die zunehmende Mobilität hat ihren Preis: 30 % der Ausgaben eines deutschen Durchschnittshaushalts fließen in den Verkehrssektor, mit wachsender Tendenz, weil die Energiekosten steigen. Verkehrsmittel, zu deren Antrieb Treibstoffe verbrannt werden, belasten die Umwelt durch Verbrennungsrückstände, insbesondere durch Kohlenstoffdioxid (CO_2). Neben der Heizung ist der Verkehr der größte CO_2-Produzent.

Kann die verkehrsbedingte Umweltbelastung reduziert werden, ohne dass wir auf die Annehmlichkeiten der Mobilität verzichten müssen? Wenn ja, mit welchen technischen Mitteln ist dies zu erreichen? Und kann jeder von uns durch umweltbewusstes Verhalten einen Beitrag dazu leisten?

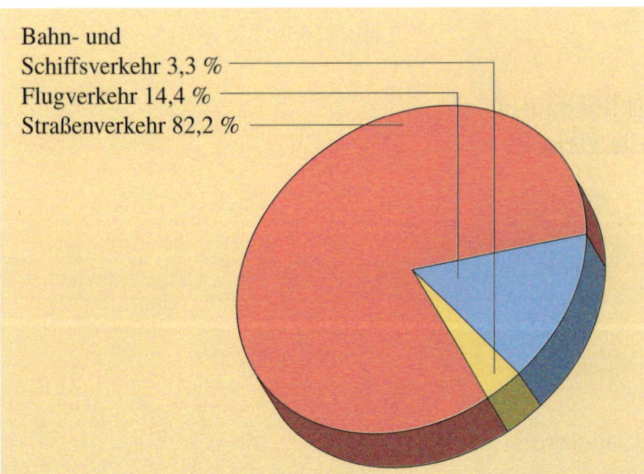

2 Der Verkehrssektor in Deutschland

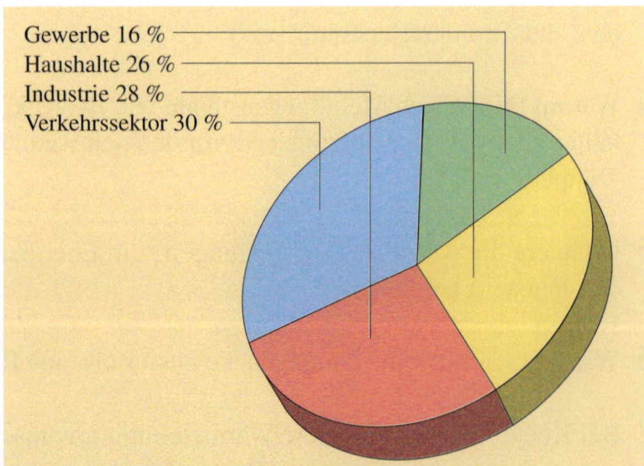

3 Primärenergieverteilung Deutschland 2007

Fahren oder fliegen?
Energieaufwand bei verschiedenen Fortbewegungsarten

4 Mit dem Flugzeug in den Urlaub? Mit dem Auto zur Schule? Da besteht doch einiger Diskussionsbedarf.

„Was – du fliegst nach Mallorca? Ist es dir ganz egal, dass du damit die Atmosphäre zerstörst und das Klima aufheizt?“
„Und du? Glaubst du, du schadest der Atmosphäre weniger, wenn du täglich 20 km mit dem Auto fährst? Ich komme immerhin mit dem Rad zur Schule.“

↑ Basiskonzept Energie

↑ Basiskonzept System

Arbeitsaufträge

1 Verkehrsbedingter persönlicher Energieaufwand
Wie viel Energie benötigt ihr jährlich zur Fortbewegung mit Fahrzeugen?

a Besprecht zunächst in eurer Gruppe, welche Informationen und Angaben ihr zur Abschätzung benötigt (Länge des Schulwegs, Art der Beförderung, Anzahl der beförderten Personen, Ferienreisen …).

b Recherchiert die benötigten Zahlenwerte und schätzt euren verkehrsbedingten jährlichen Energieaufwand ab.

c Durchschnittlich benötigt jeder Deutsche im Jahr 32 000 MJ Energie zur Fortbewegung. Vergleiche deinen persönlichen Wert mit diesem Mittelwert und suche Gründe für die Abweichung.

5 Ein mit 416 Passagieren besetzter Jumbojet (Boeing 747) verbraucht 17 000 Liter Kerosin auf 1000 km.

2 Jährliche CO_2-Belastung
Ermittle die durch dich verursachte jährliche CO_2-Belastung mit einem „CO_2-Rechner“.

6 CO_2-Rechner des WWF

GRUNDLAGEN: Pkw, Bus, Bahn oder Flugzeug – Energiebedarf und Umweltbelastung verschiedener Verkehrsmittel

Wie wir zur Schule oder zur Arbeitsstelle kommen und wie wir unsere Freizeit- und Ferienziele erreichen, davon hängen Energiebedarf und Umweltbelastung wesentlich ab.
Energetisch gesehen am günstigsten ist natürlich das Fahrrad. 65 Millionen Fahrräder gibt es in Deutschland, mehr als Autos. Allerdings werden nur 12 % der Wege mit dem Rad zurückgelegt. Ganz anders z. B. in Holland, wo in den Städten viermal so viele Strecken mit dem Rad bewältigt werden. Für kurze Strecken in der Stadt ist das Radfahren nicht nur die preiswerteste, sondern auch die schnellste Beförderungsart.
Am Gesamtverkehr hat das Auto einen Anteil von fast 80 %, weit dahinter liegen Bus, Bahn und Flugverkehr. Hinsichtlich des Endenergieverbrauchs hat der Luftverkehr einen deutlich höheren Anteil. ↑1

Beförderte Personen in Deutschland 2008 in Millionen:

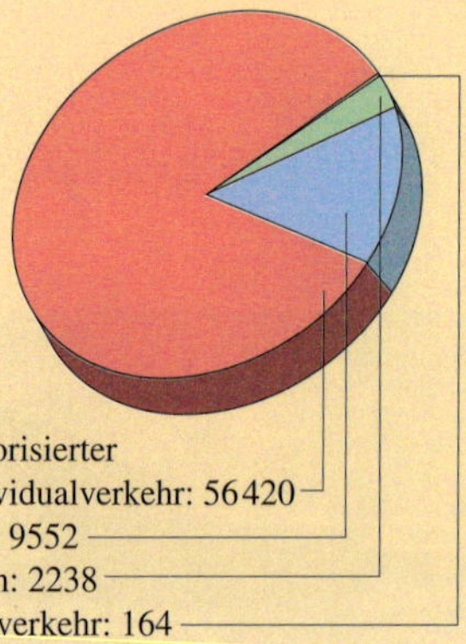

1

Energiebedarf pro Kopf für 10 km Schulweg			
Fortbewegungsart	Energie	Fortbewegungsart	Energie
zu Fuß	360 kJ	Auto	23 MJ
Fahrrad	140 kJ	Bus	2,3 MJ
Mofa	4,6 MJ	Bahn	4,6 MJ

Den CO_2-Ausstoß kann man berechnen, wenn man den Energieinhalt und die CO_2-Erzeugung der verschiedenen Treibstoffe kennt:

Brennwert (Energiegehalt) und CO_2-Belastung bei Treibstoffen		
Treibstoff	Energie pro Liter	CO_2 pro Liter
Benzin	34 MJ	2,3 kg
Diesel	37 MJ	2,6 kg
Kerosin (Flugzeugbenzin)	34 MJ	2,8 kg

Durchschnittlicher Energiebedarf Treibstoff pro Person je 100 km Reisestrecke	
Verkehrsmittel	Treibstoff-verbrauch
Bahn	1,5 bis 3 ℓ
Bus	0,75 ℓ
Auto	6,6 ℓ
Flugzeug Kurzstrecke (500 km)	9 ℓ
Flugzeug Langstrecke (3000 km)	4 ℓ

Die Klimabelastung durch den Flugverkehr entspricht etwa dem Dreifachen der CO_2-Produktion, weil die Abgase in großen Höhen ausgestoßen werden.
Schätzungen einiger Klimaforscher ergeben, dass die Atmosphäre Treibhausgase von umgerechnet 3 t CO_2 pro Mensch und Jahr weltweit ohne größeren Temperaturanstieg verkraften könnte. Etwa ein Drittel davon, also 1 t, stünde für den Verkehr zur Verfügung; das entspricht grob gerechnet 3000 km mit dem Flugzeug oder 6000 km mit dem Pkw oder 17 000 km mit der Bahn. Schon ein Flug von Hamburg nach Mallorca würde 80 % dieses „Etats" verbrauchen.
Einige Umweltschutzorganisationen fördern Projekte zur Energieeinsparung oder zur Aufforstung. Durch eine Spende, deren Höhe man auf der jeweiligen Webseite ermitteln kann, lassen sich die Folgen der Atmosphärenbelastung zumindest zum Teil kompensieren. Eine Spende von 10 € soll beispielweise reichen, so viel Wald aufzuforsten, dass die Atmosphärenbelastung durch einen Flug Hamburg–Mallorca kompensiert wird.

Aufgaben

1 Bereite ein Referat zum Thema „Ausgleichsmaßnahmen zur Atmosphärenbelastung" vor.

2 Mortens Schulweg ist 8 km lang. Berechne den Energiebedarf und die CO_2-Produktion unter den Annahmen ⓐ bis ⓓ. ↑2 Vergleiche und diskutiere die Ergebnisse. Wie viel Energie könnte Morten beim Schulweg täglich bzw. im Jahr sparen?

ⓐ Er wird von seiner Mutter mit dem Auto gebracht; Benzinverbrauch im Stadtverkehr: 9 ℓ pro 100 km.

ⓑ In einer Fahrgemeinschaft wird Morten von seiner Mutter mit drei weiteren Schülern mit dem Auto gebracht.

ⓒ Er nutzt den Schulbus, der durchschnittlich mit 43 Schülern besetzt ist; Dieselverbrauch: 21 ℓ pro 100 km.

ⓓ Er fährt Mofa; Benzinverbrauch: 2,5 ℓ pro 100 km.

2

3 Lara will mit einer Gruppe von vier Personen von Hamburg nach München (772 km) reisen. Berechne den Energiebedarf und die CO_2-Produktion unter den folgenden Annahmen. Vergleiche und diskutiere die Ergebnisse. Wie viel Energie könnte Lara bei ihrer Reise sparen?

a Fahrt mit dem Auto, Benzinverbrauch auf der Autobahn: 6,5 ℓ pro 100 km.

b Fahrt mit dem Reisebus, Dieselölverbrauch auf der Autobahn: 17 ℓ pro 100 km, voll besetzt mit 55 Personen.

c Reise im Flugzeug, Kerosinverbrauch: 900 ℓ pro 100 km, mit 92 Personen besetzt.

d Fahrt mit dem ICE, elektrischer Energiebedarf: 3000 kW · h pro 100 km, mit 334 Personen besetzt.

4 Familie Kunz plant mit 5 Personen eine Flugreise nach Teneriffa (Entfernung 3500 km) und möchte auf ihrem Grundstück Bäume pflanzen, die im Zeitraum von 20 Jahren die durch den Flug verursachte atmosphärische Belastung wieder rückgängig machen. Wie viele Bäume müssten gepflanzt werden?
Hinweise: Ein Baum bildet pro Jahr im Mittel 100 kg Holz und entzieht der Atmosphäre damit ca. 33 kg Kohlenstoff. Das entspricht einer Menge von 120 kg Kohlenstoffdioxid.
Flugzeuge produzieren ihre Abgase direkt in der empfindlichen Treibhausgasschicht der Atmosphäre. Üblicherweise wird die produzierte CO_2-Menge mit dem Faktor 3 multipliziert, um die besondere Belastung zu berücksichtigen.

Beim Fahren sparen – umweltbewusste Fahrweise und was dahintersteckt

1 Tipps vom Fahrtrainer

Aus einem Ratgeber für sparsames Autofahren: „Fahren Sie vorausschauend und gleichmäßig. Vermeiden Sie unnötiges Beschleunigen und Abbremsen. Im Gegensatz zu einer aggressiven Fahrweise sparen Sie bis zu 1/3 Kraftstoff – und kommen außerdem viel entspannter ans Ziel!"

↑Basiskonzept Energie

Experimente

1 Energieumwandlung beim Beschleunigen
Denkt euch Versuche aus, die zeigen, dass beim Beschleunigen Energie umgewandelt wird. Zur Verfügung stehen z. B. ein Pendel, eine Murmel, ein Gummimotor-Fahrzeug, eine Stahlfeder zum Zusammendrücken, ein Modellauto und ein Brett.

2 Kraft und Energieumwandlung bei gleichbleibender Geschwindigkeit
Untersucht die Energieumwandlungen bei einigen Bewegungen:

a Lasst ein Modellauto auf einem 2 m langen Brett fahren. Neigt das Brett so, dass die Geschwindigkeit ungefähr gleich bleibt. Welche Energieumwandlungen finden statt? Wie groß ist die mit der Energieumwandlung verbundene Kraft? (*Tipp:* $F = E/s$.)

b Auf einem stabilen Wagen sitzt eine Schülerin oder ein Schüler. ↑2 Zieht den Wagen mit unterschiedlichen Geschwindigkeiten. Welche Kraft ist nötig? *Tipp:* Fahrt vorsichtig an, sonst wird der Kraftmesser überlastet. Wie viel Energie wird auf einer Strecke von 5 m umgewandelt? Wie groß ist die Leistung, um den Wagen im Schritttempo zu ziehen?

c Welche Energiestromstärke benötigt die Lokomotive einer Modelleisenbahn jeweils, um den Zug mit unterschiedlichen Geschwindigkeiten zu ziehen?

2 Untersuchung der Kraft und Energieumwandlungen

3 Kraft zum Schieben eines Kleinwagens

d Wie viel Kraft benötigt man, um einen Kleinwagen auf ebener Strecke mit 2 km/h, 4 km/h oder 6 km/h zu ziehen oder zu schieben? ↑3 Wie viel Energie wird auf einer Strecke von 100 m umgewandelt? Wie groß ist die Leistung bei den verschiedenen Geschwindigkeiten?

3 Kraft und Energieumwandlung beim Bremsen
Lasst eine Murmel in einer Rinne aus 5 cm Höhe auf verschiedene ebene Flächen (Holzboden, Teppich, Betonboden) rollen. Untersucht, wie weit sie rollt. Welche Energieumwandlungen finden statt? Wie groß ist jeweils die durchschnittliche Bremskraft?

4 Luftreibung
Lass den Wagen einer Gartenbahn eine geneigte Bahn hinablaufen:

a ohne Styroporplatten

b mit unterschiedlich großen Styroporplatten (↑5 S. 209)

Analysiere die Bewegungsverläufe mit einem Videoanalyseprogramm oder mit Stroboskopaufnahmen. Erkläre die unterschiedlichen Bewegungsverläufe.

GRUNDLAGEN: Energieumwandlung bei verschiedenen Bewegungen

Beim Autofahren leert sich mit der Zeit der Tank. Was geschieht mit der Energie, die durch die Verbrennung des Benzins in den Zylindern des Motors umgewandelt wird?

↑Basiskonzept Energie
↑Basiskonzept Wechselwirkung

4

Beschleunigen Beim Beschleunigen wird die Energie hauptsächlich in Bewegungsenergie des Wagens umgewandelt. Je schneller der Wagen ist, desto größer ist seine Bewegungsenergie. Nur ca. 10 Sekunden braucht ein Auto, um von 0 auf 120 km/h zu beschleunigen. Dann hat es so viel Bewegungsenergie gespeichert, wie ein elektrischer Heizofen in 10 Minuten umwandelt.
Motorräder beschleunigen viel stärker als Autos. Das liegt daran, dass ihre Masse viel kleiner ist. Je größer die Masse eines Fahrzeugs ist, umso größer ist auch der Widerstand gegen Bewegungsänderungen – die Trägheit. Je größer die Masse, desto mehr Energie benötigt man auch, um das Fahrzeug auf eine bestimmte Geschwindigkeit zu beschleunigen.

Fahren mit konstanter Geschwindigkeit Wird das Fahrzeug schneller, dann muss es pro Sekunde mehr Luft „zur Seite schieben" (Luftreibung). Das kostet Energie, die als thermische Energie an die Umgebung verteilt wird. Bei einer festen Stellung des Gaspedals ist nach einiger Zeit die Geschwindigkeit erreicht, bei der genauso viel Energie durch Reibung (Luftreibung, Rollreibung, Reibung in Achslagern usw.) an die Umgebung abgegeben wird, wie der Motor zum Antrieb verwendet. Zur weiteren Beschleunigung bleibt dann keine Energie mehr übrig – der Wagen behält seine Geschwindigkeit.

Bremsen Die Bremsen sorgen dafür, dass das Fahrzeug seine Bewegungsenergie schnell abgibt. Wenn sie die gesamte Bewegungsenergie des Wagens als thermische Energie aufnehmen, können sie sich bis zur Rotglut erhitzen. ↑5

207-1

5

Aufgaben

1 Begründe, warum ein Auto auch bei Vollgas nicht immer weiter beschleunigt, sondern schließlich eine Höchstgeschwindigkeit erreicht. ↑1

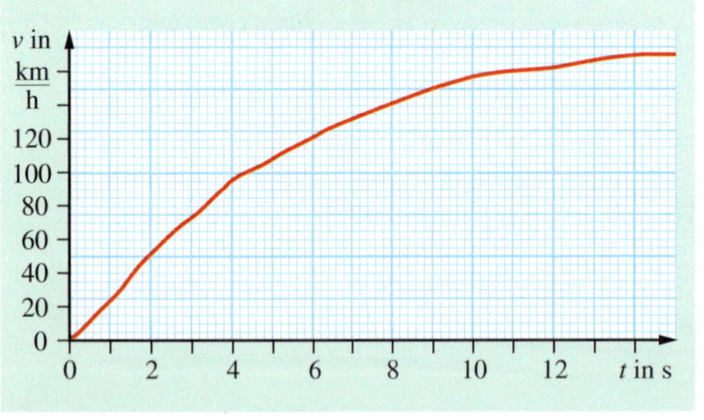

1 *t*-*v*-Diagramm

2 Erkläre physikalisch, warum sich die inner- und außerstädtischen Benzinverbrauchswerte (↑Tabelle) so deutlich unterscheiden.

Kraftstoffverbrauch (Firmenangaben)		
Typ	Inner-städtisch	Außer-städtisch
Opel Astra 2.0 turbo	13 Liter	7 Liter
Mercedes C 200 CDI	7,9 Liter	4,9 Liter
Volkswagen Golf 77 kW	5,7 Liter	3,9 Liter

3 Begründe die folgenden Tipps eines ADAC-Spritspar-Trainers:
Bei einer Drehzahl von ca. 2000 Umdrehungen zügig in den nächsten Gang schalten.
Keine unnötigen Brems- und Beschleunigungsvorgänge.
Vor Ortseingängen, bei leichtem Gefälle oder vor Ampeln, die auf Rot umschalten, Fuß vom Gas und den Wagen rollen lassen.
Auf der Autobahn je nach Modell nicht schneller als 160 km/h fahren.

4 Erläutere, warum beim Beschleunigen weniger Energie pro Sekunde *entwertet* wird als beim Fahren mit Höchstgeschwindigkeit.

5 ICEs haben nur in größeren Abständen Haltestellen. Welche Vorteile hat das?

6 Im Kraftfahrzeugschein ist die Leistung bei einer bestimmten Umdrehungszahl angegeben. ↑2
Warum ist die Leistung ein besseres Maß für die „Stärke" des Motors als die Antriebskraft?

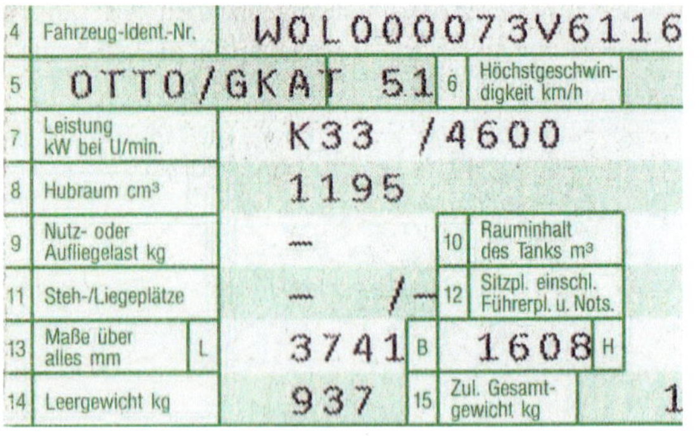

2 Angabe der Leistung im Fahrzeugschein

7 Bei optimaler Leistung fährt das Auto im 1. Gang 36 km/h, im 2. Gang 69 km/h, im 3. Gang 110 km/h und im 4. Gang 143 km/h.

a Was kannst du über Motorleistung und Antriebskräfte sagen?

b Ermittle die maximalen Antriebskräfte im 1. bis 4. Gang aus der Leistung. ↑2

c Warum schaltet man bergauf in einen niedrigeren Gang?

8 Ein Pkw mit der Masse 1,2 t hat bei 140 km/h eine Bewegungsenergie von 0,9 MJ. Um wie viel °C erwärmen sich seine vier Bremstrommeln (Masse je 5 kg), wenn sie bei einer Vollbremsung die ganze Bewegungsenergie aufnehmen? ($c_{Fe} = 0{,}45\,\frac{kJ}{kg \cdot K}$)

9 Zeige durch Rechnungen, dass zwei kräftige Männer genug Kraft ausüben könnten, um einen Pkw mit 140 km/h über die Autobahn zu schieben, dass ihre Leistung aber bei Weitem nicht dazu ausreicht. ↑3

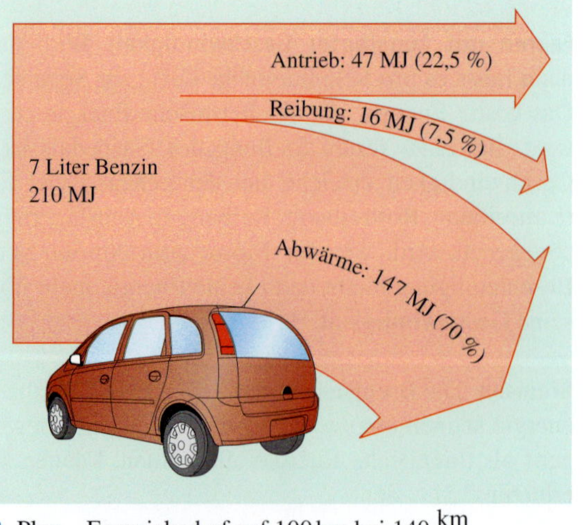

3 Pkw – Energiebedarf auf 100 km bei 140 $\frac{km}{h}$

Auf das Design kommt's an! – Bewegungswiderstände

4 Test im Windkanal; Luftströmung durch Rauchstreifen sichtbar gemacht

Vor der Markteinführung werden Autos im Windkanal getestet, zunächst als verkleinertes Modell, dann während der Entwicklung. Aus dem Verlauf der „Stromlinien" erkennt man, ob der Luftwiderstand sich noch weiter verringern lässt.

↑Basiskonzept Energie

↑Basiskonzept Wechselwirkung

Experimente

1 Luftreibung
Halte mit ausgestreckten Armen eine Hartschaumplatte quer über deinen Kopf und versuche zu rennen. Was spürst du? Worauf sollte man bei schneller Fortbewegung achten?

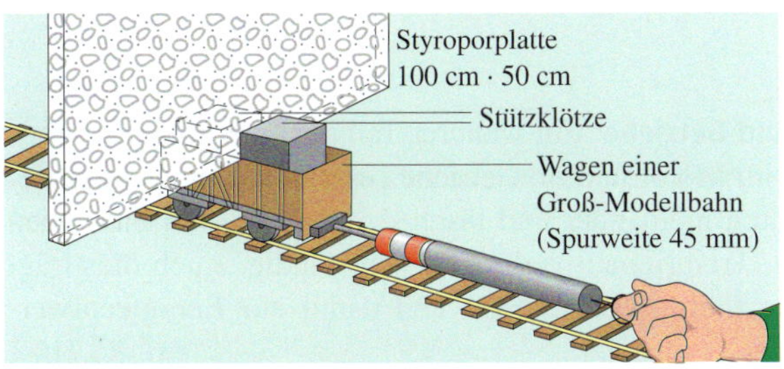

5 Untersuchung der Luftreibung

2 Luftreibung und Geschwindigkeit
Untersuche den Zusammenhang zwischen Luftreibung und Geschwindigkeit. Plane die Durchführung des Versuchs. Eine Versuchsidee zeigt die Zeichnung. ↑5

3 Was ist ein Tragflügelboot?
Informiere dich, was ein Tragflügelboot ist. Warum fährt es bei gleicher Antriebskraft viel schneller als ein normales Boot?

Aus der Technik Vom c_W-Wert

Wie groß die Luftreibung ist, hängt außer von der Dichte der Luft auch ab von:
- der Querschnittsfläche des Fahrzeugs
- seiner Form und Oberflächenbeschaffenheit
- seiner Geschwindigkeit

Bei hohen Geschwindigkeiten muss vor allem die Luftreibung überwunden werden. ↑6 Um den Treibstoffverbrauch zu senken, baut man strömungsgünstige Karosserien, die zu geringer Luftverwirbelung führen. Wie windschlüpfig ein Fahrzeug ist, gibt der c_W-Wert an. Moderne Autos weisen c_W-Werte unter 0,3 auf, d.h., der Luftwiderstand beträgt 30 % von dem eines Bretts mit gleicher Querschnittsfläche. Am einfachsten lässt sich der Treibstoffverbrauch durch langsameres Fahren senken, denn zur Überwindung der Luftreibung ist bei halber Geschwindigkeit nur ein Viertel der Energie pro Meter nötig.

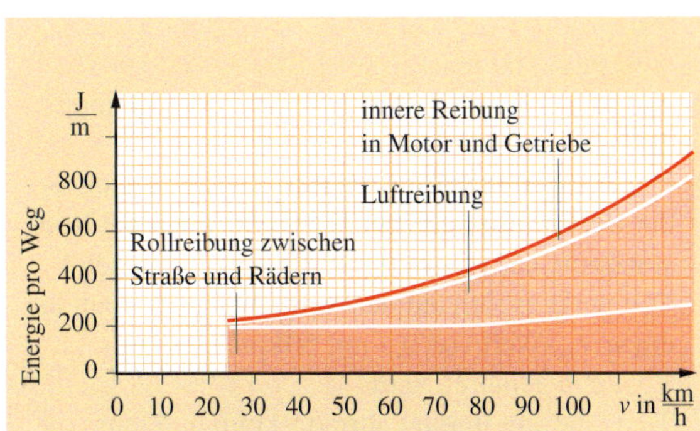

6 Geschwindigkeit und Energiebedarf eines Pkws

GRUNDLAGEN: Verschiedene Bewegungswiderstände

Ohne Energiezufuhr hört auf der Erde jede Bewegung bald auf. Ständig ist Energie erforderlich, um die verschiedenen Bewegungswiderstände zu überwinden – sonst nimmt die Geschwindigkeit ab.

Luftreibung Ein Teil der Energie wird benötigt, um die Luft zur Seite zu schieben. Bei jedem Meter Fahrt muss eine bestimmte Luftmasse zur Seite geschoben werden. Um die Luftreibung zu überwinden, benötigt man Energie – umso mehr, je schneller das Auto fährt. Messungen ergeben: Die zur Überwindung der Luftreibung pro Meter nötige Energie wächst etwa mit dem Quadrat der Geschwindigkeit. Die zur Seite geschobene Luft verwirbelt und erwärmt sich geringfügig. Letztlich verteilt sich die Antriebsenergie also als thermische Energie auf die Umgebung.

Rollreibung Energie ist auch erforderlich, um die Räder über die Straße zu rollen. Dabei verhaken sich winzige Unebenheiten des Gummis mit denen des Straßenbelags und müssen wieder gelöst werden. Außerdem wird das Rad an der Auflagefläche etwas zusammengepresst und dehnt sich im nächsten Moment wieder aus. Dieser Effekt macht sich bei zu niedrigem Reifendruck besonders stark bemerkbar. Die durch diese Rollreibung pro Meter „verlorene" Energie ist proportional zur Anpresskraft, mit der das Fahrzeug auf den Boden gepresst wird, und damit auch proportional zur Fahrzeugmasse.

Reibung in Motor und Getriebe Ein weiterer Teil der Energie wird benötigt, um Metallteile im Motor und im Getriebe gegeneinander zu verschieben. Zahnräder greifen ineinander und lösen sich wieder, Achsen drehen sich in Kugellagern, Treibriemen verbiegen sich ständig. Auch dies trägt zur Umwandlung in thermische Energie und damit zur Energieentwertung bei.

↻ 210-1

Schon gewusst?

245 km/h – mit dem Fahrrad!
Um die Luftreibung möglichst gering zu halten, tragen Radrennfahrer hautenge Anzüge und windschnittige Helme. Auf ebener Strecke erreichen sie so Geschwindigkeiten bis zu 70 km/h. Durch eine windschnittige Verkleidung des Fahrrads kann die Luftreibung nochmals verringert werden. Im Windschatten eines Autos erreichte 1985 der Amerikaner JOHN HOWARD die Geschwindigkeit von 245 km/h. Am 3. Oktober 1995 erreichte FRED ROMPELBERG in der Großen Salzwüste von Utah in den USA eine Geschwindigkeit von 268,831 km/h, gefahren hinter einem Dragster-Spezialfahrzeug mit riesiger Windhaube am Heck. Der Luftwiderstand war dabei praktisch ausgeschaltet. Vorsicht: Das Fahren im Windschatten eines Fahrzeugs ist lebensgefährlich, denn der Sicherheitsabstand fehlt!

Aufgaben

1 Bewegungswiderstände

a Wie viel Benzin benötigt das Auto für 100 km Autobahnfahrt bei 120 km/h (Brennwert von Benzin: ca. 34 MJ pro ℓ; Wirkungsgrad des Ottomotors: 30 %)? Nutze zur Lösung das Diagramm ↑6 S. 209.

b Der c_W-Wert des Autos liegt bei 0,4. Wie hoch ist der Benzinverbrauch bei 120 km/h, wenn die Konstrukteure den c_W-Wert auf 0,2 senken können?

c Wie wirkt es sich auf den Verbrauch aus, wenn bei einem c_W-Wert von 0,4 mit 60 km/h statt mit 120 km/h gefahren wird?

2 Tina fährt mit ihrem Fahrrad 9 km/h und muss dabei den Luft- und den Rollwiderstand überwinden. Der Energieverlust durch die Rollreibung wächst proportional zu der gefahrenen Strecke s und zur Anpresskraft F_N, mit der die Räder auf den Boden gepresst werden. Es gilt: $E_{roll} = \mu_{roll} \cdot s \cdot F_N$. Die Rollreibungszahl μ_{roll} hängt nur von der Fahrbahnoberfläche und vom Reifen ab.

a Berechne, wie viel Energie pro Meter durch Rollreibung umgewandelt wird, wenn die Gesamtmasse 80 kg und die Rollreibungszahl für Fahrradreifen auf Asphalt 0,004 beträgt. Vergleiche mit der Luftreibung, die bei dieser Geschwindigkeit 2,3 J/m beträgt.

b Berechne die Energieverluste durch Roll- und Luftreibung für den Fall, dass Tina viermal so schnell fährt. Vergleiche mit dem Ergebnis aus Teil a.

Wie viel Energie braucht man zum Beschleunigen?

1 Jeder Neustart an der Ampel bedeutet zusätzlichen Energiebedarf.

Rote Ampeln strapazieren nicht nur die Nerven, sondern leeren auch den Tank. Wie viel Energie kostet es eigentlich, vor einer roten Ampel zu bremsen und bei Grün wieder zu beschleunigen?

↑Basiskonzept Energie

Experimente

1 Verdoppelt sich die Bewegungsenergie bei Verdopplung der Geschwindigkeit?
Nimm ein langes, stabiles Lineal aus Holz. Lege bei der 5-cm-Marke einen Faserschreiber unter das Lineal. An der 10-cm-Marke und an der 15-cm-Marke legst du jeweils eine Münze auf das Lineal. Schlage nun mit einem Finger kräftig auf die 0-cm-Marke des Lineals. ↑2

a Welche Energieumwandlungen finden statt?
b Begründe: Die erreichte Höhe ist ein Maß für die Bewegungsenergie der Münzen beim Start.
c Vergleiche die Startgeschwindigkeiten der beiden Münzen. Verdoppelt sich die Bewegungsenergie, wenn sich die Geschwindigkeit verdoppelt?

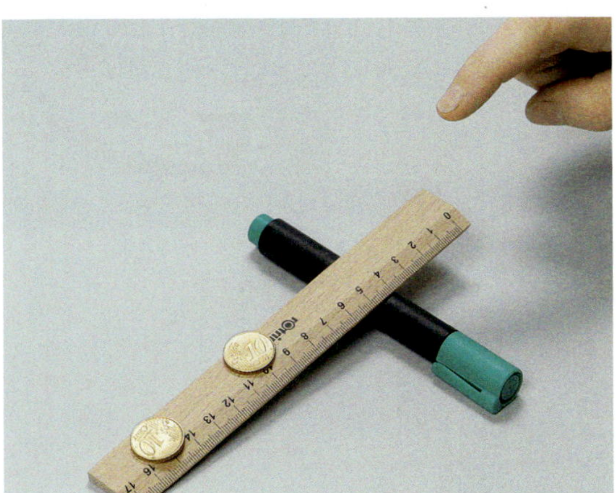

2

2 Bewegungsenergie eines Fahrzeugs
Ein Wagen rollt auf einem ebenen Schienenstück. ↑3

a Welche Energieumwandlungen finden statt?
b Mit welchem Trick erreicht man, dass die Antriebsmasse geändert werden kann, ohne dass die bewegte Gesamtmasse sich ändert? *Tipp:* Das antreibende Wägestück gehört zur bewegten Gesamtmasse.
c Ermittelt die Momentangeschwindigkeiten bei verschiedenen Streckenlängen (Videoanalyse, Stroboskopaufnahme oder Gabellichtschranke).
d Berechnet aus der Streckenlänge (= Fallhöhe) die freigesetzte Lageenergie (= Bewegungsenergie) und tragt die Bewegungsenergie gegen die in Aufgabenteil c ermittelte Momentangeschwindigkeit in einem Diagramm auf.

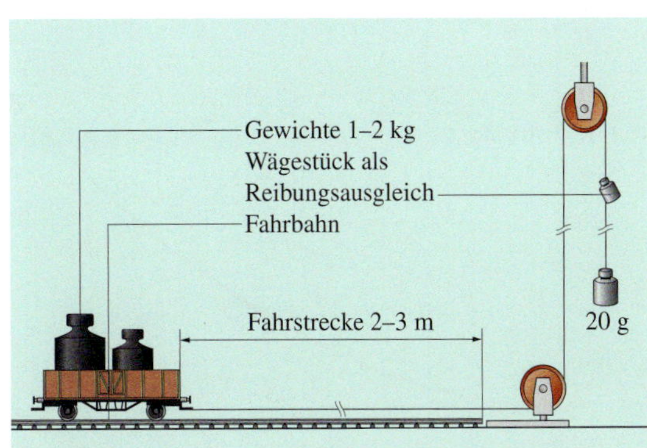

3

Experimente

3 Bewegungsenergie eines Pendels
Baut ein Pendel aus einer Metallkugel und einem 1 m langen Faden. Zieht es so weit zur Seite, bis es sich um 2 cm (4, 6, 8, 10, 12 cm) gehoben hat. Lasst los und ermittelt mit einer Lichtschranke (und dem Kugeldurchmesser) die Geschwindigkeit im tiefsten Punkt.

a Welche Energieumwandlungen finden statt?

b *Messreihe:* Tragt in einem Diagramm die durchfallenen Höhen über den Momentangeschwindigkeiten im tiefsten Punkt auf. Schließt aus dem Ergebnis, wie die Bewegungsenergie von der Geschwindigkeit abhängt.
Tipp: Wie hängt die freigesetzte Lageenergie = Bewegungsenergie von der durchfallenen Höhe ab?

GRUNDLAGEN: Die Bewegungsenergie

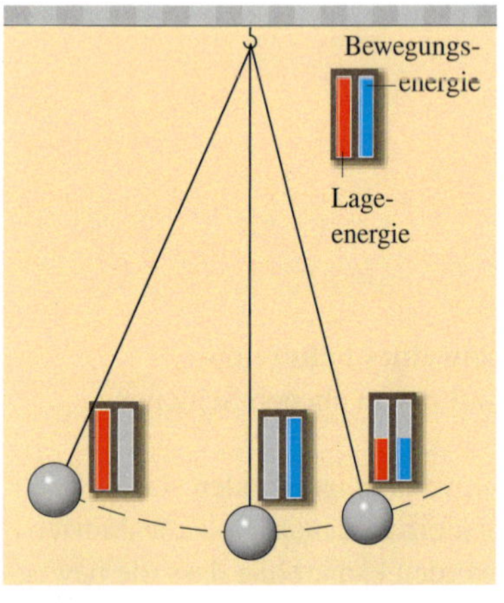

1 Energieumwandlungen am Pendel

Ein Skateboardfahrer hat manchmal „ganz schön Schwung". Das Gleiche kann man von einem Schwungrad sagen. In der Physik spricht man nicht von Schwung, sondern von Bewegungsenergie (oder kinetischer Energie). Wenn man einen Gegenstand in Bewegung versetzt, also beschleunigt, führt man ihm Energie zu. Er speichert sie als Bewegungsenergie.
Eine anderes Beispiel ist das Pendel: Zunächst, im höchsten Punkt, hat es nur Lageenergie. Je tiefer es sinkt, umso schneller wird es. Die Lageenergie wird in Bewegungsenergie umgewandelt. Im tiefsten Punkt hat es nur noch Bewegungsenergie. ↑1
Sieht man von den geringen thermischen Energieverlusten durch die Reibung mit der Luft und in der Aufhängung ab, so gilt: Die Lageenergie am höchsten Punkt ist genauso groß wie die Bewegungsenergie im tiefsten.
Schwungrad und Pendel verdeutlichen, wovon die Bewegungsenergie abhängt: von der Masse und von der Geschwindigkeit. Deshalb werden Schwungräder aus massivem Eisen gebaut. Möglichst viel Masse muss sich am Rand befinden, weil sie sich dort am schnellsten bewegt.

Versuche zeigen, dass die Bewegungsenergie proportional zur bewegten Masse und zum Quadrat der Geschwindigkeit ist:
$E_{kin} = \frac{1}{2} m \cdot v^2$.

212-1

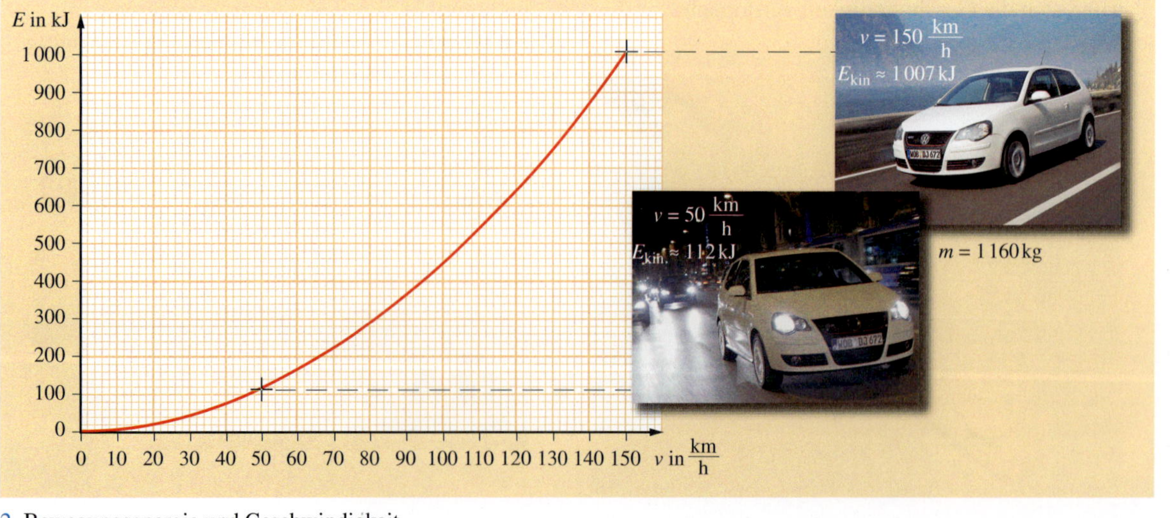

2 Bewegungsenergie und Geschwindigkeit

Aufgaben

1 Die Masse des Ferrari Enzo (mit Fahrer) beträgt 1440 kg. ↑3

a Wie viel Bewegungsenergie hat das Fahrzeug bei 100 km/h und bei 200 km/h gespeichert?

b Er beschleunigt in 3,8 s von 0 auf 100 km/h und in 12,6 s von 0 auf 200 km/h. Warum braucht er von 100 bis 200 km/h viel länger als von 0 auf 100 km/h? Welcher Anteil der vom Motor gelieferten Energie wurde in Bewegungsenergie umgewandelt, falls dieser immer mit Höchstleistung gelaufen ist (mechanische Höchstleistung des Motors: 485 kW)?

2 Der Airbus A380 ist das größte Passagierflugzeug der Welt. Seine Startmasse beträgt etwa 560 t. ↑4

a In einer Reiseflughöhe von 11 km erreicht er eine Geschwindigkeit von 940 km/h. Hat das Flugzeug in der Reiseflughöhe mehr Bewegungsenergie oder mehr Lageenergie?

b Die Leistung seiner Triebwerke beträgt etwa 78 000 kW. Wie lange würde das Flugzeug mindestens brauchen, um seine Reiseflughöhe und seine Reisegeschwindigkeit zu erreichen, wenn die gesamte Motorleistung in Lage- und Bewegungsenergie umgesetzt würde? (Tatsächlich wird die Reiseflughöhe in „knapp einer halben Stunde" erreicht.)

3 Mit der Begründung: „Die Einrichtung von Kreisverkehren erhöht den Verkehrsfluss und senkt damit den Benzinverbrauch und den Ausstoß von Schadstoffen" sollen auf Hamburgs Straßen 100 Kreuzungen, die derzeit noch durch Ampeln oder Vorfahrtschilder geregelt werden, durch Kreisel ersetzt werden. ↑5

a Ein Mittelklassewagen ($m = 1{,}6\,t$) fährt mit 50 km/h im Stadtverkehr. Wie viel Energie geht als thermische Energie verloren, wenn er an einer Ampel halten muss?

b An einer großen, mit Ampeln versehenen Kreuzung halten täglich 30 000 Fahrzeuge. Um welchen Betrag wird die CO_2-Belastung reduziert, wenn die Kreuzung durch einen Kreisverkehr ersetzt wird? (*Tipp:* Rechne mit einem mittleren Wirkungsgrad von 20 %, die übrigen Zahlenwerte findest du auf ↑S. 204.)

c Diskutiert Vor- und Nachteile von Kreiseln und Kreuzungen im Stadtbereich. Würde sich eure Bewertung ändern, wenn die Autos Energierückgewinnungssysteme für Bremsenergie hätten?

4 Ein Auto ($m = 1{,}2\,t$) prallt beim Crashtest mit 50 km/h frontal gegen eine Mauer.
Aus welcher Höhe hätte es senkrecht fallen müssen, um die gleiche Aufprallgeschwindigkeit zu erreichen? (*Tipp:* Beim senkrechten Fall gilt: Die Bewegungsenergie unmittelbar vor dem Aufprall ist gleich der Lageenergie im höchsten Punkt.)
Erläutere, warum die Angabe der Masse überflüssig ist.

5 Wie lange dauert das Vergnügen, 60 m zu fallen? ↑6
(*Tipps:* Beim senkrechten Fall gilt: Die Bewegungsenergie unmittelbar vor dem Aufprall ist gleich der Lageenergie im höchsten Punkt. Berechne zunächst die Endgeschwindigkeit. Die Geschwindigkeit nimmt gleichmäßig mit der Zeit zu. Deshalb ist die mittlere Fallgeschwindigkeit gleich der halben Endgeschwindigkeit.)

3 Ferrari Enzo

4 A380

5 Kreisverkehr statt Ampelkreuzung?

6 Wie lange dauert das Vergnügen?

Methode Von der Fragestellung über das Experiment zur Formel

Viele physikalische und technische Fragestellungen lassen sich mit Formeln lösen. Wie kommt man zu einer Formel?
Manche Formeln kann man durch Kombination anderer Formeln oder durch Nachdenken gewinnen. Oft führt aber der Weg zu einer Formel über genaue Messungen in einem Experiment. Hier erfährst du am Beispiel der Formel für die Bewegungsenergie, wie man vorgehen kann.

1 *Zielsetzung*

Wir wissen schon, dass die Bewegungsenergie E_{kin} von der Geschwindigkeit v und von der Masse m des bewegten Gegenstands abhängt. Je größer die Masse und je größer die Geschwindigkeit, umso größer ist auch die Bewegungsenergie. Aber um eine Formel zur Berechnung der Bewegungsenergie aufzustellen, müssen wir die Beziehung zwischen Energie, Masse und Geschwindigkeit genauer kennen.
Verdoppelt sich die Energie, wenn die Geschwindigkeit verdoppelt wird? Oder wird sie vielleicht vier- oder achtmal größer?

2 *Planung eines Experiments*

Um die Abhängigkeit von der Geschwindigkeit zu untersuchen, benötigen wir ein Experiment, in dem ein Gegenstand unterschiedliche Geschwindigkeiten annimmt und wir jeweils Momentangeschwindigkeit und Bewegungsenergie bestimmen können. Zur Bestimmung der Momentangeschwindigkeit kennst du sicher die eine oder andere Methode. Wir können ein Geschwindigkeitsmessgerät benutzen (z. B. den Tachometer am Fahrrad) oder wir benutzen die Formel $v = s/t$ und messen mit geeigneten Mitteln kurze Strecken sowie die dafür benötigte Zeit.

Aber zur Bestimmung der Bewegungsenergie gibt es kein Messgerät. Da hilft nur ein Trick: Wir verwenden ein Experiment, in dem ein Gegenstand fällt oder mit möglichst wenig Reibung bergab rollt. Beim Abwärtsbewegen verringert sich die Lageenergie $\Delta E_{pot} = g \cdot m \cdot \Delta h$; die freigesetzte Energie wird zum Beschleunigen, also zur Erhöhung der Bewegungsenergie, verwendet. Die Abnahme der Lageenergie entspricht der Zunahme an Bewegungsenergie: $\Delta E_{pot} = \Delta E_{kin}$. Da wir die Lageenergie bei bekannter Masse durch Messung der durchfallenen Höhe berechnen können, erhalten wir so auch die Bewegungsenergie.
Bei der Planung eines Experiments sollten wir darauf achten, dass die Reibung möglichst gering gehalten wird, um thermische Energieverluste zu vermeiden.
Geeignet sind z. B. das Fallen einer Stahlkugel, ein an zwei Fäden aufgehängtes Pendel oder das Hinabrollen eines leicht rollenden Wagens auf einer geneigten Bahn.
Momentangeschwindigkeiten können z. B. mit einer Lichtschranke ermittelt werden. Eine elegante Methode zur Untersuchung von Bewegungen ist die Videoanalyse. ↑1

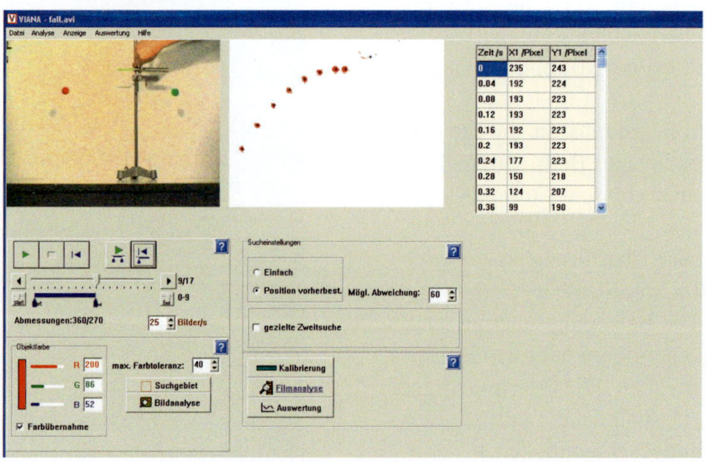

1 Videoanalyse von Bewegungsabläufen. Ein Bewegungsablauf wird mit einer Videokamera (25 Bilder pro Sekunde) aufgenommen. Orte, Zeiten und Geschwindigkeiten können von Hand oder automatisch ermittelt werden.

3 *Die Messwertetabelle*

Gemessen werden muss die durchfallene Höhe (zur Ermittlung der Lageenergie und der Bewegungsenergie) und die Momentangeschwindigkeit oder die zur Berechnung von v benötigten Größen Strecke und Zeit. Bei gleichmäßig beschleunigten Bewegungen ist die Momentangeschwindigkeit immer gleich der doppelten Durchschnittsgeschwindigkeit.

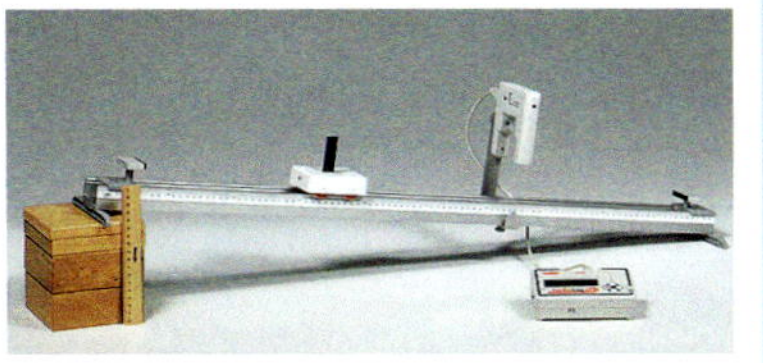

2 v-Messung mit Lichtschranke

Beispielmessung: Ein Wagen mit $m = 300\,\text{g}$ rollt eine geneigte Bahn hinab. (Breite des Papierstreifens: 2 cm) ↑2

Fahrstrecke s in m	Lichtschranke Δt in ms	Höhenunterschied Δh in m	freigesetzte Energie $\Delta E_{pot} = g \cdot m \cdot \Delta h$ in J	Bewegungsenergie E_{kin} in J	Momentangeschwindigkeit v in m/s
0,2	31,7	0,02	0,06	0,06	0,63
0,4	22,5	0,04	0,12	0,12	0,89
0,6	18,2	0,06	0,18	0,18	1,10
0,8	15,8	0,08	0,24	0,24	1,27
1,0	14,1	0,10	0,30	0,30	1,42
1,2	13,0	0,12	0,36	0,36	1,54
1,4	11,8	0,14	0,42	0,42	1,69
1,6	11,1	0,16	0,48	0,48	1,80
1,8	10,6	0,18	0,54	0,54	1,89
2,0	10,1	0,20	0,60	0,60	1,98

4 *Grafische Darstellung*

Die grafische Darstellung legt die Vermutung nahe, dass die Bewegungsenergie quadratisch mit der Geschwindigkeit zunimmt. ↑3, 4
Um dies zu überprüfen, trägt man E_{kin} gegen v^2 auf und erhält tatsächlich eine Gerade.

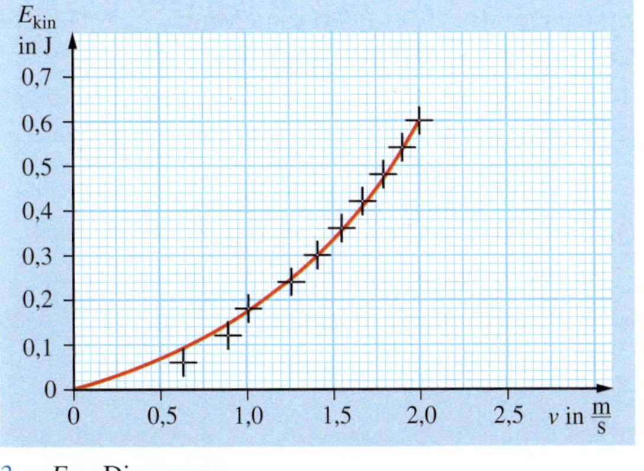

3 v-E_{kin}-Diagramm

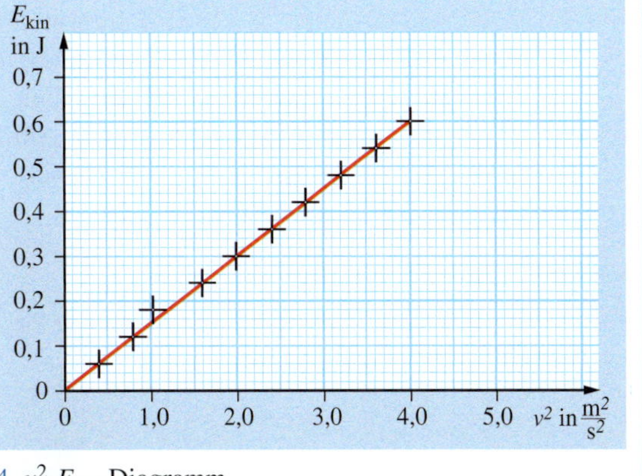

4 v^2-E_{kin}-Diagramm

5 *Ergebnis*

Die Bewegungsenergie wächst mit dem Quadrat der Geschwindigkeit: $E_{kin} \sim v^2$. Messungen mit unterschiedlichen Massen ergeben:

$$E_{kin} = \frac{1}{2} m \cdot v^2.$$

Aus der Umwelt Radfahren – Fortbewegung mit minimalem Energieaufwand

1 Leihfahrräder in Lyon

In Städten ist die Hälfte der mit Pkws zurückgelegten Strecken kürzer als 5 km. Bei solchen Entfernungen kommt man mit dem Fahrrad meist schneller ans Ziel. Aber nicht nur schneller – Radfahren ist gesünder, preiswerter und wesentlich umweltfreundlicher.

Auch zum Radfahren brauchst du Energie. Das merkst du, wenn du auf ebener Strecke nicht mehr in die Pedale trittst. Dann wird das Fahrrad – auch ohne Gegenwind – immer langsamer. Die Energie, die vorher als Bewegungsenergie in Rad und Fahrer steckte, nimmt ab.

Bei jedem Meter, den du vorwärtskommst, verlierst du ein wenig Energie. Energieverlust pro Strecke – hier macht sich eine Kraft bemerkbar. Bei höheren Geschwindigkeiten spürst du, welche Kraft dich bremst. Dann fühlst du, wie die Luft an deinen Kleidern zerrt und dir um die Ohren saust. Du brauchst Energie, um die Luft zur Seite zu drücken. Je schneller du fährst, umso mehr. Ein kleiner Teil der Energie wird auch benötigt, um die Reibung in den Lagern und der Kette zu überwinden und um die Reifen an der Auflagestelle ständig zu verformen. Wenn du mit konstanter Geschwindigkeit fahren willst, musst du auf jedem Meter so viel Energie aufbringen, wie durch Luftwiderstand und Reibung an die Umgebung abgegeben wird. Wie viel Energie du pro Meter zur Überwindung der Luftreibung aufwenden musst, hängt von der Geschwindigkeit v und der Querschnittsfläche A deines Körpers ab:

$$F_L = 0{,}45\,\frac{\mathrm{N \cdot s^2}}{\mathrm{m^4}} \cdot A \cdot v^2 .$$

Fährst du aufrecht, so beträgt die dem Fahrwind ausgesetzte Fläche etwa $0{,}5\,\mathrm{m^2}$. Die Rollreibungskraft hängt nur von der Gesamtmasse m (Fahrrad und Körpermasse) ab. Für ein gut aufgepumptes Rad gilt:

$F_R = m \cdot 0{,}05\,\mathrm{N/kg}$.

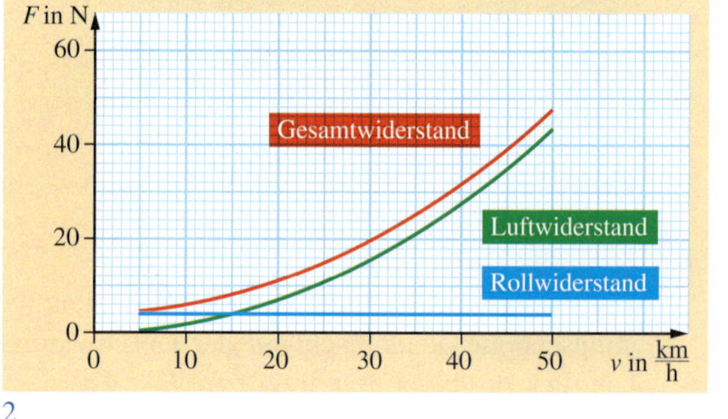

2

1 Informiere dich, welche Rolle das Fahrrad in Münster als Verkehrsmittel spielt und welche Gründe es dafür gibt.

2 Jan, Tina und Mila haben unterschiedliche Bergstrecken zu überwinden. ↑3 Erläutere die Begriffe Energie, Leistung und Kraft an diesem Beispiel.

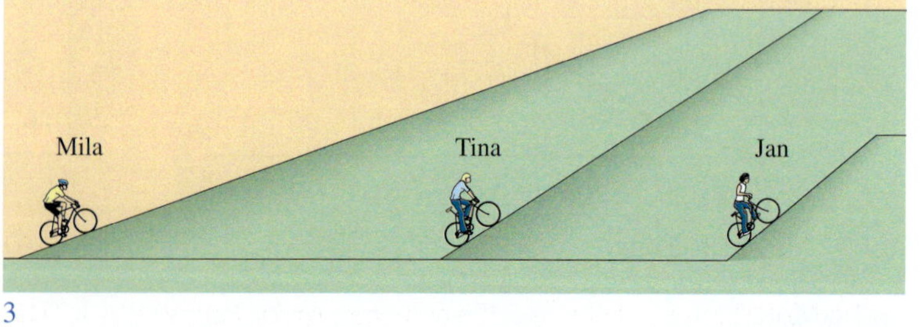

3

3 Wie viel Energie benötigt man, um mit 10 km/h (20 km/h, 30 km/h) 10 km weit zu fahren? Benutze das Diagramm. ↑2 Vergleiche mit dem Energiebedarf eines Kleinwagens (6 ℓ Benzin/100 km).

Aus der Technik Bergfahrten eines Lastkraftwagens

Hinter schweren Lastkraftwagen bildet sich an Steigungen oft eine lange Autoschlange. ↑4 Auch bei Vollgas können Lastwagen dort eine Geschwindigkeit von 30 bis 40 km/h nicht überschreiten. Auf längeren Autobahnabschnitten mit Steigungen von über 3 % wird meist eine „Kriechspur" eingerichtet.

Bei Bergfahrten wird ein großer Teil der vom Motor abgegebenen Energie dazu verwendet, die Lageenergie zu erhöhen. Je schneller der Lastwagen fährt, umso schneller gewinnt er an Höhe und umso mehr Energie muss pro Sekunde in Lageenergie umgewandelt werden. Auch bei Vollgas – wenn der Motor seine Höchstleistung erreicht – kann eine bestimmte Geschwindigkeit nicht überschritten werden.

4 Nicht immer gibt es für Lkws eine „Kriechspur".

Auf langen Gefällestrecken müssen Schwerlaster viel langsamer fahren als in der Ebene. Damit der Wagen nicht immer schneller wird, muss dauernd gebremst werden: Mit den Bremsen wird so viel thermische Energie erzeugt, wie Lageenergie abgebaut wird. Lastwagen verfügen über spezielle Bremsen für lange Talfahrten (*Motorbremsen* oder *Retardbremsen*). Ihre Leistung beim Bremsen ist besonders groß. Sie können also pro Sekunde viel Energie umwandeln – und der Lastwagen kann schneller bergab fahren als ohne Spezialbremse. Für Lastwagen über 9 t Gesamtgewicht sind Motor- oder Retardbremsen vorgeschrieben. Sie sollen die Geschwindigkeit des Fahrzeugs bei einem Gefälle von 7 % auf 30 km/h begrenzen.

Motor- und Retardbremsen Bei der *Motorbremse* wird der Motor mit seinem Kühlsystem als Bremse genutzt. Beim Einschalten der Motorbremse wird kein Treibstoff mehr eingespritzt; eine Klappe im Auspuff verhindert, dass die angesaugte Luft wieder austreten kann. Sie wird durch die Kolben ständig komprimiert und erhitzt sich dadurch stark. Die thermische Energie wird mit dem Kühlsystem abgeführt.

Bei Retardbremsen ist mit der Antriebsachse eine Pumpe verbunden. Sie presst Öl durch enge Öffnungen. Dabei erhitzt sich das Öl. Die thermische Energie wird durch ein eigenes Kühlsystem abgeführt.

Aufgaben

1 Warum sind voll beladene Lastwagen bei Berg- und bei Talfahrten langsam? Gehe bei der Begründung auf Energieumwandlungen und die Motor- und Bremsleistung ein.

2 Ein voll beladener Lkw ↑5 fährt mit 30 km/h eine 10 km lange Strecke bergauf und überwindet einen Höhenunterschied von 700 m.

a Wie lange benötigt er für die Strecke?

b Wie viel Energie muss er aufbringen, um den Höhenunterschied zu überwinden?

c Wie viel Energie liefert der Motor bei Vollgas während der Bergfahrt?

d Könnte er auch mit 40 km/h die Bergstrecke bewältigen? Begründe deine Antwort.

3 Der Lastwagen fährt die gleiche Strecke bergab. ↑5

a Wie viel Energie kann die Motorbremse bei der Talfahrt mit 30 km/h umwandeln?

b Die Motorbremse genügt den gesetzlichen Anforderungen, d. h., der Lastwagen kann auch im voll beladenen Zustand mit 30 km/h bergab fahren. Wie viel Energie wird mindestens durch die Rollreibung, Luftreibung und Reibung in Motor und Getriebe umgewandelt?

5 Technische Daten des Scania P380:
Masse des voll beladenen Lastzugs: 40 t
Motorleistung: 280 kW (bei Vollgas)
12 Vorwärtsgänge und 2 Rückwärtsgänge
Motorbremse: 218 kW Dauerleistung
Zusätzliches Retardbremssystem: 500 kW Dauerleistung

Aus der Technik Sicherheitsgurt, Knautschzone und Airbag als Lebensretter

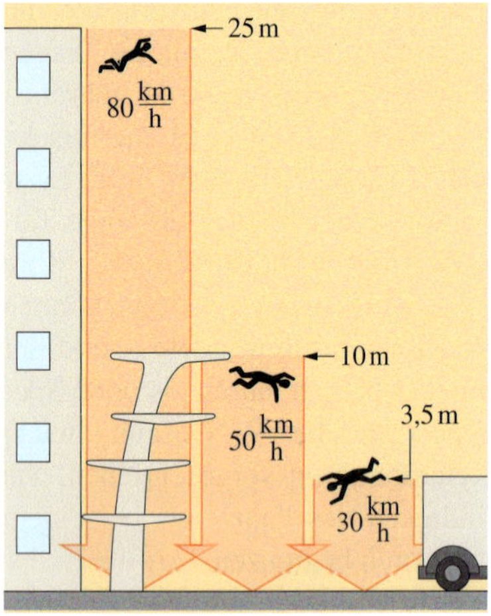

1 Fallhöhe für verschiedene Geschwindigkeiten

Und plötzlich hat es dich selbst erwischt: Das Auto, in dem du sitzt, prallt frontal mit 50 km/h gegen eine Mauer – kannst du das überleben? Damit ein Auto beim Unfall möglichst wenig beschädigt wird, baute man Anfang des 20. Jahrhunderts Autokarosserien aus stabilem, dickem Blech. Prallen jedoch zwei harte, unnachgiebige Gegenstände aufeinander, so wird die Bewegungsenergie immer auf extrem kurzen Bremswegen umgewandelt. Es treten entsprechend hohe Kräfte auf (Kraft = Energie/Weg). Heutzutage sorgt man durch technische Maßnahmen wie Knautschzone, Gurt und Airbag dafür, dass der Bremsweg für die Insassen möglichst verlängert wird und dadurch die auftretenden Kräfte reduziert werden. Ein Frontalzusammenstoß entspricht dem Sturz aus großer Höhe. ↑1, 2

Wie wichtig es ist, angeschnallt zu sein, wird in dem Zeitungsartikel deutlich:

2 Crashtest

Nehmen wir an, Sie sitzen in einem Mittelklassewagen und fahren mit 50 km/h gegen einen Baum oder ein gleich schweres, gleich schnelles Fahrzeug, das ihnen entgegenkommt. Dann wird das Vorderteil des Wagens um ca. 60 cm zusammengedrückt. Auf diesem 60 cm langen „Bremsweg" kommt das Auto zum Stehen. Sie haben zum Zeitpunkt des Aufpralls die gleiche Geschwindigkeit wie das Fahrzeug. Ohne Gurt schießen Sie also mit 50 km/h weiter nach vorn. Gut, die Reibung auf dem Sitz bremst sie geringfügig ab. Und vielleicht haben Sie den Unfall kommen sehen und können sich 60 Millisekunden lang abstützen. Doch das hilft auch nicht viel – sie fliegen unaufhaltsam weiter. Und Sie treffen erst dann auf das Armaturenbrett, wenn der Wagen schon zerknautscht und zum Stehen gekommen ist. Ihr Bremsweg ist daher nicht länger als 4 cm (so weit beult sich ein modernes Armaturenbrett ein). Der Aufprall ist so stark, als habe eine 4 bis 5 Tonnen schwere Keule zugeschlagen. Und wenn Ihr Kopf gegen den unnachgiebigen Dachrahmen prallt, ist der Schlag noch viel stärker und auf jeden Fall tödlich. Es ist so, als ob Sie aus dem 3. Stock kopfüber auf das Pflaster stürzen.

Anders mit Gurt: Hier werden Sie aufgefangen, bevor Sie das Armaturenbrett, den Dachrahmen oder die Windschutzscheibe erreichen. Sie werden abgebremst, weil der Gurt durch seine Ausdehnung den Bremsweg auf 20 bis 25 cm verlängert. Und Sie werden zusätzlich abgebremst, weil Sie von Anfang an mit dem Fahrzeug verbunden sind. Deshalb können Sie an der Verzögerung des Wagens teilnehmen und so von der energieverzehrenden Knautschzone profitieren. Und deshalb müssen Sie Sicherheitsgurte anlegen – und zwar immer! Nicht nur auf der Autobahn oder auf der Landstraße, sondern auch in der Stadt! Drei Viertel aller Unfälle, bei denen Pkw-Insassen getötet oder verletzt werden, ereignen sich bei Geschwindigkeiten unter 60 km/h. Schon bei einem Aufprall mit 20 km/h kann der Kopf die Windschutzscheibe durchbrechen. Dann kommt es zu schweren Augen- und Gesichtsverletzungen.

218-1

Bei einem Heckaufprall reicht der Schutz durch den Sicherheitsgurt nicht aus. ↑3 Ein Insasse wird dabei nämlich nach vorne geschleudert; die Rückenlehne seines Sitzes übt die beschleunigende Kraft aus. Der Kopf aber bleibt infolge der Trägheit zurück. Ohne Schutzeinrichtung für den Kopf würde die Halsmuskulatur überdehnt und es käme zu Verletzungen der Nackenwirbel. Schon bei mittleren Aufprallgeschwindigkeiten ist dabei ein Genickbruch nicht auszuschließen. Die Verletzungsgefahr bei einem Heckaufprall wird durch eine richtig angebrachte Nackenstütze erheblich verringert. Sie sorgt dafür, dass der Kopf gemeinsam mit dem Körper beschleunigt wird. Dadurch werden gefährliche Verletzungen der Halswirbelsäule vermieden.

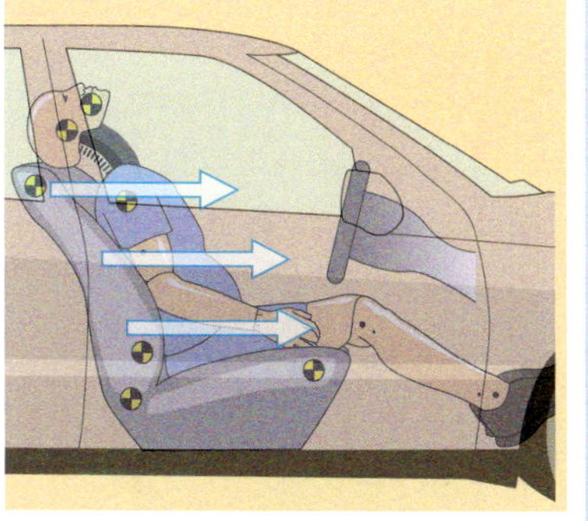
3 Rückhaltesystem im Auto

Zwei Räder – ein Helm! Für Zweiradfahrer ist der Schutzhelm unentbehrlich. Als „Knautschzone" wirkt die innere Schutzpolsterung des Helms. ↑4 Bei einem Aufprall wird der Kopf auf einer Strecke von einigen Zentimetern verzögert. Zusätzlichen Schutz bietet der Helm beim Aufprall auf Kanten, weil die Helmschale die Kräfte auf eine größere Fläche des Schädels verteilt. Mit Schutzhelm steigen die Chancen beträchtlich, dass Rad-, Moped- und Motorradfahrer bei Unfällen überleben.

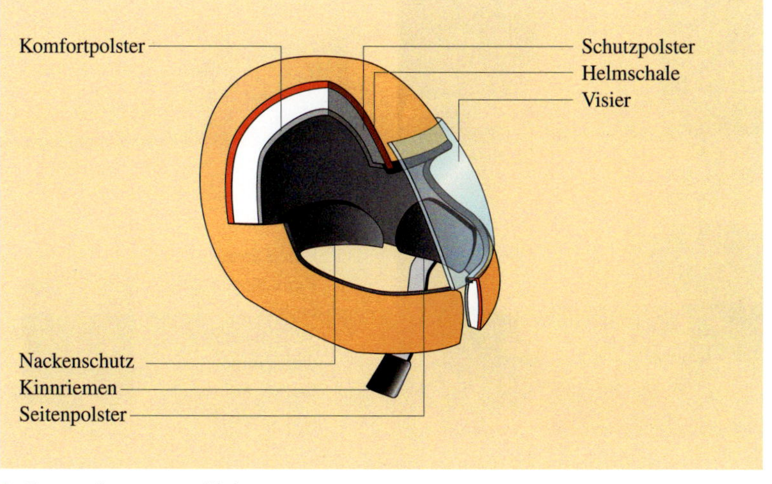

4 Knautschzonen am Helm

1 Erläutere den Sinn der Knautschzone bei Kraftfahrzeugen. Warum ist die Knautschzone für die Fahrzeuginsassen nur in Verbindung mit dem Sicherheitsgurt von Vorteil? Im Fall eines Unfalls sorgen zusätzlich Gurtstraffer für einen festen Sitz des Sicherheitsgurts. Warum ist das sinnvoll?

2 Kräfte beim Aufprall

a Wie viel Bewegungsenergie besitzt ein Mensch (75 kg), der in einem 50 km/h (100 km/h, 150 km/h) schnellen Auto sitzt?

b Mit welcher Kraft muss er sich bei einer Vollbremsung am Lenkrad abstützen, wenn er nicht angegurtet ist? Berechne den Bremsweg nach der Faustformel:

$$\text{Bremsweg (in m)} \approx \left(\frac{\text{Geschwindigkeit in } \frac{\text{km}}{\text{h}}}{10}\right)^2.$$

c Welche Kraft wirkt auf ihn, wenn er nicht angegurtet ist und beim Aufprall auf einen Baum auf einer Strecke von 4 cm abgebremst wird?

d Welche Kraft erfährt er mit Sicherheitsgurt beim Aufprall gegen einen Baum?
Tipp: Der Sicherheitsgurt verlängert den Bremsweg um 30 cm, die Knautschzone um weitere 40 cm.

Verbrennungsmotoren als Energiewandler

1 Erster Motorwagen der Firma Benz

Mit diesem „Patent-Motorwagen“ der Firma Benz fand 1888 die erste Automobilfernfahrt statt. Ohne Wissen des Erfinders KARL BENZ fuhr seine Frau mit den 13 und 15 Jahre alten Söhnen die 90 km von Mannheim nach Pforzheim – nicht ohne eine Reihe von Pannen und Problemen:
An jeder Steigung musste geschoben werden; beim Bergabfahren verwandelten sich die Bremsen aus Holz und Leder in eine qualmende, verkohlte Masse. Zwischendurch musste ein Schuster neue Bremsbeläge anbringen. Dann sprangen die Antriebsketten von den Zahnrädern; ein Schmied musst zu Hilfe gerufen werden – Automechaniker gab es ja noch nicht. Die verstopfte Benzinzufuhr ließ sich nur mit einer Hutnadel wieder in Ordnung bringen. Alle 29 km musste das Kühlwasser aufgefüllt werden – aus Gastwirtschaften, Dorfbrunnen oder sogar aus dem Straßengraben. Benzin gab es nur in der Apotheke. Aber trotz aller Probleme kamen die drei nach einer Tagesreise am Ziel an – verstaubt und verdreckt, aber glücklich.

↑ Basiskonzept System

Experimente

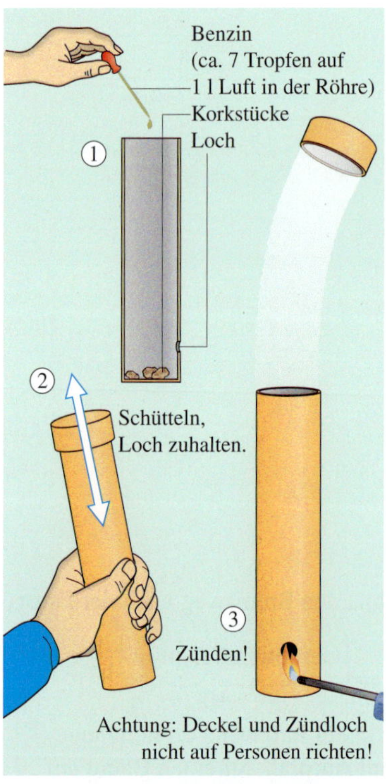

2 Aus Treibstoff wird Bewegung.

3

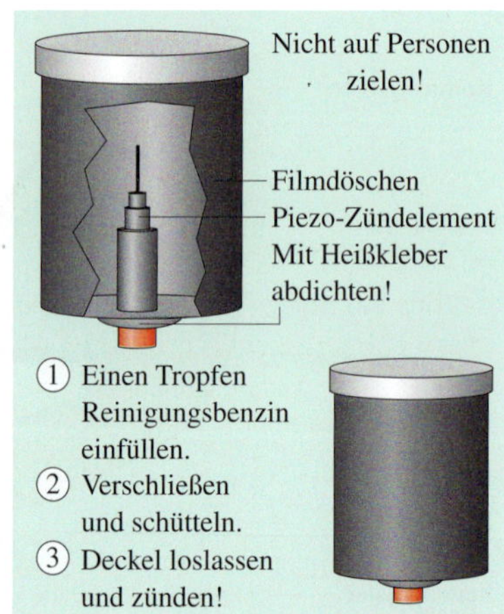

4

1 Aus Treibstoff wird Bewegung

a Vorversuch: Eine kleine Menge Reinigungsbenzin [F] wird in ein Glasgefäß gegeben und mit einem Streichholz entzündet. ↑3

b Die Pappröhre als Modell eines Zylinders: In eine Pappröhre, in der einige Korkstücke liegen, werden einige Tropfen Reinigungsbenzin [F] geträufelt. Die Röhre wird schnell verschlossen und geschüttelt. Durch ein seitliches Loch erfolgt die Zündung mit einer Flamme. ↑2

c Die Filmdose als Zylinder: In ein Filmdöschen wird ein einziger Tropfen Reinigungsbenzin [F] gegeben. Die Dose wird schnell verschlossen und geschüttelt. Die Zündung erfolgt danach elektrisch. ↑4

2 Unterschiedliche Motoren

Vergleiche Zwei- und Viertaktmotoren. Stelle Gemeinsamkeiten und Unterschiede dar. Nenne Anwendungsmöglichkeiten.

Experimente

3 Wie viel der zugeführten Energie nutzt ein Moped für die Fortbewegung

a Berechne, wie viel chemische Energie dem Mopedmotor auf der 100 km langen Fahrstrecke zugeführt wird. Dazu musst du wissen, wie viel Liter Treibstoff das Fahrzeug für 100 km braucht. (In 1 ℓ Treibstoff stecken 34 MJ chemische Energie.)

b Wie viel Energie ist bei gleicher Strecke nötig, um die Reibung und den Luftwiderstand zu überwinden? Diese Energie lässt sich aus der Antriebskraft berechnen. Leider können wir diese Kraft nicht einfach am laufenden Motor messen. Deshalb wenden wir einen Trick an: Wir „spielen“ selbst den Motor und ziehen das Moped am Kraftmesser schnell 100 m weit über den Schulhof. ↑5
Tipp: Leerlauf einlegen; Motor ausgeschaltet lassen, das Moped zunächst anschieben, danach beim Ziehen möglichst gleichbleibend schnell laufen, am Kraftmesser während des Laufens ablesen, wie groß die Kraft F ist.
Berechne die Energie, die auf dem 100 km langen Weg übertragen werden muss: $E = F \cdot s$.
Damit weißt du jetzt auch, wie viel Energie das Moped auf 100 km für seine Fortbewegung nutzt.

c Vergleiche die Beträge der zugeführten und genutzten Energie. Suche nach einer Erklärung für das Ergebnis.

d Bewerte das Ergebnis: Die Messmethode berücksichtigt nicht, dass ein Moped meist schneller fährt als bei unserer Messung. Es beschleunigt, verzögert und steht manchmal mit laufendem Motor an der Ampel. Wie wirken sich diese Tatsachen auf das Versuchsergebnis aus?

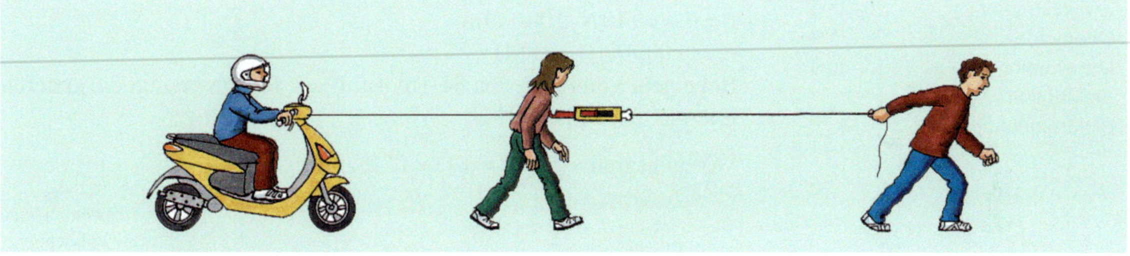

5 Eine Paketwaage dient als Federkraftmesser – so kann man bestimmen, wie viel Energie ein Moped zur Fortbewegung nutzt.

GRUNDLAGEN: Verbrennungsmotoren

Das Grundprinzip aller Verbrennungsmotoren ist gleich: Gasförmige Treibstoffe (Benzin, Diesel ...) werden – mit Luft gemischt – in einem Zylinder verdichtet (zusammengepresst) und zur Explosion gebracht. Dabei erhitzen sie sich stark, dehnen sich aus und setzen den Kolben in Bewegung. Die in den Gasen gespeicherte chemische Energie wird dabei zunächst in thermische, dann in mechanische Energie umgewandelt. Die Hin- und Herbewegung des Kolbens wird durch die Kurbelwelle in Drehbewegung umgewandelt. ↑6

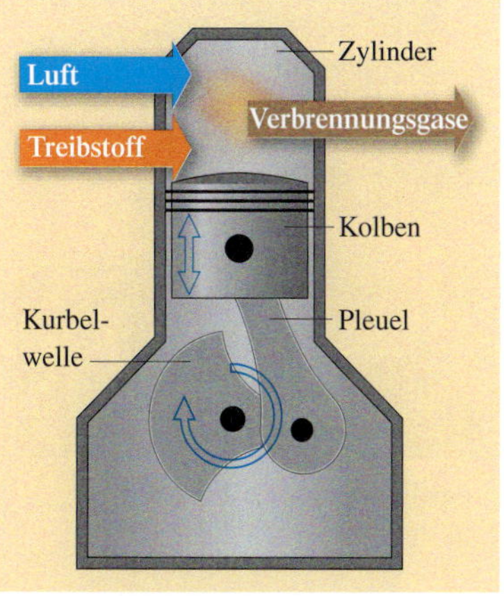

6 Zylinder eines Motors

Der *Wirkungsgrad* von Verbrennungsmotoren gibt an, welcher Anteil der mit dem Treibstoff zugeführten Energie als mechanische Energie genutzt werden kann:

$$\eta = \frac{\text{nutzbare mechanische Energie}}{\text{zugeführte chemische Energie}}.$$

Ideal wäre ein Motor mit dem Wirkungsgrad 1 (100 %). Dann würde die gesamte zugeführte Energie zum Antrieb genutzt. Die Wirkungsgrade aller Verbrennungsmotoren haben Werte unter 0,4. ↑2 S. 222 221-1

1 Wirkungsgrad eines Mopeds

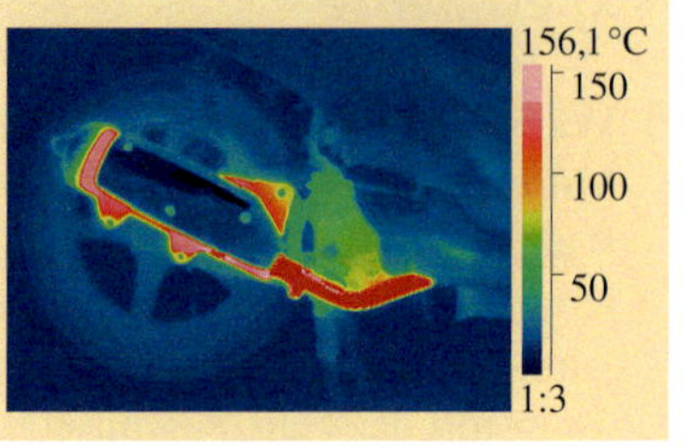

2 Wärmebild der Auspuffanlage des Mopeds. Die roten Teile sind bis zu 190 °C heiß.

Ein großer Teil der Energie dient nur dazu, die Umgebung aufzuheizen. ↑1 Das lässt sich nicht vermeiden. Für den Wirkungsgrad von Verbrennungsmotoren gibt es nämlich eine obere Grenze η_{max} (maximaler Wirkungsgrad). Bei Ottomotoren liegt der maximale Wirkungsgrad bei 48 %. Reale Ottomotoren haben Wirkungsgrade zwischen 25 und 35 %.

Einige Wirkungsgrade	
Zweitaktmotor	20–25 %
Ottomotor	25–35 %
Dieselmotor	35–40 %
Elektromotor, klein	50 %
Elektromotor, groß	90 %

Berechnen des Wirkungsgrads Bei dem Mopedversuch (↑5 S. 221) wurde mit einer Kraft von 110 N gezogen.
Genutzte Energie auf einer 100-km-Strecke:
$E = F \cdot s = 110\,\text{N} \cdot 100\,000\,\text{m}$
$E = 11\,000\,000\,\text{J} = 11\,\text{MJ}$
Bei einem Verbrauch von 3 ℓ Treibstoff auf 100 km beträgt die zugeführte Energie: $3 \cdot 33\,\text{MJ} = 99\,\text{MJ}$.

$$\text{Wirkungsgrad} = \frac{11\,\text{MJ}}{99\,\text{MJ}} = 0{,}11 = 11\,\%$$

Aufgaben

3 Apotheken waren die ersten Tankstellen.

1 Wie groß ist der Wirkungsgrad des Mofas in Bild ↑1?

2 Steigt der Benzinverbrauch, wenn man im Auto
- die Heizung (ohne elektrisches Gebläse)
- die Heizung (mit elektrischem Gebläse)
- das Licht
- die Klimaanlage einschaltet? Begründe deine Antworten.

Die folgenden Aufgaben eignen sich für die Einzelarbeit, Gruppenarbeit oder den projektorientierten Unterricht.

3 Stellt Otto- und Dieselmotor einander gegenüber: Beschreibt die Vorgänge in einer Bildreihe mit Text, Gemeinsamkeiten, Vor- und Nachteilen, Unterschiede der Treibstoffe Benzin und Diesel …
Tipp: In der Physiksammlung gibt es Modelle von Motoren, im Onlineangebot findet ihr Simulationen der Abläufe.

4 Kleinere Maschinen wie Mofas oder Rasenmäher werden von Zweitaktmotoren angetrieben. Stellt die Unterschiede zu einem Viertakt-Ottomotor dar. Warum tankt man ein Gemisch aus Benzin und Öl?

5 Informiere dich über Neuentwicklungen von Motoren. *Tipp:* Informationen findest du auf den Webseiten der Automobilhersteller.

6 Verfasse Biografien der Erfinder Nikolaus August Otto, Rudolf Diesel und Karl Benz, dem Erbauer des „Motorkutschwagens“. ↑3

Elektromotoren – Fahrzeugantrieb der Zukunft?

4 Ein Elektromotor macht Fußgänger mobiler.

Der neueste Elektroflitzer ist ein Hightechgerät. Mit einer Höchstgeschwindigkeit von 20 km/h ist man recht flott unterwegs. Dafür sorgt ein „Energiebündel" im Kasten unter den Füßen: 120 Akkus sind zusammengeschaltet und sorgen für eine Leistung von 1,9 kW. Nach ungefähr 35 km sind die Akkus allerdings komplett entladen. Dann muss der Elektroroller zum „Tanken" an die Steckdose.

Aller Wahrscheinlichkeit nach werden Elektromotoren in den nächsten Jahrzehnten den Verkehrssektor erobern. Das liegt an zwei gewaltigen Vorteilen gegenüber den Verbrennungsmotoren:

– Sie erzeugen keine Auspuffgase, belasten die Atmosphäre also weder mit CO_2 noch mit gesundheitsschädlichem Feinstaub.
– Sie sind nicht auf fossile Treibstoffe wie Benzin oder Dieselöl angewiesen, die langsam zur Neige gehen. Die von ihnen genutzte elektrische Energie kann auf unterschiedlichste Weise, insbesondere auch mit regenerativen Methoden, erzeugt werden.

↑Basiskonzept Energie ↑Basiskonzept System

Experimente

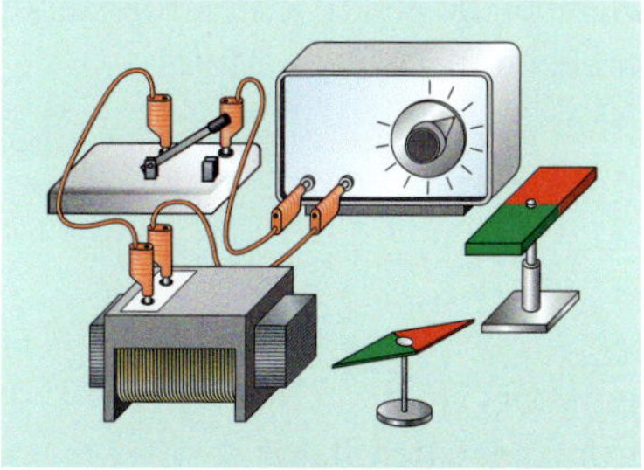

5

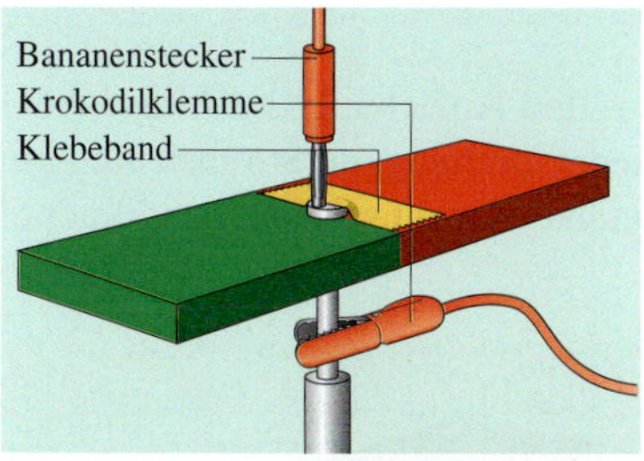

6

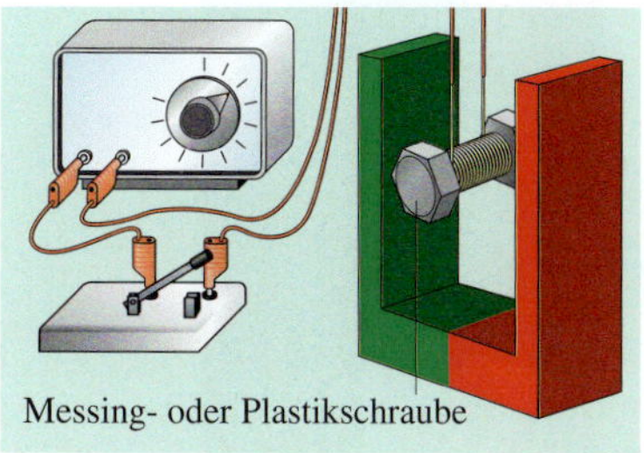

7

1 Ein einfacher Elektromotor

Baue einen einfachen Elektromotor. Als drehbarer Teil (Rotor) dient eine Kompassnadel oder ein Stabmagnet. Als fest stehenden Teil (Stator) verwendest du eine Spule mit Eisenkern. ↑5

Gelingt es dir, die Kompassnadel oder den Stabmagneten zum Drehen zu bringen?

2 Motor mit „Schalter"

Bei einem richtigen Elektromotor dreht sich der Rotor ständig. Niemand muss den Strom ein- bzw. ausschalten; der Rotor erledigt das selbstständig – und zwar genau im richtigen Augenblick.

a Wie du den Rotor als Schalter verwenden kannst, zeigt Bild ↑6. Probiere es aus.

b Überlege dir, welchen Nachteil dieser Motor hat.

3 Eine Spule als Rotor

Baue einen Motor mit einer Spule als Rotor und einem Hufeisenmagneten als Stator. ↑7

a Wo befinden sich bei dieser Spule die Pole?

b Wie kommt es zur Bewegung der Spule?

c Die Spule dreht sich nur ein wenig – auch wenn der Strom für längere Zeit eingeschaltet ist. Wie kannst du das erklären?

d Wie könnte man erreichen, dass die Spule um ihre Achse rotiert? Probiere es aus.

Experimente

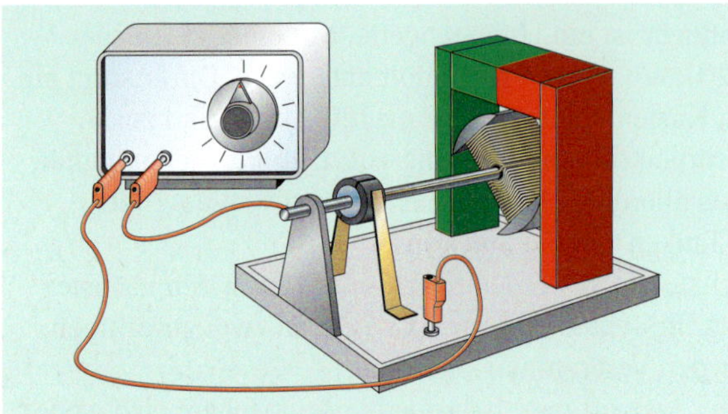

1

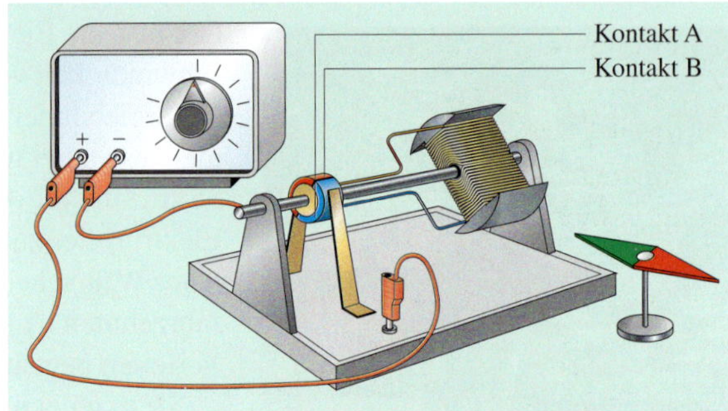

2

4 Der Rotor als Magnet
Schließe einen Motor an eine Batterie oder ein Netzgerät (4 V bis 5 V) an. ↑1
Prüfe die Funktionsfähigkeit dieses Motors. Nimm jetzt den Dauermagneten ab. Was passiert mit dem Rotor? Suche die Magnetpole des Rotors. Zeichne das Magnetfeld des Rotors.

5 Der Stromwender
Untersuche mit der Anordnung aus Experiment 4, warum sich der Rotor ständig dreht und nicht schon nach einer halben Umdrehung stehen bleibt.

a Untersuche die Magnetpole der Spule. Welche Veränderungen bemerkst du, wenn du den Rotor langsam drehst? ↑2

b Erkläre, warum man die Kontakte A und B mit den Bürsten als „Stromwender" bezeichnet.

c Wie steht der Rotor, wenn die Pole des Elektromotors vertauscht werden?

d Erkläre mit deinen Kenntnissen über Magnete, warum sich der Rotor immer weiterdreht.

6 Der belastete Motor
Ein Elektromotor kann Lasten hochziehen. Beobachte den Motor einmal im Leerlauf und einmal, wenn er eine Last hochzieht. Wiederhole das Experiment. Miss dabei die elektrische Stromstärke bei belastetem und bei unbelastetem Motor.

GRUNDLAGEN: Elektromotoren

Die wichtigsten Teile eines Gleichstrommotors sind:
- ein fest stehender Dauer- oder Elektromagnet, der Stator
- ein drehbarer Elektromagnet, der Rotor
- ein Stromwender, der Kommutator

Die Drehung kommt durch Abstoßung und Anziehung der Magnetpole zustande. Der Stromwender kehrt bei jeder Drehung die Stromrichtung in der Rotorspule im richtigen Takt um und vertauscht so Nord- und Südpol des Rotors. ↑7–9 224-1

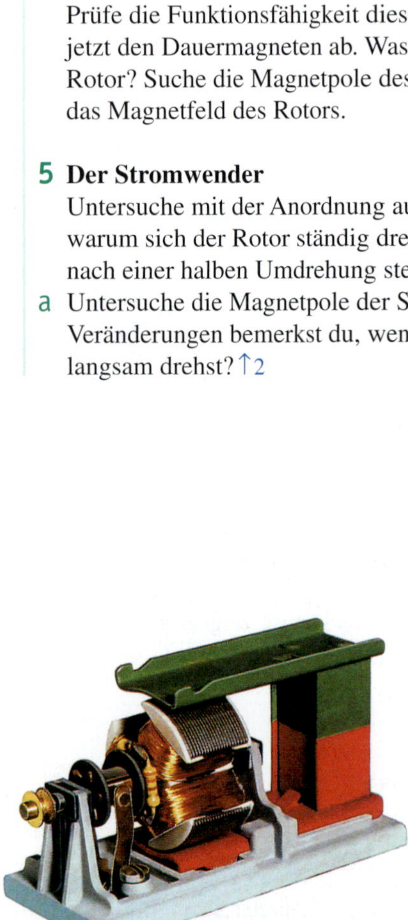

3 Funktionsmodell eines Elektromotors

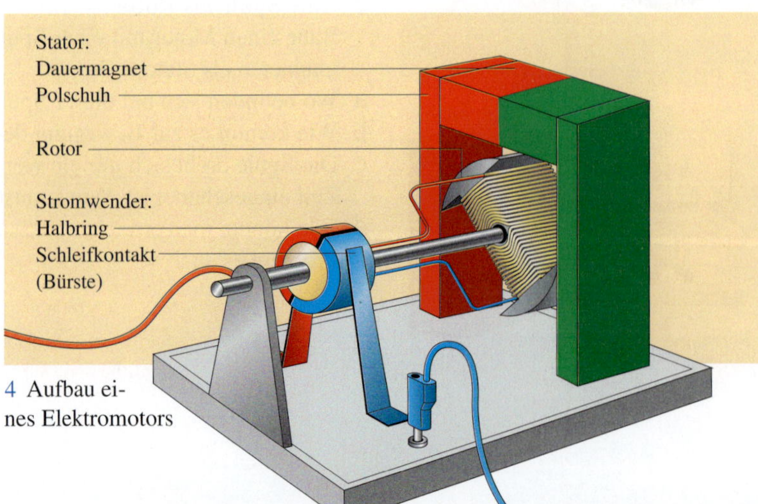

4 Aufbau eines Elektromotors

In der horizontalen Lage gibt es keine Kräfte, die den Rotor weiterdrehen. Durch den Schwung kommt der Rotor über diesen „toten Punkt" hinweg. Beim Einschalten muss der Rotor allerdings angestoßen werden, wenn er im „toten Punkt" steht.
Dieser Nachteil kann durch einen Rotor mit drei oder mehr Polen beseitigt werden. Solche Motoren laufen in jeder Stellung an. ↑5

↑Basiskonzept System

Gleichstrommotoren sind genau so aufgebaut wie Generatoren (↑S.45) mit Polwender. Deshalb kann das gleiche Gerät – z.B. der Handgenerator – als Generator oder als Motor verwendet werden. ↑6
In Elektrofahrzeugen kann ein solches Gerät doppelte Verwendung finden: Als Motor wandelt es die elektrische Energie aus den Batterien in die zum Antrieb benötigte mechanische Energie um. Beim Bremsen wird es als Generator verwendet und wandelt die Bewegungsenergie des Fahrzeugs in elektrische Energie um, die in den Akkus gespeichert wird.

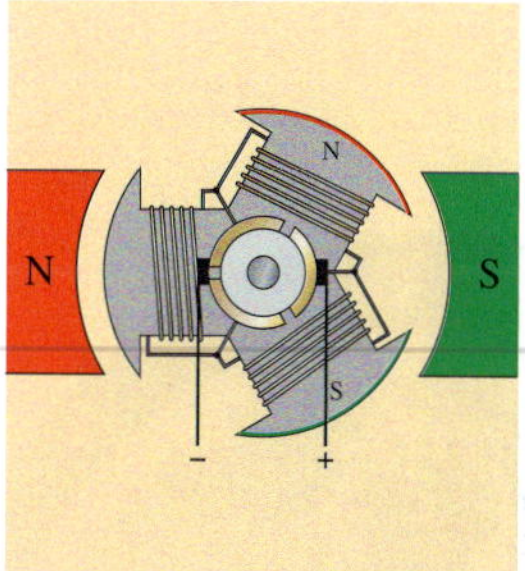

5

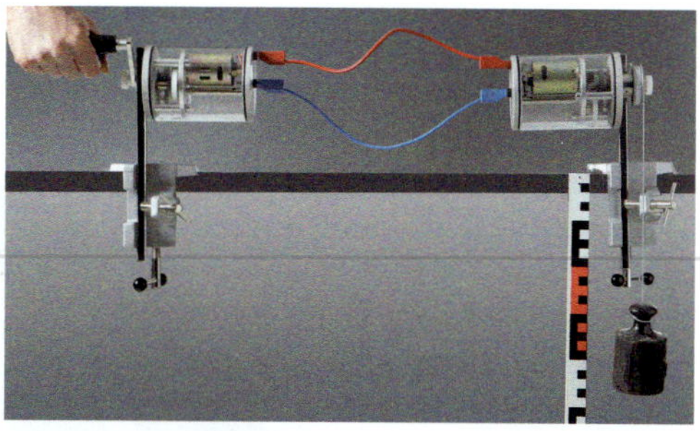
6 Generator und Motor

Aufgaben

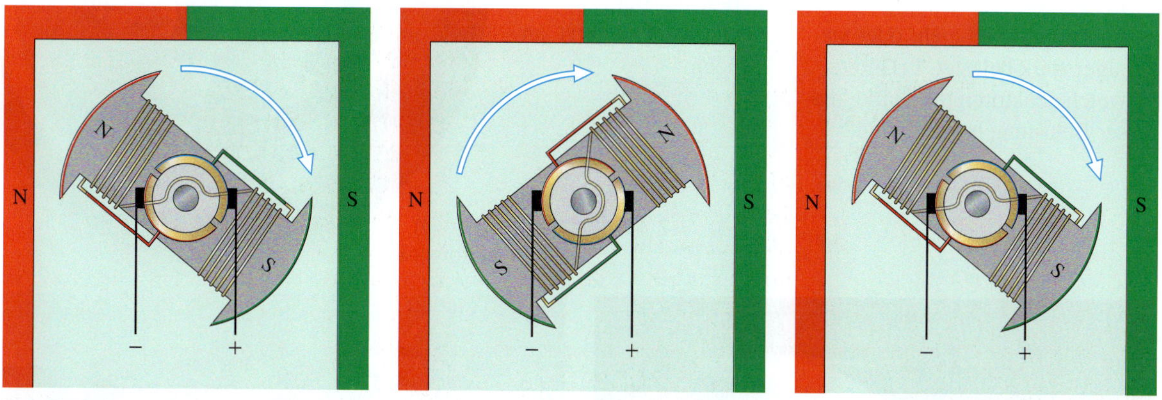

7–9 Funktionsweise eines Elektromotors

1 Nenne die wichtigsten Teile eines Elektromotors.
2 Die Bilder ↑7–9 zeigen den Rotor eines Elektromotors in verschiedenen Stellungen. Der Rotor dreht sich in jeder dieser Stellungen weiter. Erkläre, warum er sich weiterdreht.
3 Ein Motor dreht sich zuerst im Leerlauf. Dann muss er z.B. eine Last hochheben. Vergleiche die elektrischen Ströme, die durch den Motor fließen.
4 Viele Haushaltsgeräte werden durch Elektromotoren betrieben. Wo liegt der wichtigste Unterschied zwischen diesen Motoren und den hier vorgestellten?
5 Ein Generator kann als Elektromotor und ein Elektromotor als Generator dienen. Erläutere, warum ein und dasselbe Gerät zwei so unterschiedliche Funktionen haben kann.

Aus der Technik Elektromotoren treiben Fahrzeuge an

1 ICE

In wenigen Jahrzehnten wird es vielleicht kaum noch Fahrzeuge mit Verbrennungsmotoren geben. Die alte Dampflok ist schon lange ausgestorben. Züge werden schon heute praktisch nur noch elektrisch angetrieben. Dieselmotoren dienen höchstens noch dazu, mittels Generatoren die benötigte elektrische Energie bereitzustellen.
Der ICE 3 erreicht 330 km/h mit 16 Elektromotoren und einer Antriebsleistung von 8000 kW. Es gibt keine Lokomotive, sondern jeder Wagen hat einen eigenen Motor zum Antrieb. Beim Bremsen (außer bei niedrigen Geschwindigkeiten) arbeiten die Elektromotoren als Generatoren und wandeln die Bewegungsenergie in elektrische Energie um, die über die Stromabnehmer und die Oberleitung ins Stromnetz eingespeist wird. ↑1

Auch die Autoindustrie setzt zunehmend auf Fahrzeuge mit Elektroantrieben. ↑3 Sie produzieren keine Abgase, laufen fast lautlos und liefern gerade in Beschleunigungsphasen sehr starke Antriebskräfte.
Neue Entwicklungen gehen hin zu Nabenmotoren. In jedem Rad sitzt ein eigener Motor. ↑2 Auf Gangschaltung und Getriebe kann man damit verzichten. Das spart Gewicht und Energie.
Weit verbreitet sind Nabenmotoren schon heute als Hilfsmotoren für Fahrräder. ↑4 250 W leistet so ein kleiner Helfer. Das ist so, als würde ein Leistungssportler dich schieben – gerade am Berg oder bei Gegenwind äußerst angenehm.

1 Die Atmosphäre wird auch beim Ersatz von Verbrennungs- durch Elektromotoren mehr oder weniger stark belastet. Erläutere, welche Faktoren die Stärke dieser Belastung beeinflussen?

2 Ein Rad mit integriertem Elektromotor

3 Ein Auto mit Elektroantrieb – der Tesla Roadster. Er beschleunigt, angetrieben durch einen Elektromotor, in 11 Sekunden auf 200 km/h.

4 Fahrräder mit Nabenmotor

Autos für die Zukunft

40 Millionen Pkws gibt es in Deutschland; sie verbrauchen 30 % der in deutschen Haushalten benötigten Energie. Diese Energie wird zu 95 % durch die Verbrennung von Benzin oder Diesel gewonnen und belastet die Umwelt mit CO_2, anderen Treibhausgasen und Feinstaub. Weltweit sind Verbrennungsmotoren von Autos zu etwa 20 % am Aufkommen von CO_2 beteiligt. Dazu kommt, dass die Vorräte an Erdöl zur Neige gehen und die Treibstoffpreise weiter steigen werden. Mit Blick auf die Zukunft bemüht sich die Autoindustrie verstärkt, innovative Antriebe mit geringerem Energiebedarf und geringerer Schadstoffemission zu entwickeln. Diese Entwicklung wird von den Regierungen durch Fördermaßnahmen und finanzielle Anreize unterstützt.

Entscheidet euch für einen der innovativen Fahrzeugtypen und bereitet ein Referat oder ein Poster vor. Stellt die Funktionsweise dar; sucht weitere Vor- und Nachteile und belegt die genannten Argumente durch Fakten, Zahlenwerte oder Diagramme.

Elektroautos

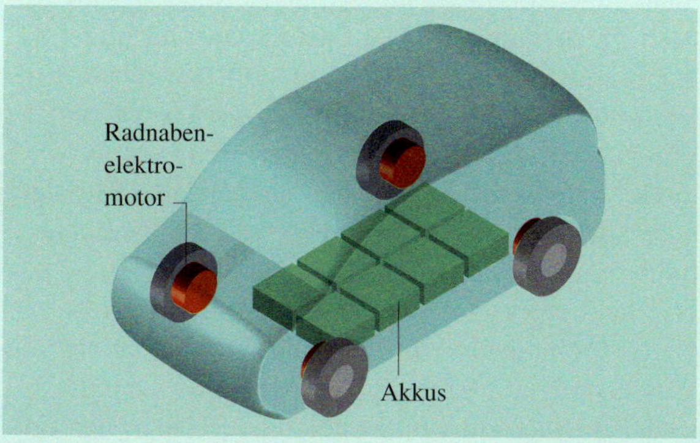

5 Elektroauto

2009 hat die Bundesregierung beschlossen, dass im Jahr 2020 eine Million Elektromobile in Deutschland fahren sollen, und entsprechende Fördermaßnahmen in die Wege geleitet.

Vorteile:
- Der Wirkungsgrad von Elektromotoren ist dreimal so groß wie der von Benzinmotoren. Zudem sind Elektromotoren um den Faktor 3 bis 4 leichter als entsprechend leistungsstarke Benzinmotoren.
- Elektroautos produzieren kein CO_2 und keine Schadstoffe wie Feinstaub, Stickoxide usw., die derzeit die Luft insbesondere in Ballungszentren stark belasten.
- Erdöl wird knapp und dadurch immer teurer, regenerativ gewonnene elektrische Energie voraussichtlich durch technische Entwicklungen preisgünstiger.
- Sofern Elektroautos mit elektrischer Energie aus regenerativen Energiequellen betrieben werden, ist ihre Ökobilanz besser als die von Benzin- oder Dieselautos.
- Im Stadtverkehr sind Elektroautos energetisch günstiger als Benzin- oder Dieselautos, weil etwa die Hälfte der Bremsenergie durch Energierückgewinnung wieder in die Akkus fließt.
- Ist ein Elektroauto an das Stromnetz angeschlossen, so kann sein Akku Schwankungen in der Energieproduktion (z. B. bei Windenergie) ausgleichen.

Probleme:
- Akkus, die eine Reichweite von mehreren Hundert Kilometern bei einem akzeptablen Gewicht zulassen, sind zurzeit sehr teuer; ihre Lebensdauer ist auf 100 000 km oder weniger begrenzt.
- Das „Auftanken" eines Elektroautos dauert mehrere Stunden. Dies beschränkt den Einsatz bei großen Entfernungen. Verschiedene Konzepte von „Stromtankstellen" sind in der Entwicklung.
- Beim Vergleich von Wirkungsgraden muss man berücksichtigen, dass auch im Ladegerät und im Akku selbst Energie verloren geht.
- Die zum Heizen des Innenraums benötigte Energie tritt nicht als Nebeneffekt wie beim Verbrennungsmotor auf, sondern muss ebenfalls vom Akku geliefert werden.
- Der Staat ist auf die Mineralölsteuer angewiesen; wenn auf die zu Antriebszwecken genutzte Elektrizität eine ähnlich hohe Steuer erhoben wird, wird das Fahren mit einem Elektroauto sehr teuer.
- Wenn jeder vierte deutsche Pkw durch ein Elektroauto ersetzt wird, entsteht ein Mehrbedarf an elektrischer Energie von 5 %. (Das entspricht der von drei Kernkraftwerken gelieferten Energie.) Auf dem freien Energiemarkt werden die Energiekosten und damit auch die Betriebskosten eines Elektroautos steigen.

Hybridautos

Sie haben 2 Antriebsmodule: einen Benzin- oder Dieselmotor und einen Elektromotor (samt Akku).

Vorteile:

- Beim Beschleunigen arbeiten beide Motoren gleichzeitig. Dadurch kann der Verbrennungsmotor, in einem günstigen Wirkungsgradbereich betrieben, kleiner dimensioniert werden.
- Beim Bremsen kann die freigesetzte Energie im Akku gespeichert werden (Energierückgewinnung).
- Da eine große Reichweite durch den Benzinmotor erreicht wird, wird der Elektromotor nur für kurze Fahrten benötigt und die Akkus können viel kleiner sein als beim reinen Elektrofahrzeug.
- Auch bei kurzem Stillstand z. B. an Ampeln schaltet der Verbrennungsmotor ganz ab, da der Elektromotor für die erste Beschleunigungsphase ausreicht.
- Auf einen separaten Anlasser kann verzichtet werden. Der Elektromotor übernimmt diese Funktion.
- Herkömmliche Fahrzeuge können leichter zu Hybridfahrzeugen als zu Elektrofahrzeugen umfunktioniert werden.

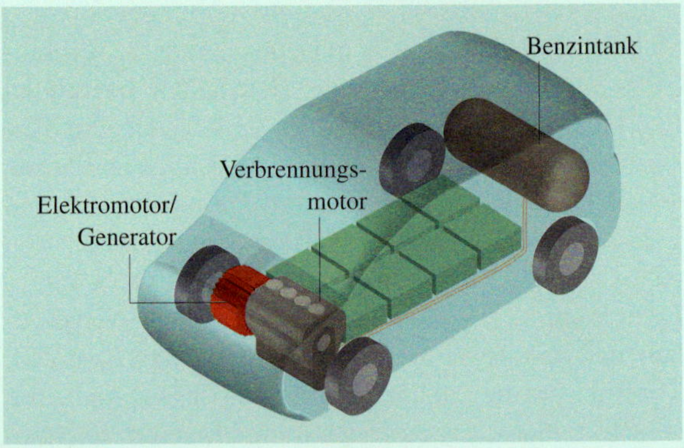

1 Hybridantrieb

Probleme:

- Die Ausrüstung mit 2 Motoren und der Akku führen zu einem Massenzuwachs, der insbesondere im Stadtverkehr energetisch ungünstig ist.
- Durch die vielen Energieumwandlungen ist der Gesamtwirkungsgrad nicht wesentlich größer als der von Fahrzeugen mit Verbrennungsmotor.

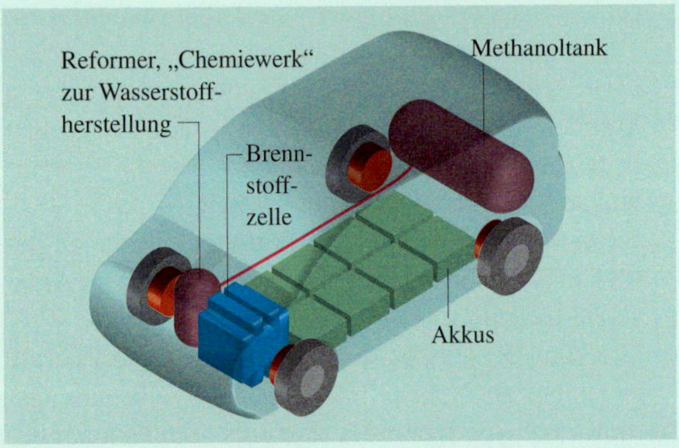

2 Antrieb mit Brennstoffzelle

Brennstoffzellen-Fahrzeuge

Fahrzeuge mit Brennstoffzellen verwenden zum Antrieb Elektromotoren. Die Energie wird in mitgeführten Brennstoffzellen aus Wasserstoff gewonnen. Eine Brennstoffzelle kann die in Wasserstoff gebundene Energie mit einem Wirkungsgrad von 38 bis 48 % direkt in elektrische Energie umwandeln. Flüssiger oder hoch komprimierter Wasserstoff ist ein Energieträger mit hoher Energiedichte.
Da die Speicherung von Wasserstoff in Tanks mit vielen Problemen verbunden und die Gewinnung von Wasserstoff aus Methanol sehr energieaufwendig ist, sind Fahrzeuge mit Brennstoffzellen erst in der Entwicklung.

Verbrennungsmotoren mit niedrigem Treibstoffverbrauch

Die EU ist bestrebt, ab 2012 die mittlere Emission aller Neuwagen auf 120 g CO_2 pro km zu begrenzen. Auch die steigenden Treibstoffkosten zwingen die Autoindustrie, Modelle mit geringerem Treibstoffverbrauch zu entwickeln. Seit 10 Jahren ist der mittlere Treibstoffverbrauch deutscher Autos von 9 auf 6,4 ℓ gesunken. Erkundet, mit welchen Mitteln es der Autoindustrie gelingt, treibstoffärmere Autos zu bauen.

Mobilität und Umweltbelastung Die Belastung der Atmosphäre durch Treibhausgase und Feinstaub ist zu etwa 30 % durch die Mobilität bedingt. Durch technische Innovationen (z. B. Entwicklung von Elektrofahrzeugen) versucht man, diese Belastung zu reduzieren. Auch jeder Einzelne kann durch umweltbewussten Umgang mit Verkehrsmitteln (z. B. mit Rad oder Bus fahren …) dazu beitragen, die Umweltbelastung zu verringern.

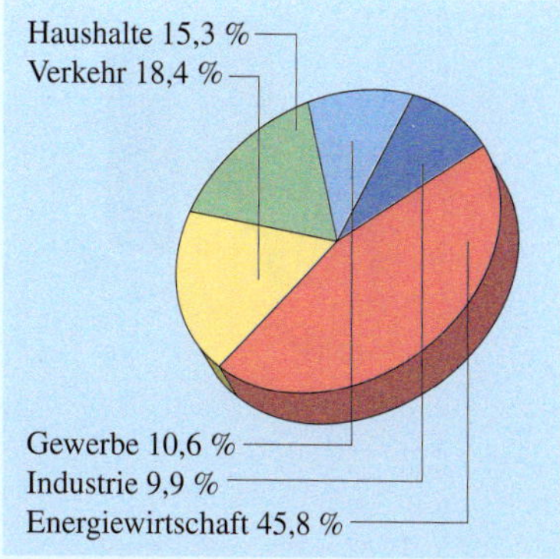

3 Anteil am CO_2-Ausstoß

Bewegungswiderstände Auf der Erde ist jede Bewegung mit Reibung verbunden. Fahrzeuge müssen die Luft zur Seite schieben (Luftreibung). Energieverluste treten auch durch die Reibung in den Lagern und durch die ständige Verformung der Reifen (Rollreibung) auf.

Die durch Luftreibung pro Meter abgegebene Energie wächst quadratisch mit der Geschwindigkeit: doppelte Geschwindigkeit – vierfache Luftreibungskraft. Die durch Reibung in den Lagern verlorene Energie ist proportional zur Masse des Fahrzeugs.

Energieumwandlungen beim Fahren Beim Anfahren wird die vom Motor (oder Radfahrer) gelieferte Energie hauptsächlich genutzt, um die Geschwindigkeit zu erhöhen. Sie wird als Bewegungsenergie im Fahrzeug gespeichert.

Mit zunehmender Geschwindigkeit steigt die Luftreibung. Schließlich wird die gesamte vom Motor gelieferte Energie an die Umgebung abgegeben; zur weiteren Beschleunigung bleibt keine Energie mehr übrig – das Fahrzeug fährt mit konstanter Geschwindigkeit.

Beim Bremsen wird die Bewegungsenergie in den Bremsen in thermische Energie umgewandelt. ↑4

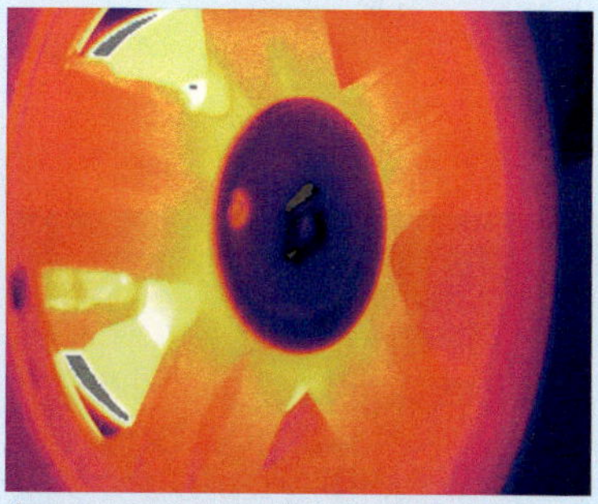

4

Die Bewegungsenergie Zum Beschleunigen braucht man Energie. Die zugeführte Energie wird im Fahrzeug als Bewegungsenergie (kinetische Energie) gespeichert. Sie wächst mit dem Quadrat der Geschwindigkeit: doppelte Geschwindigkeit – vierfache Energie.

Es gilt: $E_{kin} = \frac{1}{2} m \cdot v^2$.

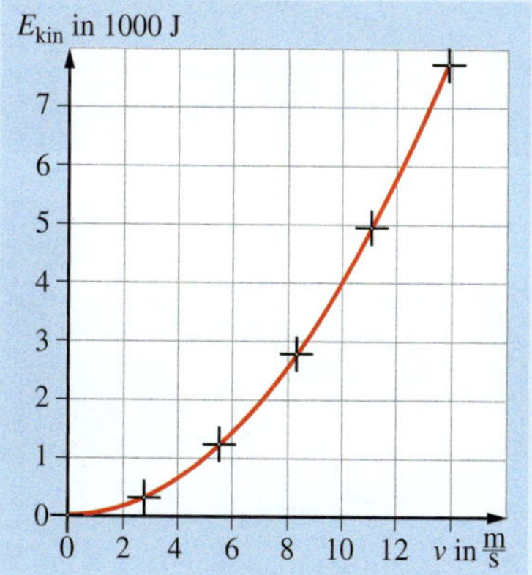

5

Auf einen Blick

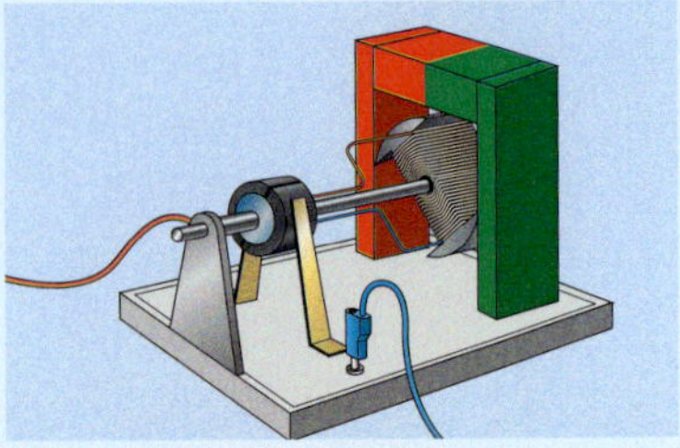
1

Elektromotor Ein Gleichstrommotor besteht aus:
- einem fest stehenden Dauer- oder Elektromagnet, dem Stator;
- einem drehbar gelagerten Elektromagneten, dem Rotor;
- einem Stromwender (Kommutator).

Die Drehung kommt durch die Abstoßung und Anziehung der Magnetpole von Stator und Rotor zustande. Der Stromwender kehrt bei jeder Drehung die Stromrichtung in der Rotorspule im „richtigen Takt" um und vertauscht so Nord- und Südpol des Rotors.

Alles klar?

1 Erläutere verschiedene Möglichkeiten, wie bei der Fortbewegung die Belastung der Atmosphäre verringert werden kann.

2 Bei der U-Bahn-Linie Victoria Line in London liegen die Haltestationen auf kleinen Hügeln. Hinter jeder Station führen die Schienen also jeweils einige Meter hinab, vor der nächsten Station wieder hinauf. Begründe den Sinn dieser Anordnung hinsichtlich Energie und Fahrzeit.

3 Tom (70 kg) testet einen Sportwagen (1,2 t). Von 0 auf 50 km/h beschleunigt er in nur 1,9 s.

a Berechne die Bewegungsenergie des Wagens und die Mindestleistung des Motors.

b Welche Kraft übt der Sitz auf ihn aus? *Tipp:* Gehe davon aus, dass die mittlere Geschwindigkeit während der ersten 1,9 s 25 km/h beträgt.

2

4 Lastwagen haben es an Steigungen schwer. ↑2 Der Motor eines Tanklastwagens erbringt eine Leistung von 300 kW. Das beladene Fahrzeug hat eine Masse von 25 t.

a Wie viel Energie muss er aufwenden, um einen Höhenunterschied von 10 m zu überwinden? Wie lange braucht er dazu mindestens?

b Welche Geschwindigkeit erreicht er höchstens bei einer Steigung von 10 %? (Die tatsächliche Geschwindigkeit liegt wegen der Reibung deutlich niedriger.)

c Welchen Sinn hat die Lkw-Spur auf manchen Straßen mit sehr starker Steigung?

3

5 Energierückgewinnung durch Schwungräder

a Bei diesem Bus wird beim Bremsen des Fahrzeugs Bewegungsenergie in einem Schwungrad gespeichert. ↑3 Welchen Sinn hat das?

b Wie viel Energie wird umgewandelt, wenn ein Bus ($m = 16\,t$) von 50 km/h bis zum Stillstand bremst?

c Im Bus mit Energierückgewinnungssystem kann das Schwungrad beim Bremsen 6,3 MJ Energie aufnehmen. Dann ist die maximale Drehzahl des Schwungrads erreicht, die aus Sicherheitsgründen nicht überschritten werden darf. Aus welcher Geschwindigkeit darf der

Bus höchstens abbremsen, damit noch alle Energie gespeichert werden kann?

d Im Stadtverkehr müssen Busse im Mittel pro Kilometer dreimal von 50 km/h bis zum Stillstand abbremsen. Berechne, wie viel Bewegungsenergie auf einer Strecke von 100 km in üblichen Bremsen in thermische Energie umgewandelt wird. Wie viel Treibstoff kann mit einem Bus mit Energierückgewinnung gespart werden? (Aus einem Liter Dieseltreibstoff gewinnt man etwa 13 MJ Bewegungsenergie.)

4

6 Ausrollen eines Fahrrads am Berg

Du fährst mit 10 km/h auf einer ebenen Strecke. Vor dir ist eine Steigung von 5 %. Sobald die Steigung beginnt, hörst du auf zu treten.

a Wie weit wirst du rollen?

b Du möchtest 4-mal so weit rollen. Wie schnell musst du fahren?

7 Der Sicherheitsgurt im Auto

a Beschreibe seine Funktionsweise. (Verwende physikalische Fachbegriffe wie Energie, Masse, Trägheit, Kraft.)

b Was versteht man unter der „Knautschzone“ und was bewirkt sie?

c Wie viel Bewegungsenergie hat ein Mensch (70 kg), wenn er in einem 100 km/h schnellen Auto sitzt?

d Der Bremsweg des Autos bei Vollbremsung beträgt 100 m. Mit welcher Kraft muss der Fahrer sich beim Bremsen am Lenkrad abstützen, wenn er nicht angeschnallt ist?

e Er prallt frontal gegen einen Baum. Das Auto kommt auf einer Strecke von 60 cm zum Stillstand (Knautschzone). Der Fahrer ist angeschnallt und der Gurt dehnt sich um 20 cm. Welche Kraft wirkt auf den Fahrer? Wird er den Unfall voraussichtlich überleben, falls er angeschnallt ist?

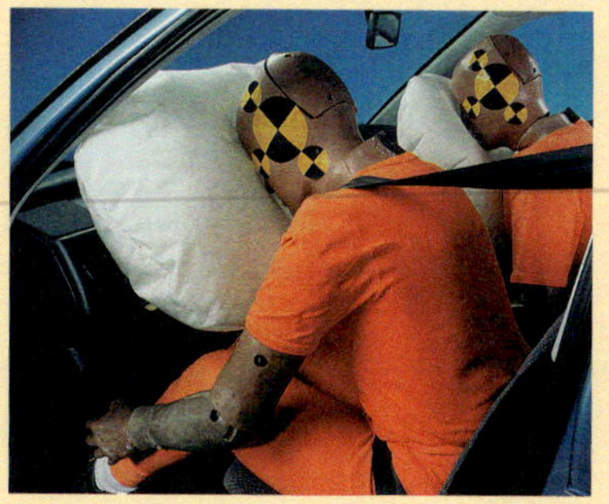

5

8 „Auf langen Gefällestrecken nicht dauernd auf das Bremspedal drücken, sondern mit dem Motor bremsen, indem ein kleiner Gang eingelegt wird.“

a Begründe diese Fahrregel energetisch.

b Daniel meint: Wenn man mit doppelter Geschwindigkeit bergab fährt, muss man weniger bremsen und die Bremsen werden weniger heiß. Was meinst du dazu?

c Die Bremsleistung gibt an, wie viel Joule die Bremse pro Sekunde in thermische Energie umwandeln und an die Umgebung abgeben kann, ohne zu sehr zu erhitzen. Warum ist die Bremsleistung der meisten Autos größer als die Motorleistung?

d Kann ein Pkw ($m = 1{,}2\,\text{t}$; Bremsleistung 40 kW) mit 120 km/h und ausgekuppeltem Motor eine lange 10 %-Gefällestrecke hinabfahren, ohne dass die Bremsen überhitzen? (Rechne unter Vernachlässigung der Luftreibung.)

9 Welche Höchstgeschwindigkeit erreicht ein Radfahrer, wenn er eine lange Strecke mit 5 % Gefälle hinabrollt, ohne zu bremsen oder zu treten? (*Tipp:* Rechne mit folgenden Zahlenwerten: $m = 80\,\text{kg}$; $F_L = 0{,}22\,\frac{\text{N}\cdot\text{s}^2}{\text{m}^2}\cdot v^2$.) Lass die Rollreibung unberücksichtigt.

6

Check up

1 Schätze rechnerisch ab, wie groß der gesamte Energiestrom ist, der von der Sonne in alle Richtungen ausgestrahlt wird. (*Tipp:* Du kennst die Energiestromstärke, die im Abstand der Erde von der Sonne durch einen Quadratmeter hindurchströmt.) Welcher Teil davon kommt auf der Erde an?

2 Mithilfe solarthermisch betriebener Kraftwerke soll in Zukunft elektrische Energie gewonnen werden. Welche Gemeinsamkeiten und welche Unterschiede bestehen zwischen diesen und den konventionell betriebenen Wärmekraftwerken?

3 Windenergieanlagen und Solarzellen erzeugen elektrische Energie. Trotzdem kann man davon ausgehen, dass sich die beiden Technologien ergänzen. Erkläre.

4 Nenne die wesentlichen Energiesparmaßnahmen, die bei Energiesparhäusern eingesetzt werden. Warum ersetzt man nicht einfach die bisherigen Häuser zügig durch Energiesparhäuser?

5 Der Sicherheitsgurt ist lebenswichtig.

a Erkläre seine Wirkung. Erläutere dazu die Energieumwandlungen und Kräfte beim Bremsen.

b Durch den Sicherheitsgurt wird der Bremsweg von 4 cm (ohne Gurt) auf 75 cm verlängert. Welche Folge hat das für die Kräfte, die auf den Körper des Fahrers wirken?

6 Auf welcher Bahn ist die Geschwindigkeit bei M am größten, auf welcher im Ziel? ↑1 Erkläre auf der Grundlage von Energieumwandlungen. Auf welcher der drei Bahnen gelangt die Kugel am schnellsten zum Ziel?

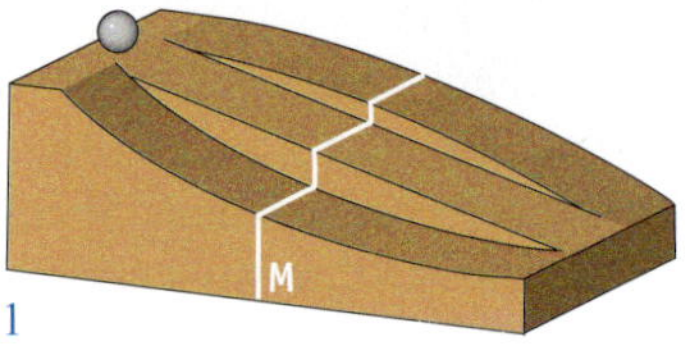

1

7 Ein voll beladener Lkw hat eine Masse von 38 t. Wie viel Dieselöl muss verbrannt werden, damit er eine Geschwindigkeit von 72 km/h erreicht? Der Motor hat einen Wirkungsgrad von 35 %; 1 Liter Dieselöl liefert beim Verbrennen 37 MJ thermische Energie.

8 Beim Fallschirmsprung aus großen Höhen lassen die Springer ihren Schirm in den ersten 10 bis 20 s noch geschlossen. Welche Energieumwandlungen finden dabei statt? Warum steigt die Geschwindigkeit nicht über 200 km/h?

9 Verbrennungsmotor und Elektromotor

a Erläutere die physikalische Größe *Wirkungsgrad* am Beispiel eines Verbrennungsmotors.

b Warum gelingt es nicht, Elektromotoren mit einem Wirkungsgrad von 100 % zu bauen?

c Mit einem Elektromotor ($U = 12\,\text{V}$, $I = 300\,\text{mA}$) wird in 3 s ein Wägstück ($m = 500\,\text{g}$) 1 m hoch gehoben. Bestimme den Wirkungsgrad.

Schätze deine Kenntnisse und Fähigkeiten ein.

Ordne dazu deiner Lösung im Heft ein Smiley zu:
☺ Ich konnte die Aufgabe richtig lösen.
😐 Ich konnte die Aufgabe nicht komplett lösen.
☹ Ich konnte die Aufgabe nicht lösen.

→ **Die Lösungen findest du im Anhang.**

Aufgabe	Fähigkeit	Hilfe findest du auf Seite ...
1	Den zahlenmäßigen Zusammenhang von Energie, Leistung und Zeitdauer eines Vorgangs erfassen.	148, 149
2, 3	Verschiedene Möglichkeiten der Energiegewinnung und -aufbereitung vergleichen und bewerten.	156, 165, 166, 178
4	Möglichkeiten zum Energiesparen nennen und begründen.	193, 198, 199
5, 7, 9	Energieformen beschreiben, unterscheiden und zur Berechnung nutzen.	207, 212, 218
5–9	Energieerhaltung und Energieentwertung in verschiedenen Vorgängen erkennen und beschreiben.	207, 212, 218, 221

Physik in der Verantwortung

In diesem riesigen Beschleuniger schicken die Forscher winzige Bausteine der Atome – Protonen – auf eine 27 km lange Kreisbahn, bis sie sehr, sehr schnell sind.

Dann lassen sie sie aufeinanderprallen: ein Crashtest für Protonen, wobei deren Bestandteile und neu entstandene Teile auseinanderfliegen, in empfindlichen Messkammern aufgefangen und von schnellen Computern analysiert werden.

Zwar versteht nur ein kleiner Kreis von Physikern genau, was in dem *Large Hadron Collider* (LHC) geschieht, aber alle Physiker wollen wissen, „... was die Welt im Innersten zusammenhält", wie das GOETHE seinen Dr. Faust fragen lässt. Und darauf geben auch solche riesigen Messapparaturen eine Antwort.

Unsichtbares wird sichtbar gemacht

Jedes einzelne Atom der Oberfläche eines Siliciumkristalls wurde hier sichtbar gemacht. Mithilfe einer sehr dünnen Nadel wurde diese Oberfläche des Kristalls Zeile für Zeile abgetastet. Die Bewegungen der Nadel wurden mit einem winzigen Spiegel, der ein schmales Laserbündel umlenkt, registriert. Ein Computer „übersetzt" die Signale der Nadelspitze in ein Hell-Dunkel-Muster:
hell = Nadel oben
dunkel = Nadel unten

↑Basiskonzept Struktur der Materie

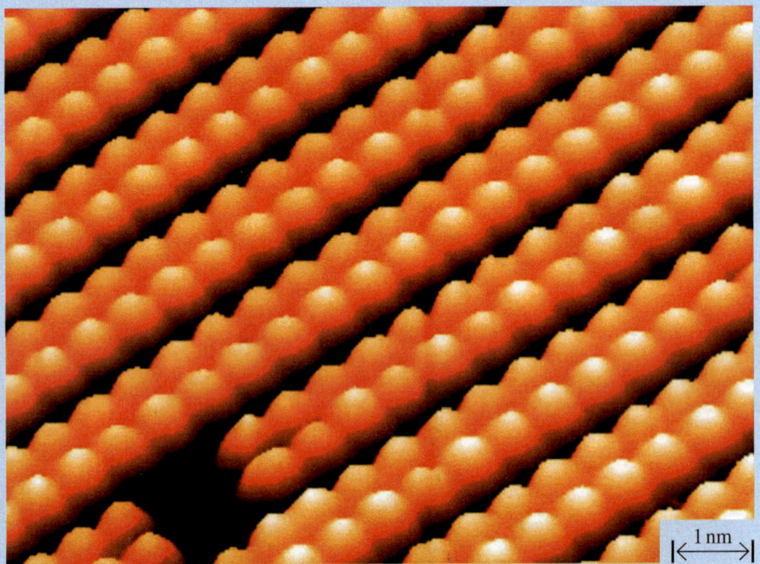

1

Würde in einer Katastrophe sämtliches naturwissenschaftliches Wissen vernichtet werden und nur eine Aussage wäre für die nächste Generation zu retten, würde der amerikanische Physiker RICHARD P. FEYNMAN die Atomhypothese wählen: *„All things are made of atoms – little particles that move around in perpetual motion, attracting each other when they are a little distance apart, but repelling upon being squeezed into one another."* ↑2

Die Idee, dass alle Dinge um uns herum aus allerkleinsten, unteilbaren Bausteinen bestehen, ist mehr als zweitausend Jahre alt. Aber erst vom 18. Jahrhundert an wurde diese Idee auf der Grundlage von experimentellen Beobachtungen bis heute weiterentwickelt.

Die Atome sind jedoch so klein, dass man sie nicht sehen und auch mit Lichtmikroskopen nicht sichtbar machen kann. Die physikalischen Gesetze der Optik verbieten dies. Inzwischen kann man aber die Oberfläche von Kristallen mit einer Spitze abtasten, dabei einzelne Atome „spüren" und mit einem Computerprogramm in ein Bild übersetzen. Atome und Moleküle kann man zwar immer noch nicht sehen, aber doch mit verschiedenen Verfahren sichtbar machen.

Auch bei anderen Vorgängen werden Strukturen abgetastet und die Informationen umgewandelt. ↑3, 4

2 RICHARD P. FEYNMAN (1918–1988)

3 Die Braille-Schrift wird von Blinden und stark Sehbehinderten genutzt.

4

Experimente

1 Spüren ohne Berührung

Befestige einen kleinen, starken Magneten an einem Stift. Auf der Rückseite einer Pappe werden von deinem Partner einige Magnete aufgeklebt. Die Pole sollen dabei eine unterschiedliche Ausrichtung besitzen.

a Taste die Pappe mit dem Magnetstift Zeile für Zeile ab und übertrage das „gespürte“ Muster auf ein Blatt Papier. ↑5

b Entwickelt gemeinsam eine einfache „Maschine“, die den Ort und die Reaktion des Magnetstifts aufzeichnet.

5

2 Zeile für Zeile abtasten

Deinem Partner werden die Augen verbunden. Du verteilst einige Kugeln auf einem Lochbrett. Mit einer Kugel in der Hand soll dein Partner das Muster abtasten. Das ertastete Muster soll er darstellen, indem er Kugeln auf einem zweiten Lochbrett nach seinen Beobachtungen verteilt. Tauscht eure Rollen.

3 Tische biegen

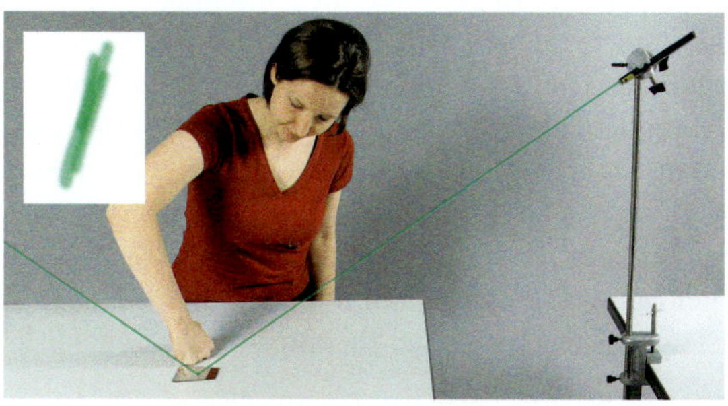

6

Lege einen kleinen Spiegel flach auf einen großen Tisch. Befestige einen Laserpointer so, dass sein Lichtbündel schräg auf den Spiegel und dann auf eine möglichst weit entfernte Wand trifft; die Halterung des Lasers darf nicht mit dem Tisch verbunden sein. Was beobachtest du, wenn du mit der Hand auf den Tisch drückst? Erkläre und schätze die Größe der Biegung ab. ↑6

4 Nadel auf Schallplatte

Stich durch eine Postkarte eine spitze Nähnadel. Fahre mit dieser die Rille einer sich drehenden Schallplatte ab. Sollte ein Plattenspieler nicht mehr vorhanden sein, kannst du auch mithilfe von Stativmaterial aus der Physiksammlung die Schallplatte drehbar lagern. ↑7

7

5 Öltröpfchen-Experiment

Mische Ölsäure oder Sonnenblumenöl und Waschbenzin im Verhältnis 1:1000, also z. B. 1 Tropfen Öl auf 1000 Tropfen Benzin. ↑8

Streue auf eine glatte Wasseroberfläche gleichmäßig eine dünne Schicht Bärlappsporen (gibt es beim Feuerspucker-Bedarf). Lass mitten auf diese Fläche einen Tropfen des Öl-Benzin-Gemischs fallen. Das Benzin verdunstet schnell und es bleibt nur das Öl auf dem Wasser.

a Beobachte genau und miss die Ölfläche aus.

b Bestimme das Volumen des Öls in einem Gemisch-Tropfen.

c Schätze die Dicke der Ölschicht ab.

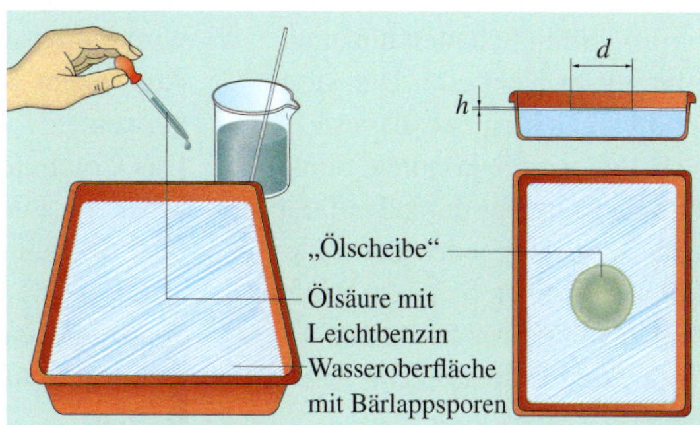

8

GRUNDLAGEN: Rastermikroskopie

Der Aufbau des Rasterkraftmikroskops (RKM) ist eigentlich sehr einfach: Am freien Ende eines elastischen Federbalkens befindet sich eine sehr dünne Spitze, die über den zu untersuchenden Kristall bewegt wird und dabei die Unebenheiten der Oberfläche spürt. ↑2

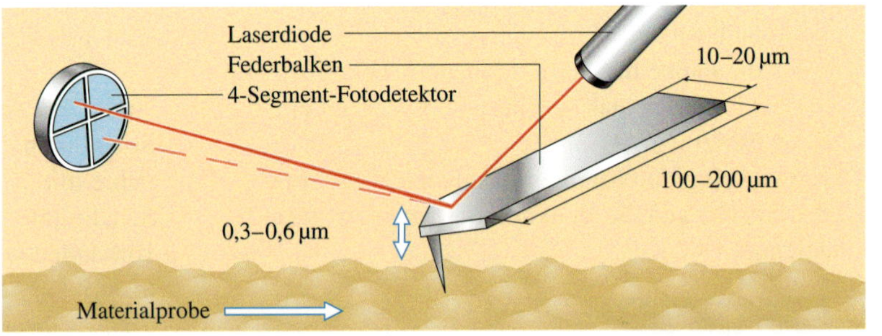

2 Prinzip der Rasterkraftmikroskopie

Die feine Spitze ist der Nadel eines Plattenspielers, die die welligen Unebenheiten der Plattenrille abtastet und in Musik umwandelt, sehr ähnlich. Beim RKM besteht die Spitze der Nadel meist aus einem einzigen Atom, das von jedem einzelnen Atom an der Oberfläche des Kristalls abgestoßen wird. Der kleine elastische Federbalken wird also ein klein wenig nach oben gebogen. Dadurch wird das Lichtbündel einer Laserdiode, das auf das verspiegelte Ende des Federbalkens trifft, in eine andere Richtung gelenkt. Dies wird von Fotozellen registriert und je nach Ablenkung in ein mehr oder weniger starkes elektrisches Signal umgewandelt. Mithilfe eines Computerprogramms wird aus diesen Signalen ein „Bild" der Oberfläche des Kristalls erzeugt.

So wie sich beim Plattenspieler die Platte dreht und die Nadel „ruht", so wird auch beim RKM der Kristall unter der Nadel Schritt für Schritt und Zeile für Zeile verschoben. Weil mit dem Rasterkraftmikroskop Atome abgetastet werden, sind alle Bauteile des RKM entsprechend winzig klein. Mit dem Laser-Lichtzeiger können Bewegungen der Spitze von nur 0,1 nm – also 0,000 000 000 1 m – registriert werden. ↑2, 3

Bild ↑1 zeigt die Oberfläche eines Kupferkristalls, auf dem einige Eisenatome in einem Kreis liegen.

Sind diese Eisenatome spitze Kegel und die Siliciumatome ↑1 S.234 Kugeln? Nein! Atome unterscheiden sich grundlegend von Kegeln oder Kugeln auf dem Spielbrett: Diese Kugeln können wir unmittelbar sehen, wir können sie berühren, daran klopfen und vielleicht sogar daran riechen. Aus vielen Sinneseindrücken entsteht die Vorstellung, die wir „Kugel" nennen.

Das Computerprogramm zur Auswertung der Signale des Rasterkraftmikroskops wurde so gemacht, dass aus den einzelnen Signalen ein Bild auf dem Bildschirm entsteht, das der Betrachter für Kugeln oder Kegel hält. ↑4

Atome sind keine Kugeln und haben weder Oberfläche noch Farbe oder Geruch. Aber Atome nehmen Raum ein, sie sind schwer und sie sind träge.

236-1

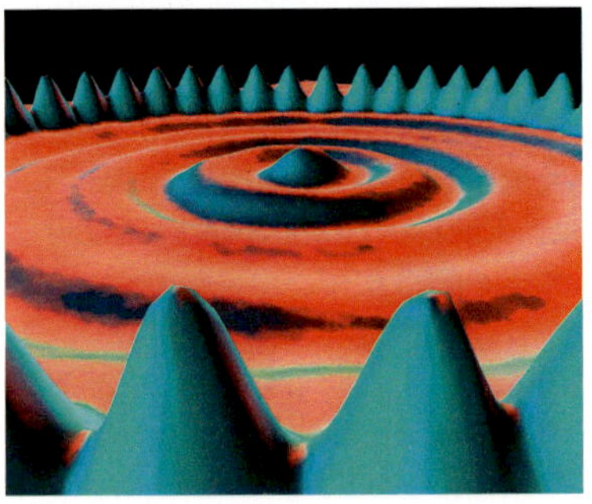
1

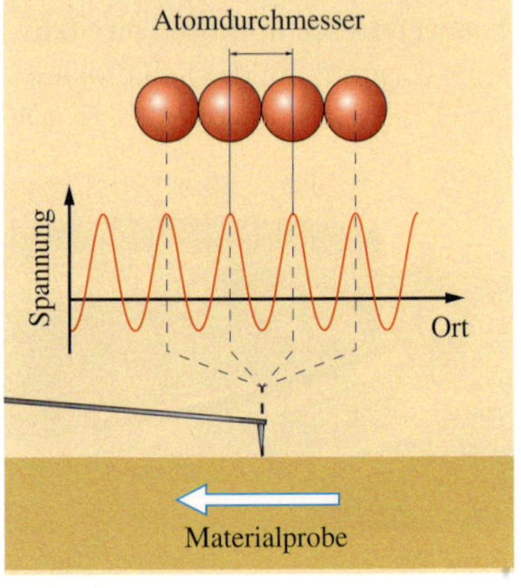

3 RKM-Signal

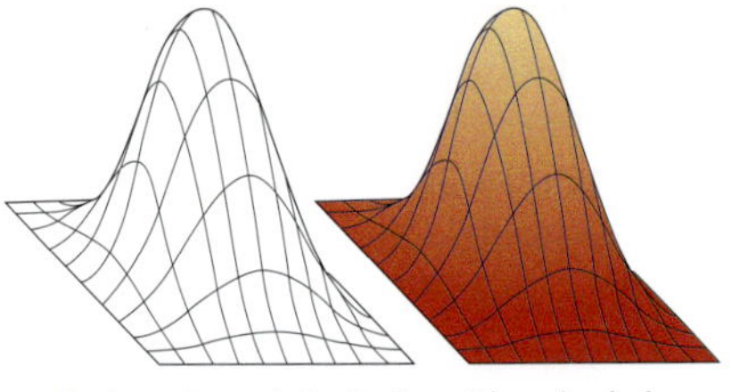
4 Aus dem elektrischen Signal wird ein räumliches Bild.

Schon gewusst?

Bei den „Bildern", die vom RKM geliefert werden, hat das Computerprogramm Schatten hinzugefügt, die es nicht gibt: Die Atome sind viel zu klein, als dass sie Schatten werfen könnten. Sonst müsste es immer dunkel auf der Erde sein, denn jedes Luftmolekül würde einen Schatten werfen, und davon gibt es zwischen Sonne und Erdoberfläche ungeheuerlich viele.

GRUNDLAGEN: Wie groß sind die Atome?

↑Basiskonzept Struktur der Materie

Auch wenn die Atome keine festen Kugeln sind, so haben sie im Kristall doch einen bestimmten Abstand. Dieser hängt von der Art der Bindung der Atome im Molekül bzw. im Kristall ab. Dennoch haben die Atome aller Stoffe – vom leichten Aluminium bis zum schweren Blei – etwa den gleichen Abstand. Diesen Abstand bezeichnet man als Größe des Atoms.

■ Der Atomradius beträgt etwa $\frac{1}{10}$ nm.

Weil die einzelnen Atome so klein sind, muss ihre Anzahl ungeheuerlich groß sein, damit daraus sichtbare Kristalle werden. Ein Würfel von 1 cm Kantenlänge aus Eisen enthält 84 000 000 000 000 000 000 000 Eisenatome; in einem solchen Würfel aus Gold sind 59 000 000 000 000 000 000 000 Atome. Solche Zahlen werden als Potenzen der Basis 10 geschrieben, also $0{,}84 \cdot 10^{23}$ bzw. $0{,}59 \cdot 10^{23}$.

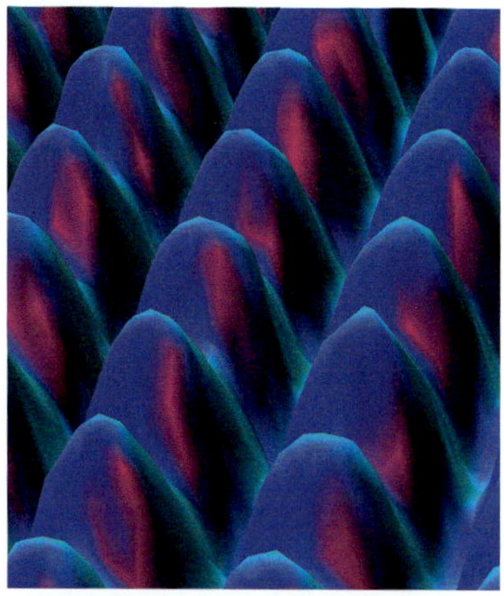

5 Oberfläche eines Nickelkristalls

Volumen von 1000 cm^3 = 1 Liter Anzahl der Moleküle bzw. Atome		
Stoff	Masse	Anzahl
Gold (Au)	19,3 kg	$609 \cdot 10^{23}$
Eisen (Fe)	7,9 kg	$878 \cdot 10^{23}$
Wasser (H_2O)	1 kg	$346 \cdot 10^{23}$
Wasserstoff (H_2)	0,09 g	$0{,}269 \cdot 10^{23}$
Helium (He)	0,18 g	$0{,}269 \cdot 10^{23}$
Sauerstoff (O_2)	1,43 g	$0{,}269 \cdot 10^{23}$
Kohlenstoffdioxid (CO_2)	1,98 g	$0{,}269 \cdot 10^{23}$

Der Tabelle kann man entnehmen, dass bei Gasen gleiche Volumina die gleiche Anzahl Moleküle enthalten: 1 Liter Wasserstoffgas enthält $269 \cdot 10^{20}$ H_2-Moleküle und 1 Liter Luft ebenso viele Moleküle des Gemischs aus 80 % Stickstoff(N_2)- und 20 % Sauerstoff(O_2)-Molekülen. Dies gilt näherungsweise für alle Gase!
Weil die einzelnen Atome oder Moleküle der verschiedenen Gase unterschiedliche Masse besitzen, haben Helium (He) und Wasserstoff (H_2) eine geringere Dichte als Luft, steigen in Luft also auf, und das Kohlenstoffdioxid (CO_2) hat eine größere Dichte als Luft und sinkt zu Boden.

Wenn 12 g Kohlenstoff (C) zu CO_2 verbrennen, verbrauchen sie genau 32 g Sauerstoffgas (O_2): In 12 g Kohlenstoff befinden sich also genauso viele C-Atome wie O_2-Moleküle in 32 g Sauerstoffgas. Mit anderen chemischen Reaktionen kann man zeigen, dass sich genauso viele Atome in 2 g Wasserstoff(gas), in 4 g Helium oder 65 g Kupfer befinden. Diese Menge wird 1 Mol genannt:

1 Mol eines Stoffes enthält $6{,}022 \cdot 10^{23}$ Atome (bzw. Moleküle) dieses Stoffes. Das Volumen eines Mols eines Gases beträgt 22,4 Liter bei 0 °C und einem Druck von 1013 hPa.

Die Zahl $6{,}022 \cdot 10^{23}$ heißt *Avogadro-Zahl* und ist nach dem italienischen Physiker und Chemiker AMEDEO AVOGADRO (1776–1856) benannt.

Lange bevor mit dem Rastermikroskop die Größe von Atomen bestimmt wurde, konnte man mit dem Öltröpfchen-Experiment die Größe von Molekülen abschätzen (↑Experiment 5, S. 235): Nachdem das Benzin aus dem Öl-Benzin-Gemisch verdunstet ist, bleibt ein nahezu runder Fleck aus Öl. Alle diese Flecke sind etwa gleich groß. Es liegt nahe, dass die Ölmoleküle nur eine einzige Lage auf dem Wasser bilden. Dann kann die Dicke der Ölschicht, also der Durchmesser d des Ölmoleküls, berechnet werden:
d = Ölvolumen im Tropfen/Oberfläche des Ölflecks.
Die Schichtdicke beträgt nur etwa $d = 10^{-7}$ cm!

237-1

Schon gewusst?

Die Anzahl der Atome bzw. Moleküle in einem Kristall ist unvorstellbar groß:

- ➔ Bestünde unsere gesamte Erde aus lauter Sandkörnern, wären dies „nur" etwa 10^{22} Sandkörner.
- ➔ Würde man die Goldatome eines Würfels von 1 cm Kantenlänge wie eine Perlenkette dicht an dicht aneinanderreihen, so reichte diese Kette 40-mal bis zur Sonne und zurück.
- ➔ Bis zu deinem 15. Geburtstag hat dein Herz „nur" etwa $4{,}73 \cdot 10^8$-mal geschlagen.

Aus der Technik Mikrowelt und Nanotechnologie

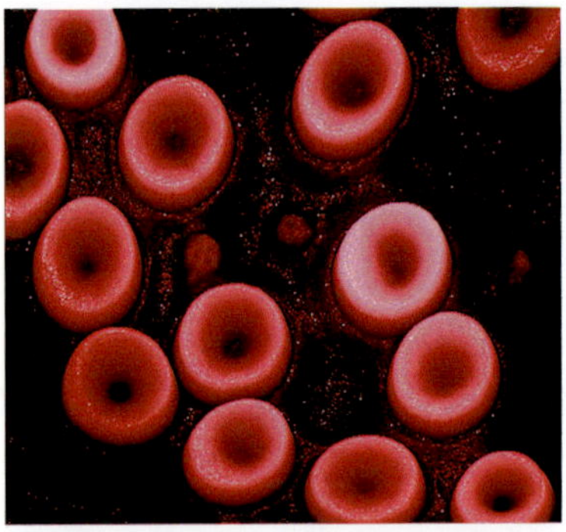

1 Rasterkraftmikroskop-Aufnahme von roten Blutzellen

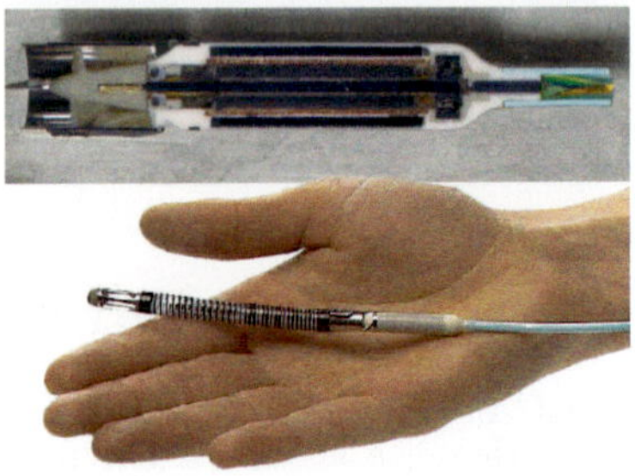

2 Mikropumpe am Ende eines Herzkatheters

Die Größe der Gegenstände unserer Alltagswelt messen wir in Metern oder Zentimetern. Dein Zimmer ist etwa 2,50 m hoch und die Buchseite vor dir 19 cm breit. Millimeter und Kilometer sind ebenfalls vertraute Größenordnungen der Länge.

Auch sehr viel kleinere Objekte sind im Alltagsleben allgegenwärtig. Wir können sie zwar nicht sehen, bekommen sie aber zu spüren: Gräserpollen lösen bei einigen Menschen Heuschnupfen aus und sind nur etwa 0,0025 mm groß, also $2{,}5 \cdot 10^{-6}\,\text{m} = 2{,}5\,\mu\text{m}$ (Mikrometer). Bakterien haben einen Durchmesser von etwa 1 µm. Zu dieser Mikrowelt gehören auch die Zellen unseres Körpers, die uns am Leben halten. Sie wandeln Energie in lebenswichtige Stoffe um, sie senden Signale aus, können sich selbst reparieren und sogar vermehren. ↑1

Die Mikrowelt der Technik ist bei Weitem nicht so leistungsfähig wie die natürlichen Mikroorganismen. Aber es ist inzwischen beispielsweise gelungen, ganze Motoren von 2 mm Durchmesser zu bauen, in denen sich winzige Zahnräder drehen. Solche Motoren treiben Mikropumpen an, die z. B. bei Herzoperationen ins Herz geführt werden, den Blutkreislauf aufrechterhalten und 4,5 Liter Blut pro Minute durch die Arterien pumpen. ↑2

Wer mit seiner Digitalkamera fotografiert und ein Bild ausdruckt, nutzt dabei fast ausschließlich Mikrotechnik. Bei der normalen, analogen Fotografie löst das Licht auf dem Filmmaterial einen chemischen Prozess aus, der später beim Entwickeln fortgesetzt wird. Bei der Digitalfotografie fällt das Licht auf einen CCD-Chip von etwa 4 mm mal 6 mm, der aus 5 000 000 Punkten (5 Megapixel) besteht. Jedes Pixel hat nur eine Fläche von $4 \cdot 10^{-6}\,\text{mm}^2$. Durch Beleuchtung wird in jedem Pixel ein elektrisches Signal erzeugt, je stärker dieses Signal, umso heller ist der Bildpunkt. Damit der Chip nicht nur zwischen hellen und dunklen Bildpunkten unterscheiden kann, erhalten die einzelnen Pixel winzige Farbfilter. Die Signale

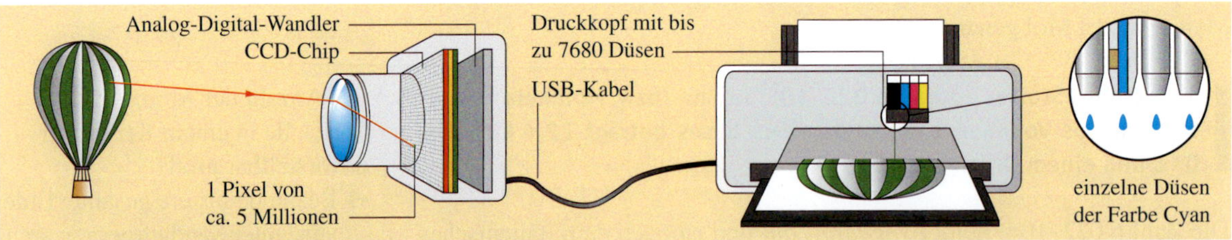

3

4

aller 5 Millionen Pixel werden einzeln durch einen Analog-Digital-Wandler (A/D-Wandler) in den binären Code umgewandelt und auf einem Mikrochip gespeichert. ↑3

Moderne Farbdrucker haben bereits einen direkten Anschluss für die Digitalkamera. Nach einigen Befehlen beginnt der Tintenstrahldrucker das Bild zu drucken. Durch die Düsen der Druckerpatrone werden von einer winzigen Pumpe pro Sekunde bis zu 18 000 Tropfen auf das Papier geschossen, die nur etwa 50 µm groß sind. ↑4

Der Druckkopf professioneller Farbdrucker hat bis zu 7680 Düsen. Über 7 Millionen Tintentropfen werden pro Sekunde im Farbdruck erzeugt. Aus 1000 Tropfen besteht z. B. der Punkt am Satzende.

Elektronische Bauteile sind heute weniger als 100 Nanometer groß. Es passen schon jetzt mehr als 50 Millionen Transistoren auf einen Chip, der so groß ist wie eine 1-Cent-Münze. Ganze Computer sind inzwischen so klein und leistungsstark, dass sie direkt ins Ohr implantiert werden können und schwerhörige Menschen wieder hören lassen. ↑5

Noch sind in den Mikrochips die Leiterbahnen für die Ladungen so breit wie Autobahnen für Fußgänger. Wenn aber die Zuleitungen zu den elektronischen Bauteilen und diese selbst nur noch wenige Nanometer breit und hoch sind, dann bestehen sie nur noch aus einer Kette einzelner Atome oder Moleküle. ↑6

Wenn Drähte, Röhrchen oder Kugeln nur noch aus wenigen, genau abzählbaren Atomen oder Molekülen bestehen, werden die Oberflächeneigenschaften der Materialien, aus denen sie bestehen, wichtiger als deren Volumeneigenschaften. In der Nanotechnologie stößt man also zu Längenskalen vor, auf denen vor allem die Größe die Eigenschaften eines Objekts bestimmt.

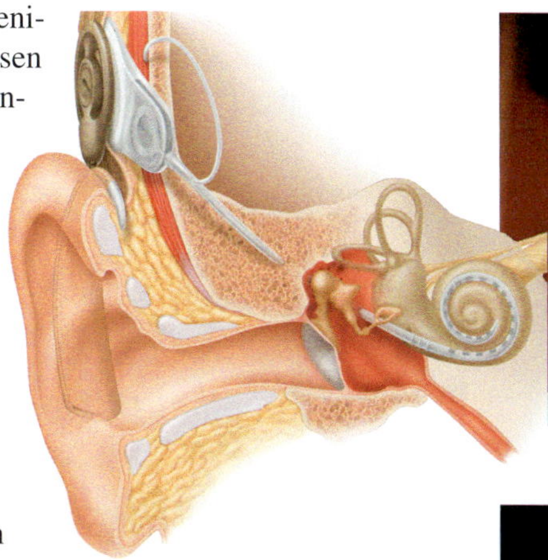

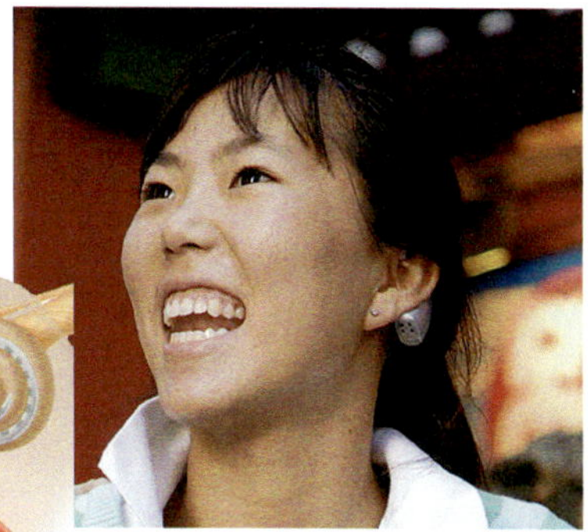

5

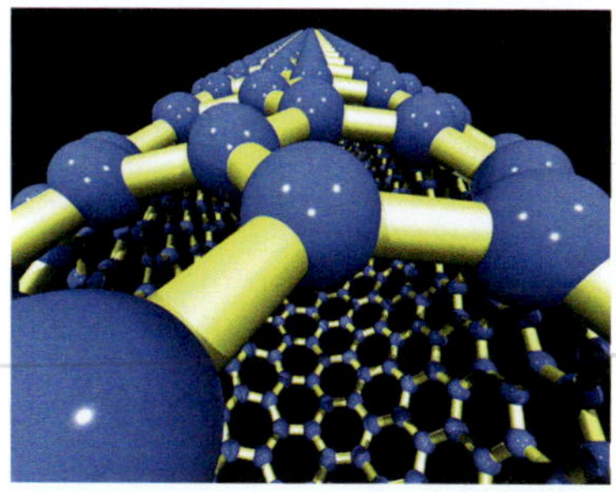

6 Nanoröhrchen bestehen aus regelmäßig angeordneten Atomen (Modell).

Aufgaben

1 Bereitet (in Gruppen) eine Präsentation zum aktuellen Stand der Nanotechnologie vor. Nutzt zur Recherche das Internet.

2 Beschaffe dir Informationen über Blindenschrift aus dem Internet.

a Wie funktioniert ein „Bildschirm" für Blindenschrift?

b Stelle dir deinen Namen in Blindenschrift so her, dass du die Buchstaben ertasten kannst.

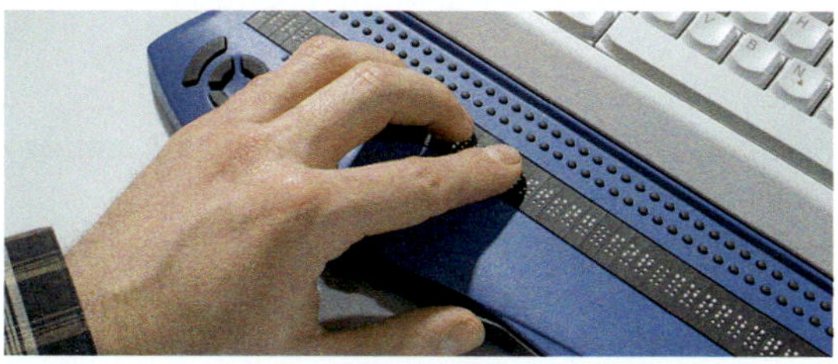

7

3 Schätze ab, wie viele Salzkörner in einem 500-g-Paket Salz sind. Beschreibe und begründe deine Vorgehensweise. Wie lang würde die Reihe sein, wenn du alle Salzkörner aneinanderlegst?

4 Das Negativ einer Analogkamera ist 24 mm mal 36 mm groß. Wie viele „Pixel" hat es, wenn jedes „Pixel" einen Durchmesser von 0,01 mm hat?

5 Um große Messgrößen bequem aufschreiben zu können, werden Potenzen der Zahl 10 als Faktor genutzt. *Beispiel:* $700\,\text{m} = 7 \cdot 100\,\text{m} = 7 \cdot 10 \cdot 10\,\text{m} = 7 \cdot 10^2\,\text{m}$ oder $512\,000\,\text{g} = 0{,}512 \cdot 1\,000\,000\,\text{g} = 0{,}512 \cdot 10^6\,\text{g} = 0{,}512 \cdot 10^3\,\text{kg}$.

a Schreibe $6{,}3 \cdot 10^6\,\text{mm}$ als Dezimalzahl.

b Schreibe $5\,450\,000\,000\,\text{g}$ als Zehnerpotenz.

6 Bestimme mit einer Stoppuhr, wie viele Atemzüge du in einer Minute machst. Berechne nun, wie oft du seit deiner Geburt geatmet hast. Setze dabei voraus, dass du immer so gleichmäßig geatmet hast wie heute.
Wie viele Sauerstoffatome hast du eingeatmet, wenn du jedes Mal 1 Liter Luft einatmest?

7 Recherchiere im Internet nach Mikrosensoren, die für Sicherheitssysteme im Auto eingesetzt werden. Welchem Zweck dienen die verschiedenen Sensoren? Welche physikalischen Prinzipien nutzen sie?

Aufbau des Atoms

Der innere Aufbau der Atome wird heute mit riesigen Apparaten untersucht, in denen auf kilometerlangen Strecken winzige Atome und Elektronen beschleunigt werden. Mit Geschwindigkeiten nahe der Lichtgeschwindigkeit prallen die Teilchen aufeinander und zerplatzen in ihre Bestandteile. Diese Bestandteile werden von Detektoren aufgefangen und registriert. Bild ↑1 zeigt einen hausgroßen Detektor aus dem Deutschen Elektronen-Synchrotron, genannt DESY, in Hamburg.

↑Basiskonzept Struktur der Materie

1

2 Ernest Rutherford (1871–1937)

Im Jahr 1898 hat der englische Physiker Ernest Rutherford Teilchen entdeckt, die beim radioaktiven Zerfall entstehen und aus dem radioaktiven Material wie winzige Geschosse herausfliegen. Wenn diese auf einen Schirm aus Zinksulfid auftreffen, machen sie einen ganz kleinen Lichtblitz. Rutherford hat diese Teilchen auch chemisch untersucht und dabei festgestellt, dass sie elektrisch geladene Atome des Gases Helium sind; sie werden *Alphateilchen* genannt.

Rutherford ließ seine Mitarbeiter Hans Geiger und Ernest Marsden eine sehr dünne Goldfolie mit einem eng begrenzten Strahl von Alphateilchen beschießen. ↑3

Monatelang beobachteten die beiden Forscher durch ein Mikroskop hindurch, wo die Alphateilchen auf dem Schirm auftreffen. Die allermeisten Teilchen gingen durch die Goldfolie hindurch, als wäre sie gar nicht da. Einige Alphateilchen wurden ein wenig seitlich abgelenkt. Ganz selten kam es vor, dass ein Alphateilchen um 90° oder sogar noch mehr abgelenkt wurde oder gar zurückprallte. Das war völlig überraschend!

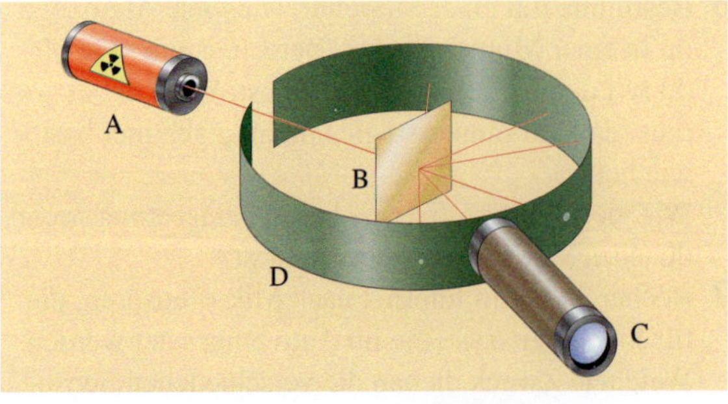

3 Prinzip des Streuexperiments von Rutherford

Streuexperiment von Rutherford (1911)

In der dosenförmigen, luftleer gepumpten Kammer befinden sich:

A Alphastrahler in einer Bleiabschirmung mit kleiner, schmaler Öffnung

B Goldfolie, nur etwa 1000 Atomlagen dick; streut die Alphastrahlung in alle Richtungen

C Zähler mit Mikroskop, mit dem die Lichtblitze auf dem Zinksulfidschirm (D) beobachtet wurden (Zähler mit Mikroskop konnte um die Folie herumgeschwenkt werden)

240-1

GRUNDLAGEN: Das Atom ist weitgehend leer!

↑Basiskonzept Struktur der Materie

RUTHERFORD und die Physiker am Beginn des 20. Jahrhunderts wussten, dass jedes Atom eine typische Anzahl Elektronen enthält. Da jedes Atom elektrisch neutral ist, muss im Atom auch positive Ladung sein, und zwar genauso viel positive wie negative Ladung. Ungeklärt war die Frage, wie die positive Ladung im Atom verteilt ist. ↑4 Auf diese Frage hat ERNEST RUTHERFORD mit seinem Experiment 1911 die Antwort gefunden:

Die positive Ladung und auch die Masse des Atoms sind in einem sehr kleinen Bereich konzentriert: im Atomkern. Ansonsten ist das Atom – bis auf die winzigen Elektronen – völlig leer. Hat ein geladenes Atom gar keine Elektronen, bleibt nur der Kern.

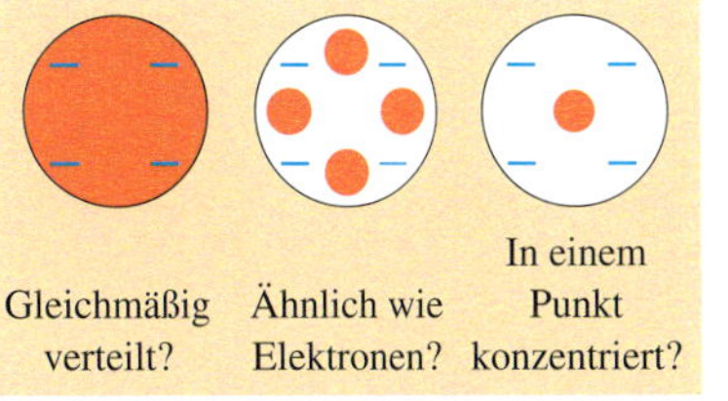

4 Wo ist die positive Ladung (rot) im Atom?

Wenn ein positiv geladener Gegenstand einem ebenfalls positiv geladenen Gegenstand genähert wird, stoßen sie sich ab – je näher sie sich kommen, desto mehr. Da die Goldatome in der Goldfolie feste Plätze haben, werden nur die positiven Alphateilchen aus ihrer geraden Bahn abgelenkt. RUTHERFORD hat diese Ablenkung berechnet und vorausgesagt: Je seltener die Alphateilchen auf ihrer Bahn abgelenkt werden, desto kleiner müssen die Kerne sein. Bis 1913 haben RUTHERFORD und seine Mitarbeiter immer genauer die Anzahl der abgelenkten Alphateilchen gezählt und die Ablenkungswinkel gemessen. ↑6

Das Ergebnis der Messungen und der Berechnung stimmten hervorragend überein: Der Atomradius ist etwa 10 000-mal größer als der Atomkern.

Wären die Kerne im Goldkristall so groß wie ein Haselnusskern, dann hätte jeder Kern zum nächsten einen Abstand von 100 m und dazwischen wäre absolut nichts, nur einige unmessbar kleine Elektronen. 241-1

Schon gewusst?

Elektrische Ladung braucht immer einen Körper, der die Ladung trägt. Elektronen sind die Träger der negativen Elementarladung $e^- = 1{,}6 \cdot 10^{-19}\,\mathrm{A \cdot s}$ und haben eine Masse von $m_e = 9{,}1 \cdot 10^{-31}\,\mathrm{kg}$. Das Elektron ist unteilbar und sein Radius kleiner als 10^{-18} m.

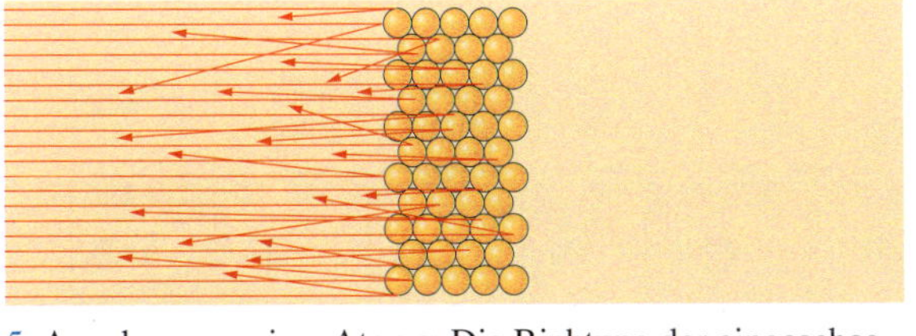

5 Annahme massiver Atome: Die Richtung der eingeschossenen Teilchen ändert sich stark.

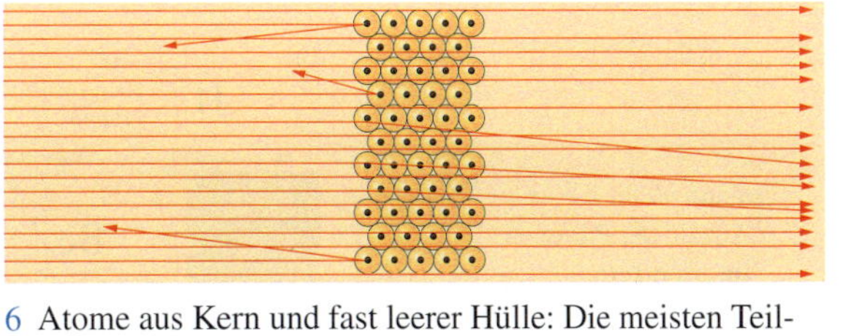

6 Atome aus Kern und fast leerer Hülle: Die meisten Teilchen werden nicht abgelenkt, einige jedoch stark.

Methode Hypothese und Messung

RUTHERFORD hat folgende *Hypothesen* aufgestellt und zur Grundlage seiner Berechnungen gemacht:

- Die Kerne sitzen im Kristall an festen Orten.
- Die positiven Alphateilchen werden von den positiven Kernen elektrisch abgestoßen.
- Je näher die Bahn am Kern vorbeiführt, desto stärker ist die elektrische Abstoßung, desto größer der Ablenkwinkel.
- Je kleiner der Kern, desto seltener sind kleine Abstände der Bahnen vom Kern.

Aus der *Messung* der Häufigkeit der Ablenkungen um den Winkel α konnte RUTHERFORD auf die Größe des Kerns schließen.

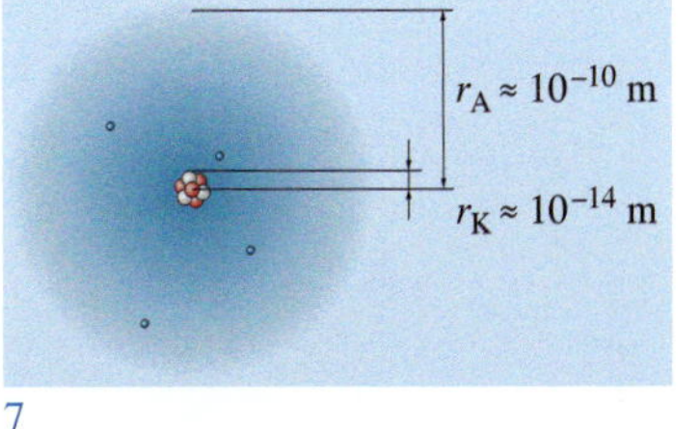

7

↑Basiskonzept
Struktur der Materie

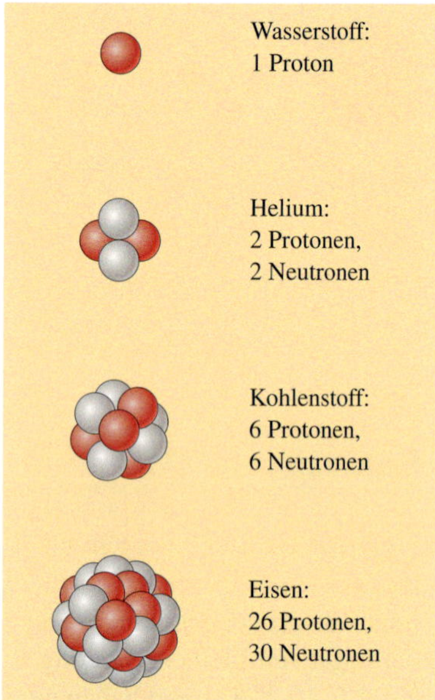

1 Zusammensetzung einiger Kerne

GRUNDLAGEN: Der Atomkern

RUTHERFORD hat den Atomkern des kleinsten und leichtesten Atoms – das ist das Wasserstoffatom – Proton genannt. Das Proton ist genauso stark geladen wie das Elektron, allerdings positiv, aber es hat eine etwa 2000-fach größere Masse als das Elektron:

Die Ladung des Protons ist gleich der Elementarladung e^+, sein Radius beträgt etwa 10^{-15} m und es hat eine Masse von $m_p = 1{,}67 \cdot 10^{-27}$ kg.

Das nächstgrößere Atom, das Heliumatom, ist viermal so schwer wie das Wasserstoffatom, aber nur doppelt so stark geladen, enthält also zwei Protonen. Weil die Protonen sehr dicht beieinander sind, sind die abstoßenden elektrischen Kräfte sehr groß. Die beiden zusätzlichen Bausteine des Kerns verhindern jedoch das Auseinanderfliegen und halten den Kern auf kleinstem Raum zusammen. Diese Bausteine werden Neutronen genannt.

Neutronen haben keine Ladung und etwa die gleiche Masse und den gleichen Radius wie das Proton.

Die Atomkerne aller chemischen Elemente bestehen aus einer bestimmten Anzahl von Protonen und Neutronen. In der Atomhülle des neutralen Atoms sind gerade so viele Elektronen wie Protonen im Kern. Aufgrund ihres chemischen Verhaltens können sämtliche bekannten Elemente in einer Tabelle, dem Periodensystem der Elemente, geordnet werden. ↑2

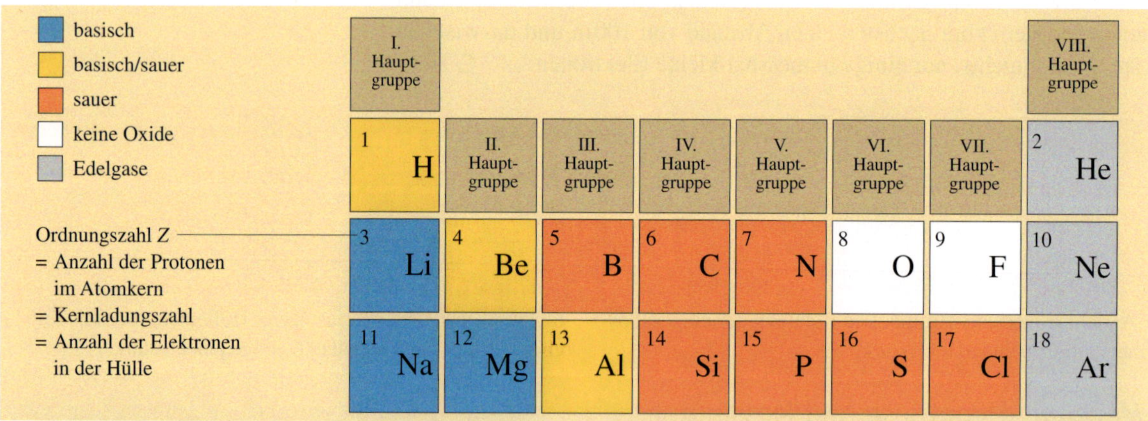

2 Ausschnitt aus dem Periodensystem der Elemente

242-1

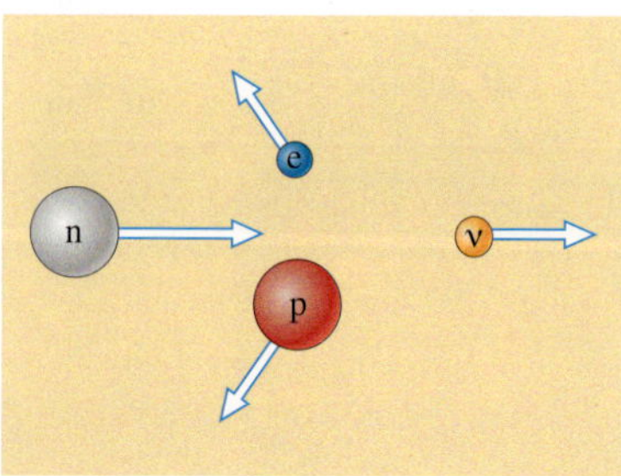

3 $n \rightarrow p^+ + e^- + \nu^e$

GRUNDLAGEN: Elementarteilchen

Zwischen Neutron und Proton muss eine anziehende Kraft ausgeübt werden, die weit stärker ist als die elektrische Abstoßung zwischen den Protonen, jedoch außerhalb des Kerns nicht zu spüren ist.
Ein Neutron kann in ein Proton und – wegen der Erhaltung der Gesamtladung – ein Elektron zerfallen. WOLFGANG PAULI hat 1931 vorausgesagt, dass dabei ein weiteres neutrales Teilchen, das Neutrino, entstehen muss; erst 1956 wurde diese Voraussage experimentell bestätigt. ↑3

In den folgenden Jahrzehnten zeigte sich, dass es viele weitere winzige Teilchen gibt, die beim radioaktiven Kernzerfall, bei der Kernspaltung und beim Zusammenprall von schnellen Protonen, wie dies auch im Innern der Sonne geschieht, entstehen. ↑4

Nach und nach wurde ein ganzer „Zoo" von über 200 *Elementarteilchen* entdeckt, die jeweils unterschiedliche physikalische Eigenschaften haben. Um Ordnung in diesem „Elementarteilchenzoo" zu schaffen, haben die Physiker MURRAY GELL-MANN und GEORGE ZWERG 1963 die Existenz von wenigen *Quarks* vorausgesagt, aus denen die Elementarteilchen aufgebaut sein sollten; solche Quarks wurden bereits 1969 durch Experimente nachgewiesen. ↑5 243-1

4 Im Innern der Sonne verschmelzen Protonen. Dabei entstehen unter anderem Neutrinos.

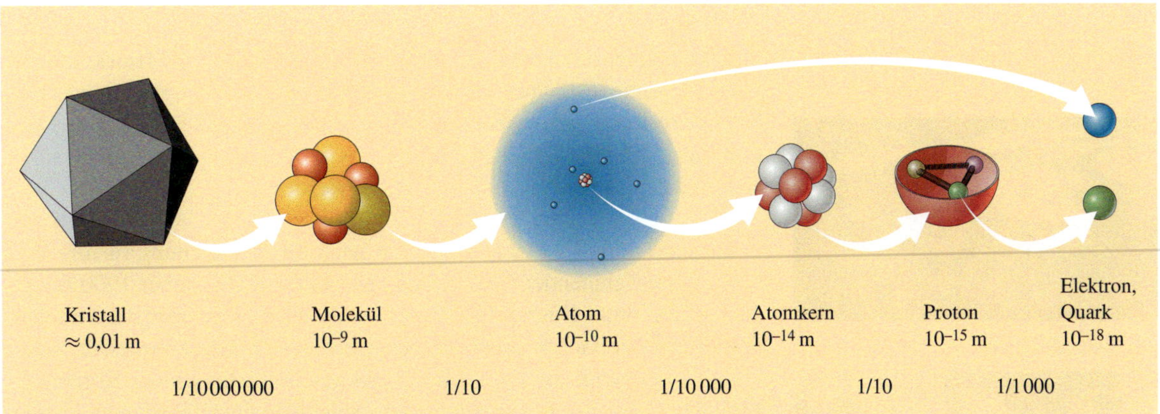

5 Der Aufbau der Materie aus kleinsten Teilchen

Aufgaben

1 Im rutherfordschen Streuexperiment nähern sich einzelne α-Teilchen den Goldkernen in der Folie.
a Welche Kräfte bewirken die Ablenkung der α-Teilchen?
b Warum kommt es so selten zu einer Ablenkung der α-Teilchen?
c Wie muss der Kern getroffen werden, damit das α-Teilchen seine Flugrichtung genau umkehrt?

2 Hänge ein Stück Aluminiumfolie (ca. 10 cm · 30 cm) an einem langen Faden von der Zimmerlampe herab. Nähere ihm von der Seite her einen geriebenen Luftballon. Finde eine Erklärung unter der Voraussetzung, dass sich im Aluminium einige Elektronen frei und leicht verschieben lassen.

3 Wenn man ein einzelnes Atom auf die Größe eines Fußballs von 20 cm Durchmesser vergrößern würde, wie groß wäre dann etwa der Atomkern? Und wie groß wäre das Atom, wenn der Kern Fußballgröße hätte?

4 Bestimme die Masse eines aufgeblasenen Luftballons mit einer empfindlichen Haushaltswaage. Reibe den Ballon mit einem Wolltuch und bestimme die Masse erneut. Reibe einen weiteren gleichen Ballon mit dem Wolltuch und nähere ihn dem geladenen Ballon auf der Waage von oben. Beobachte die Anzeige bei unterschiedlichen Abständen. Was passiert, wenn du dem Ballon auf der Waage das Wolltuch näherst?

5 Bestimme die Masse eines Atomkerns von Eisen, Natrium und Chlor. Welche Masse hat ein einzelnes Wassermolekül?
Warum kann man bei diesen Berechnungen auf die Berücksichtigung der Elektronenmassen verzichten?

6 Wie viele Elektronen bilden bei jedem einzelnen Atom von Eisen, Kohlenstoff, Stickstoff und Sauerstoff die Elektronenhülle, wenn diese Atome elektrisch neutral sind?

Aus der Forschung Aus welchen Teilchen besteht die Welt?

↑Basiskonzept Struktur der Materie

↑Basiskonzept Wechselwirkung

Die Teilchen des Standardmodells der Materie

Unsere Welt aus Häusern, Tisch und Stuhl, Wasser und Luft, alles, was uns umgibt, besteht lediglich aus drei verschiedenen Bausteinen: aus Protonen, Neutronen und Elektronen. Nur diese drei Teilchensorten bilden – für jedes Atom in typischer Anzahl – die unterschiedlichen Atome.
Beim radioaktiven Zerfall von Atomen und bei den energiereichen Prozessen im Innern der Sonne tauchen jedoch weitere Teilchen auf. Je genauer diese Prozesse untersucht wurden und inzwischen in Forschungsreaktoren und Teilchenbeschleunigern auch künstlich hergestellt werden, desto mehr Elementarteilchen wurden zur Beschreibung der Vorgänge erforderlich. Über zweihundert solcher *Elementarteilchen* haben die Physiker im Laufe der letzten 80 Jahre entdeckt.
Alle Versuche, das Verhalten der kleinsten Teilchen der Materie mithilfe jener Gleichungen zu beschreiben, mit denen z. B. die Flugbahn eines Fußballs berechnet und vorhergesagt werden kann, sind gescheitert: Diese kleinsten Teilchen verhalten sich nicht wie Billardkugeln. Hierfür musste erst eine ganz andere Physik entwickelt werden.

1 Glühendes Eisen

2 ALBERT EINSTEIN (1879–1955)

Quantenmechanik MAX PLANCK hat nach einer Gleichung für die Wärmestrahlung glühender Gegenstände gesucht. Im Dezember 1900 fand er die Lösung unter einer völlig neuen Annahme: Die Energie der Strahlung müsse aus Vielfachen *kleinster Portionen von Energie* bestehen, später Photonen genannt, so wie auch die elektrische Ladung eines Körpers ein Vielfaches der Elementarladung ist. Solche kleinste Portionen werden *Quanten* genannt; quantum ist lateinisch und heißt „wie groß", „wie viel".
Diese Quanten-Annahme wurde zum Ausgangspunkt einer neuen physikalischen Theorie, der *Quantenmechanik* oder *Quantentheorie*, die das Verhalten kleinster Teilchen sehr genau vorhersagt.

$E = m \cdot c^2$ Die bekannteste Formel der Physik hat ALBERT EINSTEIN 1905 gefunden: Energie kann in Materie umgewandelt werden und umgekehrt; die Umwandlung ist beim radioaktiven Zerfall von Bedeutung. Der Umrechnungsfaktor für diese Umwandlung ist die Lichtgeschwindigkeit $c = 300\,000\,000\,\mathrm{m/s}$ zum Quadrat, also $c^2 = 9 \cdot 10^{16}\,\mathrm{m^2/s^2}$. Weil diese Zahl so ungeheuer groß ist, wird aus einer winzigen Masse m ungeheuer viel Energie: $E = m \cdot c^2$, und umgekehrt benötigt man sehr viel Energie E, um daraus ein wenig Masse m zu machen: $m = E / c^2$.
Bei den Elementarteilchen wird statt der Masse m häufig die entsprechende Energie $E = m \cdot c^2$ angegeben.

3 Am Europäischen Forschungszentrum CERN in Genf gelang es, Antiprotonen und Antielektronen zu einem Antiatom, dem Antiwasserstoff, zusammenzufügen. Im Prinzip ist eine Welt aus Antimaterie möglich, die sich eigentlich nicht von der Welt der Materie unterscheiden ließe. Wenn aber Materie und Antimaterie zusammenkommen, so vernichten sie sich gegenseitig und wandeln sich in Strahlungsenergie um.

Materie und Antimaterie PAUL DIRAC hat 1928 festgestellt, dass die Gleichungen der Quantentheorie zwei Lösungen zulassen; auch die einfache Gleichung $a^2=4$ hat zwei Lösungen für a, nämlich $a=+2$ und $a=-2$. Die eine Lösung der Gleichungen der Quantentheorie gilt für die „normalen" Teilchen, die zweite Lösung gilt vielleicht für sog. *Antiteilchen*: Zu jedem Teilchen könnte es ein Antiteilchen geben.
Antiteilchen gibt es tatsächlich: Aus einer genügend großen Energiemenge kann gleichzeitig ein Elektron und ein Antielektron werden – *Positron* genannt. Das Positron hat die gleichen Eigenschaften wie das Elektron, also gleiche Masse und Ladung, es besteht jedoch aus Antimaterie und hat eine positive Ladung; darum wurde es Positron getauft. Trifft ein Positron auf ein Elektron, so vernichten sie sich gegenseitig und wandeln sich in Energie um, die in genau entgegengesetzte Richtungen abgestrahlt wird.

Quarks Die amerikanischen Physiker MURRAY GELL-MANN und GEORGE ZWERG schlugen 1963 vor, dass die Elementarteilchen aus ganz wenigen Bausteinen zusammengesetzt sind, die von GELL-MANN *Quarks* genannt wurden. Zunächst haben sie eine Theorie entwickelt, in der aus drei verschiedenen Quarks, Up-Quark (u), Down-Quark (d) und Strange-Quark (s), bereits sehr viele Elementarteilchen „zusammengesetzt" werden konnten. Dabei werden jeweils nur 2 bzw. 3 Quarks benötigt. Beispielsweise besteht das Proton aus zwei Up-Quarks und einem Down-Quark. ↑4
Damit mit diesem Baukasten viele Elementarteilchen zusammengesetzt werden können, müssen die verschiedenen Quarks die richtigen Eigenschaften haben; beispielsweise trägt das Down-Quark $-1/3$ der Ladung e^+ und das Up-Quark $+2/3\ e^+$, so hat das Proton die Ladung e^+. ↑4
Diese Quarks reichten noch nicht aus, alle Elementarteilchen zusammenzubauen. Es muss zwei weitere Paare von Quarks, also 6 verschiedene Quarks geben; sie haben alle entweder die Ladung $-1/3\ e^+$ oder $+2/3\ e^+$, aber verschiedene Massen. Es bleiben schließlich nur 6 Elementarteilchen (und deren Antiteilchen), *Leptonen* genannt, die nicht aus Quarks aufgebaut sind; zu diesen gehören das Elektron und das Neutrino. Diese 6 Leptonen und die 6 Quarks und ihre Antiteilchen bilden das Standardmodell der Teilchenphysik. Bisher haben alle Messergebnisse der Experimente mit Teilchenbeschleunigern dieses Standardmodell der Materie bestätigt.

LHC – Large Hadron Collider Aus Quarks aufgebaute Teilchen werden *Hadronen* genannt. In einem 27 km langen, kreisrunden Rohr werden Protonen (= *Hadronen*) sowohl links- als auch rechtsherum auf eine Kreisbahn geschickt und immer schneller gemacht. Wenn die Protonen praktisch Lichtgeschwindigkeit besitzen, lässt man die Protonenströme aufeinanderprallen (engl. *to collide*). In einer riesigen (engl. *large*) Messkammer werden die Bruchstücke der zerborstenen Protonen aufgefangen, registriert und gezählt. Wegen der ungeheuren Energie dieses Zusammenpralls entstehen sehr viele unterschiedliche Elementarteilchen, vermutlich auch einzelne Quarks. Das Standardmodell der Materie soll auf diese Weise experimentell geprüft werden. Der *Large Hadron Collider* im Europäischen Forschungszentrum CERN bei Genf ist derzeit die größte Messapparatur der Welt.

Schon gewusst?

Energien der Elementarteilchen werden in eV (sprich: Elektronenvolt) bzw. MeV und Massen in $1\ \text{MeV}/c^2$ gemessen:
$1\ \text{eV} = 1{,}602 \cdot 10^{-19}\ \text{J}$
$1\ \text{MeV} = 10^6\ \text{eV}$
Wandelt sich die Masse eines Elektrons in Energie, so entsteht eine Strahlung mit genau $E=0{,}511\ \text{MeV}$.
Aus einer Masse von $m=1$ g würde eine Energie von $E=9\cdot10^{13}$ J. Mit 48 g könnte man alle Haushalte in Deutschland ein Jahr lang mit elektrischer Energie versorgen.

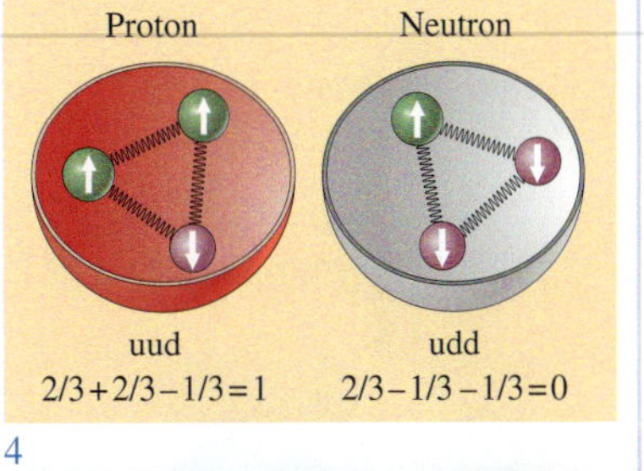

4

5 Der Teilchendetektor Atlas des LHC

Aus der Forschung Was die Welt im Innersten zusammenhält

1 Blick in den Tunnel des LHC

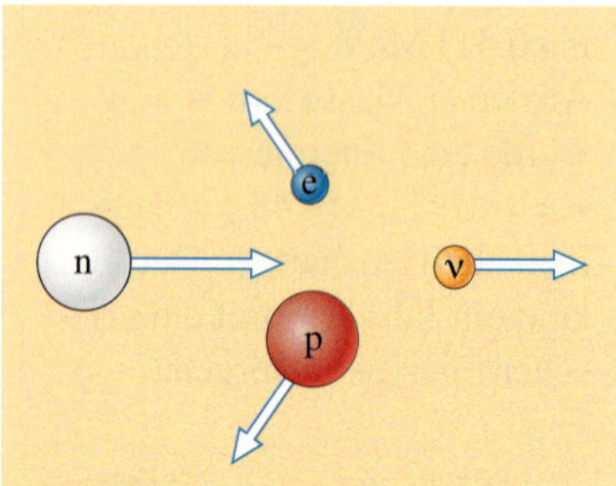

2 Zerfall eines Neutrons

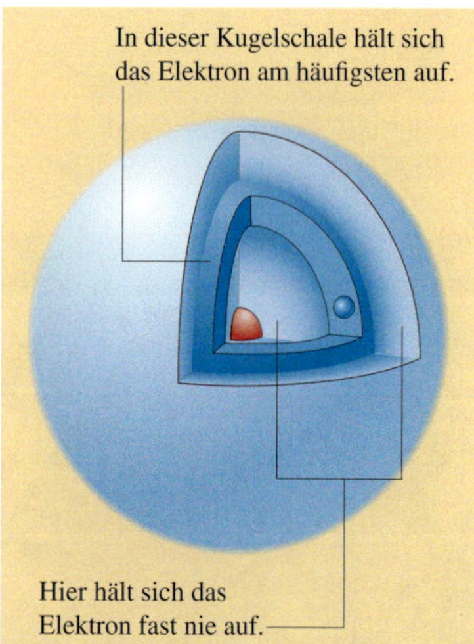

3 Wasserstoffatom im niedrigsten Energiezustand: Das Elektron hält sich bevorzugt in einer kugelförmigen Zone um den Kern auf.

↑Basiskonzept Struktur der Materie

↑Basiskonzept Wechselwirkung

Die vier Kräfte des Standardmodells der Materie

Die Physiker haben unsere vertraute materielle Welt in kleinste Teilchen zerlegt, zwischen denen nichts als leerer Raum ist! Wie kann aus wenigen Sorten unterschiedlicher Quarks und Elementarteilchen unsere Welt wieder zusammengebaut werden? Diese Teilchen wechselwirken auf unterschiedliche Weise:

Starke Kraft Zwischen den Quarks sorgt eine starke Wechselwirkung dafür, dass die Kernbausteine zusammenhalten. Sie wirkt auf sehr kurze Entfernungen, wobei die Reichweite etwa 10^{-15} m beträgt, also auf das Proton bzw. Neutron beschränkt ist. Die starke Kraft ist anziehend, wenn sich der Abstand vergrößert, und wirkt abstoßend, wenn der Abstand zu klein wird. Befinden sich die Quarks „im richtigen Abstand", sind sie „frei" beweglich und bilden deshalb beispielsweise ein stabiles Proton oder Neutron. Um zwei Quarks gegen die starke Wechselwirkung zu trennen, ist sehr viel Energie erforderlich. Gelingt diese Trennung, wandelt sich die aufgewendete Energie in ein Quark-Antiquark-Paar, sodass aus dem getrennten Quarkpaar zwei Paare entstehen; wegen dieser Vervielfachung sind die Quarks nicht wirklich trennbar. *Die starke Kraft liefert stabile Atomkerne!*

Schwache Kraft Zwischen den Elementarteilchen und den Quarks wirkt eine schwache Wechselwirkung. Sie ist unter anderem für den Zerfall eines Neutrons in ein Proton, ein Elektron und ein Neutrino verantwortlich. ↑3 Die schwache Kraft ist schwächer als die starke Kraft und von nur geringer Reichweite, die kleiner als der Protonenradius ist. *Die schwache Kraft beschreibt den radioaktiven Zerfall des Atomkerns.*

Elektromagnetische Kraft Positive und negative Ladungen ziehen einander an, gleichnamige Ladungen stoßen einander ab. Diese Wechselwirkung ist um den Faktor 100 schwächer als die starke Wechselwirkung im Kern und deshalb ist der Kern stabil, obwohl dort mehrere positiv geladene Protonen sehr dicht beieinander sind.
Die elektromagnetische Kraft wirkt auch über große Entfernung. Weil es jedoch keine größeren Ansammlungen von gleichen Ladungen geben kann, denn diese würden auseinanderfliegen, ist die elektromagnetische Kraft in größerer Entfernung kaum spürbar.

Zwischen Atomkern und Elektronen wirkt eine elektrische Anziehung. Es können jedoch nicht alle Elektronen des Atoms gleichzeitig nahe an den Kern kommen. Vielmehr gibt es bestimmte räumliche Bereiche, in denen sich die Elektronen aufhalten können. Auf diese Weise entstehen stabile Zustände des Atoms, die je nach Energiezustand unterschiedliche räumliche Strukturen haben. ↑3
Wechselt das Atom von einem höheren in einen niedrigeren Energiezustand, sendet es einen winzigen Lichtblitz – ein Photon – aus; umgekehrt kann es durch Absorption eines Photons in einen höheren Energiezustand wechseln.

Moleküle bestehen aus zwei oder mehr Atomen. Unterschiedliche Arten der Molekülbindung bestimmen dann das chemische Verhalten des Stoffes. Stets jedoch sind Veränderungen der Elektronenverteilungen die Ursache für elektrostatische Anziehung der beteiligten Atome. *Die elektromagnetische Kraft bewirkt die Stabilität der Atome und Moleküle, sie ermöglicht den Aufbau aller Dinge um uns und auch unseres eigenen Körpers.*

Gravitationskraft Zu den ersten Erfahrungen eines Kleinkindes gehört: Alles fällt nach unten! NEWTON hat den Zusammenhang zwischen dem Fallen eines Apfels und der Bewegung des Mondes um die Erde erkannt: Es gibt eine anziehende Wechselwirkung zwischen allen Körpern, die nur von der Masse und vom Abstand der Körper abhängt. Diese Wechselwirkung wird *Massenanziehung* oder *Gravitation* genannt.
Wird die Masse eines der beiden Körper verdoppelt, verdoppelt sich auch die Gravitationskraft. Umgekehrt nimmt die Gravitationskraft auf ein Viertel ab, wenn der Abstand der Körper verdoppelt wird.
Weil die Gravitation eine anziehende Wechselwirkung ist, können sich große Mengen von Materie bilden, die dann eine große Masse haben. Obwohl die Gravitationskraft bei Weitem die schwächste der vier Kräfte ist, ist sie wegen der großen Masse der Erde täglich spürbar.
Die Gravitationskraft reicht sehr weit in den Weltraum hinaus, weil sich in den Sternen und Planeten sehr viel Masse angesammelt hat. *Die Gravitationskraft sorgt dafür, dass alles nach unten fällt, die Gebäude stabil sind, unsere Atmosphäre nicht davonfliegt und die Erde auf stabiler Bahn um die Sonne kreist.*

Kräfte und Bewegung Weil alle Elementarteilchen auch Masse haben, besitzen bewegte Elementarteilchen Bewegungsenergie. Werden also beispielsweise in einem Teilchenbeschleuniger Elektronen auf Protonen geschossen, kann deren Bewegungsenergie ausreichen, die Quarks im Proton zu trennen; sie müssen dafür fast Lichtgeschwindigkeit haben!
Auch die thermische Bewegung kann Bindungen trennen, beispielsweise kann sie die elektromagnetische Bindung im festen Körper zerstören und lässt ihn flüssig werden. Die thermische Bewegung kann sogar so groß werden, dass schließlich die starken Kräfte überwunden werden, z. B. durch Protonen-Protonen-Prozesse in der Sonne, in der Temperaturen bis zu 10 Mio. K herrschen.

1 Beschreibe genau das Spiegelbild verschiedener Gegenstände. Worin unterscheiden sich Gegenstand und sein Spiegelbild?
2 Wie viele Leptonen und wie viele Quarks gibt es im Standardmodell? Aus welchen Teilchen besteht das Antiproton?
3 Warum kann man nicht davon sprechen, dass die Australier mit dem Kopf nach unten hängen?
4 Welche Kräfte bewirken, dass die Vase auf dem Tisch stehen bleibt? Fällt die Vase vom Tisch, zerbricht sie. Welche Wechselwirkungen und Energien spielen dabei eine Rolle?
5 Umwickle zwei Permanentmagnete mit Klettband. Für welche Kräfte könnte man damit Modellexperimente machen?

Schon gewusst?

Fast jedes Elementarteilchen hat eine weitere Eigenschaft, es hat eine winzige magnetische Wirkung mit einer bestimmten Orientierung. Bei einigen Metallen führt die elektromagnetische Kraft zu einer Ordnung aller benachbarten Atome, sodass deren magnetische Wirkungen sich nicht aufheben, sondern beispielsweise mit einer Kompassnadel spürbar werden.

Gravitationskraft

Elektromagnetische Kraft

Starke Kraft

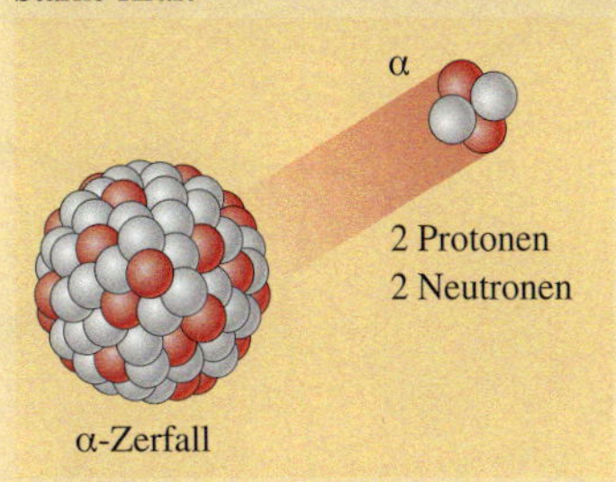

Schwache Kraft

4 Die fundamentalen Kräfte in der Natur

Zerfall von Atomkernen – Radioaktivität

Donnerstag, der 19. September 1991. Gegen Mittag dieses sonnigen Tages verlassen zwei Urlauber in den Ötztaler Alpen den markierten Weg, um eine Abkürzung zu nehmen. Bald liegt vor ihnen eine mit Schmelzwasser gefüllte Mulde. Auf deren Sohle bemerken sie etwas Bräunliches, vielleicht Müll? Beim Näherkommen wird aus der Verärgerung Entsetzen: Vor ihnen liegt die Leiche eines Menschen, mit der Brust auf einer Felsplatte, nur der Hinterkopf und die nackten Schultern ragen aus dem Eis. ↑1
Schon am nächsten Tag startet ein Bergungstrupp, doch erst am Montag gelingt die Bergung. Sechs Tage nach der Entdeckung der Mumie wird schließlich ein Archäologe hinzugezogen: Der Mann aus dem Eis, bald nur noch „Ötzi" genannt, vor mehr als 5000 Jahren gestorben, wird zu einem einzigartigen Fenster in die Vergangenheit. ↻ 248-1

↑Basiskonzept Struktur der Materie

↑Basiskonzept Wechselwirkung

1 Fundstelle der Gletscherleiche

2 Pyramiden von Gizeh

3 Jahresringe am Baumstamm

Als „Ötzi" auf der Jagd war und umkam, gab es die Pyramiden von Gizeh in Ägypten noch nicht. ↑2 Sie wurden etwa 2620 bis 2500 v. Chr. erbaut und sind heute also mehr als 4500 Jahre alt. Weil es bereits aus jener Zeit Berichte auf Schriftrollen und Tafeln gibt und bis heute die Geschichte aufgeschrieben wurde, kann das Alter der Pyramiden recht genau bestimmt werden.
Das Alter von Bäumen kann an seinen Jahresringen abgezählt werden. ↑3 Jedes Jahr wächst der Umfang, im Frühjahr schneller und im Winter langsam. So entstehen zählbare Ringe. Die Anzahl der Ringe ergibt deshalb die Jahre seines Wachsens. Je breiter ein Ring, desto besser waren in jenem Jahr die klimatischen Bedingungen für das Wachstum. Fachleute vergleichen die Abstände der Jahresringe unterschiedlicher Bäume, die zu verschiedenen Zeiten wuchsen, und erstellen so einen Kalender. So kann beispielsweise genau bestimmt werden, wann der Baum wuchs, der im Dachstuhl eines alten Hauses eingebaut war.
Ötzis Todesjahr wurde mithilfe der Radiokohlenstoffdatierung (auch C-14-Methode oder Radiokarbonmethode genannt) bestimmt: Die Konzentration des Kohlenstoffs in seinen Zellen ändert sich seit seinem Tod, weil ein Teil davon nach und nach radiaoaktiv zerfällt. Diese Methode zur Altersbestimmung wurde von dem amerikanischen Chemiker Willard Frank Libby und seinen Mitarbeitern seit 1947 entwickelt und eignet sich für Datierungen in der Archäologie, der Anthropologie, der Ozeanografie, der Bodenkunde und jüngerer Gesteine.
Was passiert dabei und wie kann daraus auf das Alter geschlossen werden?

Vom Aufbau der Atomkerne

↑Basiskonzept Struktur der Materie

Atomkerne bestehen aus positiv geladenen Protonen und aus ungeladenen Neutronen. Beide Kernbausteine, auch Nukleonen genannt, besitzen nahezu die gleiche Masse. Da die Masse der Elektronen im Atom verschwindend gering ist, ergibt sich aus der Summe der Protonen und Neutronen im Kern die Masse des Atoms.

Der Kern des Wasserstoffatoms besteht nur aus einem Proton, der Kern des Kohlenstoffatoms aus 6 Protonen und 6 Neutronen. Jedes Kohlenstoffatom hat also die 12-fache Masse eines Wasserstoffatoms. Da 1 mol eines Stoffes dieselbe Anzahl von Atomen enthält und die Masse von 1 mol Wasserstoff mit 1 g festgelegt wurde, ergibt sich für 1 mol Kohlenstoff die Masse von 12 g. Genaue Messungen der *molaren Masse* von natürlichem Kohlenstoff ergeben jedoch 12,011 g pro mol.

Warum sind die molaren Massen fast aller Stoffe nicht genau ganzzahlige Vielfache der molaren Masse des Wasserstoffs?

4 Messen der Radioaktivität

Element	Elementsymbol	Massenzahl	Molare Masse in g/mol
Wasserstoff	H	1	1,00794
Kohlenstoff	C	12	12,0107
Sauerstoff	O	16	15,9994
Verbindung	**Summenformel**	**Massenzahl**	**Molare Masse in g/mol**
Wasserstoff	H_2	2	2,01588
Sauerstoff	O_2	32	31,9988
Wasser	H_2O	18	18,01528
Methan	CH_4	16	16,043
Aspirin	$C_9H_8O_4$	178	180,16

Schon gewusst?

Man kennzeichnet den Atomkern des Stoffes X durch die Summe der Nukleonen $A = Z + N$ und die Protonenanzahl Z: ${}^{A}_{Z}X$ oder einfach ${}^{A}X$ bzw. X-A. A wird auch als Massenzahl und Z als Kernladungszahl bezeichnet.

Experimente

1 Messung der Nullrate

Mit einem einfachen Zählrohr kann man die Nullrate messen: Lies die Betriebsanleitung. Schalte das Gerät auf Dauermessung und zähle die Impulse, die pro Minute vom Zählrohr registriert werden. Wiederhole die Messung mehrfach und bilde einen Mittelwert. ↑5

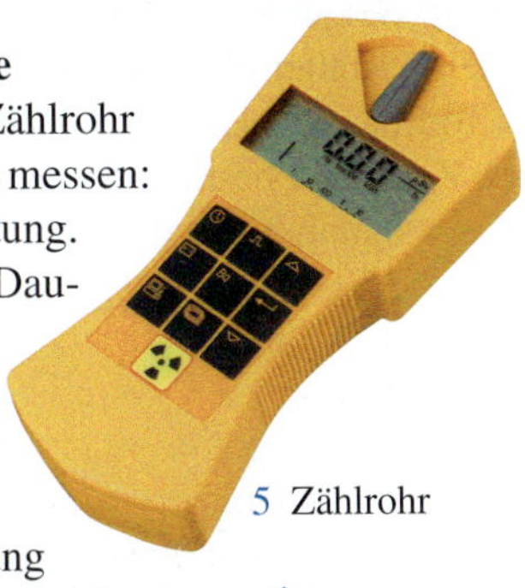

5 Zählrohr

2 Zählraten

In der Physiksammlung ist vermutlich der Glühstrumpf einer Gaslampe vorhanden. Lege den Glühstrumpf auf das Fenster des Zählrohrs und miss die Zählrate pro Minute. Um wie viele Impulse hat die Zählrate gegenüber der Nullrate zugenommen? Frage den Chemielehrer, ob es in der Chemikaliensammlung ein Uransalz gibt. Lass dir gegebenenfalls einige Gramm in ein Glasgefäß geben. Untersuche die Zählrate, indem du das Gläschen auf das Fenster des Zählrohrs stellst.

3 Ist Staub radioaktiv?

Verschließe die Ansaugöffnung eines Staubsaugers mit einem luftdurchlässigen Läppchen (Mullbinde ist geeignet!) und lass den Sauger möglichst lange laufen, falls möglich in einem Kellerraum. Achte darauf, dass der Motor des Staubsaugers nicht heiß läuft!

Untersuche sofort nach Abschalten des Staubsaugers die Zählrate des Staubes am Läppchen. Wiederhole die Messung alle 3 Minuten.

Ist die Zählrate gegenüber der Nullrate erhöht? Nimmt die Zählrate mit der Zeit ab?

GRUNDLAGEN: Nuklide und Isotope

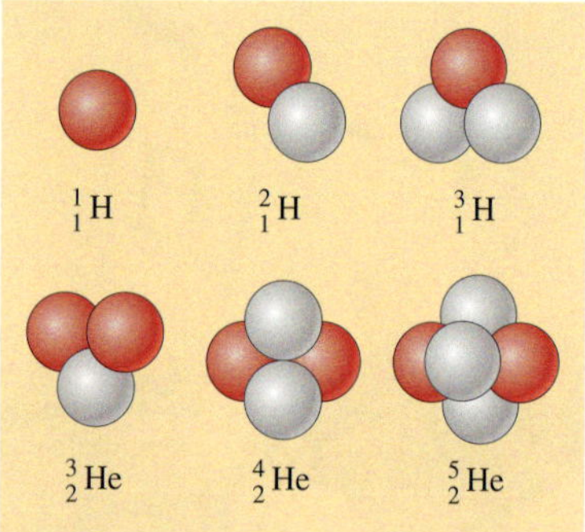

1 Kerne und ihre Kennzeichnung

Natürlich vorkommende Isotope	
Nuklid	Häufigkeit in %
^1H	99,9885
^2H	0,0115
^3H	10^{-15}
^{12}C	98,9
^{13}C	1,1
^{14}C	$< 10^{-9}$
^{16}O	99,762
^{17}O	0,038
^{18}O	0,2

2 Altägyptische Mumie

Die Anzahl *Z* der Protonen im Atomkern bestimmt das chemische Verhalten dieses Stoffs. Die Gesamtzahl *A* von Protonen und Neutronen bestimmt die Masse des Atoms. Für jeden einzelnen Kern kann *A* nur ganzzahlig sein. Die molaren Massen der Elemente sind jedoch nicht ganzzahlig. ↑S. 249 Tabelle

Da für einen bestimmten Stoff die Anzahl *Z* der Protonen in jedem Kern stets gleich sein muss, können sich einzelne Kerne nur in der Anzahl der Neutronen unterscheiden. Tatsächlich haben 1,1 % der Kerne von natürlichem Kohlenstoff statt 6 Neutronen 7 und sehr, sehr wenige Kerne sogar 8 Neutronen. Der Atomkern mit 14 Nukleonen, C-14 oder auch $^{14}_{6}C$ genannt, ist nicht stabil und wandelt sich in Stickstoff um, dessen Kern 7 Protonen und 7 Neutronen enthält. Bei der Umwandlung eines Neutrons in ein Proton wird ein Elektron ausgesandt. In einem Mol Kohlenstoff gibt es pro Sekunde etwa drei solche radioaktiven Zerfälle von C-14-Kernen.

Die verschiedenen Arten von Atomkernen mit der Protonenanzahl *Z* und der Neutronenanzahl *N* werden Nuklide genannt. Die Isotope eines Elements unterscheiden sich nur in der Neutronenanzahl *N*.

Altersbestimmung mit der C-14-Methode Die Zusammensetzung des natürlich vorkommenden Kohlenstoffs bleibt immer gleich, denn die zerfallenen C-14-Kerne werden durch andere radioaktive Prozesse in unserer natürlichen Umwelt nachgeliefert. Deshalb haben alle lebenden Organismen die gleiche Zusammensetzung der in ihnen enthaltenen C-12-, C-13- und C-14-Atomkerne. Stirbt der Organismus, werden die zerfallenen C-14-Atome nicht mehr nachgeliefert, ihre Anzahl nimmt langsam ab. Nach 5370 Jahren hat sich die Anzahl der C-14-Kerne halbiert, nach weiteren 5370 Jahren ist nur noch ¼ der C-14-Kerne vorhanden und so fort. Deshalb nimmt im Laufe der Zeit die Anzahl der radioaktiven Zerfälle der C-14-Kerne ab: Je länger der Organismus tot ist, desto geringer wird die Anzahl der Zerfälle pro Sekunde. Eine genaue Zählung der Zerfälle in einer bestimmten Menge Kohlenstoff aus dem toten Organismus erlaubt die Bestimmung des Todeszeitpunkts. Bis auf 40 Jahre genau kann mit der C-14-Methode dieser Zeitpunkt bestimmt werden, der zwischen 300 und 50 000 Jahre zurückliegen kann. Ötzi, der Mann aus dem Eis der Ötztaler Alpen, lebte zwischen 3350 und 3100 v. Chr., ist also schon mehr als 5000 Jahre tot.

250-1

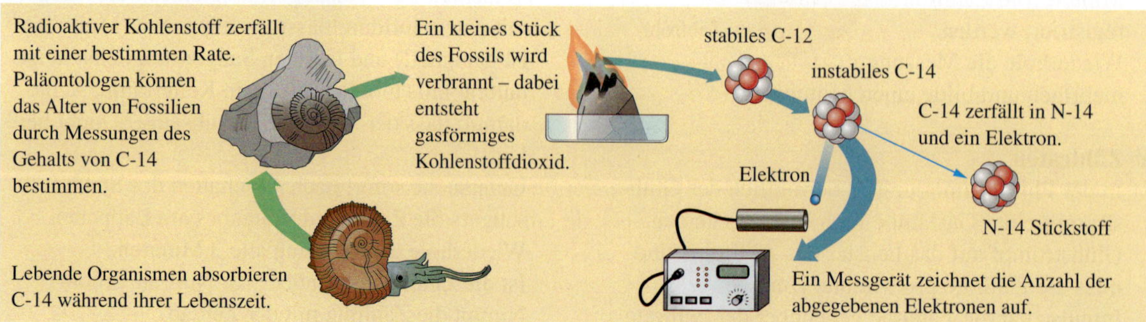

3 Prinzip der C-14-Methode

Probier 's mal!

1 Münzspiel
Lege 100 (gleiche) Münzen in einen Schuhkarton, verschließe ihn, schüttle einmal kräftig und öffne den Deckel. Nimm alle Münzen mit „Zahl oben" heraus und staple sie. Wiederhole den Vorgang und stelle die Stapel nebeneinander. Wie oft muss der Vorgang wiederholt werden, damit noch etwa fünf Münzen im Karton sind? Stelle die Stapelhöhe in einem Balkendiagramm dar.

2 Würfelspiel
Das Experiment 1 kann man mit etwa 100 Würfeln wiederholen und jeweils alle Würfel mit 6 Augen entfernen und stapeln. Nach wie vielen Vorgängen ist nur noch die halbe Anzahl der Würfel im Karton? Stelle die Stapelhöhe in einem Balkendiagramm dar. ↑4

4 Würfelspiel

3 C-14-Lotterie
Stelle dir 100 gleiche kleine Kärtchen her und nummeriere sie von 1 bis 100. Beschrifte 32 dieser Kärtchen mit C-14, alle anderen mit C-12, bevor alle in eine Lostrommel, z. B. eine große Vase, kommen. Starte die Stoppuhr. ↑5

5 C-14-Lotterie

Schüttle die Lostrommel und ziehe ein Kärtchen, kontrolliere, ob es ein C-14-Kärtchen ist. Falls ja, notiere die Zahl im Diagramm und lege das Kärtchen zurück in die Trommel. Schütteln, Kärtchen ziehen, kontrollieren und zurück und so fort. Sofern eine C-14-Karte gezogen wird, die bereits „zerfallen ist", also schon draußen war, wird diese nicht erneut notiert, sondern kommt wieder zurück in die Trommel.
Wie lange dauert es, bis die ersten 16 C-14 „zerfallen" sind? Wie lange dauert es, bis weitere 8, dann 4 und 2 „zerfallen" sind?

GRUNDLAGEN: Die Nuklidkarte

Da die Atomkerne aller Elemente nur aus Protonen und Neutronen bestehen, können alle vorkommenden Nuklide in einem zweiachsigen Koordinatensystem eingeordnet werden. Auf der vertikalen Achse wird die Anzahl *Z* der Protonen, auf der horizontalen die Anzahl *N* der Neutronen im Kern aufgetragen. Jedem Nuklid kann genau ein Feld auf dieser Nuklidkarte zugeordnet werden. Mit der Farbe der Felder wird die Art des radioaktiven Zerfalls dieses Nuklids gekennzeichnet. ↑6
In das Feld werden weitere Eigenschaften dieses Nuklids eingetragen. In den Feldern in einer Reihe ist die Protonenanzahl gleich, hier finden sich die Isotope eines Elements.
Bei allen Atomkernen sind die Anzahl der Protonen und Neutronen etwa gleich. Daher bilden alle Nuklide eine breite Diagonale auf der Nuklidkarte, die bis zu dem schwersten natürlichen Element Uran reicht, dessen schwerstes Isotop aus 92 Protonen und 146 Neutronen bestehen. Die meisten Isotope des Urans haben weniger als 146 Neutronen. 251-1

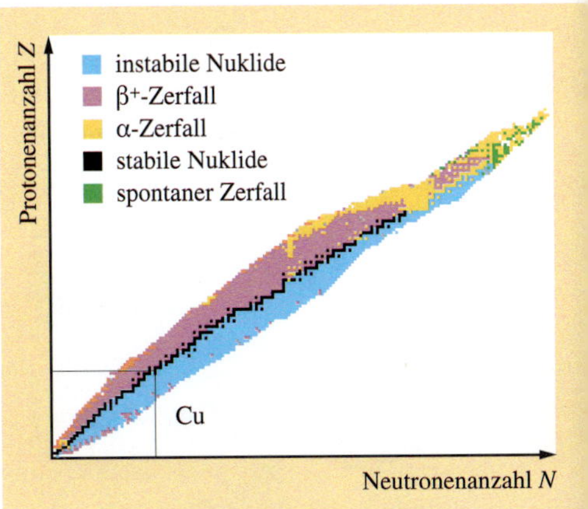

6 Aufbau einer Nuklidkarte

GRUNDLAGEN: Radioaktivität

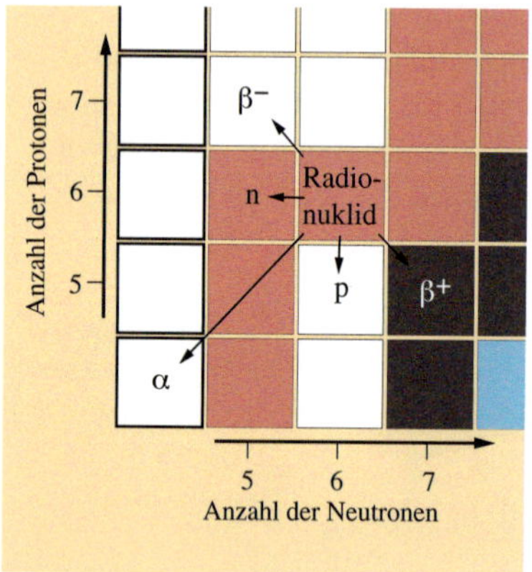

1 Nuklidkarte (Ausschnitt)

Seit etwas mehr als hundert Jahren ist bekannt, dass sich die Atome einiger Stoffe von selbst in einen anderen Stoff umwandeln und dabei energiereiche Strahlung aussenden. Diese Strahlung kann Röntgenfilme schwärzen. MARIE und PIERRE CURIE untersuchten Mineralien, die solche Strahlung aussenden, genauer und entdeckten dabei 1898 zwei bis dahin unbekannte chemische Elemente, die sie Polonium und Radium nannten. Die Strahlungserscheinung bezeichneten sie als „Radioaktivität". Die radioaktiven Atomkerne werden Radionuklide genannt.

Es gibt drei wichtige Arten von Kernstrahlung: Alpha-, Beta- und Gammastrahlung.

Alphastrahlung Die α-Strahlung besteht aus doppelt positiv geladenen Heliumkernen. Bei einem α-Zerfall verringert sich die Kernladungszahl des Radionuklids um den Wert 2 und seine Massenzahl um den Wert 4. Polonium-210 wandelt sich z. B. in Blei um. ↑2

In dem Ausschnitt aus der Nuklidkarte ↑1 findet man das α-Zerfallsprodukt zwei Reihen tiefer und zwei Kästchen weiter links; dieses Nuklid ist oft selbst nicht stabil!

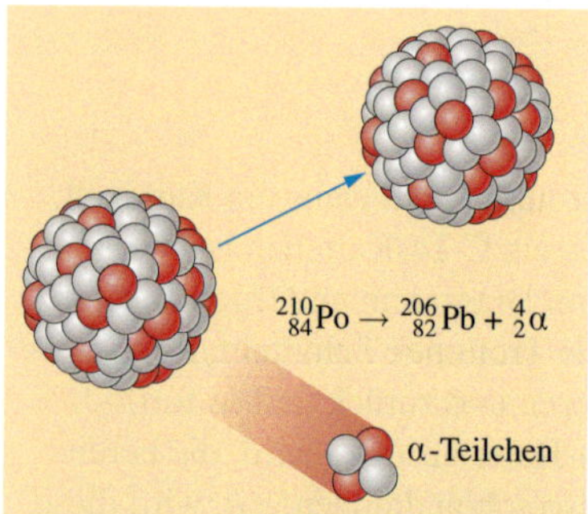

2 Beispiel für Zerfall mit α-Strahlung

Für einen Zerfall kann man eine *Zerfallsgleichung* angeben. Für Polonium-210 lautet sie: $^{210}_{84}\text{Po} \rightarrow {}^{206}_{82}\text{Pb} + {}^{4}_{2}\alpha$.

Betastrahlung β-Strahlung besteht aus Elektronen mit hoher Geschwindigkeit. Sie entstehen im Atomkern, wenn sich ein Neutron in ein Proton umwandelt; das entstehende Elektron verlässt das Atom. Da das entstandene Proton im Kern verbleibt, erhöht sich die Kernladungszahl des neu entstandenen Nuklids um den Wert 1. Die Massenzahl bleibt erhalten, weil sich die Anzahl der Kernteilchen insgesamt nicht verändert hat.

In dem Ausschnitt aus der Nuklidkarte findet man dieses Nuklid in der Reihe darüber und ein Kästchen nach links verschoben. ↑1

$^{14}_{6}\text{C}$ wandelt sich in das stabile $^{14}_{7}\text{N}$ um und sendet ein Elektron aus. Aus Kohlenstoff wird Stickstoff. ↑3

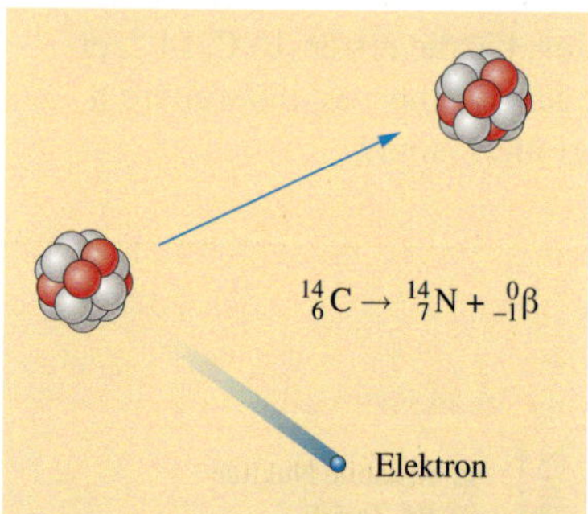

3 Beispiel für Zerfall mit β-Strahlung

Gammastrahlung Die γ-Strahlung ist eine energiereiche elektromagnetische Strahlung und hat eine für das Nuklid typische Energie. Auch das sichtbare Licht verhält sich wie elektromagnetische Strahlung, seine Energiequanten haben aber eine viel geringere Energie.

Bei der Abgabe von γ-Strahlung bleiben die Kernladungs- und die Massenzahl gleich; es ändert sich jedoch der Energiezustand des Atomkerns, die Energie des Atomkerns nimmt ab. ↑4

Die γ-Strahlung tritt häufig gleichzeitig mit der α- und β-Strahlung auf und hat eine für den Stoff typische Energie, an der man – mit einem Messgerät für Strahlungsenergie – den Stoff sogar erkennen kann.

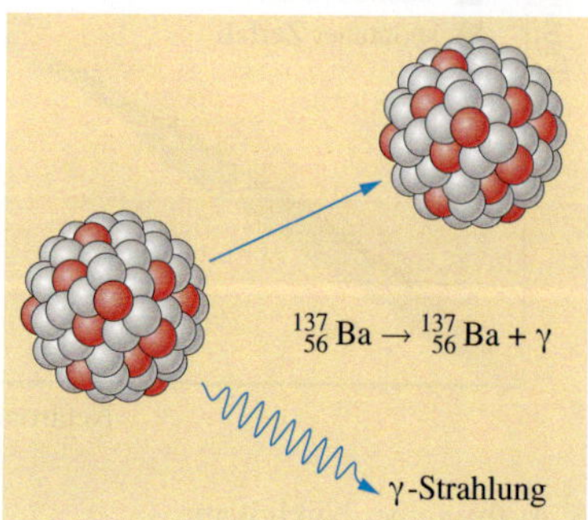

4 Beispiel für Zerfall mit γ-Strahlung

Einige Atomkerne wandeln sich spontan in andere Atomkerne um. Dabei senden sie Alpha-, Beta- oder Gammastrahlung aus. Diese Eigenschaft bezeichnet man als natürliche Radioaktivität. 252-1

Eigenschaften der Kernstrahlung

5 Kondensstreifen am Himmel

Die Kondensstreifen eines Düsenflugzeugs entstehen in großer Höhe. Dort kann der unsichtbare Wasserdampf an den von der Turbine des Flugzeugs ausgestoßenen geladenen Rußteilchen kondensieren. An den vielen geladenen Partikeln lagern sich Wassermoleküle an, bis sie winzige Tropfen bilden. Diese Tröpfchen sehen wir als Wolke oder Nebel oder eben als Kondensstreifen. Die Kondensstreifen „schweben" eine Weile und lösen sich dann wieder auf. Unter bestimmten Umständen kann auch Kernstrahlung Nebelspuren erzeugen. Wird diese Strahlung dabei vernichtet?

↑Basiskonzept Wechselwirkung

Experimente

1 Nachweis von Radioaktivität

a Der Metallteller auf einem Elektroskop wird einmal positiv, einmal negativ aufgeladen. ↑6
Was kannst du jeweils beobachten, wenn ein radioaktives Präparat in die Nähe des Tellers gebracht wird? Versuche deine Beobachtungen zu erklären.

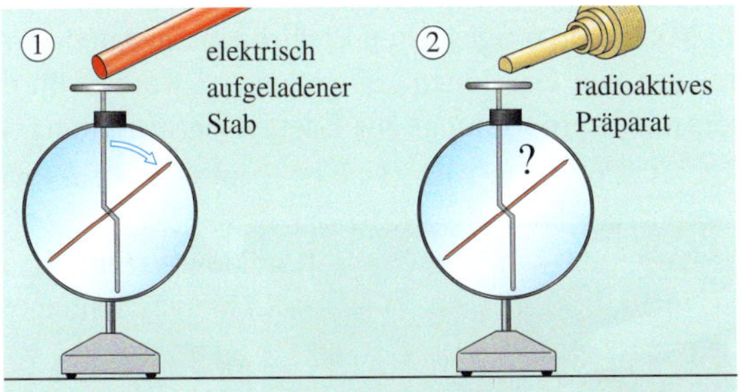

6 Nachweis mit dem Elektroskop

b Zwei Hörnerelektroden sind gerade so weit voneinander entfernt, dass die Hochspannung zwischen ihnen noch nicht für einen Funkenüberschlag („Blitz") ausreicht. ↑7 Nun richtet der Lehrer ein radioaktives Präparat auf die Strecke zwischen den beiden Elektroden – und schon geht's los! Wie kannst du deine Beobachtung erklären?

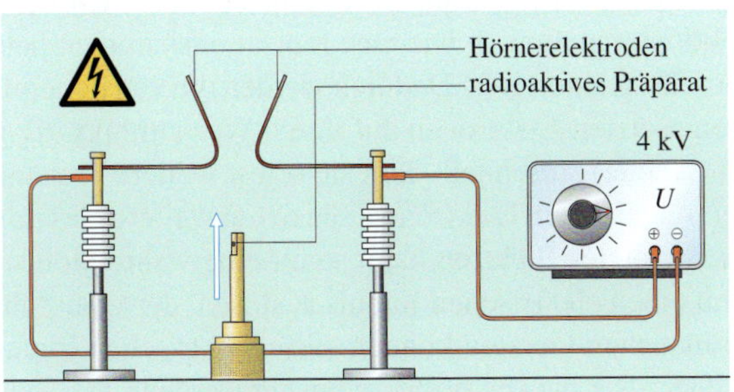

7 Nachweis über eine Funkenstrecke

2 Messungen mit dem Geigerzähler

a Richte das Zählrohr auf verschiedene Gegenstände: den Tisch, die Wände, Fliesen, Steine, den Glühstrumpf einer Gaslaterne, Urangestein … (in der Physiksammlung wird es bestimmt noch mehr Gegenstände für diesen Zweck geben).
Wie viele Impulse registriert das Zählrohr jeweils innerhalb von 10 s und 1 min? Notiere deine Ergebnisse in einer Tabelle und wiederhole die einzelnen Messungen jeweils 5-mal.

b Entferne alle radioaktiven Gegenstände so weit wie möglich aus der Umgebung des Zählrohrs. Jetzt dürfte das Zählrohr eigentlich nichts mehr anzeigen – oder doch? Probiere es aus!

! *Sicherheitshinweise*

Im Schulunterricht dürfen nur radioaktive Präparate verwendet werden, die nach der Strahlenschutzverordnung für Demonstrationsexperimente zugelassen sind. Diese Präparate sind schwach radioaktiv und befinden sich in schutzummantelten Gefäßen, aus denen sie nur für die – möglichst kurze! – Experimentdauer herausgenommen werden dürfen. Anschließend müssen die Präparate sofort wieder in den Schutzgefäßen verwahrt werden.
Nach Experimenten mit radioaktiven Präparaten Hände gründlich waschen!
Offene Strahler wie z. B. radioaktives Gestein nie mit bloßen Händen anfassen!

GRUNDLAGEN: Die Strahlung radioaktiver Körper ionisiert

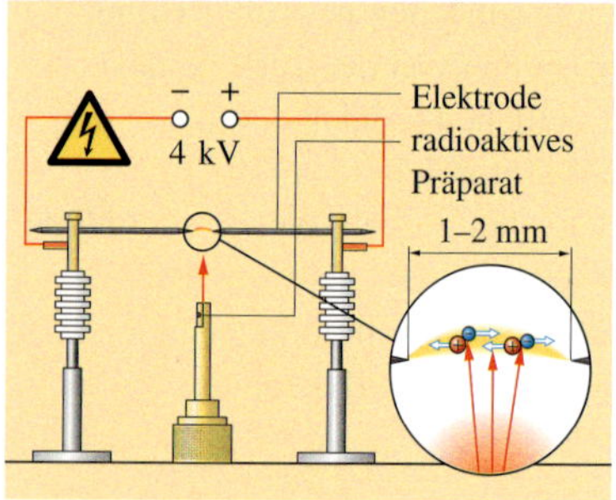

1 Ionisationswirkung

Die energiereiche Strahlung radioaktiver Körper ist in der Lage, Elektronen aus den Atomhüllen von Luftmolekülen zu „schlagen". Es stehen dann freie Elektronen und positiv geladene Ionen (Atome mit Elektronenmangel) als Ladungsträger für einen elektrischen Strom zur Verfügung. ↑1
Die ionisierende Wirkung ist nicht auf Gase beschränkt: Strahlung radioaktiver Körper kann die Moleküle in einem Film ionisieren und dadurch eine chemische Reaktion auslösen, die zur Schwärzung des Bildes führt.

Die Strahlung radioaktiver Körper kann Materie ionisieren. Diese Eigenschaft wird verwendet, um die Strahlung nachzuweisen.

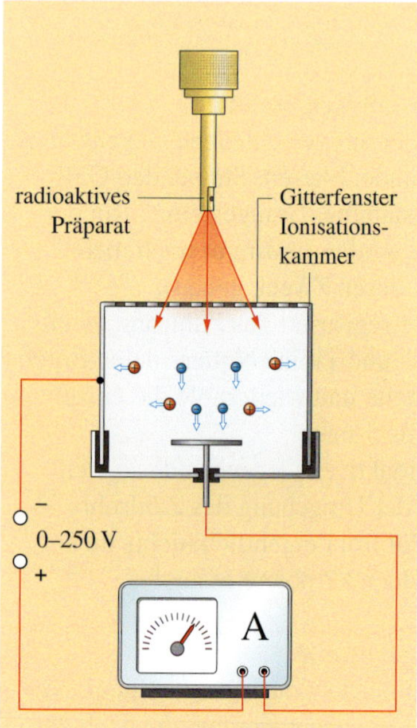

2 Ionisationskammer (Prinzip)

Beispiele: Die *Ionisationskammer* ist ein Nachweisgerät für die Strahlung radioaktiver Körper. Sie besteht aus einer Metalldose mit einem „Gitterfenster" und einem Metallteller. ↑2
Fällt die Strahlung eines radioaktiven Körpers durch das Gitterfenster in die Kammer ein, werden Moleküle des eingeschlossenen Gases ionisiert. Die freigesetzten Elektronen werden durch das elektrische Feld zum positiven Metallteller (Anode) hin beschleunigt, die positiven Gas-Ionen zur negativen Metallwand (Kathode) hin. Im Stromkreis kommt es zu einem geringen elektrischen Strom, der mit einem Messverstärker gemessen wird. Durch geeignete Wahl der Spannung zwischen Anode und Kathode erreicht man, dass im Mittel alle freigesetzten Elektronen die Anode erreichen und nicht unterwegs von Gas-Ionen „eingefangen" werden. In diesem Fall ist die Stromstärke proportional zur Energie der Strahlung, die pro Sekunde einfällt.

3 Geigerzähler für das Militär; Uhr mit Geigerzähler

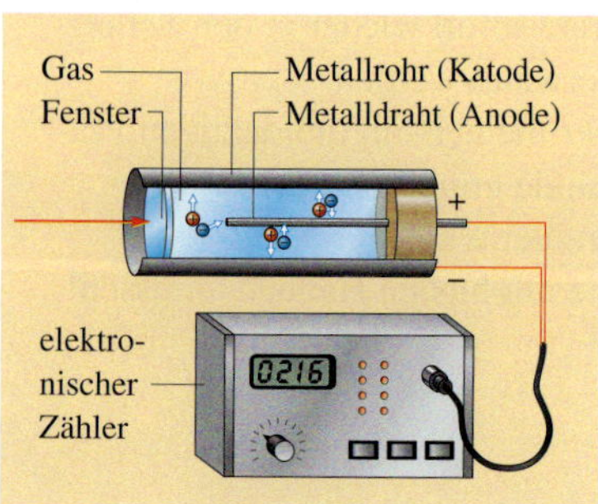

4 Prinzip des Zählrohrs

Geigerzähler gibt es in vielen Ausführungen für unterschiedliche Einsatzbereiche. ↑3 Sie funktionieren ähnlich wie eine Ionisationskammer, haben aber eine höhere Betriebsspannung. ↑4 Dadurch werden die von der einfallenden Strahlung freigesetzten Elektronen auf ihrem Weg zum positiv geladenen Metalldraht (Anode) so schnell, dass sie selbst weitere Gasatome ionisieren. Die dabei freigesetzten Elektronen ionisieren weitere Gasatome usw. Ein einziges freigesetztes Elektron kann somit eine wahre „Ionisationslawine" und damit einen elektrischen Impuls auslösen, der vom Zähler registriert wird. Bei manchen Geräten können diese elektrischen Impulse über einen Lautsprecher als Knacken hörbar gemacht werden.

Der Amerikaner CHARLES WILSON (1869–1959) baute 1911 die erste funktionstüchtige *Nebelkammer*, 1927 erhielt er dafür den Nobelpreis. ↑5
In der Kammer ist ein völlig staubfreies Gemisch aus Luft und Dampf (Wasser- oder Alkoholdampf) eingeschlossen. Wenn sich der Dampf in der Kammer durch Loslassen des zuvor zusammengedrückten Ballons „schlagartig" ausdehnt, kühlt er unter seine Kondensationstemperatur ab, ohne zu kondensieren: Jetzt ist die Nebelkammer „einsatzbereit". Fällt Strahlung eines radioaktiven Körpers in die Kammer, so werden kleine weiße Nebelspuren sichtbar. Die Ionen wirken als Kondensationskeime. Die Nebelspuren verraten den Weg der Strahlung durch die Kammer. ↑2

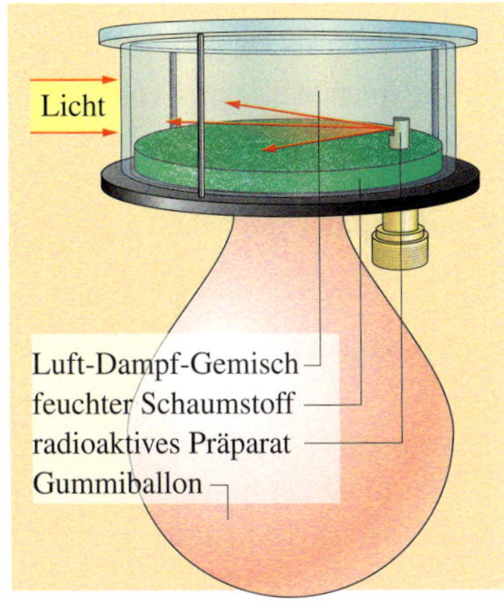

5 Nebelkammer nach WILSON

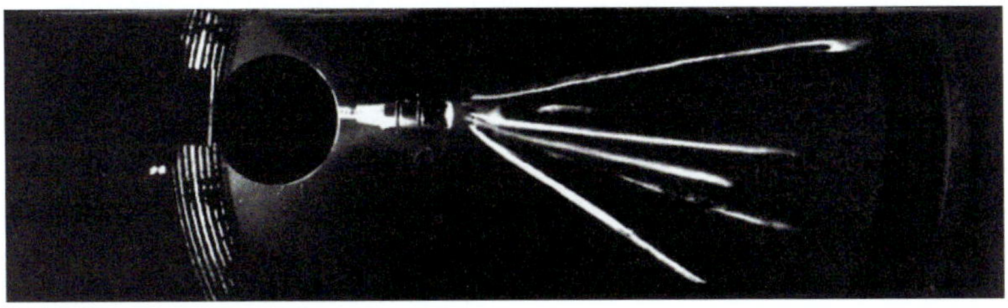

6 Nebelspuren ionisierender Strahlung

Die Diffusionsnebelkammer ist etwas aufwendiger. Ihr Boden wird durch gefrorenes Kohlenstoffdioxid („Trockeneis") abgekühlt. ↑6
Alkohol verdunstet aus einer beheizbaren Rinne am Deckel des Glaskastens und breitet sich als Dampf in der ganzen Kammer aus. In Bodennähe kühlt der Dampf unter seine Kondensationstemperatur ab, ohne zu kondensieren. Wenn in diesen Bereich Kernstrahlung aus der Umgebung eindringt, gibt es unterschiedliche typische Nebelspuren, die auf unterschiedliche Kernstrahlung hinweisen. ↻ 255-1

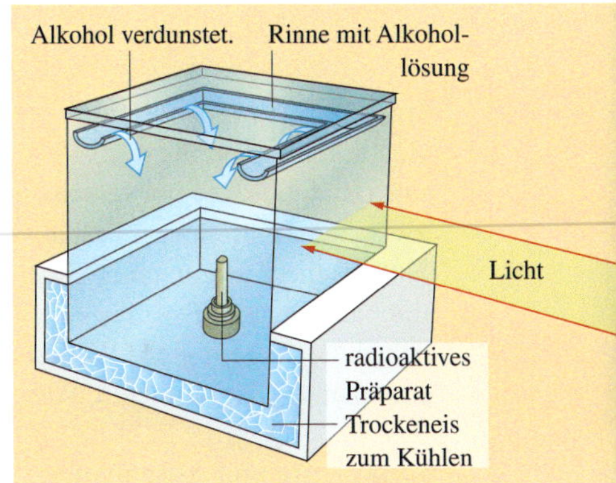

7 Diffusionsnebelkammer

GRUNDLAGEN: Radioaktivität – überall

Wir sind ständig von Radioaktivität umgeben. Einige Beispiele:
- Aus dem Erdboden entweicht das radioaktive Gas Radon.
- Mehrere Gesteine enthalten in geringen Mengen radioaktives Uran.
- In der Luft und in allen Lebewesen ist in geringen Mengen auch das radioaktive Isotop $^{14}_{6}C$ enthalten.

> **Strahlung radioaktiver Körper erreicht uns überall und ständig aus Boden, Wasser und Luft sowie aus dem Weltraum. Diese „Hintergrundstrahlung" macht sich bei Messungen stets bemerkbar: Man spricht vom *Nulleffekt*.**

Wie groß der Nulleffekt ist, hängt vom Ort der Messung und von der Bauweise des Messgeräts ab. Bei einer kurzen Messdauer von z. B. $\Delta t = 10\,s$ schwankt die Anzahl n der registrierten Impulse zum Teil erheblich. Bei zunehmender Messdauer fallen die Schwankungen immer weniger ins Gewicht und man erhält eine annähernd konstante Impulsrate. ↑8
Bei Messungen zur radioaktiven Belastung oder Aktivität eines radioaktiven Präparats muss die Nullrate gemessen und dann von der Messrate abgezogen werden. ↻ 255-2

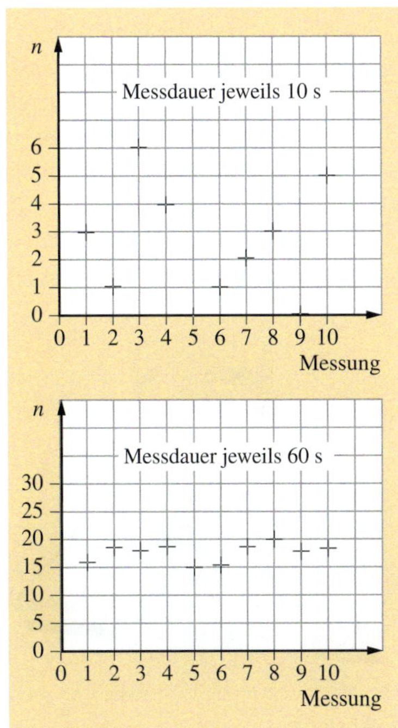

8 Nulleffekt

Aufgaben

1 Bei einer Messdauer von 10 s schwankt die mit dem Nulleffekt verbundene Impulsrate erheblich. Berechne aus dem Diagramm ↑4 die mittlere Anzahl der Impulse pro Minute. Erläutere dein Ergebnis.

2 Obwohl keine Strahler im Zimmer sind, zeigt ein Geigerzähler etwa 20 Impulse/min an. Woher kommt die Strahlung?

Experimente

1 Nullrate
Bestimme die Impulsrate für den Nulleffekt (Messdauer $\Delta t = 60\,\text{s}$) auf dem Experimentiertisch.
Hinweis: Verwende dein Ergebnis, um die Impulsraten in den folgenden Experimenten vom Nulleffekt zu „bereinigen". Ziehe die Nullrate dazu von den jeweils gemessenen Impulsraten ab.

2 Impulsrate und Abstand
Bestimme die Impulsrate eines radioaktiven Präparats (Radium-226) bei verschiedenen Abständen zwischen Zählrohr und Präparat. ↑1
Notiere die Werte in einer Tabelle und ziehe jeweils die Nullrate ab. ↑Experiment 1
Trage die „bereinigten" Werte in ein Abstand-Impulsrate-Diagramm ein. Was stellst du fest?

3 Impulsrate und Abschirmung
Durchdringt die Strahlung des Radium-226-Präparats alle Stoffe ungehindert? ↑2

a Stelle das Präparat rund 25 mm vom Zählrohrfenster entfernt auf. Miss jetzt die Impulsrate ohne Abschirmung. Notiere dein Ergebnis in einer Tabelle. Ziehe die Nullrate ab ↑Experiment 1 und trage auch dieses Ergebnis in die Tabelle ein.

b Bringe zwischen Präparat und Zählrohr Abschirmungsplättchen aus verschiedenen Stoffen (Papier, Aluminium, Blei …) und mit unterschiedlicher Dicke ein. Miss jeweils die Impulsrate der durchgelassenen Strahlung und trage deine Messwerte (auch die „bereinigten") in die Tabelle ein.
Was kannst du aus den Messwerten ablesen?

4 Impulsrate und Ablenkung
Welchen Einfluss hat ein Magnet auf die Strahlung von Radium-226? ↑3
Das Blatt Papier schirmt einen großen Teil der Strahlung ab. ↑Experiment 3 Die verbleibende Strahlung geht zwischen den Polschuhen des Elektromagneten hindurch. Das Zählrohr ist auf den Spalt zwischen den Polschuhen gerichtet.

a Zunächst ist der Elektromagnet ausgeschaltet. Miss die Impulsraten in den Stellungen A–C des Zählrohrs. Trage deine Messwerte zusammen mit den vom Nulleffekt „bereinigten" Ergebnissen in eine Tabelle ein. ↑Experiment 1

b Wiederhole die Messungen bei eingeschaltetem Elektromagneten und notiere die Ergebnisse. Welche Veränderungen erkennst du? Wie lassen sie sich erklären?

c Bringe nun noch ein dickes Aluminiumplättchen ($d = 7\,\text{mm}$) als Abschirmung hinter dem Präparat an. Wiederhole deine Messungen mit ausgeschaltetem und eingeschaltetem Elektromagneten. Vergleiche deine Messwerte mit den zuvor aufgenommenen. Versuche das Ergebnis zu erklären.

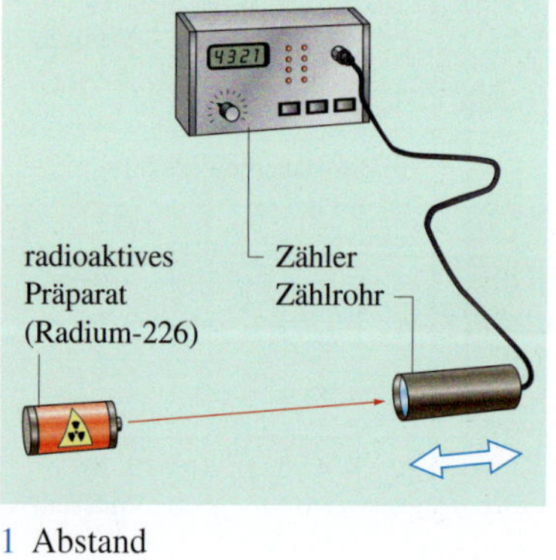

1 Abstand

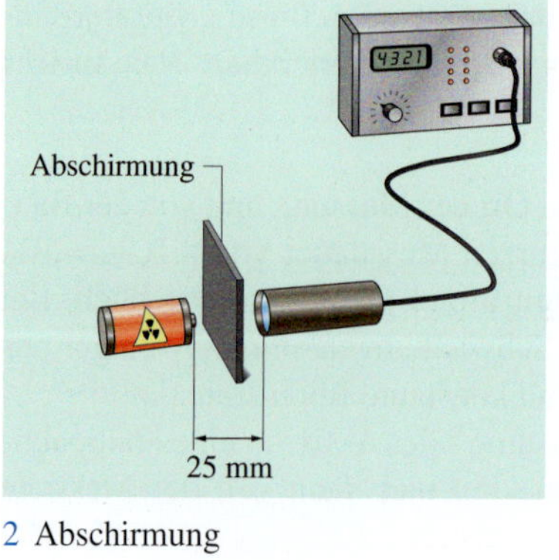

2 Abschirmung

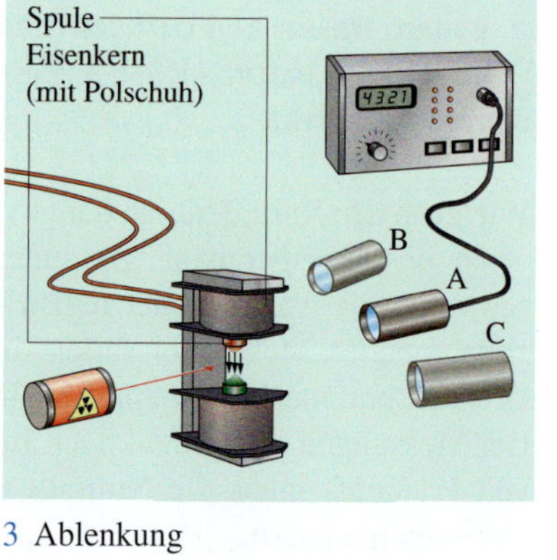

3 Ablenkung

GRUNDLAGEN: Eigenschaften der Kernstrahlung

↑Basiskonzept Struktur der Materie

Halbwertsdicke Werden zwischen den radioaktiven Stoff und das Zählrohr unterschiedlich dicke Platten aus verschiedenen Materialien gebracht, werden die verschiedenen Arten der Kernstrahlung unterschiedlich stark abgeschwächt. ↑4
Die α-Strahlung wird bereits von Papier vollständig absorbiert und ihre Reichweite beträgt in Luft nur wenige Zentimeter.
Das Durchdringungsvermögen von β-Strahlung ist ebenfalls gering: Durch Aluminiumplatten von einigen Millimetern Dicke wird sie praktisch vollständig absorbiert.
Die γ-Strahlung dagegen wird auch von Bleiplatten oder Betonwänden nur geringfügig absorbiert: Die Halbwertsdicke gibt an, bei welcher Materialstärke die Zählrate halbiert wird). ↑Tabelle

Gammastrahlung wird beim Durchdringen von Stoffen viel weniger abgeschwächt als Alpha- und Betastrahlung.

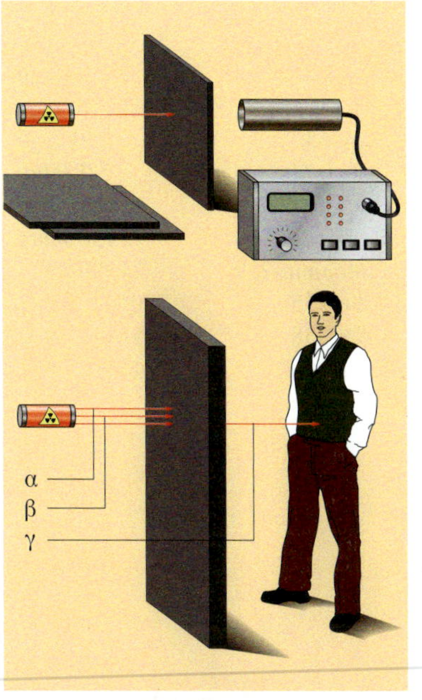

4 Abschirmung

Halbwertsdicken für γ-Strahlung	
Luft	12 000 cm
Wasser	14 cm
Beton	9 cm
Blei	1,4 cm

Halbwertszeit In der Natur entsteht beim Zerfall eines Atoms unter Aussendung von Kernstrahlung ein neuer Atomkern, der selbst wieder radioaktiv und damit instabil sein kann. Der Zerfall setzt sich so lange fort, bis ein stabiler Kern entstanden ist.
Der Zeitpunkt des Zerfalls von einzelnen radioaktiven Atomkernen ist nicht vorhersagbar. Man kann diesen Zeitpunkt auch nicht durch die Veränderung von äußeren Bedingungen wie Luftdruck oder Temperatur beeinflussen.

Die Anzahl der in einer Sekunde zerfallenden Kerne eines Stoffes hängt von der Anzahl der instabilen Kerne ab, die gerade noch vorhanden war: Ist die Anzahl der instabilen Kerne halb so groß, gibt es auch nur halb so viele Zerfälle. Wenn man nun die Zeit misst, in der die Anzahl der Zerfälle pro Sekunde auf die Hälfte abgenommen hat, weiß man, dass nun nur noch die Hälfte der ursprünglichen Anzahl instabiler Kerne in dem Stoff ist. Diese Zeit bezeichnet man als Halbwertszeit $T_{1/2}$. Die Halbwertszeiten verschiedener Nuklide können zwischen wenigen Sekunden und mehreren Milliarden Jahren betragen. ↑Tabelle S. 258

Die Anzahl der Kerne eines radioaktiven Nuklids halbiert sich in immer derselben Zeit. Diese Zeit heißt Halbwertszeit $T_{1/2}$, sie ist eine charakteristische Größe des radioaktiven Nuklids.

Zerfallsgesetz Kennt man die Anzahl der Kerne N_0 eines bestimmten radioaktiven Nuklids zu einem festen Zeitpunkt, so lässt sich mithilfe der Halbwertszeit des Nuklids die Anzahl der Kerne berechnen:

$$N(t) = N_0 \cdot \left(\frac{1}{2}\right)^{\frac{t}{T_{1/2}}}$$

$N(t)$ Anzahl der Kerne zur Zeit t
N_0 Anzahl der Kerne zu Beginn
$T_{1/2}$ Halbwertszeit des Nuklids

Weil die Variable t in dieser Gleichung im Exponenten steht, spricht man auch vom Exponentialgesetz des radioaktiven Zerfalls. ↻ 257-1

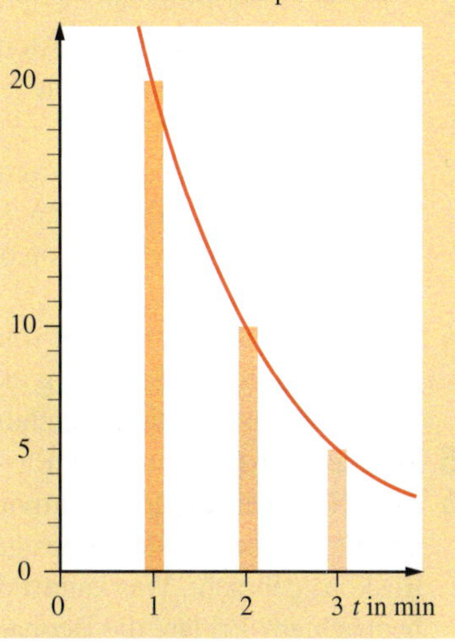

5 Zerfallsgesetz

Halbwertszeiten einiger Nuklide	
Bor-12	0,02 Sekunden
Radon-220	55,6 Sekunden
Radon-222	3,825 Tage
Iod-131	8,04 Tage
Zink-65	250 Tage
Cobalt-60	5,3 Jahre
Radium-226	1 600 Jahre
Kohlenstoff-14	5 730 Jahre
Plutonium-239	24 390 Jahre
Uran-235	700 Mio. Jahre
Uran-238	4,5 Mrd. Jahre
Thorium-232	14 Mrd. Jahre

Aktivität Eine radioaktive Probe sendet Strahlung nach allen Richtungen aus. Um die Anzahl der Kerne zu messen, die dabei in einer bestimmten Zeit zerfallen, müsste man die Probe allseitig mit Nachweisinstrumenten umgeben, die jedes ausgesandte Strahlungsteilchen registrieren. Es ließe sich die „Stärke" einer radioaktiven Quelle – die *Aktivität* – bestimmen.

Die Aktivität einer Probe gibt an, wie viele radioaktive Zerfälle pro Zeit in ihr stattfinden. Die Einheit der Aktivität ist Becquerel (Bq), $1\,\text{Bq} = 1\,\text{s}^{-1}$.

Für die instabilen Kerne C-14 beträgt die Halbwertszeit 5730 Jahre. In der mumifizierten Leiche Ötzi beträgt die Zählrate von 1 g C-14 heute 0,121 Bq: bei heute lebenden Menschen 0,23 Bq: Die Zählrate hat sich nicht ganz halbiert, also ist Ötzi noch nicht ganz eine Halbwertszeit tot.

Ablenkung im Magnetfeld Die Elektronen der β-Strahlung werden in einem Magnetfeld abgelenkt. α-Strahlung besteht aus positiv geladenen Heliumkernen und wird in demselben Feld genau entgegengesetzt zur β-Strahlung abgelenkt. γ-Strahlung wird nicht abgelenkt, da sie nicht aus elektrisch geladenen Teilchen besteht. ↑ 1–3

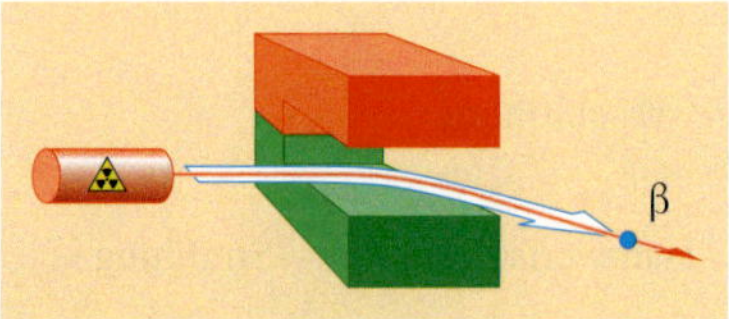

1

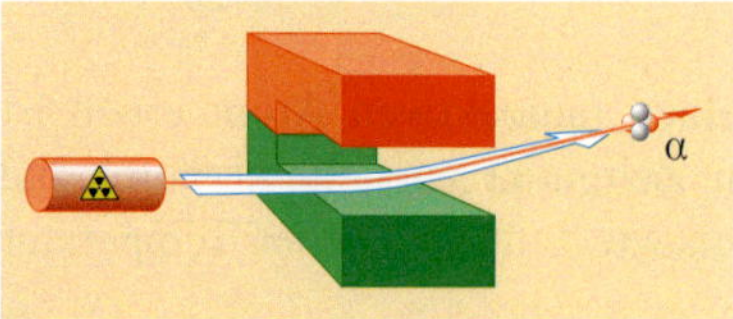

2

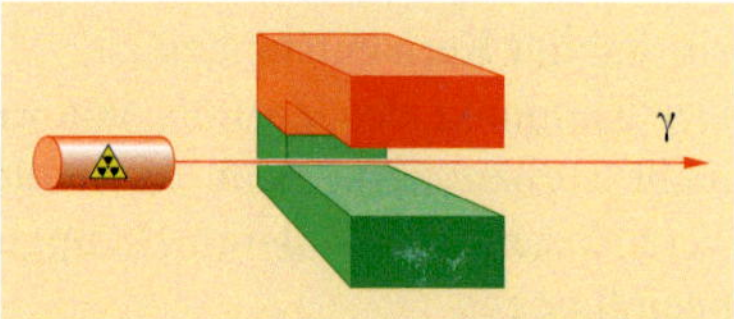

3

In einem Magnetfeld werden α- und β-Strahlung abgelenkt, γ-Strahlung nicht.

Aufgaben

1 Beschreibe den Aufbau eines Atomkerns mithilfe der Kernladungs- und der Massenzahl.

2 Aus wie vielen Protonen, Neutronen und Elektronen bestehen die neutralen Atome, deren Kerne durch die folgenden Symbole gekennzeichnet sind? $^{1}_{1}\text{H}$, $^{14}_{6}\text{C}$, $^{27}_{13}\text{Al}$, $^{208}_{82}\text{Pb}$, $^{209}_{83}\text{Bi}$, $^{235}_{92}\text{U}$

3 Bei der Umwandlung von Atomkernen kann Kernstrahlung ausgesendet werden. Beschreibe, wie sich ein Kern beim Aussenden von α-, β- und γ-Strahlung verändert.

4 Das Kohlenstoffisotop C-14 wandelt sich unter Aussendung von β-Strahlung in Stickstoff um. Stelle die Kernreaktionsgleichung auf.

5 Erläutere die Gleichung $^{226}_{88}\text{Ra} \rightarrow {}^{222}_{86}\text{Rn} + {}^{4}_{2}\alpha + \gamma$.

6 Zum Nachweis der Radioaktivität wird ein Präparat unmittelbar in die Nähe eines geladenen Elektroskops gebracht. Was kannst du am Elektroskop beobachten? Erkläre die Beobachtung.

7 Informiere dich über das Leben von Henri Becquerel und Marie Curie.

a Was führte zu Becquerels Entdeckung einer bis dahin unbekannten Strahlung?

b Woraus resultiert das hohe Ansehen der Forscherin Marie Curie bis in unsere heutige Zeit?

8 In der Probe eines Schädelknochens wird eine auf 1/50 des Anfangswertes zurückgegangene Konzentration des Nuklids $^{14}_{6}\text{C}$ festgestellt. Schätze das Alter des Schädels.

9 Mit einem Geiger-Müller-Zählrohr werden an einem Nuklid mit langer Halbwertszeit Impulsraten gemessen. Begründe, dass die Messwerte bei kurzen Messzeiten stärker schwanken als bei langen Messzeiten.

10 Das Bleinuklid $^{210}_{82}\text{Pb}$ kann sowohl α- als auch β-Strahlung aussenden. Welche Elemente entstehen jeweils beim Zerfall?

Methode Arbeiten mit der Nuklidkarte

Die Nuklidkarte sieht aus wie ein riesiges Spielfeld mit farbigen Feldern. Wer die Regeln dieser Karte kennt, kann tatsächlich von Kästchen zu Kästchen hüpfen und den radioaktiven Zerfall von Atomkernen verfolgen. Zwei „Spiele" können auf der Nuklidkarte „gespielt" werden:

Die Suche nach dem stabilen Element

Für ein bekanntes Isotop wird Schritt für Schritt nach den Folge-Nukliden gesucht, bis diese *Zerfallsreihe* schließlich bei einem stabilen Nuklid – gekennzeichnet durch ein schwarzes Kästchen – endet. Typische Zerfallsreihen beginnen bei einem Nuklid, das bereits bei der Bildung der irdischen Materie entstanden und heute noch – meist nur in geringem Umfang – vorhanden ist; bei solchen Nukliden ist die obere Hälfte des Kästchens schwarz, beispielsweise Thorium-232. ↑4

1 Das Start-Nuklid muss auf der Nuklidkarte gefunden werden. Jede Zeile der Nuklidkarte beginnt mit dem Elementnamen in einem weißen Kasten. Ist nur die Anzahl der Protonen Z und der Neutronen N des Start-Nuklids bekannt, kann sein Ort über die horizontale und die vertikale Achse der Nuklidkarte bestimmt werden.

2 Durch die Farbe des Kästchens ist die Zerfallsart des Nuklids festgelegt. Die Halbwertszeit und die bei jedem radioaktiven Zerfall entstehende und für diesen Zerfall typische Energie der γ-Strahlung ist im Kästchen angegeben. ↑5

3 Nun wird gemäß den Regeln auf ↑S. 252 das Zerfallsprodukt aufgesucht. Das Zerfallsprodukt wird in einem Flussdiagramm als Kästchen auf dem Arbeitsblatt notiert, die Halbwertszeit ins Kästchen eingetragen und die Zerfallsart an den Verbindungspfeil geschrieben. ↑6

4 Für das Zerfallsprodukt und die folgenden Zerfallsprodukte werden die Schritte 2 und 3 wiederholt.

5 Die Zerfallsreihe endet, wenn ein stabiles Nuklid erreicht ist. Die eingetragenen Halbwertszeiten erlauben eine Vorhersage, welche Nuklide der Zerfallsreihe bei entsprechenden Messungen relativ häufig und welche kaum vorhanden sein werden.

Die Suche nach der Quelle

Für die Analyse eines Zerfallsprozesses kann es auch erforderlich sein, beginnend beim interessierenden Nuklid, den Zerfallsweg dorthin rückwärts zu verfolgen, um beispielsweise die radioaktive Quelle aufzuspüren. Hierfür muss die Umgebung des Startnuklids nach Nukliden abgesucht werden, die durch passenden Zerfall in das Startnuklid übergehen würden. Diese Suche wird Schritt für Schritt rückwärts schreitend fortgesetzt.

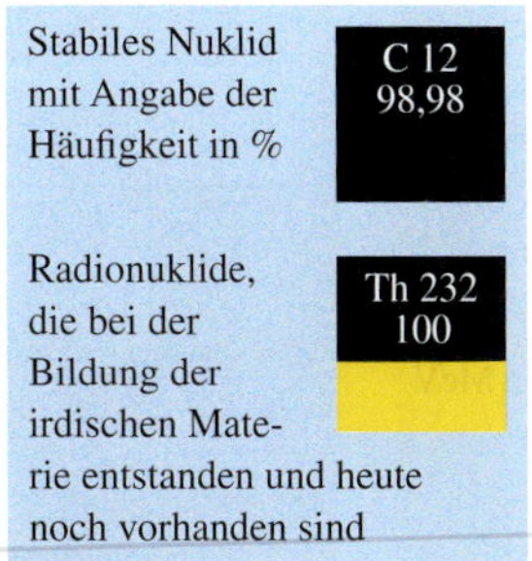

4

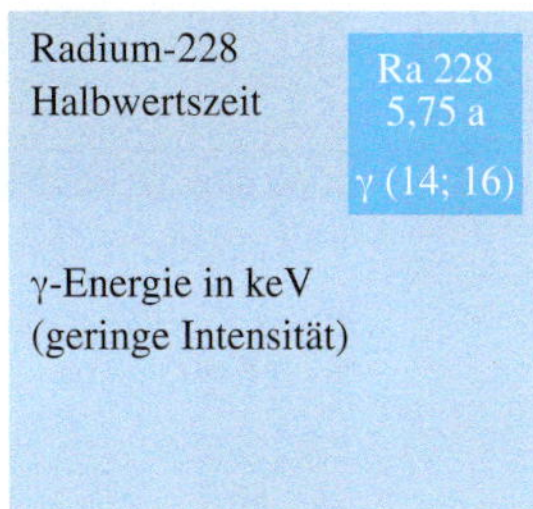

5

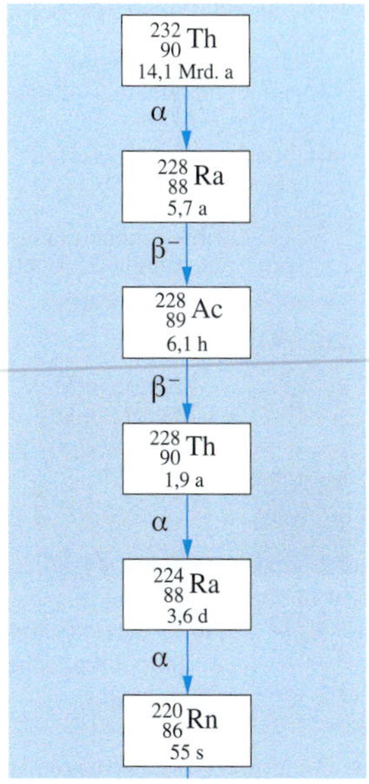

6 Beginn der Thorium-Zerfallsreihe

1 Verfolge den Zerfall von Thorium-232, das in der Natur vorkommt. Notiere einschließlich der Halbwertzeiten die Thorium-Reihe als Kästchenfolge, die durch Pfeile verbunden sind, welche die Zerfallsart kennzeichnen. Welches Nuklid der Reihe wird selten zu beobachten sein?

2 Notiere wie in Aufgabe 1 die Neptunium-Reihe, die bei Plutonium Pu-241 beginnt. Warum wird diese Reihe Neptuniumreihe genannt?

3 Notiere ebenso die drei Reihen der Uran-Nuklide, die bei der Bildung der irdischen Materie entstanden und heute noch vorhanden sind. Entstehen wirklich drei verschiedenen Zerfallsreihen? Bei welchen stabilen Elementen enden diese Reihen?

4 Im Kernreaktor wird aus $^{238}_{92}U$ durch Neutronenabsorption $^{239}_{92}U$. Wie wird daraus das hochgiftige Plutonium $^{239}_{94}Pu$?

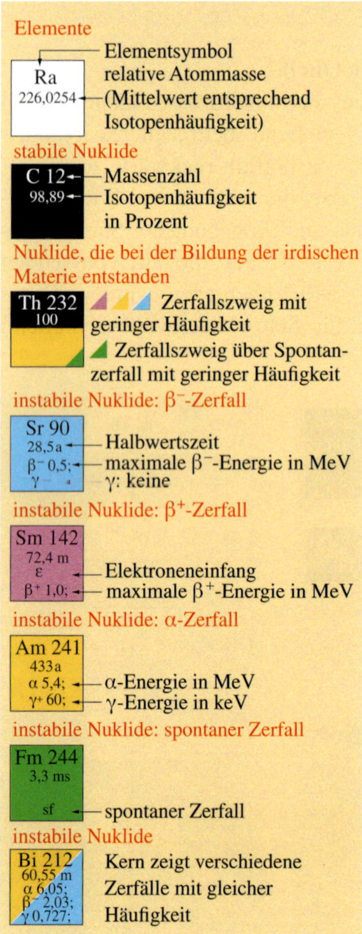

1 Bedeutung der Symbole in einer Nuklidkarte

GRUNDLAGEN: Zerfallsreihen

↑ Basiskonzept Struktur der Materie

Auf den Nuklidkarten kennzeichnet die Farbe der Felder die Art des radioaktiven Zerfalls des entsprechenden Nuklids. ↑1

Ausgehend von einem instabilen Nuklid kann der Weg des Zerfalls verfolgt werden. Da in ausführlichen Nuklidkarten für jedes Nuklid auch die Halbwertszeit angegeben wird, kann aus der Nuklidkarte auch die Häufigkeit eines Nuklids abgeschätzt werden. Meist ergibt sich eine Folge von Umwandlungen, bei denen sich auch das chemische Verhalten des Nuklids verändert, weil sich die Protonenanzahl ändert. Eine solche Zerfallsreihe endet schließlich bei einem stabilen Isotop.

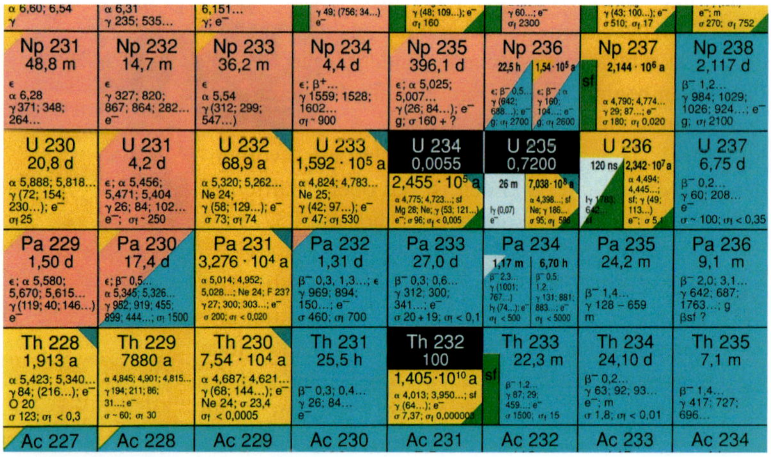

2 Ausschnitt aus einer Nuklidkarte

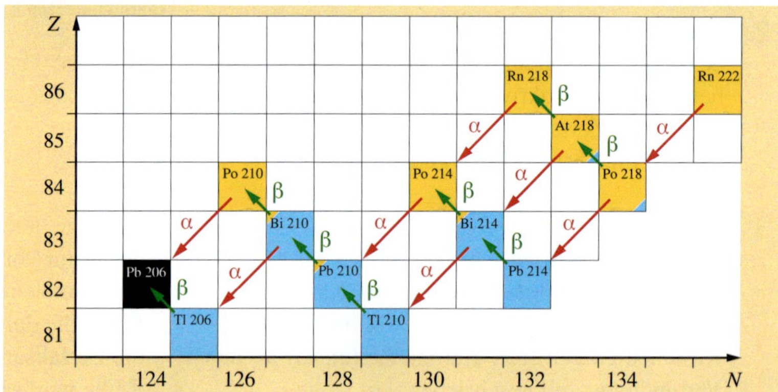

3 Zerfallsreihe von Radon-222. In unserer Erdkruste gibt es das radioaktive Isotop des Edelgases Radon $^{222}_{86}Rn$. Über verschiedene Zwischenkerne zerfällt es in das stabile Isotop $^{206}_{82}Pb$.

260-1

Aufgaben

1 Notiere die Zerfallsreihe des Thorium-232 bis zum stabilen Isotop.

2 Kalium-40 ist ein Isotop des Kaliums, das im Dünger enthalten ist. Suche auf einer Nuklidkarte die entsprechende Zerfallsreihe und notiere diese. Bei welchem Isotop beginnt vermutlich die Reihe, bei welchem Element endet sie.

3 Welches Nuklid in der bei Uran-238 beginnenden natürlichen Zerfallsreihe (Uran-Radium-Reihe) wird heute am häufigsten vorkommen?

4 Bei der Reaktorkatastrophe in Tschernobyl ist u. a. Caesium-137 ausgetreten, das bei der Kernspaltung entsteht. Beschreibe mithilfe einer Nuklidkarte die Zerfallsreihe von Cs-137.

Aufbau des Atoms Die positive Ladung und auch die Masse des Atoms sind in einem sehr kleinen Bereich konzentriert, im Atomkern. Ansonsten ist das Atom – bis auf die winzigen Elektronen – völlig leer. Hat ein geladenes Atom gar keine Elektronen, bleibt nur der Kern.
Die Atomkerne aller chemischen Elemente bestehen aus einer bestimmten Anzahl von Protonen und Neutronen. In der Atomhülle des neutralen Atoms sind gerade so viele Elektronen wie Protonen im Kern.

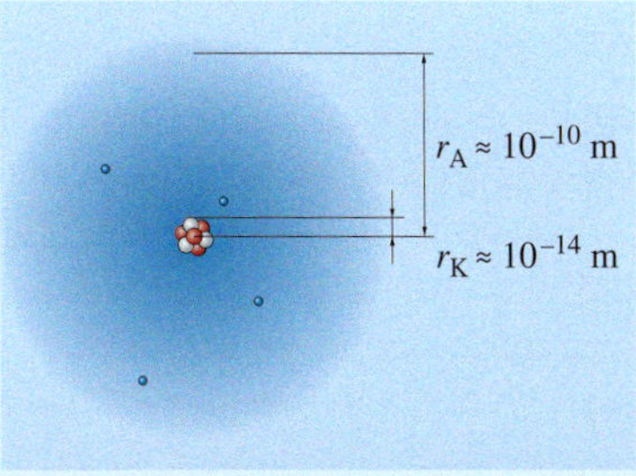

4

Radioaktivität Einige Atomkerne wandeln sich spontan in andere Atomkerne um. Dabei senden sie Alpha-, Beta- oder Gammastrahlung aus. Diese Eigenschaft bezeichnet man als natürliche Radioaktivität.
Gammastrahlung wird beim Durchdringen von Stoffen viel weniger abgeschwächt als Alpha- und Betastrahlung.
Die Anzahl der Kerne eines radioaktiven Nuklids halbiert sich in immer derselben Zeit. Diese Zeit heißt Halbwertszeit $T_{1/2}$, sie ist eine charakteristische Größe des radioaktiven Nuklids.

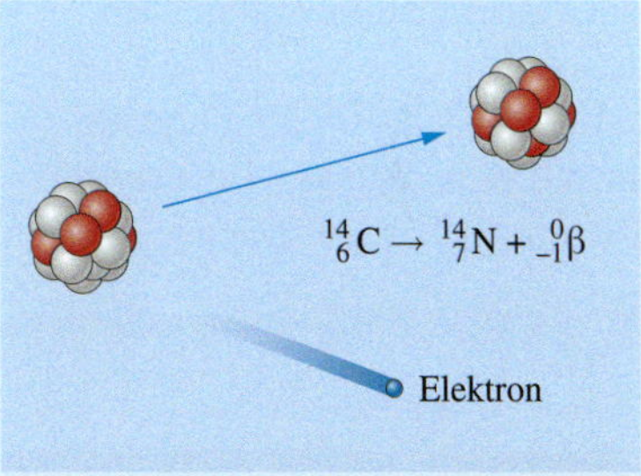

5

Zerfallsreihen Alle Atomkerne eines Stoffs bestehen aus derselben Anzahl Protonen, sie können jedoch unterschiedlich viele Neutronen enthalten. Meist sind einige dieser Isotope nicht stabil und können zerfallen. Alle Nuklide werden in der Nuklidkarte erfasst. Die stufenweise Umwandlung der Kerne beim Zerfall wird als Zerfallsreihe bezeichnet, die auf der Nuklidkarte verfolgt werden kann.

6

Alles klar?

1 Wenn du aus vier Tischtennisbällen einen „Heliumkern“ zusammenklebst, wie groß ist dann etwa das zugehörige „Heliumatom“? ↑7

2 Wodurch unterscheiden sich die Isotope eines Elements?

3 Wie groß ist etwa die Anzahl der Neutronen in den Isotopen von Eisen, das 26 Protonen enthält?

4 Was versteht man unter der Halbwertszeit eines Isotops?

5 Wodurch unterscheiden sich die bei Kernreaktionen entstehenden Teilchen bzw. Strahlungen: α, β, γ?

6 Welche Eigenschaft der Kernstrahlung wird im Geigerzähler und in der Nebelkammer ausgenutzt?

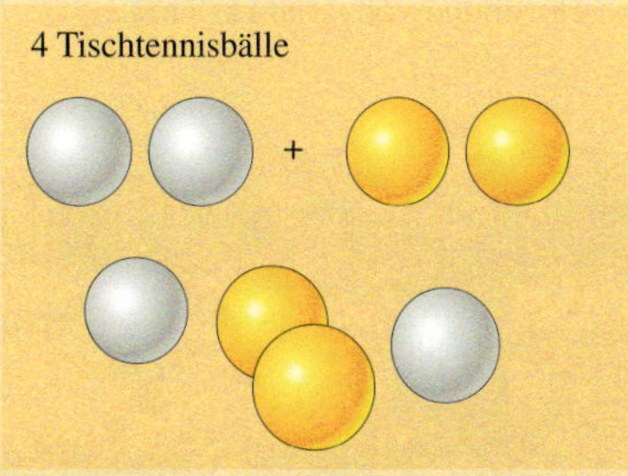

7

Kernspaltung und Kernfusion

An diesem hölzernen Labortisch war es OTTO HAHN und FRITZ STRAẞMANN 1938 gelungen, durch Beschuss von Uranatomen mit Neutronen Barium zu erzeugen. LISE MEITNER lieferte die richtige Interpretation: Das Uranatom wurde in zwei etwa halb so große Atome zerlegt, die gemeinsam leichter als das Uranatom waren. Die fehlende Masse hat sich in Energie umgewandelt. Erklären konnte man das mit ALBERT EINSTEINS berühmter Formel: $E = m \cdot c^2$.

1 Experimentiertisch von OTTO HAHN im Deutschen Museum, München

2 „Mutter Hiroshima“, 1958, Skulptur in Dortmund von ANSELM TREESE

Nur wenige Jahre nach der Endeckung der Spaltung des Urans wurde diese Erkenntnis für den Bau einer unvorstellbar schrecklichen Waffe genutzt: Im Krieg gegen Japan warfen die Amerikaner am 6. August 1945 eine Atombombe auf Hiroshima und am 8. August 1945 eine weitere auf Nagasaki. Beide Städte wurden augenblicklich ausgelöscht. ↑3 Bis heute leiden und sterben Menschen an den Spätfolgen der Atombombenabwürfe. An vielen Orten der Welt wurden Mahnmale errichtet. ↑2

Die zivile Nutzung der *Kernspaltung* gelang 1954 in einem Kraftwerk im russischen Obninsk. Zwei Jahre später ging in Calder Hall (England) das erste kommerzielle Kernkraftwerk mit einer Leistung von 55 MW ans elektrische Netz.

In unserer Sonne und ebenso in allen Sternen und Galaxien geschieht tagtäglich das Gegenteil einer Kernspaltung: Leichte Atome verschmelzen zu schwereren und diese *Kernfusion* heizt unsere Sonne im Innern auf mehr als 15 Millionen Kelvin. ↑4

Woher kommt die Energie, die bei der Kernspaltung bzw. der Kernfusion frei wird?

3 Hiroshima nach dem Atombombenabwurf

4 Reste einer Supernova

Experimente

1 Wo bleibt der Rest?
Uran (U-92) zerfällt bei Beschuss mit Neutronen in die Elemente Barium (Ba-56) und Krypton (Kr-36). Suche im Periodensystem der Elemente die Massen pro Mol für Ba-56 und Kr-36 und vergleiche die Summe mit der Molmasse von U-92. Was fällt dir auf? Suche nach einer Erklärung und lass dir von ALBERT EINSTEIN helfen.

2 Verbrennung
Bestimme mit einer empfindlichen Haushaltswaage möglichst genau die Masse eines zerknüllten Papierblatts. Verbrenne das Papier auf einer feuerfesten Unterlage – *Achtung nur unter der Aufsicht Erwachsener!* – und miss die Masse der verbliebenen Asche. Wo ist der Rest geblieben? Wie musst du den Ablauf des Experiments verändern, um zu zeigen, dass bei der Verbrennung keine Masse verschwindet? Messungen allergrößter Genauigkeit würden jedoch einen sehr geringen Massenverlust ergeben. Warum?

3 Kettenreaktion
Stecke in eine große Kartoffel dicht an dicht viele Streichhölzer. ↑5
Lege die Kartoffel auf eine große feuerfeste Unterlage und zünde ein nach unten gerichtetes Streichholz an. – *Achtung nur unter der Aufsicht Erwachsener!* Beschreibe genau, was geschieht, und erkläre.

4 Kettenreaktionsspiele
Im Internet findest du unter dem Stichwort „Kettenreaktionsspiel" viele kleine, kostenlose Spiele. Probiere mindestens 3 Spiele aus. Beschreibe möglichst genau die „Kettenreaktion", die in den einzelnen Spielen abläuft. (*Beispiel:* www.spielkarussell.de/spiele/geschicklichkeitsspiele/kettenreaktion_atome.html) ↑6

5 Göttinger Manifest
Vor mehr als 50 Jahren haben in Göttingen 18 berühmte Wissenschaftler eine Erklärung gegen die Bewaffnung der Bundeswehr mit Atomwaffen formuliert und unterzeichnet. ↑7
Du findest dieses Manifest im Onlineangebot.
Haben sich die Befürchtungen der Wissenschaftler erfüllt? Hat sich die Bundesregierung an die Forderungen gehalten? ↻ 263-1

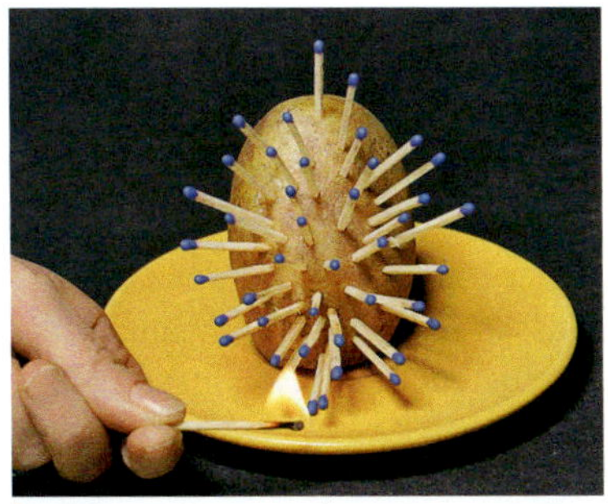
5

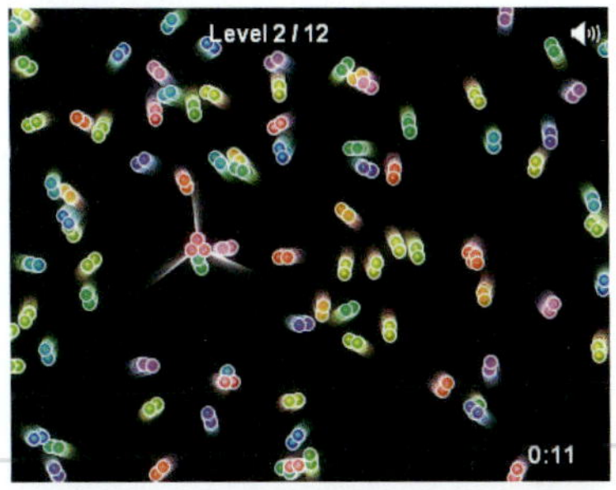

6

7 OTTO HAHN, WALTER GERLACH und CARL FRIEDRICH VON WEIZSÄCKER (v. l.) sind am 17. April 1957 auf dem Weg zu Bundeskanzler KONRAD ADENAUER, um mit ihm über das Göttinger Manifest zu sprechen. ADENAUER hatte das Manifest scharf kritisiert.

↑Basiskonzept Struktur der Materie

GRUNDLAGEN: Massendefekt und Energie

Bindungsenergie Wenn Wasser gefrieren soll, muss es thermische Energie abgeben: Um 1 mol Wasser von 0 °C in 1 mol Eis von 0 °C umzuwandeln, müssen dem Wasser 6,01 kJ entzogen werden. Beim Gefrieren wird lediglich die zuvor lockere und leicht bewegliche Bindung zwischen den Wassermolekülen starr. Die Bindung ändert sich. Und dabei wird Energie, *Bindungsenergie* genannt, an die Umgebung abgegeben. Woher kommt diese Bindungsenergie?

8 Zum Schutz vor Frost werden Obstbäume mit Wasser besprüht, das beim Gefrieren Wärme an die Knospen abgibt.

Schon gewusst?

In der Kernphysik werden Energien meist in eV (sprich: Elektronenvolt) angegeben:
$1\,\text{J} = 6{,}241\,51 \cdot 10^{18}\,\text{eV}$
$1\,\text{MeV} = 10^{6}\,\text{eV}$
In der Kernphysik werden auch Massen in eV bzw. MeV angegeben, berechnet mit $E = m \cdot c^2$ zu $m = \frac{E}{c^2}$.

Genaueste Messungen von 1 mol Wasser bzw. 1 mol Eis bei 0 °C würden zeigen, dass das Eis etwas leichter als das Wasser ist. Die Massendifferenz ist allerdings äußerst gering: Jedes Wassermolekül verliert nur den $0{,}3 \cdot 10^{-11}$-ten Teil seiner Masse.
Albert Einstein hat entdeckt, dass Masse und Energie ineinander umgewandelt werden können: Mit der Formel $E = m \cdot c^2$ kann die Energie E in die ihr entsprechende Masse m umgerechnet werden und umgekehrt; dabei ist c die Lichtgeschwindigkeit im Vakuum.
Die beim Übergang von Wasser zu Eis verschwundene Masse Δm hat sich in thermische Energie E_B umgewandelt und es gilt: $E_B = \Delta m \cdot c^2$. Und wenn Eis schmelzen soll, muss die Bindungsenergie E_B zugeführt werden, die nun umgekehrt eine Massenzunahme Δm des Wassers bewirkt.

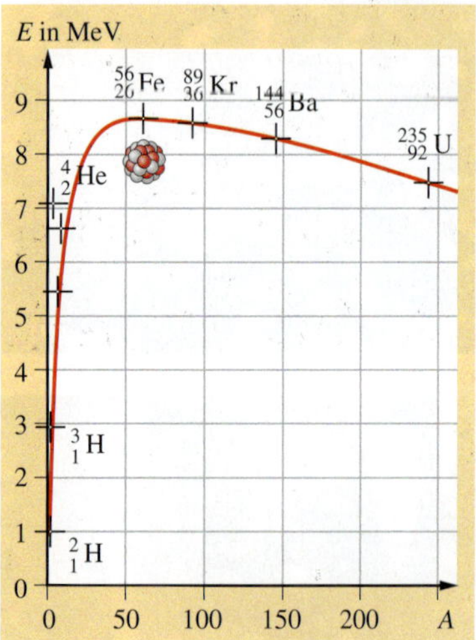

1 Mittlere Bindungsenergie je Nukleon

Bindungsenergie der Nukleonen Die Massen von je 1 mol aller bekannten Isotope wurden sehr genau gemessen. Es zeigte sich, dass die Masse eines einzelnen Atoms aus A Nukleonen nicht die A-fache Masse eines einzelnen Nukleons besitzt, sondern geringer ist; man spricht vom *Massendefekt*.

Bei der Bildung von Atomkernen aus Protonen und Neutronen wird die Gesamtmasse geringer.

Dieser Massendefekt beträgt für jedes Nukleon im Mittel den etwa $8 \cdot 10^{-3}$-ten Teil seiner Masse. Diesem Massendefekt entspricht gemäß $E = m \cdot c^2$ eine Bindungsenergie je Nukleon von im Mittel 8 MeV. Bei der Bildung eines Kernes wird also Bindungsenergie frei und an die Umgebung abgegeben. Umgekehrt wäre zur Spaltung eines Kerns mit A Nukleonen in seine einzelnen Protonen und Neutronen eine Energie von $E_B = A \cdot 8\,\text{MeV}$ erforderlich.
Die bei der Bildung der Atomkerne eines Elements frei werdende Bindungsenergie E_B ist nicht für alle Elemente gleich und nimmt mit der Anzahl A der Nukleonen im Kern zu; entsprechend nimmt auch der Massendefekt zu. Bestimmt man dagegen für jedes Element die Bindungsenergie bzw. den Massendefekt je Nukleon E_B/A, hat diese Kurve ein Maximum bei der Massenzahl $A = 56$; das ist das Element Eisen (Fe-56). ↑1 Die Eisenkerne sind am stabilsten. Kerne mit höherer bzw. geringerer Massenzahl A sind weniger stabil.

Prinzip Kernfusion:
leichter Kern + leichter Kern
→ schwerer Kern + Energie
Beispiel:
$^{2}_{1}\text{H} + ^{2}_{1}\text{H} \rightarrow ^{4}_{2}\text{He} + \text{Energie}$

Prinzip Kernspaltung:
sehr schwerer Kern →
mehrere leichtere Kerne + Energie
Beispiel:
$^{235}_{92}\text{U} + ^{0}_{1}\text{n}$
$\rightarrow ^{89}_{36}\text{Ka} + ^{144}_{56}\text{Ba} + 3\,^{0}_{1}\text{n} + \text{Energie}$

Kernspaltung und Kernfusion Bei sehr kleinen Massenzahlen A steigt die Kurve der Bindungsenergie bzw. des Massendefekts je Nukleon steil an. ↑1 Würde beispielsweise aus zwei leichteren Wasserstoffkernen ein Heliumkern gebildet werden, dann wird dabei Bindungsenergie frei, denn der Heliumkern ist fester gebunden. Solche Prozesse der Verschmelzung von Kernen finden in der Sonne statt und erzeugen deren Energie. Auch im Fusionsreaktor soll diese Bindungsenergie genutzt werden.
Der fallende Verlauf der Bindungsenergie jenseits des Eisens (Fe) erklärt den Energiegewinn der Kernspaltung: Die Kerne der schweren Elemente sind weniger fest gebunden als die Kerne leichterer Elemente. Würde ein Kern des Urans in zwei leichtere Kerne gespalten werden, wird Bindungsenergie frei. Solche Kernspaltungen finden in der Atombombe und in den Kernkraftwerken statt.

GRUNDLAGEN: Kernspaltung

↑ Basiskonzept Struktur der Materie

Im Jahr 1938 machten OTTO HAHN, FRITZ STRAßMANN und LISE MEITNER eine für die Menschheit folgenreiche Entdeckung. HAHN und STRAßMANN hatten Uranatome mit langsamen Neutronen beschossen. Bei der Untersuchung der Reaktionsprodukte fanden sie Spuren der Elemente Barium und Krypton. LISE MEITNER fand die Erklärung: Durch Neutroneneinfang werden die Urankerne in zwei mittelschwere Kerne gespalten, und dabei werden 2 bis 3 Neutronen freigesetzt. Diese Kernspaltung wird heute so geschrieben, wobei der Kern $^{236}_{92}\mathrm{U}$ nur sehr kurz entsteht:

$^{235}_{92}\mathrm{U}+^{1}_{0}\mathrm{n} \rightarrow ^{236}_{92}\mathrm{U} \rightarrow ^{89}_{36}\mathrm{Kr}+^{144}_{56}\mathrm{Ba}+3\cdot ^{1}_{0}\mathrm{n}+210\,\mathrm{MeV}.$

Würde man den Urankern auf die eine Schale einer Waage legen und auf die andere Seite die Spaltprodukte, dann würden die Spaltprodukte leichter als der Urankern sein; pro kg Uran-235 fehlen etwa 0,8 g. Die fehlende Masse steckt in der Bewegungsenergie der Spaltprodukte, die dann durch Reibung im Material in innere Energie umgewandelt wird. Mit $E=m\cdot c^2$ findet man $E=20\cdot 10^6\,\mathrm{kW\cdot h}$ pro kg Uran-235.

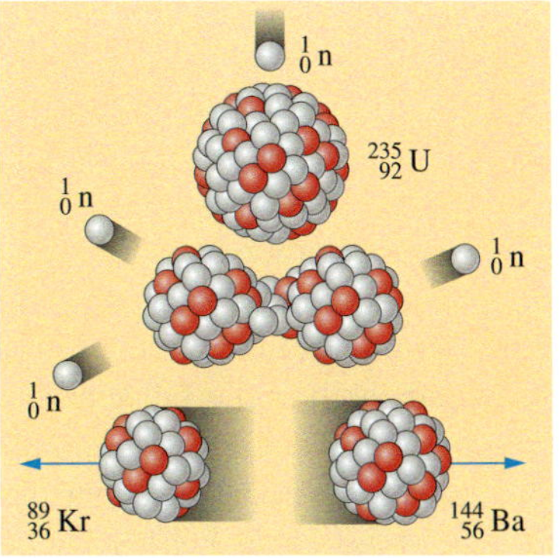

2 Modellvorstellung zur Spaltung von $^{235}_{92}\mathrm{U}$: Uran-235 wandelt sich nach dem Auftreffen eines langsamen Neutrons zunächst in den Zwischenkern Uran-236 um. Dieser zerfällt nach nur sehr kurzer Lebensdauer von ungefähr 10^{-14} s in Krypton-89 und Barium-144 sowie drei Neutronen.

Kettenreaktion Durch das Eindringen eines Neutrons in den Urankern wird dieser instabil und spaltet sich in zwei etwa halb so schwere Atomkerne. Bei dieser Spaltung des Urankerns entstehen im Mittel 3 Neutronen, die mit sehr großer Geschwindigkeit davonfliegen. Jedes dieser Neutronen kann wieder einen Urankern spalten: Dabei entstehen 9 Neutronen, in der nächsten Stufe schon 27 usw. Die Anzahl der Kernspaltungen erhöht sich lawinenartig, eine ungesteuerte Kettenreaktion entsteht. ↑3 Dabei wird in kürzester Zeit eine sehr große Energie freigesetzt. 265-1

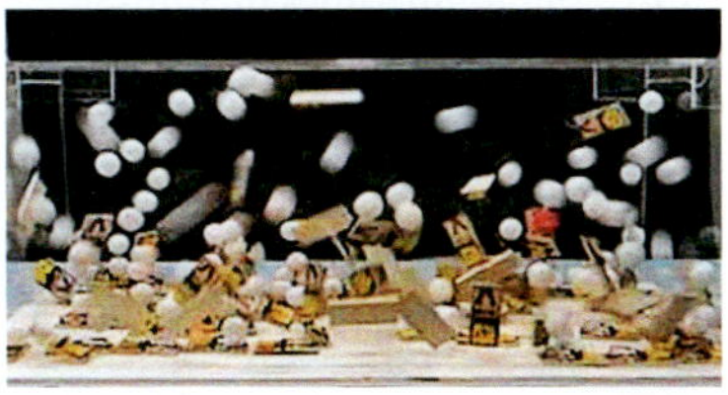

3 Modell der Kettenreaktion mit Mausefallen

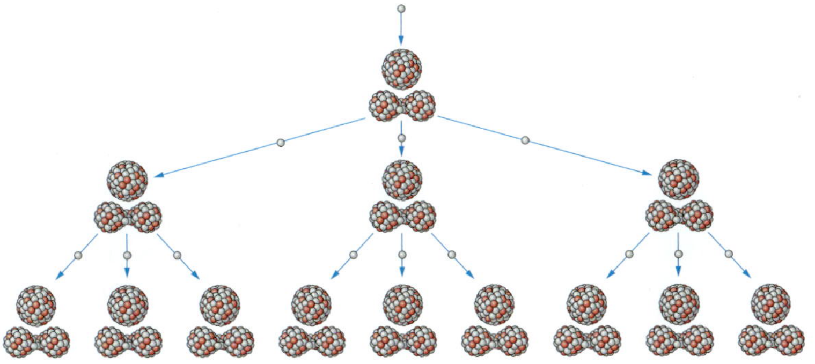

4

Die entstehenden Neutronen sind allerdings zu schnell, um in den Kern einzudringen und eine Spaltung auszulösen. Erst nach zahlreichen Wechselwirkungen mit vielen Urankernen sind die Neutronen so langsam geworden, dass sie eine Spaltung verursachen. Es muss deshalb genug Uran vorhanden sein, damit die Neutronen vor dem Verlassen des Uranblocks hinreichend abgebremst wurden und eine Kettenreaktion ausgelöst wird. Diese Mindestmasse wird *kritische Masse* genannt. Bei Uran-235 beträgt die kritische Masse 50 kg, das entspricht einer Kugel von 17 cm Durchmesser. Wenn eine Kettenreaktion noch nicht beginnen soll, muss die Masse des Urans also geringer sein.

Bei den ersten Atombomben, die Hiroshima und Nagasaki zerstörten, wurde ein Teil der Masse erst beim Aufprall in die Urankugel gesprengt. Dadurch wurde die Masse *überkritisch*.

5 Bereits der erste Test einer Atombombe am 16. Juli 1945 – statt Uran wurde radioaktives Plutonium verwendet – war überwältigend und schrecklich. „Ich bin zum Tod geworden, zum Zerstörer der Welten“, soll ROBERT OPPENHEIMER, Leiter des Manhattan-Projekts, gesagt haben, als er diese Explosion sah.

Aus der Geschichte Die Entdeckung der Kernspaltung

In den 1930er Jahren haben viele Forschergruppen in der ganzen Welt versucht, radioaktive Atomkerne künstlich herzustellen. Auch OTTO HAHN, LISE MEITNER und FRITZ STRAßMANN haben in Berlin Atomkerne mit Neutronen beschossen, denn diese werden von den Kernen nicht durch elektrische Kräfte abgestoßen, können deshalb in die Kerne eindringen und sie dadurch verändern. Solche Neutronen entstehen beim radioaktiven Zerfall eines Stoffs und verlassen diesen mit großer Geschwindigkeit.

Die italienische Forschergruppe um ENRICO FERMI und EMILIO SEGRÉ entdeckte 1934 in Rom, dass Neutronen bei der Wechselwirkung mit dem Kern dann besonders wirksam sind, wenn sie zuvor durch Paraffin hindurchgehen und abgebremst werden. Je langsamer die Neutronen sind, umso länger halten sie sich in Kernnähe auf – dadurch steigt die Reaktionswahrscheinlichkeit. Sehr häufig wurde das schwerste natürliche Element Uran mit Neutronen beschossen, die sich dann im Kern in Protonen umwandeln sollten. Auf diese Weise sollten Kerne mit größerer Kernladungszahl als Uran, sogenannte Transurane, entstehen.

1 ENRICO FERMI (1901–1954)

2 LISE MEITNER (1878–1968). OTTO HAHN erhielt 1944 den Nobelpreis für Chemie, LISE MEITNER jedoch nicht, trotz ihres wesentlichen Beitrags.

3 LISE MEITNER und OTTO HAHN im Labor

Im Herbst 1938 war sich OTTO HAHN, Chemiker und Leiter der Berliner Forschergruppe, sicher, dass durch den Beschuss von Uran mit langsamen Neutronen Barium entstanden war. Alle Forscher hatten nach Transuranen gesucht. HAHNS Ergebnis kam völlig überraschend, weil Bariumatome nur etwa halb so schwer wie Uranatome sind.

LISE MEITNER, langjährige Mitarbeiterin OTTO HAHNS in Berlin, war gerade als österreichische Jüdin vor den Nationalsozialisten nach Schweden geflohen, als HAHNS Brief mit den überraschenden Ergebnissen sie erreichte. Zusammen mit ihrem Neffen OTTO ROBERT FRISCH gelang es ihr, dieses Ergebnis zu deuten: Das Neutron hat den Urankern in zwei annähernd gleich große Bruchstücke gespalten, von denen eines ein Bariumkern war. Die Kurve der Bindungsenergien war bereits bekannt und so konnte LISE MEITNER sogar die Energie berechnen, die bei jeder Kernspaltung frei wird.

Sehr schnell wurde den Kernforschern klar, dass vermutlich mehrere Neutronen bei jeder Spaltung frei werden, die dann ihrerseits weitere Spaltungen auslösen konnten. Die Idee einer Kettenreaktion war geboren – Grundlage der Atombombe ebenso wie der friedlichen Nutzung der Kernenergie in Kraftwerken.

Aufgaben

1 Informiere dich genauer über das Manhatten-Projekt und bereite ein Referat vor.

2 Welche Folgen sind mehr als 60 Jahren nach der Explosion der Atombomben in Hiroshima und Nagasaki noch heute spür- und sichtbar? Informiere dich über die Auswirkungen der beiden ersten Atombomben.

3 Informiere dich über das Prinzip der Wasserstoffbombe und bereite ein Referat vor.

GRUNDLAGEN: Kernkraftwerk

↑Basiskonzept System ↑Basiskonzept Energie

In einem Kraftwerk wird heißer Wasserdampf erzeugt, der durch eine Turbine gepresst wird und den Stromgenerator in Drehung versetzt.
Die thermische Energie für die Verdampfung und Erhitzung des Wassers wird im Kernkraftwerk ↑4 durch Kernspaltung im Kernreaktor gewonnen.
Im Reaktorbehälter befinden sich zahlreiche Brennstäbe, die zu etwa 3 % Uran-235 enthalten, in einem Wasserbassin. Jeder einzelne Brennstab besitzt nicht die kritische Masse. Die bei der Kernspaltung frei werdenden Neutronen verlassen den Brennstab, ohne dort eine Kettenreaktion auszulösen. Durch Wechselwirkung mit den Molekülen des Wassers werden die Neutronen abgebremst und können dann im benachbarten Brennstab weitere Urankerne spalten: Eine kontrollierte Kettenreaktion läuft ab. Das Wasser im Reaktor wirkt also als *Moderator* für die Neutronen und zugleich als Kühlmittel.
Zur Steuerung und zum Abschalten des Reaktors können zwischen die Brennstäbe Steuerstäbe – Metallrohre, die Cadmium- oder Borverbindungen enthalten – geschoben werden, die die Neutronen absorbieren und damit weitere Spaltungen in den Brennstäben verhindern.
Im *Siedewasserreaktor* erwärmt sich das Wasser im Reaktor bis zum Sieden und der Dampf über dem Wasser erreicht Temperaturen um 280 °C. Dieser Dampf wird direkt zum Antrieb der Turbinen genutzt. ↑5
Im *Druckwasserreaktor* ist der Druck so hoch, dass das Wasser auch bei etwa 325 °C nicht siedet. Noch im Sicherheitsbehälter wird dieses Wasser durch einen Wärmetauscher geleitet, in dem der Dampf für die Turbinen erzeugt wird. ↑6

4 Kernkraftwerk

7 Schnitt durch Reaktorgebäude

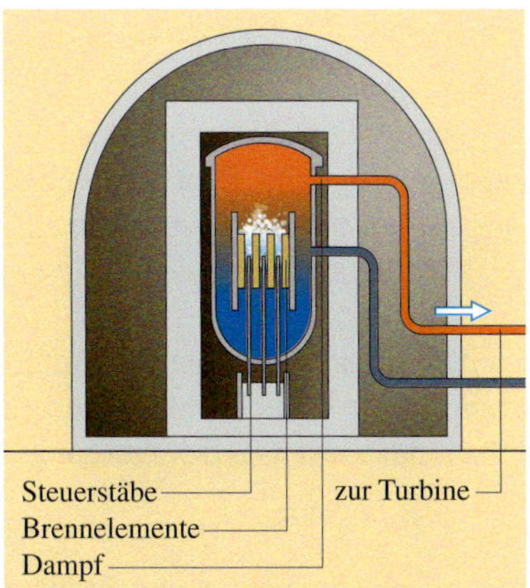

5 Aufbau des Siedewasserreaktors

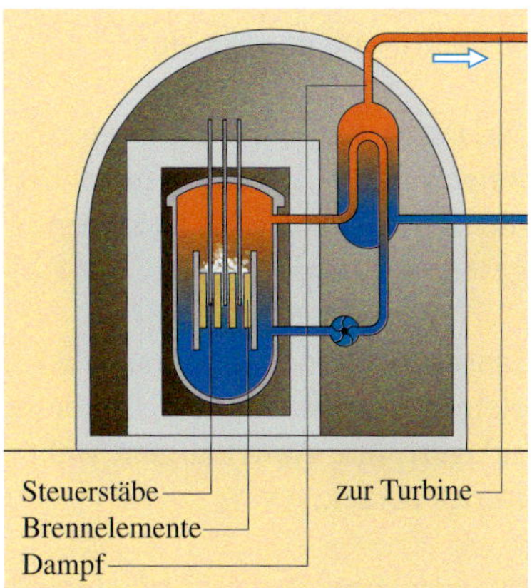

6 Aufbau des Druckwasserreaktors

Sicherheit Um eine radioaktive Belastung der Umwelt zu vermeiden, ist der Reaktorkern durch ein System von Barrieren umgeben. Diese sollen verhindern, dass radioaktive Stoffe in die Umgebung austreten und Strahlung aus dem Reaktor nach außen dringt. Die Hülle der Brennstäbe und das umströmende Wasser schirmen die Spaltprodukte sowie die α- und β-Strahlung ab. Der Reaktordruckbehälter und eine bis zu 2 m dicke Stahlbetonabschirmung verhindern das Austreten der γ-Strahlung. Der kugelförmige Sicherheitsbehälter und eine diesen umgebende Stahlbetonhülle sollen Schutz gegen stärkste Belastungen von innen und außen bieten. ↑7

267-1

Aufgaben

1 Informiere dich genauer über den Aufbau eines Siedewasserreaktors bzw. Druckwasserreaktors und bereite eine Präsentation vor. Stelle die Vorteile und Risiken der beiden Varianten dar.

2 Informiere dich über den aktuellen Stand der Energieversorgung mit elektrischer Energie und vergleiche den Anteil der unterschiedlichen Verfahren und deren Vor- und Nachteile.

3 Informiere dich über den Reaktorunfall am 26. 4. 1986 in Tschernobyl. Welchen Verlauf nahm die Katastrophe und welche Folgen ergaben sich daraus?

Aus der Technik Brennstoffkreislauf

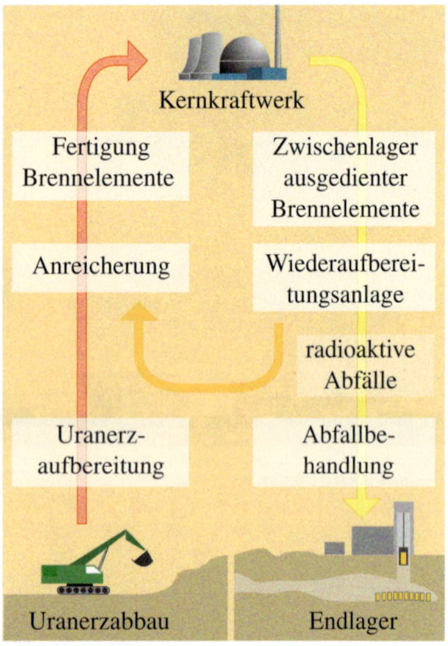

1 Brennstoffkreislauf

Übrigens

In der Wiederaufbereitungsanlage werden beim Zerschneiden und Auflösen alle radioaktiven Gase und flüchtigen Substanzen, die bis dahin von den Brennstabhüllen festgehalten wurden, freigesetzt. Große Teile der Prozesse müssen wegen der hohen Strahlenbelastung vollautomatisch hinter meterdicken Betonwänden ablaufen. Der Zweck der Wiederaufbereitung ist vor allem die Gewinnung des hochgiftigen Plutoniums, das auch für den Bau von Atomwaffen genutzt werden kann. Zur alleinigen Rückgewinnung von Uran-235 ist die Wiederaufbereitung unwirtschaftlich. Es entsteht eine geringe Menge hochradioaktiver und aber zugleich ein großes Volumen leicht- und mittelaktiver Müll.

2 Lagerung in einem Salzstock

Damit in einem Kernkraftwerk über einen längeren Zeitraum aus Kernenergie elektrische Energie erzeugt werden kann, ist eine kontinuierliche Versorgung mit spaltbarem Material (Brennstoff) sowie eine saubere und sichere Entsorgung der abgebrannten Brennelemente notwendig. Alle Arbeitsschritte und Prozesse, die dieser Versorgung und Entsorgung dienen, werden als Brennstoffkreislauf bezeichnet.
Zur Versorgung gehören der Abbau von Uranerz und dessen Aufbereitung, die Anreicherung des spaltbaren U-235, die Fertigung der Brennelemente und deren Transport zum Kraftwerk.

Uranerzabbau und Aufbereitung Eine Tonne Gestein in der Erdrinde enthält durchschnittlich 3 g Uran. Der Abbau von Erzen ist wirtschaftlich, wenn der Urangehalt zwischen 0,1 % und 0,5 % beträgt. Solche Lagerstätten befinden sich heute z. B. in Amerika, Australien, Frankreich, Schweden und Russland. Nach dem Abbau wird durch physikalische und chemische Verfahren Uran vom übrigen Gestein getrennt und es entsteht ein Konzentrat mit 70 % bis 80 % Urangehalt.

Anreicherung von U-235 Natürliches Uran enthält die Isotope U-235, U-238 und U-239. Der Anteil an U-235 muss auf 2% bis 4% angereichert werden. Da die Isotope unterschiedliche Massen besitzen, ist eine physikalische Trennung möglich. Das feste Uran wird in Uranhexafluorid umgewandelt (gasförmiger Zustand). In Zentrifugen sammeln sich die Moleküle mit den schweren Nukliden weiter außen. Bei der Diffusion sind die Moleküle mit U-235 die schnellsten, da sie eine kleine Masse haben und deshalb weniger träge sind.

Fertigung von Brennelementen Angereichertes Uran wird in Uranoxid umgewandelt. Daraus werden Brennstäbe gefertigt. Im Reaktor können die Brennelemente bis zu sieben Jahre bis zum optimalen Abbrennen eingesetzt werden.

Zwischenlagerung Für eine Übergangszeit werden „abgebrannte" Brennelemente in mit Wasser gefüllten Becken innerhalb eines Kernkraftwerkes gelagert. Ihre Aktivität geht währenddessen auf etwa 1 % des Ausgangswertes zurück.

Wiederaufarbeitung In Wiederaufbereitungsanlagen werden abgebrannte Brennelemente mechanisch zerkleinert und in Salpetersäure aufgelöst, um dann durch chemische Prozesse das im Reaktor entstandene Plutonium und das noch verwertbare Uran vom übrigen Atommüll zu trennen.

Endlagerung Die nicht weiter nutzbaren radioaktiven Nuklide bleiben zum Teil sehr lange hochradioaktiv. Hochaktive Abfälle geben zudem eine Wärmeleistung bis zu 1 kW pro Kilogramm ab. Abfälle werden deshalb z. B. in Glasblöcke eingeschmolzen, die mit Edelstahl verkleidet sind. Für die Endlagerung wird nach stabilen geologischen Formationen gesucht. In Schweden sind Granitblöcke vorgesehen. In Deutschland nimmt man an, dass Salzstöcke als Endlagerstätte infrage kommen.

GRUNDLAGEN: Kernfusion

↑Basiskonzept Struktur der Materie

Zwei Kerne sehr leichter Elemente sind zusammen schwerer als der Kern eines etwas schwereren Elements, der genau aus diesen beiden Kernen zusammengesetzt ist. Wieder fehlt Masse, die beim Verschmelzen der leichten Kerne als Energie frei wird.

Unsere Sonne bezieht ihre Energie aus der Wasserstofffusion: Aus vier Wasserstoffkernen (Protonen) wird über mehrere Zwischenschritte ein Heliumkern. ↑3 Zunächst verschmelzen je zwei Protonen zu einem Deuteriumkern, einem Isotop des Wasserstoffs. Im Mittel dauert es mehr als 14 Milliarden Jahre, bis ein bestimmtes Proton mit einem anderen reagiert. Die Anzahl der Protonen in der Sonne ist jedoch groß genug, um diese Proton-Proton-Reaktion dauernd ablaufen zu lassen. Würden diese Prozesse häufiger ablaufen, wäre die Sonne heißer und der Wasserstoff längst verbraucht. Weil die entstehenden Neutrinos extrem selten mit anderen Kernen wechselwirken, können die meisten die Sonne verlassen. Auf der Erde versucht man solche Neutrinos zu registrieren, um die Sternentstehung und -entwicklung zu verstehen. ↑4

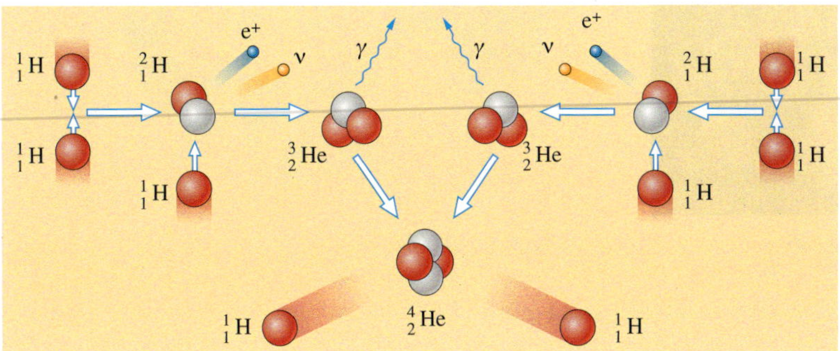

3 Kernfusion in der Sonne

4 Am Südpol werden 4800 Fotosensoren im Eis versenkt, die die Lichtblitze registrieren, die von Neutrinos im Eis ausgelöst werden.

Auf der Erde soll die Kernfusion von zwei Wasserstoffisotopen (Deuterium und Tritium) zu Helium helfen, den Energiebedarf der Menschheit zu decken. Wenn sich ein Deuterium- und ein Tritiumkern nähern, werden zwischen ihnen abstoßende elektrische Kräfte ausgeübt. Diese sind umso größer, je kleiner der Abstand ist. Dadurch werden beide Kerne wieder auseinandergetrieben. Erst bei Geschwindigkeiten von jeweils mehr als 1000 km/s setzt ein anderer Vorgang ein: Die beiden Kerne kommen sich trotz der Abstoßung so nahe, dass zwischen ihnen anziehende Kernkräfte wirksam werden. Diese sind viel größer als die abstoßenden elektrischen Kräfte und führen dazu, dass die beiden Kerne zu einem Heliumkern verschmelzen. Dabei werden ein energiereiches Neutron und γ-Strahlung freigesetzt: $^2_1H + ^3_1H \rightarrow ^4_2He + ^1_0n + \gamma + 17{,}588\,MeV$. ↑5

Könnte die bei dieser Reaktion frei werdende Energie vollständig in elektrische Energie umgewandelt werden, würden bei der Bildung von 1 kg Helium rund 115 GW · h erzeugt werden; hiermit ließe sich der gesamte deutsche Strombedarf im Jahr 2010 für etwa 1,5 Stunden decken.

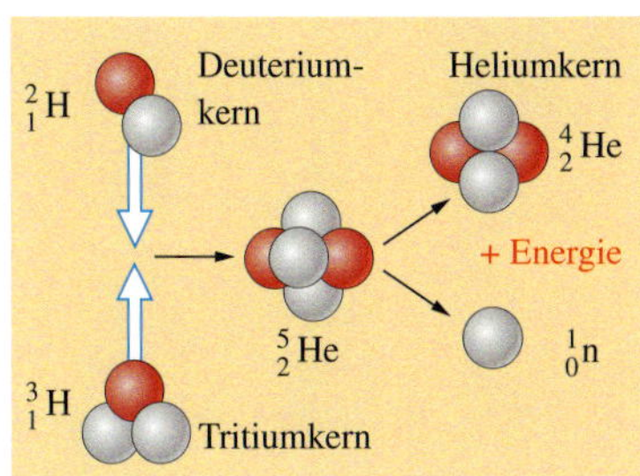

5 Kernfusion im Fusionsreaktor

Bei einer Kernfusion verschmelzen zwei sehr leichte Atomkerne zu einem schwereren Kern. Der Massenverlust wird als thermische Energie frei.

269-1

GRUNDLAGEN: Fusionsreaktoren

↑Basiskonzept System

↑Basiskonzept Energie

Bei der Kernfusion werden riesige Mengen Energie frei. Um diese Energiequelle nutzen zu können, versucht man Fusionsreaktoren zu bauen. Dort muss Wasserstoff auf mehrere Millionen Grad erhitzt werden. Bei diesen Temperaturen haben die Atome all ihre Elektronen verloren. Positive Kerne und negative Elektronen bilden einen neuen Zustand der Materie – das Plasma.

Mit einem raffiniert geformten Magnetfeld kann das Plasma auf einer Kreisbahn „in der Schwebe“ gehalten werden. Kein Gefäß würde die hohen Temperaturen des Plasmas aushalten.

1 In der Plasmakammer eines Versuchsreaktors

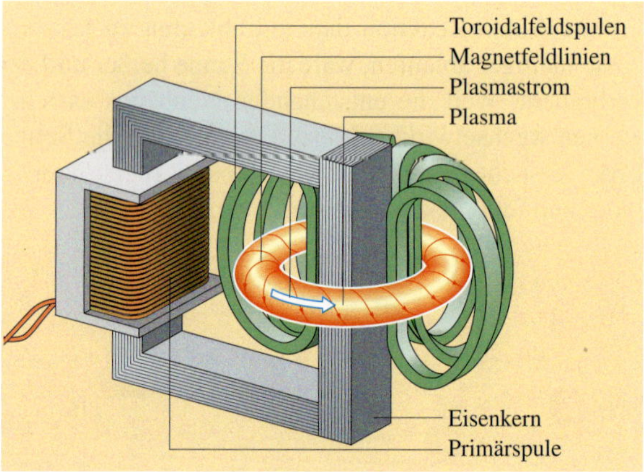

2 Aufheizen und „Magnetfalle“ im Modell

Wie im Kurzschlussring eines Demonstrationstransformators wird ein starker Strom im Plasma erzeugt. ↑2 Das Plasma wird mehr und mehr erhitzt. Wenn die Kerne im Plasma schnell genug sind, kommt es zur Fusion. Die dabei freigesetzte Energie muss ausreichen, um den Betrieb des Fusionsreaktors dauerhaft in Gang zu halten: Es muss so viel Energie entstehen, dass das Plasma eine stabile Temperatur behält und ständig Energie für die Stromerzeugung abgezapft werden kann.

Leider ist es bis heute noch nicht einmal gelungen, einen Forschungsreaktor für einige Stunden laufen zu lassen. Die industrielle Nutzung wird dann noch weitere Probleme offenbaren. Kein Fachmann wagt heute eine verlässliche Prognose, wann die Fusionsreaktoren die benötigte Energie liefern werden.

Aufgaben

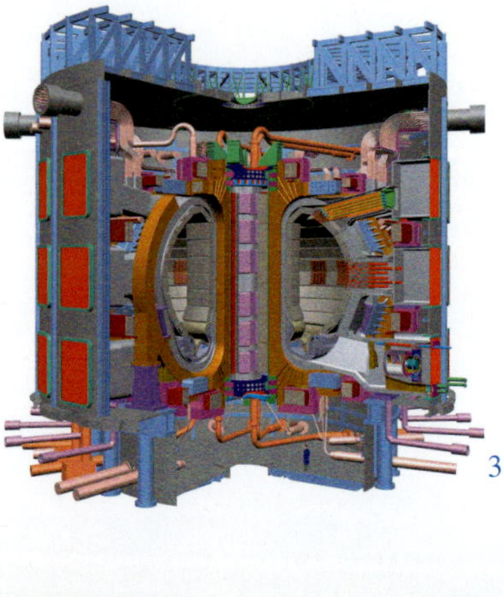

3 Fusionsreaktor ITER

1 2005 beschlossen die Europäische Union, die USA, Japan, China, Russland, Indien und Südkorea nach langen Verhandlungen den Bau eines Versuchsreaktors ITER. Informiere dich über den Stand des Projekts und präsentiere deine Ergebnisse.

2 In welcher Weise entsteht auch beim Fusionsreaktor radioaktiver Abfall?

3 Informiere dich über die weltweit durchgeführten Kernwaffentests. Welche Nachwirkungen sind heute noch nachweisbar?

Chancen und Risiken der Kernenergie

↑Basiskonzept System ↑Basiskonzept Energie

Um auf die Gefahren der Atomkraft aufmerksam zu machen, finden immer wieder Protestaktionen wie diese statt. ↑4, 5 In intensiven Diskussionen geht es außerdem um einen möglichen Verzicht auf die Kernenergie für die Energieversorgung, obwohl zurzeit in Deutschland knapp ein Drittel der elektrischen Energie aus Kernenergie gewonnen wird.

4

5

Thema 1: Kernkraftwerke gehören neben den fossil gefeuerten Kraftwerken zu den Wärmekraftwerken

1 Stelle in übersichtlicher Form Gemeinsamkeiten, Unterschiede sowie Vor- und Nachteile von fossil gefeuerten Kraftwerken und Kernkraftwerken zusammen. Vergleiche auch die Wirkungsgrade.

2 Welche Chancen siehst du, Wärmekraftwerke langfristig durch die Nutzung regenerativer Energien zu ersetzen?

Thema 2: Pro und kontra Kernenergie

Bildet eine PRO- und eine KONTRA-Arbeitsgruppe. In der PRO-Gruppe erarbeiten die Mitglieder Argumente für die Erhaltung von Kernkraftwerken zur Energieerzeugung. Die KONTRA-Arbeitsgruppe hat die Aufgabe, Nachteile und Risiken der Kernenergie zu analysieren. Beide Gruppen tragen ihre Ergebnisse jeweils in einem 10-minütigen Vortrag Zuhörern aus der Klasse oder einem anderen Kreis vor. Danach wird noch eine festgelegte Anzahl Fragen an jede Gruppe zugelassen. Eine Beurteilung könnte auf der Grundlage eines vorher erarbeiteten Fragebogens erfolgen.
Am Ende solltet ihr die Ergebnisse übersichtlich zusammenstellen.

Thema 3: Endlager für radioaktive Abfälle

In Deutschland existieren bisher vier Standorte, wo die Endlagerung von radioaktiven Abfällen in Salzlagerstätten praktiziert bzw. in Erwägung gezogen wurde.

1 Informiere dich über diese vier Standorte und den aktuellen Stand der Dinge. Trage Vor- und Nachteile von Salzstöcken als Endlager für radioaktive Abfälle zusammen.

2 Wie wird die Endlagerung in anderen Ländern praktiziert?

Fasse die Ergebnisse deiner Recherchen in einer anschaulichen Präsentation zusammen. 271-1

6 Standorte für eventuelle Endlager

Thema 4: Klima und Kernkraftwerke

Nicht nur in Deutschland wird darüber diskutiert und zwischen den Parteien darüber gestritten, die Laufzeit von Kernkraftwerken zu verlängern und vielleicht sogar neue Kernkraftwerke zu bauen, um damit den Ausstoß von klimaschädlichen CO_2-Gasen zu verringern.

1 Informiere dich über die Positionen von Gegnern und Befürwortern.

2 Vergleiche die möglichen CO_2-Verringerungen unterschiedlicher Quellen (z. B. Kraftwerke, Autoverkehr, Wohnraumheizungen).

Aufgaben

1 Uran-235 wandelt sich bei Beschuss mit einem langsamen Neutron zunächst in das sehr kurzlebige Uran-236 um. Neben der durch die Entdeckung historisch bedeutenden Spaltung in Barium und Krypton sind noch andere Reaktionen möglich. Stelle die vollständige Kernreaktionsgleichung für den Fall auf, dass bei der Reaktion als ein Folgekern Lanthan-147 und zwei Neutronen entstehen.

2 Warum ist die Kernspaltung ein geeigneter physikalischer Vorgang zur Energiegewinnung?

3 Erläutere den Unterschied zwischen gesteuerter und ungesteuerter Kettenreaktion.

4 Wie unterscheiden sich natürliches und angereichertes Uran?

5 Erläutere die Bedeutung eines Moderators für das Zustandekommen einer Kernspaltung.

6 Wozu werden in einem Reaktor Steuerstäbe benötigt?

7 Welche Maßnahmen sind notwendig, damit beim Betrieb eines Kernkraftwerkes keine Kernstrahlung und keine radioaktiven Stoffe in die Umwelt gelangen?

8 „Kernkraftwerke sind umweltfreundlich.“ Setze dich mit dieser These auseinander.

Auf einen Blick

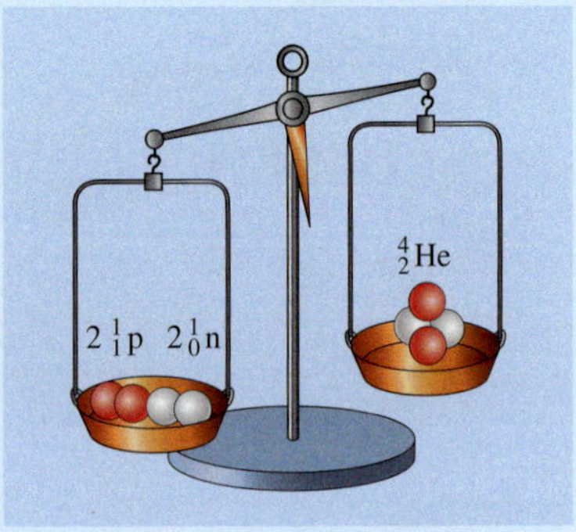

1

Kernumwandlungen und Bindungsenergie Beim Aufbau eines Atomkerns aus Protonen und Neutronen wird Bindungsenergie abgegeben. Die Energiefreisetzung ist mit einer Massenabnahme verbunden (Massendefekt). Wie groß die (mittlere) Bindungsenergie pro Kernbaustein ist, ist für jedes Isotop verschieden.

Bei der Fusion leichter Kerne und der Spaltung schwerer Kerne lässt sich Energie gewinnen, wenn die Bindungsenergien pro Kernbaustein für die Endkerne größer sind als für die Anfangskerne.

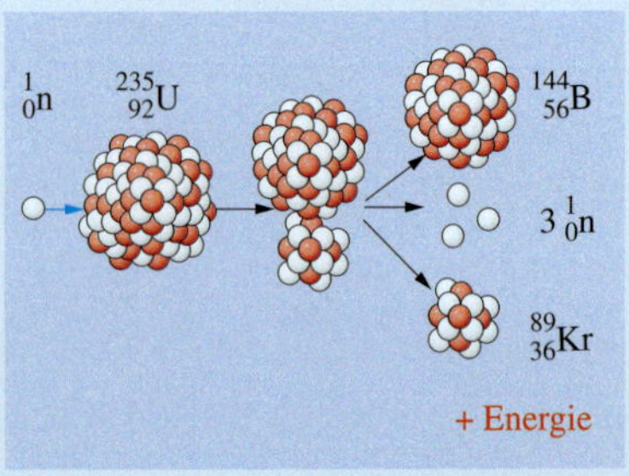

2

Kernspaltung Bei der Kernspaltung wird ein schwerer Atomkern in zwei mittelschwere Atomkerne unterschiedlicher Masse und zwei oder drei Neutronen umgewandelt. Die Masse der entstehenden Atomkerne ist geringer als die Masse des Kerns. Die fehlende Masse wird gemäß $E = m \cdot c^2$ als Energie frei.

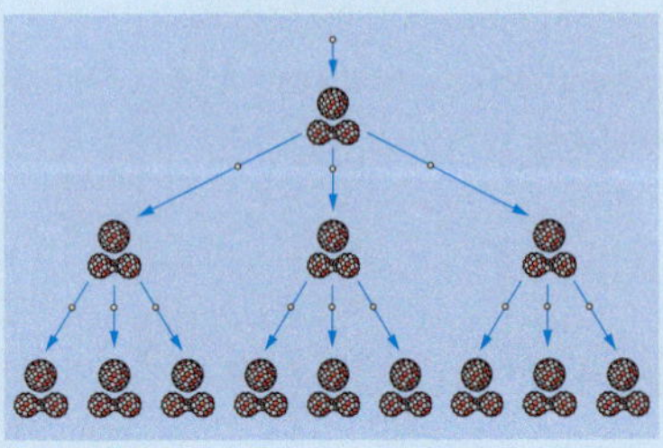

3

Kettenreaktion Bei jeder Spaltung schwerer Kerne entstehen 2 bis 3 Neutronen. Die Neutronen können in einer Kettenreaktion weitere Kernspaltungen auslösen, wenn sie nicht zu schnell sind. Voraussetzung für das Zünden einer Kettenreaktion ist eine genügend große Masse an spaltbarem Material.

Kernkraftwerk Im Kernkraftwerk wird durch kontrollierte Kettenreaktion zunächst Kernenergie in thermische Energie umgewandelt. Der erhitzte Wasserdampf treibt über Turbinen Generatoren für die Erzeugung elektrischer Energie an.

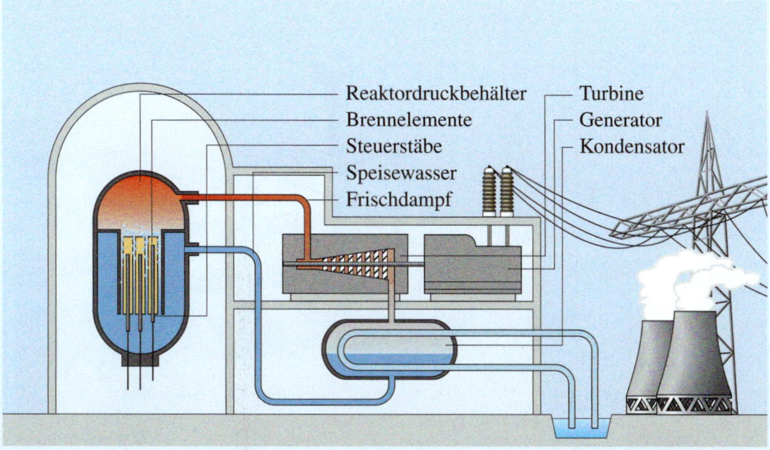

4

In einem Kernreaktor müssen vorhanden sein:
- eine ausreichende Masse an spaltbarem Uran
- ein Stoff (Moderator) zur Abbremsung der Neutronen
- Steuerstäbe zur Regulierung der Anzahl der Neutronen
- ein Medium zur Übertragung der thermischen Energie
- Sicherheitssysteme zum Schutz vor Strahlung und radioaktiven Materialien

Es entsteht radioaktiver Müll, der für viele Tausend Jahre sicher gelagert werden muss.

Kernfusion Bei einer Kernfusion verschmelzen zwei sehr leichte Atomkerne zu einem schwereren Kern. Dabei wird Energie abgegeben. Die Kernfusion liefert die Energie der Sterne und unserer Sonne.

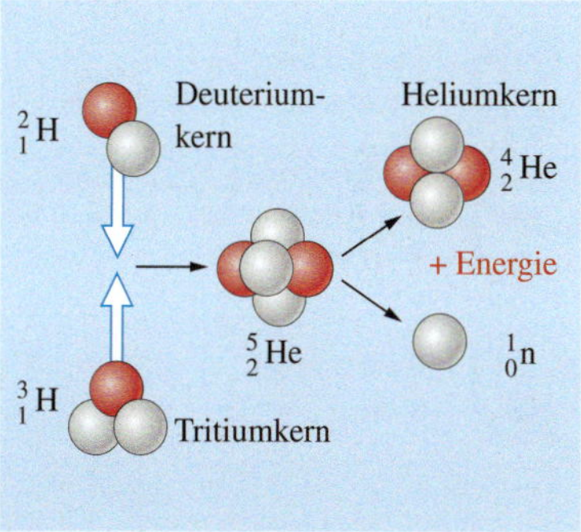

5

Alles klar?

1 Wie viel Energie wird im Kernreaktor frei, wenn 1 g Uran-235 gespalten wird? Wie viele Vier-Personen-Haushalte könnte man damit mit elektrischer Energie versorgen, wenn einer pro Jahr etwa 450 kW · h benötigt.

2 Nenne die Bedingung, die erfüllt sein muss, damit eine Kettenreaktion zustande kommt. Begründe, dass es bei einer sehr geringen Konzentration von $^{235}_{92}U$ nicht zu einer Kettenreaktion kommen kann.

3 Wodurch unterscheiden sich die bei Kernreaktionen entstehenden Teilchen bzw. Strahlungen: α, β, γ?

4 Das Wasserstoffisotop Tritium wird durch Neutronenbeschuss von Lithium erzeugt. Vervollständige die Kernreaktion: $^6_3Li + ^1_0n \rightarrow ^3_1H + (?)$.

5 Nimm einmal an, ein Neutron setzt bei einer Kernspaltung drei weitere Neutronen frei (1. Generation), die wiederum jeweils drei Neutronen freisetzen (2. Generation) usw.

a Wie viele Neutronen hätte die 5., 6. und 7. Generation? Bei welcher Generation werden mehr als eine Million Neutronen erzeugt?

b Warum kommt in Natururan normalerweise keine Kettenreaktion zustande?

Strahlendiagnostik und Strahlentherapie

Bemannte Raumfahrtmissionen zum Mars werden vermutlich nicht an den immensen Kosten scheitern, sondern an der zu erwartenden Strahlenbelastung aus Gammastrahlung und Protonen. Diese kommen von der Sonne und werden vor allem bei Sonnenstürmen, den feurigen Fackeln am Sonnenrand, freigesetzt. Man muss davon ausgehen, dass Astronauten während ihrer Reise einer Strahlenbelastung von 10 000 bis 20 000 Röntgenaufnahmen ausgesetzt werden. Ein konventioneller Schutzschild hätte ein Gewicht, das die Mission unmöglich machen würde.

1 Modell eines geplanten Marsroboters

↑Basiskonzept Struktur der Materie

↑Basiskonzept Wechselwirkung

↑Basiskonzept System

Das Tragen eines Dosimeters zur Messung der Strahlenbelastung ist z. B. für Techniker im Kernkraftwerk oder für eine physikalisch-technische Assistentin in der nuklearmedizinischen Abteilung eines Krankenhauses gesetzlich vorgeschrieben. ↑2 Ist die zulässige Jahreshöchstdosis erreicht, darf die betroffene Person für den Rest des Jahres zum Schutz ihrer Gesundheit nicht mehr in einem strahlenexponierten Bereich (Kernreaktor, Nuklearmedizinlabor …) tätig sein.
In Deutschland sind das Technische Hilfswerk und die Feuerwehren für den ABC-Schutz zuständig. Damit ist kein Schutz vor Lese-Rechtschreib-Schwäche gemeint, sondern Schutz vor *a*tomaren, *b*iologischen und *c*hemischen Gefahren. Sie üben ständig das Verhalten bei Unfällen mit radioaktiven Stoffen, um im Ernstfall die Gefährdung für die Bevölkerung minimieren zu können. ↑3 Für die Sicherheit der Katastrophenhelfer wurden spezielle Schutzanzüge entwickelt.
Wie wirkt die Strahlung radioaktiver Körper auf den Menschen? Wie kann man ihre Gefährlichkeit abschätzen und wie kann man sich schützen?

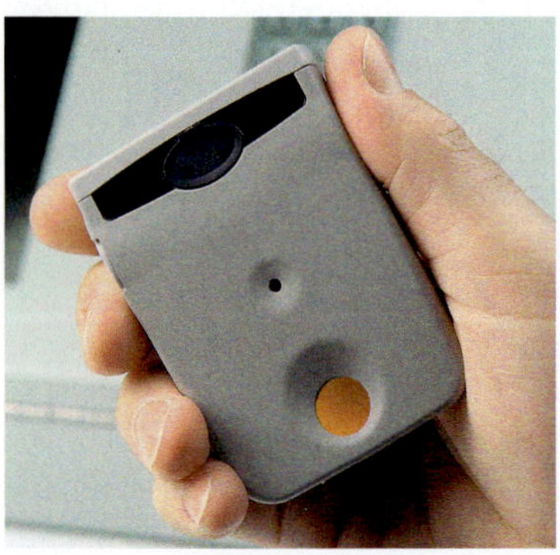

2 Personendosimeter

3 ABC-Schutzübung

Strahlenbelastung und Strahlenschutz

4

Tagtäglich sind wir einer geringen radioaktiven Strahlung ausgesetzt. Aus dem Erdboden tritt das radioaktive Gas Radon aus, das im Innern der Erde aus Zerfall von Uran-238 entsteht. Die Folgeprodukte der Atombombenexperimente und die Reaktorkatastrophe von Tschernobyl sind noch heute in der Luft nachweisbar und jeder Flug in großer Höhe und jede medizinische Röntgenuntersuchung belastet uns etwas. Was passiert dabei in unserem Körper und wie kann man sich davor schützen?

↑Basiskonzept System

↑Basiskonzept Wechselwirkung

Experimente

1 Der radioaktive Luftballon

Ein Luftballon wird aufgeblasen und durch kräftiges Reiben an Schafwolle elektrisch geladen; ein gut geladener Ballon haftet an einer senkrechten Wand. Anschließend wird er an einem Faden frei aufgehängt, sodass er sich nicht entladen kann.

a Miss mit dem Geigerzähler mehrmals die Nullrate und notiere diese.

b Nach einiger Zeit (10 Minuten bis 2 Stunden) wird die Luft aus dem Ballon gelassen. Miss sofort mit dem Geigerzähler die Zählrate (Impulse pro Sekunde) und vergleiche diese mit der Nullrate. Wiederhole die Messungen einige Male.

c Die natürliche Radioaktivität der Luft ist Folge der Tochterprodukte des Radons. Welche Radioisotope könnten sich auf dem Ballon gesammelt haben? Warum nimmt die Zählrate so schnell ab?

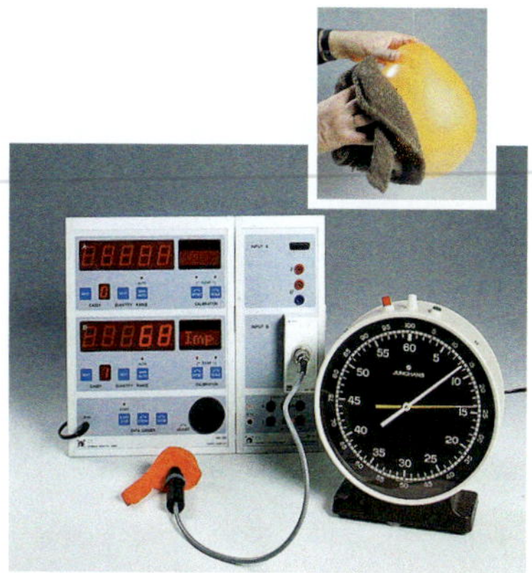

5 Radioaktiver Luftballon

2 Radioaktive Salze

Lasst euch von eurer Lehrerin bzw. von eurem Lehrer ein Häufchen Kaliumchlorid (aus der Chemiesammlung) geben.

a Steckt das Fenster des Geiger-Müller-Zählrohres direkt in das Salz. Vergleicht die gemessene Zählrate mit der zuvor bestimmten Nullrate.

b Welches Isotop von Kalium zerfällt in welche Produkte? Welche Strahlung ist zu erwarten? Wo wird Kaliumchlorid verwendet? Ist Kalium auch in deinem Körper?

6 Kompost statt Kalium-Kunstdünger

3 Ist Zigarettentabak radioaktiv?

Lasst euch von eurer Lehrerin bzw. von eurem Lehrer ein Häufchen Zigarettentabak geben (Tabak von ca. 10 Zigaretten).

a Setzt das Zählrohrfenster direkt auf einen Haufen Tabak und bestimmt mehrfach die Zählrate. Vergleicht die Zählrate mit der mehrfach gemessenen Nullrate.

b Bereits im Jahre 1965 fand C. R. Hill am Britischen Krebsforschungsinstitut, dass Zigarettentabak das radioaktive Isotop Polonium-210 in einer Aktivität von bis zu 50 Becquerel (= Zerfälle je Sekunde) pro Kilogramm Tabak enthält.
Woher kann das Polonium-210 kommen?

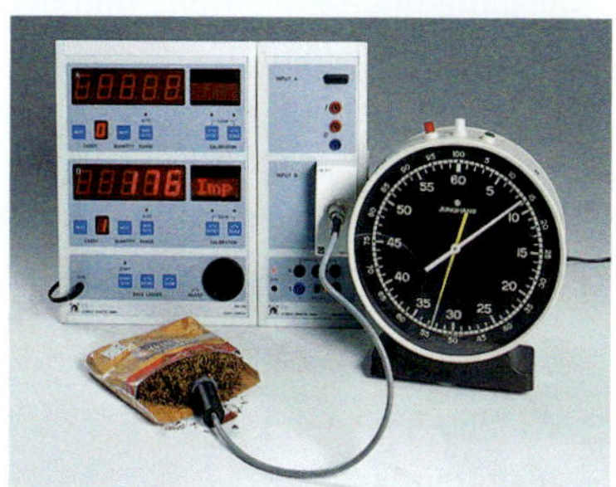

7 Radioaktiver Tabak

GRUNDLAGEN: Ionisation im menschlichen Körper

Ionisation durch Strahlung Bei intensiver Sonnenbestrahlung steigt das Hautkrebsrisiko. Der ultraviolette Anteil der Sonnenstrahlung kann Elektronen aus den Atomen oder Molekülen der Haut herausschlagen. Zurück bleiben positiv geladene Ionen. Durch Anlagern der freigesetzten Elektronen an Atome oder Moleküle entstehen auch negative Ionen.
Das Gleiche bewirken α- und β-Strahlung. Ein α-Teilchen verursacht in der Nebelkammer eine Spur ionisierten Gases. Genauso hinterlässt es im menschlichen Gewebe eine Spur ionisierter Atome und Moleküle, aus denen bei seinem „Vorbeiflug“ ein Elektron herausgerissen wurde. Ähnlich ist es bei den Elektronen der β-Strahlung, die mit den Atomen in den Körperzellen wechselwirken.
Auch Röntgen- und γ-Strahlung haben eine so große Energie, dass sie längs ihres Wegs Elektronen aus den Atomen herausschlagen. Diese Elektronen fliegen mit hoher Energie ein Stück weit durch den Körper und können weitere Atome ionisieren.

Folgen der Ionisation Die Ionisationen lösen physikalisch-chemische und biochemische Vorgänge aus. Die Ionen und Elektronen reagieren mit Molekülen des Körpers, z. B. mit dem Wasser und den biologisch wichtigen Makromolekülen. Dabei kann die DNA, in der die Erbinformationen gespeichert sind, beschädigt werden.
Die meisten Fehler kann die Zelle durch ein eigenes „Reparatursystem“ wieder beheben. Auf ca. 5000 strahlenbedingte Schäden in einer Säugetierzelle kommt jedoch einer, der nicht beseitigt werden kann. Meist stirbt die beschädigte Zelle ab. Nachbarzellen können unter Umständen die Funktionen einzelner abgestorbener Zellen übernehmen. Werden durch starke Bestrahlung zu viele Zellen in kurzer Zeit abgetötet, kommt es zur „Strahlenkrankheit“.
Die Ionisierung durch Strahlung kann aber auch eine gesunde Zelle in eine „Tumorzelle“ verwandeln. Als Tumorzelle wird eine Zelle bezeichnet, die sich als Folge der Schädigung ungehemmt vermehrt und dadurch wichtige Körperfunktionen behindert.

α-Strahlung

Treffen α-Teilchen von außen auf den menschlichen Körper, werden sie bereits in den obersten Zellschichten der Haut absorbiert und richten kaum Schäden an.
Gelangen sie durch die Nahrung oder die Atmung in den Körper, werden sie nur wenige Millimeter weit kommen. Sie erzeugen jedoch viele Ionen auf kleinem Raum und können großen Schaden anrichten.

β-Strahlung

β-Strahlung hat einen längeren Bremsweg als die α-Teilchen und durchdringt die ersten Hautschichten. Dort ionisiert sie Moleküle in den Körperzellen. Die Dichte der Ionen ist relativ gering und die Zellen sind meist in der Lage, die entstanden Fehler zu reparieren.

γ-Strahlung

Diese elektromagnetische Strahlung kann tief in das Gewebe eindringen und bei hoher Energie sogar durch den Körper hindurchgehen. Sie hinterlässt ebenfalls eine relativ geringe Spur von Ionen.

1 Ionisierende Wirkung der verschiedenen Strahlungsarten

Aufgaben

1 Man unterscheidet zwischen innerer und äußerer Bestrahlung.
Innere Bestrahlung geht von radioaktiven Stoffen aus, die mit der Nahrung und der Atemluft in den menschlichen Körper gelangt sind.
Äußere Bestrahlung wird z. B. auch von Gesteinen oder Bodenablagerungen hervorgerufen.

a Warum ist die innere Bestrahlung gefährlicher als die äußere?

b Welche Wirkung kann die Strahlung radioaktiver Körper auf menschliche Zellen haben? ↑2

c Welche Schäden können bei starker Strahlung auftreten? ↑2

d Ein Großteil der absorbierten Strahlung radioaktiver Körper führt nicht zu dauerhaften Schäden. Wie ist das möglich?

2 Wovon hängt es ab, wie stark die Schädigungen durch ionisierende Strahlung sind?

3 Informiere dich über die radioaktive Belastung beim Rauchen und vergleiche diese mit einem Flug mit dem Flugzeug von Köln nach New York.

4 Sammle Informationen *Pro und Kontra* der Bestrahlung von Lebensmitteln. Unterscheide physikalische, biologische und nichtnaturwissenschaftliche Argumente. Welche Meinung hast du? Begründe diese.

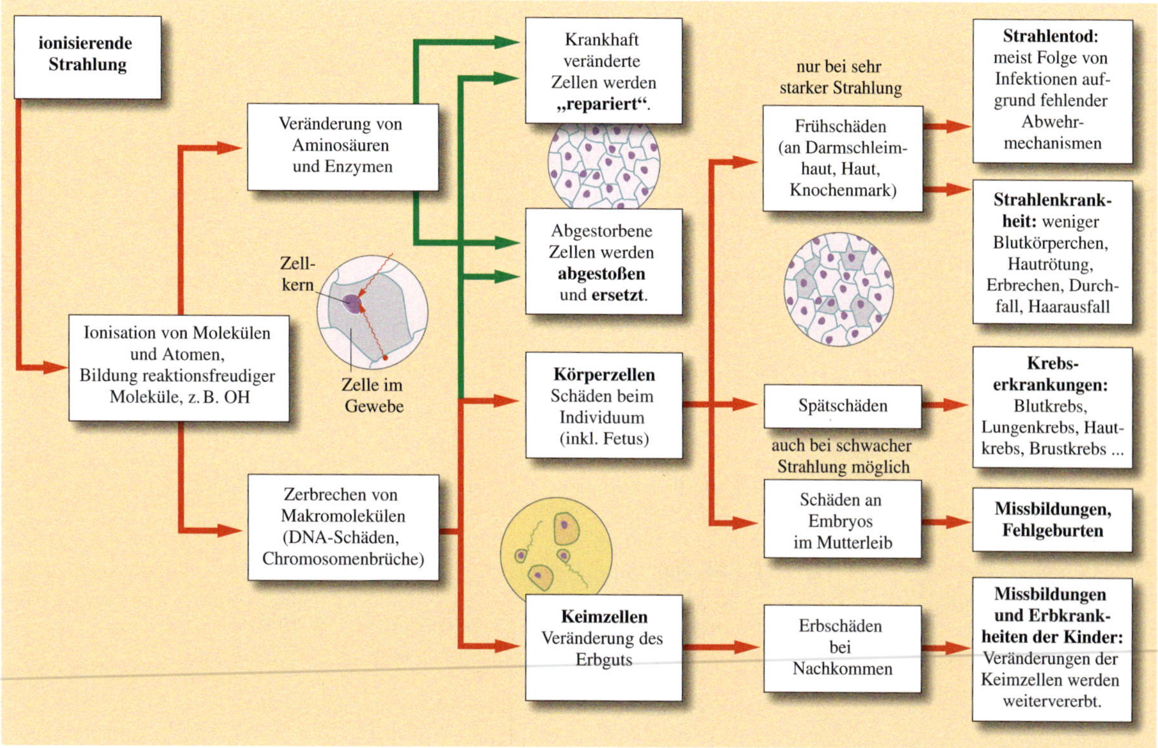

2 Wirkungen der inneren und äußeren Bestrahlung

↑Basiskonzept Wechselwirkung

GRUNDLAGEN: Größen zur Angabe der Strahlenbelastung

Energiedosis Wenn die Strahlung radioaktiver Körper in Materie eindringt, zeigt sie oft ionisierende Wirkung. Für jede Ionisation ist eine bestimmte Energie nötig. Deshalb ist die Energie, die 1 kg Materie durch die Strahlung aufnimmt, ein Maß für die physikalische Wirkung der Strahlung. Sie wird *Energiedosis D* genannt. ↑3

$$\text{Energiedosis} = \frac{\text{absorbierte Energie}}{\text{Masse}} \qquad D = \frac{E}{m}$$

Die Einheit der Energiedosis ist *1 Gray (1 Gy)*: $1\,\text{Gy} = 1\,\frac{\text{J}}{\text{kg}}$.

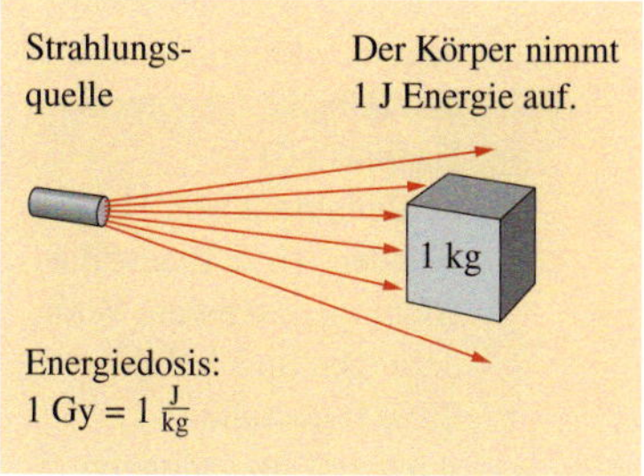

3 Energiedosis

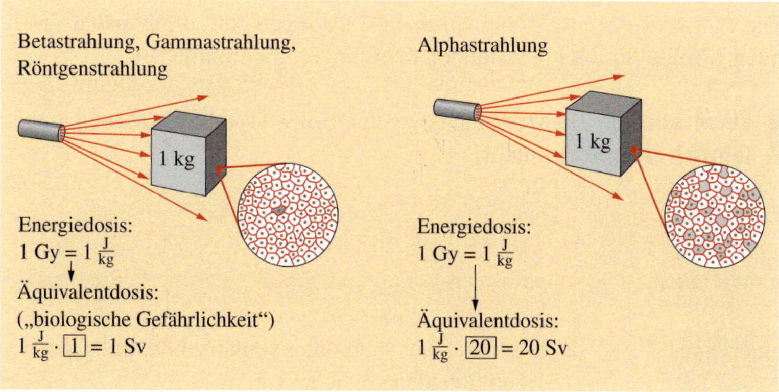

4 Vergleich der ionisierenden Wirkung

277-1

Radioaktive Quelle	Belastung in mSv/Jahr
Radon	1,000
Kalium-40	0,300
kosmische Strahlung	
– Helgoland	0,300
– Zugspitze	1,200
Kohlekraftwerke	0,002

1 Beispiele für Strahlenbelastung durch natürliche Radioaktivität

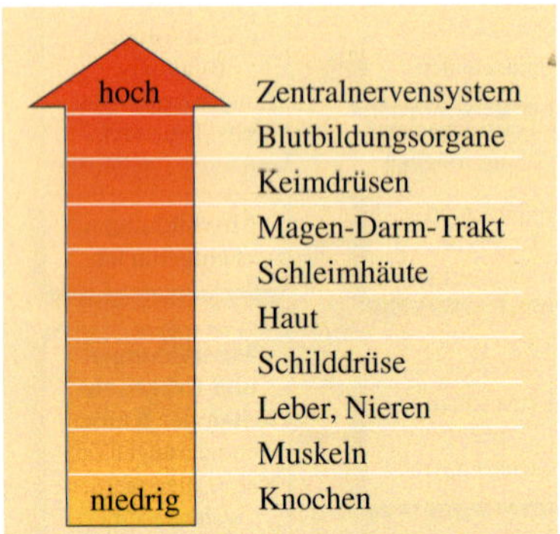

2 Strahlenempfindlichkeit

H in Sv	Strahlenschäden
0,2–0,5	Veränderungen im Blutbild, Schäden an Embryos
1,0	akute Gesundheitsgefahr, beginnende Strahlenkrankheit (Übelkeit, Erbrechen, Haarausfall)
2,0	Strahlenkrankheit, Hautschäden, 10 % Todesfälle
3,0	Blutungen, schwere Veränderungen im Blutbild, 20 % Todesfälle
4,0	schwere Entzündungen, 50 % Todesfälle innerhalb von 5 Wochen
ab 6,0	mehr als 90 % Todesfälle; selbst bei Transplantation von Knochenmark stirbt die Mehrzahl der Verletzten

4 Somatische Schäden bei kurzzeitig hoher Äquivalentdosis

Äquivalentdosis Die Wirkung der Strahlung auf lebende Organismen hängt nicht nur von der Energiedosis ab, sondern z. B. auch von der Strahlungsart. Bei einer Energiedosis von 1 Gy hat α-Strahlung eine bis zu 20-mal so große biologische Wirkung wie β- oder γ-Strahlung. Für einen Menschen ist also die Zufuhr von 1 Gy durch α-Strahlung vergleichbar (äquivalent) mit 20 Gy durch β- oder γ-Strahlung. ↑4 S. 277

Die Äquivalentdosis H ist ein Maß für die biologische Wirkung der Strahlung. Bei gleichen Äquivalentdosen sind gleiche biologische Wirkungen zu erwarten.

Man berechnet die Äquivalentdosis als Produkt aus der Energiedosis D und einem experimentell ermittelten *Bewertungsfaktor q*. ↑3

Äquivalentdosis = Bewertungsfaktor · Energiedosis $\quad H = q \cdot D$

Die Einheit der Äquivalentdosis ist *1 Sievert (1 Sv)*: $1\,\text{Sv} = 1\,\frac{\text{J}}{\text{kg}}$.

Äußere Bestrahlung	Bewertungsfaktor q
Röntgenstrahlung	1
β-Strahlung	1
γ-Strahlung	1
Neutronenstrahlung (Energie unbekannt)	10
α-Strahlung aus radioaktiven Atomkernen	20

3 Bewertungsfaktoren für verschiedene Strahlungsarten

GRUNDLAGEN: Strahlenschäden

↑Basiskonzept Wechselwirkung

Wer von ionisierender Strahlung getroffen wird, kann daran direkt erkranken *(somatische Schäden)*. Vielleicht haben aber auch erst seine Kinder und Kindeskinder darunter zu leiden *(genetische Schäden)*.

Somatische Schäden entstehen unmittelbar am betroffenen Organismus. Besonders empfindlich sind die Blutbildungsorgane, die Schleimhäute des Magen-Darm-Trakts und der Luftwege sowie die Keimdrüsen. ↑2

Die Zellschädigungen können zu Krebserkrankungen führen, zu den häufigsten gehören dabei Leukämie, Lungen-, Haut- und Brustkrebs.

Genetische Schäden sind Erbschäden, die bei den direkten Nachkommen, aber auch in späteren Generationen auftreten können. Sie entstehen durch Veränderungen des Erbguts. Daher sind die Keimzellen der Eierstöcke und Hoden besonders gefährdet. Das Gleiche gilt auch für Embryonen.

Die Folgen kurzzeitig hoher Strahlenbelastungen sind dramatisch – aber auch geringe Strahlenbelastungen über längere Zeiträume. ↑4

Einen unteren Grenzwert, bis zu dem eine Strahlenbelastung ungefährlich ist, gibt es nicht.

Aufgaben

1 Informiere dich über die Aufgaben einer/eines Strahlenschutzbeauftragten.

2 Erläutere, was man unter somatischen und genetischen Schäden versteht.

GRUNDLAGEN: Die fünf „A" des Strahlenschutzes

Der Gesetzgeber hat für Deutschland eine *Strahlenschutzverordnung* erlassen. Sie enthält Vorschriften, welchen Strahlenbelastungen die Menschen maximal ausgesetzt sein dürfen. Als allgemeines Ziel ist darin festgelegt: Jede unnötige Strahlenbelastung ist zu vermeiden. Für den Strahlenschutz in der Praxis gelten fünf Regeln:

Abstand halten Die Reichweite von α- und β-Strahlung in der Luft ist nur gering. Deshalb sollte man den Abstand zur Strahlungsquelle so groß wie möglich machen.

Abschirmung optimieren Abschirmung ist für α- und β-Strahlung kein Problem. Es genügt bereits ein Blatt Papier (α-Strahlung) oder eine 3 mm dicke Aluminiumplatte (β-Strahlung). Arbeiter werden durch Schutzanzüge geschützt. ↑5 Gegen γ-Strahlung helfen nur dicke Bleiummantelungen der Strahlungsquelle.

Aufenthaltsdauer möglichst kurz halten Die Bestrahlungsdauer sollte so gering wie möglich sein. In kerntechnischen Anlagen wird daher in den „heißen Zellen" mit einer Fernbedienung gearbeitet, um den Aufenthalt am Ort hoher Radioaktivität zu vermeiden. ↑6 Beim Röntgen verlässt der Arzt oder Assistent vor der Aufnahme den Raum.

Aktivität verringern In der Nuklearmedizin benutzt man „kurzlebige" Isotope, deren Aktivität rasch abklingt. Entsprechend ist die Empfindlichkeit der Nachweis- und Messverfahren immer weiter gesteigert worden.

Aufnahme in den Körper vermeiden Durch Speisen und Atemluft nehmen wir radioaktive Atomkerne auf. Dies lässt sich kaum vermeiden. Dennoch war es z. B. nach dem Reaktorunfall in Tschernobyl ratsam, auf stark radioaktiv belastete Pilze oder Wildfleisch zu verzichten. Im Umgang mit radioaktiven Strahlern gelten besondere Regeln: Nach Experimenten sofort Hände waschen, während der Experimente auf keinen Fall essen oder trinken.

Geräte, bei denen ionisierende Strahlung auftritt, und radioaktive Strahler müssen einen Warnhinweis tragen. ↑7

279-1

5

6

↑Basiskonzept Wechselwirkung

7

Aufgaben

1 Bei Erwachsenen, die beruflich mit ionisierender Strahlung zu tun haben, darf nach deutschem Recht die jährliche Äquivalentdosis 50 mSv nicht überschreiten.
Berechne für folgende durchschnittliche Jahreswerte das prozentuale Verhältnis zu 50 mSv.

a Die kosmische Strahlenbelastung beträgt in München 0,40 mSv, auf der Zugspitze 1,20 mSv.

b Ein Pilot ist bei 600 Flugstunden in 10 000 m Höhe einer Belastung von 0,002 mSv ausgesetzt.

c Mit der Nahrung nimmst du 0,3 mSv durch Kalium-40 auf.

d In einem extrem uranhaltigen Gebiet in Brasilien beträgt die Belastung 200 mSv.

e Auf einer Marsumlaufbahn betrug im Jahr 2003 die Äquivalentdosis 390 mSv.

2 Wodurch unterscheiden sich die Größen *Energiedosis* und *Äquivalentdosis*? Erläutere die Einheiten, in denen die beiden Größen angegeben werden.

Röntgenstrahlung

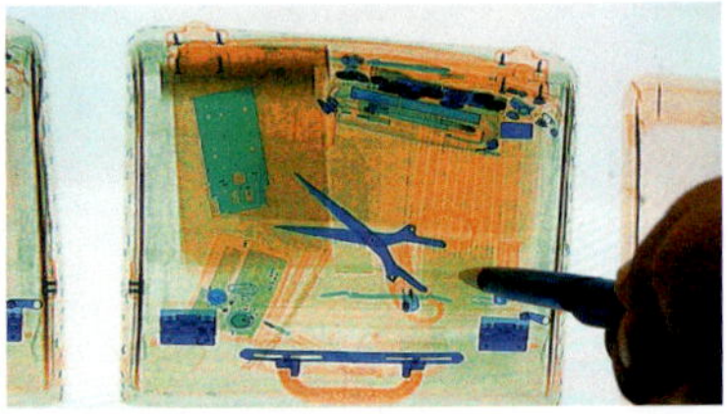

1 Gepäckkontrolle – ohne Öffnen

Neben der medizinischen Anwendung ist heute die Gepäckkontrolle auf dem Flughafen die wohl bekannteste Anwendung der Röntgenstrahlung: Das Handgepäck wird mit einer energiereichen elektromagnetischen Strahlung durchleuchtet. ↑1 Der Bildschirm zeigt ein eingefärbtes Schattenbild des Gepäcks und dadurch werden einzelne Gegenstände sichtbar. Metallische Gegenstände lassen keine Röntgenstrahlung hindurch und deren Schatten sind deshalb dunkel.

Experimente

1 Schattenspiele
Fertige aus dünnem Papier verschiedene „Gegenstände“, die du zwischen zwei Seidenpapiere, den „Koffer“, legst. Durchleuchte diesen „Koffer“ mit einer hellen Schreibtischlampe und betrachte den durchscheinenden Koffer gegen die Lampe. ↑2 Wie hängt die Schattenschärfe von der Form der Lichtquelle ab?

2 Röntgengerät der Physiksammlung
Mit einem Röntgengerät können kleinere Gegenstände durchleuchtet werden (Geldbörse, ausgestopfter Vogel aus der Biologiesammlung, Taschenrechner).

a Welche Einstellung muss an dem Gerät verändert werden, um die Schattenbildung auf dem Leuchtschirm zu verstärken?

b Welche Sicherheitsmaßnahmen sind bei diesem Röntgengerät eingebaut?

3 Computertomografie des Wasserkastens
Mit einem Kasten Flaschen kann man ein Modell der Computertomografie erstellen. Entnimm einem vollen Kasten an verschiedenen Stellen einige Flaschen. Der „Röntgenstrahl“ tastet den Kasten aus zwei zueinander senkrechten Richtungen x und y ab. Die „Intensität“ der „Röntgenstrahlung“ beträgt 10 und wird durch jede Flasche um 1 verringert. Bestimme für die Richtungen x_1, x_2 … und y_1, y_2 … die „Intensitäten“ und fertige eine Tabelle an. Lass einen Mitschüler die Ordnung der Flaschen im Kasten aus diesen „Intensitäten“ bestimmen. Ergibt sich eine eindeutige Lösung? Probiert verschiedene Ordnungen der Flaschen aus.

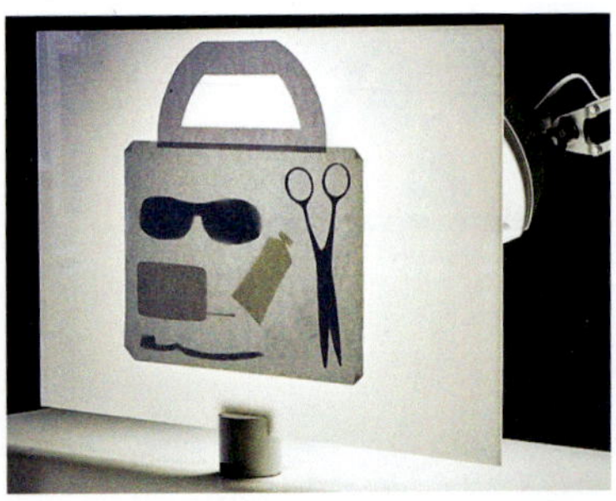

2

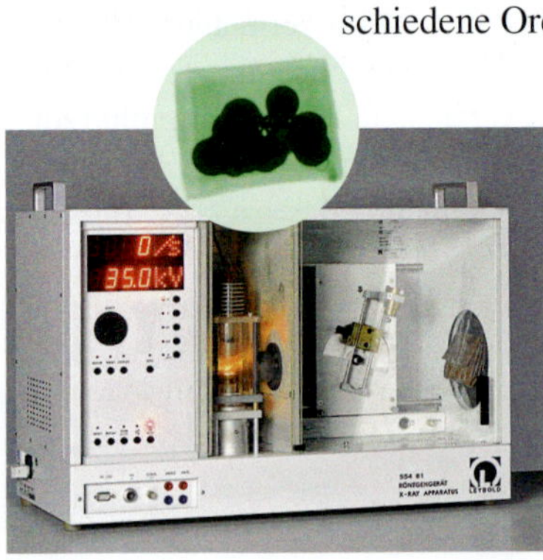

3

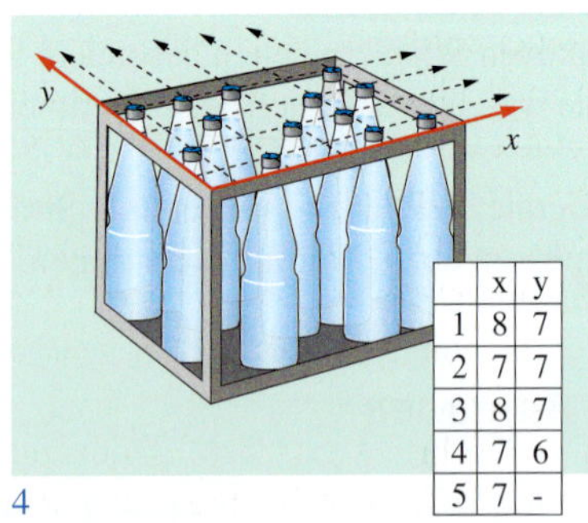

	x	y
1	8	7
2	7	7
3	8	7
4	7	6
5	7	-

4

GRUNDLAGEN: Röntgenstrahlung und ihre Entstehung

↑Basiskonzept Struktur der Materie

↑Basiskonzept Wechselwirkung

Röntgenstrahlung ist wie Licht und wie γ-Strahlung eine elektromagnetische Strahlung. Sie besitzt mehr Energie als Licht und kann deshalb viele Stoffe durchdringen, die sichtbares Licht nicht hindurchlassen. Röntgenstrahlung ist jedoch schwächer als γ-Strahlung und für uns Menschen unsichtbar, weil sie in den lichtempfindlichen Sehzellen in der Netzhaut keinen Reiz auslösen kann, sondern einfach hindurchgeht. ↑5

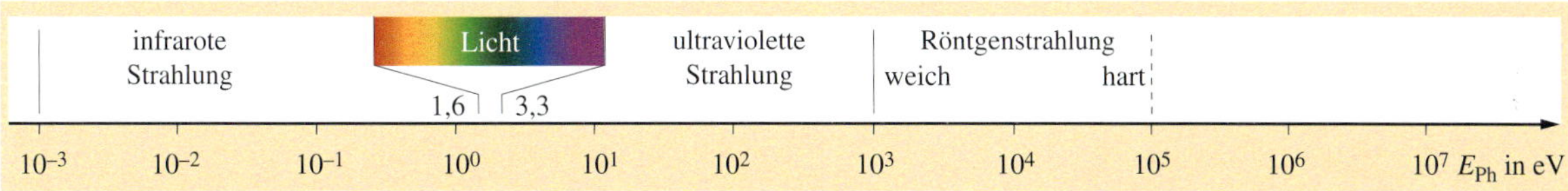

5 Ausschnitt aus dem Spektrum der elektromagnetischen Strahlung

Röntgenlicht entsteht, wenn in einer Vakuumröhre schnelle Elektronen auf ein Metall treffen und dort plötzlich abgebremst werden. Auch bei einem Funken oder Blitz zwischen zwei elektrischen Kontakten können Elektronen auf den positiv geladenen metallischen Kontakt prallen und werden abgebremst. Dabei entsteht Röntgenstrahlung. Je höher die Spannung zwischen den Kontakten, desto schneller werden die Elektronen und desto intensiver ist die entstehende Röntgenstrahlung.
In der Röntgenröhre treten viele Elektronen aus einer glühenden Drahtwendel am negativen Pol (Katode) aus, werden durch eine hohe Spannung zum Pluspol hin (Anode) beschleunigt, prallen dort auf das Metall der Anode und erzeugen die Röntgenstrahlung. ↑6 ↻ 281-1

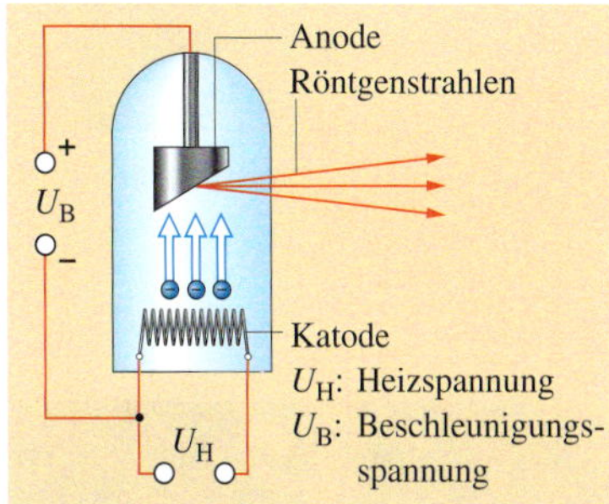

6 Röntgenröhre (Prinzip)

Aus der Geschichte RÖNTGENS Entdeckung

WILHELM CONRAD RÖNTGEN (ab 1888 Professor für Physik an der Universität Würzburg) beschäftigte sich seit 1894 mit den Eigenschaften der Katodenstrahlen; heute weiß man, dass Katodenstrahlen schnelle Elektronen sind, die aus einer glühenden Katode (Minuspol) austreten und zur Anode (Pluspol) fliegen.
Im November 1895 lässt RÖNTGEN diese Katodenstrahlen durch ein Fenster aus dünnem Aluminiumblech aus der Vakuumröhre austreten. ↑7 Die Katodenstrahlen kommen in Luft nur wenige Zentimeter weit. Dennoch leuchten in beträchtlicher Entfernung einige Kristalle auf dem Arbeitstisch im dunklen Raum hell auf. RÖNTGEN ist sofort klar, dass er etwas ganz Neues entdeckt hat. Niemandem verrät er seine Entdeckung, verlässt mehrere Wochen sein Labor nicht und macht am 22. November das erste Röntgenbild der Geschichte: RÖNTGEN fotografiert das Handskelett einer jungen Frau mit über zwanzigminütiger Durchleuchtungszeit. ↑8
Am 28. Dezember 1895 reicht er das Manuskript „Eine neue Art von Strahlen" bei der Physikalisch-Medizinischen Gesellschaft in Würzburg ein. Schon in diesem Artikel weist RÖNTGEN auf die medizinische Anwendung hin.
Die Nachricht von der Entdeckung der neuen Strahlung breitet sich in wenigen Tagen schnell aus und als RÖNTGEN am 23. Januar 1896 in einem Vortrag in der Sitzung der Würzburger Physikalisch-Medizinischen Gesellschaft seine X-Strahlen den Kollegen vorstellt, erhält diese Strahlung von den Kollegen den Namen *Röntgenstrahlung*.
WILHELM CONRAD RÖNTGEN erhält 1901 den ersten Nobelpreis für Physik. Das Preisgeld stiftet er der Universität Würzburg. Er hat nie ein Patent auf seine Entdeckung angemeldet, weil diese Strahlung der Menschheit dienen und nicht den Reichtum einzelner vermehren sollte.
Die oft tödlichen Nebenwirkungen der Röntgenstrahlung bleiben noch lange Zeit unbekannt und kosten vielen Röntgenpionieren das Leben.

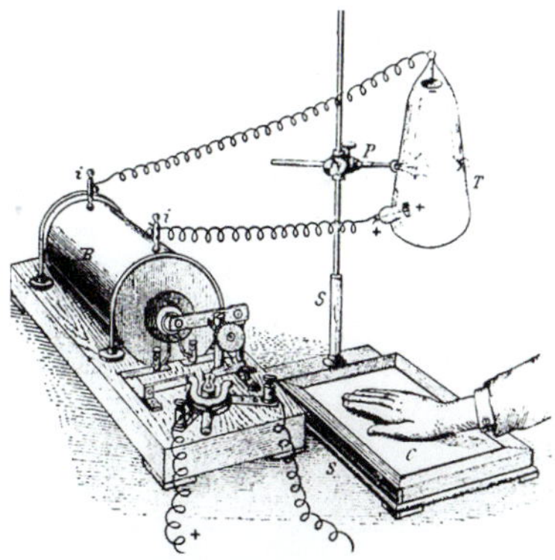

7 RÖNTGENS Experiment

8 WILHELM CONRAD RÖNTGEN (1845–1923) und das erste Röntgenbild

GRUNDLAGEN: Röntgenstrahlung in der Medizin

Röntgenuntersuchung Die bekannteste Anwendung der Röntgenstrahlung sind medizinische Röntgenaufnahmen. ↑1, 2 Die Strahlung durchdringt den Patienten, wird dabei von Muskelfleisch, Bindegewebe und Knochen unterschiedlich stark geschwächt und belichtet dann einen Film. Je intensiver die Strahlung noch ist, desto stärker wird der Film geschwärzt; Knochen und Metalle, z. B. Zahnfüllungen, erscheinen hell, weil sie die Röntgenstrahlung fast vollständig absorbieren. ↑3

In der Regel absorbieren die Atome, aus denen die menschlichen Körperzellen bestehen, die Röntgenstrahlung je mehr, desto höher ihre Massenzahl A ist. Knochen bestehen weitgehend aus Calcium-40, die Körperzellen aus Wasserstoff und Sauerstoff (Wasser) und aus Kohlenstoff, deren Massenzahlen deutlich geringer sind.

Um Organe von Gewebe unterscheiden zu können, werden Kontrastmittel eingenommen oder gespritzt, die Barium oder Iod enthalten, also Elemente mit einer höheren Ordnungszahl.

Computertomografie Eine Röntgenaufnahme zeigt nur das zweidimensionale Schattenbild eines dreidimensionalen Körpers: Ehe die Strahlung den Film erreicht, geht sie einen langen Weg durch unterschiedliches Material. Bei der Computertomografie wird ein schmales Bündel der Röntgenstrahlung aus verschiedenen Richtungen durch den Körper geschickt und jeweils gegenüber der Röntgenquelle in Detektoren aufgefangen, die die Intensität der Strahlung registrieren. Mithilfe eines Computerprogramms kann durch Vergleich der Intensitäten aus verschiedenen Richtungen ein Bild der durchstrahlten Körperschicht erstellt werden. Schicht für Schicht umfährt das Röntgengerät den Körper; der Computer macht daraus ein dreidimensionales Bild des Körperinnern. ↑6

1 Im Röntgenlabor

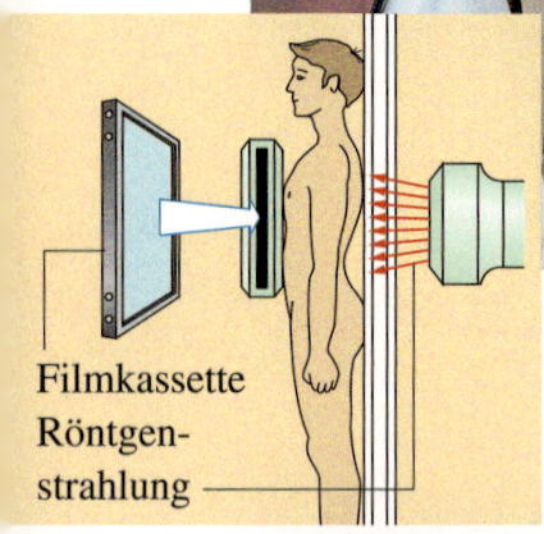

2

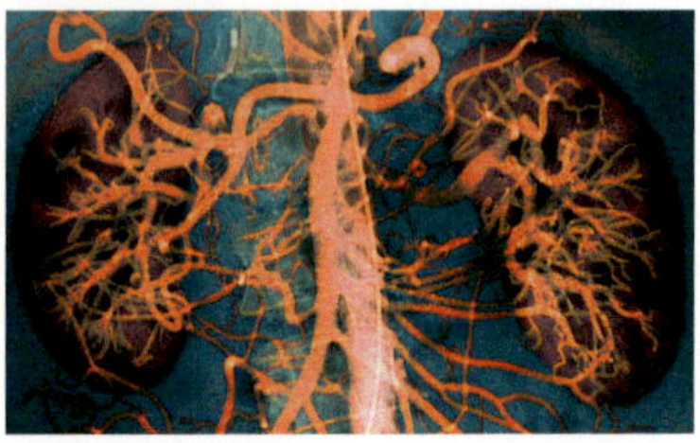

3 Röntgenaufnahme von Arterien mit Kontrastmittel

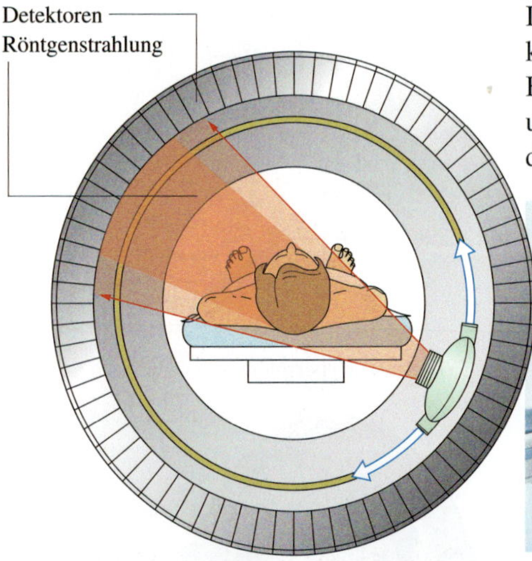

4 Prinzip der Schnittbildaufnahme

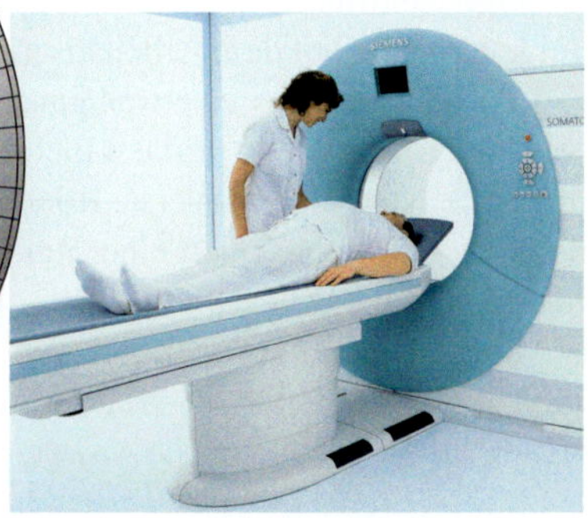

5 Computertomografie

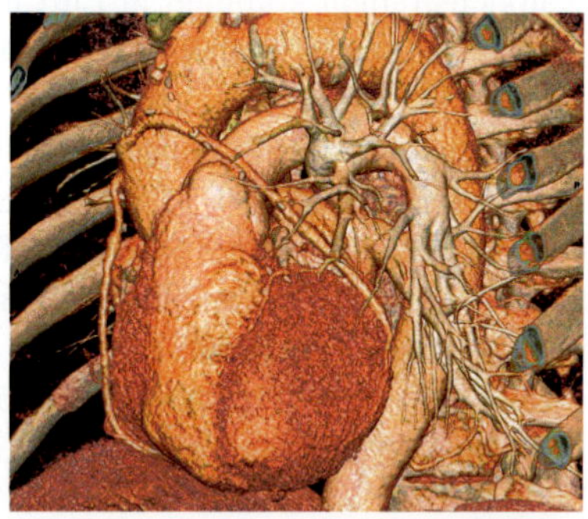

6 Dreidimensionales CT-Bild (gefärbt)

282-1

Aufgaben

1 Welche Eigenschaften der Röntgenstrahlung werden beim „Durchleuchten“ von Körperteilen genutzt?

2 Unfallopfer mit starken Schmerzen werden meist routinemäßig geröntgt. Dabei werden alle Körperteile in der Umgebung der zu untersuchenden Stelle, die nicht bestrahlt werden sollen, mit bleihaltigen Gummimatten abgedeckt. Auch das medizinische Personal muss Schürzen aus diesem Material tragen. Erkläre, warum hier gerade Blei verwendet wird, um wirkungsvoll vor Röntgenstrahlung schützen zu können.

Strahlenbelastung Durch ihre ionisierende Wirkung ruft Kernstrahlung Veränderungen in den Körperzellen des Menschen hervor. Bei kurzzeitiger intensiver Bestrahlung kann die Teilungsfähigkeit der Zellkerne verloren gehen. Auch eine geringfügige Bestrahlung kann Schäden in Zellen auslösen. Die schädigende Wirkung hängt von der Äquivalentdosis der Strahlung sowie der Dauer der Bestrahlung ab.

$$\text{Energiedosis} = \frac{\text{absorbierte Energie}}{\text{Masse}}$$

Einheit: $1\ \text{Gy} = 1\ \frac{\text{J}}{\text{kg}}$

Äquivalentdosis
= Energiedosis · Bewertungsfaktor

Einheit: $1\ \text{Sv} = 1\ \frac{\text{J}}{\text{kg}}$

7

Strahlenschutz Die fünf Regeln für den Strahlenschutz sind: Abstand vergrößern, Abschirmung gut gestalten, Aufenthaltsdauer beschränken, Aktivität der Präparate gering halten, Aufnahme radioaktiver Stoffe in den Körper vermeiden.

Röntgenstrahlung Diese für uns unsichtbare Strahlung ist wie Licht und wie γ-Strahlung eine elektromagnetische Strahlung. Sie besitzt mehr Energie als Licht und kann deshalb viele Stoffe durchdringen, die sichtbares Licht nicht hindurchlassen.

Alles klar?

1 Nenne radioaktive Belastungen in unserer Umwelt, die von den Menschen herbeigeführt werden.

2 Begründe die Gefährlichkeit von Kernstrahlung für den Menschen. ↑8
Unterscheide dabei auch nach innerer und äußerer Strahlenbelastung.

3 Erläutere den Unterschied zwischen Aktivität und Energiedosis.
Warum lässt sich aus der Aktivität allein noch nichts über die Gefährlichkeit eines Strahlers aussagen?

4 Ein α-Strahler bewirkt eine Energiedosis von 0,5 Gy, ein β-Strahler 1 Gy.
Ist die biologische Wirksamkeit der β-Strahlung größer? Berechne jeweils die Äquivalentdosis.

5 Nach dem Reaktorunfall von Tschernobyl wurde 1986 in vielen Orten Deutschlands je 1 m² Erdboden eine Aktivität von 20 kBq gemessen. Welche Informationen wären notwendig, um zu beurteilen, welche Gefährdung bei dieser Aktivität bestand? ↑9

6 Nenne die wichtigsten Strahlenschutzmaßnahmen.

7 Wodurch entstehen bei einer Röntgenaufnahme die Kontraste?

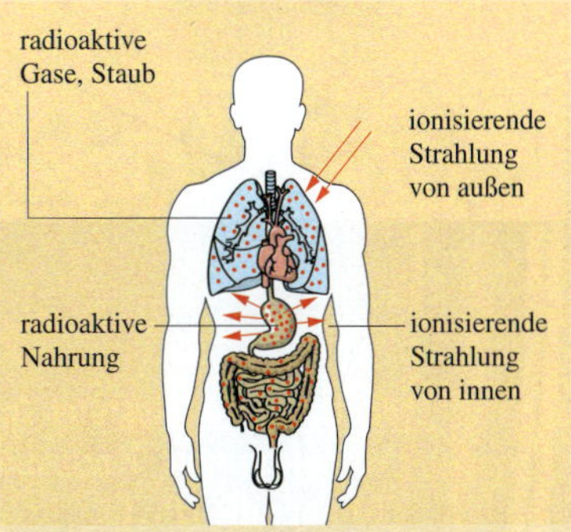

8 Innere und äußere Bestrahlung

9 Kurz nach dem Reaktorunfall von Tschernobyl

Anwendung der Kernstrahlung in der Medizin

Seit nunmehr über 50 Jahren hat sich in der Medizin das Fachgebiet der Nuklearmedizin entwickelt. Sie bietet heute eine Vielzahl von Untersuchungs- und Behandlungsverfahren. Die Nuklearmedizin verwendet radioaktive Arzneimittel. Diese bestehen aus einem radioaktiven Stoff mit einer sehr kurzen Halbwertszeit und einem zweiten Stoff (Tracer), der sich im Körper an einen bestimmten Zelltyp bindet. Dieser zweite Stoff gelangt über den Blutkreislauf, den Stoffwechsel oder die Atemwege genau dorthin, wo das Radionuklid wirken soll.

Radionuklide in der Medizin

Nuklid	Halbwertszeit
Technetium-99m	6 Stunden
Iod-131	8 Tage
Kohlenstoff-11	20 Minuten
Sauerstoff-15	2 Minuten
Fluor-18	110 Minuten

Nuklearmedizinische Untersuchungen (Diagnostik) Zur Diagnose bestimmter Organe, z. B. der Schilddrüse, werden dem Patienten radioaktive Arzneimittel verabreicht. Die gesamte Schilddrüse wird „abgerastert" und ein Computer erzeugt ein Bild, das die Strahlungsintensität aus jedem Punkt der Schilddrüse darstellt. Der Arzt kann aus einem solchen Szintigramm Aufschluss über den Zustand der Schilddrüse gewinnen.

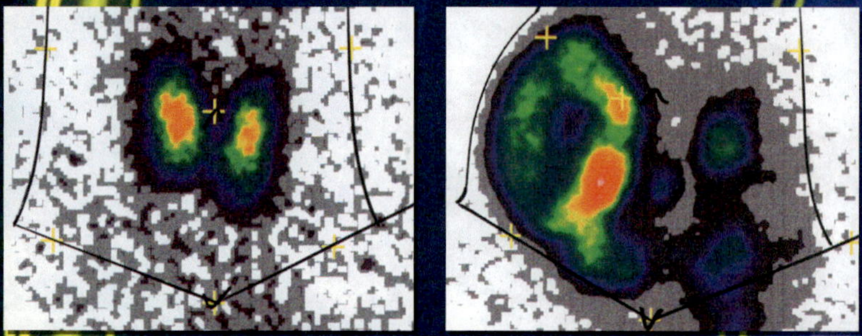

Das Bild links zeigt eine homogene Verteilung des Technetiums in einer normal großen Schilddrüse. Im rechten Bild erkennt man ein buntes Verteilungsgebiet einer rechts deutlich vergrößerten Schilddrüse („Schwarzwälder Kropf").

Positronen-Emissions-Tomografie Ein modernes bildgebendes Verfahren zur Krebsdiagnose ist die Positronen-Emissions-Tomografie (PET).
Krebszellen haben gegenüber gesunden Zellen einen erhöhten Traubenzuckerverbrauch. Deshalb verwendet man bei der PET ein mit Fluor-18 markiertes Traubenzuckermolekül. Nach dem Zerfall des Fluor-18 wird Gammastrahlung in zwei Richtungen im Winkel von 180° frei. Eine ringförmig um den Körper des Patienten angeordnete Kamera registriert beide Strahlungen und kann so den Ort des Zerfalls sehr genau lokalisieren. PET zeichnet sich gegenüber anderen Verfahren durch eine etwa 100-fach höhere Empfindlichkeit und eine erhöhte Ortsauflösung aus.

↻ 284-1

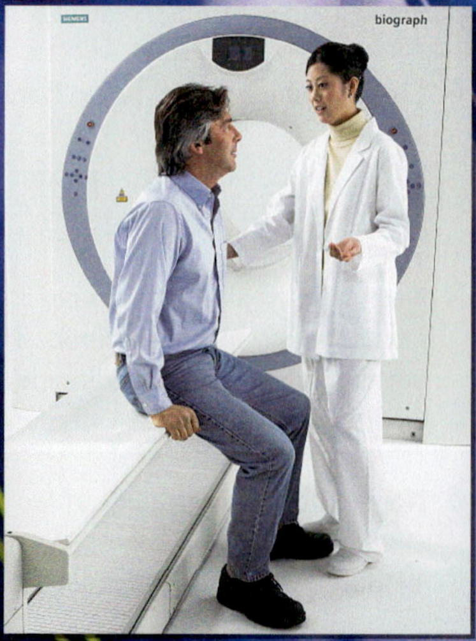

PET

Nuklearmedizinische Behandlung (Therapie)

In der Nuklearmedizin verwendet man Kernstrahlung auch zur Therapie, also zur Heilbehandlung von Krankheiten. Ein Beispiel ist die Radioiodtherapie. Krankhafte Veränderungen an der Schilddrüse können durch die Verabreichung von radioaktivem Iod-131 behandelt werden. Dabei zerstört die vom Iod-131 ausgehende Betastrahlung die kranken Zellen. Da Betastrahlung eine kurze Reichweite hat und außerdem die Halbwertszeit nur 8 Tage beträgt, bleiben die umliegenden gesunden Zellen weitestgehend verschont.

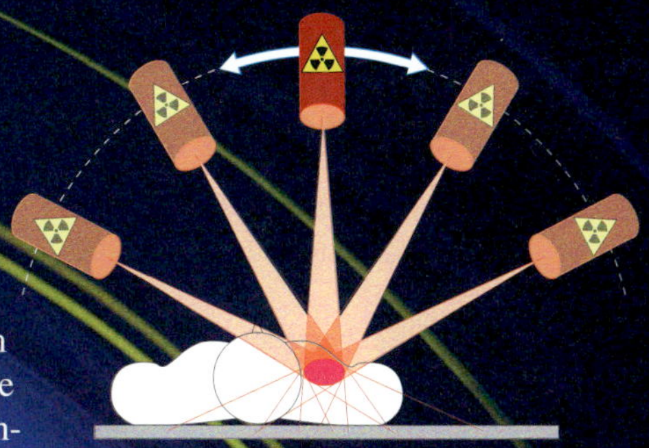

Verteilung der Intensität durch Rotation des Strahlers

Radiologische Strahlentherapie Tumore werden von außen einer hochenergetischen Strahlung ausgesetzt. Die Quelle dieser Strahlung kann z. B. radioaktives Cobalt-60 sein. Damit die gesunden Zellen nicht durch die Strahlung geschädigt werden, richtet man die Strahlung zunächst möglichst genau auf den Bereich der erkrankten Stellen aus. Mit einer speziellen Vorrichtung wird dann die Quelle der Kernstrahlung ständig auf einem Kreisbogen um diese Stelle herum bewegt.
Mittlerweile werden zunehmend Linearbeschleuniger eingesetzt. Im Linearbeschleuniger wird eine „ultraharte“ Röntgenstrahlung erzeugt. Diese kann viel tiefer in den Körper eindringen als die Cobaltstrahlung. Die Eindringtiefe wird durch Energiestufen eingestellt und der Ort der Bestrahlung mit größerer Präzision getroffen.

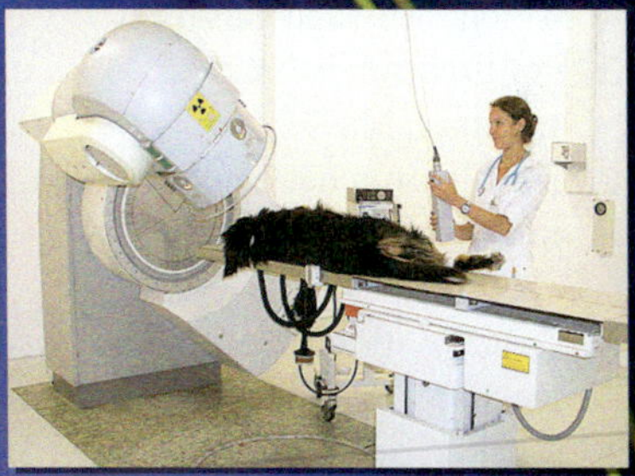

Cobalt-Strahlentherapiegerät

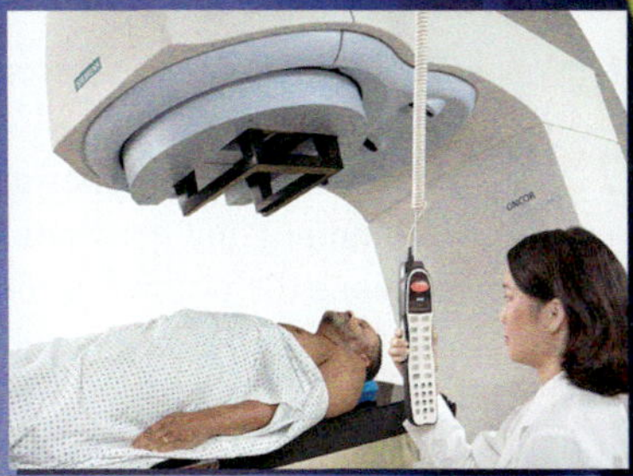

Moderner Linearbeschleuniger

Sterilisierung von Gegenständen Die Materialeigenschaften vieler medizinischer Artikel erlauben keine Sterilisierung durch Hitzeeinwirkung. Solche Artikel werden häufig durch Einsatz von Kernstrahlung sterilisiert. Indem die Gegenstände der Kernstrahlung eines Präparats ausgesetzt werden, lassen sich Viren und Bakterien unwirksam machen.

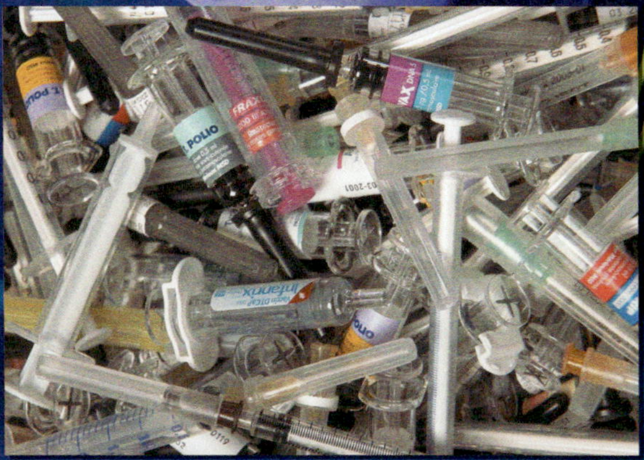

Check up

1 Wie unterscheiden sich die beiden Aussagen?
a Atome kann man sehen.
b Atome kann man sichtbar machen. Begründe.

2 Welches Molekül ist schwerer: ein Sauerstoffmolekül der Luft oder ein Molekül des Wassers?

3 Alle Atome bestehen aus Protonen, Neutronen und Elektronen. Welche Ladung haben diese Bausteine? Welche von ihnen sind am schwersten? Was kann man über die Anzahl der Bausteine im Atom aussagen?

4 Welche Aussage ist falsch?
a Ein Elektron ist unmessbar klein, hat aber eine messbare Masse.
b Ein Elektron hat eine messbare Größe, aber eine unmessbare Masse.

5 Ordne α-, β- und γ-Strahlung nach ihrer Durchdringungsfähigkeit durch Materialien. Welche Schäden richten die einzelnen Strahlungsarten in lebendem Gewebe an?

6 Was versteht man unter Halbwertszeit?

7 Welche Eigenschaft der Lebewesen wird zur Altersbestimmung mit der Radiokarbonmethode genutzt. Nenne die physikalischen Zusammenhänge und beschreibe das Verfahren.

8 Woher stammt die Energie, die im Kernkraftwerk genutzt wird?

9 Radioaktivität und ihr Nachweis
a Was verstehst du unter *Radioaktivität*? Beschreibe die atomaren Umwandlungen und Strahlungsarten.
b Zum Nachweis der Radioaktivität wird ein Präparat unmittelbar in die Nähe eines geladenen Elektroskops gebracht. Was kannst du am Elektroskop beobachten? Erkläre die Beobachtung.
c Beschreibe, wie eine Ionisationskammer aufgebaut ist.
d Was versteht man unter dem Nulleffekt und wie muss er bei einer Messung berücksichtigt werden?

10 Wie entsteht Röntgenstrahlung und welche Eigenschaften hat diese Strahlung? Wie kann man sich vor Schäden schützen?

11 Was versteht man unter einer Kettenreaktion? Welche Bedingungen müssen bei einer Kettenreaktion in einem Reaktor erfüllt sein?

12 Was versteht man unter Massendefekt und welche Bedeutung hat er für die Kernspaltung und die Kernfusion? ↻ 286-1

Schätze deine Kenntnisse und Fähigkeiten ein.

Ordne dazu deiner Lösung im Heft ein Smiley zu:
☺ Ich konnte die Aufgabe richtig lösen.
😐 Ich konnte die Aufgabe nicht komplett lösen.
☹ Ich konnte die Aufgabe nicht lösen.

→ **Die Lösungen findest du im Anhang.**

Aufgabe	Fähigkeit	Hilfe findest du auf Seite ...
1, 2, 3, 4	Aufbau des Atoms erkennen und beschreiben.	241, 242
5, 6	Eigenschaften der Kernstrahlung beschreiben und vergleichen.	252, 257
7	Radiokarbonmethode beschreiben.	248, 250
8	Energieumwandlungen im Kernkraftwerk erläutern.	267
9	Nachweismöglichkeiten für Kernstrahlung erläutern.	254–258
10	Entstehung und Eigenschaften der Röntgenstrahlung beschreiben.	280, 281
11	Kettenreaktion beschreiben und Bedeutung benennen.	265, 267
12	Zusammenhang zwischen Energie und Massenverlust beschreiben, Massendefekt bei der Kernbindung beschreiben.	263, 264, 269

Die Natur verstehen mit physikalischen Basiskonzepten

In der Physik wird versucht, ganz unterschiedliche Vorgänge in Natur und Technik dadurch zu verstehen, dass nach Gemeinsamkeiten und Zusammenhängen zwischen ihnen gesucht wird und sie mit denselben Begriffen beschrieben werden. Diese sogenannten Basiskonzepte können als Wegweiser bei der Suche nach Erklärungen dienen.

Basiskonzept Energie

Wenn ein Auto anfährt, Kuchenteig mit einer Küchenmaschine geknetet wird, Wasser warm oder ein schwerer Körper hochgehoben wird, geschieht das nicht von allein. Immer kann man eine Ursache finden: Ein Tank wird leerer, die Scheibe eines Haushaltszählers dreht sich und kündigt eine steigende „Stromrechnung" an, ein Mensch strengt sich an oder ein anderer Körper sinkt immer tiefer.

In der Physik werden solche Erfahrungen mit dem Energiebegriff beschrieben, z. B.: Die Kartusche des Gasbrenners, auf dem das Wasser erwärmt wird, gibt Energie ab und das Wasser nimmt Energie auf – und zwar, von der vorbeiströmenden Energie abgesehen, ebenso viel, wie der Brenner abgibt. Dabei wird die Kartusche leichter und die Temperatur des Wassers steigt. Da Energie nicht verloren geht, kann man bei solchen Experimenten herausfinden, wie man am Gewicht der Kartusche oder an der Temperatur des Wassers ablesen kann, wie viel Energie sie enthalten. Dann kann man oft umgekehrt im Voraus berechnen, wie Vorgänge ablaufen werden. Dazu muss man nur wissen, wie viel Energie dabei umgesetzt wird. Mit 40 kJ elektrischer Energie kann ein Elektromotor ein etwa 1000 kg schweres Auto sicher nicht höher als 4 m anheben. Für diese Vorhersage muss man nicht wissen, wie der Motor funktioniert.

1

2

3

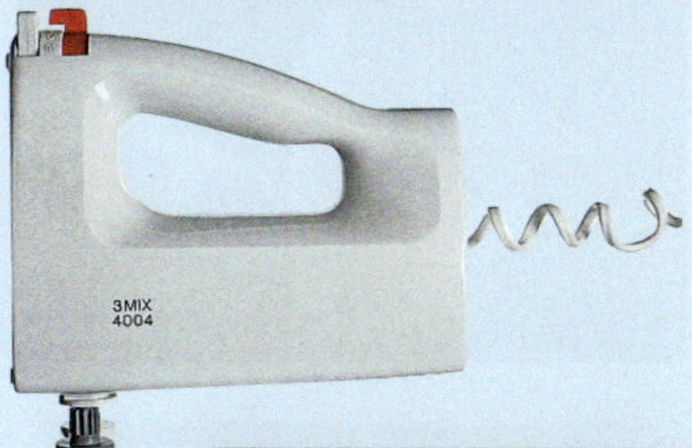

4

5

6

7

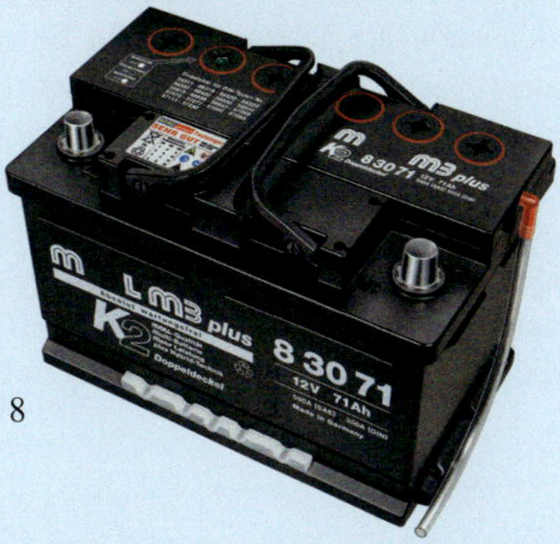

8

Basiskonzept System

1

2

Ein ICE benötigt für seine schnelle Fahrt ständig Energie. Er nimmt elektrische Energie auf und gibt diese als Bewegungsenergie und thermische Energie wieder ab. Wenn man sich dafür interessiert, wie die Zugmaschine aus elektrischer Energie Bewegung und Wärme macht, muss man sich mit dem Zusammenspiel der Geräte in ihrem Innern beschäftigen. Vielleicht fragt man sich aber eher, wo die Energie bleibt, die der Zug abgibt. Dann achtet man auf den entstehenden Fahrtwind sowie auf die Erwärmung der Motoren und der Luft in der Nähe der Maschine. Oder man will wissen, woher die Energie kommt, die der Zug der Oberleitung entnimmt. Dabei stößt man dann auf ein Kraftwerk, in dem (z. B.) Kohle verbrannt wird, um Wasserdampf mit hohem Druck zu erzeugen und damit einen Generator anzutreiben.

Den Vorgang „Ein ICE fährt von Köln nach Dortmund“ kann man also auf ganz verschiedenen Ebenen untersuchen, Physiker sagen: in verschiedenen Systemen. In allen diesen Systemen wirken viele Teile zusammen. Sie funktionieren nur, wenn dieses Zusammenspiel klappt. Und sie legen verschiedene Fragen und Untersuchungsmethoden nahe: Im „Umweltsystem“ fragt man z. B. nach den Kohlevorräten, nach den Auswirkungen der Kohleverbrennung auf die Umwelt, nach den Folgen von Gleisanlagen und Zugverkehr für Mensch und Natur.

Basiskonzept Wechselwirkung

3

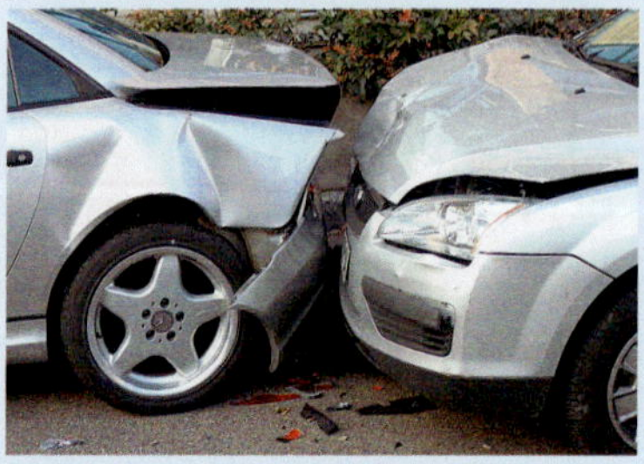
4

In einem System wirken die Einzelteile zusammen: Sie senden Licht aus oder werden beleuchtet, sie senden und empfangen Signale und Nachrichten, sie tauschen Energie aus, sie ziehen sich an oder stoßen sich ab. Anziehung und Abstoßung werden in der Physik durch Kräfte beschrieben. Beim Kopfball übt der Fußballspieler eine Kraft auf den Ball aus, bei einer Brücke lastet ein Träger auf einer Stütze, er übt also eine Kraft nach unten auf die Stütze aus. Bei Anziehung und Abstoßung kann man immer Auswirkungen auf beide beteiligten Körper feststellen: Nicht nur der Ball wird verformt, sondern auch der Kopf. Wenn eine Feder ausgedehnt wird, so zieht sie sich wieder zusammen, wenn keine Kraft mehr auf sie ausgeübt wird. Und wenn eine Magnetkugel eine Eisenkugel anzieht, dann setzt sich auch die Magnetkugel in Bewegung, wird also von der Eisenkugel angezogen. Man spricht in diesen Fällen von mechanischer Wechselwirkung. Die Partner üben wechselseitig Kräfte aufeinander aus.

Auch ionisierende Strahlung wechselwirkt mit der Materie, die von ihr getroffen wird.

Das Konzept der Wechselwirkung soll daran erinnern, sich nicht nur auf den gerade interessierenden Körper zu konzentrieren. Man muss auch an die Auswirkungen bei den anderen beteiligten Körpern denken.

Basiskonzept Struktur der Materie

5

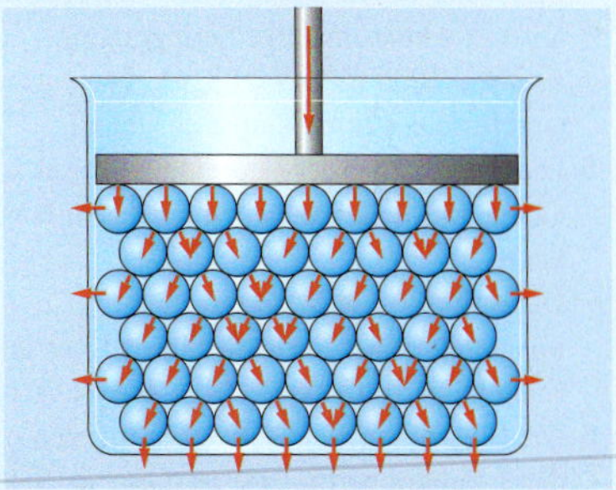

6

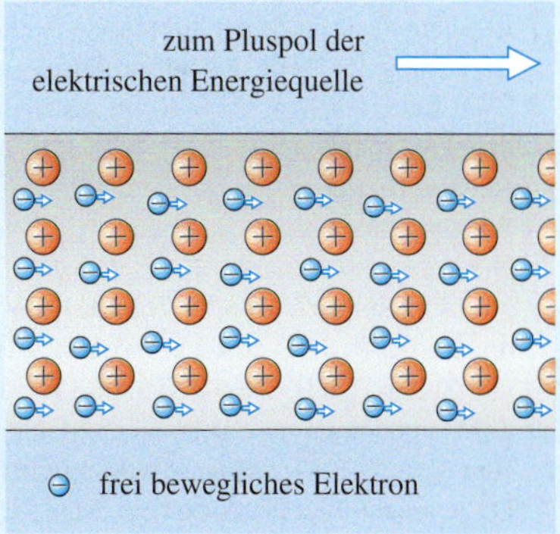

7

Die Form von Schnee- und Salzkristallen weist auf eine regelmäßige Anordnung kleinster Teilchen in ihrem Innern hin. Beim Schmelzen von Eis wird diese Ordnung zerstört und beim Verdunsten lösen sich die Teilchen voneinander.

Auch ganz andere Phänomene lassen sich mit dem Aufbau aller Materie aus Atomen und Molekülen verstehen: Die Kraft, die Flüssigkeiten in alle Richtungen auf die Wände ihres Gefäßes ausüben, wird von Teilchen zu Teilchen übertragen. Der Druck in einem Gas dagegen beruht darauf, dass die Gasteilchen in ständiger Bewegung sind und immer wieder gegen die Wände stoßen. Und je weiter die Temperatur der Luft in einem Fahrradschlauch steigt, desto schneller bewegen sich die Luftmoleküle.

Der elektrische Strom durch ein Kabel lässt sich damit verstehen, dass Metallatome aus noch kleineren Teilchen zusammengesetzt sind: Der kleine Kern ist positiv geladen. Er ist von einer Hülle negativ geladener Elektronen umgeben. Im festen Metall löst sich von jedem Kern je ein Elektron und wird frei beweglich. Fließt ein elektrischer Strom, bewegen sich diese Elektronen sehr langsam in der Richtung vom Minuspol zum Pluspol der Quelle.

RUTHERFORD hat sich den Aufbau eines Atoms ziemlich einfach vorgestellt. ↑9 Das erkennt man, wenn man den Aufbau der Materie mithilfe seines Atommodells beschreibt.

Die Atomkerne einiger Grundstoffe senden von selbst eine ionisierende Strahlung aus, sie sind radioaktiv. Von der Gesamtzahl der Atomkerne zerfällt in einer bestimmten Zeit (Halbwertszeit) die Hälfte.

Beim Aussenden der Kernstrahlung kann sich die Anzahl der Protonen im Atomkern ändern, es entsteht ein anderes Nuklid.

Beim radioaktiven Zerfall von Kernen tritt Alpha-, Beta- oder Gammastrahlung auf. ↑8 Alphastrahlung besteht aus „großen" Teilchen. Sie werden in Stoffen stark abgebremst und können noch nicht einmal ein Blatt Papier durchdringen. Betastrahlung besteht aus Elektronen. Sie durchdringen Aluminiumschichten von mehreren Millimetern Dicke. Gammastrahlung ist eine intensive elektromagnetische Strahlung. Sie kann selbst dünne Bleischichten durchdringen.

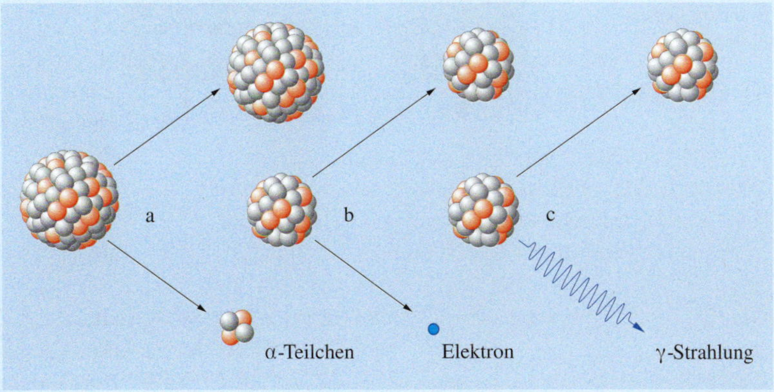

8

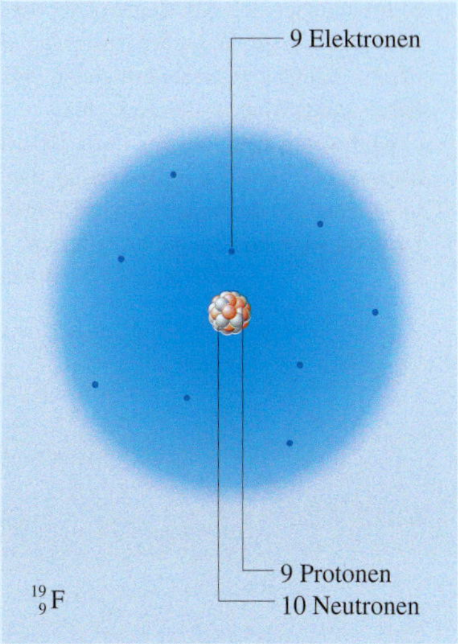

9

Lösungen zu den Check-up-Aufgaben

Strom für zu Hause (Seite 58)

1 a) Die Platte hat eine Energiestromstärke (Leistung) von 1000 W, wenn sie an die vorgesehene Spannungsquelle angeschlossen wird.
b) $\Delta E = P \cdot \Delta t = 1000\,\text{W} \cdot 20 \cdot 60\,\text{s} = 1200\,\text{kW} \cdot \text{s} = 1200\,\text{kJ}$ $= 0{,}33\,\text{kW} \cdot \text{h}$

2 a) $\Delta E = P \cdot \Delta t = 2{,}5\,\text{W} \cdot 45 \cdot 60\,\text{s} = 6750\,\text{W} \cdot \text{s} = 6{,}75\,\text{kJ}$
b) Energiestromstärke für fünf Leuchtdioden: 0,5 W. Sie lassen sich also fünfmal so lange betreiben:
$\Delta t = 5 \cdot 45\,\text{min} = 225\,\text{min} = 3\,\text{h}\ 45\,\text{min}$.

3 Man muss die Elektronen doppelt so stark antreiben, weil ihre Bewegung in beiden Lämpchen gehemmt wird – also die Spannung der Energiequelle verdoppeln.

4 Die Gesamtstromstärke beträgt dann
$I = P/U = 1000\,\text{W}/12\,\text{V} = 83{,}3\,\text{A}$. Die entsprechenden Leitungen sind für diese Stromstärke ausgelegt.

5 Die Spannung einer Energiequelle gibt an, wie viel Energie die Quelle pro Sekunde bei einer bestimmten Stromstärke abgeben kann.
Definition: $U = P/I$
Spannung = Energiestromstärke/el. Stromstärke
Einheit der Spannung: 1 Volt, $1\,\text{V} = 1\,\text{W}/1\,\text{A}$

6 Die Elektronen wechselwirken mit den Atomrümpfen und geben dabei kinetische Energie an diese ab. Sie selbst werden ständig von der Quelle angetrieben.

7 In einem unverzweigten Stromkreis ist die elektrische Stromstärke an jeder Stelle des Stromkreises gleich groß.

8 Zwei Batteriezellen, die in Reihe geschaltet sind, liefern die doppelte Spannung: $U_2 = 3\,\text{V}$.
Bei drei Batteriezellen beträgt die Spannung $U_3 = 4{,}5\,\text{V}$. Bei vier Batteriezellen beträgt die Spannung $U_4 = 6\,\text{V}$.
Die Energiestromstärke ($P = U \cdot I$) beträgt bei:
zwei Zellen $P_2 = U_2 \cdot I = 3\,\text{V} \cdot 0{,}5\,\text{A} = 1{,}5\,\text{W}$
drei Zellen $P_3 = U_3 \cdot I = 4{,}5\,\text{V} \cdot 0{,}5\,\text{A} = 2{,}25\,\text{W}$
vier Zellen $P_4 = U_4 \cdot I = 6\,\text{V} \cdot 0{,}5\,\text{A} = 3\,\text{W}$

9 a) Man benötigt eine Spule, einen Magneten und ein Messgerät zum Nachweis. Der Magnet wird möglichst schnell in die Spule hinein- und herausbewegt. Man kann auch die Spule bewegen.
b) Je schneller sich der Magnet oder die Spule hin und her bewegt, desto größer ist der Ausschlag am Messgerät.
Ebenso erhöht eine Spule mit vielen Windungen und ein möglichst starker Magnet den Ausschlag.
c) Kraftwerke funktionieren nach diesem Prinzip. Wasserdampf bringt große Turbinen in Bewegung, die den Rotor des Generators drehen. Es dreht sich also ein Magnet in einer Spule. Dadurch wird eine Spannung induziert.

10 a) Ein Transformator besteht aus der Feldspule und der Induktionsspule, die auf einem Eisenkern sitzen. Elektrisch sind die Spulen nicht verbunden.
b) Um die Eingangsspannung an der Feldspule zu vervierfachen, muss die Induktionsspule viermal mehr Windungen als die Feldspule haben.
Beispiel: Feldspule mit 200 und Induktionsspule mit 800 Windungen
c) Die Ausgangsspannung an der Induktionsspule berechnet sich so:
$N_2 = N_1 \cdot \frac{U_2}{U_1} = 4600 \cdot \frac{12\,\text{V}}{230\,\text{V}} = 240$.

Fortbewegung und Mobilität (Seite 98)

1 a) Wagen 2 ist schneller, da er die Stecke von 50 m in kürzerer Zeit zurücklegt.
b) Wagen 2 ist schneller, da er in der Zeit von 1,8 s die größere Strecke zurücklegt.
c) $v_1 = 25\,\frac{\text{m}}{\text{s}}$, $v_3 = 25{,}6\,\frac{\text{m}}{\text{s}}$. Daraus folgt: Wagen 3 ist etwas schneller.

2 a) Bei allen Körpern ergibt sich als Graph eine Gerade.
b) Der Körper bewegt sich am schnellsten, bei dem die Gerade die größte Steigung aufweist.

3 Gemeinsamkeiten: In beiden Fällen treten zwei gleich große und entgegengesetzt gerichtete Kräfte auf.
Unterschied: Beim Kräftegleichgewicht werden beide Kräfte auf einen Körper ausgeübt, bei der Wechselwirkung werden die Kräfte auf verschiedene Körper ausgeübt.

4 Die Erde ist nicht genau kugelförmig, sondern an den Polen abgeplattet. Daher ist die Gewichtskraft auf einen Körper an den Polen etwas größer und am Äquator etwas geringer als bei uns.

5 Den Kasten in Eintracht zu tragen ist physikalisch günstiger: Beide Brüder müssen jeweils nur etwas mehr als die halbe Gewichtskraft, die auf den Kasten ausgeübt wird, ausgleichen. Im Streit müssen beide Brüder Kräfte aufwenden, die größer sind als die Gewichtskraft.

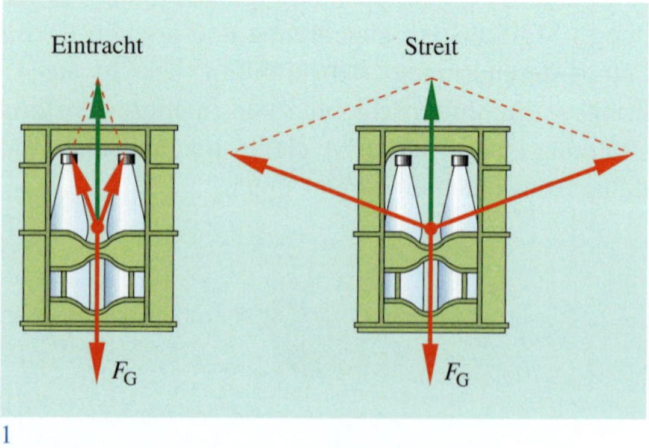

1

6 a) Herr K: $t = \frac{s}{v} = \frac{120\,\text{km}}{90\,\frac{\text{km}}{\text{h}}} = 80\,\text{min}$

Herr A:

$$t = \frac{s_1}{v} + \frac{s_2}{v_2} = \frac{80\,\text{km}}{90\,\frac{\text{km}}{\text{h}}} + \frac{40\,\text{km}}{120\,\frac{\text{km}}{\text{h}}} = 53{,}33\,\text{min} + 20\,\text{min} = 73{,}33\,\text{min}$$

b) Herr A ist 6,67 min eher an Ziel.

7 *Gegeben:* $s = 500\,\text{m}$; $t_1 = 5\,\text{min} = 300\,\text{s}$; $t_2 = 7{,}5\,\text{min} = 450\,\text{s}$

$$v_1 = \frac{s}{t_1} = \frac{500\,\text{m}}{300\,\text{s}} = 1{,}67\,\frac{\text{m}}{\text{s}}$$

$$v_2 = \frac{s}{t_2} = \frac{500\,\text{m}}{450\,\text{s}} = 1{,}11\,\frac{\text{m}}{\text{s}}$$

$$v_{\text{Wind}} = v_1 - v_2 = 1{,}67\,\frac{\text{m}}{\text{s}} - 1{,}11\,\frac{\text{m}}{\text{s}} = 0{,}56\,\frac{\text{m}}{\text{s}}$$

8 Maßstab für die Skizze z. B.: $1000\,\text{N} \triangleq 1\,\text{cm}$

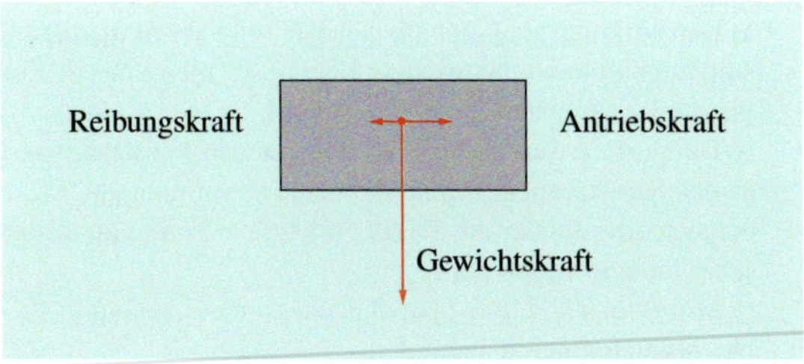

2

Technik im Dienst des Menschen (Seite 144)

1 Die mittlere Dichte der gelben Ballons ist etwa genauso groß wie die der Flüssigkeit, die der blauen ist größer, die der roten kleiner.

2 Auf jeder (gedachten) waagerechten Fläche unter Wasser lastet eine Wassersäule mit einer bestimmten Masse. Diese presst das Wasser. Die Wasserteilchen, die man sich am ehesten wie Murmeln vorstellen könnte, geben diese Kraft in alle Richtungen weiter.

3 Der Schweredruck ist in einer festen Wassertiefe konstant. Der Druck äußert sich durch eine Kraft auf die Begrenzungsfläche, unabhängig von deren Orientierung. Das Manometer zeigt in allen Fällen denselben Druck an.

4 Je größer die Masse des Schiffs, desto größer seine Gewichtskraft. Solange das Schiff schwimmt, halten sich Auftriebskraft und Gewichtskraft die Waage. Ein beladenes Schiff erfährt also eine größere Auftriebskraft und verdrängt somit nach dem archimedischen Prinzip mehr Wasser. Es sinkt tiefer ein.

5 Denkt man sich in der Mitte des U-Rohrs eine Begrenzungsfläche, so herrscht links und rechts von dieser ein Schweredruck. Wäre einer der Drücke höher, so käme es zu einem Flüssigkeitsstrom in die Richtung des niedrigeren Drucks. Somit herrscht auf beiden Seiten derselbe Schweredruck und das hat zur Folge, dass die Flüssigkeitssäule mit dem Benzin höher sein muss, da Benzin eine kleinere Dichte als Wasser besitzt.

6 Weil der Schweredruck sich auch in einer Kraft äußert, die den Taucher von unten nach oben drückt. Diese Kraft ist aufgrund des höheren Schweredrucks sogar etwas größer als die, die ihn zu Boden drückt. Die Differenz ist die Auftriebskraft.

7 Sind die Auftriebskraft und die Gewichtskraft gleich groß, so schwebt der untergetauchte Körper. Ist die Gewichtskraft größer, sinkt er; ist sie kleiner, so steigt er bis an die Oberfläche. Mit Teilen oberhalb der Wasseroberfläche verdrängt der Körper zunehmend weniger Wasser, seine Auftriebskraft wird immer kleiner, bis sie genauso groß wie seine Gewichtskraft ist. Der Körper schwimmt.

8 a) Berechnung der Kraft: $F = \frac{E}{s}$

$$F = \frac{200 \cdot 9{,}81 \cdot 0{,}8\,N}{4} = 392\,N$$

b) Die Last hängt an fünf tragenden Seilstücken.

c) Eine Verdopplung des Wegs (bzw. der Seilzuglänge) führt zur Halbierung der Kraft.

Zukunftssichere Energieversorgung (Seite 232)

1 Auf der Erde kann man die solare Energiestromstärke P_S messen, die durch 1 m² fließt. Sie beträgt: $S_E = 1{,}37\,\text{kW/m}^2$ (Solarkonstante). Denkt man sich eine Kugelschale vom Radius des Abstands r_S der Erde um die Sonne ($r_S = 149$ Mio. km) gelegt, so muss durch jeden Quadratmeter dieser Kugelfläche derselbe Energiestrom gehen.
$P_S = S_E \cdot 4\pi \cdot r_S{}^2 = 3{,}8 \cdot 10^{23}\,\text{kW}$
Auf der Erde kommt der Energiestrom an, der durch eine Fläche vom Querschnitt der Erde geht (Erdradius $r_E = 6370\,\text{km}$).
$P_E = S_E \cdot \pi \cdot r_E{}^2 = 174{,}5 \cdot 10^{12}\,\text{kW}$
$P_E/P_S = 4{,}6 \cdot 10^{-10}$

2 Der Unterschied besteht lediglich in der Dampferzeugung. Während in einem konventionellen Wärmekraftwerk der Wasserdampf durch Verbrennung von fossilen Brennstoffen erzeugt wird, wird der Dampf in solarthermischen Kraftwerken direkt aus der Strahlungsenergie der Sonne gewonnen, die mit geeigneten Spiegeln fokussiert wird.
Alles andere, die Turbinen und die Generatoren bleiben unverändert. Man kann also hier auf eine bewährte Technik zurückgreifen.
Der wesentliche Unterschied besteht darin, dass die Energieentwertung durch Verbrennung von hochwertigen Rohstoffen bei der Solarthermie entfällt.

3 Bei schönem Wetter, wenn die Sonne scheint, weht meist kein starker Wind. Daher ist dann die Energiegewinnung durch Windkraftanlagen eingeschränkt. Sonnenschein versorgt aber Solarzellen mit reichlich Energie, die wiederum bei schlechtem Wetter, wenn der Wind weht, nur wenig elektrische Energie ins Netz einspeisen.

4 Energie kann dadurch gespart werden, dass sie gar nicht erst gebraucht wird. Das wird in einem Energiesparhaus dadurch erreicht, dass man die Wände so gut isoliert, dass mit viel weniger thermischer Energie die Wohnung geheizt werden kann. Durch Verwendung von Solarzellen, Sonnenkollektoren, Wärmepumpen wird so viel wie möglich erneuerbare Energie ausgenutzt. Durch effiziente Heizungsanlagen wird ebenfalls Heizenergie gespart. Da für die Herstellung der für Energiesparzwecke eingesetzten Anlagen und Materialien ebenfalls Energie eingesetzt wird (graue Energie, Erntefaktor), ist in jedem Einzelfall abzuschätzen, ob Aufwand und Gewinn in einem vernünftigen Verhältnis zueinander stehen.

5 a) Beim Bremsen wird die Bewegungsenergie des Körpers umgewandelt. Der Sicherheitsgurt verlängert den Bremsweg des Körpers. Die Kraft wird berechnet als umgewandelte Energie pro Strecke. Je länger der Bremsweg ist, umso geringer ist daher die Kraft.
b) Der Bremsweg wird etwa um den Faktor 20 verlängert, die Kraft um den gleichen Faktor verringert.

6 Bis zum Ziel wird die gleiche Lageenergie in Bewegungsenergie umgewandelt. Die Bewegungsenergie und die Geschwindigkeit der Kugel im Ziel sind jeweils gleich (Reibung vernachlässigt). Bei M hat die Kugel auf der vorderen Bahn die größte Geschwindigkeit erreicht, da sie den größten Höhenunterschied durchlaufen hat. Auf der vorderen Bahn erreicht die Kugel das Ziel am schnellsten, da sie eine höhere Durchschnittsgeschwindigkeit erreicht als auf den anderen Bahnen.

7 Zum Beschleunigen benötigt der Lkw eine Energie von:
$E = \frac{1}{2} m \cdot v^2 = \frac{38\,000\,\text{kg}}{2} \cdot \left(20\,\frac{\text{m}}{\text{s}}\right)^2 = 7{,}6\,\text{MJ}$
Der Treibstoff liefert bei einem Wirkungsgrad von 35 % pro Liter Dieselöl eine nutzbare Energie von:
$E_{\text{nutz}} = 0{,}35 \cdot 37\,\text{MJ} = 12{,}95\,\text{MJ}$.
Also müssen 7,6/12,95 = 0,59 Liter Diesel verbrannt werden.

8 Bei der Fallbewegung wird vor allem Lageenergie (potenzielle Energie) in Bewegungsenergie (kinetische Energie) umgewandelt. Die Fallgeschwindigkeit nimmt zu. Die Luft sorgt dafür, dass der Mensch beim Fallen nicht immer schneller wird. Der Luftwiderstand wächst mit zunehmender Fallgeschwindigkeit. Ein immer größerer Anteil der freigesetzten Lageenergie wird nicht in Bewegungsenergie umgewandelt, sondern benötigt, um die Luft zur Seite zu drücken. Bei etwa 200 km/h wird die gesamte umgewandelte Lageenergie als thermische Energie an die Luft übertragen. Die Bewegungsenergie wird nicht erhöht, die Fallgeschwindigkeit bleibt konstant.

9 a) Der Wirkungsgrad gibt an, welcher Teil der mit dem Treibstoff zugeführten (chemischen) Energie als mechanische Energie für die Drehbewegung genutzt wird.
b) Durch die unvermeidliche Reibung in den Achslagern und an den Schleifkontakten und durch die Erwärmung der Elektromagnete geht immer ein Teil der Energie in Form von thermischer Energie verloren.
c) $\Delta E = P \cdot \Delta t = U \cdot I \cdot \Delta t = 12\,\text{V} \cdot 0{,}3\,\text{A} \cdot 3\,\text{s} = 10{,}8\,\text{J}$ zugeführt.
Die genutzte Energie beträgt
$\Delta E = g \cdot m \cdot \Delta h = 10\,\frac{\text{m}}{\text{s}^2} \cdot 0{,}5\,\text{kg} \cdot 1\,\text{m} = 4{,}9\,\text{J}$.
Der Wirkungsgrad beträgt $\frac{4{,}9\,\text{J}}{10{,}8\,\text{J}} = 45\,\%$.

Physik in der Verantwortung (Seite 286)

1 a) Atome kann man nicht wirklich sehen, weil sie zu klein für das Licht sind. Man kann Atome „spüren" und dieses Spüren aufzeichnen.
b) Im Rasterkraftmikroskop wird Zeile für Zeile die Oberfläche abgetastet und dadurch sichtbar gemacht.

2 Das Sauerstoffmolekül O_2 (Molekülgewicht $2 \cdot 16 = 32$) ist schwerer als das Wassermolekül ($2 \cdot 1 + 16 = 18$).

3 Proton: Ladung e^+;
Elektron: Ladung e^-; Neutron: ungeladen. Proton und Neutron sind etwa gleich schwer und etwa 2000-mal schwerer als das Elektron.
Neutrales Atom:
Anzahl der Protonen = Anzahl der Elektronen in der Hülle

4 a) richtig
b) falsch

5 α-Strahlung dringt fast gar nicht durch Materialien, auch nicht von außen in den menschlichen Körper; extrem schädlich, wenn diese im Körper entsteht: verursacht Zellschäden durch Ionisation von Atomen.
β-Strahlung wird von wenigen Millimetern Aluminium absorbiert; dringt in die oberen Hautschichten; Schädigungen durch Ionisation relativ gering.
γ-Strahlung wird beim Durchgang nur geschwächt, kommt auch durch Blei und Beton hindurch, je weniger, desto dicker das Material; dringt auch in den Körper ein und kann Schäden durch Ionisation hervorrufen.

6 Die Halbwertszeit ist die Zeit, in der sich die Anzahl der Atomkerne eines radioaktiven Nuklids halbiert.

7 Natürlicher Kohlenstoff enthält u. a. das radioaktive Isotop C-14. In lebenden Organismen ist dessen Anteil konstant, sobald der Organismus stirbt, zerfällt C-14. Die Konzentration von C-14 im toten Material wird gemessen.

8 Die frei werdende kinetische Energie der Spaltprodukte wird in thermische Energie umgewandelt.

9 a) Radioaktivität beschreibt die Eigenschaft von instabilen Atomen, sich umzuwandeln.
α-Zerfall: Aus dem Atomkern entweichen 2 Protonen und 2 Neutronen (Heliumkern). Die Massenzahl nimmt um 4 ab, die Ordnungszahl um 2.
β-Zerfall: Im Atomkern wandelt sich ein Neutron in ein Proton und ein Elektron um, das den Atomkern verlässt. Die Ordnungszahl erhöht sich um 1.
γ-Zerfall: Übergang zwischen zwei Energieniveaus im Kern. Ordnungszahl und Massenzahl bleiben unverändert.
b) Die Anzeige geht zurück, da die Strahlung ionisiert.
c) Die Ionisationskammer besteht aus einer mit Gas gefüllten Kammer mit einem dünnen strahlungsdurchlässigen Fenster. Durch Anlegen einer elektrischen Spannung entsteht zwischen zwei Elektroden ein elektrisches Feld. Fällt Strahlung radioaktiver Körper in die Kammer ein, werden Gasatome ionisiert. Die herausgelösten Elektronen werden durch das elektrische Feld zur Anode beschleunigt, die positiven Gas-Ionen zur Katode. Diese Bewegung von Ladungsträgern bedeutet einen (schwachen) elektrischen Strom, der mit einem Messverstärker gemessen wird.
d) Auch ohne radioaktive Präparate gibt es an jedem Ort der Erde eine natürliche Strahlenbelastung, den Nulleffekt. Er wird in Abwesenheit des zu untersuchenden Präparats bestimmt und bei den anschließenden Messungen von den Messwerten abgezogen.

10 Röntgenstrahlung entsteht beim Aufprall schneller Elektronen auf eine metallische Anode. Sie ist eine energiereiche elektromagnetische Strahlung, die durch viele Stoffe hindurchgeht.
Je größer die Massenzahl der Atome des Stoffes, desto wirksamer ist die Absorption.

11 Bei einer Kettenreaktion entstehen bei der Kernspaltung mehr Neutronen, als zur Spaltung erforderlich waren. So können diese Neutronen nun mehr Kerne spalten und dabei noch mehr Neutronen erzeugen. Die Neutronen dürfen nicht so schnell sein und müssen vor der nächsten Spaltung gebremst werden.
Bei der Kernfusion muss die entstehende thermische Energie ausreichen, die nächsten Deuterium- und Tritiumkerne so schnell zu machen, dass sie bei der Kollision miteinander verschmelzen können.

12 Einsteins Formel $E = m \cdot c^2$ beschreibt die Äquivalenz von Energie und Masse. Bei der Bindung von Nukleonen wird ein Massenverlust beobachtet. Sowohl bei der Fusion sehr leichter Kerne als auch bei der Spaltung sehr schwerer Kerne tritt ein Massendefekt auf. Die fehlende Masse wird als thermische oder kinetische Energie frei.

Auswahl physikalischer Größen und ihrer Einheiten

Größe	Formelzeichen	Einheit		Weitere Einheiten		Beziehung	
Temperatur	T	Kelvin Grad Celsius	K °C			0 K 0 °C	≙ −273,15 °C ≙ 273,15 K
Länge	l	Meter	m	Seemeile Zoll	sm	1 sm 1 Zoll	= 1852 m = 2,54 cm
Flächeninhalt	A	Quadratmeter	m^2	Hektar	a ha	1 a 1 ha	$= 100\,m^2$ $= 100\,a = 10\,000\,m^2$
Volumen	V	Kubikmeter	m^3	Liter	l	1 l	$= 1\,dm^3 = 0{,}001\,m^3$
Masse	m	Kilogramm	kg	Tonne	t	1 t	$= 10^3\,kg = 1000\,kg$
Dichte	ϱ	Kilogramm durch (pro) Kubikmeter	$\frac{kg}{m^3}$	Gramm durch Kubikzentimeter	$\frac{g}{cm^3}$	$1\,\frac{g}{cm^3}$	$= 1000\,\frac{kg}{m^3}$
Kraft	F	Newton	N			1 N	$= 1\,\frac{kg \cdot m}{s^2} = 1\,\frac{J}{m}$
Druck	p	Pascal	Pa	Bar	bar	1 Pa 1 bar	$= 1\,\frac{N}{m^2}$ $= 10^5\,Pa = 1000\,hPa$
Energie	E	Joule	J			1 J	$= 1\,N \cdot m = 1\,W \cdot s = 1\,\frac{kg \cdot m^2}{s^2}$
Energiestromstärke/Leistung	P	Watt	W			1 W	$= 1\,\frac{N \cdot m}{s} = 1\,\frac{J}{s}$
Zeit	t	Sekunde	s	Minute	min	1 min	= 60 s
Frequenz	f	Hertz	Hz			1 Hz	$= \frac{1}{s}$
Geschwindigkeit	v		$\frac{m}{s}$		$\frac{km}{h}$	$1\,\frac{km}{h}$	$= \frac{1}{3{,}6}\,\frac{m}{s}$
Beschleunigung	a		$\frac{m}{s^2}$				
Stromstärke	I	Ampere	A				
Spannung	U	Volt	V			1 V	$= 1\,\frac{W \cdot s}{A \cdot s} = 1\,\frac{W}{A}$
Widerstand	R	Ohm	Ω			1 Ω	$= 1\,\frac{V}{A}$
Kapazität	C	Farad	F			1 F	$= 1\,\frac{A \cdot s}{V}$
Aktivität	A	Becquerel	Bq	Curie	Ci	1 Bq 1 Ci	$= \frac{1}{s}$ $= 37 \cdot 10^9\,Bq$
Energiedosis	D	Gray	Gy			1 Gy	$= 1\,\frac{J}{kg}$
Äquivalentdosis	H	Sievert	Sv	Rem	rem	1 Sv	$= 1\,\frac{J}{kg} = 100\,rem$

Vielfache und Teile von Einheiten

Vorsatz	Mega-	Kilo-	Hekto-	Deka-	Dezi-	Zenti-	Milli-	Mikro-	Nano-	Piko-
Vorsatzzeichen	M	k	h	D	d	c	m	µ	n	p
Faktor	10^6	10^3	10^2	10^1	10^{-1}	10^{-2}	10^{-3}	10^{-6}	10^{-9}	10^{-12}

Farbcode für Festwiderstände

	1. Ring	2. Ring	3. Ring	4. Ring
schwarz	0	0		
braun	1	1	0	± 1 %
rot	2	2	00	± 2 %
orange	3	3	000	
gelb	4	4	0000	
grün	5	5	00000	
blau	6	6	000000	
violett	7	7	0000000	
grau	8	8		
weiß	9	9		
gold				± 5 %
silber				± 10 %
				Fehlt der 4. Ring: ± 20 %

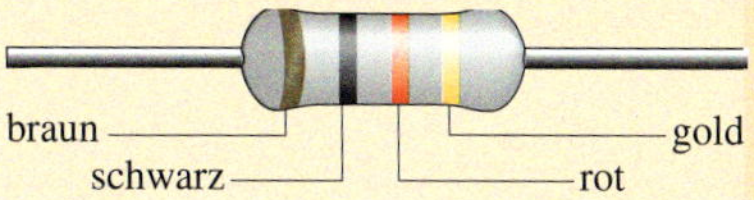

Beispiel:
Der Widerstand beträgt 1000 Ω ± 5 % Fertigungsgenauigkeit (4. Ring). Dieser Festwiderstand kann also 950 bis 1050 Ω haben.

Dichte von Stoffen

Stoff (bei 20 °C)	ϱ in $\frac{g}{cm^3}$	Stoff (bei 20 °C)	ϱ in $\frac{g}{cm^3}$
Styropor®	0,015	Aluminium	2,70
Balsaholz	0,1	Granit	ca. 2,7
Kork	0,2–0,4	Eisen, Stahl	7,8–7,9
Holz	0,4–0,8	Kupfer	8,96
Eis (0 °C)	0,9	Messing	8,1 … 8,6
Bernstein	1,0–1,1	Silber	10,5
Plexiglas®	1,2	Blei	11,3
Kunststoff (PVC)	ca. 1,4	Gold	19,3
Sand	ca. 1,5	Benzin	ca. 0,7
Beton	1,5–2,4	Alkohol (Ethanol)	0,79
Kohlenstoff		Terpentinöl	0,86
Graphit	2,25	Wasser (4 °C)	1,00
Diamant	3,52	Salzwasser	1,03
Glas	ca. 2,6	Quecksilber	13,55

Spezifischer Widerstand ϱ (bei 20 °C)

Material	ϱ in $\Omega \frac{mm^2}{m}$	Material	ϱ in $\Omega \frac{mm^2}{m}$
Silber	0,016	Zinn	0,12
Kupfer	0,017	Stahl	ca. 0,13
Gold	0,020	Blei	0,21
Aluminium	0,027	Konstantan	0,50
Wolfram	0,055	Quecksilber	0,96
Nickel	0,087	Chromnickel	1,10
Eisen	0,10	Graphit	8,0
Platin	0,11	Kohle	50 … 100

Auszug aus der Nuklidkarte (vereinfacht)

a Jahr
d Tag
h Stunde
m Minute
s Sekunde
ms Millisekunde
µs Mikrosekunde

Ausschnitt aus der Nuklidkarte im Bereich der leichten Elemente

Ausschnitt aus der Nuklidkarte im Bereich der natürlichen Zerfallsreihen

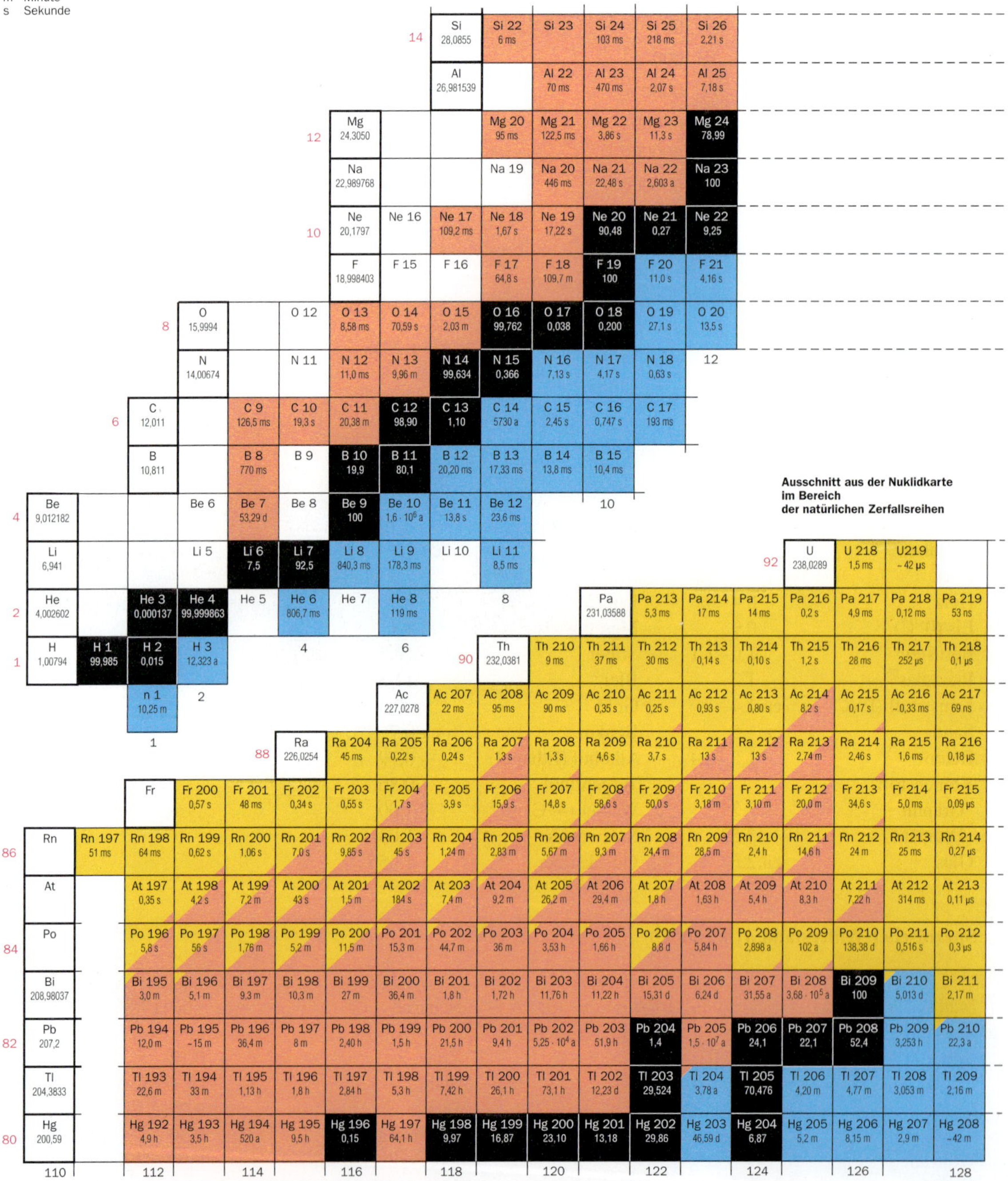

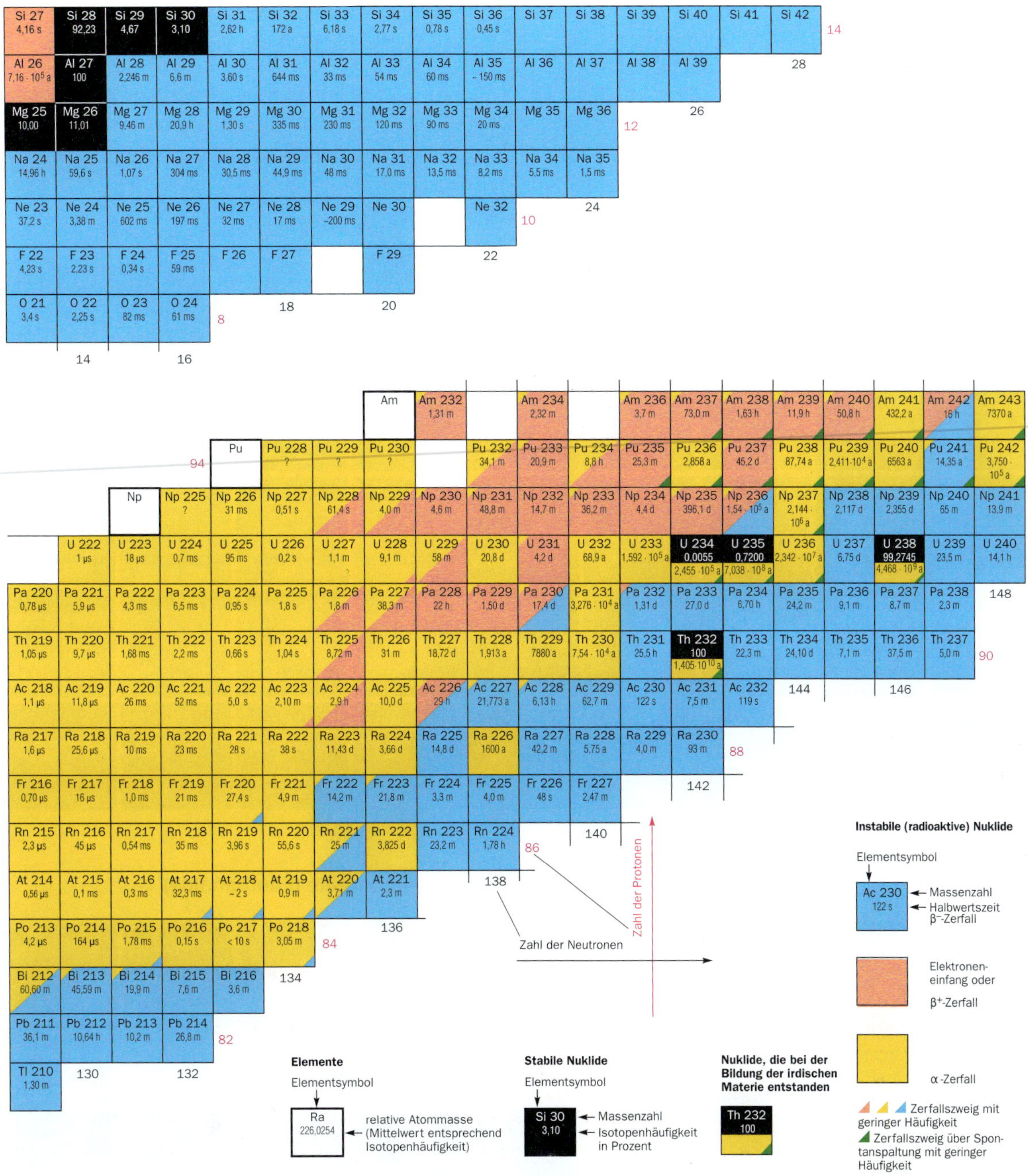

Nach: G. Pfennig, H. Klewe-Nebenius, W. Seelmann-Eggebert: Karlsruher Nuklidkarte. 6. Aufl. 1995, Copyright by Forschungszentrum Karlsruhe GmbH

Periodensystem der Elemente

- Metall
- Halbmetall
- Nichtmetall

schwarz = Feststoff
weiß = Flüssigkeit
rot = Gas
hellblau = künstliches Element
* = radioaktives Element

[1] = Gruppennummerierung IUPAC (1989): Gruppennummern 1 bis 18
[2] = vorläufiges IUPAC-Symbol

Periode	1[1] I. Hauptgruppe	2 II. Hauptgruppe	3 III. Nebengruppe	4 IV. Nebengruppe	5 V. Nebengruppe	6 VI. Nebengruppe	7 VII. Nebengruppe	8 VIII. Nebengruppe	9 VIII. Nebengruppe
1	1 1,008 H Wasserstoff								
2	3 6,94 Li Lithium	4 9,01 Be Beryllium							
3	11 22,99 Na Natrium	12 24,31 Mg Magnesium							
4	19 39,10 K Kalium	20 40,08 Ca Calcium	21 44,96 Sc Scandium	22 47,88 Ti Titan	23 50,94 V Vanadium	24 51,996 Cr Chrom	25 54,94 Mn Mangan	26 55,85 Fe Eisen	27 58,93 Co Cobalt
5	37 85,47 Rb Rubidium	38 87,62 Sr Strontium	39 88,91 Y Yttrium	40 91,22 Zr Zirconium	41 92,91 Nb Niob	42 95,94 Mo Molybdän	43 [98] Tc* Technetium	44 101,07 Ru Ruthenium	45 102,91 Rh Rhodium
6	55 132,91 Cs Caesium	56 137,33 Ba Barium	57 138,91 La ● Lanthan	72 178,49 Hf Hafnium	73 180,95 Ta Tantal	74 183,84 W Wolfram	75 186,21 Re Rhenium	76 190,23 Os Osmium	77 192,22 Ir Iridium
7	87 [223] Fr* Francium	88 226,03 Ra* Radium	89 227,03 Ac* ●● Actinium	104 [261] Rf* Rutherfordium	105 [262] Db* Dubnium	106 [266] Sg* Seaborgium	107 [264] Bh* Bohrium	108 [277] Hs* Hassium	109 [268] Mt* Meitnerium

● Elemente der Lanthanreihe (Lanthanoide)

Periode					
6	58 140,12 Ce Cer	59 140,91 Pr Praseodym	60 144,24 Nd Neodym	61 [145] Pm* Promethium	62 150,36 Sm Samarium

●● Elemente der Actiniumreihe (Actinoide)

Periode					
7	90 232,04 Th* Thorium	91 231,04 Pa* Protactinium	92 238,03 U* Uran	93 [237] Np* Neptunium	94 [244] Pu* Plutonium

Ordnungszahl — 7; Atommasse in u — 14,007; Symbol — N; Name — Stickstoff

Die Atommassen in eckigen Klammern beziehen sich auf das längstlebige gegenwärtig bekannte Isotop des betreffenden Elements.

								18 VIII. Hauptgruppe
			13 III. Hauptgruppe	14 IV. Hauptgruppe	15 V. Hauptgruppe	16 VI. Hauptgruppe	17 VII. Hauptgruppe	2 4,003 He Helium
			5 10,81 B Bor	6 12,01 C Kohlenstoff	7 14,007 N Stickstoff	8 15,999 O Sauerstoff	9 18,998 F Fluor	10 20,18 Ne Neon
10 VIII. Nebengruppe	11 I. Nebengruppe	12 II. Nebengruppe	13 26,98 Al Aluminium	14 28,09 Si Silicium	15 30,97 P Phosphor	16 32,07 S Schwefel	17 35,45 Cl Chlor	18 39,95 Ar Argon
28 58,69 Ni Nickel	29 63,55 Cu Kupfer	30 65,39 Zn Zink	31 69,72 Ga Gallium	32 72,61 Ge Germanium	33 74,92 As Arsen	34 78,96 Se Selen	35 79,90 Br Brom	36 83,80 Kr Krypton
46 106,42 Pd Palladium	47 107,87 Ag Silber	48 112,41 Cd Cadmium	49 114,82 In Indium	50 118,71 Sn Zinn	51 121,76 Sb Antimon	52 127,60 Te Tellur	53 126,90 I Iod	54 131,29 Xe Xenon
78 195,08 Pt Platin	79 196,97 Au Gold	80 200,59 Hg Quecksilber	81 204,38 Tl Thallium	82 207,2 Pb Blei	83 208,98 Bi Bismut	84 [209] Po* Polonium	85 [210] At* Astat	86 [222] Rn* Radon
110 [271] Ds* Darmstadtium	111 [272] Rg* Roentgenium	112 [272] Cn* Copernicium	113 [284] Uut^{2*} Ununtrium	114 [289] Uuq^{2*} Ununquadium	115 [288] Uup^{2*} Ununpentium	116 [291] Uuh^{2*} Ununhexium	117 Uus^{2*} Ununseptium	118 [294] Uuo^{2*} Ununoctium

63 151,97 Eu Europium	64 157,25 Gd Gadolinium	65 158,93 Tb Terbium	66 162,50 Dy Dysprosium	67 164,93 Ho Holmium	68 167,26 Er Erbium	69 168,93 Tm Thulium	70 173,04 Yb Ytterbium	71 174,97 Lu Lutetium
95 [243] Am* Americium	96 [247] Cm* Curium	97 [247] Bk* Berkelium	98 [251] Cf* Californium	99 [252] Es* Einsteinium	100 [257] Fm* Fermium	101 [258] Md* Mendelevium	102 [259] No* Nobelium	103 [262] Lr* Lawrencium

Register

Bildnachweis

ADAC: 206/1 | AEG: 156/1 | Airbus: 213/4 | akg-images: 172/3 | aleo solar, Prenzlau: 159/2 | ALLSTAV Haus GmbH, Pforzheim: 182/1 u. 3 | Angermayer/Pfletschinger: 110/1 | architekturbox ZT GmbH Wien; Österreich: 182/2 | Archiv Cornelsen Verlag, Berlin: 9/4 u. 5, 12/3, 16/1 u. 2, 29/4, 39/5 (2), 44/1 (kl. Bild), 46/2 u. 3, 47/5, 49/6, 57/7 u. 8, 65/2, 68/1, 84/1, 87/8 u. 9, 107/4, 108/4, 110/4-7, 117/7-9, 123/5, 128/2, 140/1, 144/1, 150/2, 151/6 (Sonne), 155/5, 159/3, 171/5 (2), 172/1, 174/3, 185/5, 188/2, 191/4, 193/5 u. 6, 201/5, 220/3, 225/6, 240/2, 263/6, 263/8, 287/4 | Augenblick: 84/4 | Avenue Images/Index Stock/Wiley/Wales, Amy: 48/1 | Barg Baustoff Labor: 183/5 | BASF, Ludwigshafen: 191/3 | Beluga Group: 180/1 | Bertram, Kranichborn: 161/3 | Bildart, Hohen Neuendorf/V. Döring: 12/2, 15/4 (3), 24/3, 41/6, 61/8, 63/4 u. 6, 70/3 u. 4, 79/4, 86/1, 89/5, 90/2 u. 3, 91/6, 104/1, 108/1, 111/8, 117/5 (2), 124/3, 125/8, 126/2, 127/7, 137/5 u. 6, 175/7 (2), 177/9 u. 10, 192/2 u. 3, 193/4 (2), 203/4, 211/2, 215/2, 231/3, 234/4, 235/5-7, 251/4, 263/5, 275/5 (2), 275/7, 280/2 u. 3, 287/3, 5 u. 6 | Bilderbox: 288/4 | Blaupunkt: 60/4 | blickwinkel/Hecker/Sauer: 289/5 | Boeing: 203/5 | Boreas Gruppe: 7 (kl. Bild) | Bridgeman Art Library: 65/4 | Bundesamt für Strahlenschutz: 268/2, 275/4 | Bundesverband Medizintechnologie: 92/1 | Bundesverband Solarwirtschaft: 155/3 (2) | Bundesverband Wärmepumpe, München: 197/2 | Bundesverband Windenergie e.V.: 44/1 (gr. Bild) | Burzin, S., Meldorf: 54/1-4, 122/2, 123/6, 126/3, 134/1, 135/6, 136/1 u. 3, 137/7, 138/3, 139/9, 140/3, 141/4-6, 142/1-4 | Caro/Andreas Riedmiller: 88/3 | CERN, Genf: 233, 244/3, 245/5, 246/1, 247/4 (u.) | Christoph Busse: 222/2 (2) | Cochlear GmbH: 239/5 (2) | Conrad Electronic: 249/5 | corbis/133 (Moby Dick), Bettmann: 22 (Elektrisiermaschine), Charles E. Rotkin: 115/8, Duomo: 59, 80/4, Lester Lefkowitz: 96(Achterbahn), LWA Dan Tardif: 80/6, LWA-Dan Tardig: 289/3, Paul A. Souders: 96 (Bungee), Rob Matheson: 34/1, Stuart Westmorland: 116/2, SYGMA/Yves Forestier: 80/5 | Corel: 70/2, 77/8, 78/1, 80/3 | Cornelsen Experimenta, Berlin: 147/8, 155/6 | Daimler Ag, Stuttgart: 70/1, 77/7, 82/2, 207/5, 220/1, 222/3 | Das Fotoarchiv/231/5, Riedmiller: 84/5 | DB: 8/2 u. 3, 85/6, 91/4, 226/1, 288/1 | Department of Astronomy and Physics, Saint Mary's University, Halifax, Nova Scotia: 265/3 | desertec: 167/4 | DESY, Hamburg: 32/2-4, 240/1 | Deutsche Lufthansa: 111/9 | Deutsches Museum, München: 48/5, 171/1 (Guericke), 262/1, 281/8 (2) | digitalstock/H. Hellwig: 116/1, M. Geigenscheder: 213/6, M. Kretschmar: 7 (gr. Bild), M. Tilly: 72/2 | DLR: 147/5, 150/1, 166/2, 167/3 (2), 186/1 | dpa: 176 (Turm), 263/7 | ENTSO-E, Brussels: 53/4 | Environmental Instruments: 254/3 (Uhr) | ETV mbH, Kempen: 12/1 | EWN, Rheinsberg: 279/5 | F1online/Poelzer: 116/3 | Fachverband Transparente Wärmedämmung: 191/2 | FHS Brandenburg/Möllmann: 151/5 | Forschungszentrum Karlsruhe GmbH: 260/2, 261/6, 279/6 | Fotoagentur magics/P. Selatz: 217/4 | Fotoarchive/Rose: 282/1 | Fotolia.com/allievn: 85/8, André Bujara: 78/3, Angela Schmidt; 69/6, apachlance: 68/3, Aradigi: 131/5, Barbara Helgason: 69/4, Bernhard MAURIN, 65/3, Claude Beaubien: 67/5, Graça Victoria: 174/1, Henni Kissling : 131/7, Leito: 116/4, manfredxy: 78/2, Mick Taylor: 68/2, RRF: 66/1, Shariff Che'Lah: Titel (gr. Bild), 1 | Fred Dott/Greenpeace: 271/5 | Garmin Deutschland GmbH, Gräfelfing: 60/5 | Getty Images/Sean Gallup: 48/3, The Image Bank/Paolo Curto: 132 (Wal und Taucher) | GNU-FDL: 14/2, 47/8, 71/5, 248/2, Fritz Geller-Grimm: 132 (Krake), G. Ducher: 250/2, M. Loster: 165/4, Mbdortmund: 262/2 | go-digital-pro/Peter Gottschalk: 187/5 | Health protection agency/SPL/Agentur Focus: 249/4 | Helga Lade Fotoagentur, Berlin: 100/1, 170/2 | HMI, Berlin: 266/2 u. 3 | IBM: 236/1, 237/5 | ihp-microelectronics/Frankfurt O.: 234/1 | interactions.org: 234/2 | iStockphoto.com/Eric Bechtold: 8/1, Grohnde: 267/4, Ian O'Hanlon: 145, Jeremy Edwards: Titel (kl. Bild), Keith Johnson: 85/7, Oleksandr Kalainichenko: 99 (gr. Bild) | ITER: 270/3 | J. A. Becker & Söhne, Neckarsulm: 113/4 | Kessler, Hofheim: 285 (Cobalt-Strahlentherapie) | Keystone: 262/3 | Kirsten Neumann: 101/5 | KTM Fahrrad GmbH, Mattighofen: 226/4 | Landesgendarmeriekommando Südtirol: 248/1 | Leybold Didactic GmbH: 255/6 | Lockheed Martin: 60/2 | LOOK: 253/5 | Los Alamos National Laboratories: 265/5 | Mannesmann Demag: 106/1 | MARUM; Universität Bremen: 131/8, 134/4 | mauritius images: 124/1 | Michelin: 226/2 | Microchip Technologies GmbH: 238/4 | Moll, Bad Staffelstein: 287/8 | Moser, Freiburg: 284 (m.) (2) | Motor-Presse International: 213/3 | MPI, Garching: 270/1 | MPI/auto motor sport: 73/6 | Multimar Wattforum Tönning: 133 (o.) | NARA National Archives: 266/1 | NASA: 60/3, 97 (3), 171/1 (Atmosphäre), 186/2-4, 239/6, 243/4, 247/4 (o.), 262/4, 274/1 | Newsline Scotland Press Agency: 178/2 | NOAA: 124/3 u. 4, 131/6, 146/3 | NSF: 269/4 (2) | okapia: 22 (Zitteraal), Körner: 275/6, NAS/Will & Deni McIntyre: 234/3, Otto: 213/5 | Opel, Rüsselsheim: 218/2 | orbitingfrog.com/Robert J. Simpson: 164/1 | Palfinger: 287/1 | Paul Langrock/Zenit/Greenpeace: 271/4 | picture alliance/ASA: 87/11, dpa: 24/1, 283/9, Helga Lade: 87/10, ZB: 280/1 | pixelio/202/1, angie conscious: 175/6, Coast Rider 813: 247/4 m., FRIESE 1962: 146/1, gabisch: 216/1, pixplash: 21/3, RainerSturm: 211/1, vinat200/1, wrw: 18/1 | project photos: 146/4, 151/6 (Glühlampe), 248/3, 287/7 | REpower Systems AG/Oelker: 181/4 | Scania CVAB/Göran Wink: 217/5 | Segway: 223/4 | Siemens AG: 24/2, 38/3, 48/2, 49/7, 55/8, 155/4, 282/5 u. 6, 284 (o.) u. PET, 285 (Linearbeschleuniger), 284/285 (Hintergrund), 288/2 | Sience and Society Library: 99 (kl. Bild) | Silvestris: 22 (Rochen) | Solar Millenium AG: 177/11 | SPL/281/7, Adam Hart-Davis: 257 (Defibrillator), Du Cane Medical: 257 (Röntgenaufnahme), Eamonn McNulty: 257 (Herzschrittmacher), Focus/CNRI: 152/1, 282/3, Focus/Heini Schuebli: 92/2, Focus/Sheila Terry: 254/3, Martin Dohrn: 257 (Elektroden) | Sportimage, Hamburg: 80/1 | Steffen, Andrea & Wilfried: 132/133 (Pottwal) | Stevens Bike: 91/5 | stromonline.ch: 267/7 | suntechnics: 165/5 | TCL products: 38/2 | TESLA MOTORS: 226/3 | Thermo Electron GmbH, Erlangen: 274/2 | THW/Hefner: 274/3 | Tiemann GmbH, Schwalmstedt-Treysa: 239/7 | TOMTOM: 60/1 | Tony McConnell/SPL/ Agentur Focus: 229/4 | Trekstor: 55/9 | Ufop: 170/3 | ullstein bild: 32/1, 100/4 | Ultima Ratio Epyon Solucar: 166/1 | Universität Hohenheim: 61/6 | Varta: 14/1 (2) | Vattenfall Europa AG: 38/4, 179/4, 192/1 | Victor Shahin, Prof. Dr. H. Oberleitner, University Hospital of Muenster/SPL: 238/1 | Viessmann Werke GmbH & Co KG: 189/5 | VISUM/Alfred Büllesbach: 230/1, plus49/Gallup: 244/2 | Volvo: 230/2 | VW, Wolfsburg: 209/4, 212/2 (2), 231/4 | Welke, F.: 287/2 | Wildlife/N. Wu: 131/4 | Wilfried Schmidt Maschinenbau, Tübingen: 46/4 | ZARM, Uni Bremen: 97 (Fallturm) | zefa/corbis: 146/2, Johnson: 80/2 | Zeppelin Luftschifftechnik GmbH & Co. KG: 119/8.

Zusammenspiel von Onlineangebot und Buch

www.cornelsen.de/fokus-physik

Unter dieser Adresse befindet sich das multimediale Zusatzangebot zum Lehrbuch.
So kommt man zur gewünschten Seite:
1. Webseite www.cornelsen.de/fokus-physik aufrufen.
2. Buchkennung PHFK013082 eingeben und bestätigen.

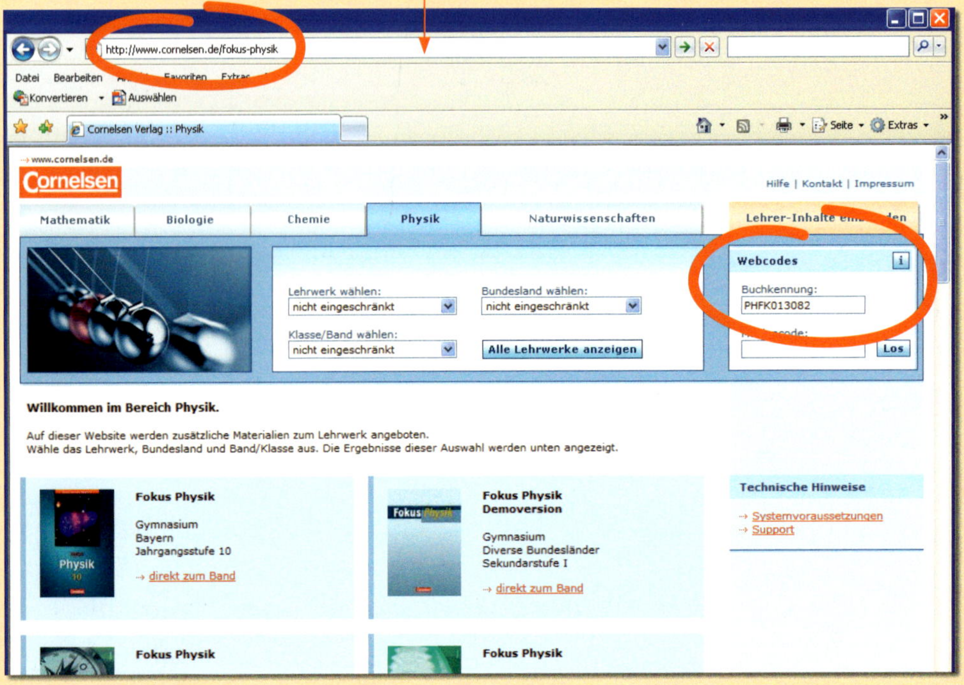

3. Zugangscode **hessen12** eingeben und bestätigen.

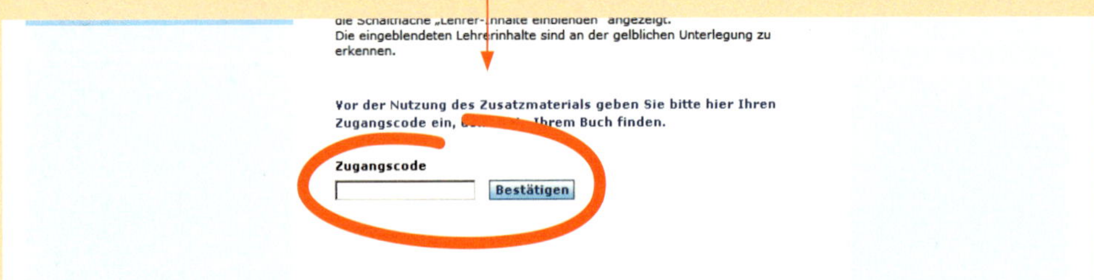

Bei technischen Problemen

Unser Support hilft gern weiter.
Schreiben Sie uns eine E-Mail an cornelsen-online@cornelsen.de und beschreiben Sie bitte Ihr Problem möglichst genau.